生物力学基础

（第8版）

〔美〕苏珊·J. 霍耳　主编

陈文华　主审

乔　钧　祁　奇　余　波　主译

河南科学技术出版社

·郑州·

Susan J. Hall
Basic Biomechanics, 8th edition
ISBN：978-1-259-91387-7

图书在版编目（CIP）数据

生物力学基础：第 8 版 /（美）苏珊·J. 霍耳（Susan J. Hall）主编；乔钧，祁奇，余波主译 .—郑州：河南科学技术出版社，2021.6

ISBN 978-7-5725-0301-6

Ⅰ . ①生… Ⅱ . ①苏…②乔…③祁…④余… Ⅲ . ①生物力学 Ⅳ . ① Q66

中国版本图书馆 CIP 数据核字（2021）第 035005 号

出版发行：河南科学技术出版社
地址：郑州市郑东新区祥盛街27号　邮编：450016
电话：（0371）65788629　65788613
网址：www.hnstp.cn
策划编辑：李　林
责任编辑：刘　嘉　谢震林
责任校对：李　林
封面设计：张　伟
责任印制：朱　飞
印　　刷：河南博雅彩印有限公司
经　　销：全国新华书店
开　　本：889 mm × 1194 mm　1/16　印张：27　字数：753千字
版　　次：2021年6月第1版　2021年6月第1次印刷
定　　价：198.00 元

如发现印、装质量问题，影响阅读，请与出版社联系并调换。

主审

陈文华　上海市第一人民医院，上海杉达学院

主译

乔　钧　上海市长宁区精神卫生中心

祁　奇　上海市养志康复医院（上海市阳光康复中心）

余　波　上海市第一人民医院，上海杉达学院

副主译

董煜琳　上海市第二康复医院

郁嫣嫣　上海市第一人民医院

陆佳妮　上海市养志康复医院（上海市阳光康复中心）

陈少华　上海市第二康复医院

温子星　上海杉达学院

其他参译人员（按姓氏笔画排序）

付连慧　上海市养志康复医院（上海市阳光康复中心）

孙李慧子　上海市第二康复医院

孙梦雪　上海市第二康复医院

张　宪　上海市养志康复医院（上海市阳光康复中心）

张　楠　上海市养志康复医院（上海市阳光康复中心）

陈　斌　上海市养志康复医院（上海市阳光康复中心）

尚昀林　上海市养志康复医院（上海市阳光康复中心）

胡国炯　上海市养志康复医院（上海市阳光康复中心）

蒋慧慧　上海市养志康复医院（上海市阳光康复中心）

蔡珍珍　上海市第二康复医院

感谢

我真诚地感谢下列评审人员：

Jean McCrory
West Virginia University

Marcus William Barr
Ohio University

Alex Jordan
Concordia University

Matthew Wagner
Sam Houston State University

Mark Geil
Georgia State University

Jacob Sosnoff
University Of Illinois at Urbana-Champaign

A. Page Glave
Sam Houston State University

Nicholas Hanson
Western Michigan University

Eric E. LaMott
Concordia University, St. Paul

Michael Torry
Illinois State University

最后，我也非常感谢许多学生和同事给予本书很好的建议。

前 言

《生物力学基础》第8版和第7版相比，做出了重大更新并进行了重新设计。随着生物力学跨学科研究的广泛和深入，即使是入门教材也必须反映科学的本质。因此，本书经修订，扩充并更新相关内容，目的是提供相关的最新研究成果信息，为学生进行人体生物力学分析做准备。

作者引用了一系列的定性与定量平衡的相关范例、应用及问题，更加清楚地阐释在本书中所讨论的原则。第8版仍保留了对实际情况的灵活应变：由于刚开始学习生物力学的学生在数学方面基础较为薄弱，所以本书包括许多样本问题和应用，及关于如何处理定量问题的实用建议。

框架

每章都遵循逻辑性和易读性的特点，在引入新概念的同时，结合实际的人体运动实例及跨越整个生命周期的运动、临床和日常生活活动的应用加以讲述。

新内容亮点

增加了新的内容，向读者提供相关主题的最新科学信息。对所有章节都进行了修订，以纳入来自生物力学研究文献及众多新运动和临床应用与案例的最新信息。增加或扩展的主题包括赤脚跑步和跑步效率、牵伸及其表现、骨骼健康和太空飞行、高尔夫球挥杆损伤、前交叉韧带损伤、肌肉疲劳、游泳技术等。

涵盖面广

生物力学是分析生物体力学方面的应用学科。本书介绍的重点是人体生物力学、解剖和机械因素，以及功能应用。对这些领域的描述，第8版继续采用以往版本中的方法。

以应用为导向

所有章节都讨论了一系列更新的人体运动应用，其中许多内容均摘自最近的生物力学研究文献。特别强调的是，所有实例都从各个年龄段去阐述如何处理临床和日常生活问题，以及如何应用于体育运动中。

教学特点

除了样本问题、习题集、实践、链接框之外，本书还包括旁注定义、例题、小结、入门题和附加题、参考文献和附录。

目录

第一章　什么是生物力学

通过学习本章，读者可以：

定义生物力学、静力学、动力学、运动学和动理学等术语，并解释它们之间的相关性。

描述生物力学专家提出的科学探究范围。

区别人体运动的定性和定量分析方法。

解释如何提出关于人体运动定性分析的问题。

使用本章阐明的11个步骤来解决正式问题。

为什么有些高尔夫球手要切球？工人应如何避免腰痛（low back pain，又称腰背痛、下背痛）？体育老师如何帮助学生学习排球下手发球？为什么有些老年人容易跌倒？我们都很欣赏各种体育运动中高水平运动员流畅、优美的动作。我们还观察了幼儿笨拙的第一步、打石膏的患者前进时的缓慢和犹豫不决、拄拐老年人的蹒跚步态。几乎每节活动课上，都会有似乎很轻松就能获得新技能的学生，或在进行跳跃时出错或者在试图抓球、进攻、发球时错过球的学生。那么，是什么让有些人如此轻松地完成了复杂的动作，而这些动作对于其他人来说是相对困难的？

尽管这些问题的答案的根源可能是生理、心理、社会学问题，但是所发现的问题都具有生物力学属性。本书将为鉴别、分析、解决人体运动的生物力学相关问题提供一个基础平台。

从生物力学的角度来看，学习走路是一项雄心勃勃的任务。Ariel Skelley/Getty Images.

• 解剖学、生理学、数学、物理和工程学等课程为生物力学专业提供了背景知识。

生物力学（biomechanics）
力学原理在生物体研究中的应用。

生物力学：定义和观点

Biomechanics（生物力学）这个术语的前缀“bio”是“生命”的意思，mechanics是力学（研究力的作用）。20世纪70年代初，国际科学家采用生物力学一词来描述涉及生命器官力学方面研究的科学。在肌动学和运动科学领域，人体是最受欢迎的研究对象。生物力学所研究的力包括肌肉产生的内力和作用于身体的外力。

人体测量学是关于大小、形状和身体各环节组成的研究。人体测量特征可能使运动员在某项运动中获得成功，但却不利于另一项运动。©Fuse/Corbis/Getty Images RF；Right：©Comstock/Getty Images RF.

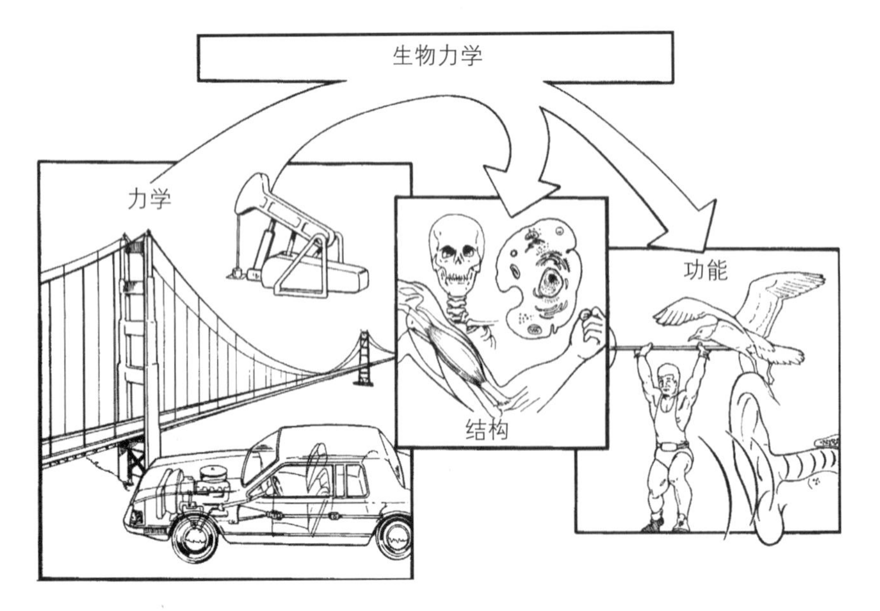

图 1-1

生物力学应用力学原理来解决与生物体结构和功能有关的问题。

力学是物理学的一个分支，涉及力的作用分析。生物力学专家以力学为工具来研究生物体的结构和功能（图 1–1）。静力学和动力学是力学的两个主要分支。静力学是研究物质处于恒定运动状态的体系，即静止（无运动）或以恒定速度运动的体系；动力学是研究物质存在加速度的体系。

力学（mechanics）
研究物质和机械系统力的运动的物理学分支。

静力学（statics）
研究物质处于恒定运动状态体系的力学分支。

动力学（dynamics）
研究物质存在加速度的力学分支。

生物运动学和动理学是生物力学的更细分支。我们在观察物体运动时所能看到的是运动的运动学部分。运动学研究运动的幅度、发生的顺序和发生的时间，而不考虑由运动引起或产生的力。众所周知，一项运动或一项运动技能的运动学通常也被称为方式或技术。运动学描述运动表现，而动理学则研究与运动有关的力。力可以被认为是作用于身体的推力或拉力。人体生物力学的研究可能包括这样的问题，如肌肉产生的合力是否最有利于运动以达到预期目的。

运动学（kinematics）
理论力学的一个分支学科，从时间和空间等的角度研究物体的机械运动。

动理学（kinetics）
研究力的运动。

虽然生物力学作为一个公认的科学研究领域还比较年轻，但生物力学方面的考虑却在几个不同科学学科和专业领域引起了人们的兴趣。他们可能是在动物学、骨科、心脏或运动医学，及生物医学或生物机械工程学、物理治疗学、人体运动学等方面有学术背景的生物力学专家，他们的共同之处是对生物的结构和功能的生物力学方面感兴趣。

人体运动的生物力学是肌动学的分支学科之一，是关于人体运动的研究。一些生物力学专家研究的是鸵鸟运动、通过狭窄动脉的血流量或口腔微图等主题，本书主要集中在人体运动生物力学的运动分析方面。

肌动学（kinesiology）
研究人体运动的学科。

生物力学也是运动医学的一个科学分支。运动医学是一个概括性的术语，包括体育、运动的临床和科学方面。美国运动医学会是此类组织机构的范例，这种组织机构通过科学家和临床医生对运动医学相关话题的兴趣来促进他们之间的互动。

运动医学（sports medicine）
体育和运动的临床及科学方面的研究。

生物力学专家研究的问题是什么

•在研究中，每一项新的研究、调查或实验通常都是为了解决一个特定的问题。

通常，在不同的学科和专业领域，生物力学专家研究的问题或难题是不同的。例如，动物学专家研究了几十种动物在跑步机上以可控的速度进行行走、跑、快走和快跑的运动模式，来确定动物为什么在给定的速度下选择特定的步频和步幅。他们发现，像狗那么大的动物，跑步的实际消耗能量比行走更少，但是像马这种体型较大的动物跑步比行走消耗的能量更多[8]。这类研究的挑战之一是如何使猫、狗或火鸡在跑步机上跑步（图 1–2）。

生物力学专家研究了跑步的许多方面。©Sergey Nivens/Shutterstock.com.

对于人类，跑步的能量消耗随着跑步速度和跑步者所承载的负荷的增加而增加。给定的次于最大跑步速度下的摄氧量（oxygen uptake，VO_2）反映的是跑步效率。跑步效率是生理和生物力学因素综

图 1–2

对动物步态进行生物力学研究会发现一些有趣的问题。

合作用的结果，包括训练史、训练量、灵活度、刚度和饮食的记录[2]。有趣的是，研究证明，赤脚或穿最低限度的鞋跑步比穿跑鞋更有效率，这可能是由于足部弹性能量的储存、释放及鞋重的差异所致[6]。

美国国家航空航天局（NASA）赞助了一项多学科的生物力学研究，以促进对微重力在人体肌肉骨骼系统方面影响的理解。令人担忧的是，离开地球重力场仅几天的宇航员回来时会出现肌肉萎缩、心血管和免疫系统的变化，还有骨密度下降、骨矿沉积和骨强度下降，这些变化在下肢尤其明显[17]。目前，骨质丢失问题是长期航天的一个限制因素。骨吸收增加和钙吸收减少似乎都是造成骨质流失的原因[7]（见第四章）。

从早期的航天活动开始，生物力学专家就设计并制造了一些在太空中使用的运动装置，来取代在地球上的常规维持骨代谢的活动。这项研究的重点是设计可在太空中使用的跑步机，这种跑步机能使下肢骨骼承受变形和应变速率，这是刺激新骨骼形成的最佳方式。其他方式包括将肌肉自主收缩与电刺激相结合，以维持肌肉量和张力。然而，到目前为止，还没有发现防止骨骼和肌肉在太空中流失的替代方式。

在地球上，维持正常的骨密度也是备受关注的话题。骨质疏松症表现为骨矿物质质量和强度严重受损，日常活动易导致骨痛和骨折。大多数老年人会出现这种情况，女性发病时间相对较早，而且随着人口平均寿命的增长，骨质疏松症在世界各地出现得日益普遍。大约40%的女性在50岁后会发生一次或多次骨质疏松性骨折；60岁以后老年人的骨折，90%与骨质疏松有关。最常见的骨折部位是椎骨，一旦

在太空锻炼对于防止宇航员骨质丢失至关重要。Source: NASA.

出现骨折就意味着未来脊柱和髋部骨折风险的增加。在本书第四章对本话题进行了更深层次的探讨。

研究老年人的生物力学专家面临的另一个挑战是活动障碍。平衡能力下降与年龄密切相关，老年人身体晃动和跌倒的发生率远大于年轻人。这些变化的原因尚不清楚。跌倒，尤其是跌倒造成髋部骨折，给老年人带来了极其严重且昂贵的医疗问题。跌倒往往会导致很大比例的髋部、腕部和椎骨骨折，头部损伤和撕裂[11]。生物力学研究小组正在研究使人避免跌倒的生物力学因素。例如，跌倒时安全着陆的特点、跌倒时身体不同部位所承受的力及防止跌倒的方法。

临床生物力学的研究已使脑瘫患者因肌张力过高和痉挛所造成的异常步态得到了改善。脑瘫患者的步态特点是支撑相时膝关节过度屈曲。这个问题可通过手术延长腘绳肌肌腱来促进支撑相时膝关节的伸展改善。然而，对于一些患者，这种手术也会降低步态摆动期膝关节的屈曲，导致足部拉伤。研究表明，存在这一问题的患者在摆动期时股直肌与腘绳肌有明显的协同收缩，骨科医生开始通过手术将股直肌连接到缝匠肌上来解决这一问题。这种创新性的生物力学研究方法已

生物力学专家正在研究使截肢运动员在赛跑项目中发挥更高水平的假肢。©sportpoint/Shutterstock.com.

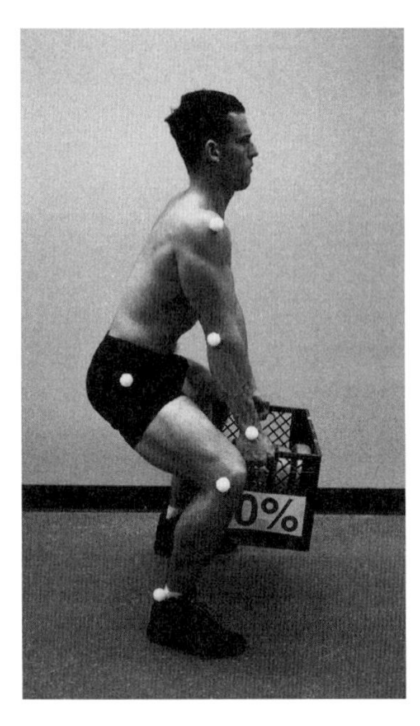

职业生物力学专家研究包括举重等活动的安全因素。©Susan Hall.

为脑瘫患者实现正常步态迈出了重要的一步。

生物力学专家的研究也使膝以下截肢的儿童和成年人的步态得到了改善。用假肢行走会有额外的代谢需求，这对于老年截肢者和参加有氧运动的年轻截肢者来说尤其重要。针对这个问题，研究人员开发了一系列在行走过程中储存和释放机械能的下肢和足部假肢，来降低运动的代谢成本。研究表明，较灵活的假肢更适合跳跃和快速行走，而较稳定的假肢一般更适合老年人。目前，研究人员正在开发一种新的“仿生”假肢，旨在更好地模拟正常步态[13]。

职业生物力学是一个致力于预防工作相关性损伤，改善工作条件，提高工人绩效的领域。在这一领域的研究人员已经了解到，与工作相关的腰痛病因不仅可能是搬重物，还可能是异常姿势、突然的动作及工作者的特点[1, 16]。

生物力学专家也通过设计创新的设备，为改善运动能力做出了贡献。这方面的一个很好的例子是Klapskate（克莱普式冰鞋）。这种在脚趾附近装有铰链的速滑鞋，使得滑冰者在推离时足底可以弯曲，从而使滑冰速度比传统冰鞋提高5%[10]。该冰鞋由van Ingen Schenau和de Groot基于van Ingen Schenau和Baker在速度滑冰滑翔推离技术方面的研究，及Bobbert和van Ingen Schenau在垂直跳跃时肌间协调方面的研究共同设计的[4]。1998年冬季奥运会上，选手们首次使用Klapskate并打破了每个项目的速度纪录。

空气动力自行车设备已经创造了新的世界纪录。©Jose Angel Astor Rocha/Shutterstock.com.

在运动设备和服装方面的许多创新源于“风洞实验”结果，在实验过程中对特定运动实际上遇到的空气阻力进行控制模拟。例如，用于竞技自行车比赛的空气动力学头盔、服装和自行车设计，及与速度有关的比赛（如游泳、田径、滑冰和滑雪等）中所穿的超光滑套装等。风洞实验还被用来确定进行跳台滑雪这类比赛项目时的最佳体态[18]。运动生物力学专家也致力于研究提高运动能力的生物力学或技术。

有一个相当戏剧性的因生物力学分析提高运动能力的例子：四次铁饼奥运冠军Al Oerter。铁饼投掷的力学分析要求对影响铁饼飞行的主要力学因素进行精确评估。这些因素包括：

1. 铁饼掷出时的速度。
2. 投掷铁饼时的角度。
3. 投掷铁饼时距离地面的高度。
4. 迎角（铁饼相对于主流气流的方向）。

通过计算机模拟技术，研究人员可以预测能使运动员投掷出最远距离的四个变量的组合值。高速摄像机可以非常详细地记录这一运动过程。当分析影片或录像时，可以将实际的投掷高度、速度和迎角与计算机生成的实现最佳运动成绩所需的值进行比较。Oerter在43岁时，以8.2 m的成绩突破自己的最高奥运成绩。虽然很难确定动力和训练对这一进步的贡献，但Oerter成功的一个原因是生物力学分析技术的提高[14]。因为技能型运动员的运动能力已经高于平均水平，所以针对他们的技术进行的大多数调整也只能产生相对有限的效果。

一些由运动生物力学专家进行的研究已与美国奥林匹克委员会（USOC）的运动医学部合作进行。通常，这项工作是与美国国家体育教练直接合作进行的，以确保结果的实用性。美国奥林匹克委员会赞助的研究提供了许多关于各种运动中杰出表现的力学特征的新信息。由于科学分析设备的不断进步，未来运动生物力学在改善运动能力方面的作用可能会变得越来越重要。

生物力学的影响也体现在非运动员和运动员喜爱的运动中，如高尔夫。通常，可以在高尔夫球场和设备商店获得由生物力学专家设计的高尔夫挥杆动作的计算机分析视频。生物力学可以通过分析高尔夫球运动的运动学和动理学，来优化所有高尔夫球手击球的距离和准确性，包括打球入洞[15]。

生物力学专家分析了有助于铁饼等运动取得最佳成绩的因素。©Robert Daly/age fotostock RF.

- 1981年，美国奥林匹克委员会开始资助运动医学研究。20世纪70年代初，其他国家开始资助该项研究，以提高优秀运动员的运动表现。

生物力学专家发明了一种革命性的新花样滑冰靴

1996年的美国花样滑冰冠军Rudy Galindo和1998年的奥运会金牌得主Tara Lipinski除了在花样滑冰方面很成功之外，还有什么共同之处？他们都做过双侧髋关节置换术，Galindo是在32岁时，Lipinski是在18岁时。

花样滑冰运动员的过度使用性损伤很常见，损伤大部分发生于下肢和腰部[5]。随着滑冰运动员的技术（包括多旋转跳跃）要求越来越高，优秀滑冰运动员的冰上训练通常包括每天100次以上的跳跃，每周6天，年复一年。

然而，花样滑冰鞋不同于大多数现代运动器材，自1900年以来，只做了很小的改动——19世纪的软皮长筒靴现在改用硬皮革以促进脚踝稳定，降低靴子高度以允许踝关节可轻微地活动；然而，带有钢刀的硬靴的基本设计却没有改变。

传统花样滑冰的问题是，当一名滑冰运动员在跳跃后着地时，硬靴严重限制了脚踝的运动，迫使滑冰者几乎以平足状态落地，妨碍缓和落地时通过肌肉骨骼系统向上传递的冲击力的踝部运动。不出所料，由于对跳跃动作的愈加重视、训练时间的增加及陈旧设备的继续使用或过度使用，造成损伤的发生率迅速增长。

为了解决这个问题，在特拉华大学的人类运动能力实验室工作的生物力学专家Jim Richards和研究生Dustin Bruening设计并检验了一种新的花样滑冰靴。按照现代高山滑雪和直排式溜冰靴的设计，这款新靴子在踝关节处有一个关节轴，允许屈曲运动，可以限制潜在伤害性侧移。

这种靴子能让滑冰者脚趾先落地，脚部的其余部位则以较缓慢的速度落地。这样就延长了着陆时间，从而使冲击力能在较长的时间内转化，并可最大程度地减少通过身体传递的峰值力。如图所示，新花样滑冰靴使落地峰值力减少30%左右。

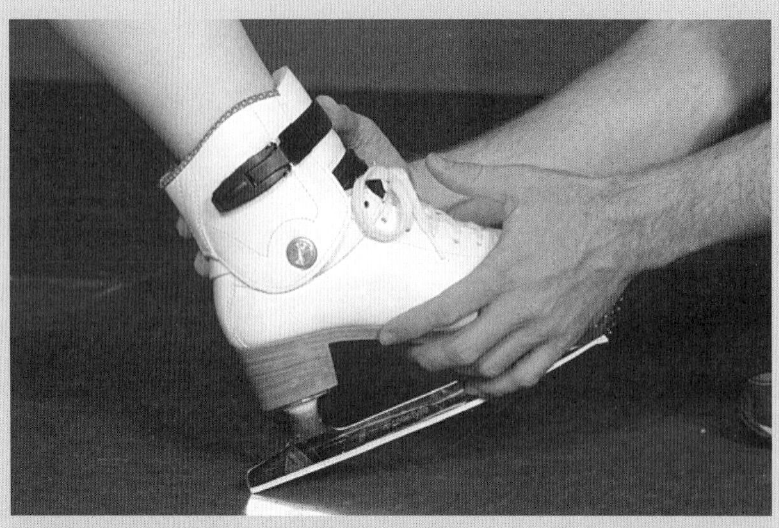

特拉华大学生物力学专家设计的新花样滑冰靴，在踝关节处有一个关节轴。©Susan Hall.

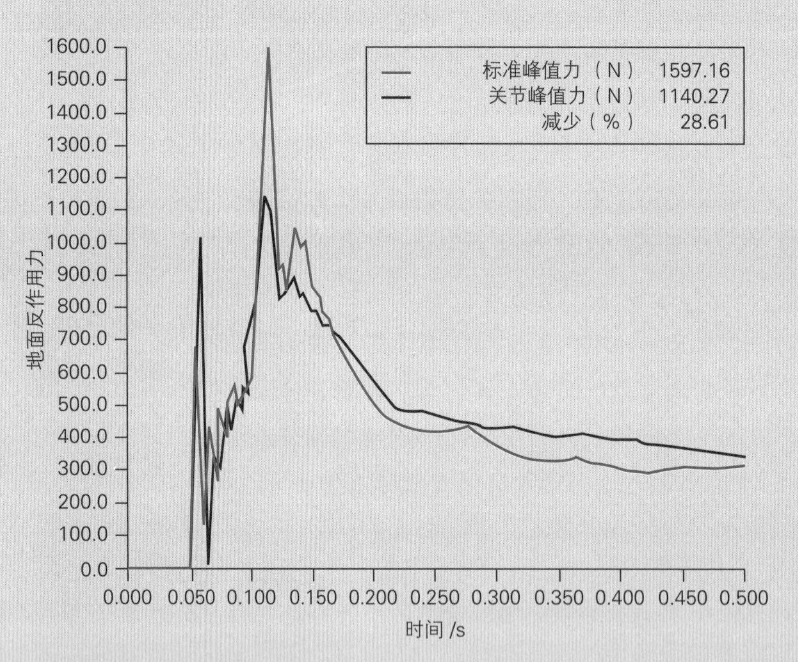

新的花样滑冰靴在脚踝处有关节轴，落地时的最大冲击力减少了30%左右。
Source: Data taken from D. Bruening and J. Richards.

虽然新花样滑冰靴的设计目的是为了降低滑冰过程中应力性损伤的发生率，但它也可能促进滑冰运动员的运动表现。当滑冰运动员在空中时，踝关节更大的活动范围很可能会使其跳得更高，同时能完成更多的旋转动作。

使用这种新靴子的滑冰运动员发现，他们需要适应一段时间才能有效地使用它。那些使用传统靴的运动员脚踝周围的肌肉力量已经开始减小。提高踝关节力量对于合理使用允许踝关节运动的靴子是很有必要的。

运动生物力学专家的其他关注点是通过识别危险行为，设计安全的设备、服装来尽量减少运动损伤。例如，对于休闲跑步者，研究表明，错误训练，如跑步距离或强度的突然增加、累积里程的超标，及在弧形地面上的跑步是造成过度使用损伤的最严重的危险因素[9]。当这项运动属于设备密集型时，安全相关问题的复杂性就会增加。防护头盔的评估不仅要确保头盔的抗冲击特性以提供可靠的保护，而且要确保头盔不会过度限制佩戴者周边的视野。

•防护运动头盔的冲击试验是在工程实验室中科学地进行的。

另一个复杂因素是，用于保护身体某一部位的设备可能会增加其他部位受伤的可能性。现代滑雪靴和绷带，可以有效地预防踝关节和小腿受伤。不幸的是，当滑雪者失去平衡时，会造成膝关节过度屈曲。因此，业余高山滑雪者的前交叉韧带撕裂发生率高于其他运动的参与者[3]。与柔软的靴子相比，超过一半的滑雪板受伤都发生在上肢，且因滑雪板而受伤的人更多[12]。

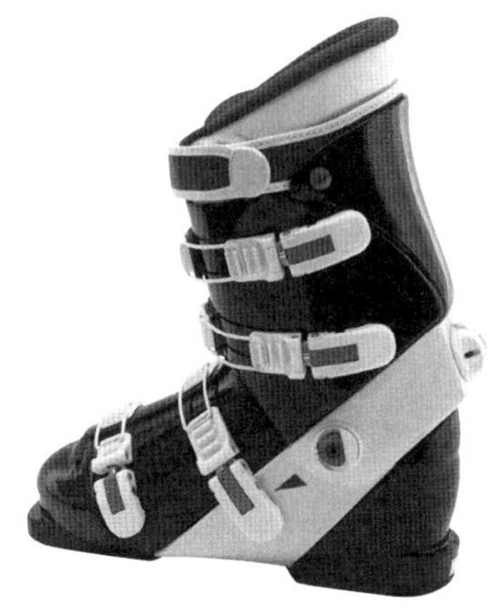
当滑雪者失去平衡时，高山滑雪靴可能会导致膝关节受伤。©Ingram Publishing/Alamy Stock Photo RF.

运动鞋设计是一个对安全和运动表现都有影响的生物力学研究领域。如今，运动鞋的设计旨在避免负荷过度，预防相关损伤，提高运动能力。鞋和人体组成一个互动系统，针对地面或比赛台面，运动鞋因特定的运动、比赛场地、选手身形而专门设计。例如，有氧舞鞋可起到缓冲跖骨弓受力的作用，为了降低膝关节受伤风险而设计了在人造草坪上使用的足球鞋，跑鞋可用于雪地和冰上的训练和比赛。事实上，今天的运动鞋是专门为特定的运动而设计的，因此穿不合适的鞋子会增加受伤风险。赤脚或在最低限度足保护时跑步的这种新思路，更为经济，并有助于预防跑步造成的损伤。

跑鞋已经变得非常专业。©Ingram Publishing.

一些成功了的和一些仍在挑战中的案例，说明了生物力学研究中所涉及的主题的多样性。显然，从残疾儿童的步态到优秀运动员的技能，生物力学专家正在为全范围人体运动的知识库做贡献。虽然这些研究各不相同，但所有的研究都是基于应用力学原理来解决生物体的特定问题。本书旨在提供更多生物力学原理的介绍，致力于生物力学原理在人体运动分析中的应用。

为什么要学习生物力学

从上一节可以看出，生物力学原理被许多领域的科学家和专业人员应用于解决人类健康和运动表现相关的问题。基础生物力学概念的知识对于称职的体育老师、物理治疗师、医生、教练（包括私人教练）或运动指导员也是必不可少的。

生物力学入门课程促进了对力学原理的基本理解，提供了它们在分析人体运动方面的应用。知识渊博的人体运动分析员应该能够回答下列与生物力学有关的问题：为什么游泳不是骨质疏松患者最好的锻炼方式？可变阻力运动器械背后的生物力学原理是什么？举起重物最安全的方法是什么？通过视觉观察判断哪些动作更有效率？球、铁饼、锤子或标枪应该以哪个角度投掷，以达到最大距离？从什么距离和角度来观察患者从坡道上走下来或排球运动员发球最好？什么策略可以使老年人或足球运动员的身体保持最大的稳定性？为什么有些人不能在水中浮起来？

阅读本书每一章开头的“通过学习本章，读者可以”是快速了解这一章重点内容的好方法。对于那些涉及人体运动的目测和分析的职业规划人员来说，对这些主题的了解是非常重要的。

解决问题的办法

科学研究的目的通常是为一个具体问题提供一个解决方案，或者回答一个具体问题。然而，即使对非研究者来说，解决问题的能力也是现代社会正常工作的实际需要。具体问题的应用也是说明基础生物力学概念的有效途径。

定量问题与定性问题

定量（quantitative）
使用数字进行的描述。

定性（qualitative）
对性质的非数字描述。

对人体运动的分析可以是定量的，也可以是定性的。定量意味着涉及数字，而定性指的是在不使用数字的情况下对特性的描述。在观看了一次立定跳远后，观察者可能会定性地说：“跳得很好。”另一位观察者可能会定量地宣布，这次跳远成绩为2.1 m。其他定性和定量描述的例子，如图1–3和图1–4所示。

重要的是要认识到，定性并不一定意味着大致的描述。它可能是大致描述，但也可能是非常详细的描述。例如，一个人走在街上。还可以说，这个人走得很慢，重心偏向左侧，以使右侧负重时间越短越好。第二种描述完全是定性的，但提供了更多运动的详细信息。

定性描述和定量描述在人体运动的生物力学分析中起着重要的作用。生物力学研究人员在试图回答与生物力学有关的特定问题时，很大程度上依赖定量技术。临床医生、教练和体育老师定期对他们的患者、运动员或学生进行定性观察，以为他们提供意见和建议。

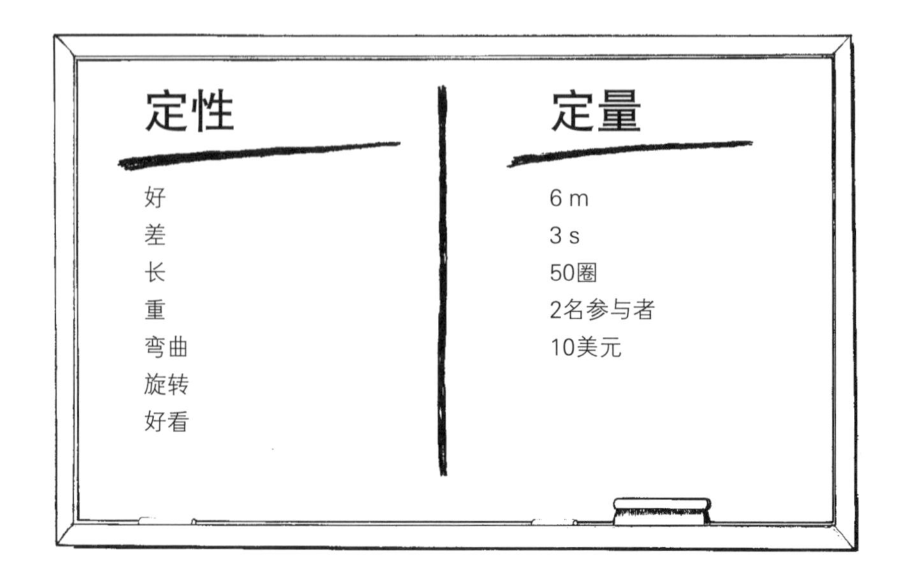

图 1–3
定性和定量描述的例子。

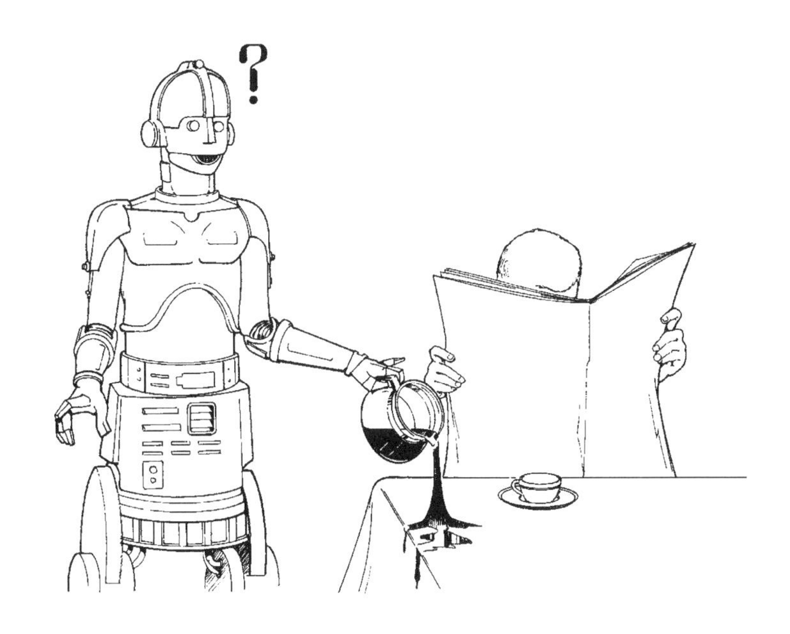

图 1-4

从定量的角度来看，机器人倒咖啡的位置距离咖啡杯约15 cm；从定性的角度来看，机器人出现了故障。

解决定性问题

在日常活动中经常会出现定性的问题。诸如，穿什么衣服，是主修植物学还是英语，是学习还是看电视等问题，从某种意义上来说，它们都是不确定因素，需要解决。因此，我们日常生活的很大组成部分是解决问题。

分析人体运动，无论是识别异常步态还是改进技术，本质上都是一个解决问题的过程。这无论是定性分析还是定量分析，其过程都是从识别问题到研究或分析问题，最后给出答案。

教练员很大程度上是根据对运动员运动表现的定性观察来给出技能建议。©Fuse/Getty Images RF.

要有效地分析一个运动，首先必须提出一个或多个与运动相关的问题。根据分析的具体目的，提出的问题可能是一般的，也可能是具体的。

• 一般问题可能包括以下内容：

1. 运动是以足够的（或最佳的）力量进行的吗？
2. 运动是否能在适当范围内进行？
3. 执行这项技能，身体动作的顺序是否合适（或最佳）？
4. 为什么这位老年女性有跌倒的倾向？
5. 为什么这个铅球运动员没有将球投掷到更远的地方？

• 更具体的问题可能包括：

1. 在步态的站立期，是否存在过度旋前？
2. 球是在肘关节完全伸展的瞬间投出去的吗？
3. 选择性加强股内侧斜肌是否能缓解髌骨的错误轨迹？

一旦确定了一个或多个问题，分析人体运动的下一步就是收集数据。体育老师、治疗师和教练最常收集的数据形式是定性的目测数据。也就是说，运动分析人员仔细观察正在进行的运动，并做书面或心理记录。提前计划进行观察的最佳距离和角度对于获得最佳的可观测数据是有用的。第二章详细讨论了定性分析人体运动的这些因素和其他重要的考虑因素。

正式问题与非正式问题

当遇到数学或科学领域的问题时，许多人认为他们无法找到解决办法。很明显，一个给定的数学问题不同于穿什么衣服去参加某个社交聚会这类问题。然而，在某些方面，非正式的问题更难解决。一个正式的问题（如一个给定的数学问题）以3个离散的分量为特征：

1. 一组已知信息。
2. 一个特定目标、答案或期望结果。
3. 一套可用于从已知信息中得出答案的操作或过程。

然而，在处理非正式问题时，人们可能会发现已知信息、使用过程，甚至目标本身等，这都是不明确或不易识别的。

解决正式定量问题

正式问题是将模糊概念转化为明确的、有具体原则的有效工具，这些原则可以很容易地被理解并应用于人体运动的分析中。那些认为自己无法解决正式给定的问题的人，在很大程度上没有意识到，解决问题的技能是可以学习的。本书就给出了关于解决问题的方法和技巧。然而，大多数学生没有接触过关于解决问题的一般策略的课程作业。一个解决问题的简单过程包括11个步骤：

1. 仔细阅读问题。在进入下一步之前，可能需要阅读几遍这个问题。只有当你清楚地理解所提供的信息和要回答的问题时，你才会理解步骤2。

2. 以列表形式写出所提供的信息。如果符号是有意义的，那么用符号来表示物理量（如速度用v来表示）是可以接受的。

3. 如果需要解决一个以上的问题，则以列表形式写下所需要的内容或要确定的内容。

4. 绘制一个问题情景的示意图，清楚地指出所有已知量，并用问号标注。（虽然某些类型的问题不容易以示意图的方式表示，但为了准确地可视化问题的情况，在可能的情况下进行这一步骤是非常重要的）

5. 确定并写下可能对解决问题有用的关系或公式［不止一个公式可能有用和（或）必要］。

6. 从步骤5的公式中，选择包含已知变量（来自步骤2）和所需未知变量（来自步骤3）的公式。如果公式只包含一个未知变量（待确定的变量），则跳过步骤7并直接进入步骤8。

7. 如果你不能确定一个可行的公式（在更难的问题中），某些基本信息可能没有具体说明，但可以通过推理和对已知信息的进一步思考和分析来确定。如果发生这种情况，可能有必要重复步骤1，并审查该问题在文中的相关信息。

推理（inference）
从可获得的信息中得出推论的过程。

8. 一旦确定了适当的公式，写出公式并将问题中的已知量替换为可变符号。

解决正式问题的步骤概述
1. 仔细阅读问题
2. 列出已知信息
3. 列出要解决的所需（未知）信息
4.绘制问题情景示意图以表示已知和未知信息
5. 写下可能有用的公式
6. 确定要使用的公式
7. 如有必要，请重新阅读问题陈述，以确定是否可以推断出任何其他所需的信息
8. 谨慎地将已知信息替换成公式
9. 求解方程以确定未知变量（所需信息）
10. 检查答案是否合理和完整
11. 将答案清晰地写在方框中

图 1-5
使用系统过程简化问题的求解。

9. 利用附录A中所述的简单代数技巧，通过“①改写方程使未知变量在等号的一侧”和“②将方程另一端的数简化为单一数量”来求解未知变量。

10. 对得出的答案进行一次常识性检查。它看起来是太小还是太大？如果有问题，请重新检查计算过程。此外，检查以确保最初在问题陈述中提出的所有问题都已得到答案。

11. 将答案清楚地写在方框中，并包括正确的计量单位。

图1-5提供了解决正式定量问题的步骤。对这些步骤应仔细研究、参考，并应用于每一章末尾所包含的定量问题的研究中。例题1.1说明了此过程的使用。

计量单位

提供一个与定量问题答案相关的正确计量单位很重要。显然，2 cm和2 km是完全不同的。同样重要的是，要识别与特定物理量相关的计量单位。例如，在国外旅行时，为汽车订购10 km的汽油显然是不合适的。

在美国，英制仍然是主要使用的测量系统。英制度量衡产生的几个世纪以来，主要用于商业和土地分割，具体单位主要来自于皇室法令。例如，1 yd（码）起初定义为从国王亨利一世的鼻子末端到他伸直手臂的拇指的距离。英制度量几乎没有逻辑。在这个系统中，认为1 ft（英尺）是12 in（英寸），3 ft是1 yd（码），5280 ft是1 mi（英里），16 oz（盎司）是1 lb（磅），2000 lb是1 t（吨）。

英制（English system）
最初起源于英国而现如今美国在使用的度量衡制度。

目前，除美国外，世界上大多数国家采用的度量制度都是国际统一制度（国际单位制度），这种国际统一制度通常称为S.I.或者公制。公制起源于18世纪90年代,是国王路易十六向法国科学院提出的一项要求。尽管这一制度在法国一度失宠，但在1837年又被重新接纳。1875年，17个国家签署了《米制公约》，同意采用公制。

公制（metric system）
除美国外，其他多数国家作为日常使用；国际上科学应用的度量衡制度。

例题 1.1

一名棒球运动员击出一个深远球。当他接近三垒时，意识到向捕手投来的球是失控的，因此他决定突破本垒板。捕手在距离本垒板10 m的地方接球，以5 m/s的速度返回本垒。当捕手开始跑时，跑垒员在离本垒板15 m的地方以9 m/s的速度往本垒板方向跑。时间=距离/速度，谁会先到达本垒板呢？

解决方案

步骤 1　仔细阅读这个问题。

步骤 2　写出已知信息：

$$跑垒员速度 = 9\ m/s$$
$$捕手速度 = 5\ m/s$$
$$跑垒员距本垒板的距离 = 15\ m$$
$$捕手距本垒板的距离 = 10\ m$$

步骤 3　写出待识别的变量：找出哪个运动员在最短的时间内到本垒板。

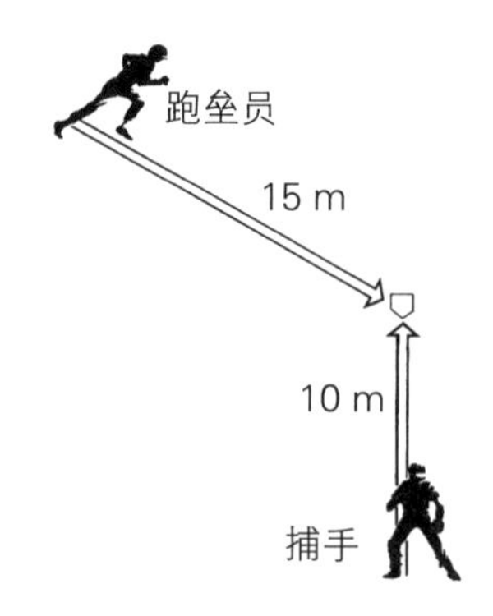

步骤 4　绘制表示问题情景的示意图（如左图）。

步骤 5　写出使用的公式：

$$时间 = 距离/速度$$

步骤 6　确定要使用的公式：因为没有提供与该解决方案相关的其他信息，所以可以假设所提供的公式是适当的。

步骤 7　如果所必需的信息是不可用的，那么请重新阅读这个问题：可以确定所有信息似乎都是可用的。

步骤 8　将已知信息替换为公式：

$$时间 = \frac{距离}{速度}$$

捕手：

$$时间 = \frac{10\ m}{5\ m/s}$$

跑垒员：

$$时间 = \frac{15\ m}{9\ m/s}$$

步骤 9　解方程：

捕手：

$$时间 = \frac{10\ m}{5\ m/s}$$
$$时间 = 2\ s$$

跑垒员：

$$时间 = \frac{15\ m}{9\ m/s}$$
$$时间 = 1.67\ s$$

步骤 10　检查答案是否合理、完整。

步骤 11　将答案写在方框中：

跑垒员先到达本垒板，比捕手快0.33 s。

从那时起，由于以下原因，公制在世界范围内得到了广泛的应用。第一，它只需要四个基本单位——m（米）（长度）、kg（千克）（质量）、s（秒）（时间）、K（凯尔文度）（温度）。第二，精确定义基本单位，可复制量不受重力等因素的影响。第三，除时间单位外，所有单位都以10的系数相互关联，这与英制计量单位之间转换需要大量换算系数形成对比。第四，该系统在国际上得到了应用。

由于这些原因及科学界几乎完全使用公制单位的事实，所以公制也是本书所使用的单位系统。对于那些不熟悉公制的人来说，应学会把英制单位换算为公制单位。两个经常用到的换算公式是1 in（英寸）≈2.54 cm，1 lbf（磅力）≈4.45 N。附录三列出了这两种系统中所有相关的计量单位和通用英制–公制换算系数。

小结

生物力学是一门将力学原理应用于生物体系和功能研究的多学科科学。由于生物力学专家来自不同的学术背景和专业领域，生物力学研究可解决一系列的跨学科问题和难题。

生物力学的基础知识对于称职的体育老师、物理治疗师、医生、教练（包括私人教练）和运动指导员等专业人体运动分析人员是必不可少的。本书中提出的结构化方法旨在帮助识别、分析和解决与人体运动相关的问题或难题。

入门题

1. 阅读3篇有关生物力学研究的文献（可以从*Journal of Biomechanics*, *Journal of Applied Biomechanics*, *Medicine and Science in Sports and Exercise*中寻找），并为每篇文献写一页总结，并确定研究是否涉及静态力学或动态力学、动力学或运动学。
2. 列出与生物力学相关的8~10个网站，并对每个网站进行一段描述。
3. 写一篇简短的关于生物力学知识在你的职业或事业中是如何发挥作用的文章。
4. 选择三份工作或职业，并就每一项涉及的定量和定性工作方式写一篇文章。
5. 用自己的话写一份对本章中解决问题的步骤的总结列表。
6. 描述一个非正式问题和一个正式问题。
7. 一步一步地展示问题6所描述的问题之一的解决方案。
8. 求解以下每一个方程中x的值。如有需要，请参考附录一。

   a. $x=5^3$；b. $7+8=x/3$；c. $4\times 32=x\times 8$；d. $-15/3=x+1$；e. $x^2=27+35$；f. $x=\sqrt{79}$；g. $x+3=\sqrt{38}$；h. $7\times 5=-40+x$；i. $3^3=x/2$；j. $15-28=x\times 2$

（答案：a.125；b.45；c.16；d.−6；e. ± 7.9；f.8.9；g.3.2；h.75；i.54；j.−6.5）

9. 两个学生为一个球在操场上进行赛跑。Tim在离球15 m的地方开始跑，Jan在离球12 m的地方开始跑。如果Tim的平均速度是4.2 m/s，Jan的平均速度是4.0 m/s，谁会先到达球的位置？写出解题步骤（见例题1.1）（答案：Jan先到）

10. 一个0.5 kg重的球被施以40 N的力踢开，那么球的加速度是多少？（答案：80 m/s^2）

附加题

1. 选择一个具体的运动或感兴趣的运动技能，并阅读两三篇与生物力学研究主题相关的科学文献。写一篇短文，把资源信息整合到所选择的运动的科学描述中。
2. 当你尝试结算你的支票簿时，你有可能会发现账户余额与银行计算结果不同。列出一套有助于发现错误的有序且有逻辑的步骤。你可以使用列表、大纲或方框图。
3. Sarah去杂货店花了一半的钱。在回家的路上，买了一个冰淇淋筒，价格是0.78美元。然后，她在干洗店花去了剩余钱的1/4（5.50美元）。Sarah原来有多少钱？（答案：45.56美元）
4. Wendell投资了10 000美元的股票，其中Petroleum Special每股30美元，Newshoe每股12美元，Beans & Sprouts每股2.5美元。他将60%的钱用于Petroleum Special，30%的钱用于Newshoe，10%的钱用于Beans & Sprouts。随着市场价值的变化（Petroleum Special下降3.12美元，Newshoe上升80%，Beans & Sprouts增加0.2美元），6个月后他的投资价值多少钱？（答案：11 856美元）
5. 如左图所示的直角三角形ABC的斜边长为4 cm。另外两边的边长是多少？（答案：A =2 cm；B ≈3.5 cm）

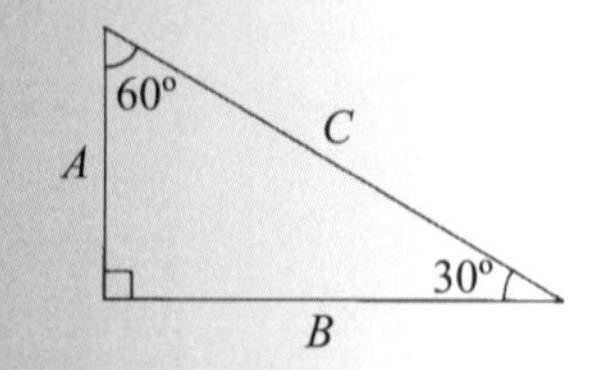

6. 在三角形DEF中，边长E为4 cm，边长F为7 cm。如果边E和F之间的夹角是50° ，那么边长D是多少？（答案：5.4 cm）
7. 一个定向赛跑者向北跑300 m，然后向东南跑400 m（两条路线成45° 夹角）。如果他以恒定的速度跑，那么他距离起跑线有多远？（答案：283.4 m）
8. John每天中午外出跑步。他向西跑2 km，然后向南跑2 km，最后跑向一条直接带他回到开始位置的路。

   a. John跑了多远？

   b.如果他的平均速度是4 m/s，那么整个过程用了多长时间？

   (答案：a.6.83 km； b.28.5 min）

9. John和Al正在进行一场15 km的赛跑。John在比赛的前半程平均速度为4.4 m/s，然后以4.2 m/s的速度跑至最后200 m处，最后他以4.5 m/s的速度跑完200 m。如果Al想要打败John，Al的平均速度是多少？（答案：大于4.3 m/s）

10. 一艘帆船以3 m/s的速度向北航行1 h，然后以2 m/s的速度返回东南方向（两条路线成45°夹角）45 min。

   a. 这艘船航行了多远？

   b. 这艘船离起点有多远？

   （答案：a.16.2 km；b.8.0 km）

姓名：________________

日期：________________

实践

1. 3~5个学生为一组，选择三种你熟悉的人体运动或动作技巧（如垂直跳跃）。对于每个运动，列出至少三个分析师可能会选择回答的一般问题和具体问题。

动作/技能1：________________

一般问题

a. ________________

____

b. ________________

____

c. ________________

____

具体问题

a. ________________

____

b. ________________

____

c. ________________

____

动作/技能2：________________

一般问题

a. ________________

____

b. ________________

____

c. ________________

____

具体问题

a. ________________

____

b. ______________________________

____

c. ______________________________

____

动作/技能3：______________________________

一般问题

a. ______________________________

____

b. ______________________________

____

c. ______________________________

____

具体问题

a. ______________________________

____

b. ______________________________

____

c. ______________________________

____

2. 3~5个学生为一组，选择三种熟悉的人体运动或动作技巧，并让小组的两名成员同时进行几次运动。比较观察这两名小组成员动作的不同和相同之处。其中哪些是潜在的重要因素？哪些是个人风格的问题？

不同之处	重要因素（是/否）
______________________________	______________
______________________________	______________
______________________________	______________

相同之处	重要因素（是/否）
______________________________	______________
______________________________	______________
______________________________	______________

3. 3~5个学生为一组，观看人体运动或运动技能表现的视频或电影。在看过几次运动之后，列出至少三个分析人员可能选择回答的与运动相关的一般问题和具体问题。

一般问题

a. ______________________________

____

b. ______________________________

____

c. ______________________________

____

具体问题

a. ______________________________

____

b. ______________________________

____

c. ______________________________

____

4. 根据已完成的实践1~3，在小组中，讨论每项的相对优势和劣势，以示你有提出有意义问题的能力。
5. 让一名小组成员进行几次行走试验，小组其他成员从正面、侧面和后面观察。研究对象可以在跑步机上行走，也可以在地上行走。每一面应该观察受试者步态的哪些方面？

正面观察

____

____

____

____

侧面观察

____

____

____

____

后面观察

____

____

____

____

参考文献

[1] AL-OTAIBI S T. Prevention of occupational back pain, *J Family Community Med* 2015, 22:73.

[2] BARNES K R, KILDING A E. Strategies to improve running economy, *Sports Med* 2015, 45:37 .

[3] BASQUES B A, GARDNER E C, SAMUEL A M, et al. Injury patterns and risk factors for orthopaedic trauma from snowboarding and skiing: A national perspective, *Knee Surg Sports Traumatol Arthrosc*, 2016. [Epub ahead of print]

[4] DE KONING J J, HOUDIJK H, DE GROOT G, et al. From biomechanical theory to application in top sports: the klapskate story. *J Biomech* 2000, 33:1225.

[5] DUBRAVCIC-SIMUNJAK S, PECINA M, KUIPERS H, et al. The incidence of injuries in elite junior figure skaters. *Am J Sports Med*, 2003, 31:511.

[6] FULLER J T, BELLENGER C R, THEWLIS D, et al. The effect of footwear on running performance and running economy in distance runners. *Sports Med*, 2015, 45:411.

[7] GRIMM D, GROSSE J, WEHLAND M, et al. The impact of microgravity on bone in humans. *Bone*, 2016, 87:44 .

[8] HALSEY L G. Terrestrial movement energetics: Current knowledge and its application to the optimising animal. *J Exp Biol*, 2016, 219:1424.

[9] HULME A, NIELSEN R O, TIMPKA T, et al. Risk and protective factors for middle- and long-distance running-related injury. *Sports Med*, 2017, 47:869.

[10] HOUDIJK H, DE KONING J J, DE GROOT G, et al. Push-off mechanics in speed skating with conventional skates and klapskates. *Med Sci Sprt Exerc*, 2000, 32:635.

[11] LUKASZYK C, HARVEY L, SHERRINGTON C, et al. Risk factors, incidence, consequences and prevention strategies for falls and fall-injury within older indigenous populations: A systematic review. *Aust N Z J Public Health*, 2016, 40:564.

[12] PATRICK E, COOPER J G, DANIELS J. Changes in skiing and snowboarding injury epidemiology and attitudes to safety in Big Sky, Montana, USA: A comparison of 2 cross-sectional studies in 1996 and 2013, *Orthop J Sports Med* 3:2325967115588280. doi: 10.1177/2325967115588280. eCollection 2015.

[13] RIGNEY S M, SIMMONS A, KARK L. Mechanical characterization and comparison of energy storage and return prostheses. *Med Eng Phys*, 2017, 41:90.

[14] RUBY D. Biomechanics—How computers extend athletic performance to the body's far limits. *Popular Science*, 1982(1):58.

[15] SMITH A C, ROBERTS J R, KONG P W, et al. Comparison of centre of gravity and centre of pressure patterns in the golf swing. *Eur J Sport Sc*i, 2017, 17:168.

[16] STEENSTRA I A, MUNHALL C, IRVIN E, et al. Systematic Review of Prognostic Factors for Return to Work in Workers with Sub Acute and Chronic Low Back Pain, *J Occup Rehabil*, 2016 Sep 19. [Epub ahead of print]

[17] TANAKA K, NISHIMURA N, KAWAI Y. Adaptation to microgravity, deconditioning, and countermeasures. *J Physiol Sci*, 2017, 67:271.

[18] YAMAMOTO K, TSUBOKURA M, IKEDA J, et al. Effect of posture on the aerodynamic characteristics during take-off in ski jumping. *J Biomech*, 2016, 49:3688.

注释读物

BLAZEVICH A J. Sports biomechanics: The basics: Optimising human performance. London: Bloomsbury Sport, 2017.

浅谈与运动相关的生物力学。

KOOMEY J G. Turning numbers into knowledge: Mastering the art of problem solving. New York: Analytics Press, 2017.

使用解决现实世界问题的工具，为那些被定量分析吓倒的人提供提高数据质量和图表清晰度的培训手册。

MORIN J, SAMOZINO P. Biomechanics of training and testing: Innovative concepts and simple field methods. New York: Springer, 2017.

介绍了利用潜在的神经力学和生物力学因素进行运动能力训练的创新方法，以及实践者如何从日常练习中获益的实践见解。

BARTLET R, PAYTON C. Biomechanical evaluation of movement in sport and exercise: The British Association of Sport and Exercise Sciences Guide. London: Routledge, 2018.

解释了生物力学测试和测量的理论基础，并就设备的选择和有效使用提供了建议。

第二章　运动学概念分析人体运动

通过学习本章，读者可以：

> **举例说明线性运动、角向运动和一般形式的运动。**
>
> **掌握解剖学姿势、基本平面和轴。**
>
> **定义和恰当地使用方位和关节运动术语。**
>
> **解释如何计划并实施有效的人体运动定性分析。**
>
> **确定和描述如何使用合适的工具进行运动学数据测量。**

观察步态的最好角度是侧面、前面还是后面？教练观察投手投掷风格的最佳距离是多少？用视频分析捕获动作的优点和缺点是什么？对于未经训练的观察者，顶尖的跨栏运动员和新手跨栏运动员，或者正常膝关节和受伤膝关节及部分康复的膝关节，他们的运动形式之间可能没有什么区别。哪些必备技能和哪些程序可用于有效的人体动作的运动学分析？

学习一门新学科的最重要的一个步骤是掌握相关术语。同样，学习适用于研究领域内特定问题和困难的一般分析方法是非常宝贵的。本章将介绍人体运动的术语，提供解决人体运动分析问题方法的模板。

运动形式

一般运动（general motion）
同时包含线性运动与角向运动的运动形式。

大多数人体运动是一般运动，是线性运动和角向运动的复杂组合，由于线性运动和角向运动是“纯粹”的运动形式，所以分析时把一个复杂的运动分解成线性运动和角向运动是有用的。

线性运动

纯线性运动涉及系统的匀速运动，系统各个部分以相同速度沿相同方向运动。线性运动也称为平移运动或平移。当身体处于平移时，它作为一个整体移动，并且身体的某些部分不会发生相对移动。例如，在平稳飞行的飞机中睡觉的乘客在空中平移。然而，如果乘客醒来并伸手拿杂志，则不再是纯粹的平移，因为手臂相对于身体的位置发生了改变。

线性运动也可以被认为是沿着线的运动。运动轨迹是直线的运动称为直线运动；运动轨迹是曲线的运动称为曲线运动。当摩托车沿着直线路径移动时，保持静止姿势的摩托车手正在做直线移动。如果摩托车手跳下车并且摩托车车轮不旋转，摩托车手和摩托车（除了旋转车轮）在空中时会做曲线移动。同样，一个滑雪者以一个固定的静止不动的姿势滑过一座小山坡是直线运动。如果滑雪者跳过一个沟壑，所有身体部位沿着弯曲的路径以相同的速度沿同一方向移动，则运动是曲线的。当摩托车或滑雪者越过山顶时，运动不是线性的，因为身体的上半部分比下半部分的运动速度更快。图2–1显示了做直线、曲线和旋转运动的体操运动员。

线性运动（linear motion）
沿着一条线路（可以是直线或曲线）进行的运动。身体的各个部分都朝着同一个方向，以相同的速度运动。

角向运动（angular motion）
围绕一个点或一条中轴线进行的旋转运动。

直线运动（rectilinear motion）
沿着一条直线运动。

曲线运动（curvilinear motion）
沿着一条曲线运动。

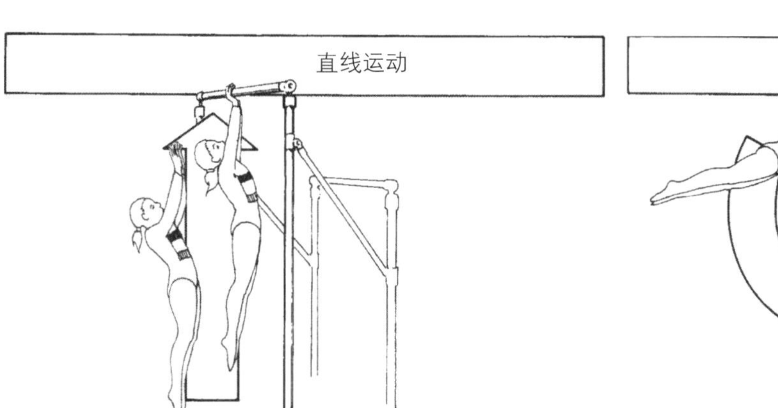

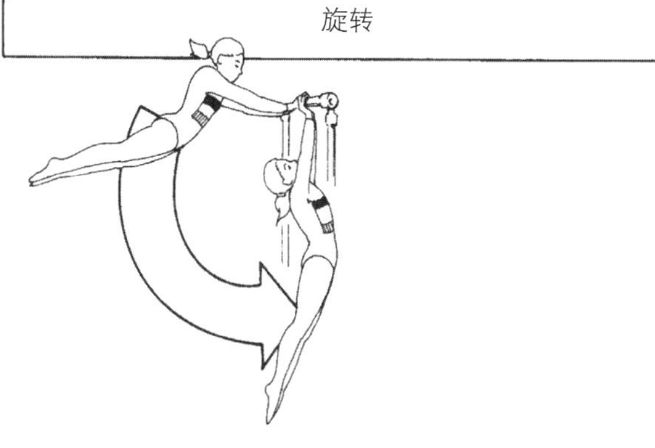

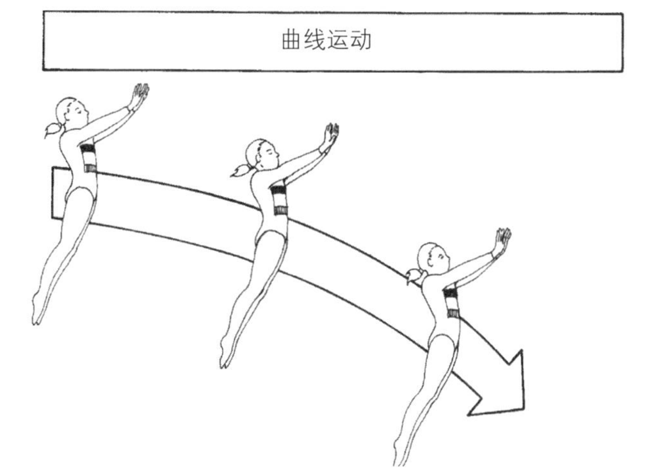

图 2–1　直线运动、曲线运动和旋转运动的实例。

在关节处的身体某部分的旋转发生在一条想象的线周围，这条想象的线被称为穿过关节中心的旋转轴。©Design Pics.

角向运动

旋转轴（axis of rotation）
垂直于旋转平面的想象线，该线是旋转中心。

角向运动是指围绕着一个被称为旋转轴的中心假想线旋转，这条假想线垂直于旋转发生的平面。当体操运动员在杠杆上转出一个大圆时，整个身体旋转，旋转轴穿过杠杆的中心。当跳水运动员在半空中翻腾时，整个身体旋转，此时假想旋转轴随着身体一起移动。几乎所有有意识的人体运动都涉及身体部分围绕假想旋转轴旋转，该旋转轴穿过该部分所连接的关节的中心。当发生角向运动或旋转时，运动中的身体部分不断地相对于身体的其他部分移动。

一般运动

• 大多数人体运动为一般运动。

线性移动与旋转一起发生，就是一般运动。从投出到落地的过程中，橄榄球在做线性运动的同时会自发地围绕旋转轴进行旋转（图2–2）。一个跑步运动员在线性运动时，其髋、膝、踝在做相对于整个身体的角向运动。人体运动通常是由一般运动构成的，而不是纯线性运动或者纯角向运动。

机械系统

系统（system）
由分析人员选中的进行研究的对象或对象组。

在确定运动的性质之前，必须定义感兴趣的机械系统。通常，将整个人体作为待分析的系统。然而，有时系统可能是指某个部位或某个物体，如右臂或者右臂投出的球。过顶投掷时，身体作为一个整体进行一般运动，投掷臂的运动主要是角向运动，投掷出去的球的运动是线

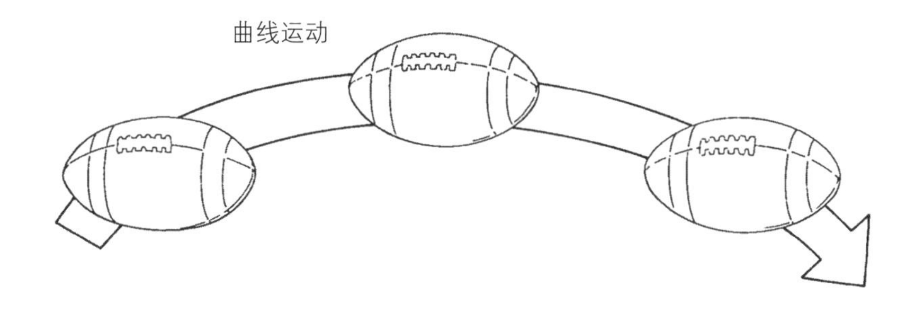

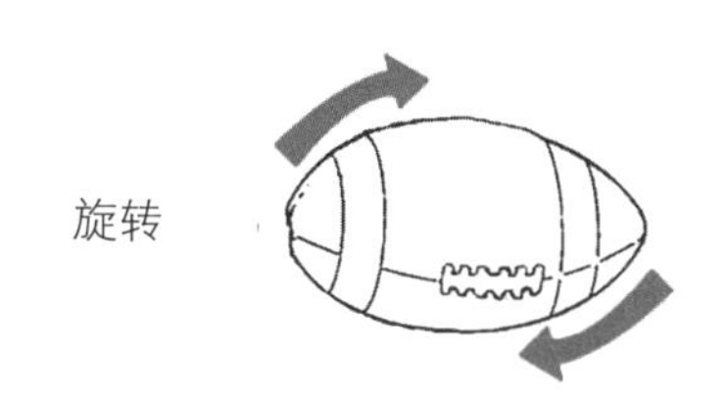

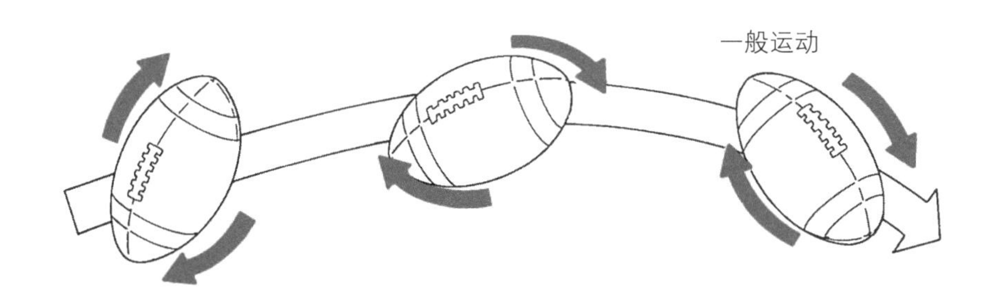

图 2-2

一般运动是一种线性运动和角向运动的结合运动。

性运动。待分析的机械系统由运动分析人员根据感兴趣的焦点选择。

标准术语

关于人体运动的特定信息有精确表达身体姿势和方向的专业术语。

解剖学姿势（anatomical position）

身体直立、两脚略分开、双臂自然放松于体侧、双手掌心向前的姿势，常被认为是身体节段性活动的起始姿势。

解剖学姿势

人体解剖学姿势是一个直立的姿势，双脚略微分开，双臂自然放松于身体两侧，掌心向前。这不是一个自然站立姿势，但是在定义运动术语时常用作参考位置或起始位置的身体方位。

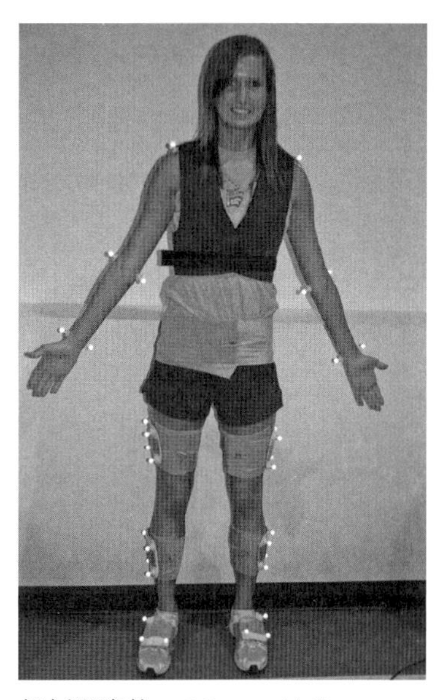

解剖学姿势。©Susan Hall.

方位术语

使用方位术语对于描述身体部位的关系或外部物体相对于身体的位置是必要的。以下是常用的方位术语。

上：靠近头部者为上。

下：远离头部者为下。

前：朝向身体前部（腹侧）。

后：朝向身体后部（背侧）。

内侧：朝向身体的中线。

外侧：远离身体的中线。

• 基本面和轴可用于描述身体运动和定义具体的运动术语。

近端：靠近躯干（如膝关节相对于踝关节是近端）。

远端：远离躯干（如腕相对于肘关节是远端）。

浅：距离皮肤近。

深：在身体内部、远离皮肤。

所有这些方位术语都可以作为反义词配对——具有相反的意思。肘关节相对于腕关节是近端，腕关节相对于肘关节是远端。同样，鼻子相对于嘴是上，嘴相对于鼻子是下。

解剖平面

基本面（cardinal planes）
三个想象的将身体平均分为两部分的平面。

矢状面（sagittal plane）
身体各部位向前和向后运动的平面。

冠状面（frontal plane）
身体各部分侧向运动的平面。

水平面（transverse plane）
在直立站位时，身体或身体部分水平运动的平面。

三个假想的基本面在三维中均分身体的重量。面是一个二维曲面，其方向由三个离散点的空间坐标定义，这三个离散点不在同一条直线上。基本面是想象的平面。矢状面也称为前后平面，将人体垂直分为左右两部。冠状面也称为额状面，将人体垂直分为前后两部。水平面也称为横切面，将人体分成上下两部分。对于解剖学姿势站立的人体来说，三个基本面相交于一点，该点为身体的质心或重心（图2-3）。这些假想的参考面只存在于人体。如果一个人向右转了一个角度，参考面也会向右转一个角度。

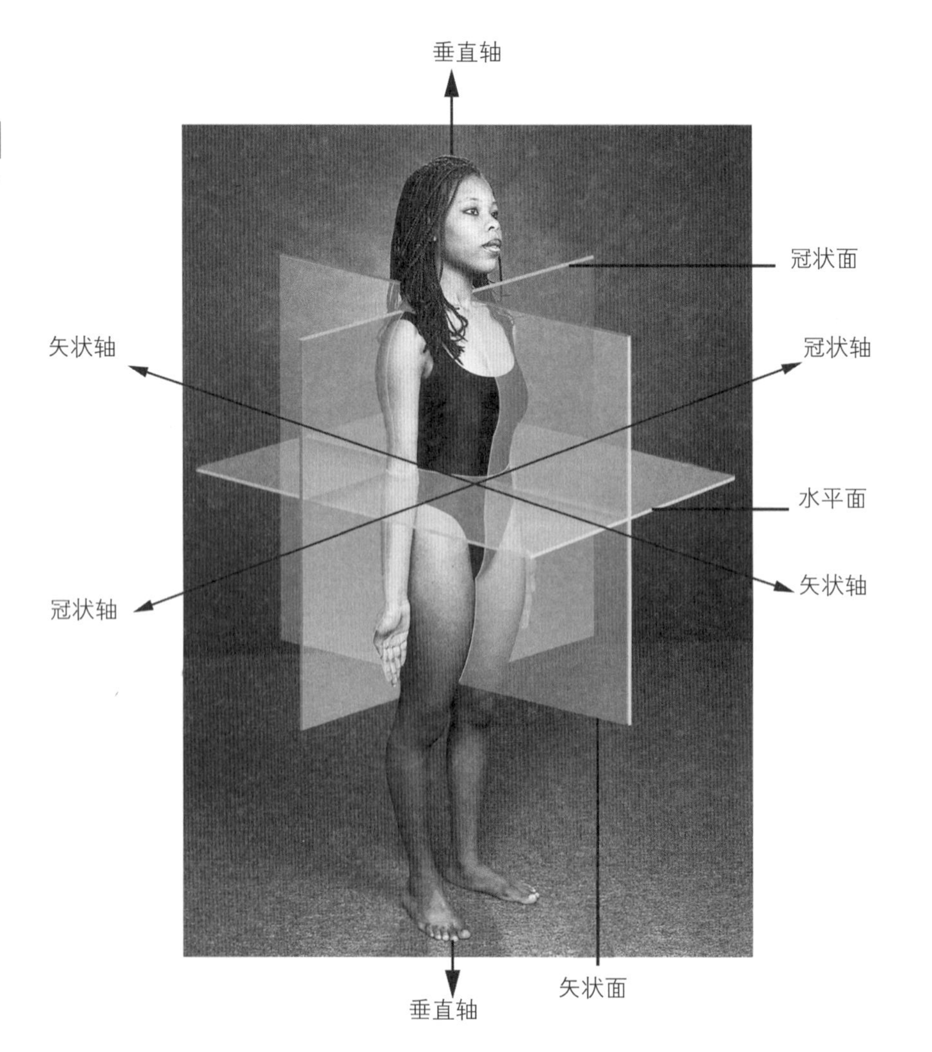

图 2-3

三个基本平面。©Joe DeGrandis/McGraw-Hill Education.

整个身体可以沿着或平行于基本面运动，身体某个部位的运动可以描述为矢状面运动、冠状面运动和水平面运动。描述为某一基本面的运动通常是指该运动平行于这一基本面。例如，向前和向后的运动为矢状面运动。当向前滚动时，整个身体与矢状面平行移动。在原地跑步过程中，手臂和腿的运动通常是向前和向后的，尽管运动的平面穿过肩关节和髋关节，而不是身体的中心。行走、打保龄球和骑自行车在很大程度上都是矢状面运动（图2–4）。冠状面运动是横向（侧向）运动。例如，侧手翻是整个身体发生于冠状面的运动；开合跳、侧步和足球侧踢中，有些关节的运动发生于冠状面。全身水平面运动的例子有跳水运动员、蹦床运动员或空中体操运动员的扭转动作和舞者的竖趾旋转。

•尽管大多数人体运动不是严格的平面运动，但是基本面有助于描述以平面为主的运动。

虽然人体的许多运动不是矢状面、冠状面、水平面的或者根本不是平面的，但这三个主要的面仍然是有用的。在关节处发生的身体运动和具体命名的运动通常称为主要的冠状面、矢状面和水平面运动。

图 2–4　骑自行车时腿在矢状面运动。©Fredrick Kippe/Alamy Stock Photo RF.

解剖轴

当人体的某部分围绕一个想象的轴旋转时，旋转轴穿过它所连接的关节。描述人体运动的有三个轴，每个轴都垂直于三个运动平面中的一个。冠状轴垂直于矢状面。冠状面的旋转发生在矢状轴上（图2–5）。水平面旋转是围绕纵轴或垂直轴的旋转。重要的是，这三个轴中的每个轴总是和与该轴垂直的平面一起出现。

冠状轴（frontal axis）
从身体左侧穿至右侧的假想线，矢状面围绕其旋转。

矢状轴（sagittal axis）
贯穿身体前后的假想线，冠状面围绕其旋转。

垂直轴（longitudinal axis）
从头顶到脚穿过身体的假想线，水平面围绕其旋转运动。

图 2-5

手臂和腿在冠状面运动。©Joe Polillio/McGraw-Hill Education.

关节运动术语

当人体处于解剖学姿势时，身体各部分都被认为是处于0°，身体各部位远离解剖位置的旋转是根据运动方向命名的，角度是指身体各部位位置和解剖位置之间的夹角。

• 矢状面运动包括屈曲、伸展和过伸，及背屈和跖屈。

矢状面的运动

从解剖位置上来说，发生在矢状面的运动主要有三种：屈曲、伸展、过伸（图2-6）。屈曲包括头部、躯干、上臂、前臂、手和髋部沿矢状面向前，及小腿沿矢状面向后的运动。伸展是指身体部位从

图 2-6

肩关节的矢状面运动。

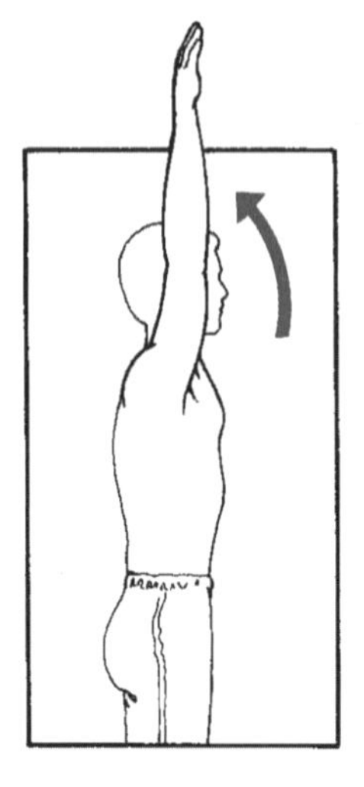

屈曲

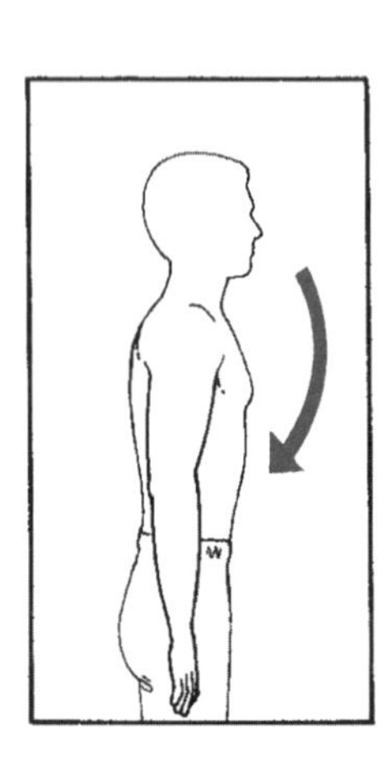

伸展

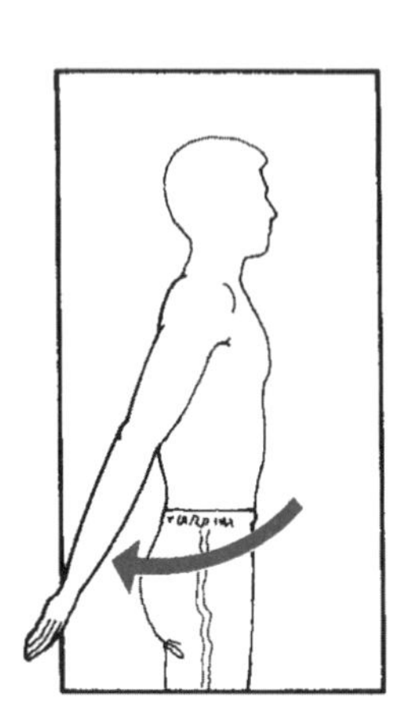

过伸

屈曲位置返回到解剖位置的运动。过伸是超过解剖位置向屈曲相反的方向的运动。如果手臂或腿从解剖位置向内或向外旋转，膝关节和肘关节的屈曲、伸展和过伸可能发生在矢状面以外的平面上。

当脚相对于小腿移动，及当小腿相对于脚移动时，会产生踝关节沿矢状面的运动。脚尖向小腿的运动称为背屈；与背屈相反的运动，可以想象为足球中“铲球”的动作，称为跖屈（图2–7）。

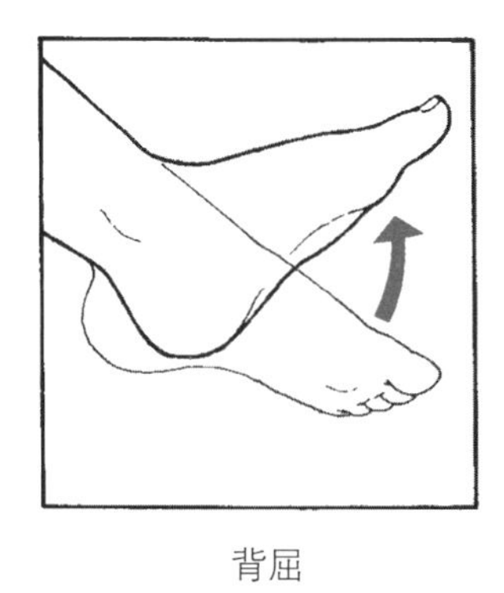
背屈

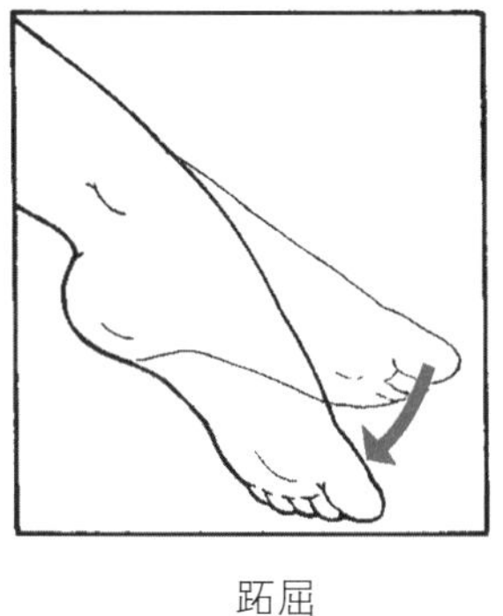
跖屈

图 2–7
踝关节的矢状面运动。

冠状面的运动

冠状面的运动主要包括外展和内收。外展（意为离开）是指身体部位远离身体中线的运动，内收（意为回来）是指身体部位靠近身体中线的运动（图2–8）。

• 冠状面运动包括外展和内收、侧屈、上提和下拉、内翻和外翻、桡偏和尺偏。

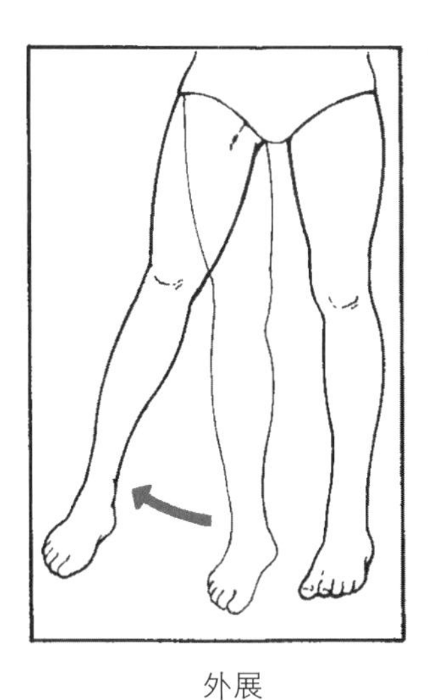
外展

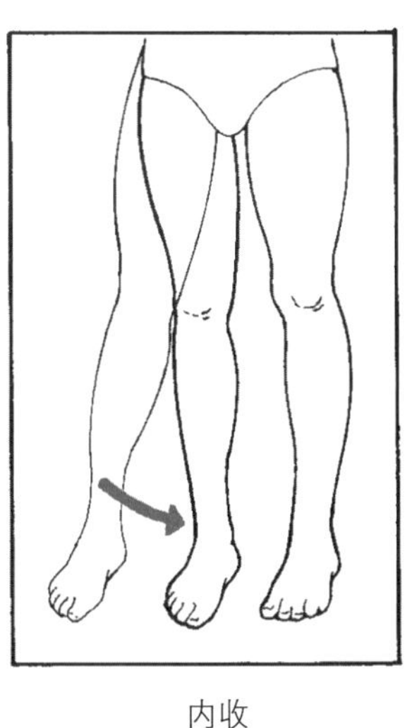
内收

图 2–8
髋关节的冠状面运动。

发生于冠状面的运动还有躯干的侧向旋转，如右侧或左侧侧屈（图2–9）。肩带的上提和下拉是指肩带向上和向下的运动（图2–10）。在冠状面上，手腕向桡骨（拇指侧）的旋转称为桡偏，手腕向尺骨（小指侧）的旋转称为尺偏（图2–11）。

图 2-9

脊柱的冠状面运动。

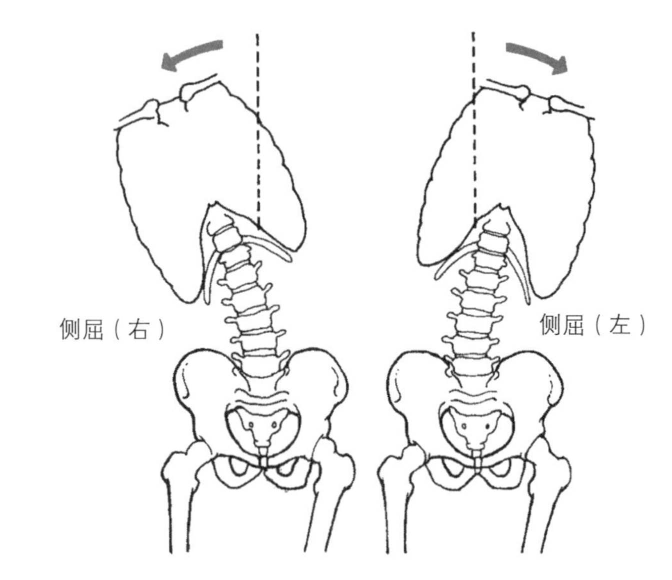

图 2-10

肩带的冠状面运动。

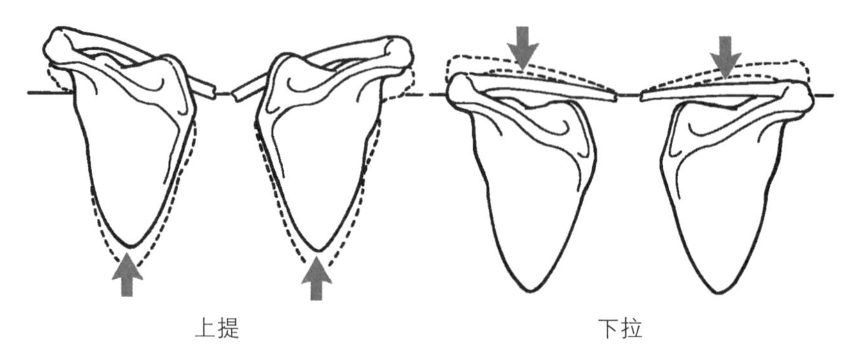

图 2-11

手部的冠状面运动。

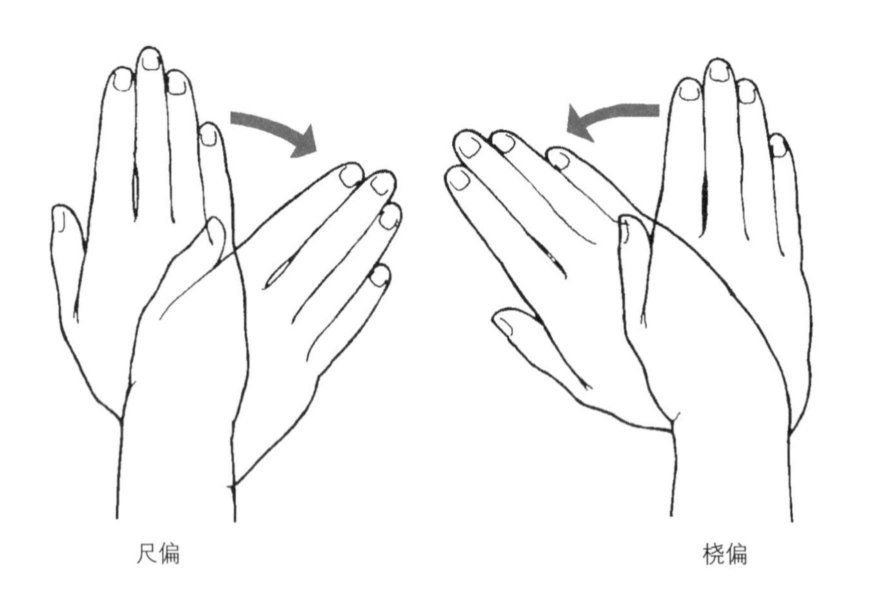

足部发生的冠状面运动大多为外翻和内翻。脚底向外旋转称为外翻，脚底的向内旋转称为内翻（图2–12）。内收和外展也用于描述整个足部的向内和向外旋转。旋前和旋后通常用于描述距下关节（subtalar joint）发生的运动。距下关节的旋前由外翻、外展和背屈共同构成；旋后包括内翻、内收和跖屈。

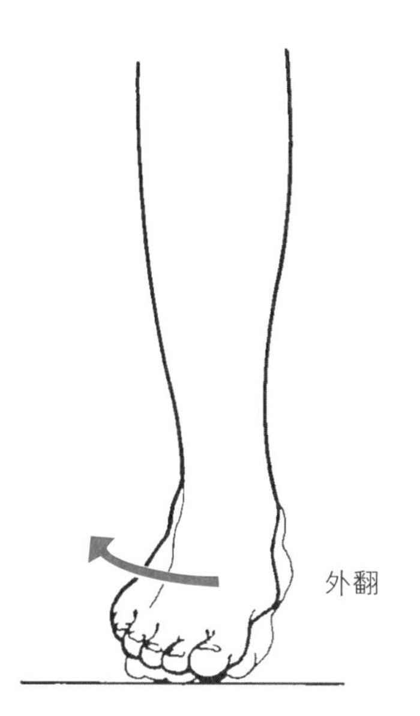

图 2-12
足部的冠状面运动。

水平面的运动

水平面的运动主要是围绕垂直轴的旋转运动。左旋和右旋用于描述头部、颈部和躯干的水平面运动。当旋转靠近身体的中线时，手臂或腿作为一个整体在水平面上旋转称为旋内或内旋，当旋转远离身体的中线时，则称为旋外或外旋（图2-13）。

• 水平面运动包括左旋和右旋、内旋和外旋、旋后和旋前、水平外展和内收。

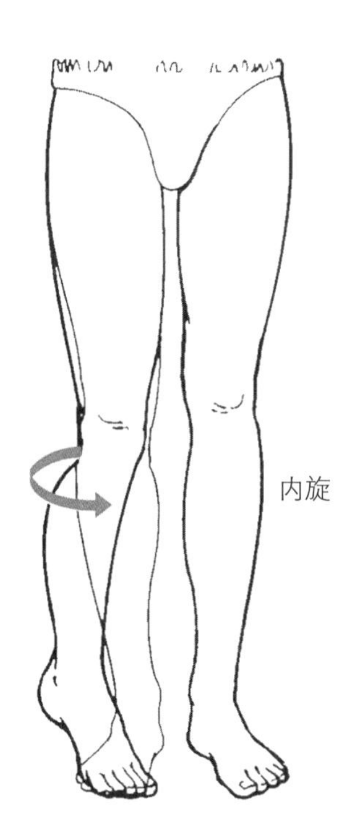

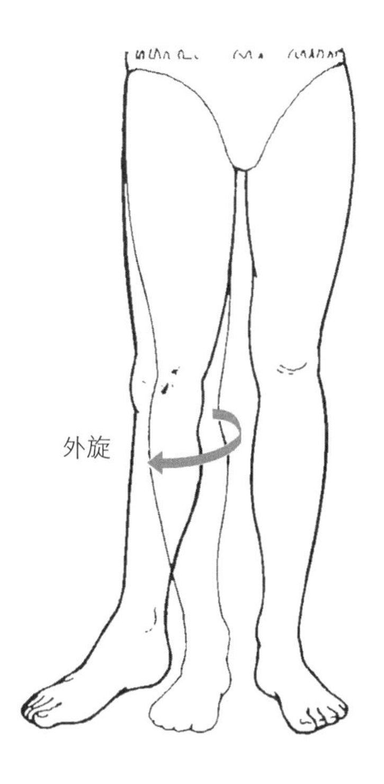

图 2-13
腿部的水平面运动。

前臂的旋转运动使用了特定的术语。前臂的向外和向内旋转分别称为旋后和旋前（图2-14）。在解剖位置中前臂处于旋后位置。

虽然内收和外展是冠状面运动，但当手臂或大腿弯曲到一个位置时，手臂和大腿在水平面上从前方向侧方的运动称为水平外展或水平伸展，在水平面从侧方向前方的运动称为水平内收或水平屈曲（图2–15）。

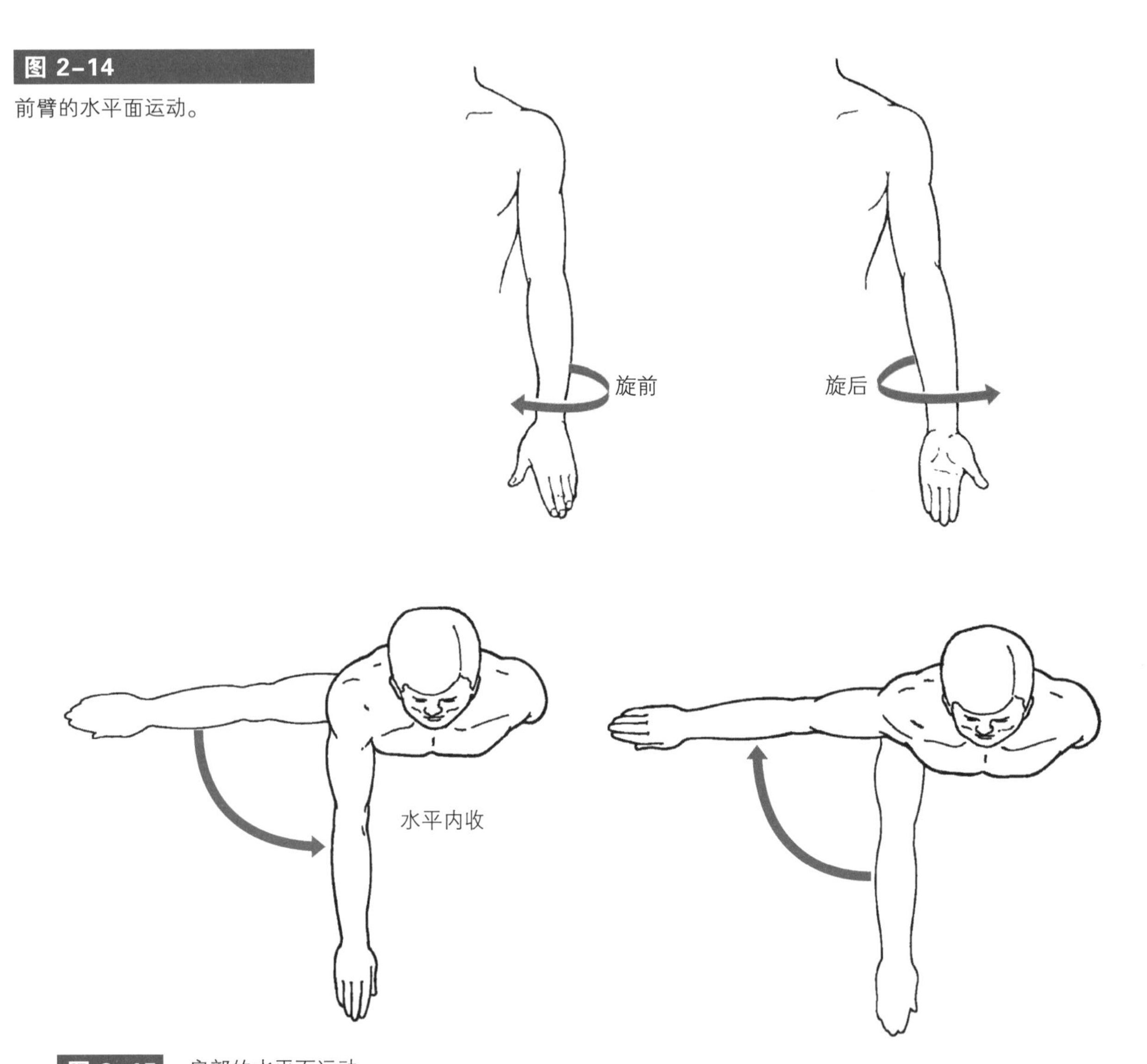

图 2–14
前臂的水平面运动。

图 2–15 肩部的水平面运动。

其他运动

肢体有许多运动并不发生在三个基本面上，而是发生在与基本面呈对角的平面上。由于人体的运动复杂多样，对每个平面的人体运动都进行命名是不切实际的。

身体部位的圆周运动称为环转运动。手指尖画圈而手的其他部位静止的运动是掌指关节的环转运动（图 2–16）。环转运动结合了屈曲、伸展、内收和外展，形成了运动的身体部分的锥形轨迹。

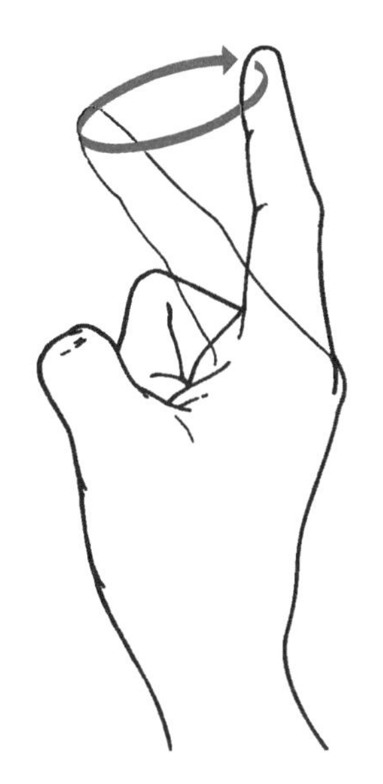

图 2-16

食指掌指关节处的环转运动。

空间参考系

人体运动除了通过三个基本面及轴进行描述，还经常需要使用固定的参考系。当生物力学专家定量描述生物体的运动时，使用空间参考系来标准化其测量。最常用的参考系是笛卡尔坐标系，其单位是在两个或三个主轴的方向上测量的。

主要发生在一个方向上或者一个平面上的运动，如跑步、骑车或者跳跃，可使用二维的笛卡尔坐标系进行分析（图2-17）。在二维笛卡尔坐标系中，在x方向或水平方向及在y方向或垂直方向上以单位测量感兴趣的点。生物力学专家分析人体运动的兴趣点通常是身体的关节，其构成身体某些部分的目标点。每个关节中心的位置测量可以相对于两个轴并描述为（x，y），其中x是远离y轴的水平单位的数量，y是远离x轴的垂直单位的数量。这些单位可以在正方向和负方向上进行测量（图2-18）。当目标运动是三维的时候，通过添加垂直于x轴和y轴的z轴及距离（x，y）平面的z方向上的测量单元，可以将分析扩展到三维空间中去。对于二维坐标系，y轴通常是垂直的，而x轴是水平的。而在三维坐标系中，通常z轴是垂直的，x轴和y轴表示两个水平方向。

网球发球需要手臂在对角线平面上运动。©Susan Hall.

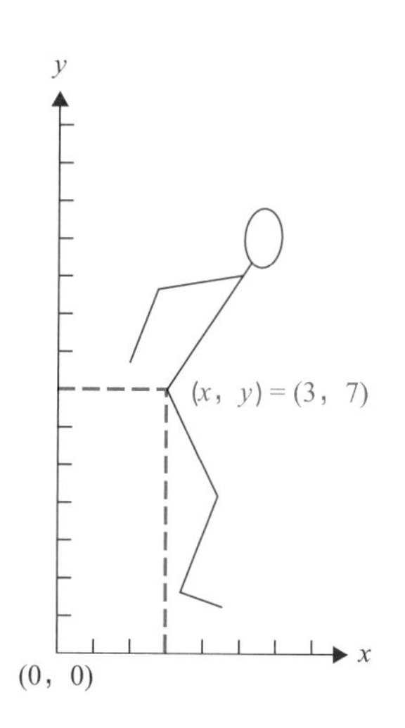

图 2-17

在笛卡尔坐标系中，显示髋关节的x和y坐标。

图 2-18

在笛卡尔坐标系中，坐标可以是正的，也可以是负的。

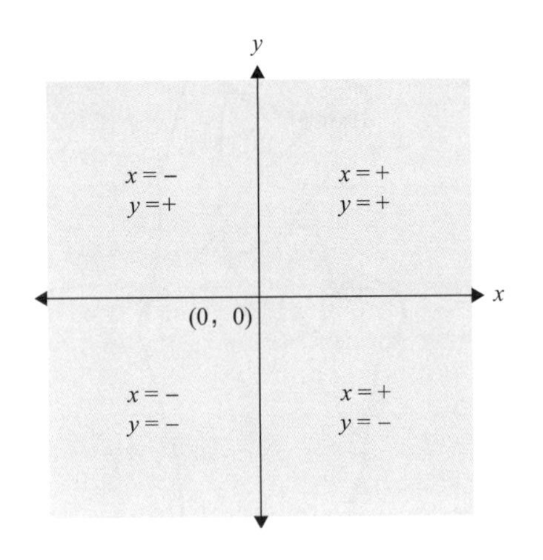

人体运动分析

•定性分析需要分析人员了解运动的特定生物力学目的及具备发现错误原因的能力。

运动形式、标准参考术语和关节运动术语相关语言的良好掌握，对准确和精确地描述人体运动很有必要。分析人体运动的能力还包括了解所需的运动特征，及观察和确定给定的运动表现是否包含这些特征的能力。如第一章所述，人体运动分析可能是定量的，需要进行测量；也可能是定性的，不需要使用数字去描述运动特征。一个周密的分析包括定量和定性两个要素，但是，可以从纯粹的定性分析中收集到大量信息。

视觉观察是定性分析人体运动机制的最常用方法。根据观察运动员技能、患者走斜坡或学生尝试新任务，教练、临床医生和体育老师对每天收集到的信息做出判断和建议。然而，定性分析不能随意进行，有效的定性分析必须由具有运动生物力学知识的分析人员仔细地计划和执行。

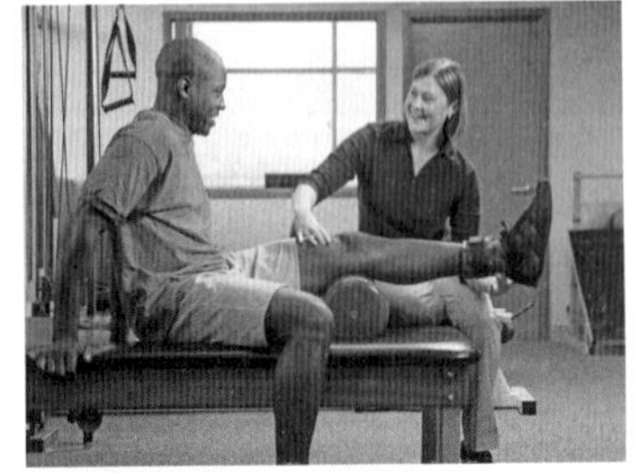

许多工作每天都需要对人体运动进行定性分析。©Digital Vision/Alamy Stock Photo.

定性分析的必备知识

分析人员依据两个主要的信息来源判断一种运动技能，第一个是运动员所展示的运动学或者技术，第二个是运动表现的结果。评估运动表现结果是有限的，因为理想的运动表现结果来源于恰当的生物力学知识运用。

分析人员可从生物力学角度了解技能的特定目的，这有助于有效地分析运动技能。排球运动员发球时的一般目标是有效地将球打过网进到对方球场。具体地说，这需要综合协调由躯干旋转、肩部伸展、肘部伸展和全身重心向前平移产生的力，及以适当的高度和角度接触球。竞技自行车手的最终目的是在保持平衡的同时最大限度地提高速度，以便首先冲过终点线，这就需要分析诸如产生最大化垂直于踏板的力和保持较低的身体形态以最小化空气阻力等因素。

如果不了解相关的生物力学原理，分析人员可能难以确定提高

（或阻碍）运动表现的因素，并可能不能正确分析观察到的结果。为了更具体且有效地分析运动技能，分析人员必须能够识别技术错误的原因，而不是错误的症状或运动表现的特性。没有经验的网球或高尔夫球教练可能会专注于让运动员在击球后显示适当的随球动作。然而，不充分的随球只是潜在的错误运动表现征兆之一，其可能无法充分地旋转躯干从而旋转击球或挥拍及准备挥杆，或者未能以足够的速度挥拍或挥杆。识别这种错误运动表现产生原因的能力取决于对运动技能的生物力学的理解。

关于运动技能的生物力学知识的一个潜在知识来源是该技能的经验。熟练掌握技能的人通常能够比不熟悉技能的人更好地定性分析该技能。例如，能够判断自己展示技能的体操比赛裁判似乎可以比不能展示技能的那些人更准确地利用运动的感觉经验进行判断[4]。在大多数情况下，对技能或者运动表现的高水平认识提高了分析人员聚焦在事件关键方面的能力。

•分析人员应该能够区分问题的产生是来自完成问题的症状或者是不相关的运动特质。

然而，展示运动技能的直接经验并不是获得分析技能专业知识的唯一或必然的最佳途径。但尽管如此，熟练的运动员往往能取得成功，不是仅仅因为他们展示的形式或技术。此外，高素质的运动员并非总能成为最好的教练，而非常成功的教练可能在他们所处的领域里只有很少或没有参与的经验。

•表现一项运动技能的经验并不完全代表分析技能的熟悉程度。

尽职尽责的教练、教师或临床医生通常使用多种途径来开发用于评估运动技能的知识库，重要的有两种。一种是阅读教科书、科学期刊和非专业（指导）期刊中的可用部分。尽管并非所有的运动模式和技能都已经被研究，并且一些生物力学文献太深奥，以致需要先进行生物力学培训才能了解。在选择阅读材料时，重要的是区分文章是由研究支持还是主要基于意见，因为技能分析的“常识”方法可能存在缺陷。另一种就是在会议和研讨会上与具有专门技能、专业知识的人直接互动。

制订定性分析步骤

即使是最简单的定性分析，如果选择的方法不严谨，也可能产生不充分或错误的信息。随着技巧的复杂化和分析细节的能力水平提高，制订定性分析的水平也会提高。

所有分析的第一步都是确定主要疑问或感兴趣的问题。通常，这些问题已由分析人员规划完成，或者作为观察的最原始目的。例如，患者在膝关节术后的步态能否恢复正常？为什么排球运动员难以击出斜线球？什么原因可能导致秘书的手腕疼痛？或者简单地说，某项技能是否能尽可能有效地发挥出来？脑中有一个或更多个具体的问题有助于将注意力集中于分析。在分析之前准备一个标准表或检查表，有助于将注意力集中在被评估运动的关键要素上。当然，识别适当分析

高级击球手擅长随球，获取更多的击球机会。©Akihiro ugimoto/age fotostock.

问题和制定检查表的能力取决于分析人员对运动生物力学的了解。当分析人员观察不熟悉的技能时，回想许多运动技能具有的共性可能有助于分析。例如，网球、排球的发球和羽毛球中的高远球都非常类似。

分析人员接下来应该确定观察运动的最佳视角。如果主要运动多数是平面的，如骑行时的双下肢或垒球投球时的投掷手臂，观察一个透视图（如侧视图或后视图）可能就足够了。如果运动发生在多个平面上，如蛙泳时的四肢运动或者垒球运动员击球甩臂的上肢运动，需要从多个角度观察动作，以观察到所有关键信息。例如，观察武术家“踢”这个动作的后视图、侧视图和俯视图会得到关于运动的不同信息（图2–19）。

图 2–19

虽然主要发生在平面的运动技能可能只需要一个观察视角，但运动分析人员仍应从多个角度观察。上图:©Juice Images/Cultura/Getty Images RF. 下图:©Imagemore/Getty Images RF.

• 反复观察运动技能有助于分析人员将一致的表现误差与随机误差区分开。

• 对于运动分析人员来说，应利用摄像机的优点，并尽量避免其缺点。

还应全面考虑分析人员与运动者的观察距离（图2–20）。如果分析人员想观察患者在跑步机上行走过程中距下关节旋前和旋后的动作，需要下肢和足的后视图特写。在比赛期间，分析球场上特定排球运动员在快速变化时移动的位置，最好从远处的高位观察。

另一个需要考虑的因素是在制订分析步骤的过程中，应该观察试验的次数或运动进行情况。熟练的运动员可以在不同的动作执行过程中表现出仅在性能上稍微偏离的动作的运动学，但是还在学跑步的孩子

特写视角

远景视角

图 2-20
根据感兴趣的特殊问题选择分析人员观察运动员的距离。©John Lund/Blend Images LLC.

走的每一步的动作都不一样。不应该拘泥于基于观察单一运动表现的分析。运动员在运动学中的表现的不一致性越大，观察的数量应该越多。

影响人类运动观察质量的其他因素包括运动员的着装和周围环境因素。当生物力学研究人员研究特定动作的运动学时，受试者通常穿着较少，以便使身体的运动部分尽量暴露。有许多情况如教学课程、竞赛活动和团队实践可能不能实现尽量暴露运动部分，分析人员应该意识到宽松的衣服可能会掩盖细微的动作。充足的光线和不使人分心的背景也能提高所观察动作的可信度。

最后一个考虑因素是仅仅依赖于视觉观察还是使用摄像机。随着运动速度的提高，依赖于视觉观察越来越不切合实际。因此，即使是最严谨的观察者也可能会错过动作快速执行时的重要方面。视频能让运动者看到动作，也能让分析人员和运动者重复观看动作，有利于动作反馈以增强运动技能学习。大多数视频播放设备还支持慢动作观看和单画面前进，有利于找出动作的关键方面。

但是，分析人员应该意识到视频的使用存在潜在的问题。受试者意识到相机的存在有时会使动作改变，使用记录设备时，受试者可能会分散注意力或无意识地改变他们的技术。

定性分析步骤的应用

尽管仔细规划了定性分析，但在收集观察数据的过程中偶尔会出现新的问题。随着学习机制的出现，每次运动员都可能会对动作进行修改，尤其当动作还不熟练时。即使情况不是这样，观察时也可能出现新的问题。例如，是什么因素导致高尔夫球手的挥杆不一致？在

高尔夫球的挥杆动作可能是美国分析最多的运动技能。©George Doyle & Ciaran Griffin/Superstock RF.

100 m冲刺中跑过30~40 m后会有哪些技术变化？仔细分析并不是严格的预编程，通常涉及要回答或解决的新问题。教师、临床医生或教练经常处于一种连续的过程中，即规划分析步骤、收集其他观察结果、规划更新分析步骤（图2–21）。

图 2–21

定性分析过程通常是循环的，观察结果可以改进原始问题。

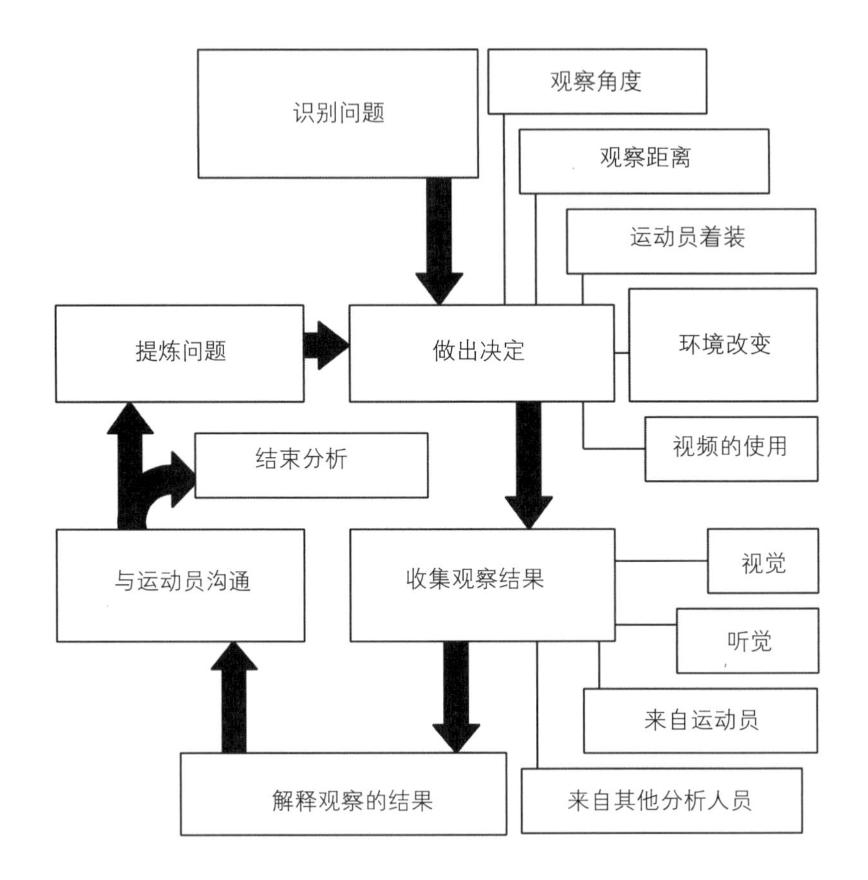

回答问题时需要分析人员关注动作关键的方面。一旦出现生物力学方面的错误，分析人员就需要在多次试验中观察运动员，把特殊问题解决掉，化整为零，这种方法通常有用。例如，评估垒球投手的技术从观察球速不足开始，然后进行上肢运动学评估，最后评估球释放时腕部抓握球的不足。

分析人员还应该意识到，运动技能的每一项表现都会受到运动员特征的影响。这些特征包括运动员的年龄、性别和人体测量学，运动员的发展和技能水平，及可能影响表现的任何特殊的身体或个性特征。虽然训练可以改善肌肉力量和关节活动范围，这些方面曾经被认为与衰老相关，但人体动作分析人员需要掌握更多关于老年人的特殊运动技能需求的知识和敏感性。分析人员还应该意识到，虽然传统上性别被视为运动表现差异的基础，但研究表明，在青春期之前，大多数与性别相关的表现差异可能是由文化衍生决定而非生物学决定的[5]。例如，女孩通常并不希望自己像年轻男孩那样熟练甚至活跃。不幸的是，在许多情况下，这些期望会从儿童时期延伸到青春期和成年期。运动不适于女性这一观点已经被证明会对女大学生学习新的运动技能产生影响[2]。女运动员的分析人员不应该通过降低女性对性别的期望来强化这种文化误解。分析人员也应该对可能影响绩效的其他因素保持敏感态度。例如，运动员是否最近情绪不安？太阳刺眼了吗？她累了吗？作为一名有效的观察者，需要充分了解周围环境。

另一个考虑因素是在进行分析之前给予运动员具体的指示。为新手、学龄前运动者提供成熟动作的指导，而对成年人动作的指导可能会适得其反，因为幼儿显然不具备与成年人相同的运动能力。研究表明，即使具有垂直跳跃等基本技能，提供影响运动者注意力焦点的指导也会影响其表现[1]。在分析多个运动者时，在发出指导时保持一致性也很重要，否则这会导致动作的不同。

在分析人类运动技能时，听觉信息是一种有价值的信息来源，如排球发球，球接触手臂的声音可以提示违反规则的双击或者合乎规则的单击。©Ingram Publishing.

为了补充视觉观察，分析人员应该意识到，在运动分析过程中，非可视形式的信息有时也是有用的。例如，听觉信息可以提供关于运动进行方式的线索。高尔夫球杆与球的适当接触听起来明显不同于高尔夫球手“顶”球的情况。类似地，击中球的球棒的裂缝表明接触是直接的而不是附带的。用排球运动员的手臂与球的双重接触的声音可以识别其是否违反规则击球。通过患者步态的声音可以分析其下肢是否出现不对称。

另一个潜在的信息来源是运动者的反馈（例题2.1）。相比于同一运动的感觉轻微改变，可以识别特定运动感觉的有经验的运动者，是一种有效的信息来源。然而，并非所有运动者都有足够的动理学基础去调整以提供有意义的主观反馈。被分析的运动者也可以以其他方式获得帮助。运动表现不足可能是由技术、感知或决策错误造成的。运动者识别感知和决策错误通常需要的不仅仅是对运动表现的视觉观察。在这些情况下，询问运动者有意义的问题可能是有用的。然而，分析人员应该考虑运动者的主观反馈并结合更客观的观察结果。

例题 2.1

问题：Sally是一名高中排球队的强力外线击球手，已经出现轻度肩关节滑囊炎两周，最近获得物理治疗师的同意可以重返训练场。Sally的教练Joan注意到Sally的扣球速度变慢并且很容易被对方防守球员拦截。

通过运动分析软件在三维空间追踪关节标记点。©Christopher Futcher/iStockphoto/Getty Images RF.

规划分析内容

1. 需要解决哪些具体问题或有关运动的问题？Joan首先询问Sally以确保其肩膀没有疼痛，然后才可能推断存在技术上的错误。
2. 从什么角度和距离可以最好地观察到运动有问题的方面？需要多个视角吗？虽然排球扣球涉及躯干的水平面旋转，但是手臂运动主要在矢状面。因此，Joan决定从Sally的击球手臂侧的矢状面视图进行观察。
3. 应观察多少运动表现？因为Sally是一名技术熟练的球员，而且她的扣球始终以降低的速度进行，所以Joan认为可能只需要进行少部分的观察。

4. 是否需要特殊的易于观察的服装、灯光或背景环境来促进观察？团队锻炼的健身房光线充足，球员穿无袖上衣。因此，没有必要为分析提供特殊的场地。
5. 是否有必要对运动进行视频录制？排球扣球是一种相对快速的运动，但知识渊博的观察者可以实时观察到明确的检查点。跳跃是否主要是垂直的，并且是否足够让运动员在网上方接到球。在手臂摆动之前，击球臂是否与上臂一起定位在最大水平外展的位置，以允许全范围的手臂运动？击球运动是否按照躯干旋转、肩部屈曲、肘部伸展、手腕蛇形屈曲这个顺序进行？该动作是否以协调的方式进行，以便能够向球传递更大的力？

实施分析

1. 对具体的重点问题重新考虑并有时需重新确定分析内容。看完Sally执行两个扣球后，Joan看到她的手臂动作范围似乎变小了。
2. 反复观察运动过程，逐渐锁定动作错误的原因。在看了Sally三次扣球之后，Joan怀疑Sally在准备击球时没有将上臂放在最大的水平外展位置。
3. 注意运动员自身特征的影响。Joan在场边与Sally交谈，并要求她将手臂放在预备姿势以便击中球。她问Sally在这个姿势下是否会感觉到疼痛，Sally回答说不会。
4. 注意非可视表现（在这种情况下没有明显的表现）。
5. 在适当的时候，要求运动员进行自我分析。Joan告诉Sally，她怀疑Sally一直在保护肩膀，因为她在准备扣球时没有将手臂向后旋转得足够远。为纠正这个问题，Sally接下来的几个扣球以更快的速度进行。
6. 考虑让其他分析人员参与协助。Joan要求她的助理教练观看Sally的剩余练习，以确定问题是否得到纠正。

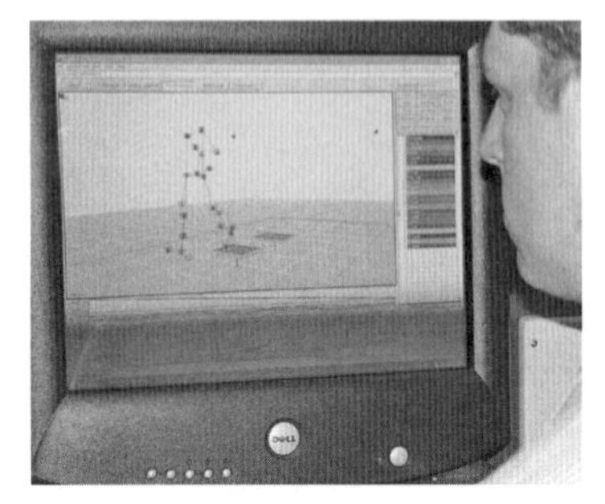
运动分析软件在三维空间中追踪关节处的标记物。©Susan Hall.

另一种可以增强分析彻底性的方法是让不止一位分析人员参与进来。这减少了疏忽的可能性。学生在学习新运动技能的过程中也可以在老师适当的指导下合作分析彼此的动作。

最后，分析人员必须记住，观察技能随着实践而提高。随着分析人员获得的经验增加，分析过程会变得更加自然，并且所进行的分析可能会变得更加有效并能提供更多信息。与分析新手相比，分析专家通常能够更好地识别和诊断其错误。分析新手应该利用一切机会在细心策划和结构化的设置中实践运动分析，因为这样的实践已被证明可以提高将注意力集中在运动表现的关键处的能力[3]。

测量运动量的工具

生物力学研究人员拥有很多设备，以用于研究人体的运动学。通过使用这些设备获得的知识不仅发表在科学期刊上，还发表在专业期刊上，通常面向教师、临床医生、教练和其他对人体运动感兴趣的人。

• 有效分析人体运动的能力随着实践而提高。

录像和胶片

19世纪后期，摄影师开始在人类和动物运动的研究中使用相机。著名的早期摄影师Eadweard Muybridge，是一位英国风景摄影师，也是一位色彩缤纷的人物，他经常发表文章赞美自己的作品。Muybridge使用电子控制的静态摄像机与电磁跳闸装置按顺序对齐，以捕捉马小跑和奔驰的连续镜头，从而解决马的四个蹄子是否同时在空中停留的争议（有同时停留）。更重要的是，他积累的三卷关于人类和动物运动的摄影作品，成为辨别正常和异常步态之间微妙差异的科学文献[6]。

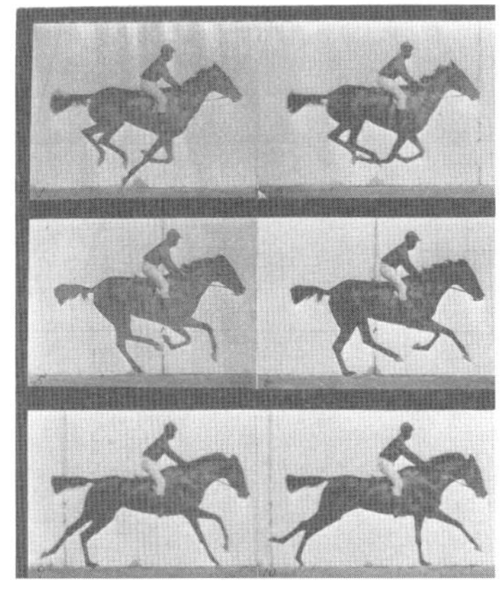

早期的摄影师Muybridge第一个证明了马的四个蹄子在疾驰时会同时离开地面。©Courtesy National Gallery of Art, Washington.

如今运动分析人员有很多相机类型可供选择。运动类型和分析要求在很大程度上决定了相机和分析系统的选择。标准录像设备每秒可提供30张可重新解码的图像，适用于许多人体运动。科学家和临床医生对人体运动的运动学进行详细的定量研究，通常需要更复杂的、可以获取更高图像捕获率的摄像机和回放设备。用于人体运动分析的数字视频捕获系统帧率高达2000 Hz。然而，对于定性和定量分析，通常比摄像机速度更重要的因素是捕获图像的清晰度。相机的快门速度决定了控制曝光的时间，或拍摄每张照片时快门打开的时间长度。分析的运动越快，防止所捕获图像模糊所需曝光时间的持续时间越短。

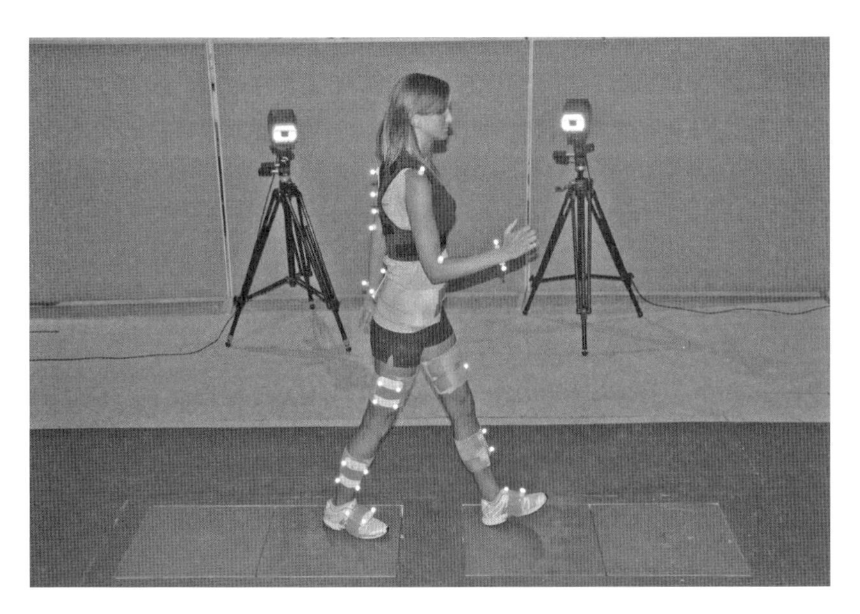

可以通过摄像机去追踪反射关节的标记点来自动数字化运动。©Susan Hall.

在使用视频分析人体运动时，另一个重要的考虑因素是充分捕捉感兴趣的部分时所需的摄像机数量。由于大多数人体运动不限于单个平面，因此为进行详细分析，通常需要使用多个摄像机以确保可以准确地观察和记录所有运动。当考虑实用性只使用一台摄像机时，应该考虑将摄像机放置在相对于感兴趣动作的位置。只有当人体运动垂直于摄像机的光轴时，关节处的角度才不会失真。

具有红外光圈的数码相机可用于追踪受试者身上的反射标记点。©Susan Hall.

生物力学专家通常通过在受试者的关节中心和身体上的其他关键点上粘贴小的反射标记来进行人体运动的定量分析，标记位置取决于分析的目的。高速数码摄像机带有环绕镜头的红外光环，可捕获反射标记的高对比度图像。分析人员通常在准备区域周围的战略位置放置6~8台摄像机，有时甚至更多，以便能够生成标记运动的三维画面。如今大部分生物力学分析软件均能够提供运动录像的原型画面或棒图（stick-figure），及在摄像机以数字方式捕获动作后的几分钟内输出显示运动学、运动量及其他信息的图形。

两张照片 ©Susan Hall.

小结

人体解剖平面包括矢状面、冠状面和水平面，分别与冠状轴、矢状轴和垂直轴相关。大多数人体运动都是一般运动，具有线性运动和角向运动成分。有用于描述人体某部分运动和关节动作的术语。

体育老师、临床医生和教练经常进行定性分析，以评估、纠正或改善人体运动。特定运动的生物力学知识和细致的预先计划，对有效的定性分析是有必要的。有许多特殊工具可以帮助研究人员收集人体运动的运动学观察结果。

入门题

1. 使用恰当的运动术语描述最大垂直跳跃动作的定性。描述应该足够详细，使读者可以在脑海中完全并准确地形象化该运动。
2. 详细地定性描述发生于某一解剖平面的运动。根据描述读者可以想象到该运动。
3. 列出五个主要发生在每个解剖平面的运动，可以是技能运动也可以是日常生活活动。
4. 选择一种熟悉的动物。动物同人类相比，同样的动作是否发生在相同的主要解剖平面？动物的运动模式与人类的运动模式有哪些主要区别？
5. 选择一个熟悉的动作，列出影响该动作的熟练和非熟练表现的因素。
6. 仔细观察左侧的两张照片，以此来测试观察能力。列出这两张照片之间的差异。
7. 选择一个熟悉的动作，列出适合近距离如2~3 m的距离观察及相当远的距离观察的内容。简要说明您的选择。
8. 选择一个熟悉的动作，列出适合侧视、前视、后视和俯视观察的内容。简要说明您的选择。
9. 选择一种仪器，简述它可能用于分析您感兴趣的人体运动相关问题的方法。

附加题

1. 选择一个熟悉的动作，并确定该动作的表现受力量、灵活性和协调性影响的方式。
2. 列出从侧视图、前视图、后视图及俯视图中能观察到的最佳三种人体运动模式或技能。
3. 选择非平面的运动，并写出足够详细的运动定性描述，使读者可以根据描述想象得到该运动。
4. 选择一个您感兴趣的非平面运动，并列出您在分析该运动时会使用的分析方法。
5. 如果运动者是一位年长的成年人，分析人员应该对运动的表现具有什么特别的期望？那如果是一个小学女生呢？一个新手呢？一个肥胖的高中男孩呢？
6. 在竞赛活动期间收集与运动技能相关的观测数据与练习赛期间收集到的相比，各有哪些优缺点？
7. 选择您熟悉的运动，并列出至少五个问题，作为运动分析人员，您可能会问运动员哪些动作表现的问题？
8. 用语言表述五个运动的听觉特征，并在每种情况下解释这些特征如何提供有关动作表现性质的信息。
9. 列出使用摄像机与人眼收集观测数据的优缺点。
10. 在专业或研究期刊中找到一篇涉及您感兴趣的有关运动的运动学文章。分析这篇文章中研究人员使用了什么样的仪器？观察距离是多少？观察视角是什么？您将如何改进对研究内容的分析？

姓名：________________

日期：________________

实践

1. 观察并分析一个运动员进行两种相似但不同版本的特定运动。例如，两种投球风格或两种步态风格。解释对于每个动作，您观察和收集的数据所选择的观察视角和距离。写一段话比较两个不同动作的运动学原理。

选择的动作：________________

观察视角：________________

选择观察视角的理由：________________

____

观察距离：________________

选择观察距离的理由：________________

____

比较两个动作的运动学原理：________________

____

____

____

____

____

2. 观察分别由高水平运动员、中等水平运动员和非职业水平运动员所表现的单项运动技能。定性描述观察到的差异。

选择的运动技能：________________

高水平运动员	**中等水平运动员**	**非职业水平运动员**
________	________	________
________	________	________
________	________	________
________	________	________
________	________	________
________	________	________
________	________	________
________	________	________

3. 选择您熟练掌握的动作。当缺乏该技术的人完成该动作时，计划并实施观察，并在适当的时候为其提供口头学习提示。简要描述这个口头学习提示，并提供每个提示的基本原理。

选择的动作：

提示 **原理**

4. 选择搭档，计划并实施对您感兴趣的运动的观察分析。写出该动作表现的总结分析。写一段话说明搭档加入后分析过程在哪些方面有所改变。

选择的动作：

分析动作：

与搭档合作时分析过程的不同：

5. 计划并实施观看视频中两个不同目标的慢动作，分析两个不同受试者的动作表现。

受试者一的动作表现： **受试者二的动作表现：**

参考文献

[1] ABDOLLAHIPOUR B, PSOTTA R, LAND W. The influence of attentional focus instructions and vision on jump height performance. *Res Q Exer Sport*, 2016, 87: 408.
[2] BELCHER D, LEE A M, SOLMON M A, et al. The influence of gender related beliefs and conceptions of ability on women learning the hockey wrist shot. *Res Q Exerc Sport*, 2005, 74:183.
[3] JENKINS J M, GARN A, JENKINS P. Preservice teacher observations in peer coaching. *J Teach Phys Educ*, 2005, 24:2.
[4] PIZZERA A. Gymnastic judges benefit from their own motor experience as gymnasts. *Res Q Exerc Sport*, 2012, 83:603.
[5] THOMAS J R, ALDERSON J A, THOMAS K T, et al. Developmental gender differences for overhand throwing in aboriginal Australian children. *Res Q Exerc Sport*, 2010, 81:432.
[6] WADE N J. Capturing motion and depth before cinematography. *J Hist Neurosci*, 2016, 25:3.

注释读物

BLAZEVICH A. Sports biomechanics: The basics: Optimising human performance. Sydney: Bloomsbury Sport, 2017.
浅谈与运动相关的生物力学。

BREWER C. Athletic movement skills: Training for sports performance. Champagne: Human Kinetics, 2017.
展示用来评估和纠正运动技能的科学和研究基础的方案。

MORIN J, SAMOZINO P. Biomechanics of training and testing: Innovative concepts and simple field methods. New York: Springer, 2017.
介绍了利用潜在的神经力学和生物力学因素进行运动能力训练的创新方法，以及实践者如何从日常练习中获益的实践见解。

PASSOS P, ARAUJO D, VOLOSSOVITVH A. Performance analysis in team sports（Routledge studies in sports performance analysis). New York: Routledge, 2016.
介绍团队运动成绩分析的主要概念和实际应用，促进对团队运动成绩分析在足球、篮球、手球、冰球、排球、橄榄球等运动中的重要作用的认识。

第三章　分析人体运动的动理学概念

通过学习本章，读者可以：

> 了解质量、力、重量、压力、体积、密度、比重、扭矩及冲量的计量单位。
>
> 识别和描述作用于人体的不同类型的机械载荷。
>
> 识别和描述可用于测量动理学参数的装置。
>
> 区别矢量与标量。
>
> 使用图解法和三角函数法解决涉及矢量的定量问题。

当关节相反两侧的肌肉同时产生张力时，决定关节运动方向的是什么？垂直于河流流动方向游动的游泳者实际上会游向什么方向？是什么决定了一个推力是否能推动一件沉重的家具？这些问题的答案都能在动理学（力的研究）中获得解答。

在日常生活中，人体既能产生力，又能对抗力。当肌肉产生内力时，重力和摩擦力使人们能够以可预见的方式行走和操纵物体。运动参与包括对球、球棒、球拍、球杆的力的运用，和在接触球、地面及对手时对力的吸收。在本章中，笔者将介绍理解这些运动的基础动理学相关概念。

滑冰者由于惯性而趋向于以恒定的速度向确定的方向滑行。©Susan Hall.

动理学基本概念

理解关于惯性、质量、重量、压力、体积、密度、比重、扭矩及冲量的相关概念，能够为理解力的作用提供坚实的基础。

惯性

惯性（inertia）
指物体保持静止状态或匀速直线运动状态的性质。

通常，惯性指的是一个物体保持静止状态或匀速直线运动状态的性质（图3–1）。类似地，惯性的机械定义是指物体对加速度的抵抗。惯性是一个物体保持其当前运动状态的倾向，无论是静止还是以恒定速度移动。例如，将一个150 kg的棍棒静止放在地面上，其会保持不动。在光滑冰面上滑行的滑冰者，可以以恒定速度沿直线滑行。

虽然惯性没有测量单位，但是物体所具有的惯性大小与其质量成正比。物体的质量越大，它越倾向于保持其当前的运动状态，并且该状态越难以被破坏。

质量

质量（mass）
指一个物体中所包含的物质的数量。

质量（m）是构成一个物体的物质的数量。常见的公制质量单位是千克（kg），而常见的英制质量单位是slug，其远大于千克。

力

力（force）
指物体间的相互作用，是使物体改变运动状态和形变的原因，包括推力或者拉力，是质量与加速度的乘积。

力（F）可被认为是发生在一个物体上的推动或拉动作用。一个力的特征可以通过其大小、方向和作用在物体上的作用点来描述。体重、摩擦力和空气或水的阻力都是常见的作用于人体的力。作用在物体上的力能够使得该物体的质量加速：

$$F = ma$$

力的单位是质量的单位乘加速度（a）的单位。在公制系统中，最常见的力的单位是牛顿（N），它指的是以1 m/s²的加速度来加速质量为1 kg的物体所需的力：

$$1\ \text{N} = 1\ \text{kg} \cdot \text{m/s}^2$$

图 3–1
一个静态的物体由于惯性而保持静止状态。

在英制系统中，最常见的力的单位是磅力（lbf）。 1 lbf的力是指以1 ft/s²的加速度加速质量为1 slug的物体所需的力，1 lbf等于4.45 N：

$$1\ \text{lbf} = 1\ \text{slug} \times 1\ \text{ft/s}^2$$

自由体图是一个包含被研究的对象系统的简图。在该图中，被研究的系统被单独分离出来，作用于其上的力则被表示为不同的力矢量。

自由体图（free body diagram）是一个包含被研究的对象系统的简图，其中所有的力都以力矢量的形式表现出来。

由于在大多数情况下，对于一个系统而言，都是有许多力在同时起作用的，因此，构建自由体图通常是分析力对某个物体或感兴趣的系统的影响的第一步。自由体可以是任何被聚焦研究的物体、人体乃至人体的某部分。自由体图包括分析系统的草图和作用力的矢量（图3-2）。尽管为了使球拍能够强力地接触到球，必须有一只手向网球拍施加力，如果球拍是这个被关注研究的自由体，则这只手在球拍的自由体图中仅表示为一个力矢量。类似地，如果网球是被研究的自由体，则球拍作用在球上的力仅显示为一个力矢量。

因为力很少孤立地发挥作用，认识到作用在系统或自由体上的许多不同的力的总体效果是来自于其合成的合力（可称为净力，所有作用力的矢量和）是十分重要的。当所有作用力均衡或相互抵消时，合力为零，并且物体保持其原始运动状态（无论是静止还是以恒定速度运动）。当存在净力时，物体在净力的方向上移动并且具有与净力的大小成比例的加速度。

净力（net force）指由两个及以上的力组成的合力。

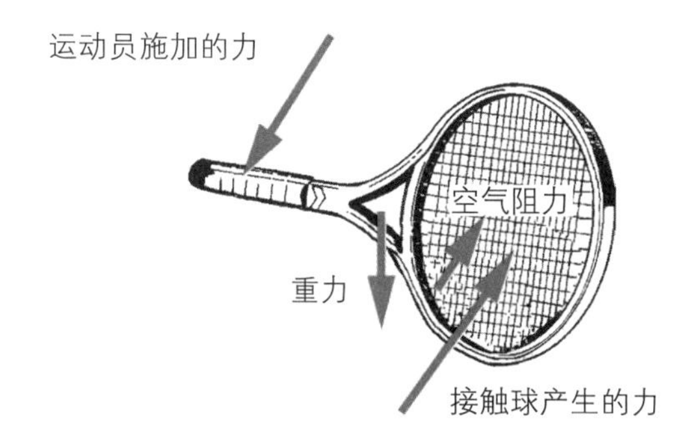

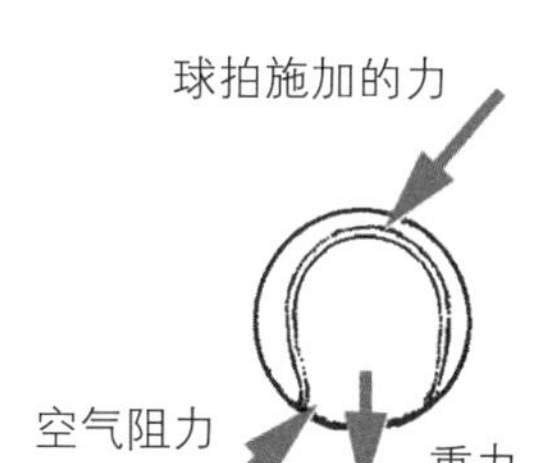

图 3-2
两个展示了力的作用的自由体图。

重心

重心（center of gravity）
指无论物体如何放置，都使其周围的重力达到平衡的点。

物体的重心或质心，是指地球对物体中每一微小部分引力的合力作用点（见第十三章）。在运动分析中，重心的运动可以被认为是全身运动的标志。从动理学的角度来看，重心的位置决定了身体对外力的反映方式。

重量

重量（weight）
是物体受到的重力的大小。

重量是指地球对物体中每一微小部分引力的合力作用点。在代数计算上，它的定义来自于对力的一般定义的适当修改，其中重量（w_t）等于质量（m）乘重力加速度（a_g）：

$$w_t = ma_g$$

因为重量也是一种力，所以重量单位即是力的单位——N。

随着身体质量的增加，其重量也会按比例增加。其增加的比例系数即是重力加速度，即$-9.81\ m/s^2$。负号表示重力加速度指向下方，或者说朝向地球中心。在月球或另一个具有不同重力加速度的行星上，身体的重量会有所不同，但它的质量则保持不变。

因为重量是一种力，所以它也具有大小、方向和作用点的特征。重量作用的方向总是朝向地球的中心。因为假定重量作用于身体的点是身体的重心，所以重心是重量矢量显示在自由体图中的作用点。

虽然体重通常以千克为单位来进行表达，但千克实际上是一个质量单位。为了技术上的准确无误，重量应以牛顿为单位，质量以千克为单位。例题3.1说明了质量和重量之间的关系。

尽管一个物体在月球上的质量保持不变，但其重量由于月球上较低的重力加速度而减少。©NASA.

例题 3.1

1. 如果一个人的质量在体重计上显示为68 kg，那这个人的体重是多少？

已知

$$m = 68\ \text{kg}$$

求：体重。

解

公式：$w_t = ma_g$

1 kg = 2.2 lb（英制/公制转换系数）

（不论是使用英制系统还是公制系统，质量都可以通过乘重力加速度，进而转换为重量）

$$w_t = ma_g$$

$$w_t = (68\ \text{kg})(9.81\ \text{m/s}^2)$$

$$w_t = 667.08\ \text{N}$$

以千克为单位的质量乘转换系数2.2 lb/kg便可转换为以磅为单位的质量：

$$(68\ \text{kg})(2.2\ \text{lb/kg}) = 149.6\ \text{lb}$$

2. 一个重量为1200 N的物体的质量是多少？

已知

$$w_t = 1200\ \text{N}$$

求：质量。

解

公式：$w_t = ma_g$

（重量可以除以给定测量系统内的重力加速度以转换为质量）

$$w_t = ma_g$$

$$1200\ \text{N} = m(9.81\ \text{m/s}^2)$$

$$\frac{1200\ \text{N}}{9.81\ \text{m/s}^2} = m$$

$$m = 122.32\ \text{kg}$$

压强

压强（P）定义为在给定区域（A）上分布的力（F）：

$$P = \frac{F}{A}$$

压强的单位是力的单位除以面积的单位。公制系统中常见的压强单位是牛顿每平方米（N/m^2）和帕斯卡（Pa）。1帕斯卡表示1牛顿/平方米（1 Pa = 1 N/m^2）。在英制系统中，最常用的压强单位是磅每平方英寸（psi或lb/in^2）。

压强（pressure）
指单位面积上所受到的力。

鞋底施加在其下方地板上的压强是施加在鞋上的体重除以鞋底和地板之间接触的面积。如例题3.2所示，与平底鞋相比，高跟鞋鞋跟底部的表面积较小，因此其施加的压强较大。

例题 3.2

对同一个女人来说，是穿细跟高跟鞋还是穿平底的船形高跟鞋更好？如果一个女人的重量是556 N，细跟高跟鞋鞋跟底面积为4 cm^2，船形高跟鞋鞋底面积为175 cm^2，两种鞋所造成的压强分别是多少？

已知

$$w_t = 556\ \text{N}$$

$$A_s = 4\ \text{cm}^2$$

$$A_c = 175\ \text{cm}^2$$

求：细跟高跟鞋造成的压强；船形高跟鞋造成的压强。

解

公式：$P = F/A$

推理：切记，重量也是一种力。

$P = \frac{F}{A}$

对于细跟高跟鞋鞋跟：

$$P_s = \frac{556\ \text{N}}{4\ \text{cm}^2}$$

$$P_s = 139\ \text{N/cm}^2$$

对于船形高跟鞋而言：

$$P_c = \frac{556\ \text{N}}{175\ \text{cm}^2}$$

$$P_c = 3.18\ \text{N/cm}^2$$

比较两种鞋的压强：

$$\frac{P_s}{P_c} = \frac{139\ \text{N/cm}^2}{3.18\ \text{N/cm}^2} = 43.71$$

因此，细跟高跟鞋产生的压强是船形高跟鞋产生的压强的43.71倍。

体积

体积（volume）
指一个物体在三维空间中所占空间的多少。

一个物体的体积是它占据的空间的多少。因为空间被认为具有三个维度（宽度、高度和深度），所以体积单位即是长度单位乘长度单位再乘长度单位。在数学简写中，这是一个指数为3的长度单位，或者说是一个长度单位的立方。在公制系统中，常见的体积单位是立方厘米（cm^3）、立方米（m^3）和升（L）：

$$1\ \text{L} = 1000\ \text{cm}^3$$

图中所示成对的球体积相似但重量明显不同。这两个球分别是坚固的金属球和垒球（照片1）及乒乓球和高尔夫球（照片2）。两张照片：©Susan Hall.

在英制系统中，常见的体积单位是立方英寸（in^3）和立方英尺（ft^3）。英制系统中的另一个体积单位是夸脱（qt）：

$$1\ qt = 57.75\ in^3$$

体积不应与重量或质量相混淆。8 kg的击球和垒球占据的空间大致相同，但击球的重量远远大于垒球的重量。

密度

密度是将物体质量与物体体积相结合而产生的概念。密度的定义为每单位体积的物体所包含的质量，密度的常规符号是希腊字母ρ：

$$密度（\rho）= 质量/体积$$

密度（density）
指每单位体积内所含的质量。

密度单位来源于质量单位除以体积单位。在公制系统中，常见的密度单位是千克每立方米（kg/m^3）。在英制系统中，密度单位并不常用。英制中常常使用比重（重量密度）的单位。

比重是指物体每单位体积的重量。由于重量与质量成比例，因此比重与密度成正比。比重的单位是重量的单位除以体积的单位。比重的公制单位是牛顿每立方米（N/m^3），在英制系统中则使用磅/立方英寸（lb/in^3）。

比重（specific weight）
指每单位体积所具有的重量。

尽管高尔夫球和乒乓球的体积大致相同，但高尔夫球具有比乒乓球更大的密度和比重，这是因为高尔夫球具有更大的质量和重量。类似地，因为肌肉比脂肪更密集，与肥胖者相比，具有相同体积的相对较瘦的人则具有较高的总体密度。因此，体脂百分比与身体密度成反比。

扭矩

当力施加到诸如放置在桌子上的铅笔之类的物体时，可能导致物体的平移或整体运动。如果施加的力平行于桌面并通过铅笔的中心（中心力），则铅笔将沿施加力的方向平移。如果力是平行于桌面施加的，但是通过了铅笔中心以外的点（偏心力），则铅笔将进行平移和旋转（图3–3）。

扭矩（torque）
指一个力所产生的旋转效应。

由偏心力产生的旋转效应称为扭矩（T）或力矩。扭矩常常被认为是一种旋转性的力，其效果与一个带有角度的线性力等效。从代数上来说，扭矩是力（F）和从力的作用线到旋转轴的垂直距离（$d_\perp$）的乘积：

$$T = Fd_\perp$$

作用在旋转轴上的扭矩的量越大，则旋转运动发生的趋势越大。公制和英制系统中的扭矩单位都遵循其代数定义——力的单位乘距离的单位：牛·米（N·m）。

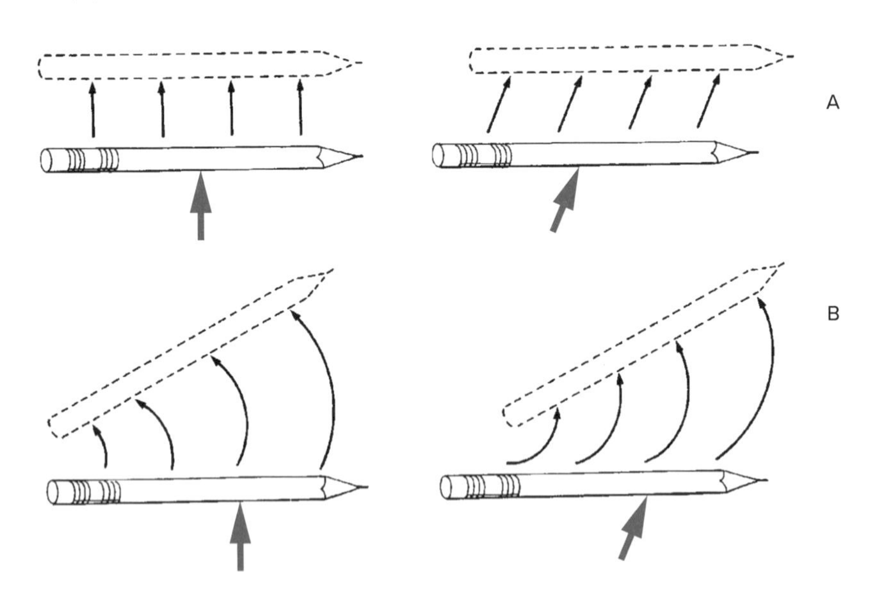

图 3–3
A. 产生平移的中心力。
B. 产生平移和旋转的偏心力。

冲量

冲量（impulse）
是力与力作用的时间的乘积。

当力施加到一个物体上时，该物体的最终运动不仅取决于所施加的力的大小，还取决于施加力的持续时间。力（F）和时间（t）的乘积称为冲量（J）：

$$J=Ft$$

当物体的运动状态产生大的变化时，这既可能是由于作用相对长的时间而相对小的力的效果，又可能是由作用相对短的时间而相对大的力引起的。在草坪上滚动的高尔夫球，在较小的摩擦力的持续作用下速度逐渐减慢。棒球在被球棒猛烈地击打时，其运动状态的改变来自球棒在不到1 s内对其施加的巨大的力的作用。当球垂直弹跳时，对地板产生的冲量越大，则起跳时离地速度越大，进而跳得越高。

生物力学中常用的物理量单位如表3-1所示。

表 3-1
生物力学物理量常用单位

物理量	符号	公式	公制单位	英制单位
质量	m		kg	slug
力	F	$F = ma$	N	lbf
压强	P	$P = F/A$	Pa	psi
体积（固体）	V		m^3	ft^3
（液体）	V		L	加仑（gallon）
密度	ρ	$\rho = m/V$	kg/m^3	$slugs/ft^3$
比重	γ	$\gamma = w_t/V$	N/m^3	lbf/ft^3
扭矩	T	$T = Fd$	N·m	lbf·ft
冲量	J	$J = Ft$	N·s	lbf·s

人体的机械载荷

肌肉力量、重力和导致骨折的力（如在一场滑雪事故中遭到的力）都会对人体产生不同的作用。一个给定的力产生的影响取决于其方向、持续时间及大小。

压缩力、张力和剪切力

压缩力或压缩，可以被认为是一种挤压力（图3-4）。把野花压成书签的有效方法就是将它们放在书页之间，并将其他书堆放在这本书的上面。书的重量在花上产生压缩力。类似地，身体的重量在支撑它的骨骼上产生压缩力。当躯干直立时，脊柱中的每块椎骨都必须支撑起其上方身体的重量。

压缩力（compression force）
指轴向上对一个物体的按压或挤压力。

与压缩力相反的是拉力或张力（图3-4）。拉力指的是对被作用物体产生一个牵张作用的牵拉力。当孩子坐在操场上荡秋千时，孩子的体重会在支撑秋千的链条中产生张力。较重的孩子会在秋千的支撑中产生更大的张力。肌肉会产生拉力，进而拉动其附着的骨骼。

拉力/张力（tensile force，tension）
指轴向上对一个物体的拉力或牵张力。

第三类力为剪切力。压缩力和拉力都是沿着骨或其他它们所影响的结构的纵轴起作用的，但剪切力的方向往往是与表面平行或相切的。剪切力可使物体的一部分相对于物体的另一部分发生滑动、移位或剪切（图3-4）。例如，平行于胫骨平台作用在膝关节处的力即是一个作用于膝关节的剪切力。在从滑雪跳台着陆期间，人体受到的冲击力包括一个作用于胫骨平台的前向剪切力，这个剪切力会提升前交叉韧带上的应力[1，2]（图3-5）。

剪切力（shear）
指和物体表面相平行的力。

图 3-4

压缩力、拉力和剪切力往往会改变它们所作用的物体的形状。

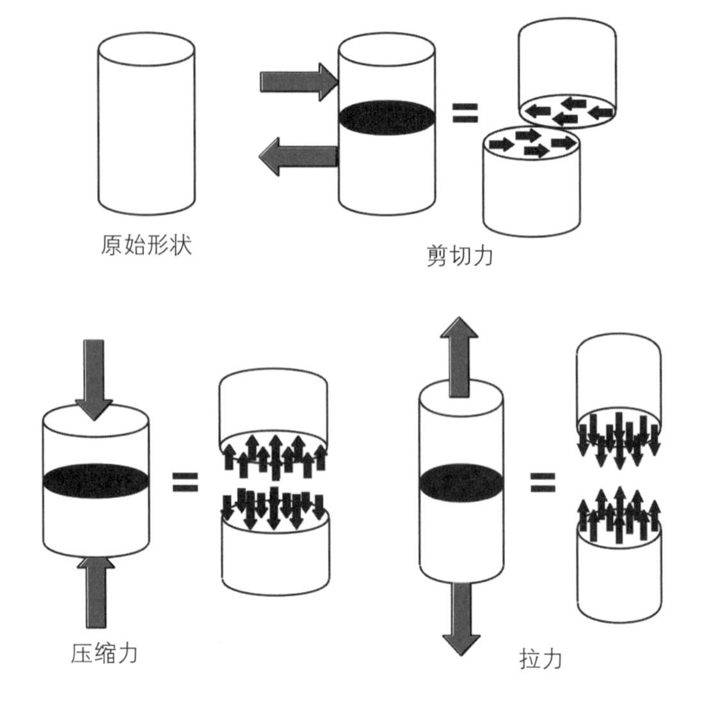

图 3-5

从滑雪跳台着陆期间，膝关节处的轴向冲击力包括胫骨平台上的前向的剪切力。

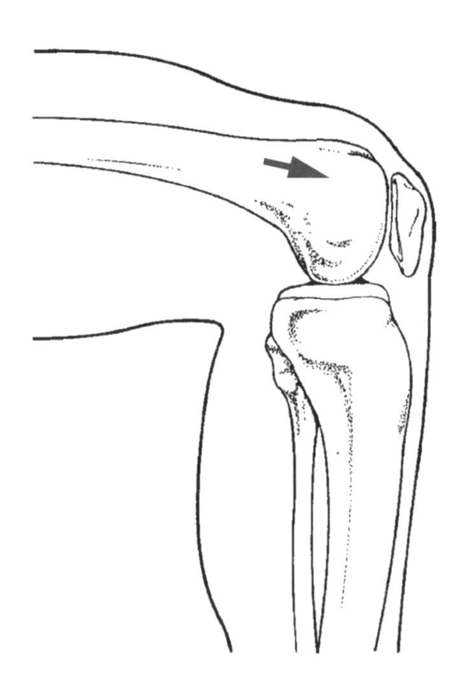

机械应力

应力（stress）

指力在一个物体内的分布情况，通常量化为力除以力作用的面积。

影响力对人体作用结果的另一个因素是力的分布方式。压强表示一个固态物体外部的受力分布，而应力则表示当一个外力作用在固态物体上在其内部的力的分布。应力的量化方式与压强相同：力在其作用物体上每单位面积上的力。如图3-6所示，作用在较小表面上的给定的力所产生的应力大于相同力作用在较大表面上产生的应力。当人体受到打击时，身体组织受伤的可能性与击打产生的应力的大小和方向有关。压缩应力、拉伸应力和剪切应力都是表示应力作用方向的术语。

因为当人处于直立位置时，腰椎比胸椎承受更多的身体重量，所以从逻辑上来讲，腰部受到的压缩应力应该更大。然而，实际存在的应力却与承受的重量不成正比，这是因为腰椎的承重面积大于脊柱中位置较高的其他椎骨（图3–7）。这种面积的增加减少了存在的压缩应力的量。第5腰椎与第1骶椎之间的椎间盘（位于腰椎底部）是椎间盘突出的最好发部位，除了承重因素外，其他因素也起到了一定的作用（见第九章）。例题3.3展示了如何量化机械应力。

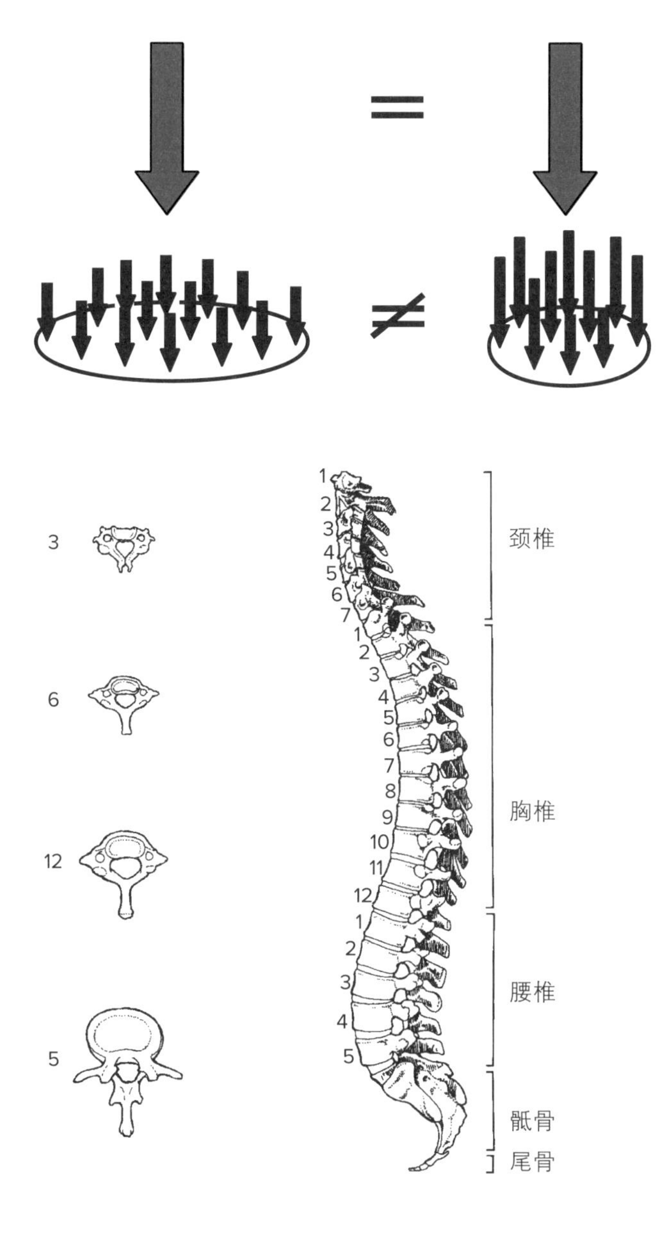

图 3–6
力所产生的机械应力的大小与力作用的面积的大小成反比。

图 3–7
随着支撑重量的增加，椎体的表面积也在随之增加。

扭转、弯曲及组合载荷

某种程度上，弯曲是一种较复杂的载荷类型。纯粹的压缩和牵张都是轴向力，即力沿受影响结构的纵轴传导。当偏心（或非轴）力施加到结构上时，结构会发生弯曲，在一侧产生压缩应力，而在另一侧产生拉伸应力（图3–8）。

弯曲（bending）
指当不对称载荷作用在一个物体上时，若其作用在物体纵轴的一侧产生拉伸，则在另一侧产生压缩所发生的形变。

轴向（axial）
指沿着一个实体的纵轴方向。

图 3-8

受到弯曲载荷作用的物体，其在一侧受到压缩影响，而在另一侧受到牵张影响。受到载荷影响产生扭转的物体，其内部会产生剪切应力，此时物体的外周部分受到的应力最大，而中轴处的应力为零。

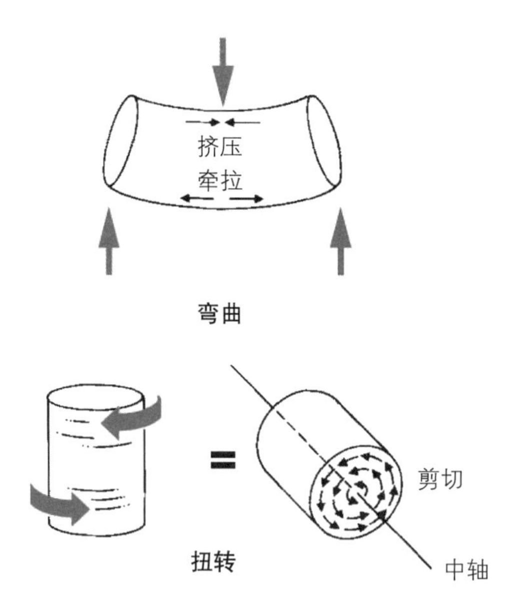

例题 3.3

一名重量为625 N的女性，假定约45%的体重都由椎间盘承担的情况下，以解剖学体位站立时和直立时拿着一个222 N的手提箱分别需要第1、2腰椎椎间盘承受多少压缩应力？（假定椎间盘都是水平的，其表面积为20 cm²）

解

1. 已知：　$F=(625\ \text{N})(0.45)$

　　$A = 20\ \text{cm}^2$

公式：　$P = F/A$

$$= \frac{(625\ \text{N})(0.45)}{20\ \text{cm}^2}$$

$$=14.06\ \text{N/cm}^2$$

2.已知：　$F = (625\ \text{N})(0.45) + 222\ \text{N}$

公式：　$P = F/A$

$$= \frac{(625\ \text{N})(0.45)+222\ \text{N}}{20\ \text{cm}^2}$$

$$= 25.16\ \text{N/cm}^2$$

扭转（torsion）
指在载荷的作用下使结构体绕其长轴发生扭曲。

复合载荷（combined loading）
指多种不同载荷的同时作用。

扭转通常发生在结构的一端被固定，而其余的部分围绕其长轴进行旋转时。胫骨的扭转骨折在足球损伤和滑雪事故中并不罕见，通常事故发生时，伤者的脚保持在固定位置，而身体的其余部分发生了扭转。

多种形式的载荷同时存在时则称为复合载荷。人体在日常活动中往往同时受到无数的力的作用，因此这是人体最常见的载荷类型。

载荷的影响

当力作用于物体上时往往有两种潜在的影响：第一种是加速；第二种则是形变。当跳水运动员将力施加到跳板的末端时，跳板既会获得加速度，也会发生形变。当受到一个给定的力时，物体发生形变的程度取决于物体的刚度。

形变（deformation）
指形状发生改变。

当外力作用于人体时，有多个因素会影响是否发生损伤，包括力的大小和方向及力分布的区域。然而，承担载荷的身体的组织材料特性也是同样重要的。

施加在结构上的力的大小与结构对其产生的反应之间的关系可由载荷形变曲线阐释（图3–9）。在相对较小的载荷作用下，物体会发生形变，但这种反应是弹性性质的，这意味着当力被移除时，物体的结构将会恢复成其原始的尺寸和形状。由于较硬的材料在给定的载荷下产生的形变较小，因此对于刚度较大的材料而言，其载荷形变曲线中的弹性变化区域的曲线更陡。然而，如果施加的力导致形变程度超过了物体结构的屈服点或弹性极限，则物体发生的形变是塑性的，这意味着一部分形变将会是永久性的。当形变超过最终失效点时，物体的结构将会发生机械性障碍，这在人体则意味着骨折或软组织破裂。

屈服点/弹性极限（yield point/elastic limit）
在载荷形变曲线上，形变超过该点时，则会成为永久形变。

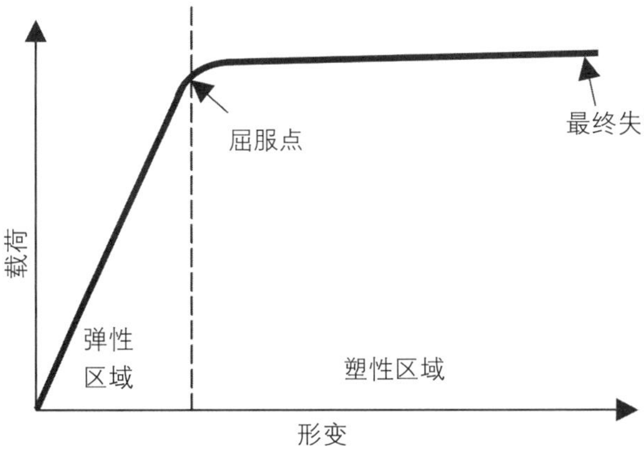

图 3–9
当一个结构承受载荷时，它将会发生形变。形变在弹性区域中是暂时的，而在塑性区域中是永久的。在超过最终的失效点后，该物体将会失去其结构完整性。

重复载荷与急性载荷

重复载荷和急性载荷之间的区别也很重要。当足以造成损伤的单个力作用于生物组织时，该损伤会被认定为急性损伤，而致伤的力则被称为大创伤力。跌倒、橄榄球运动或汽车事故产生的力可能足以导致骨折。

重复载荷（repetitive loading）
指较小的反复施加的亚急性载荷。

急性载荷（acute loading）
施加足够大的单一的力，常会对生物组织造成损伤。

损伤也可能来自相对较小的力的反复作用。例如，在跑步期间，跑者的脚每次接触地面时，要承受2~3倍体重的力。尽管这种程度的单一力量不太可能导致健康骨骼骨折，但是这种力的反复多次作用则可能导致下肢某处的健康骨骼骨折。由一段时间内反复出现的、或是慢性载荷所导致的损伤称为慢性损伤或应力性损伤，其致伤的力则称为微创伤力。承受的载荷大小、载荷反复施加的频率和受伤可能性之间的关系如图3-10所示。

图 3-10

载荷的大小和反复的频率与损伤可能性一般模式间的函数关系。损伤可能是持续的，但是由单个大载荷和重复性小载荷造成的可能性很小。

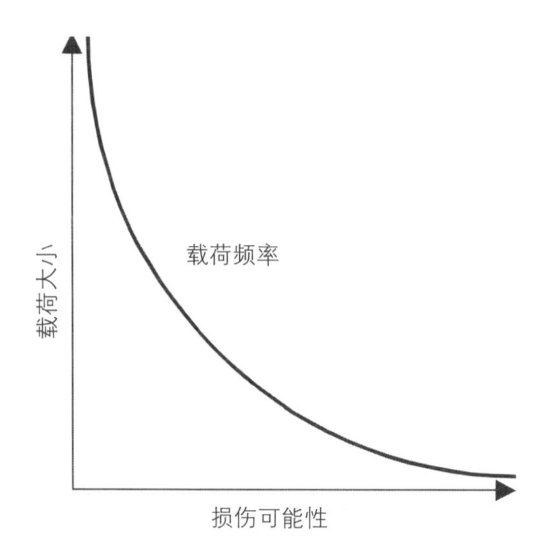

测量动理学参数的工具

生物力学研究人员使用设备来测量和研究在步态和其他活动中脚部对地面产生的力。使用这些工具获得的知识经常发表在面向科学家及教师、临床医生、教练和其他对人类运动感兴趣的人的专业期刊上。

有几种类型的掩埋式测力台和便携式系统可用于测量足底的力和压强。这些系统主要用于步态研究，但也用于研究诸如起跑、起跳、着陆、踢、棒球和高尔夫的挥杆、姿势的摇摆和平衡等运动现象。这类测力台也用于分析狗、马、牛、羊、猪、鸟和猎豹的矫形问题，及研究青蛙的跳跃力学。

不论是商用的还是自制的力敏式测力台和压敏式测力台，它们都通常被牢牢地安装在与地面齐平的地板中。这些测力台通常与计算机连接，并通过该计算机来计算研究者感兴趣的动理学参数。力敏式测

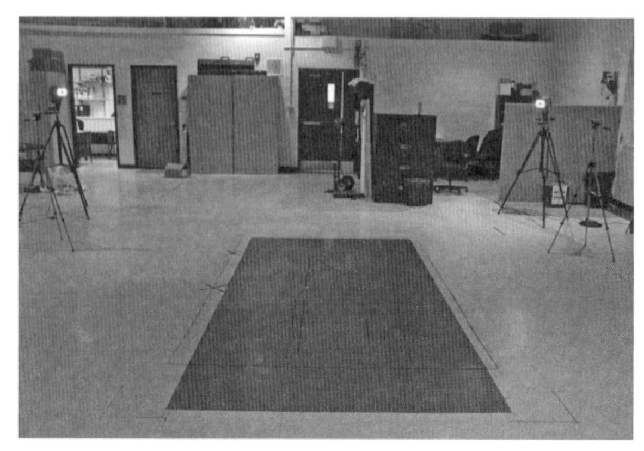

研究人员在实验室中校准测力台，为动作分析数据采集做准备。两张照片：©Susan Hall.

力台通常设计为传递相对测力台垂直、横向和前后的地面反作用力；而压敏式测力台则能生成足底压强的直观图形或数字图形。力敏式测力台是一种相对精密的仪器，其局限性包括实验室设置的限制，及可能的与受试者有意识地瞄准平台相关的潜在问题。

用于测量足底力和压强的便携式系统也可用于商业途径和定制模型，如带有仪表的鞋、鞋垫、粘附在足底表面的薄型传感器等。这些系统具有能够在实验室外收集数据的优势，但其精确度低于内置测力台。

矢量代数

矢量是具有大小和方向的量。矢量由箭头符号表示，矢量的幅度即是它的大小，如数字12的数量大于数字10。矢量的大小由其长度表示，较长的矢量比较短的矢量大。矢量符号方向表示其方向。

矢量（vector）
指既具有大小又具有方向的量，又称向量。

力、重量、压强、比重和扭矩是动理学矢量；位移、速度和加速度（见第十章）是运动学矢量。矢量的完整定义必须同时包含其大小和方向。标量具有大小，但没有与它们相关的特定方向。质量、体积、长度和速率是标量的例子。

标量（scalar）
指只具有大小的量，又称无向量。

矢量合成

当两个或多个矢量同时起作用时，我们可以使用矢量代数的规则来确定这些矢量的整体效果。例如，当两个人在停止的汽车上向相同的方向一起推动时，他们每个人都施加了一个力（具有大小和方向的矢量）。两个人推动的效果通常大于一个人推动的效果。为了总结作用于给定对象的两个或多个力的影响，我们可以使用一个称为矢量合成的操作。具有完全相同方向的两个或多个矢量的组合等同于一个大小等于所有矢量的大小之和的单个矢量的效果（图3–11）。

矢量合成（vector composition）
指通过矢量的加法将两个或多个矢量合并成单个矢量的过程。

在矢量以相反方向作用的情况下，譬如当两个碰碰车正面碰撞时，每个碰碰车都在另一个上施加了一个相反方向的力，此时我们仍然可以使用矢量合成来确定两个力的总和。当两个完全相反方向的矢量进行合成时，结果的方向是长度较长的矢量的方向，而其大小则等于两个原始矢量的大小的差（图3–12）。

方向既不相同也不相反的矢量也可以进行合成。当矢量是共面的，即包含在同一平面内（如在一张纸上）时，可以使用“首尾相连”的办法进行合成，将第一个矢量的尖端连接在第二个矢量的尾部，然后用笔将第一个矢量的尾部和第二个矢量的尖端连起来即可获得合成的矢量，其方向从第一个矢量的尾部指向第二个矢量的尖端。如果每个连续矢量的尾部都与前一个矢量的尖端相连，则其合成的矢量起于第一个矢量的尾部，止于最后一个矢量的尖端。这种情况下，此过程可用于合成任意数量的矢量（图3–13）。

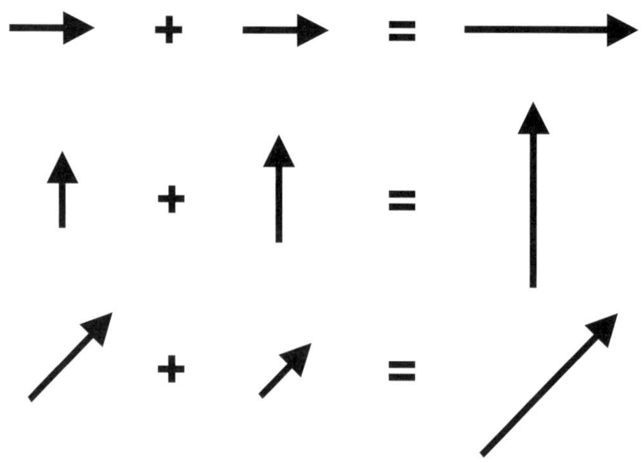

图 3-11

具有相同方向的矢量的合成只需要将它们的大小相加。

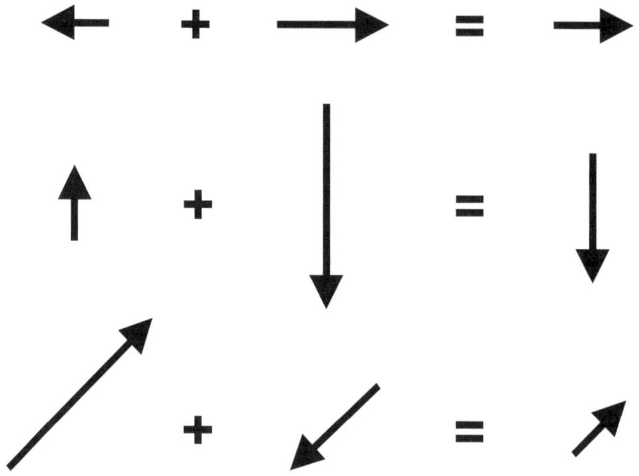

图 3-12

相反方向的矢量的合成需要将它们的大小相减。

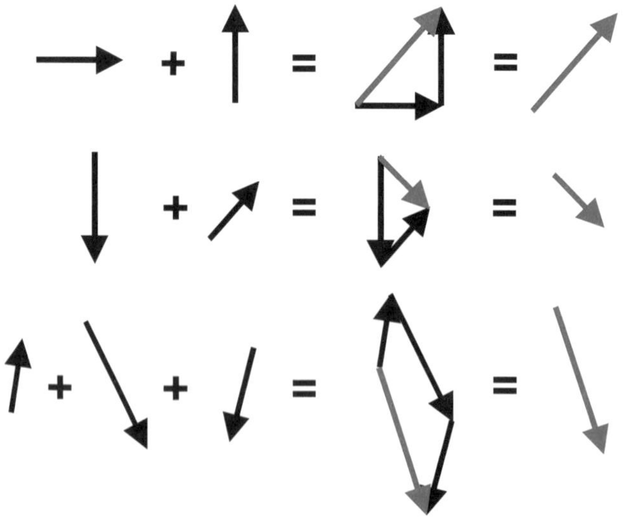

图 3-13

矢量合成的“首尾相连”方法。第一个矢量的尖端连接第二个矢量的尾部，然后从第一矢量的尾部拉到第二矢量的尖端。

通过矢量相加定律，我们经常可以计算或更好地可视化组合矢量的效果。例如，漂浮在河流中的独木舟受到当前的力和风力的影响。如果已知这两个力的大小和方向，则可以通过矢量合成过程得出单个的合力或净力（图3-14）。而独木舟则会沿着净力的方向行进。

矢量分解

确定矢量在特定平面或结构上的垂直分量通常是十分有用的。例

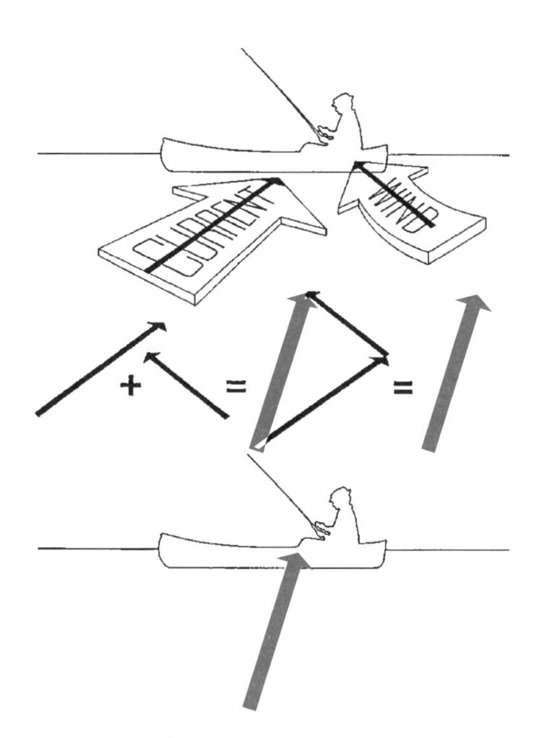

图 3-14

合力是所有作用力的总和。

如，当球被抛向空中时，其速度的水平分量决定了它的行进距离，其速度的垂直分量则决定了它能达到的高度（见第十章）。当矢量被分解为相互垂直的分量时——这是一个称为矢量分解的过程——这些分量的共同结果等同于原始矢量（图3-15）。因此，两个垂直分量是与原始矢量不同但等效的表达方式。

矢量分解（vector resolution）
指用两个垂直矢量替换单个矢量的操作，这两个垂直矢量的作用等同于原始矢量。

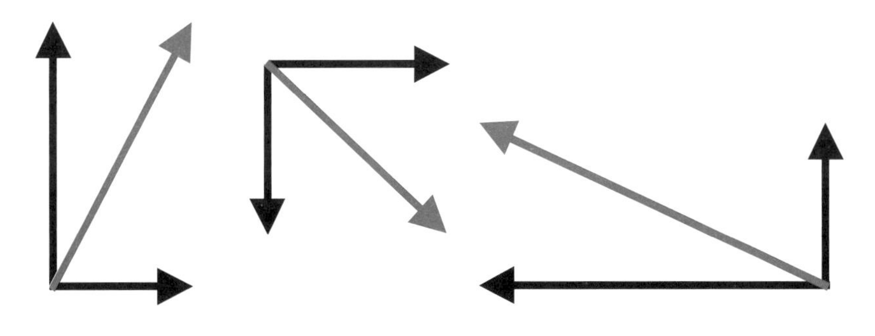

图 3-15

矢量可以被分解成垂直分量。每对垂直分量的作用等同于原始矢量。

矢量问题的图解法

当矢量都是同平面的（包含在一个平面中）时，对矢量的操作可以用图形的形式完成，并产生近似的结果。矢量问题的图形解决法需要仔细测量矢量方向和长度以使误差最小化。矢量长度代表矢量的大小，必须按比例绘制。例如，1 cm的矢量长度可以代表10 N的力，然后用3 cm长的矢量表示30 N的力，用4.5 cm长的矢量表示45 N的力。

矢量问题的三角函数解法

要更准确地定量处理矢量问题，其过程则涉及三角函数的应用。通过使用三角函数，可以消除按比例测量和绘制矢量的烦琐过程（见附录二）。例题3.4展示了使用矢量的图解法和三角函数解法解决问题的过程。

例题 3.4

Terry和Charlie必须将冰箱搬到新的地方。他们都向平行于地板的方向推进，Terry的推力为350 N，Charlie的推力为400 N，如左图所示。

（1）Terry和Charlie所产生的合力是多少？

（2）如果阻碍冰箱运动的方向相反的摩擦力为700 N，那么他们能够移动冰箱吗？

图解法

（1）使用的比例为1 cm相当于100 N来绘制矢量。

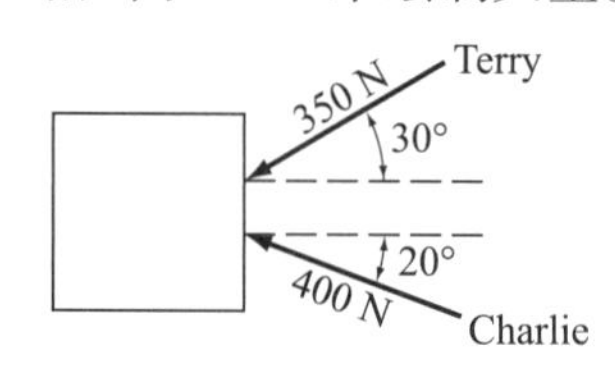

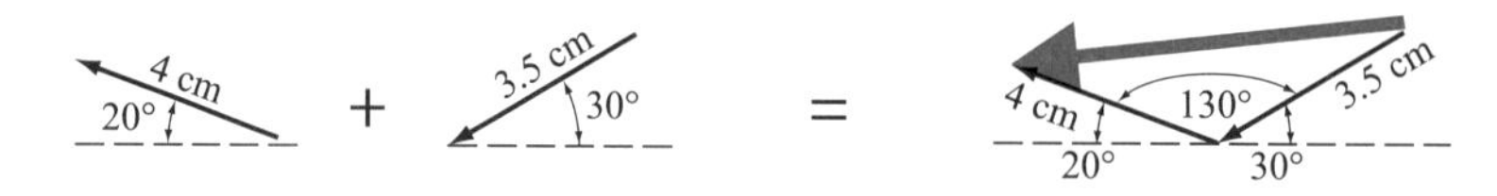

矢量和的长度约为6.75 cm，合力是675 N。

（2）由于675 N<700 N，因此他们推不动冰箱。

三角函数解法

已知：　$F_T = 350\ \text{N}$

　　　　$F_C = 400\ \text{N}$

求：合力的大小。

（1）水平面自由体图：

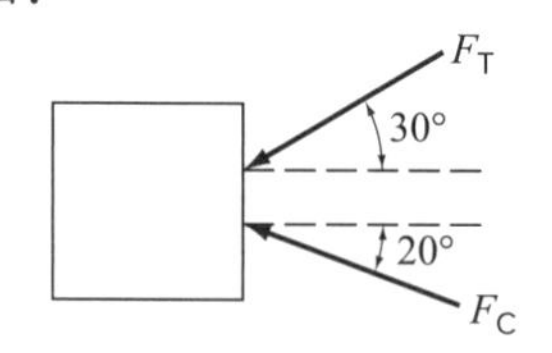

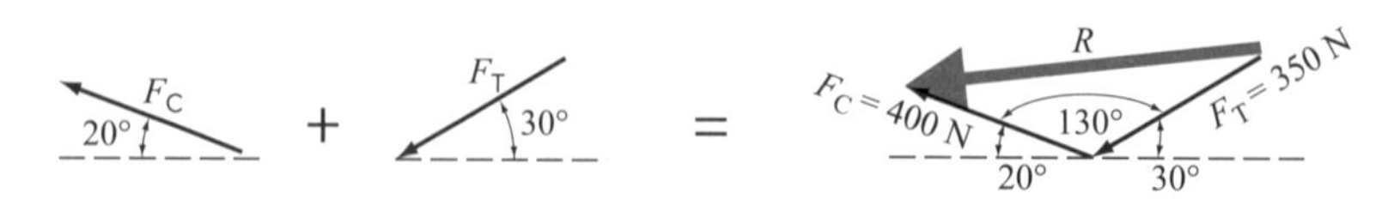

公式：　$C^2 = A^2 + B^2 - 2AB\cos\gamma$（余弦定理）

$R^2 = 400^2 + 350^2 - 2 \times 400 \times 350 \times \cos 130°$

$R = 680\ \text{N}$

（2）因为680 N <700 N，所以他们无法移动冰箱，除非他们在沿这些特定角度推动时施加更多的力来增加合力。（如果Terry和Charlie都以垂直于冰箱的方向推动，他们的合力足以移动它）

小结

与动理学相关的基本概念包括：质量——构成物体的物质的数量；惯性——物体保持其当前运动状态的性质；力——推力或拉力，改变或倾向于改变物体的运动状态；重心——使物体重量平衡的点；重量——物体的重力；压强——单位面积上所受到的力；体积——物体占据的空间；密度——每单位体积所含的质量；比重——每单位体积所具有的重量；扭矩——力的旋转效果。

作用于人体的机械载荷包括压缩、牵拉、剪切、弯曲和扭转。通常，这些载荷都以某种组合方式来作用于人体。物体结构内的力的分布称为机械应力。应力的性质和大小决定了生物组织受伤的可能性。

矢量具有大小和方向；而标量仅具有大小。矢量问题可以使用图解法或三角函数法来解决。在这两个解决方法中，使用三角函数解法得到的结果更准确、误差更小。

入门题

1. William Perry是防守截锋和兼职跑卫，他更为人所熟知的外号是“冰箱”，他在1985年芝加哥熊队的新秀赛季中的体重为1352 N。Perry的质量是多少？（答案：138 kg）
2. 需要对0.5 kg的冰球施加多大的力才能使其加速度达到30 m/s^2？（答案：15 N）
3. 一个橄榄球运动员同时与三个对手进行对抗，他的对手们对其施加右图中所示的大小和方向的力。请使用图解法来显示合力的大小和方向。

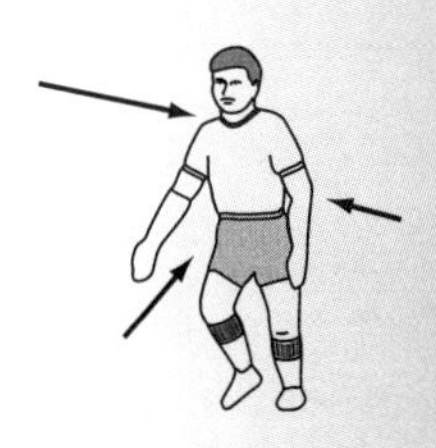

4. 使用图解法合成肌力矢量，以找到作用于下图所示肩胛骨的净力。

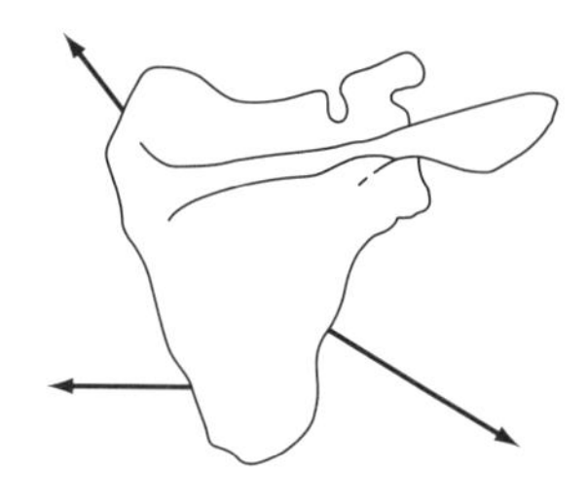

5. 绘制下面所示的矢量的水平和垂直分量。

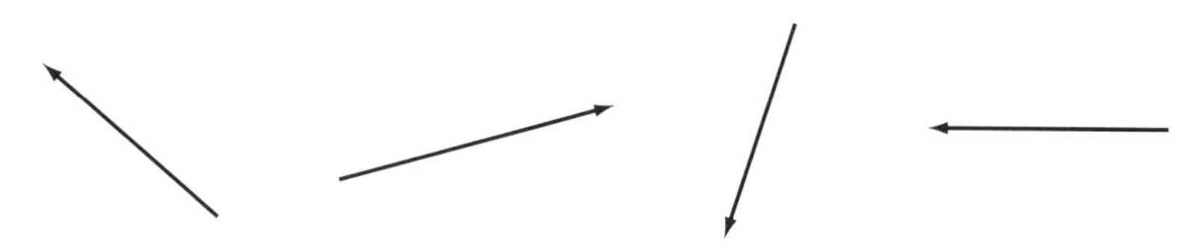

6. 地板上有一个重量为220 N，尺寸为3 m × 4 m × 0.04 m的体操地垫，求垫子对地板施加了多大的压强？（答案：18.33 Pa）
7. 边长为25 cm、40 cm和30 cm的牛奶箱的体积是多少？（答案：30 000 cm^{3}或30 L）

8. 选择视野范围内的三个对象，并估算每个对象的体积。列出进行估算时使用的大致量度。
9. 如果问题7中描述的牛奶箱的内容物重120 N，那么这个箱子和内容物的平均密度和比重各是多少？（答案：0.0004 kg/cm^3，0.004 N/cm^3）
10. 两个孩子坐在操场跷跷板的两侧。重量为220 N的Joey距离跷跷板的轴线1.5 m，重200 N的 Suzy距离跷跷板的轴线1.7 m。两个孩子在轴上各产生多大扭矩？跷跷板的哪一端会翘起来？（答案：Joey 330 N・m，Suzy 340 N・m； Joey所在的一端会翘起来）

附加题

1. 您自己的体重是多少？（以千克度量）
2. 行星X的引力是地球的40%。如果一个人在地球上的重量为667.5 N，那么这个人在X行星上的重量是多少？这个人在地球和X行星上的质量是多少？（答案：在行星X上的重量= 267 N，两个行星上的质量= 68.04 kg）
3. 一名足球运动员同时与两名抢球者进行对抗。铲球者A施加400 N的力，铲球者B施加375 N的力。如果力是共面的并且彼此方向垂直，那么作用在足球运动员身上的合力的大小和方向是多少？（答案：548.29 N，与铲球者A的作用线成43.15° 角）
4. 一名75 kg的自由落体的跳伞运动员同时受到侧风施加的60 N的力和100 N的垂直空气阻力。求作用在跳伞运动员身上的合力。（答案：638.58 N，与垂直方向成5.39° 角）
5. 使用三角函数法来找出以下共面力的合力的大小：90° 的60 N、120° 的80 N和270° 的100 N。（答案：116.37 N）
6. 如果有37%的体重分布在第5腰椎椎间盘的上表面，且椎间盘上表面的面积为25 cm^2，对于一个体重为930 N的男性而言，其椎间盘上的压强为多少？（答案：13.76 N / cm^2）
7. 在椎间盘的髓核中，压缩载荷是外部施加载荷的1.5倍。在纤维环中，压缩力是外部载荷的0.5倍。考虑到37%的体重分布在椎间盘上方，一个肩部有445 N重量棒、重量为930 N的男性的第5腰椎至第1骶椎椎间盘的髓核和纤维环的压缩负荷是多少？（答案：1183.65 N作用于髓核； 394.55 N作用于纤维环）
8. 估计自己身体的体积。制作一个表格，表明进行估算时使用的近似尺度。
9. 请按密度的顺序对左侧给定重量或质量、体积的物体进行排序。

物体	重量或质量	体积
A	50 kg	15.00 in^3
B	90 lb	12.00 cm^3
C	3 slugs	1.50 ft^3
D	450 N	0.14 m^3
E	45 kg	30.00 cm^3

10. 两个肌肉在关节的两侧同时产生牵张作用。肌肉A在关节旋转轴线处有3 cm的附着部位，并施加了250 N的力。而距离关节轴2.5 cm的肌肉B则施加了260 N的力。每个肌肉在关节处产生多大扭矩？关节处产生的净扭矩是多大？关节的运动方向是哪个？（答案：肌肉A 7.5 N・m，肌肉B 6.5 N・m; A方向的净扭矩等于1 N・m；与肌肉A的牵张作方向相同）

姓名：________________

日期：________________

实践

1. 以厘米为单位，使用尺子测量自己一只鞋底的尺寸。尽可能准确地计算鞋底面积（如果有可用的测光仪，可以通过在鞋底周围进行追踪来更准确地评估面积）。测量自己的体重，并计算施加在一只鞋底上的压强。如果你的体重变化22 N，压强会有多大变化？

面积计算：

面积：________________

体重：________________

压强计算：

压强：________________

22 N体重变化的压强计算：

压强：________________

2. 给一个装3/4满水的大容器称重并记录。为了评估研究者感兴趣的物体的体积，将物体完全浸没在容器中，并记录重量变化。然后，从容器中拿出物体，并小心地将容器中的水倒入量杯中，直到其重量等于原始重量减去记录的重量的变化量。量杯中的水量即是浸没物体的体积。（记录测量值时务必使用正确的单位）

盛水容器的重量：________________

物体淹没时的重量变化量：________________

物体的体积：________________

3. 将铅笔牢固地夹在虎钳中，并固定铅笔的一端。用可调扳手夹住铅笔的另一端，然后向铅笔缓慢施加弯曲载荷直至其开始断裂。观察铅笔断裂的性质。

铅笔的断裂从哪一侧开始？________________________________

铅笔在抵抗压缩或牵拉哪方面更强？________________________________

使用另一支铅笔重复上述操作并施加扭转（扭曲）载荷。初始断裂的性质表明铅笔内的剪切应力分布是怎样的？

4. 尝试用一根手指用力推门，分别在离铰链10 cm、20 cm、30 cm和40 cm处施加力。请简要解释最容易及最难打开门的施力距离。

5. 站在浴室秤上并进行垂直跳跃，同时请另一位参与者仔细观察秤的量度上的数字的变化模式。根据需要完成数次重复的跳跃，以确定其模式。然后，与另一位参与者交换。与同伴进行讨论，绘制垂直跳跃期间所施加的力（垂直轴）随时间（水平轴）的变化图。

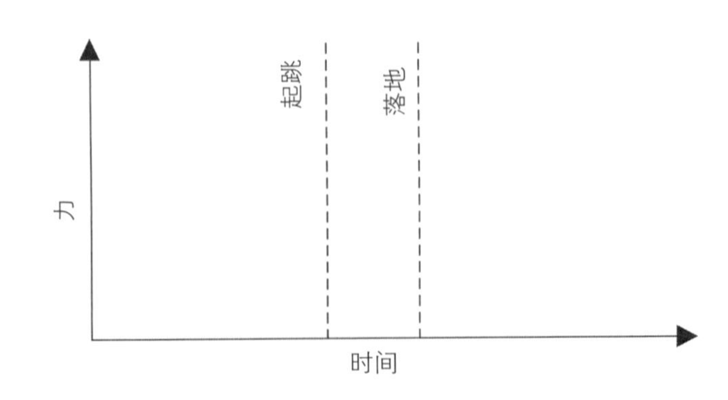

曲线下的面积代表什么？________________________________

参考文献

[1] AYEOW C H, LEE P V, GOH J C. Direct contribution of axial impact compressive load to anterior tibial load during simulated ski landing impact. *J Biomech*, 2010, 43:242.

[2] KIAPOUR A M, DEMETROPOULOS C K, KIAPOUR A, et al. Strain response of the anterior cruciate ligament to uniplanar and multiplanar loads during simulated landings: Implications for injury mechanism. *Am J Sports Med*, 2016, 44:2087.

注释读物

KING A. The biomechanics of impact injury: Biomechanical responses, mechanisms of injury, human tolerance and simulation. New York: Springer, 2017.

讨论了由撞击引起的人体损伤及用于模拟这些损伤的计算机模型。

BARTLET R, PAYTON C. Biomechanical evaluation of movement in sport and exercise: The British Association of Sport and Exercise Sciences guide. New York: Routledge, 2017.

解释了生物力学测试和测量的理论基础，并就设备的选择和有效使用提供了建议。

ÖZKAYA N, LEGER D, GOLDSHEYDER D, et al. Fundamentals of biomechanics: Equilibrium, motion, and deformation. New York: Springer, 2017.

使用生物学和医学上的实例，整合了力学的经典领域——静力学、动理学及材料力学等。

TEKALUR S, ZAVATTIERI P, KORACH C. Mechanics of biological systems and materials, volume 6: Proceedings of the 2015 annual conference on experimental and applied mechanics. New York: Springer, 2017.

介绍不同生物组织力学的最新发现，其中包括细胞力学和组织工程学。

第四章 人体骨骼生长发育的生物力学

通过学习本章，读者可以：

解释骨骼的组成成分和结构组织如何影响其承受机械载荷的能力。

描述骨骼正常生长和成熟过程。

描述运动和失重对骨矿化的影响。

解释骨质疏松症的重要性，并讨论目前的预防理论。

解释不同形式的机械负荷和常见骨损伤之间的关系。

决定骨骼何时停止生长的因素有哪些？应力性骨折是如何发生的？为什么太空旅行会导致宇航员骨密度降低？什么是骨质疏松，如何预防？

人体骨骼是一种极其动态的组织——能通过作用在其上的力不断地塑形和重塑。骨骼为人类实现了两个重要的机械功能：①提供了一个坚固的骨架，支撑和保护其他身体组织；②形成一个刚性的杠杆系统，可以通过附着的肌肉产生力量来发生位移（见第十二章）。本章讨论骨的组成和结构方面的生物力学、骨骼的生长发育、骨骼对压力产生的反应、骨质疏松和常见的骨损伤的反应。

杠杆（lever）
是一种简单机械。在力的作用下能绕着固定点转动的硬棒就是杠杆。

骨的组成和结构

骨的组成成分和结构组织会影响骨应对机械负荷的方式。由于其特殊的组成和结构，相对于其较轻的重量，其强度是非常大的。

组成成分

骨骼主要由碳酸钙、磷酸钙、胶原蛋白和水组成。这些物质的相对比例随着骨骼的年龄和健康状况而不同。碳酸钙和磷酸钙通常占干骨重量的60%~70%。这些矿物质赋予骨骼刚度，并且是其抗压强度的主要决定因素。其他矿物质，包括镁、钠和氟化物，在骨骼生长和发育中也具有重要的参与构成和代谢作用。胶原蛋白是一种蛋白质，可为骨骼提供柔韧性，并有助于提高其抗拉强度。

骨的含水量占骨总重量的25%~30%。骨组织中存在的水是骨强度的重要组成部分。因此，研究不同类型骨组织材料特性的科学家和工程师必须确保他们测试的骨样本不会脱水。骨骼的液态水也负责将营养物质运输给矿化骨基质内的活骨细胞并且带走代谢废物。此外，水将矿物离子输送到骨骼和从骨骼带走，以便储存并在需要时供身体组织使用。

刚度（stiffness）
指材料或结构在受力时抵抗弹性形变的程度。

抗压强度（compressive strength）
指抵抗压迫或挤压力的能力。

抗拉强度（tensile strength）
指抵抗拉力或拉伸力的能力，即最大均匀塑形变形的抗力。

• 胶原蛋白可抵抗牵张，为骨骼提供柔韧性。

结构组成

骨矿化的相对比例不仅随个体的年龄而变化，在体内不同部位的骨骼上也有所不同。有些骨骼比其他骨骼更多孔。骨孔越多，磷酸钙和碳酸钙的比例越小，非矿化组织的比例越大。骨组织根据孔隙分为两类（图4–1）。如果孔隙率低，非矿化组织占骨体积的5%~30%，则该组织称为皮质骨。而具有相对高孔隙率，非矿化组织占据骨体积的30%至大于90%的骨组织，被称为海绵状骨、松质骨或小梁骨。小梁骨有蜂窝结构，有矿化的垂直和水平条状结构，这些结构称为骨小梁，其中充满骨髓和脂肪细胞。

多孔（porous）
包含大量孔洞或空穴。

皮质骨（cortical bone）
指在长骨干处存在的低孔隙的致密矿化结缔组织。

小梁骨（trabecular bone）
是较小的矿化结缔组织，具有高孔隙率，存在于长骨的两端和椎骨中。

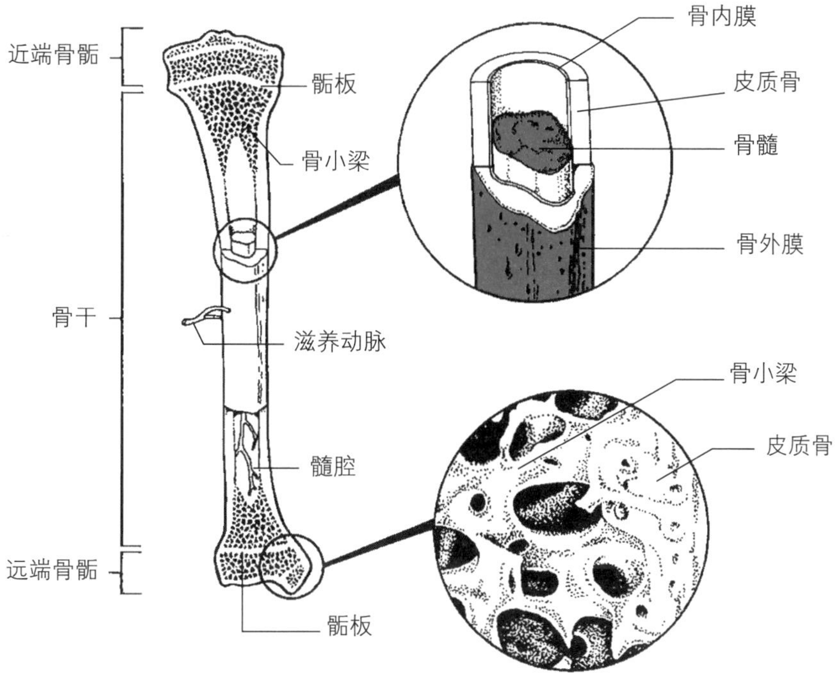

图 4–1
皮质骨和松质骨的结构。

数字化显示的长骨横截面。密集的皮质骨环绕海绵状的小梁骨。©MedicalRF.com.

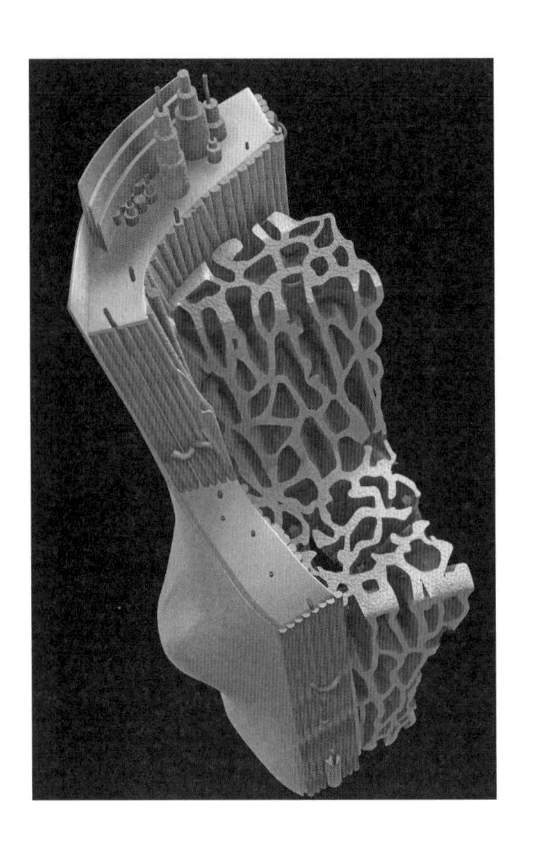

应变（stain）
指变形量除以结构的原始长度或结构的原始角度的值。

• 因为皮质骨比小梁骨硬，所以它可以承受更大的应力，但能承受的扭力较小。

各向异性（anisotropic）
指对来自不同方向的载荷反应不同而表现出不同的机械性能。

• 骨骼的抗压应力最强，抗剪切应力最弱。

中轴骨（axial skeleton）
包括颅骨、椎骨、胸骨和肋骨。

附肢骨（appendicular skeleton）
指构成身体四肢的骨。

短骨（short bones）
是立方状的骨，包括腕骨和跗骨。

扁骨（flat bones）
骨骼结构大部分呈扁平状，如肩胛骨。

骨的孔隙率是一个十分有趣的参数——它直接影响骨组织的机械特性。由于其较高的矿物质含量，皮质骨往往较硬，可以承受较大的压力，但比小梁骨能承受的应变或相对形变小。因为小梁骨比皮质骨松软，所以在碎裂之前可以承受更大的应变。

特定的骨骼功能决定了它的结构。长骨的骨干由坚硬的皮质骨组成，而椎骨相对较高的骨小梁含量有助于增加其减振能力。

皮质骨和小梁骨均有各向异性，也就是说，它们对从不同方向施加的力的反应不同——它们会表现出不同的强度和刚度。骨骼的抗压应力最强，抗剪切应力最弱（图4–2）。

骨的类型

人体206块骨的不同的结构和形状，使得它们能够各自实现特定的功能。骨骼系统名义上可以细分为中心或中轴骨和外周或附肢骨（图4–3）。中轴骨是指形成身体轴线的骨骼，如颅骨、椎骨、胸骨和肋骨。位于身体四肢的骨称为附肢骨。根据骨的形状和功能分为：

短骨，形状近似立方体，仅包括腕骨和跗骨（图4–4A）。这些骨能提供有限的滑行运动并起减振的作用。

扁骨的形状如同其名（图4–4B）。这些骨能保护位于其下方的器官和软组织，并为肌肉和韧带附着提供较大的附着面积。扁骨包括肩胛骨、胸骨、肋骨、髌骨和部分颅骨。

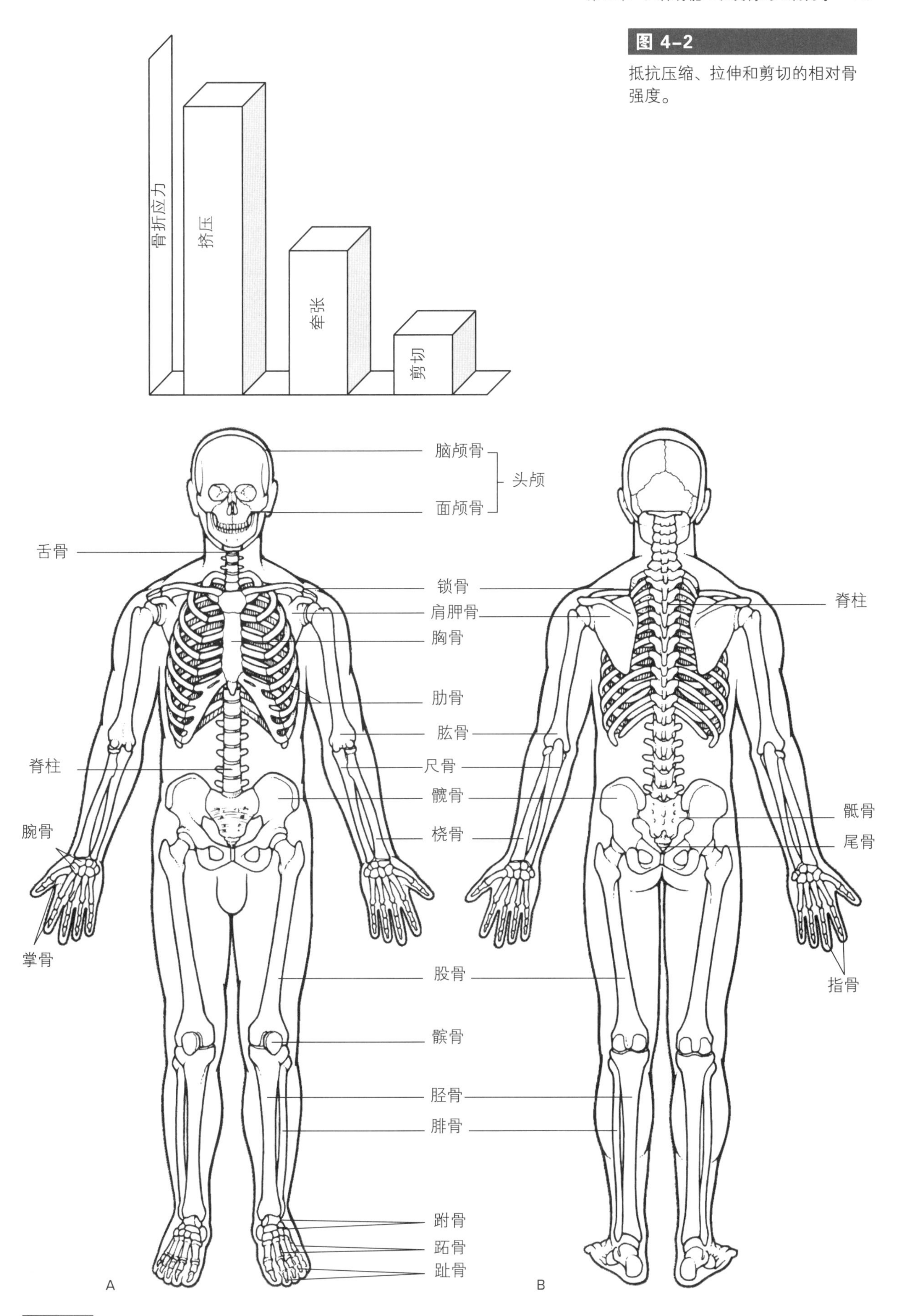

图 4-2

抵抗压缩、拉伸和剪切的相对骨强度。

图 4-3　人体骨骼

图 4-4

A. 腕骨为短骨。 B. 肩胛骨为扁骨。C. 椎骨为不规则骨。 D. 股骨为典型的长骨。A，©Christine Eckel/McGraw-Hill Education；B，©McGraw-Hill Education；C，©giro/Getty Images RF；Bottom D，©MedicalRF.com.

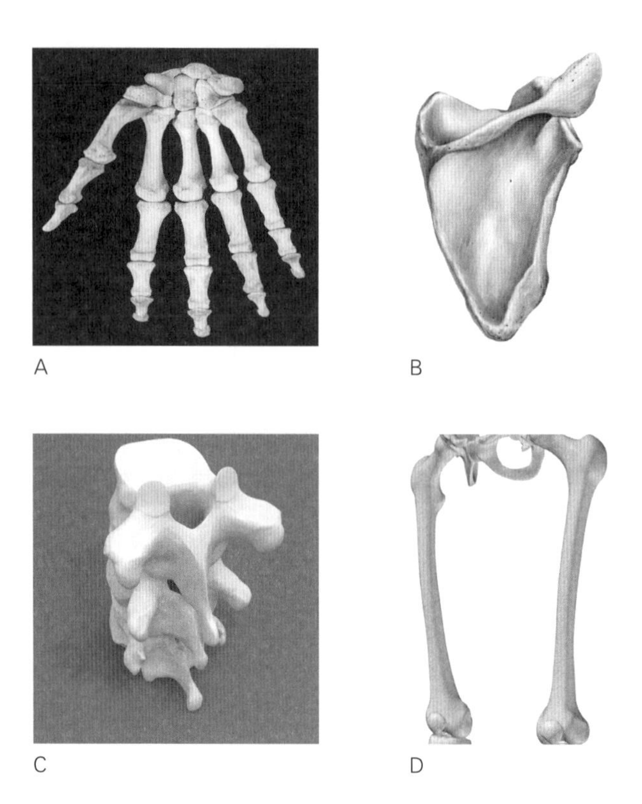

不规则骨（irregular bones）
指形状不规则的骨，如骶骨。

不规则骨的形状不规则，从而来实现人体的一些特殊功能（图4-4C）。例如，椎骨为脊髓提供骨性保护隧道；提供肌肉和韧带的附着点，并支撑上部身体的重量，可使躯干在三个解剖平面上活动。不规则骨还包括骶骨、尾骨和上颌骨。

长骨（long bones）
指包含骨干与球状末端的骨，如股骨。

关节软骨（articular cartilage）
是一层坚固的保护型组织，本质上是一种柔韧的结缔组织，生长在骨末端的关节结合处。

长骨主要分布在四肢（图4-4D）。它们包含由皮质骨构成的长的大致圆柱形的轴（称为骨干或骨体），及被称为髁、结节或隆起的球状末端。能自我润滑的关节软骨生长在长骨的末端，保护长骨免于在与其他骨的接触点处磨损。长骨还包含称为髓腔或髓管的中空区域。

长骨的尺寸和重量使其能胜任特定的生物力学功能。胫骨和股骨大且坚硬，可以支撑身体的重量。上肢的长骨包括肱骨、桡骨和尺骨，小且轻，便于移动。锁骨、腓骨、跖骨、掌骨和趾骨也是长骨。

骨的生长与发育

• 大多数骨骺在18岁左右闭合，但有些可能会保持生长状态直到25岁左右。

骨骼生长在胎儿发育的早期便开始启动，活的骨组织在生命周期内其组成和结构会不断变化。这些变化中的很大一部分象征了骨骼的正常生长和成熟。

增长

骨骺（epiphysis）
位于骨的中间，在骨的基本增长中制造新的骨组织，直到青春期或者成人早期。

骨的长度增长基于骨骺或者骺板（图4-5）。骨骺通常位于长骨的两端。骨骺朝向骨干的区域持续产生新的成骨细胞。在青春期或者成人早期，骺板消失或者溶解，骨的增长就停止了。大多数的骨骺在18岁左右时闭合，当然也有部分人持续到25岁左右。

增粗

虽然骨的快速增长发生在成年之前，但是长骨的增粗会贯穿整个生命周期。骨膜的内层形成成骨细胞层，新的骨组织覆盖在现有组织的顶部。同时，骨髓腔周围发生骨的吸收和消除，因此骨髓腔的直径不断扩大。这种情况下，骨的弯曲应力和扭转应力保持恒定不变[21]。

专门发生骨的大小和形状上的改变的细胞称为成骨细胞和破骨细胞，它们以各自的方式进行骨的组成和吸收。在健康的成年人骨中，成骨细胞和破骨细胞的活动保持一定的平衡状态。

骨膜（periosteum）
指覆盖骨的双层膜。肌腱附着在外层膜，内层膜是成骨细胞活跃的地方。

成骨细胞（osteoblast）
指形成新的骨组织的特殊细胞。

破骨细胞（osteoclast）
指吸收骨组织的特殊细胞。

成年人骨的发育

随着年龄的增长，胶原蛋白逐渐丢失，骨的脆性增加。因此，儿童的骨质相对于成年人来说更加柔韧。

骨质的积累贯穿整个儿童期和青春期。最大的增长发生在青少年发育陡增6个月后，超过50%的骨骼体积和密度构建于青春期[9]。女性大概在33~40岁，男性在19~33岁，骨量达到高峰，并且保持这样的水平10~20年[18]。随着年龄增长，无论是男性还是女性，骨的密度和强度都不断下降，包括随着骨质流失增加和孔隙率增加导致的骨在应力和韧性上的逐渐下降。小梁骨尤其受到影响，随着骨小梁的逐渐断裂和瓦解，骨组织的完整性受到破坏，骨强度严重下降[6]。

相较于男性，这些变化在女性中更为显著。随着年龄的增长，皮质骨的体积和密度明显下降，骨小梁的密度也出现下降[27]。随着更年期的到来，骨质流失率会显著上升，这首先归因于雌激素的流失[5]。尽管这样的变化也在男性中存在，但是在更加年老之前这样的变化不会非常显著。女性在任何年龄段，骨都比男性小，且皮质骨少，但骨质成分相似。

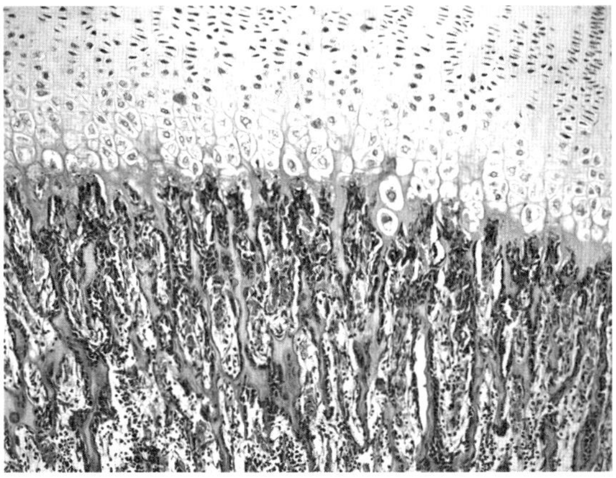

图 4-5
生长中长骨骺板的显微照片，显示软骨（上）到骨（下）的转换。
©Al Telser/The McGraw-Hill Education.

压力对骨的影响

• Wolff的理论显示骨强度随着生物力的增减而增减。

在整个生命周期中出现的其他的骨变化与骨的正常生长和发育无关。骨会随着不同的力的出现和消失而发生大小、形状、密度的动态变化。这个现象首先在1892年被德国科学家Julius Wolff发现："骨形成的方式是特定的，骨质向功能性力的方向进行沉积和位移，骨质的增加和减少是由力的总量决定的[40]。"

骨的塑形和重塑

• 骨骼重塑的过程还没有被完全理解，科学家仍然在持续研究这一课题。

基于Wolff定律，除了密度发生改变，人类骨的形状和大小是骨上机械应力的大小和方向的作用结果。骨承受的生物机械应力引起骨的变形，承重越大产生的张力级别越高。这些张力产生的骨的形状和大小的变化，是通过重塑这个过程来实现的。重塑包括对疲劳损伤的旧骨的重吸收及随后形成新骨。骨的塑形定义为新骨的形成而不是骨的再吸收，是未成形的骨的生长过程。

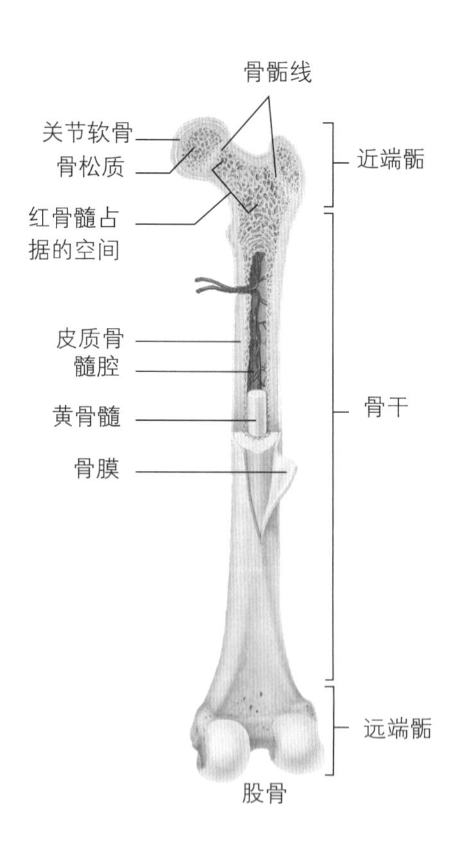

长骨的构成。
Hole, John W., Shier, David; Butler, Jackie, & Lewis, Ricki, Human Anatomy and Physiology. New York: McGraw-Hill Education, 1996. Copyright ©1996 by McGraw-Hill Education.

根据Wolff定律，成年人的骨的质量增加和减少是协调的结果。当骨承受变形力或者弯曲力时，会产生张力，新骨在这个张力点上产生，同时骨量和骨的密度都随之增加。随着更大或者更频繁的张力产生，骨量增加[34]。重塑包括"维持模式"——骨量没有变化，或者"停止使用模式"——以髓腔空洞的增大和皮质骨变薄为特征的骨量大量丢失。骨是一个动态变化的组织，塑形和重塑就是骨组织增加、减少、再成形的过程。

塑形和重塑的过程被骨细胞控制，骨中的细胞容易因穿过气孔间隙的液体流动的变化而变化，这些气孔是由骨上的张力所产生的。高强度的冲击力产生高效的形变，从而产生动态载荷，这大大推动了液体在骨组织中的流动。正是由于这个原因，能产生高强度冲击力的运动是最有利于骨组织形成的；随着液体在骨组织中的流动，产生了相应的成骨细胞和破骨细胞，重新形成和吸收骨[33]。成骨细胞活跃的一个优势是有助于骨的塑形，骨量增加。骨的重塑是成骨细胞和破骨细胞活动的动态平衡，这关系到骨量的维持和丢失。每年大约25%的骨小梁通过这种方式重建。像每天30~60 min步行之类的活动产生的力足够驱使骨转换和新骨的形成[2]。

在儿童和成年人中，骨质和骨强度的变化受作用于骨骼的张力影响。因为身体的自身重量维持了骨恒定的张力，骨质含量通常与身体体重相对应，体重越大的个体有越多的骨量。由于缺乏一定的锻炼，成年人体重的增加和减少，可引起骨密度的增加和减少[30]。然而，给定个体的身体活动形式、饮食、生活习惯和基因也会显著地影响骨密度。正如精瘦体形、肌肉的强度，及参加负重运动的频率等因素，已经被证明能够显著地影响骨密度，而不是体重、身高或者种族。已证明，反复的跳跃活动有助于儿童增加骨密度和改善骨的构成[8]。

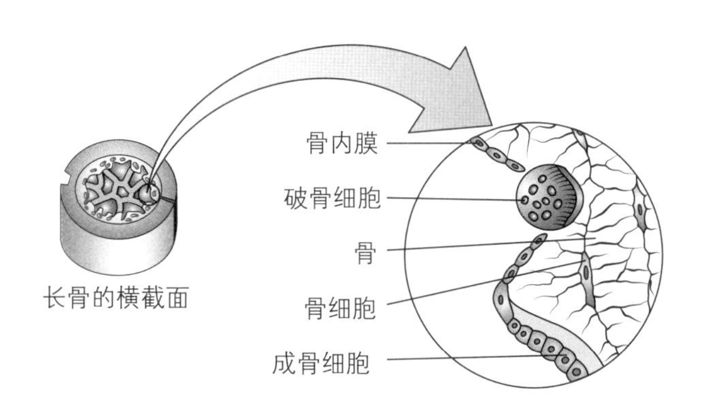

长骨骨内膜上的内层腔隙包括骨细胞，特别是建造骨组织的成骨细胞和再吸收骨组织的多核破骨细胞。

骨过度肥大

在对日常的物理活动的应答中，有许多骨应力塑形或者骨过度肥大的案例。经常进行运动的人，骨骼密度往往较大，因此，也会比相同年龄和性别却习惯久坐的人有更多的矿物质的积累及更强壮的骨质。然而，一些研究结果表明，职业活动或对身体某一个肢体或者某一部位产生压力的运动会使这个肢体或部位的骨骼肥大。例如，职业网球运动员，不仅仅是打网球的那个手臂的肌肉增大，手臂半径也增加[15]。同样地，骨质肥大的情况也发生在棒球运动员的惯用侧的肱

骨过度肥大（bone hypertrophy）
由于成骨细胞的活动占优势而引起的骨量增加。

骨[23]。

能激活肌肉，产生多方向力的运动，对骨的大小和强度的影响更大[9]。回顾不同运动中运动员的骨密度研究证明，定期参与高强度的运动，如体操、排球、柔道、空手道及弹跳类运动，骨密度高于平均水平，在运动中受到压力后会影响个体骨的塑形。例如，在跑步、骑自行车等重复但强度较小的运动中，骨的塑形与骨承受应力的部位是一致的，但骨密度并没有变化[7]。而像游泳这样的无强度的运动对骨的形成和结构没有积极的影响[37]。总体来说，研究证据证明，有强度的运动对于骨量的增加是非常必要的。

骨萎缩

骨萎缩（bone atrophy）
指由于破骨细胞的活动占优势而引起的骨量减少。

骨骼肥大是对机械应力增加的反应，而骨萎缩是对机械应力减少的反应。当由肌肉的收缩、负重或者冲击力产生的对骨骼施加的正常应力降低时，骨通过重塑过程而萎缩。当骨萎缩发生时，骨中钙的含量减少，骨的重量和强度也下降。研究发现，卧床不起的患者、久坐不动的老年人及宇航员有由于机械应力减少而引起骨量减少的现象。

骨的矿物质的流失是一个潜在的严重问题。从生物力学的角度来看，随着骨量的减少，骨的强度和抗骨折的能力也会降低，特别是骨小梁。

对美国的太空飞行期间钙流失的研究结果表明，尿钙的流失与离开地球重力场的时间有关。观察到的骨质流失模式与卧床休息期间记录的患者的骨质流失模式非常相似，腰椎和下肢负重骨的骨质流失比骨骼其他部位的骨质流失更多[32]。在太空生活的一个月里，宇航员的骨量减少了1%~3%，大约相当于绝经后女性一年的骨量减少量[4]。

目前，对于引力场之外的骨质流失的机制及影响还不是很清楚。有关研究证明，宇航员和试验动物在太空飞行期间，钙的平衡呈负性，肠道对于钙的吸收下降，而排泄增加[29]。然而，这是由骨的重塑的增加或者减少，还是由于成骨细胞和破骨细胞的不平衡引起的还不清楚。

在太空旅行中，除了人为创造重力，是否还有其他的方法也能有效地防止骨质流失还有待观察。目前，宇航员在太空飞行中的锻炼计划是通过增加肌肉力量对骨骼施加的机械应力和应变来防止骨质流失的。

最近有关研究证明，抗阻运动结合全身振动可能是防止太空飞行中肌肉萎缩和骨质流失的有效措施[25]。研究人员假设，低振幅、高频率的振动会刺激肌肉纺锤波和α运动神经元（见第六章），它们会引发肌肉收缩[16，24]。已经得到证实，几个月的全身振动干预治疗可增加骨沉积、减少骨吸收，提高骨密度，特别是股骨和胫骨的骨密度得到了改善[14，22]。

对于宇航员来说，处于失去地球重力影响的外太空的时期，骨量的流失是一个问题。Source：NASA.

由于关节支撑着位于其上方的体重，在阻力运动和振动过程中，骨骼负重的大小因关节而异。例题4.1说明了这一点。

例题 4.1

胫骨是下肢最重要的承重骨。如果膝关节承受人体88%的体重，一个大约600 N的人解剖位站立时，对每一块胫骨施加了多少压力？如果拿着20 N左右的食品袋，胫骨会承受多大的压力？

解

已知：体重 = 600 N

（可以推断出体重=压力，F_c）

公式：双膝关节 $F_c = 600\ \text{N} \times 0.88$

单膝关节 $F_c = \dfrac{600\ \text{N} \times 0.88}{2}$

单膝关节 $F_c = 264\ \text{N}$

加上食品重量的承重 $F_c = \dfrac{600\ \text{N} \times 0.88 + 20\ \text{N}}{2}$

加上食品重量的承重 $F_c = 274\ \text{N}$

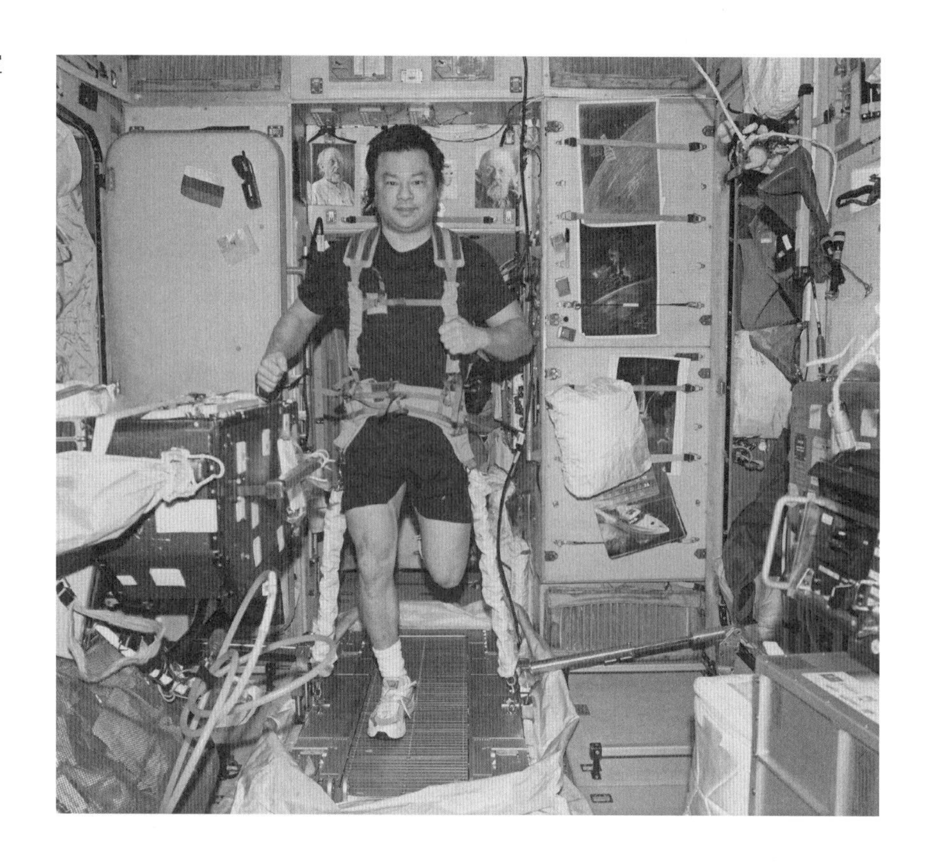
太空站中的宇航员利用皮带固定在专门的跑步机上进行锻炼。

骨质疏松

骨质疏松（osteoporosis） 包括骨量和力量的减少，易导致一处或多处骨折。

骨量减少（osteopenia） 是骨密度降低的一种情况，使个体易于骨折。

骨质疏松常见于大多数老年人，女性发病较早，随着人口平均年龄的增加，骨质疏松也越来越常见。这种情况开始于骨量减少，在这种情况下破骨细胞的活性比成骨细胞的活性更强，导致骨量减少但不存在骨折。如果不进行干预，这种情况通常会发展为骨质疏松，骨量和骨的强度都受到非常严重的影响，日常活动可能会导致骨痛和骨折。

绝经和年龄与骨质疏松的相关性

• 骨质疏松对于老年人来说是非常严重的健康问题，女性比男性受到的影响更大。

骨质疏松的患者多为绝经后女性及老年女性，老年男性也易患，超过半数的女性和约1/3的男性骨折与骨质疏松有关[5]。骨质疏松曾经被认为是女性健康的主要问题，随着人口年龄的增长，骨质疏松也成为男性健康的主要问题[17]。随着世界人口的老龄化，骨质疏松不再局限于任何的性别、种族和体型。

约50%的50岁以上女性患有Ⅰ型骨质疏松或者绝经后发生的骨质疏松。第一次骨质疏松引起的骨折往往发生在绝经后15年，最常见的骨折部位是股骨近端、椎体和桡骨远端[5]。

• 疼痛、变形和脆弱的椎体压缩性骨折是骨质疏松最常见的症状。

相对于女性来说，男性直到晚年才会受到骨质疏松的影响。这样的差异是由于男性在成年早期达到了比女性更高的骨量和强度，还有部分原因是女性骨小梁的断裂风险高于男性[3]。

骨质疏松骨折好发于桡骨、尺骨、股骨颈、脊柱。骨质疏松最常见的症状是椎体骨小梁弱化骨折引起的背痛。腰椎压缩性骨折是由于日常活动中负重所产生的压缩载荷而引起的，常常引起身体高度的降低。由于大多数体重位于脊柱前方，由此产生的骨折往往使椎体呈楔形，加重胸椎后凸（见第九章），这种致残畸形称为“老者驼峰”。椎体压缩性骨折是非常痛苦的，影响人的身体、功能和心理。当脊柱高度降低时，胸腔压迫骨盆会增加额外的不适。

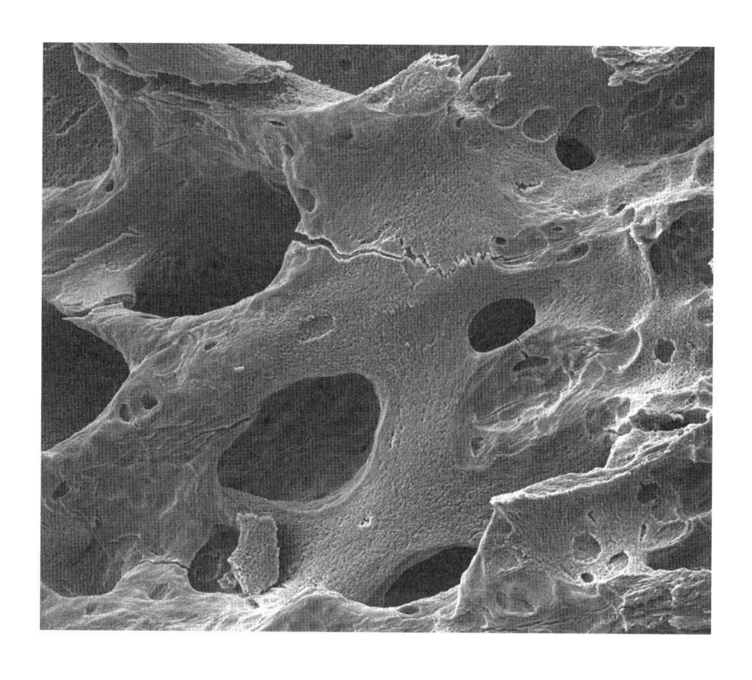

发生骨质疏松骨的电子显微镜扫描图。注意，裂缝为受损的骨小梁。©Science Photo Library RF/Getty Images.

随着男性骨骼的老化，增加的椎体直径有助于减轻负重的压力。因此，虽然骨质疏松可能发生改变，但椎体的结构强度并没有发生变化。为什么女性没有发生相同的代偿性变化不得而知。

- 对于年轻的女运动员来说，能量利用率低、月经功能障碍和骨密度低是危险而致命的三大因素。

女运动员三联征

渴望在竞技运动中取得好成绩，导致一些年轻的女运动员不断追求低体重。这会导致女运动员三联征：①能量低，是指能量不足，无法满足训练和正常生理功能的需要，并且可能发生进食紊乱；②月经功能障碍是最坏的情况，包括闭经或没有月经；③骨密度低。女运动员如果有以上三种情况中的一种以上，就被认为是有风险的，因为能量低和闭经（没有月经）都会导致骨密度降低，从而增加骨折的风险[31]。能量低已被证明是该综合征的根本原因[28]。这种情况通常被忽视，但三联征可能导致不可逆转的骨质流失，甚至死亡等不良后果，因此朋友、父母、教练和医生需要对这些迹象和症状保持警惕。

- 神经性厌食症和神经性暴食症是危及生命的饮食失调症。

耐力和表现力相关项目的女运动员特别容易出现三联征。©Royalty-Free/CORBIS/Getty Images.

不足为奇的是，年轻的闭经女运动员应力性骨折发生的概率较高，骨折的发生与月经初潮的晚发有更多的相关性[9]。骨质流失是不可逆的，骨质疏松导致的脊柱楔状骨折可能会影响生活中的姿势。最近的一项对参加16项不同运动的797名大学一年级女运动员的研究发现，29%的运动员有中高等患应力性骨折的风险[36]，其中，体操（56.3%）、曲棍球(50%)、越野赛（48.9%）、游泳和跳水（42.9%）、帆船（33%）和排球（33%）的风险人数最多。

骨质疏松和骨质流失的预防和治疗

早期发现骨密度降低是有益的，因为一旦开始发生骨质破裂，骨小梁的结构就会发生不可逆的损失。虽然合适的饮食结构、适当的激素水平和锻炼可以在任何阶段增加骨量，但研究表明，预防骨质疏松比治疗骨质疏松更加容易。预防和延缓骨质疏松发病最重要的措施是优化在儿童时期和青春期骨量的峰值[38]。研究人员推测，负重运动在青春期前尤其重要，因为体内的生长激素水平高，可与运动进行协同作用，从而增加骨密度。与成骨冲击力有关的活动，如跳跃，已经被证实在增加儿童骨量方面非常有效[8]。

- 定期运动在某种程度上有助于调节与年龄相关的骨质流失。
- 雌激素和睾酮缺乏会加速骨质疏松的进展。

负重运动对于保持人类和动物骨骼的完整性是必要的。最重要的是，研究证明，定期进行负重锻炼，如散步，即使对于骨质疏松患者来说，也能增强骨骼的健康和力量。由于冲击力产生的载荷对于成骨的作用特别大，所以为了维持骨量，也推荐原地跳跃，每周进行3~5次，每次跳跃5~10组[39]。跳跃间隙有10~15 s的休息间隔时间，也许能增强骨内的液体流动和对骨细胞的相关刺激，使机械载荷对于骨的构建的影响增加一倍[10]。

其他生活方式也同样影响骨矿化。已知的引起骨质疏松的危险因素包括缺乏运动，体重减轻或者过瘦，吸烟，雌激素、钙和维生素D缺乏，过度消耗蛋白质和摄入咖啡因[5, 35]。

对骨骼的详细研究越来越证明，在预防骨折方面，骨结构的细微差别可能比骨密度更加重要[1, 26]。简单来说，骨骼质量在某些方面可能比骨骼的数量更加重要。然而，影响骨小梁内外结构的机制目前还不是很清楚。在对骨质疏松有更多的了解之前，需要鼓励年轻女性通过定期参加体育活动，避免不良的生活方式影响骨骼健康，最大限度地增加骨量的峰值并尽量减少其损失。

常见的骨损伤

因为骨骼具有重要的机械功能，骨骼的健康是全身健康的重要组成部分。骨骼的健康可因损伤或者病变而受到影响。

骨折的生物力学

骨折是骨的连续性被破坏。当骨的负荷超过其强度时就会发生骨折，强度取决于骨的大小、形状和密度。骨折的性质取决于机械力的方向、大小、频率和持续时间，及骨折时骨骼的健康程度和成熟程度。骨折分为单纯性骨折（骨折的断端仍然包裹在周围的软组织内）和复合型骨折（骨折的一端或者两端突出于表面皮肤）。当机械力加载的频率过快时，断端更容易粉碎（图4-6）。

骨折（fracture）
指骨的连续性被破坏。

撕脱性骨折是指由拉伸载荷引起的骨折，在拉伸载荷的作用下，肌腱或者韧带将一小块骨从骨上拉下来，如爆发性的投掷运动或者跳跃运动可以导致肱骨内上髁或者跟骨撕脱性骨折。

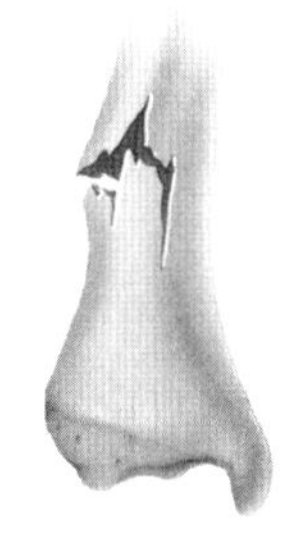

青枝骨折是不完全骨折，骨折发生在骨弯曲处的凸面

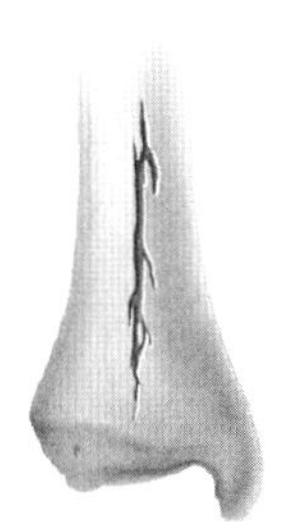

裂缝骨折包括不完全的纵向断裂

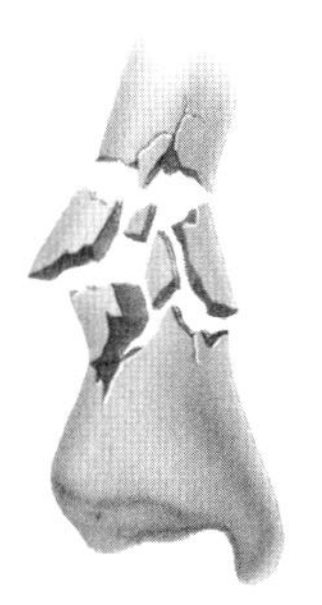

粉碎性骨折是完全的骨的碎裂

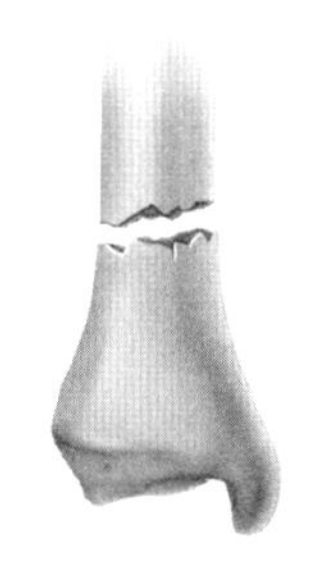

横向骨折是完全骨折，骨折发生在与纵轴垂直的位置

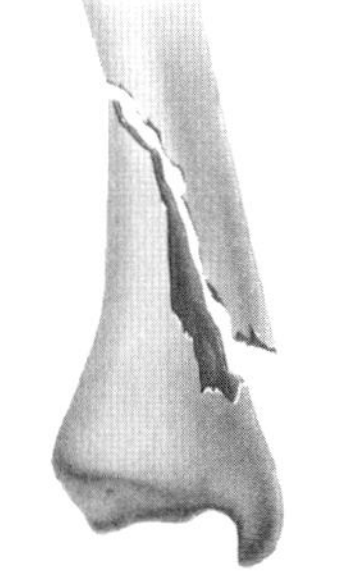

楔形骨折发生在与纵轴成一定角度处，不包括直角

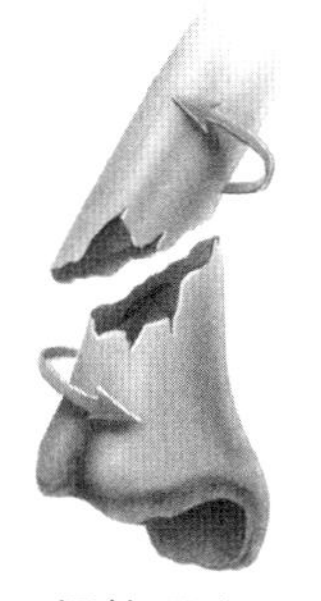

螺旋骨折是由骨过度的扭曲造成的

图 4-6

不同类型的骨折。Hole，John W.，Shier，David；Butler，Jackie，& Lewis，Ricki，Human Anatomy and Physiology，New York：McGraw-Hill Education，1996. copyright ©1996 by McGraw-Hill Education.

过度的弯曲或者扭转力会导致长骨的螺旋骨折（图4-6）。相反方向的力同时作用在一个结构的不同点上，如长骨，会产生弯曲力矩，这种扭转引起骨的弯曲，最终导致骨的断裂。当足球运动员的脚固定在地面上，铲球的运动员在腿上的不同位置向相反方向施加力时会产生弯曲扭矩。发生弯曲时，结构的一侧受拉，另外一侧受压，如同第三章所描述。由于骨骼在抵抗压力方面比抵抗拉力方面更强，在这种情况下，一侧受拉力的骨首先发生骨折。

- 在过度弯曲载荷下，骨骼在张力施加侧发生骨折。

因此，施加在长轴对称结构上的弯曲扭矩，如长骨，会引起结构的扭转。扭转在整个过程中产生剪切力，如第三章所述。当滑雪者在滑雪下降的过程中，身体相对于滑雪靴发生扭转时，这样的扭转力会造成胫骨的螺旋骨折。剪切力和张力的组合作用，会导致骨沿着纵轴方向被破坏。

由于骨的抗压能力大于抗拉力、抗剪切力的强度，因此，急性压缩性骨折比较少见（不考虑骨质疏松）。然而，在组合力的作用下，扭转力引起的裂缝也可能受到压缩力的影响。嵌插骨折是指骨折的两端被挤压在一起。骨折导致骨碎片进入下层组织称为凹陷。

嵌插骨折（impacted fracture）
因为压力，骨折端相互嵌入。

由于儿童骨骼胶原蛋白的含量比成年人高，因此儿童骨骼在正常的负重状态下更加柔软，不容易骨折。因此，青枝骨折或者不完全骨折在儿童中更为常见（图4–6）。青枝骨折是由弯曲或者扭转引起的不完全断裂。

应力性骨折又称为疲劳骨折，是由低强度的反复受力引起的。任何骨骼载荷的大小或频率的增加都会引起应力反应，造成微损伤。骨通过重塑对微损伤做出反应：首先，破骨细胞重新吸收受损组织；然后，成骨细胞在该部位沉积新骨。损伤完全修复前，再次发生微损伤，可以进展为应力性骨折。应力性骨折一开始是皮质骨外层连续性的微小破坏，但随着时间的推移会恶化，最终导致完全皮质骨折。

应力性骨折（stress fracture）
是由反复加载相对较低的力产生的断裂。

应力反应（stress reaction）
和反复受力有关的进展性的骨骼病理改变。

跑步者特别容易发生应力性骨折，约50%的骨折发生于胫骨，20%的骨折发生于跖骨，股骨颈骨折和耻骨骨折也有相关报道[12]。训练的持续时间或强度增加，没有足够的时间进行骨的重塑是骨折发生的主要原因。其他导致骨折的原因包括肌肉疲劳，或者跑步的地面或跑步方向突然发生变化[11]。

骨骺损伤

约10%的儿童或者青少年急性骨骼损伤涉及骨骺[20]。骨骺损伤包括骺板、关节软骨和骨突的损伤。骨突是肌腱附着在骨上的部分，骨的形状受这些部位受到的拉伸载荷的影响。根据应力的类型而定，长骨的骨骺称为压力骨骺，骨突称为牵引骨骺。急性或者重复的载荷都有可能损伤生长板，导致骨骺端过早地闭合，骨骺生长停止。

另一种骺损伤——骨软骨病，包括骨骺的血液供应中断，伴随组织坏死或者潜在骨骺变形。这是生长异常、外伤，或者对还在生长发育过程中的骨骺过度使用造成的损伤。其确切原因尚不清楚，但可能是重复性损伤、血管异常、激素失衡或者遗传因素[19]。

• 骺板的损伤可以使骨的生长提前结束。

骨骺炎是一种软骨病，往往与撕脱性创伤有关。骨骺炎好发于跟骨或者髌韧带在胫骨粗隆的附着部位，其病变为塞佛病（跟骨缺血性坏死）和胫骨粗隆骨软骨炎。

小结

骨是一种重要的动态的活性组织。它的机械功能是支持和保护身体的其他组织，并作为系统的刚性杠杆，可以由附着的肌肉操纵。

骨的强度和抗骨折能力取决于其组成成分和组织结构。矿物质有助于构建骨骼的硬度和抗压强度，胶原蛋白提供了柔韧性和抗拉强度。皮质骨比小梁骨更硬更致密，而小梁骨有较强的减振能力。

骨是活性极强的组织，它不断地按照Wolff定律进行塑形和重塑。尽管骨骼的长度在青春期生长板闭合时才会停止增长，但通过成骨细胞和破骨细胞的作用，骨骼的密度会不断发生变化，并在一定程度上改变骨骼的大小和形状。

骨质疏松是一种以骨量和强度损失为特点的疾病，在老年人中极为普遍，对女性的影响较早，对男性的影响更严重。在年轻、饮食失调、闭经的女运动员中，这种情况也经常发生，令人担忧。骨质疏松的病因尚不清楚，但通常可以通过激素治疗、避免不良生活方式和规律锻炼来改善这种状况。

入门题

1. 解释为什么人体骨骼在抵抗压力比抵抗拉力和剪切力时更强。
2. 人类股骨的骨组织抗压强度最强，抗拉强度约为其1/2，抗剪切力仅为其1/5。如果8000 N的压力足够产生裂缝，那么多大的拉力产生裂缝？多大的剪切力产生裂缝？（答：拉力516 000 N，剪切力53 200 N）
3. 解释为什么骨密度与个人的体重有关。
4. 根据运动对增强骨骼密度的效果对下列运动进行排名：跑步、背包旅行、游泳、骑自行车、举重、马球、网球。说明理由。
5. 为什么构成骨的组织不同（皮质骨和小梁骨）？
6. 压缩力、拉力、剪切力分别产生什么类型的骨折？
7. 复合力产生什么类型的骨折？（识别骨折类型及造成相关骨折的载荷）
8. 第5腰椎承受大约56%的体重。站立位的一个重约756 N的男子，表面积为22 cm^2的椎体上承受多少压力？（假设椎体是平面）（答：19.24 N/cm^2）
9. 在问题8中，如果这个人肩上扛了222 N重的物体，第5腰椎承受了多大的压力？（29.33 N/cm^2）
10. 为什么男性比女性不易发生椎体压缩性骨折？

附加题

1. 假设一个人按照解剖姿势站立，推测下列每一块骨的承载方式，尽可能区分骨的哪一部分承载压力：
   a. 股骨；b. 胫骨；c. 肩胛骨；d. 肱骨；e. 第3腰椎。
2. 制订一个为期六周的锻炼计划，用于可以行走的骨质疏松的老年人。
3. 推测什么样的运动或者方法可以用于外太空来防止人类骨密度的损失。
4. 比较骨与木材、钢和塑料的抗压、抗拉和抗剪切力能力。
5. 鸟类和鱼类的骨骼是如何适应它们的行动方式的？
6. 为什么纠正饮食失调非常重要？
7. 为什么男性比女性更不易发生骨质疏松？
8. 当冲击力被足部吸收时，关节处的软组织可以减少通过骨骼系统向上传递的力。如果1875 N的地面反作用力被踝关节组织减少15%，被膝关节组织减少45%，那么传递到股骨的力是多少？（答：750 N）
9. 当肱二头肌与桡骨呈30° 施加拉力200 N，肘关节的压缩力是多少？（答：173.2 N）
10. 三角肌前部与后部与肱骨呈60° 均施加100 N的力，垂直于肱骨的力是多少？（答：173.2 N）

姓名：______________________

日期：______________________

实践

1. 使用解剖模型，结合本章，认识人体骨骼。从四种不同类型的骨中各选择一块，简述大小、形状和内部结构如何适应生物力学功能。

短骨：______________________

形状与功能的关系：______________________

____

____

____

____

扁骨：______________________

形状与功能的关系：______________________

____

____

____

____

不规则骨：______________________

形状与功能的关系：______________________

____

____

____

____

长骨：______________________

形状与功能的关系：______________________

____

____

____

____

2. 在解剖模型上选择三块骨，分析每块骨的形状。就肌腱附着位置和肌肉施加力的方向而言，骨骼的形状说明了什么？

骨1： ______________________________

形状描述：______________________________

____

肌腱附着位置：______________________________

____

____

____

肌肉施加力的方向：______________________________

____

____

____

骨2： ______________________________

形状描述：______________________________

____

肌腱附着位置：______________________________

____

____

____

肌肉施加力的方向：______________________________

____

____

____

骨3： ______________________________

形状描述：______________________________

____

肌腱附着位置：______________________________

____

____

____

肌肉施加力的方向：______________________________

____

____

3. 比较皮质骨和小梁骨的显微结构。写一段话总结每种类型骨骼的结构对其功能的影响。

皮质骨：______________________________

____

____

____

小梁骨：______________________________

____

____

____

4. 用一根纸质的吸管作为长骨的模型，通过在吸管上加载重物，逐渐对其施加压力，直到弯曲。使用夹具或者滑轮系统，重复试验，逐步加载张力和剪切力，记录加载力的大小，然后写一段话来讨论试验结果，并将其与长骨联系起来。

压缩的失效重量：______________张力：______________剪切力：______________

讨论：______________________________

____

____

____

5. 观看感兴趣的骨损伤手术修复的图片并描述手术是如何进行的。

损伤的骨：______________________________

手术类型：______________________________

描述：______________________________

____

____

____

参考文献

[1] BAUER J S, LINK T M. Advances in osteoporosis imaging. Eur J Radiol, 2009, 71:440.

[2] BERGMANN P, BODY J J, BOONEN S, et al. Loading and skeletal development and maintenance, J Osteoporos Dec 20, 2011:786752. doi: 10.4061/2011/786752.

[3] BRENNAN O, KULIWABA J S, LEE T C, et al. Temporal changes in bone composition, architecture, and strength following estrogen deficiency in osteoporosis. *Calcif Tissue Int*, 2012, 91:440.

[4] CAPPELLESSO R, NICOLE L, GUIDO A, et al. Spaceflight osteoporosis: current state and future perspective. *Endocr Regul*, 2015, 49:231.

[5] Eastell R, O'Neill T, Hofbauer L, Langdahl B, Gold D, and Cummings S. Postmenopausal osteoporosis. *Nat Rev Dis Primers*, 2016, 29:16069.

[6] Fan R, Gong H, Zhang X, et al. Modeling the mechanical consequences of age-related trabecular bone loss by XFEM simulation. *Comput Math Methods Med* 2016:3495152.

[7] GÓMEZ-BRUTON A, GONZÁLEZ-AGÜERO A, GÓMEZ-CABELLO A, et al. Bone structure of adolescent swimmers: A peripheral quantitative computed tomography (pQCT) study. *J Sci Med Sport*, 2015, 19:707.

[8] GOMEZ-BRUTON A, MATUTE-LLORENTE A, GONZALEZ-AGUERO A, et al. Plyometric exercise and bone health in children and adolescents: A systematic review. *World J Pediatr*, 2017, 13:112.

[9] GORDON C, ZEMEL B, WREN T, et al.The determinants of peak bone mass. *J Pediatrics*, 2017, 180:261.

[10] GROSS T S, POLIACHIK S L, AUSK B J, et al. Why rest stimulates bone formation: A hypothesis based on complex adaptive phenomenon. *Exer Sport Sci Rev*, 2004, 32:9.

[11] HARRAST M A, COLONNO D. Stress fractures in runners. *Clin Sports Med*, 2010, 29:399.

[12] HRELJAC A. Impact and overuse injuries in runners. *Med Sci Sports Exer*, 2004, 36:845.

[13] HUISKES R, RUIMERMAN R, VAN LENTHE G H, et al. Effects of mechanical forces on maintenance and adaptation of form in trabecular bone. *Nature*, 2000, 405:704.

[14] HUMPHRIES B, FENNING A, DUGAN E, et al. Whole-body vibration effects on bone mineral density in women with or without resistance training. *Aviat Space Environ Med*, 2009, 80:1025.

[15] IRELAND A, DEGENS H, MAFFULLI N, et al. Tennis service stroke benefits humerus bone: Is torsion the cause? *Calcif Tissue Int*, 2015, 97:193.

[16] KIISKI J, HEINONEN A, JÄRVINEN T L et al. Transmission of vertical whole body vibration to the human body. *J Bone Miner Res*, 2008, 23:1318.

[17] KRUGER M, WOLBER F. Osteoporosis: Modern paradigms for last century's bones. *Nutrients*, 2016, 8:376.

[18] LANGDAHL B, FERRARI S, DEMPSTER D. Bone modeling and remodeling: Potential as therapeutic targets for the treatment of osteoporosis. *Ther Adv Musculoskelet Dis*, 2016, 8:225.

[19] LAUNAY F. Sports-related overuse injuries in children. *Orthop Traumatol Surg Res*, 2015, 101:S139.

[20] MAFFULLI N. Intensive training in young athletes: The orthopaedic surgeon's viewpoint. *Sports Med*, 1990, 9:229.

[21] MAIN R P, LYNCH M E, VAN DER MEULEN M C. In vivo tibial stiffness is maintained by whole bone morphology and cross-sectional geometry in growing female mice. *J Biomech*, 2010, 43:2689.

[22] MERRIMAN H, JACKSON K. The effects of whole-body vibration training in aging adults: A systematic review. *J Geriatr Phys Ther*, 2009, 32:134.

[23] NEIL J M, SCHWEITZER M E. Humeral cortical and trabecular changes in the throwing athlete: A quantitative computed tomography study of male college baseball players. *J Comput Assist Tomogr*, 2008, 32:492.

[24] RAUCH F. Vibration therapy. *Dev Med Child Neurol*, 2009, 51:166.

[25] RITTWEGER J, BELLER G, ARMBRECHT G, et al. Prevention of bone loss during 56 days of strict bed rest by side-alternating resistive vibration exercise. *Bone*, 2010, 46:137.

[26] RUPPEL M E, MILLER L M, BURR D B. The effect of the microscopic and nanoscale structure on bone fragility. *Osteoporos Int*, 2008, 19:1251.

[27] SHANBHOGUE V, BRIXEN K, HANSEN S. Age-and sex-related changes in bone microarchitecture and estimated strength: A three-year prospective study using HRpQCT. *J Bone Miner Res*, 2016, 31:1541.

[28] SLATER J, BROWN R, MCLAY-COOKE R, et al. Low energy availability in exercising women: Historical perspectives and future directions. *Sports Med*, 2017, 47:207.

[29] SMITH S M, HEER M, SHACKELFORD L C, et al. Bone metabolism and renal stone risk during International Space Station missions. *Bone*, 2015, 81:712.

[30] SOLTANI S, HUNTER G, KAZEMI A, et al. The effects of weight loss approaches on bone mineral density in adults: A systematic review and meta-analysis of randomized controlled trials. *Osteoporos Int*, 2016, 27:2655.

[31] SOUTHMAYD E A, MALLINSON R J, WILLIAMS N I, et al. Unique effects of energy versus estrogen deficiency on multiple components of bone strength in exercising women. *Osteoporos Int,* 2016. doi: 10.1007/s00198-016-3887-x.

[32] SPECTOR E R, SMITH S M, SIBONGA J D. Skeletal effects of long-duration head-down bed rest. *Aviat Space Environ Med*, 2009, 80:A23.

[33] STAVENSCHI E, LABOUR M, HOEY D. Oscillatory fluid flow induces the osteogenic lineage commitment of mesenchymal stem cells: The effect of shear stress magnitude, frequency, and duration. *J Biomech*, 2017, 55:99.
[34] SUGIYAMA T, MEAKIN LB, BROWNE WJ, et al. Bones' adaptive response to mechanical loading is essentially linear between the low strains associated with disuse and the high strains associated with the lamellar/woven bone transition. *J Bone Miner Res*, 2012, 27:1784.
[35] TAES Y, LAPAUW B, VANBILLEMONT G, et al. Early smoking is associated with peak bone mass and prevalent fractures in young, healthy men. *J Bone Miner Res* , 2010, 25:379.
[36] TENFORDE A, CARLSON J, CHANG B, et al. Association of the female athlete triad risk assessment stratification to the development of bone stress injuries in collegiate athletes. *Am J Sports Med*, 2016, 45:302.
[37] VLACHOPOULOS D, BARKER A R, WILLIAMS C A, et al. The impact of sport participation on bone mass and geometry in male adolescents. *Med Sci Sports Exerc*, 2017, 49:317.
[38] WANG Q, SEEMAN E. Skeletal growth and peak bone strength. *Best Pract Res Clin Endocrinol Metab*, 2008, 22:687.
[39] WINTERS-STONE K. Action plan for osteoporosis, Champaign, IL: Human Kinetics, 2005.
[40] WOLFF J D. Das geretz der Transformation der Knochen. Berlin:Hirschwald, 1892.

注释读物

MARTIN R, BURR D, SHARKEY N, et al. Skeletal tissue mechanics. New York: Springer, 2015.
描述骨、软骨、肌腱和韧带的生物力学，包括骨的力学特性、骨组织的生物学特性、骨的疲劳和抗折性，以及骨的力学适应性。

PERCIVAL C, RICHTSMEIER J. Building bones: Bone formation and development in anthropology (Cambridge studies in biological and evolutionary anthropology). West Nyack. NY: Cambridge University Press, 2017.
从发育生物学的影像技术、遗传学的先进测序方法和进化发育生物学的观点对考古骨骼发现进行分析，提高我们理解现代人类和灵长类动物变异基础的能力。

SINAKI M, PFEIFER M. Non-pharmacological management of osteoporosis: Exercise, nutrition, fall and fracture prevention. New York: Springer，2017.
讨论可以减缓骨质疏松发作和预防不良后果的实际措施。

THRONTON W, BONATO F. The human body and weightlessness: Operational effects, problems and countermeasures. New York: Springer, 2018.
分析了太空中与体重缺失相关的主要问题，讨论了太空中体重缺失的影响因素、适应及重新适应地球的过程。

第五章　人体骨关节生物力学

通过学习本章，读者可以：

- 根据结构和运动能力对关节分类。
- 阐述关节软骨和纤维软骨的功能。
- 描述关节结缔组织的特性。
- 解释增加或维持关节灵活性的不同方法的优缺点。
- 描述生物力学对研究常见关节损伤与关节疾病的作用。

人体的关节在很大程度上支配着身体节段的定向运动能力。某一特定关节的解剖结构，如正常的膝关节，在不同的人之间差异很少，连接身体的大腿和小腿，允许大腿与小腿的移动。关节周围软组织的紧张或松弛会导致关节活动范围的差异。本章从生物力学方面讨论关节功能，包括关节稳定性与关节灵活性，及潜在损伤等。

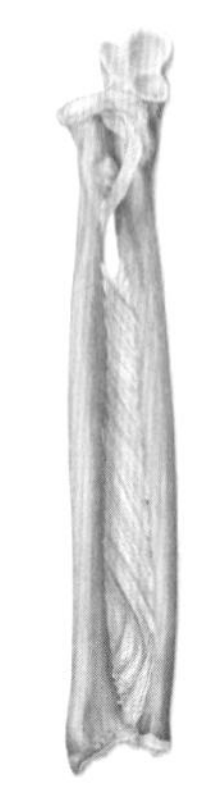

桡尺关节中段为韧带联合，由纤维组织将骨骼连接在一起。©McGraw-Hill Education.

关节架构

解剖学家根据关节的复杂性、存在的轴数、关节的几何形状或者运动能力，用几种方法对关节进行了分类。本书讲述的是基于运动能力的关节分类。

不动关节

这些纤维性关节的活动度很小或没有活动度，作用是减弱应力（吸收冲击）。

1. 缝：在这些关节中，不规则的沟槽通过纤维紧密连接构成关节的骨片，同时与骨膜相连。这些纤维在成年早期开始骨化，甚至最终完全被骨骼取代。人体中唯一的例子就是颅骨的缝。
2. 韧带联合：在这些关节中密集的纤维组织将骨骼结合在一起，使得活动极为有限，如喙突肩峰关节、桡尺关节中段、胫腓关节中段和下胫腓关节。

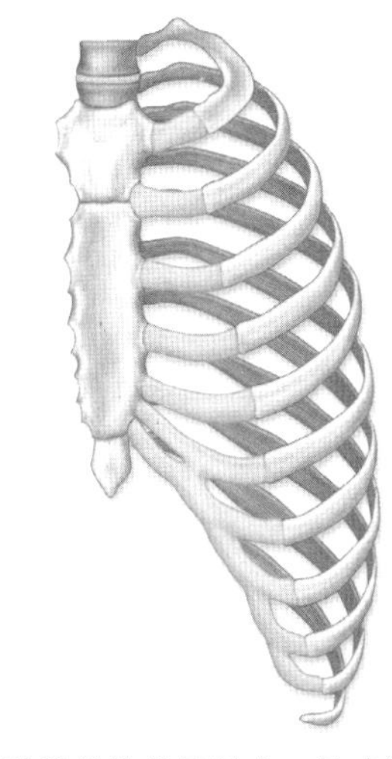

胸肋关节为软骨结合，构成关节的骨被一层薄薄的透明软骨连接在一起。©McGraw-Hill Education.

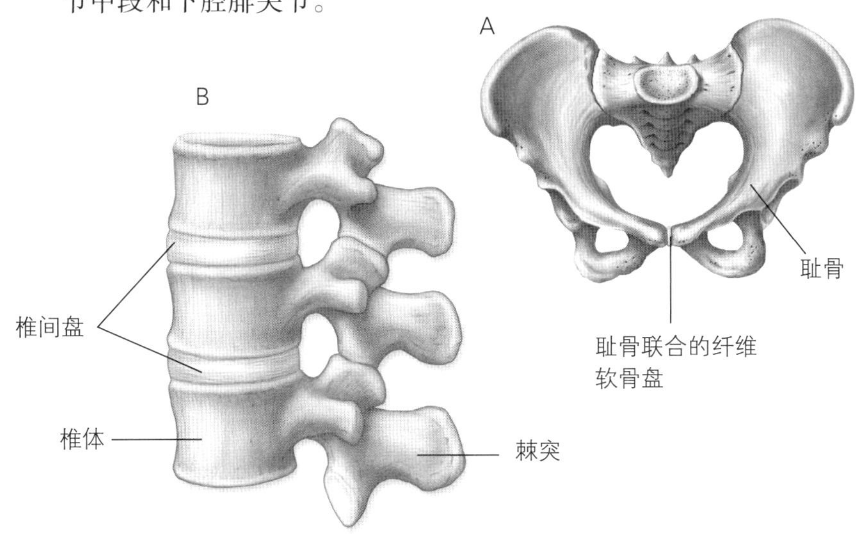

纤维软骨见于：A. 将耻骨分离的耻骨联合；B. 相邻椎体之间的椎间盘。©McGraw-Hill Education

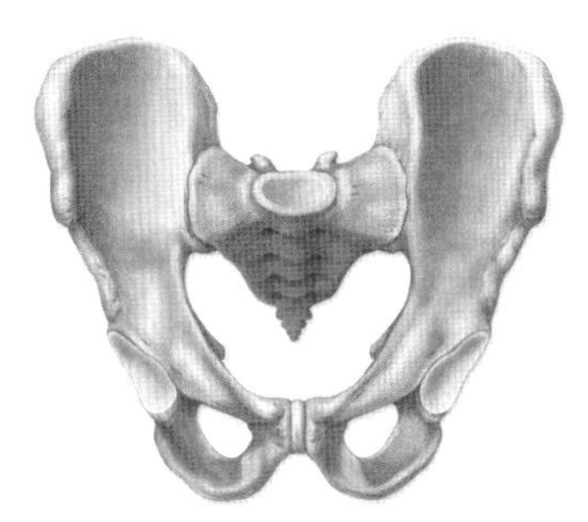

耻骨联合是典型的联合关节，透明的纤维软骨盘将耻骨连接在一起。©McGraw-Hill Education.

微动关节

这些软骨关节能减弱应力，相比于不动关节，其允许相邻骨骼有更多的运动。

1. 透明软骨结合：在这些关节中，骨骼由一层薄薄的透明软骨连接在一起，如胸肋关节和骺板（骨化前）。
2. 纤维软骨联合：在这些关节中，纤维软骨盘连接骨骼，如椎间盘和耻骨联合。

可动关节

在这些关节中，骨表面有关节软骨覆盖，关节则由关节囊包围，关节囊内侧的滑膜分泌一种润滑液，称为滑液（图5-1）。可动关节也称为滑膜关节，有多种类型。

1. 滑动关节：这些关节中，关节骨表面近似平坦，非轴向运动是唯一的运动，如跖骨间关节、腕骨间关节、跗骨间关节及椎骨关节突关节。
2. 屈戌关节（铰链关节）：这些关节中，一个关节骨的表面为凸面，另一个为凹面，强力的副韧带限制一个平面的铰链运动，如肱尺关节和指骨间关节。

关节软骨（articular cartilage） 构成可动关节的骨表面覆盖的一层致密的保护性白色结缔组织。

关节囊（articular capsule） 包裹每个滑膜关节的双层复合胶原膜。

滑液（synovial fluid） 位于滑膜关节的关节囊内，为透明淡黄色液体，起润滑作用。

图 5-1

膝关节为滑膜关节，有关节囊、关节腔和关节软骨。

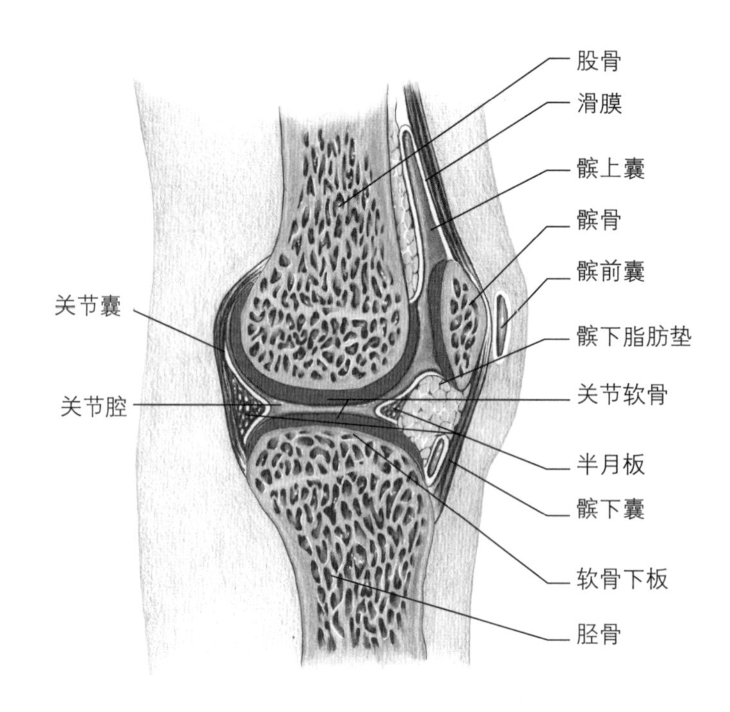

3. 车轴关节：这些关节允许围绕一个轴旋转，如寰枢关节和桡尺近、远侧关节。
4. 椭圆关节（髁状关节）：这些关节中，一个关节面为卵形凸面，另一个为凹面，允许屈曲、伸展、内收和环转，如第2~5跖趾关节和桡腕关节。
5. 鞍状关节：这些关节的关节面形似马鞍，运动能力与髁状关节相同，但运动范围更大，如拇指腕掌关节。
6. 球窝关节：这些关节中关节骨的表面是相互凹凸的，可在三个解剖平面旋转，如髋关节和肩关节。

滑膜关节在结构和运动能力上有很大差异，如图5-2所示。可根据旋转轴数量对滑膜关节进行分类，绕一个、二个和三个旋转轴运动的关节分别称为单轴、双轴和三轴关节。有些关节在任何方向上都只可产生有限的运动，称为非轴向关节。关节运动能力有时也用自由度（df）或者关节可产生运动的平面数来描述：单轴关节有一个df，双轴关节有两个df，三轴关节有三个df。

通常与滑膜关节有关的两个滑膜结构分别是滑膜囊和滑膜鞘。滑膜囊是一种小的囊状物，内衬滑膜并充满滑液，能为它们所分离开的结构提供缓冲作用。大多数滑膜囊分离的是肌腱和骨骼，减少关节运动时对肌腱的摩擦。个别滑膜囊如肘部的鹰嘴囊，分离的是骨骼与皮肤。滑膜鞘是环绕着与骨骼紧密相连的肌腱的双层滑膜结构，很多穿过腕关节和手指关节的长肌腱都受滑膜鞘的保护。

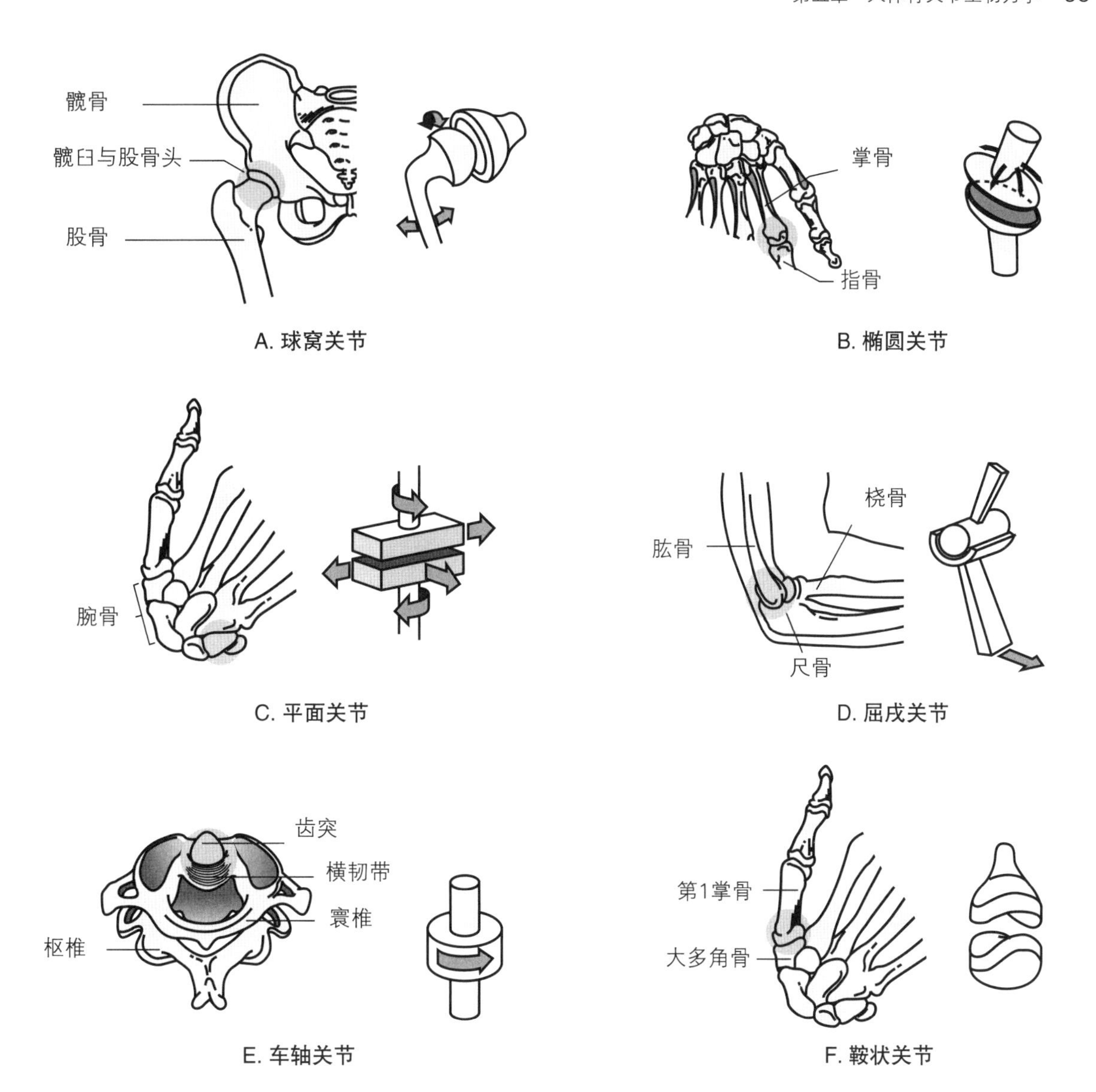

图 5-2 滑膜关节。Hole，John W.，Shier，David；Butler，Jackie，& Lewis，Ricki，Human Anatomy and Physiology，New York: McGraw-Hill Education， 1996. Copyright ©1996 by McGraw-Hill Education.

关节软骨

对机械装置的接头必须给予适当的润滑，才能使机器的活动部件自由运动而不互相磨损。在人体中，一种被称之为关节软骨的白色致密结缔组织为关节提供了一种保护性润滑。这是一种厚为1~5 mm，无血管，无神经支配，覆盖在构成关节的骨末端的保护层。关节软骨有两个重要的作用：①抵抗压力，并把作用在关节上的载荷分散到更为广大的区域，以降低构成关节的骨之间任一连接点的压力；②使构成关节的骨之间以最小的摩擦和磨损进行运动。

关节软骨是一种柔软的、多孔的且可渗透的组织。它由嵌入在胶原纤维、蛋白聚糖和非胶原蛋白所组成的基质中的特殊细胞组成。软骨基质保护着软骨细胞，同时向软骨细胞发出局部压力变化的信号。

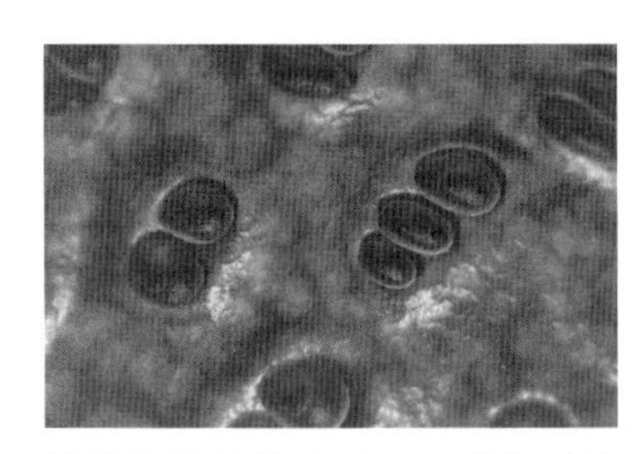

关节软骨的微观图。可观察到软骨细胞。©MedicalRF.com.

软骨细胞可修复磨损的软骨，但这种能力会随着衰老、疾病和损伤而减弱。相同关节中或不同关节中的软骨细胞的密度和基质结构会因内部机械负荷的持续情况而不同[22]。

关节负重时，关节软骨会变形并渗出滑液。在健康的滑膜关节中，构成关节的骨末端覆盖关节软骨，一个骨端相对于另一个骨端的运动通常伴有滑液的流动，并将其挤出接触区域——滑液在接触区域的前面被挤出，在接触区域的后面被吸收。同时，软骨的渗透性在直接接触的区域降低，提供了一个可以在负荷下形成液体膜的表面。当关节载荷以较低的速率发生时，软骨基质中的固体部分可以抵抗载荷。当载荷发生得更快时，主要由基质中的流体维持压力。滑液含有润滑剂分子蛋白聚糖-4和透明质酸，滑液对正常关节功能具有重要作用。综合来说，关节软骨和滑液为滑膜关节提供了一个非常低摩擦的关节环境。

在正常成长过程中，膝关节等关节的关节软骨会随着身高的增加而增加。但是，膝关节的软骨厚度与体重变化无关。参加剧烈运动的儿童膝关节软骨积累的速度比不参加的快，男性膝关节软骨积累速度比女性快。

不幸的是，一旦损伤，关节软骨本身几乎没有愈合再生能力。相反，这种组织的损伤往往呈进展性，构成关节的骨末端的保护层会磨损得愈加严重，导致退行性骨关节炎。目前，退行性骨关节炎的标准治疗方法是置换。然而，根据现今的材料和手术规程，置换后的关节通常可使用不超过15年。

另一种方法是尝试多种方法修复受损的关节软骨，最成功的方法是自体移植。即从患者身上取出一块健康的软骨，移植到受损区域的全层软骨缺损处。使用从患者自体取出的软骨虽然没有炎症反应，但移植的软骨不能与周围组织很好地结合，并且不能应用于大面积的受损区域。研究发现，更好的修复机制的目标是提高对关节软骨发育机制的理解，并将这些知识应用于发展软骨损伤新方案。

关节纤维软骨

关节纤维软骨（articular fibrocartilage） 位于构成关节的骨之间的纤维软骨盘或半月板。

• 椎间盘作为椎体之间的缓冲垫，通过分配载荷来降低应力。

一些关节中，关节纤维软骨以纤维软骨盘或者部分软骨盘——如以半月板的形式存在于构成关节的骨之间，如椎间盘（图5-3）和膝关节半月板（图5-4）。关节纤维软骨的作用包括：①分散关节表面的载荷；②改善关节表面的结合；③限制骨骼的移位或滑脱；④保持关节润滑；⑤减振。

关节结缔组织

连接肌肉和骨骼的肌腱与连接骨骼和其他骨骼的韧带是被动组

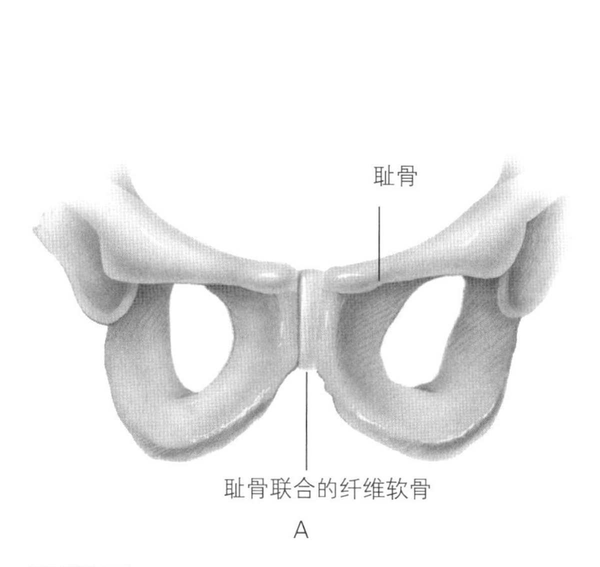

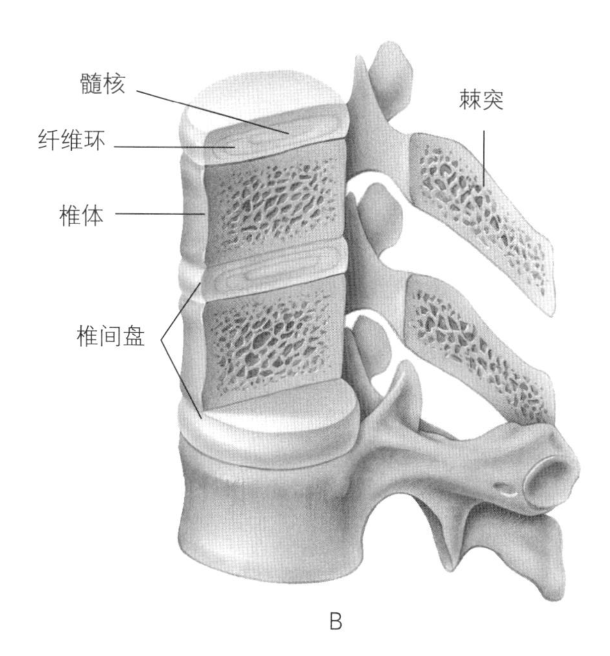

图 5-3　A.耻骨联合的纤维软骨；B.相邻椎骨的椎间盘。©1996 by McGraw-Hill Education.

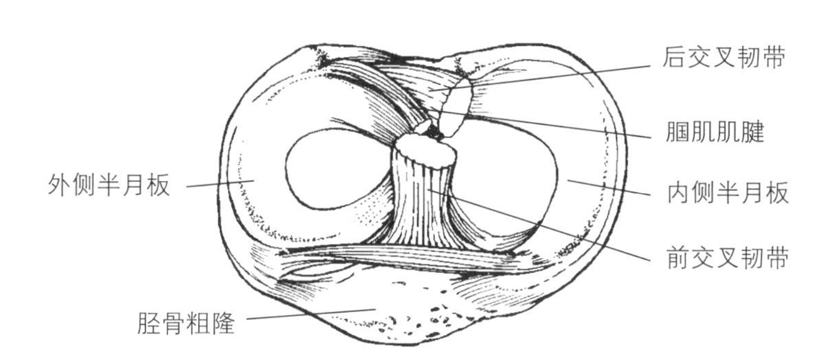

图 5-4

膝关节半月板有助于分散载荷，减少传递给关节的应力。

织，主要由胶原蛋白和弹性纤维组成。肌腱和韧带不像肌肉一样有收缩能力，但它们有轻微的伸展能力。这些组织是有弹性的，在被牵伸后会恢复到原来的长度——除非它们被牵伸超过了弹性极限（见第三章）。在损伤期间牵伸超过弹性极限的肌腱或韧带，只有通过手术才能恢复到原来的长度。肌腱和韧带为了保持其完整，在整个生命周期内会定期进行自我修复以修复内部微故障。

- 当组织的牵伸超过其弹性极限，即使去除张力，仍不能恢复原始长度。

像骨骼一样，肌腱和韧带对改变习惯性机械应力的反应是过量恢复或过度萎缩。研究表明，随着时间的推移，规律的训练会增加肌腱和韧带的大小和强度。

证据显示，韧带如前交叉韧带的大小与其拮抗肌（在此指股四头肌）的强度成正比[2]。肌腱和韧带不仅可以在断裂后自愈，甚至在某些情况下可以全部再生，如半腱肌肌腱在移植治疗前交叉韧带断裂后可完全再生[27]。

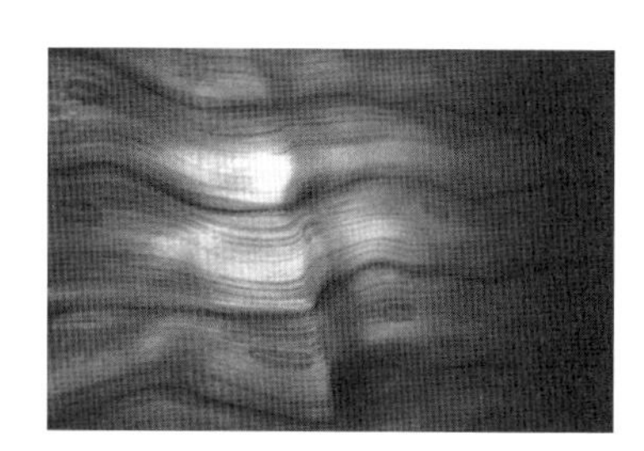

肌腱组织的微观图。©MedicalRF.com.

关节稳定性

关节稳定性（jiont stability）
指关节抵抗构成关节的骨异常移位的能力。

关节稳定性是指关节抵抗错位的能力。具体地说，它是抵抗一根骨头相对于另一根骨移位的能力，同时避免关节周围的韧带、肌肉和肌腱损伤。关节稳定性受很多因素影响。

• 所有关节的构成关节的骨都是近似匹配的形状。

构成关节的骨表面的形状

在许多机械关节中，关节的两部分形状是完全相反的，因此它们可以紧密结合（图5–5）。在人体中，关节骨的连接端通常是凹凸面相配合的。

锁定位置（close–packed position）
关节面的接触达到最大化。

松弛位置（loos–packed position）
任何偏离锁定位置的关节移动位置。

虽然大多数关节都有相反形状的关节面，但这些面并非是对称的——通常有一个最佳的接触位，使关节面的接触达到最大化。这就是所谓的锁定位置，处在这个位置时关节稳定性最佳。偏离锁定位置的构成关节的骨的任何移动都会使关节转移到松弛位置，并降低接触面积。

一些关节面的形状决定了其无论是在锁定位置还是松弛位置，都有一个或大或小的接触面积，因此有或多或少的稳定性。例如，髋臼为股骨头提供了相对较深的窝，而且两个骨之间总是有相对较多的接触区域，这是髋关节成为稳定关节的一个重要原因。然而，肩关节关节窝的垂直直径大约是肱骨头的75%，而水平直径大约是肱骨头的60%。因此，这两块骨之间接触面积较小，导致肩关节复合体相对不稳。在每个个体之间任何一个关节处，构成关节的骨表面与形状都有轻微的解剖差异，因此部分人的关节较其他人更稳定或更差。

• 关节锁定位置发生在膝关节、腕关节、指骨间关节的完全伸直位，踝关节发生在完全背伸位。

• 关节盂和肱骨头后倾的肩关节稳定性较好。存在前倾关节盂和肱骨头的人较容易产生肩关节脱位。

肌肉与韧带的排列

韧带、肌肉和肌腱影响关节的相对稳定性。例如，在膝关节与肩关节中，由于骨骼形态配置并非特别稳定，人体通过肌肉与韧带的张力来帮助关节维持稳定。如果这些组织由于使用不当、废用或者过度牵伸而松弛，关节的稳定性会降低。强健的肌腱与肌肉能够增强关节稳定性。例如，加强股四头肌和腘绳肌可以增强膝关节稳定性。膝关节的韧带与肌腱的复杂排列如图5–6所示。

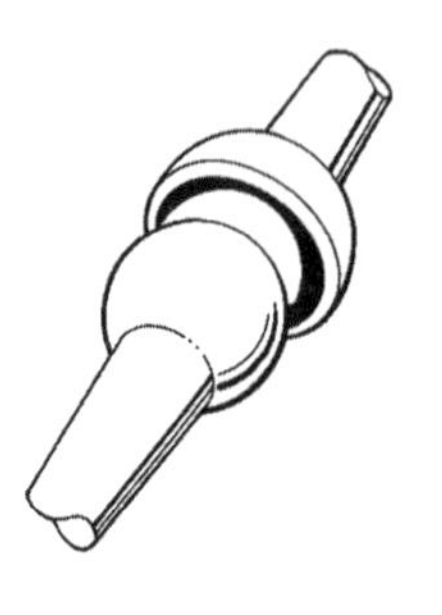
球窝

鞍状关节

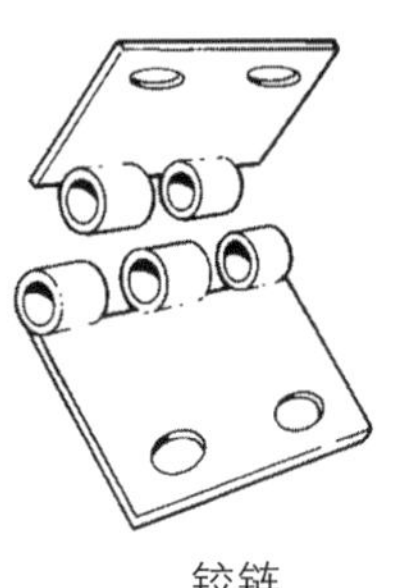
铰链

图 5–5
机械关节通常由形状相互匹配的部分组成。

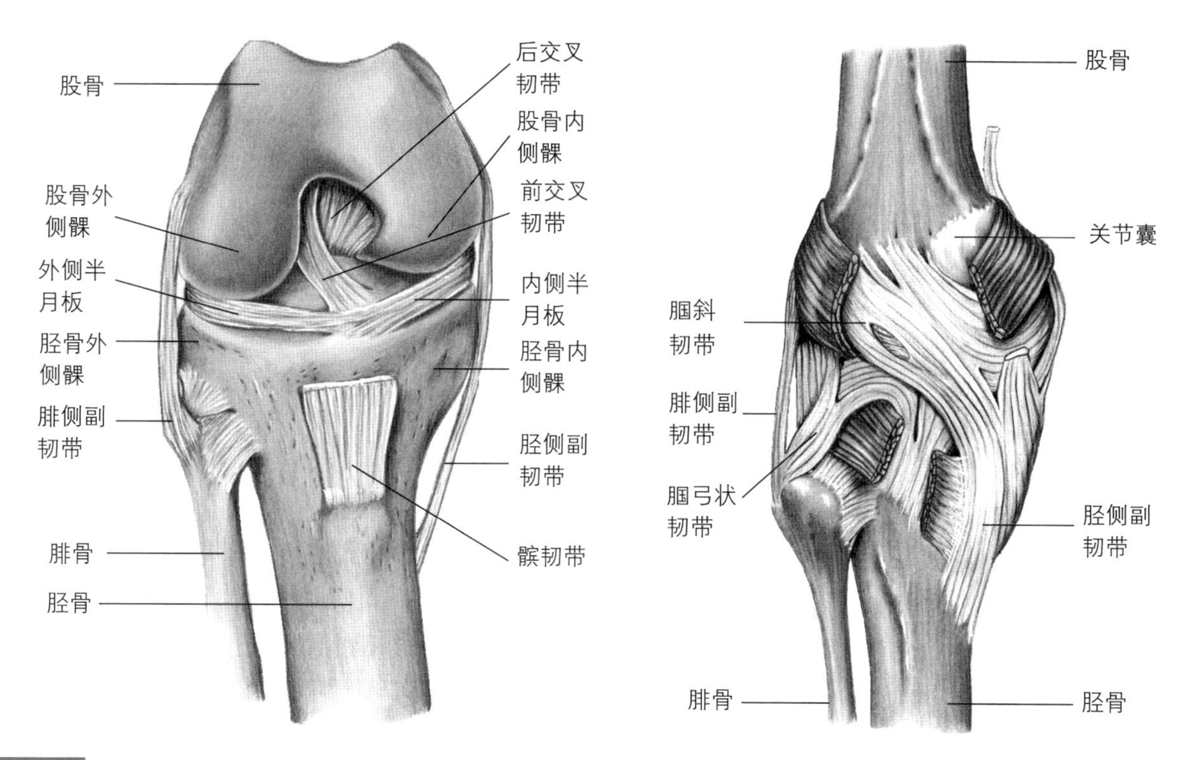

图 5-6　膝关节的稳定性主要来自走行于关节的肌肉与韧带的张力。Copyright ©1996 by McGraw-Hill Education.

- 牵伸韧带或者韧带断裂会使构成关节的骨末端产生异常运动，这会对关节软骨产生持续性伤害。
- 运动后，肌肉疲劳时易发生损伤。

大部分肌腱与骨的连接是这样作用的：当肌肉产生张力时，构成关节的骨的连接端会被拉得更紧密，以增强关节稳定性。这种情况常出现在关节两侧的肌肉同时产生张力时。然而，当肌肉疲劳时，它们就无法很好地稳定关节，容易发生损伤。交叉韧带断裂最可能的原因是膝关节周围肌肉疲劳、紧张，从而不能恰当地保护交叉韧带，导致其被牵伸超过弹力极限。

其他结缔组织

白色的纤维结缔组织称为筋膜，其包裹着肌肉和肌肉内的肌纤维束，并提供保护和支持。髂胫束是特别强壮的筋膜束，走行于膝关节外侧，有助于其维持稳定（图5-7）。关节囊和身体外部的皮肤是维持关节完整性的组织。

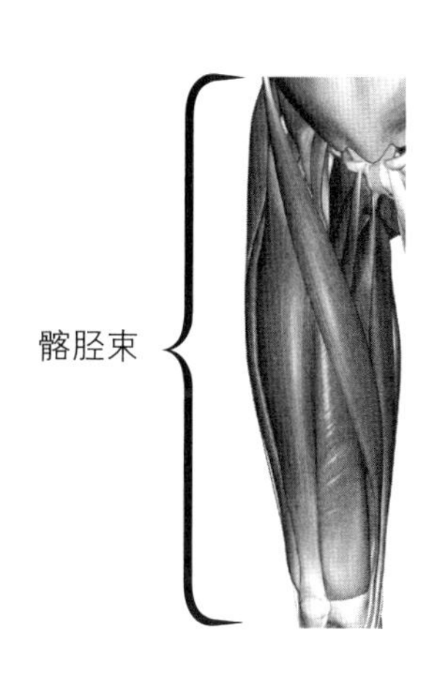

图 5-7

强壮的髂胫束为跨过膝关节的阔筋膜张肌增厚区域，有助于维持膝关节的稳定性。©MedicalRF.com

关节灵活性

关节灵活性（joint flexibility）
关节的相对运动范围。

关节活动度（range of motion）
关节在一个活动方向上从解剖位到极限位的范围。

关节灵活性是用来描述在每个解剖平面的关节活动度的术语。静态灵活性是指身体的一部分被动移动的最大活动范围（通过训练搭档或治疗师配合）；动态灵活性是指通过拮抗肌收缩从而主动移动身体某一部分达到的活动范围。就潜在的损伤而言，静态灵活性被认为是关节相对紧密或松弛的指标。动态灵活性必须足够，才可以达到不妨碍日常生活、工作和运动所需的活动度。

虽然经常比较的是人们的整体灵活性，但灵活性实际上是存在关节特异性的。也就是说，一个关节的极度灵活不能保证所有关节都具有相同的灵活性。

关节活动度测量

关节活动度是以角度为单位进行测量的。在解剖位，所有关节为0°。髋关节屈曲的活动度是从伸腿的0°位开始移动到最大屈曲的角度（图5-8）。髋关节的伸展（恢复到解剖位）测量方法与屈曲相同，在另一个方向上移动超过解剖位置则是过伸的角度。用于测量关节活动度的测角仪如图5-9所示。

影响关节灵活性的因素

影响关节灵活性的因素有多种，包括骨的表面形状、肌肉或脂肪组织等。例如，当肘关节极度过伸时，相接触的尺骨鹰嘴和肱骨鹰嘴窝会限制在该方向的进一步运动。而手臂前部的肌肉或脂肪则可能会影响肘关节的屈曲运动。

对大多数人来说，经过关节的胶原组织和肌肉具备松弛性和延展性，其这些特性与关节的灵活性密不可分。紧张的韧带、肌腱和延展受限的肌肉是抑制关节活动度的主要因素。

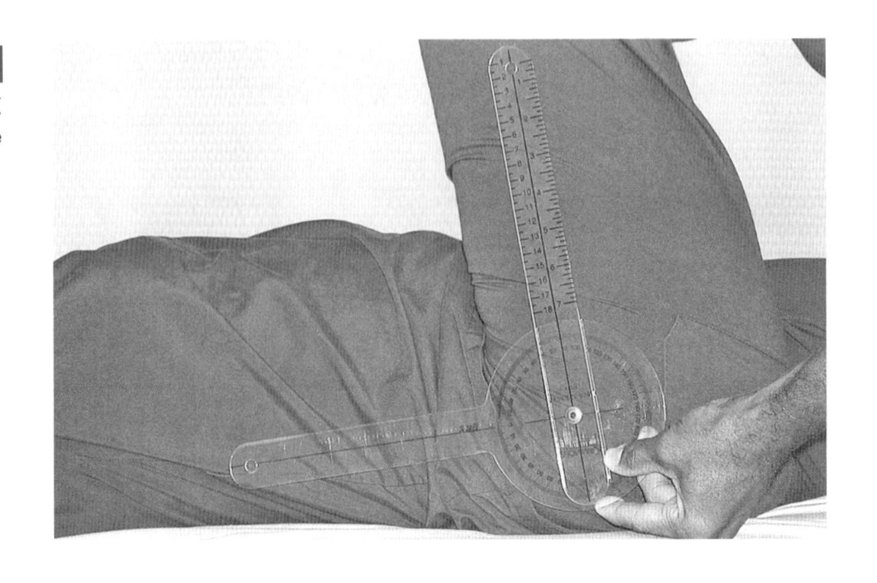

图 5-8
通常采用仰卧位进行屈髋活动范围的测量。©Jan L. Saeger/The McGraw-Hill Education.

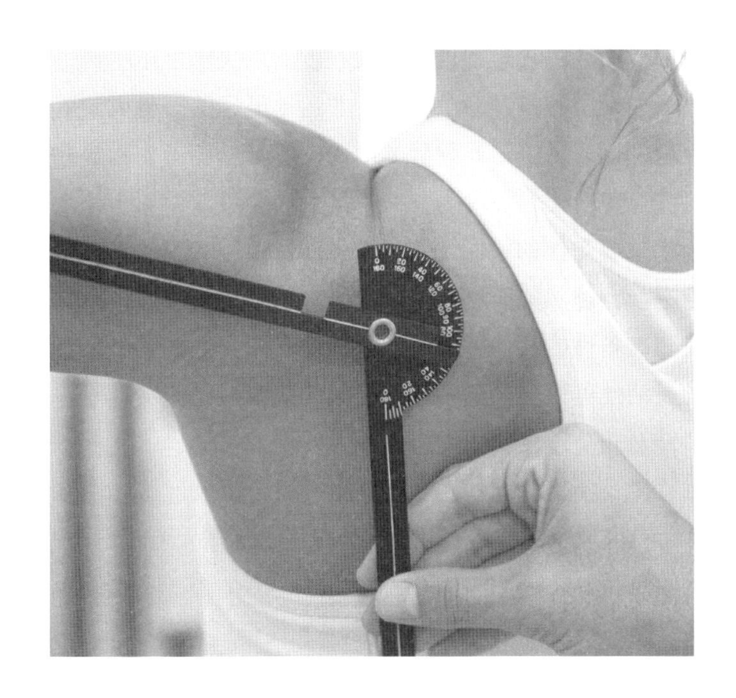

图 5-9

测角仪通常是有两个臂的量角器。两臂相交的点与关节中心对齐，两臂应与身体的纵轴对齐，以测量关节角度。©microgen/Getty Images RF.

实验研究表明，升高温度可使胶原组织延展性轻微提高，而降温则会使其延展性轻微降低[1]。然而，无论是单独还是结合牵伸给肌肉升温，尚未发现比单独牵伸更能改善关节的灵活性[10, 23]。

灵活性和损伤

当关节灵活性极低、极高或在身体的优势侧和非优势侧明显不平衡时，受伤的风险便会增加。严重限制关节灵活性并不可取，因为当穿过关节的胶原组织和肌肉很紧张时，如果关节被迫超过正常的活动度，这些组织撕裂或破裂的可能性会增加。另外，一个极其松散、松弛的关节往往缺乏稳定性，因此也容易发生移位相关的损伤。

- 关节活动范围超出正常最大范围称为活动过度。

体操是一项需要人体大部分关节具备大量灵活性的运动。©2009 Jupitorimages Corporation.

关节灵活性的理想程度在很大程度上取决于个体所希望从事的活动。体操运动员和舞蹈演员相比于非运动员显然需要更灵活的关节，然而，这些运动员也需要强壮的肌肉、肌腱和韧带才能发挥得更好，并尽可能避免受伤。

为了减少受伤的可能性，运动员和业余跑步者通常在参加运动前会进行牵伸。虽然关于这个话题的研究结果是矛盾的，但有一些证据可以表明准备性的牵伸可以降低肌肉拉伤的发生率。研究表明，增加关节的灵活性可以降低离心运动引起的肌肉损伤的发生率[3, 16]。然而，牵伸对防止过度使用性损伤没有效果。

尽管随着年龄的增长，人们变得不再灵活，但这一现象似乎主要与身体活动水平的下降有关，而不是衰老过程中固有的变化。无论个体的年龄如何，如果不牵伸穿过关节的胶原组织，它们就会缩短。相反，当定期牵伸这些组织时，它们就会延长，灵活性也会增加。研究发现，参加定期牵伸和锻炼的老年人关节灵活性显著提高[6]。

提高关节灵活性的方法

提高关节灵活性通常是治疗和康复方案的一个重要部分，也是为运动员针对特定运动而设计的项目之一。增加或保持灵活性涉及牵伸限制关节活动度的组织。可以使用以下几种方法进行组织牵伸，因为会引起不同的神经肌肉反应，其中一些方法会比另一些方法更加有效。

神经肌肉对牵伸的反应

高尔基腱器（Golgi tendon organ）

抑制原动肌张力升高和启动拮抗肌张力升高的感受器。

被称为高尔基腱器的感觉感受器位于肌肉-肌腱结合处和肌肉两端的肌腱中（图5-10）。一般每10~15条肌纤维与一条高尔基腱器以

图 5-10

高尔基腱器。Copyright ©1996 by McGraw-Hill Education.

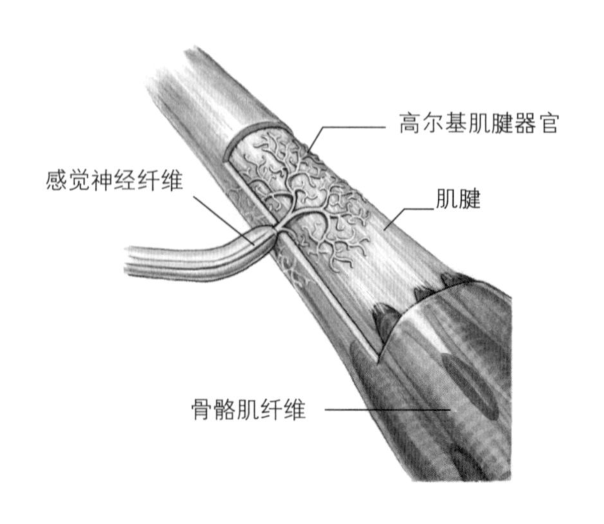

直线相连或串联。这些感觉感受器能感受到肌肉–肌腱单位的张力刺激。虽然肌肉收缩产生的张力和肌肉被动牵伸产生的张力都可以刺激高尔基腱器，但被动牵伸刺激的阈值要更高。高尔基腱器通过神经连接抑制原动肌张力升高（促进肌肉松弛）和启动拮抗肌张力升高。

散布在肌纤维中的其他感觉感受器与纤维平行，因其形似梭状而称为肌梭（图5–11）。每个肌梭由3~10条小的肌纤维组成，称为肌梭内纤维，包裹在结缔组织的鞘中。

肌梭（muscle spindle）
可激活牵张反射和抑制拮抗肌张力升高的感觉感受器。

肌梭对伸长量（静态反应）和肌肉的伸长率（动态反应）都有反应。被称为核链纤维的肌梭内纤维，主要负责静态反应；而被称为核袋纤维的肌梭内纤维，主要负责动态反应。这两种类型的肌梭内纤维已经被证明具有独立的功能，但由于动态反应比静态反应强得多，缓慢速率的牵伸直到肌肉明显牵伸后才会激发肌梭反应。

肌梭反应包括激活牵张反射和抑制拮抗肌张力升高，这一过程被称为交互抑制。牵张反射是由被牵伸肌肉的肌梭激活引起的，这种快速反应包括神经通过单个突触传递，传入神经将刺激传递到脊髓和传出神经，将兴奋信号直接从脊髓传递到肌肉，导致肌肉张力上升。膝跳反射是运动功能中常见的神经学测试，它是肌梭在被牵伸肌肉中产生快速、短暂收缩的例子。轻轻敲击髌韧带（也称为髌腱）会启动牵张反射，导致股四头肌的张力立即升高而引起抽动（图5–12）。

牵张反射（stretch reflex）
由于肌梭引起的单突触反射，导致肌肉张力立即升高。

交互抑制（reciprocal inhibition）
由于肌梭的激活而抑制拮抗肌张力升高。

由于在被牵伸的肌肉中，激活肌梭会使肌张力升高，而激活高尔基腱器则促进肌肉放松，因此任何牵伸的总体目标都是将肌梭效应最小化并使高尔基腱器效应最大化。表5–1总结了高尔基腱器与肌梭的对比差异。

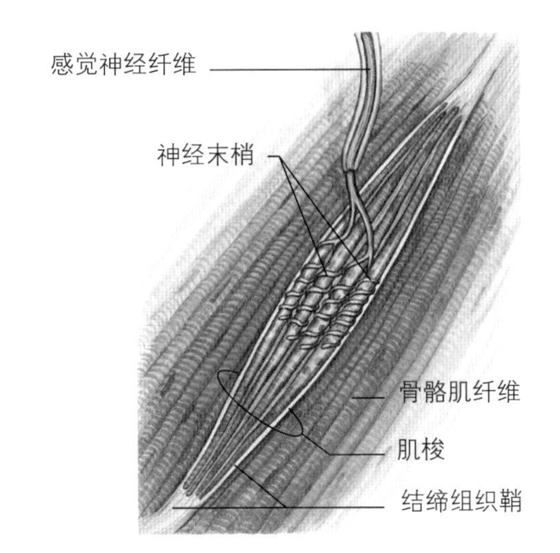

图 5–11

肌梭。Copyright ©1996 by McGraw–Hill Education.

图 5-12

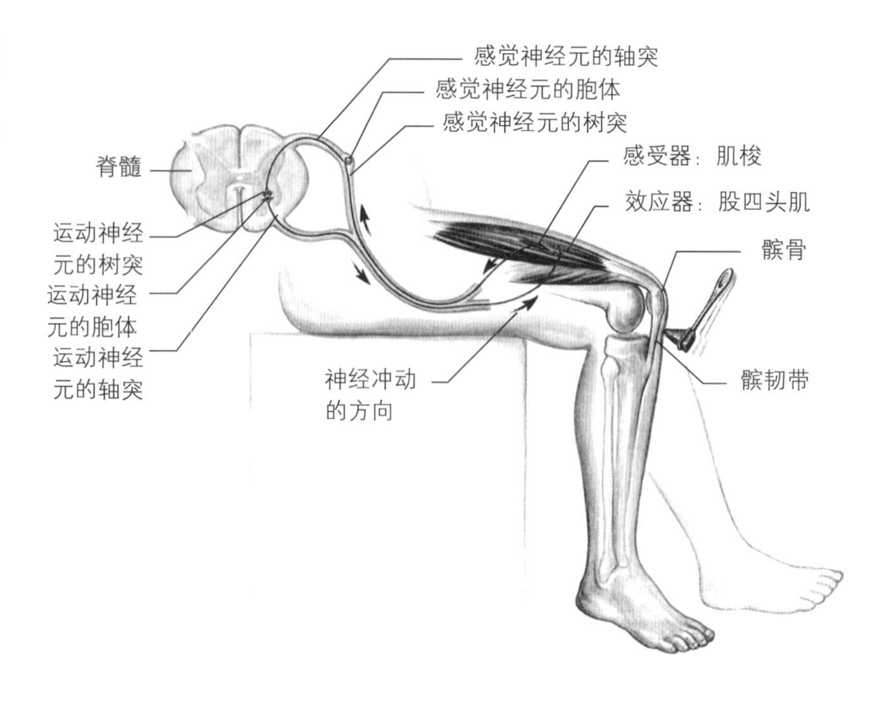

由肌梭牵伸引起的牵张反射。Copyright ©1996 by McGraw-Hill Education.

表 5-1

高尔基腱器和肌梭的对比

特性	高尔基腱器	肌梭
位置	肌腱内靠近肌肉-肌腱结合处，与肌纤维串联	位于肌纤维中，与肌纤维平行排列
刺激	增加肌肉张力	增加肌肉长度
反应	1.抑制被牵伸肌肉的张力升高 2.刺激拮抗肌的张力升高	1.启动被牵伸肌肉快速收缩 2.抑制拮抗肌张力升高
整体作用	促进紧张的肌肉放松	抑制被牵伸的肌肉拉长

被动静态牵伸：维持在最大关节活动范围处的位置。©Lars A. Niki/McGraw-Hill Education.

主、被动牵伸

牵伸可以是主动的也可以是被动的。主动牵伸由拮抗肌收缩产生（关节对侧的肌肉、肌腱、韧带的牵伸）。因此，要主动牵伸腘绳肌（主要的屈膝肌）时，股四头肌（主要的伸膝肌）应当收缩。被动牵伸是指利用重力、身体另一部分施加的力或者其他人施加的力将身体的一部分移动至最大关节活动处。主动牵伸有利于锻炼肌肉增加肌力。与主动牵伸相比，被动牵伸可以将运动范围扩大至超过最大活动度范围，但同时会增加潜在损伤的风险。

主动牵伸（active stretching）
是由拮抗肌主动收缩致张力升高产生的对肌肉、肌腱和韧带的牵伸。

被动牵伸（passive stretching）
指利用其他牵伸力而非拮抗肌张力对肌肉、肌腱、韧带进行的牵伸。

弹振式牵伸、静态牵伸、动态牵伸

弹振式牵伸或弹跳牵伸是指利用身体的冲力重复伸展关节到达或者超过最大活动度的位置。因为弹振式牵伸激活牵张反射，导致被牵张肌肉立即产生张力，可能会发生微小的肌肉组织撕裂。因此，如果牵伸的程度没有得到控制，所有被牵伸到的组织都有较高的损伤概率。

弹振式牵伸（ballistic stretching）
一系列快速、振动的牵伸。

- 弹振式牵伸具有危险性，因为在牵伸时会产生肌肉收缩，并且可能会使身体组织产生超出正常范围的运动，这会导致韧带的撕裂或断裂。

静态牵伸时，身体运动缓慢，当达到需要的关节位置，通常静态保持30~60 s。似乎人们普遍认为这样能达到最佳的效果，每个肌群的静态牵伸应当连续重复3~5次。

静态牵伸（static stretching）
维持一个缓慢、可控、持续的牵伸，通常在30 s左右。

虽然静态牵伸已经被证明对提高关节灵活性有效，但也有压倒性的证据表明，只有单个30 s的静态牵伸对肌力会有短暂但明显有害的影响，进一步的牵伸则会进一步降低肌力。这可以解释为什么牵伸会导致在需要肌力的运动（如跳跃和短跑）中表现较差。

被动牵伸可通过同伴的辅助完成。©Royalty-Free/CORBIS/Getty Images.

动态牵伸（dymanic stretching）
有控制的牵伸，而不是弹跳型运动的牵伸。

动态牵伸涉及人体各部分的自主运动，就如同弹振式牵伸一样，但与之不同的是，这种运动是可控的，而不是弹跳型运动。最新研究表明，进行一次动态牵伸会对肌力产生有益的效果[11，24]。目前的文献表明，在运动比赛前进行热身（包括动态牵伸）是可取的，在运动过后，静态牵伸在保持或增加关节活动度方面是最有效的。这两种牵伸方式都能增加关节的活动范围，但会引起不经常牵伸的肌肉酸痛。

本体促进技术

本体促进技术（PNF）
一组被牵伸肌肉收缩和放松交替进行的过程，全称为本体感觉神经肌肉促进技术。

本体促进技术（PNF）也是一种牵伸。物理治疗师最早使用PNF治疗神经肌肉麻痹的患者。所有的PNF都涉及原动肌和拮抗肌交替收缩和放松，以刺激高尔基腱器反应。所有的PNF都需要搭档或治疗师来操作。

收缩-放松-拮抗肌-收缩技术也称为慢速反向维持放松技术：首先，由搭档静态牵伸腘绳肌，接下来腘绳肌主动收缩抵抗搭档给予的阻力，然后随着搭档推动腿使髋部逐渐弯曲，腘绳肌放松，股四头肌收缩。最后是一个完全放松的过程，腿保持在屈髋的新位置。这一过程的每个阶段通常持续5~10 s，全过程至少进行4次。

收缩-放松技术和保持-放松技术源于慢速反向维持技术：当搭档对腘绳肌进行被动牵伸时，进行主动的腘绳肌收缩，抵抗搭档的阻力。根据收缩-放松法，腘绳肌的收缩是等张的，导致腿向伸髋的方向缓慢移动。在保持-放松技术中，腘绳肌抵抗搭档静止阻力的收缩是等长的。在收缩后，当腘绳肌被动牵伸时，两种方法中都包含腘绳肌与股四头肌的放松。同样，每个阶段的持续时间通常为5~10 s，整个过程重复数次。

原动肌收缩-放松技术是PNF的另一种演变方法，一个周期5~20 s。这一过程由伸膝的股四头肌主动最大限度收缩开始，然后由搭档手动维持主动收缩达到的位置，进行放松。

研究表明，一次PNF可以暂时显著地增加关节活动度。如果每周进行三次PNF牵伸，效果会更加持久。研究者发现，使用PNF技术的个体最佳收缩强度约为最大自主等长收缩的65%。

常见的关节损伤和疾病

人类的关节支撑体重，载荷由肌力支撑，同时为身体各部分提供活动范围，因此它们是急性损伤、过度使用损伤、感染和退行性疾病的常发处。

扭伤

扭伤是由于关节骨的不正常移位或扭曲造成的损伤，其通常会导致韧带、肌腱和穿过关节的结缔组织牵伸或撕裂。扭伤可以发生在任何关节，最常见于踝关节。因为踝关节是一个重要的承重关节，而且与内踝相比，外踝的支撑韧带较少，所以外踝损伤尤为常见。扭伤可分为一、二、三度，取决于损伤的严重程度。一度扭伤最为温和，存在压痛和轻微肿胀的症状，几乎不会造成活动度减少。二度扭伤组织损伤较多，通常有肿胀、挫伤、局部压痛、中度疼痛和部分关节活动受限等症状。三度扭伤则涉及韧带完全撕裂，伴有肿胀、疼痛和典型的踝关节不稳定。传统的扭伤治疗方法为休息、冰敷、加压和抬高。

脱位

构成关节的骨移位称为脱位，通常由摔倒或其他巨大力量事故造成。常见的脱位部位有肩关节、指关节、膝关节、肘关节和颞下颌关节。症状包括明显的关节畸形、剧痛、肿胀、麻木或刺痛及关节活动能力的丧失。关节脱位或可导致周围韧带、血管和神经的损伤。最重要的治疗措施是复位脱位的关节，从而减轻疼痛，并保证血液循环不会受阻。脱位的关节应由受过专业训练的医务人员进行复位。

滑囊炎

滑膜囊是充满液体的囊，其作用是为肌肉和肌腱滑过骨时提供缓冲。正常情况下，滑膜囊有一个光滑的、几乎无摩擦的滑动面。当滑膜囊或黏液囊发生炎症时，在受其影响的周围移动关节会产生疼痛，且较多的活动会增加炎症并加重病情。例如，跑步者过于突然地增加训练距离可能会导致跟腱和跟骨之间的滑膜囊炎症。滑囊炎的症状为疼痛，并可能存在部分肿胀。滑囊炎由滑膜囊过度、重复地微撞击引起，急性损伤也可引起滑膜囊周围炎症。滑囊炎可通过休息、冰敷和应用抗炎药物进行治疗。

关节炎

关节炎是一种伴有疼痛和肿胀的关节炎症。它与身体老化密切相关，且存在超过100种的类型。

类风湿性关节炎

类风湿性关节炎是最使人虚弱和痛苦的关节炎。这是一种自身免疫性疾病，包括免疫系统攻击健康的组织。该病常见于成年人，但也有青少年类风湿性关节炎。临床症状包括滑膜炎、滑膜增厚、关节软骨破裂，并进而导致活动受限甚至构成关节的骨发生骨化或融合。也有贫血、疲劳、肌肉萎缩、骨质疏松和其他系统性的变化。

骨关节炎

骨关节炎或退行性关节疾病，是最常见的关节炎。超过25%的18岁以上人群受其影响[7]。虽然骨关节炎主要见于老年人，但它可以发生在创伤后所有年龄段的成年人身上。科学家和临床医生越来越相信这是一系列的相关疾病导致关节软骨的生物力学性能逐步退化。在疾病的早期阶段，关节软骨丧失光滑、闪亮的外观，并且变得粗糙、不规则。最终，软骨完全磨损，使关节面裸露。骨关节炎往往伴有软骨下骨增厚和骨赘或骨刺形成[26]。其症状包括疼痛、肿胀、活动受限、僵硬。通常休息可以缓解疼痛，活动可以改善关节僵硬。

引起骨关节炎的原因尚不明确。虽然关节软骨似乎可以适应载荷模式的变化，但将骨关节炎和生活方式因素联系起来的研究却产生了相互矛盾的结果[14，28]。需要举起重物、耕种和竞技体育有较高的髋关节骨关节炎发生率。尚未发现膝关节骨关节炎发生率与生活中进行规律体育活动有关[14，28]。

因为成年人的关节软骨没有血管，它依靠循环的机械载荷来完成液体交换，从而进行营养输送和废物清除。因此滑膜关节的循环机械应力过小会导致软骨的退化。研究表明，一些退行性关节疾病实际上源于软骨下骨的重塑或相关血管功能不全，这种模式也与废用有关[18，19]。当前研究认为，过小的机械应力与过大的机械应力都能导致骨关节炎的加重，一个有规律的适度载荷才有利于关节软骨的健康[30]。

小结

人体关节的解剖结构决定关节的定向运动能力。从允许运动的角度看，关节主要分为三大类：不动关节、微动关节和自由活动关节。每一大类又细分为具有共同解剖特征的小类。

滑动关节骨的末端有关节软骨覆盖，作用为减少接触应力，调节关节润滑。某些关节的纤维软骨盘和半月板也可能有这些作用。

肌腱和韧带坚韧的胶原组织，具有轻微的延展性和弹性。这些组织与肌肉、骨骼相似，为适应机械应力的增大或减少，它们会出现过度生长或萎缩。

稳定性是关节抵抗构成关节的骨移位的能力。影响关节稳定性的主要因素是关节面的大小和形状，及周围肌肉、肌腱和韧带的强度和力线。

关节灵活性主要由跨过关节的肌肉和韧带的相对紧致性决定。如果这些组织没有被牵伸，它们就会变短。增加灵活性的方法包括主动牵伸和被动牵伸，及静态牵伸和动态牵伸。

PNF是一种特别有效的牵伸肌肉和韧带的方法。

入门题

（其他关节内容参考第七章至第九章）

1. 制作一个表格，列出肩、肘、腕、髋、膝和踝关节的关节类型和可运动平面。
2. 描述人体关节在下列每一种运动中运动的方向和范围：
   a. 步行；b. 跑步；c. 开合跳；d. 坐位站起。
3. 有利于关节稳定的因素有哪些？
4. 解释为什么运动员在参加运动之前，关节常进行贴扎。阐述贴扎的优缺点。
5. 有利于关节灵活性的因素有哪些？
6. 理想的关节活动度是多少？
7. 灵活性与受伤的可能性有什么关系？
8. 讨论关节稳定性与关节灵活性的关系。
9. 解释为什么握力会随着手腕的过度伸展而减小？
10. 为什么禁忌进行弹振式牵伸？

附加题

1. 制作一个表格，列出寰枕关节、第5腰椎/第1骶椎关节、掌指关节、指骨间关节、腕掌关节、桡尺关节和距下关节的关节类型和可运动平面。
2. 标示以下每个关节的锁定位置（如完全伸展，屈曲90°）：
   a.肩；b.肘；c.膝；d.踝。
3. 关节软骨与普通海绵有何相似与不同？（可以参考注释）
4. 比较性地讨论肌肉、肌腱和韧带。（可以参考注释）
5. 讨论关节稳定性与关节灵活性对参加以下运动的运动员的重要性。
   a.体操；b.足球；c.游泳。
6. 写出可增加以下关节稳定性的建议和理由。
   a.肩；b.膝；c.踝。
7. 写出可增加以下关节灵活性的建议和理由。
   a.髋；b.肩；c.踝。
8. 在哪些运动项目中，运动员更容易因关节稳定性不足而受伤？为什么？
9. 在哪些运动项目中，运动员更容易因关节灵活性不足而受伤？为什么？
10. 针对有兴趣保持适当关节灵活性的老年人给出建议。

姓名：______________________

日期：______________________

实践

1. 使用骨架、解剖模型或动态人体CD，定位并给出每种关节类型示例的简要描述。

a. 不动关节：

缝（关节）：______________________

描述：______________________

____

韧带联合（关节）：______________________

描述：______________________

____

b. 微动关节：

软骨结合（关节）：______________________

描述：______________________

____

软骨联合（关节）：______________________

描述：______________________

____

c. 可动关节：

滑动关节：______________________

描述：______________________

铰链关节：______________________

描述：______________________

车轴关节：______________________

描述：______________________

____

髁状关节：________________________________

描述：________________________________

____

鞍状关节：________________________________

描述：________________________________

____

球窝关节：________________________________

描述：________________________________

____

2. 回顾纤维软骨和透明软骨的组织学。

纤维软骨：________________________________

____

透明软骨：________________________________

____

3. 与搭档一起用测角仪测量髋关节屈曲的活动范围，腿在30 s的主动静态腘绳肌牵伸前后充分伸展。解释你的结果。

牵伸前活动度：________________ **牵伸后活动度：**________________

解释：________________________________

____

____

4. 与搭档一起用测角仪测量髋关节屈曲的活动范围，腿在30 s的被动静态腘绳肌牵伸前后充分伸展。解释你的结果。

牵伸前活动度：________________ **牵伸后活动度：**________________

解释：________________________________

____

____

5. 与搭档一起用测角仪测量髋关节屈曲的活动范围，腿在使用本章描述的任一种PNF牵伸前后充分伸展。解释你的结果。

牵伸前活动度：________________ **牵伸后活动度：**________________

解释：________________________________

____

____

参考文献

[1] ALEGRE L M, HASLER M, WENGER S, et al. Does knee joint cooling change in vivo patellar tendon mechanical properties? *Eur J Appl Physiol*, 2016, 116:1921.

[2] ANDERSON A F, DOME D C, GAUTAM S, et al. Correlation of anthropometric measurements, strength, anterior cruciate ligament size, and intercondylar notch characteristics to sex differences in anterior cruciate ligament tear rates. *Am J Sports Med*, 2001, 29:58.

[3] BEHM D G, BLAZEVICH A J, KAY A D, et al. Acute effects of muscle stretching on physical performance, range of motion, and injury incidence in healthy active individuals: A systematic review. *Appl Physiol Nutr Metab*, 2016, 41:1.

[4] BOHM S, MERSMANN F, ARAMPATZIS A. Human tendon adaptation in response to mechanical loading: A systematic review and meta-analysis of exercise intervention studies on healthy adults. *Sports Med Open*, 2015, 1:7.

[5] BUCKWALTER J A, MANKIN H J, et al. Articular cartilage and osteoarthritis. *Instr Course Lect*, 2005, 54:465.

[6] BULLO V, BERGAMIN M, GOBBO S, et al. The effects of Pilates exercise training on physical fitness and wellbeing in the elderly: A systematic review for future exercise prescription. *Prev Med*, 2015, 75:1.

[7] CHEN D, SHEN J, ZHAO W, et al. Osteoarthritis: Toward a comprehensive understanding of pathological mechanism. *Bone Res*, 2017, 5: 16044.

[8] CORREA D, LIETMAN A. Articular cartilage repair: Current needs, methods and research directions. *Sem Cell & Dev Bio*, 2017, 62:67.

[9] COTTRELL J A, TURNER J C, ARINZEH T L, et al. The biology of bone and ligament healing. *Foot Ankle Clin*, 2017, 21:739.

[10] FUJITA K, NAKAMURA M, UMEGAKI H, et al. Effects of thermal agent and physical activity on muscle tendon stiffness, and effects combined with static stretching. *J Sport Rehabil*, 2017, 4:1.

[11] GELEN E. Acute effects of different warm-up methods on sprint, slalom dribbling, and penalty kick performance in soccer players. *J Strength Cond Res,* 2010, 24(4):950.

[12] HERDA T J, HERDA N D, COSTA P B, et al. The effects of dynamic stretching on the passive properties of the muscle-tendon unit. *J Sports Sci*, 2013, 31:479.

[13] HIGGS F, WINTER S L. The effect of a four-week proprioceptive neuromuscular facilitation stretching program on isokinetic torque production. *J Strength Cond Res*, 2009, 23:1442.

[14] HOAGLUND F T, STEINBACH L S. Primary osteoarthritis of the hip: Etiology and epidemiology. *J Am Acad Orthop Surg*, 2001, 9:320.

[15] JONES G, DING C, GLISSON M, et al. Knee articular cartilage development in children: a longitudinal study of the effect of sex, growth, body composition, and physical activity. *Pediatr Res*, 2003, 54:230.

[16] KAY A D, RICHMOND D, TALBOT C, et al. Stretching of active muscle elicits chronic changes in multiple strain risk factors. *Med Sci Sports Exerc*, 2016, 48:1388.

[17] LOITZ B J, FRANK C B. Biology and mechanics of ligament and ligament healing. *Exerc Sport Sci Rev*, 1993, 21:33.

[18] LOTZ M, LOESER R F. Effects of aging on articular cartilage homeostasis. *Bone*, 2012, 51:241.

[19] MITHOEFER K, MINAS T, PETERSON L, et al. Functional outcome of knee articular cartilage repair in adolescent athletes. *Am J Sports Med*, 2005, 33:1147.

[20] MOW V C,WANG C C. Some bioengineering considerations for tissue engineering of articular cartilage. *Clin Orthop*, 1999, 367:S204.

[21] PARK S, KRISHNAN R, NICOLL S B, et al. Cartilage interstitial fluid load support in unconfined compression. *J Biomech*, 2003,36:1785.

[22] QUINN T M, HUNZIKER E B, HAUSELMANN H J. Variation of cell and matrix morphologies in articular cartilage among locations in the adult human knee. *Osteoarthritis Cartilage*, 2005, 13:672.

[23] ROSARIO J L, FOLETTO Á. Comparative study of stretching modalities in healthy women: Heating and application time. *J Bodyw Mov Ther*, 2015, 19:3.

[24] SEKIR U, ARABACI R, AKOVA B, et al. Acute effects of static and dynamic stretching on leg flexor and extensor isokinetic strength in elite women athletes. *Scand J Med Sci Sports*, 2010, 20:268.

[25] SHEARD P W, PAINE T J. Optimal contraction intensity during proprioceptive neuromuscular facilitation for maximal increase of range of motion. *J Strength Cond Res*, 2010, 24:416.

[26] SILVER F H, BRADICA G, TRIA A. Do changes in the mechanical properties of articular cartilage promote catabolic destruction of cartilage and osteoarthritis? *Matrix Biol*, 2004, 23:467.

［27］SUIJKERBUIJK M A, REIJMAN M, LODEWIJKS S J, et al. Hamstring tendon regeneration after harvesting: a systematic review. *Am J Sports Med*, 2015, 43:2591.

［28］SUTTON A J, MUIR K R, MOCKETT S, et al. A case-controlled study to investigate the relation between low and moderate levels of physical activity and osteoarthritis of the knee using data collected as part of the Allied Dunbar National Fitness Survey. *Ann Rheum Dis*, 2001, 60:756.

［29］VAZINI-TAHER A, PARNOW A. Level of functional capacities following soccer-specific warm up methods among elite collegiate soccer players. *J Sports Med Phys Fitness*, 2017, 57:537.

［30］WHITING W C, ZERNICKE R F. Biomechanics of musculoskeletal injury (2nd ed). Champaign, IL: Human Kinetics, 2008.

注释读物

GRÄSSEL S, ASZÓDI A. Cartilage: Volume 2: Pathophysiology. New York: Springer, 2017.
介绍了关于软骨这种特殊而多用途的组织当前的知识与新观点。主要关注两种常见骨关节疾病：骨关节炎和软骨发育不全。

KYRIACOS A, DARLING E M, HU J, et al. Articular cartilage. New York: CRC Press, 2017.
以易读的风格讨论了关节软骨在生物学、病理学、临床应用和组织工程方面的最新研究进展。

MARTIN R, BURR D, SHARKEY N, et al. Skeletal tissue mechanics. New York: Springer, 2015.
描述骨、软骨、肌腱和韧带的生物力学，包括骨的力学特性、骨组织的生物学特性、骨的疲劳和抗折性，以及骨的力学适应性。

PHAM P. Bone and cartilage regeneration (stem cells in clinical applications). New York: Springer, 2016.
讨论骨骼中干细胞再生和软骨再生的应用，包括利用间充质干细胞的骨骼再生，受损软骨和骨关节炎中间充质干细胞注射的临床改进，及未来的治疗方向。

第六章　人体骨骼肌生物力学

通过学习本章，读者可以：

掌握肌肉的特性。

解释肌纤维类型和肌纤维结构与肌肉功能的关系。

解释骨骼肌是如何协同作用产生人体协调性运动的。

讨论速度–张力与长度–张力的关系和电–机械延迟对肌肉功能的影响。

从生物力学的角度来讨论肌力、爆发力和耐力。

是什么让一些运动员在马拉松等耐力项目中表现出色，而另一些运动员在如掷铅球或短跑的力量项目中占优势？神经肌肉系统中的哪些特性有助于快速的运动？什么样的运动更容易造成肌肉的酸痛？从生物力学的观点来看，肌力是什么？

肌肉是唯一能够主动产生张力的组织。横纹肌或者骨骼肌在维持直立姿势、肢体运动及吸收冲击方面表现出重要的功能。因为肌肉只有在适当刺激时才能发挥这些功能，所以人类的神经系统和肌肉系统经常统称为神经肌肉系统。本章讨论肌组织的功能特性，骨骼肌组织的功能组成和肌肉功能的生物力学。

肌肉的特性

•肌肉的特性：延展性、弹性、兴奋性，及能产生张力。

肌肉的四个特性分别为延展性、弹性、兴奋性、能产生张力。这些特性是所有肌肉共有的，包括人类的心肌、平滑肌和骨骼肌，及其他哺乳动物、爬行动物、两栖动物，鸟类和昆虫的肌肉。

延展性和弹性

许多生物组织都具有延展性和弹性。如图6–1所示，延展性是能被拉伸或者增加长度的能力，弹性是在伸展后恢复到正常长度的能力。肌肉的弹性使它被拉长后能够回归到正常静息长度并使张力从肌肉平稳地传送到骨骼。

使肌肉具有弹性特性的两个主要成分：由肌膜提供的并联弹性成分（PEC），在肌肉被动牵伸时提供阻力；位于肌腱中的串联弹性成分（SEC），在牵伸绷紧的肌肉时，就像弹簧储存弹性势能一样。这些肌肉弹性成分之所以这样命名，是因为肌膜和肌腱分别与肌纤维平行或串联（或成直线），肌纤维提供收缩成分（图6–2）。人类骨骼肌的弹性主要由串联弹性成分提供。

这些弹性成分对肌肉的力量、功率和做功方面能产生显著的影响。在迅速的动作中，它们能通过快速储存和释放肌肉收缩功来提高肌肉的功率。相对应地，弹性成分也能够对牵伸肌肉的收缩成分更缓慢地释放能量，如跳跃的着陆过程，通过分散能量来保护肌肉不受损伤[27]。

并联弹性成分（parallel elastic component） 来源于肌膜的被动弹性成分。

串联弹性成分（series elastic component） 来源于肌腱的被动弹性成分。

收缩成分（contractile component） 通过刺激肌纤维能够产生张力的肌肉成分。

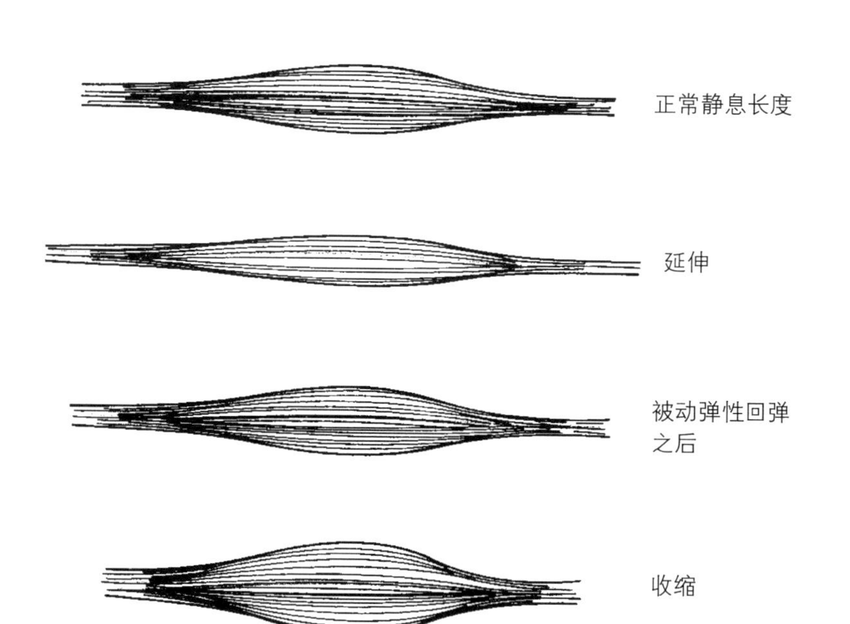

图 6–1
肌组织的特性使它能延伸、回弹、缩短。

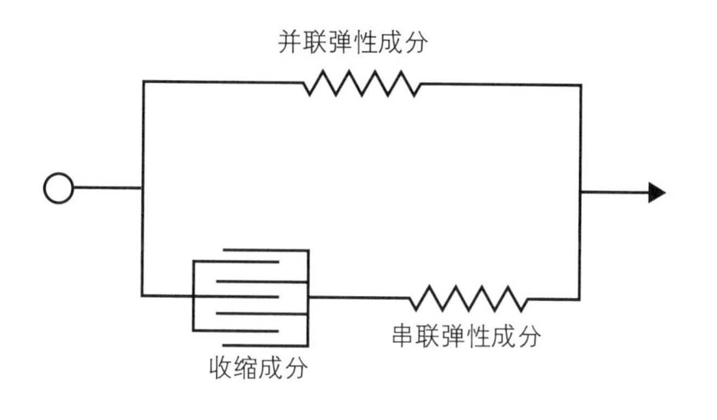

图 6–2
从力学的角度上来看，肌腱单元表现为一个收缩成分（肌纤维）与弹性成分（肌膜）并联，和其他弹性成分（肌腱）串联。

• 肌肉的黏弹性特性使其被牵拉时能够逐渐延长。

黏弹性（viscoelastic）
随时间推移有拉长和回缩的能力。

串联弹性成分和并联弹性成分都具有黏性，使肌肉的伸展和回缩都具有时间效应。当保持对一组肌肉长时间的静态伸展后，如腘绳肌，肌肉会逐渐被拉长，从而提高了关节的活动度。同样地，在肌群被拉长之后，它不会立即回到静息长度，而是在一段时间内逐渐回缩。这种黏弹性不受性别的影响。

兴奋性和产生张力的能力

兴奋性是肌肉的另一个特性，它是一种对刺激做出反应的能力。来自于神经接触部位动作电位电化学刺激和对肌肉锤击的力学刺激都能影响肌肉。当肌肉被刺激激活时，肌肉就会产生张力。

可以产生张力是肌组织独有的特性。长久以来，肌肉产生张力的过程称为收缩。收缩力则是缩短长度的能力。然而，正如后面所讨论的，肌肉的张力可能不会引起肌肉的缩短。

骨骼肌的结构组织

人体大约有434块肌肉，占大多数成年人40%~45%的体重。肌肉成对分布在身体的左右两侧。大约75对肌肉负责身体的运动和姿势，其余的肌肉则参与如眼球控制和吞咽等运动。当肌肉产生张力时，其产生力的大小、速度和维持时间长短等生物力学因素都会受到肌肉的特定解剖结构和生理特征的影响。

肌纤维

因为单个肌细胞形状细长，所以称为肌纤维。包绕在肌纤维周围的膜通常称为肌束膜，特殊的细胞质称为肌浆。每一个肌纤维的细胞质均包含许多细胞核和线粒体，及许多平衡排列的线状肌原纤维。肌原纤维包含两种类型的蛋白纤维，它们成条纹状排列，因而骨骼肌也称为横纹肌。

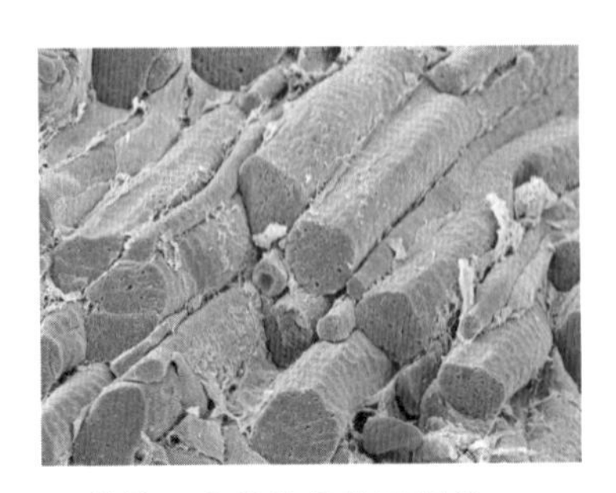

显微镜下人类的骨骼肌纤维。©Science Photo Library/Alamy Stock Photo RF.

通过显微镜观察发现，骨骼肌在肌肉收缩过程中可见带和线的改变，这为结构命名提供了参考（图6-3）。位于两条Z线之间的肌节是肌纤维的基本结构单元（图6-4）。每个肌节被M线平分。A带含有粗厚的肌球蛋白，每条丝被6条光滑纤细的肌动蛋白包绕。I带仅含有纤细的肌动蛋白。这两条带中的蛋白纤维固定于Z线上，Z线黏附在肌纤维膜上。在A带中间是H带，只有厚肌球蛋白。这些命名见表6-1。

肌肉收缩时，肌节两端的肌球蛋白朝向中间滑动。通过显微镜观察发现，Z线会向A带移动，A带位置固定不动，I带会变窄，H带消失。肌球蛋白的头部称为横桥，在肌肉收缩过程中与肌动蛋白丝物理连接，连接的数量与力的产生和能量消耗成正比。

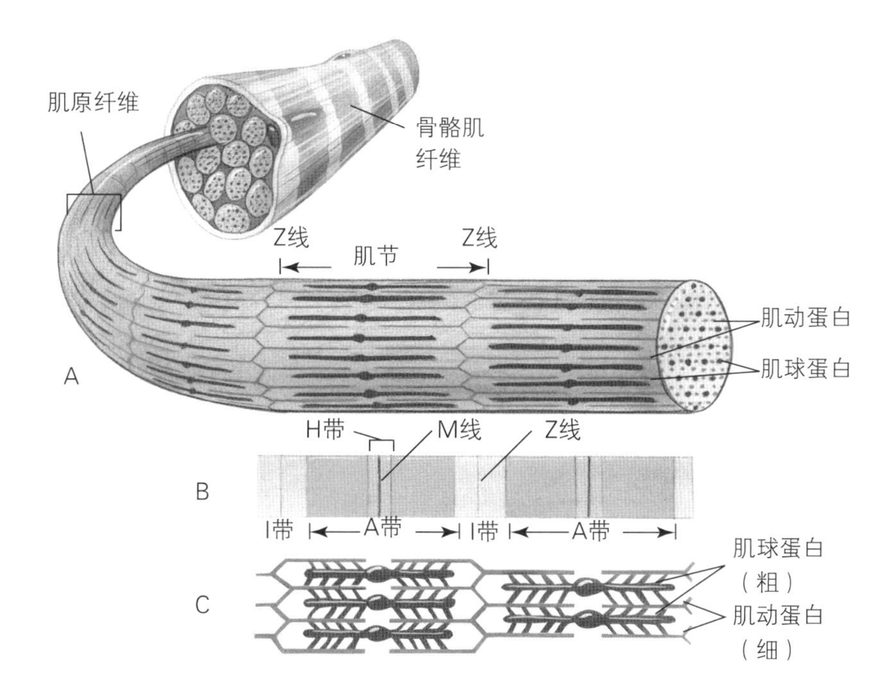

图 6-3

肌纤维的肌浆含有平行细长的由肌球蛋白和肌动蛋白组成的肌原纤维。Copyright ©1996 by McGraw-Hill Education.

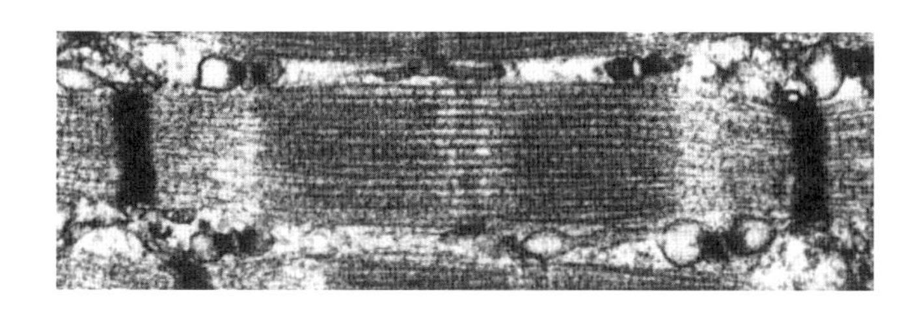

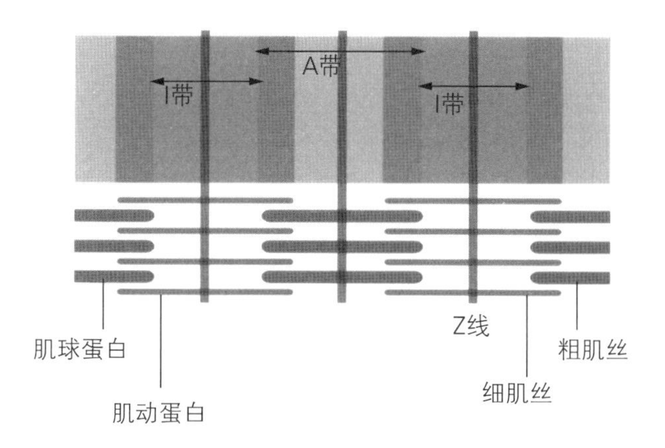

图 6-4

肌节由暗带和明带交替组成，使肌肉呈现条纹状。Copyright ©1996 by McGraw-Hill Education.

表 6-1

肌节内的结构名称

结构	命名的历史由来
A带	偏振光通过这一区域时呈各向异性
I带	偏振光通过这一区域时呈各向同性
Z线	中间盘（来源于德文Zwischenscheibe）
H带	是Hensen 发现的区域
M线	中间线（来源于德文Mittelscheibe）

肌浆网膜状通道网络与外部的每一根纤维相连接（图6–5）。在内部，这些纤维被称为横小管的小隧道分隔开来，这些横小管完全穿过纤维，只对外部开放。肌浆网和横小管为肌肉激活电化学介质的运输提供通道。

多层结缔组织为肌纤维组织提供了上层结构（图6–6）。每一层纤维膜或肌膜被一层称为肌内膜的薄结缔组织包绕。多条纤维被称为肌束膜的结缔组织捆绑成束。肌束形成整块肌肉，肌肉被肌外膜包绕，与肌腱相连续。

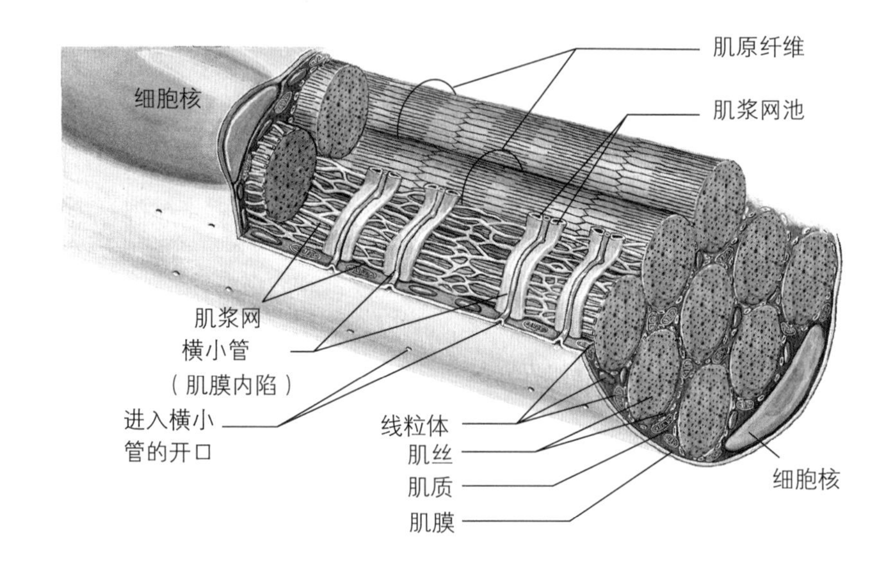

图 6–5

肌浆网和横小管为电解质提供运动通道。Copyright ©1996 by McGraw–Hill Education.

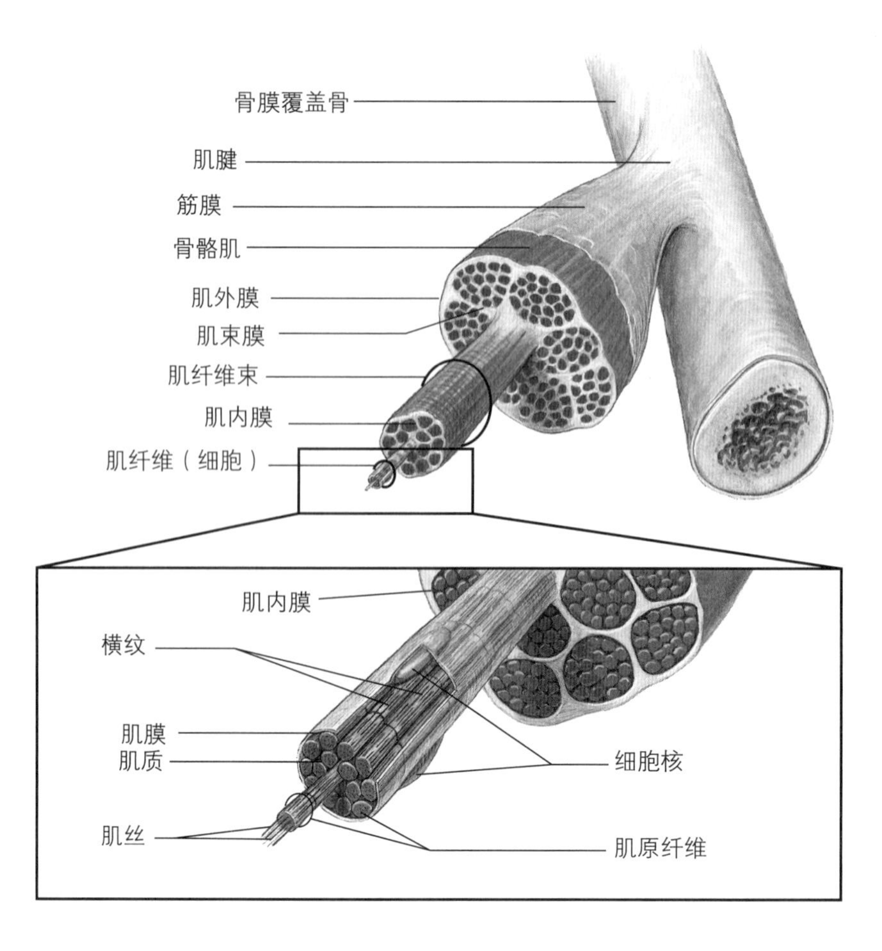

图 6–6

肌肉被一系列的结缔组织膜分隔开来。Copyright ©1999 by McGraw–Hill Education.

成年人肌纤维的长度和直径有很大差异。一些纤维可以延伸到整个肌肉，而另一些纤维则短得多。从出生到成年，骨骼肌纤维的长度和直径都在增长。在成年人群中任何年龄段，纤维的直径都可以通过高负荷少量重复的力量训练来增大。

在动物中，如两栖动物，肌纤维的数量会随着年龄和器官大小的增长而增长。然而，这似乎在人类身上不会发生。人体肌纤维的数量是由基因决定的，因人而异。出生时的肌纤维数量几乎在整个生命中都是保持不变的，除了偶然的损伤缺失之外。一般认为，抗阻训练的肌肉变大是肌纤维直径的变大，而不是数量的增加。

运动单位

肌纤维被分成不同大小的功能群体，运动单位由单个运动神经元和由其支配的所有纤维构成（图6–7）。每个运动神经的轴突多次细分，使每个单独的纤维都有一个运动终板（图6–8）。通常来说，每根纤维只有一个终板。一个运动单位的纤维可以分布在几厘米的区域内，并与其他运动单位的纤维穿插在一起。运动单位通常局限在一块肌肉，并作用于这块肌肉。哺乳动物的单个运动单位可能包含至少100~2000条纤维，这取决于肌肉执行哪种类型的动作。精准控制的运动（如眼睛和手指的运动）是由具有少量纤维的运动单位产生的。强壮有力的运动（如腓肠肌运动）通常是大型的运动单位活动的结果。

运动单位（motor unit）
单个运动神经元和由其支配的所有肌纤维。

哺乳动物很多骨骼肌的运动单位是由收缩型细胞组成的，这种细胞对单一刺激做出反应，以抽搐的方式产生张力。在单个神经冲动的刺激下，兴奋纤维的张力在不到100 ms的时间就达到峰值，然后立即下降。

然而，在人体中，运动单位通常是被一连串的神经脉冲电激活的。当快速连续的脉冲进入纤维，发生总和反应并使张力逐渐升高，

总和（summation）
以附加的方式建造。

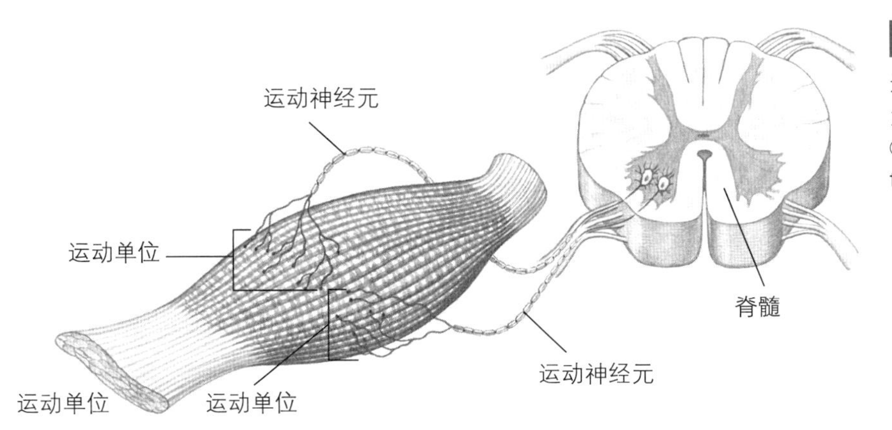

图 6–7
运动单位由单个神经元和该神经元支配的肌纤维组成。Copyright ©1999 by McGraw–Hill Education.

图 6-8

运动单位中的每一根肌纤维接受一个来自运动神经元的运动终板。©Al Telser/The McGraw-Hill Education.

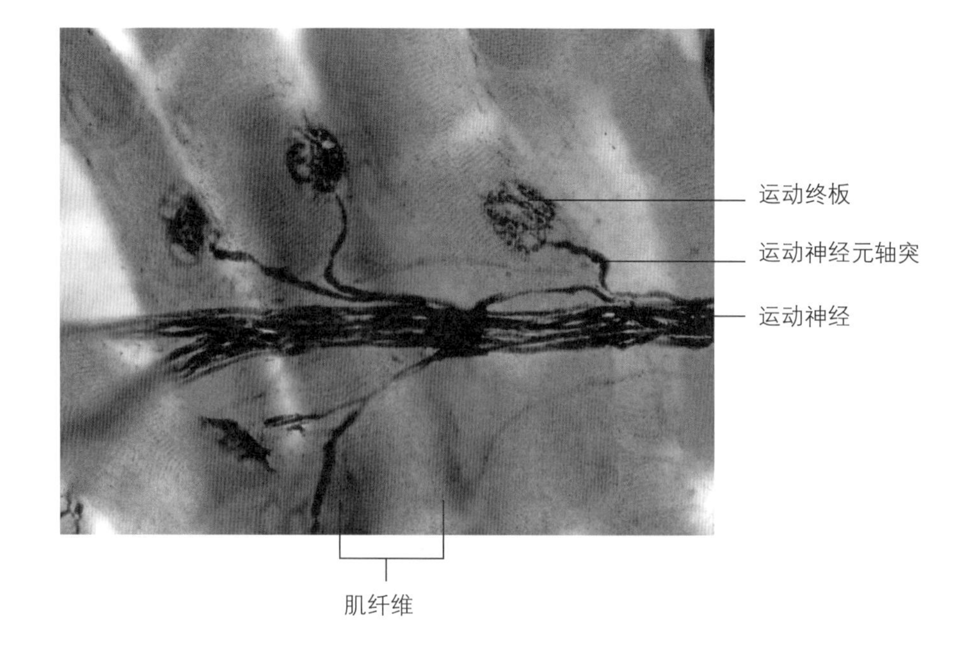

强直收缩（tetanus）
指由于重复刺激而产生持续最大张力的肌肉状态。

最终达到最大值（图6-9）。一种纤维反复激活，使其最大张力水平维持一段时间，这就是强直收缩。随着强直收缩时间的延长，疲劳将引起张力水平逐渐下降。

并不是所有的人体骨骼肌运动单位都是收缩型的，在眼球运动的装置中发现了强直型的运动单位。这些运动单位在产生张力前需要多个刺激。

纤维类型

快肌纤维（fast-twitch fiber）
快速达到最大张力值的肌纤维。

慢肌纤维（slow-twitch fiber）
指达到最大张力值较缓慢的肌纤维。

骨骼肌纤维具有许多不同的结构、组织化学和行为特征。因为这些差异能直接影响肌肉的功能，这也引起了许多科学家独特的兴趣。在受到刺激后，有些运动单位的纤维比其他肌纤维达到最大张力要快得多。基于这些特征，纤维分为快缩型肌纤维（快肌纤维）（FT）和慢缩型肌纤维（慢肌纤维）（ST）。快肌纤维只需要慢肌纤维1/7的时间就可以达到最大收缩度（图6-10）。达到峰值张力的时间差异源于快肌纤维含有更高密度分布的肌球蛋白-ATP酶。快肌纤维也比慢

图 6-9

肌纤维张力曲线：A.单个刺激的反应；B.重复刺激的反应；C.高频率刺激的反应（强直）。

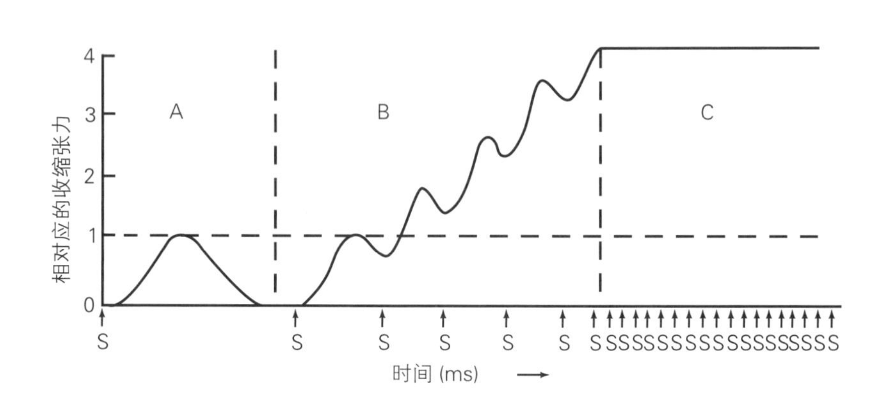

肌纤维直径大。正因为上述差异，快肌通常比慢肌更易疲劳。

快肌纤维基于组织生化的不同分为两种类型。第一类快肌纤维有类似慢肌纤维耐疲劳的特点。第二类快肌纤维有很大的直径，所含的线粒体较少，同第一类快肌纤维相比易疲劳。

研究人员用许多不同的方案将肌纤维分为三类。有一种分类把慢肌纤维称为Ⅰ型纤维，把快肌纤维分为ⅡA型纤维和ⅡB型纤维。还有一种分类把慢肌纤维称作慢速氧化纤维（SO），把快肌纤维分为快速收缩氧化糖酵解纤维（FOG）和快速收缩糖酵解纤维（FG）（表6–2）。也有其他的分类，把肌纤维分为慢肌纤维、抗疲劳快肌纤维（FFR）和快速疲劳快肌纤维（FF）。不同分类之间不能相互转换，因为它们基于不同的肌肉特性。肌纤维的三种分类有助于粗略区分肌纤维的功能差异，认识到肌纤维的特征具有一致性十分重要。

虽然在一个运动单位中的所有纤维都是同一个类型，但大多数骨骼肌都包括快肌和慢肌两种纤维，在不同肌肉之间它们的相对数量有所不同，在不同个体之间也存在差异。例如，比目鱼肌，一般只用来调整姿势，主要是慢肌纤维。相对应地，位于其上的腓肠肌则含有更

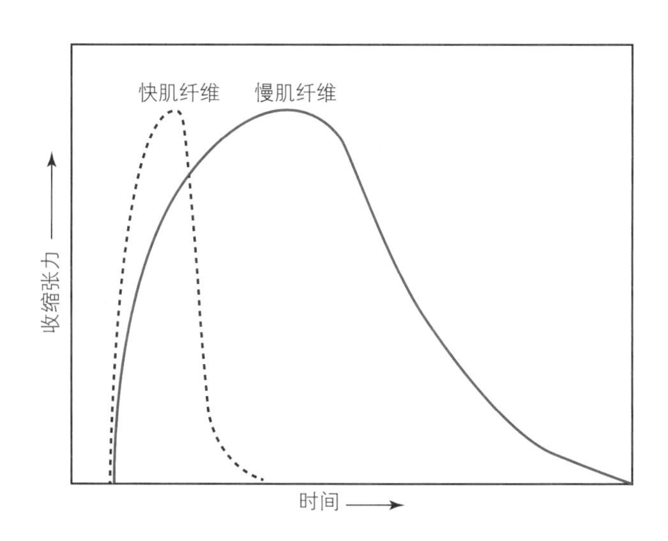

图 6–10

快肌纤维达到最大张力和放松都比慢肌纤维更快。当然，收缩张力指的是最高张力而不是绝对张力，因为快肌纤维相对于慢肌纤维趋于产生更高的张力。不同纤维的收缩时间也不相同，即使在快肌纤维和慢肌纤维同一类别中也一样。

表 6–2

骨骼肌肌纤维特征

特征	Ⅰ型 慢速氧化纤维 （SO）	ⅡA型 快速收缩氧化糖酵解纤维 （FOG）	ⅡB型 快速收缩糖酵解纤维 （FG）
收缩速率	慢	快	快
疲劳速率	慢	中等	快
直径	小	中等	大
ATP酶浓度	低	高	高
线粒体密度	高	高	低
糖酵解酶浓度	低	中等	高

• 高百分比的快肌纤维对于快速运动更有优势，而高百分比的慢肌纤维对于需要耐力的运动更有优势。

多的快肌纤维。通常，女性比男性富含慢肌纤维[10]。

快肌纤维对于一些需要快速、有力肌肉收缩的运动是十分重要的，如短跑和跳高。而耐力方面的运动，如长跑、公路自行车及游泳，都需要有效的抗疲劳的慢肌纤维发挥作用。通过肌肉活检，研究人员发现那些需要力量和爆发力的精英运动员，他们身体里面的快肌纤维比例比较高，同时那些需要耐力的运动员则通常有很多的慢肌纤维。

这些研究认为，长期运动训练可以改变个体的肌纤维类型。如今被认可的是，通过耐力训练，快肌纤维会转变成慢肌纤维；同样，经过抗阻力量训练、耐力训练、离心和向心等速训练，ⅡB型快肌纤维可转换成ⅡA型快肌纤维[13，34]。

个人基因赋予的高百分比快肌纤维更适合有更强大的力量需求的体育项目，同样具有高百分比慢肌纤维的人可能会选择耐力性运动。然而，优秀的力量型运动员和耐力型运动员，其肌肉类型分布同未接受训练的人肌肉类型分布范围一致。在普通人群中，慢肌纤维和快肌纤维呈现一种钟形分布，大多数人的快肌纤维和慢肌纤维接近一个平衡，少部分人会存在快肌纤维比慢肌纤维多或少。

优秀短距离自行车选手的肌肉偏向于具有更多的快肌纤维。©Susan Hall.

肥胖和年龄是两个已知的会影响肌肉类型分布的因素。它们是进行性的，随着年龄的增长，运动单位数量和肌纤维数量减少，Ⅱ型肌纤维的大小与性别和训练不相关[29]。然而，有很好的证据表明，持续高强度的运动能减少因年龄增长导致的肌肉运动单位消失[26]。另一方面，婴儿和儿童同成年人相比，具有更小比例的ⅡB型肌纤维。

纤维结构

肌纤维排列方式也是影响肌肉功能的一种因素。人体肌肉中肌纤维的走向和附着于肌腱的排列方式存在很多差异。这些结构会影响肌肉的收缩力量和肌肉收缩带动肢体移动的活动范围。

肌纤维的排列方式归纳为两种：一种是平行纤维排列，另一种是羽状纤维排列。尽管在平行纤维排列和羽状纤维排列中还有很多细的分类，但对于生物力学特征的讨论来讲，了解这两者的不同点已经足够。

平行纤维排列（parallel fiber arrangement）
指肌纤维大致平行于肌肉纵轴的排列方式。

在平行纤维排列中，肌纤维沿肌肉长轴的方向走行（图6–11）。缝匠肌、腹直肌、肱二头肌都属平行纤维排列。在大多数平行纤维排列肌肉中，纤维不会延展到全部的肌肉长度，而是终止在肌腹的某个地方。

羽状纤维排列（pennate fiber arrangement）
指较短的纤维连接一个或更多肌腱的排列方式。

羽状纤维排列是肌纤维沿肌肉长轴呈某个角度走行。羽状肌中的每个肌纤维连接一个或多个肌腱，其中一些肌纤维可以延伸到整个肌肉的长度。这些肌肉中的肌纤维可能不止以同一个羽状角（连接的角

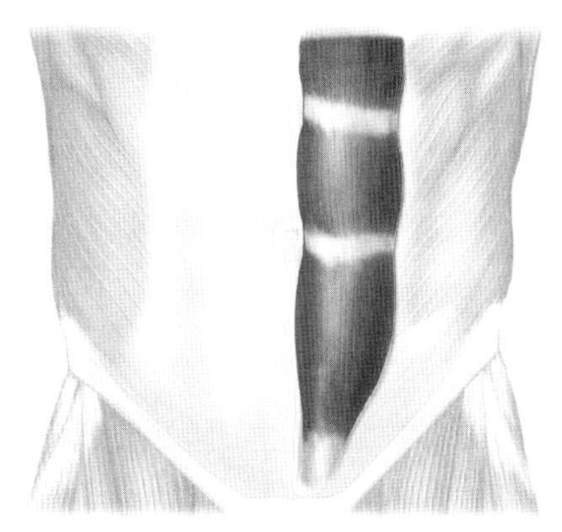

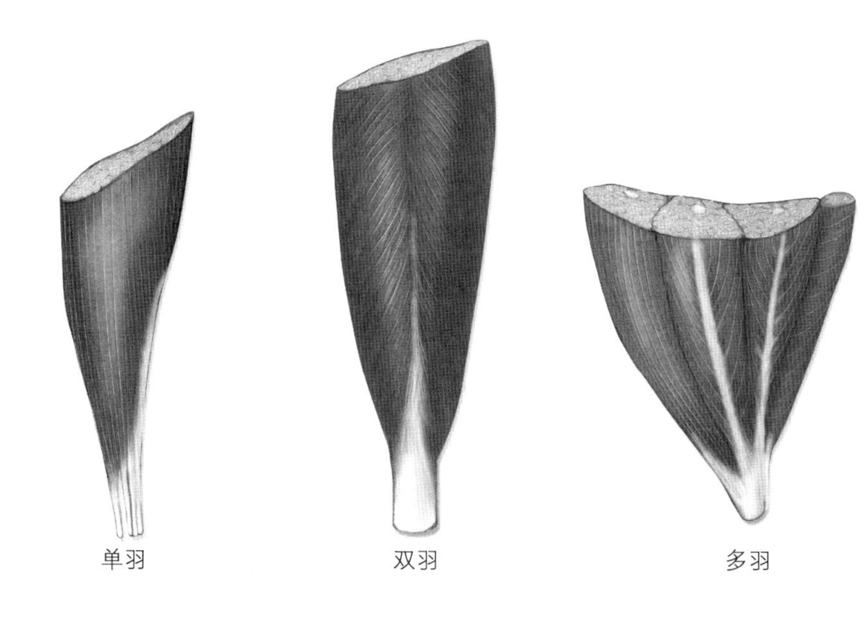

图 6–11

不同肌纤维排列举例，包括平行（腹直肌）、单羽（掌侧骨间肌）、双羽（股直肌）、多羽（三角肌）。©McGraw–Hill Education.

度）与肌腱连接。胫骨后肌、股直肌及三角肌都是羽状排列的。

当平行纤维排列的肌肉用力时，肌纤维的缩短是引起肌肉缩短的首要因素。当羽状纤维排列的肌肉缩短时，肌腱附着点先发生旋转，逐渐增加羽状纤维的角度（图6–12）。如例题6.1所示，羽状纤维角度越大，传导至肌腱或肌腱传给骨骼的力的效率就越小。当羽状纤维角度超过60° 时，传导到肌腱的力比实际肌纤维产生的少一半。较小的羽状纤维角度有利于产生较快的收缩速度，以获得快速的移动[35]。

尽管同样的纤维数量，羽状纤维排列减少了有效力量的产生。但是，这种排列允许更多的纤维排列在一个同样的长轴空间内。因为在单位体积中羽状排列可以包含更多的纤维，所以同样的体积时，它们比平行纤维排列肌肉产生更大的力量。有趣的是，当肌肉过度增生时，纤维的角度也增加；即使没有肌肉增生，较厚的肌肉也会具有较大的羽状夹角[20]。

- 羽状排列便于肌肉发力，平行排列便于肌肉收缩。

此外，平行纤维排列的肌肉比羽状纤维排列的肌肉能使整块肌肉缩短更多。相比于相同大小的羽状纤维排列的肌肉，平行纤维排列的肌肉能够使肢体产生更大范围的运动。

图 6-12

羽状纤维排列的肌肉随着肌张力的增加，羽状纤维夹角也逐渐增加。

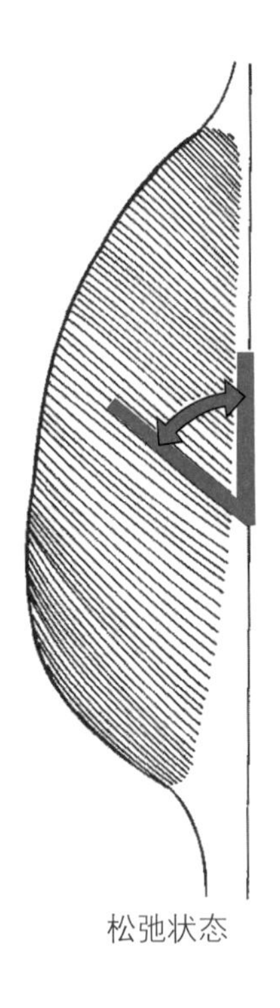

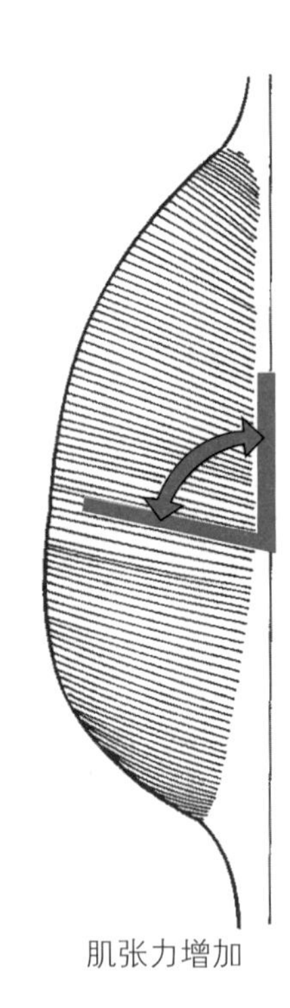

例题6.1

肌纤维张力为100 N时，下列羽状角度肌腱产生多大力量?

1. 40°；
2. 60°；
3. 80°。

已知

$$F_{肌纤维} = 100\ \text{N}$$

$$羽状角 = 40°, 60°, 80°$$

求：$F_{肌腱}$。

解答

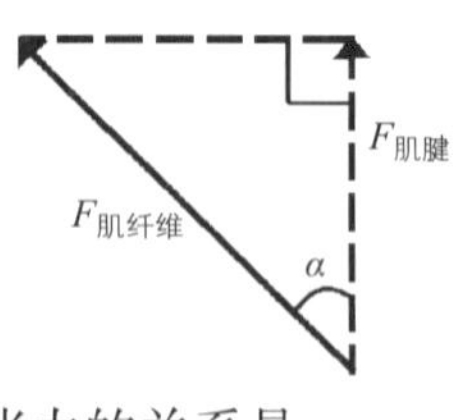

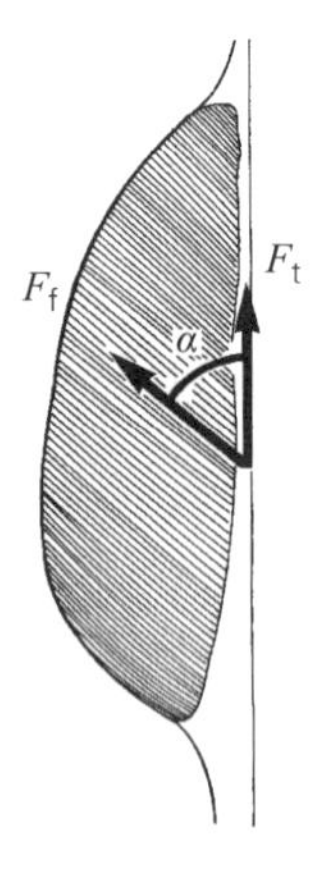

肌纤维张力和肌腱张力的关系是

$$F_{肌腱} = F_{肌纤维}\cos\alpha$$

1. $\alpha = 40°$：$F_{肌腱} = 100\ \text{N} \times \cos 40°$

$$F_{肌腱} = 76.6\ \text{N}$$

2. $\alpha = 60°$：$F_{肌腱} = 100\ \text{N} \times \cos 60°$

$$F_{肌腱} = 50\ \text{N}$$

3. $\alpha = 80°$：$F_{肌腱} = 100\ \text{N} \times \cos 80°$

$$F_{肌腱} = 17.36\ \text{N}$$

骨骼肌功能

当被激活的肌肉产生张力时，贯穿整个肌肉、肌腱、肌肉与骨连接处的张力都是恒定的。肌肉产生的张力会拉紧附着的骨，肌肉会在关节处产生扭矩。第三章曾讲述，产生的扭矩的大小是肌肉力量与力臂的乘积（图6–13）。根据矢量加法定律，关节处的净扭矩决定了其运动方向。身体部分的重量、作用于人体的外力及穿过关节的任何肌肉都能在关节处产生力矩（图6–14）。

• 关节的净扭矩是肌肉扭矩和阻力扭矩的矢量和。

运动单位募集

中枢神经系统作为一个复杂的控制系统，可使肌肉收缩达到相应的速度与幅度，从而能够产生平滑、熟练、精确的运动。支配慢速运动单位的神经元通常阈值较低，且相对较容易激活，而快速运动神经元由更难激活的神经提供。因此，即使产生快速的肢体运动，也是慢速运动单位首先被激活。

• 慢速运动单位总是首先产生张力，不管产生的运动是慢还是快。

随着肌肉力量、速度的需求及动作持续时间的增加，高阈值的运动神经元逐渐被激活，在ⅡB型或快速收缩糖酵解纤维激活之前ⅡA型或快速收缩氧化糖酵解纤维先被激活。在每一种纤维类型中都存在连续的易激活性，中枢神经系统可能选择性地激活更多或更少的运动神经单位。

在低强度运动中，中枢神经系统可能会完全募集慢速运动神经元纤维。随着活动的继续和疲劳的产生，ⅡA型和ⅡB型运动单位先后被激活，直到所有的运动神经元都参与进来。

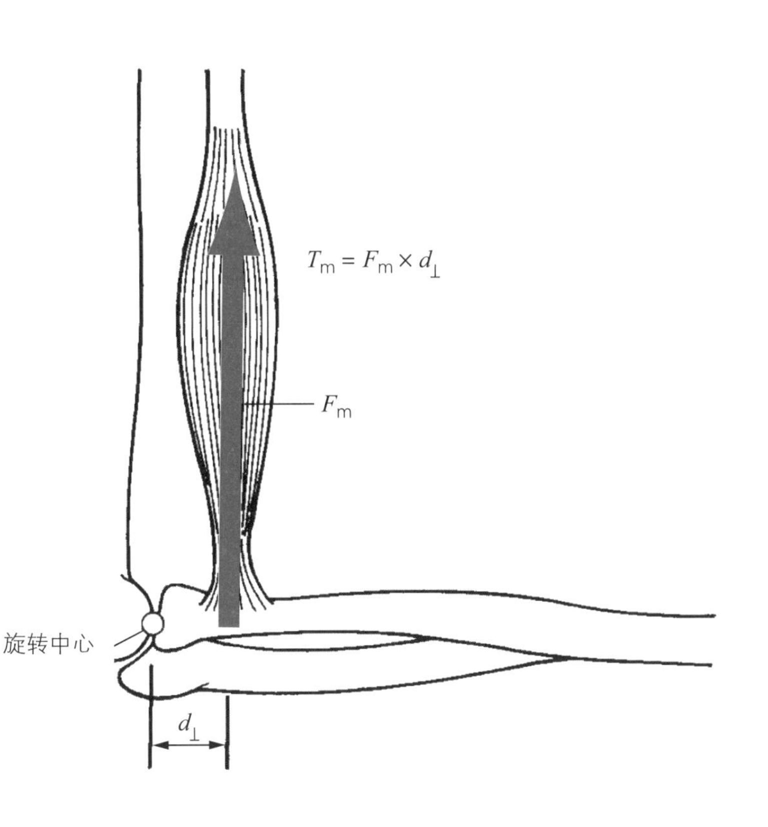

图 6–13

在关节旋转中心由肌肉产生的力矩（T_m）是肌肉力（F_m）和肌肉运动力臂（$d_\perp$）作用的结果。

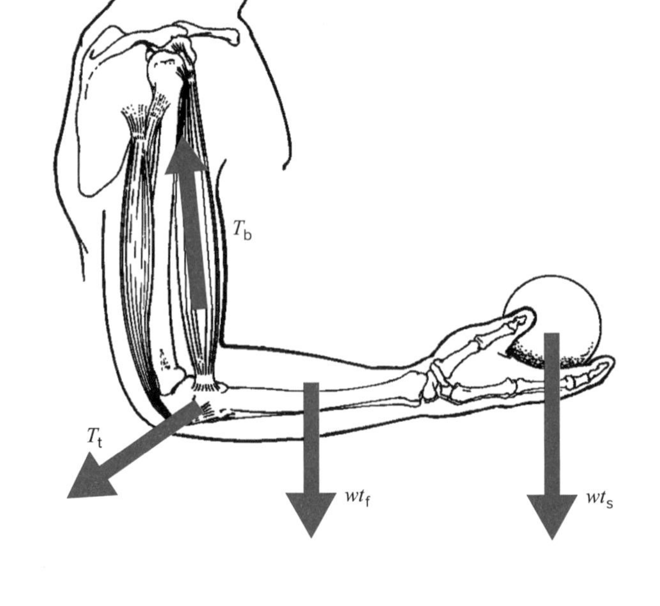

图 6-14

肱二头肌产生的力矩（T_b）必须抵消由肱三头肌产生的力矩（T_t）、前臂和手的重力矩（wt_f）及握在手上的铅球的重力矩（wt_s）。

肌肉长度随张力发生变化

当肌肉张力在关节处产生的扭矩大于阻力扭矩时，肌肉会变短，引起关节角度的变化。当肌肉缩短时，该收缩是向心收缩，由此产生的关节运动与肌肉产生的净扭矩方向相同。单一的肌纤维可以缩短到正常休息长度的一半左右。

向心收缩（concentric contraction）
肌肉长度缩短。

肌肉也可以在不缩短的情况下产生张力。如果肌肉产生的扭矩等于跨关节与其相对应肌肉产生相反的扭矩（净扭矩为零），则肌肉长度保持不变，关节不发生运动。当肌肉张力发生变化但长度没有发生变化时，为等长收缩。因为张力的改变增加了肌肉的直径，所以健美人员在比赛时会通过等长收缩展示他们的肌肉。等长收缩时，作用相反的肌肉会同时收缩，如肱三头肌和肱二头肌，尽管肩关节或肘关节都没有运动，但两块发力肌肉都扩大了其横截面积。

等长收缩（isometric contraction）
肌肉长度没有发生变化。

当相反的关节扭矩超过肌肉中的张力所产生的扭矩时，肌肉变长。当肌肉在被刺激后产生张力时其长度增加，该收缩是离心收缩，关节运动的方向与该肌肉力矩的方向相反。在肘关节练习中，屈肘训练的伸展或减重阶段，即为肘关节屈肌的离心收缩。离心收缩是主要的控制运动速度的制动机制。如果肌肉中没有离心收缩，前臂、手和体重就会因为重力存在而出现失控地下降。分别以向心收缩、等长收缩、离心收缩去训练肌肉在相应模式下的张力产生能力是最有效的训练方式。

离心收缩（eccentric contraction）
肌肉长度增加。

肌肉角色

被激活的肌肉只能做一件事：产生张力。由于一块肌肉很少独立发挥作用，因此，当一块肌肉与同一关节的其他肌肉协同作用时，我们才会谈到它所发挥的功能或作用。

当肌肉收缩并引起关节部位的运动时，肌肉会起到原动肌或推动者的作用。由于几块不同的肌肉通常会共同产生一个运动，有时就会区分主要原动肌和辅助原动肌。例如，在前臂屈肘阶段，肱肌和肱二头肌是主要原动肌，肱桡肌、桡侧腕长伸肌和旋前圆肌是辅助原动肌。所有单关节原动肌要么同时产生张力，要么处于静止状态[2]。

原动肌（agonist）
一个主动产生关节动作的肌肉，也称为主动肌。

与原动肌的作用相反的，在原动肌引起动作的同时做离心收缩的肌肉称为拮抗肌或反作用肌。原动肌和拮抗肌通常位于关节的相对两侧。肘关节屈曲时，肱肌和肱二头肌为主要原动肌时，肱三头肌可通过产生阻力起到拮抗作用。相反，在肘关节伸展时，当肱三头肌是原动肌时，肱二头肌和肱肌产生拮抗作用。虽然熟练的动作不需要拮抗肌产生持续的张力，但拮抗肌常提供控制或制动作用，特别是在快速、有力的动作结束时。原动肌在身体部分节段加速过程中起主要作用，拮抗肌在减速运动或负加速过程中起主要作用。例如，当一个人下山跑时，股四头肌作为拮抗肌发挥离心功能，以控制膝关节屈曲角度。原动肌和拮抗肌的共同收缩也增强了肌肉交叠处关节的稳定性，股四头肌和腘绳肌同时发力有助于稳定膝关节，以抵抗潜在的损伤旋转力。

拮抗肌（antagonist）
减缓或者停止关节动作的肌肉。

肌肉的另一个角色是稳定身体的一部分以抵抗另外的力。这个力可以是肌肉产生的内力，也可以是举起物体的重力。在滑水过程中，菱形肌作为稳定肌，通过产生张力来稳定肩胛骨，以防止牵引绳的拉力。

稳定肌（stabilizer）
稳定躯体及抵消其他外力的肌肉。

肌肉的第四个角色是中和肌。当原动肌产生正常的向心收缩时，中和肌会限制不想要的额外动作。例如，如果肌肉可在关节处同时引起屈曲和外展，但只需要屈曲，则中和肌会用过内收的作用来限制不必要的外展。肱二头肌收缩时，既能产生肘关节的屈曲动作，又能产生前臂的旋后动作。如果只需要肘关节屈曲动作，旋前圆肌则起着中和肌的作用来抵消前臂的旋后。

中和肌（neutralizer）
抵抗产生不必要动作的肌肉。

健美运动员通常通过使肌肉等长收缩来展示肌肉的大小和轮廓。©Susan Hall.

人类运动的表现通常涉及许多肌肉的有序协同运动。例如，仅仅是从桌子上拿一杯水的简单任务，就需要几个不同的肌群以不同的方式发挥作用：肩胛肌、腕关节屈肌和伸肌起稳定作用；手指、肘关节和肩关节屈肌为原动肌；由于主要的肩关节屈肌、三角肌前束和胸大肌也会收缩，因此可产生水平内收；三角肌中束和冈上肌等水平外展肌起维持中立位的作用。同时，运动速度也可以被屈肘拮抗肌部分控制。当将水杯放回到桌子上时，重力起主要作用，肘关节和肩关节屈肌控制着运动的速度。

在肘关节屈曲的过程中，肱肌和肱二头肌为主要原动肌，肱桡肌、桡侧腕屈肌和旋前圆肌为辅助肌。©Susan Hall.

双关节和多关节肌肉

人体内的许多肌肉越过两个或多个关节，如肱二头肌、肱三头肌的长头、腘绳肌、股直肌，及一些越过手腕和所有手指关节的肌肉。由于任何肌肉的张力在整个肌肉长度上是恒定的，肌腱附着于骨的部位也是恒定的，因此这些肌肉会同时影响两个或所有关节的运动。双关节或多关节肌肉在引起任何关节动作时取决于肌肉附着于关节的位置和方向、肌肉肌腱存在的紧绷或松弛，及其他跨关节的肌肉运动。

• 双关节肌肉在松弛的时候不能产生力量（主动不足），当肌肉拉紧的时候则限制关节活动（被动不足）。

双关节和多关节肌肉有两个缺点：①没有能力使其跨过的所有关节达到全范围关节活动度，这种限制称为主动不足。例如，当手腕处于屈曲状态时，指屈肌不能像处于中立位置时一样握紧拳头（图6–15）。当两个关节使肌肉处于严重松弛的状态时，一些双关节的肌肉根本无法产生力量。②对于大多数人来说，双关节和多关节肌肉不能在两个或多个关节同时充分收缩以实现相反方向的关节全范围活动度，这个缺点叫作被动不足。例如，当手指没有完全伸展时，手腕才有可能出现更大范围的背伸（图6–16）。同样，当膝屈曲时腓肠肌紧张度改变了，使得踝背屈能达到更大的活动范围。

主动不足（active insufficiency）
双关节肌肉不能充分收缩使它穿过的两个关节都发生全范围的动作。

被动不足（passive insufficiency）
双关节肌肉不能充分被拉紧，从而引起关节全范围活动度。

影响肌肉力量产生的因素

肌肉所产生的力的大小也与肌肉的缩短速度、受刺激时肌肉长度及肌肉受到刺激的时间周期有关。由于这些因素是肌肉力量的重要决定因素，因此得到了广泛的研究。

速度–张力关系

肌肉所能产生的最大力量取决于肌肉缩短或伸长的速度，图6–17

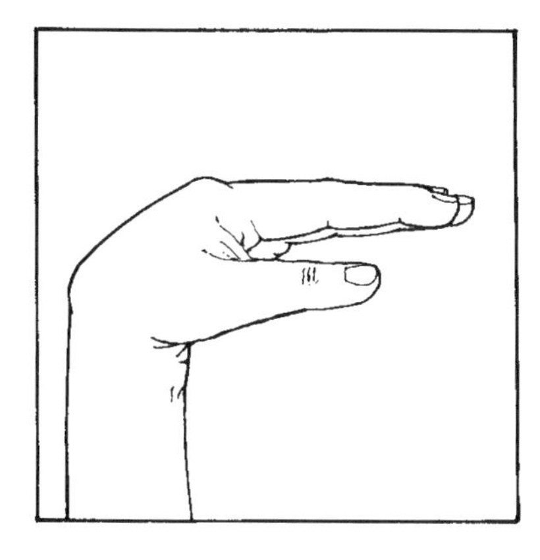
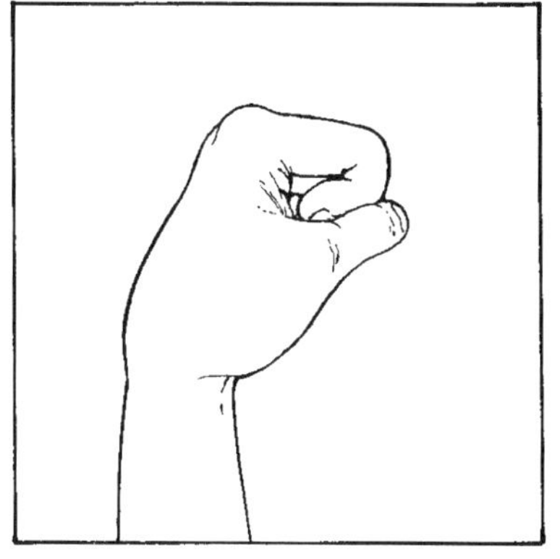

图 6-15

当腕关节完全屈曲时，屈指的肌肉（通过腕关节的肌肉）处于松弛的位置而不能产生握拳的动作，直到腕关节伸直到中立位才可握拳。该现象即为主动不足。

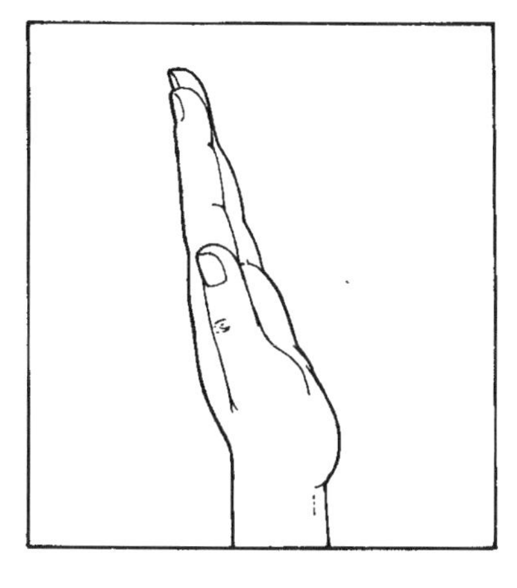
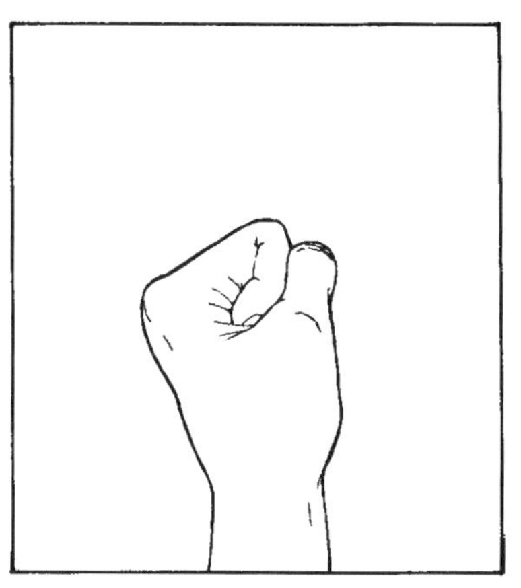

图 6-16

当屈指的肌肉被完全拉紧时，腕关节与指骨间关节也充分伸展，腕关节的伸展活动度受限制，因此屈指肌肉能够影响腕伸直。该现象即为被动不足。

分别显示了向心收缩和离心收缩与速度的这种关系。这种速度-张力关系在1938年首次被Hill描述为肌肉的向心收缩张力变化[12]。因为这种关系只适用于最大化激活的肌肉，所以它不适用于大多数日常活动中的肌肉活动。

因此，速度-张力关系并不意味着不可能以较快的速度移动一个较大的阻力。肌肉越强壮，最大等长收缩的力量越大（图6-17）。这是肌肉在实际伸长之前，随着阻力增加所能产生的最大力量。然而，无论最大等长收缩的张力大小如何，速度-张力曲线的一般形状都保持不变。

速度-张力关系也并不意味着它不可能在一个缓慢的速度下移动一个轻的载荷。大多数活动是缓慢控制的次最大载荷的运动。在次最大载荷下，肌肉缩短的速度受意志控制，只激活所需的运动单位数量。例如，从桌面上快速或缓慢地拿起一支铅笔，这取决于所涉及的肌肉中运动单位募集的控制模式。

• 越强壮的肌肉，其在速度-张力图中的最大等长收缩的值越大。

这种速度-张力关系已经在人体骨骼、平滑肌和心肌及其他物种的肌肉组织中进行了测试。这种模式适用于所有类型的肌肉，即使是负责昆虫翅膀迅速摆动的微小肌肉也是如此。在无速度下的最大力值和在最大速度下的最小载荷值随肌肉的大小和类型而变化。虽然对速度-张力关系的生理基础还没有完全了解，但肌肉向心收缩的曲线形

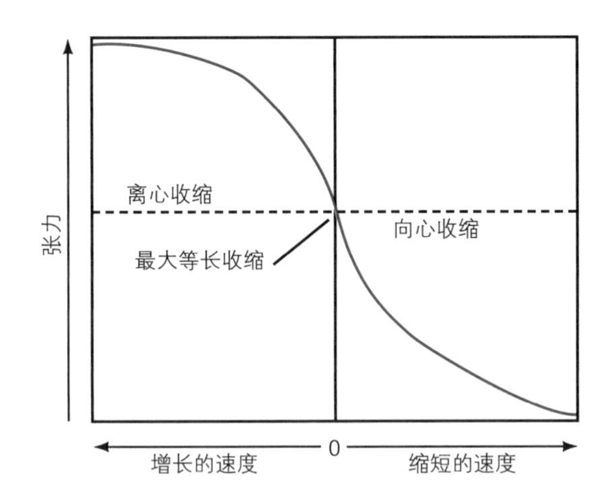

图 6-17

肌肉组织的速度-张力关系。当阻力可忽略不计时，肌肉以最大速度收缩。随着载荷的逐渐增加，向心收缩速度在达到最大等长收缩时减慢至零。随着载荷的进一步增加，肌肉向外伸展。

状与肌肉的能量产生率有关。

图6-17的上半部分显示了超过等长收缩最大值的肌肉速度-张力关系。在离心情况下，肌肉产生等长收缩最大值的1.5~2.0倍[11]。然而，实现如此高的力学水平似乎需要电刺激运动神经元，因为自主的离心收缩最大收缩力与等长收缩最大值相差不大[36]。神经系统通过反射的途径提供抑制，以保护肌肉和肌腱免受损伤，这一理论有可能是真实存在的[36]。

离心收缩力量训练涉及使用比运动员最大等长收缩力更大的阻力练习。一旦到达假定的载荷，肌肉就开始被拉长。这种训练在增加肌肉大小和力量方面比向心收缩训练更有效。然而，与向心收缩和等长收缩训练相比，离心训练也与迟发性肌肉酸痛有关[21]。

长度-张力关系

肌肉所能产生的最大等长收缩张力的大小在一定程度上取决于该肌肉的长度。在人体中，单独固定一个肌纤维，当它被轻微拉直时，产生的力达到峰值。相反地，肌肉张力产生能力随着肌肉缩短而减小。

在人体中，由于肌肉的弹性势能，静止状态的肌肉处于被动紧张状态[18]。然而，当肌肉稍微拉伸时，肌肉产生张力的能力就会增强。平行纤维排列的肌肉在稍长于静息长度时会产生最大张力，而羽状纤维排列的肌肉产生最大张力是静息长度的120%~130%[9]。这个现象中，肌肉的弹性成分（主要是串联弹性成分）的参与，增大了肌肉拉伸时的张力。图6-18显示了肌肉长度的最大张力发展模式，显示了收缩复合体的积极参与，及串联弹性成分和并联弹性成分的被动参与。

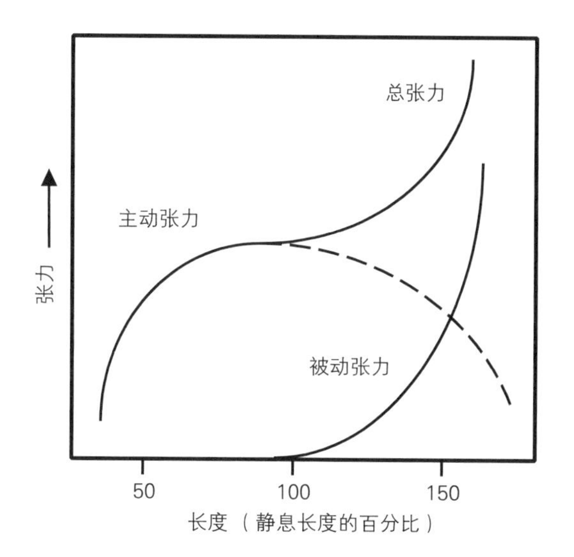

图 6-18

牵伸肌肉的总张力是纤维提供的主动张力和筋膜提供的被动张力之和。

牵伸-缩短循环

收缩之前的牵伸会使肌肉产生更大的力。这种离心收缩后立刻进行向心收缩的方式，称为牵伸-缩短循环（SSC）。肌肉先被牵拉后再进行收缩比直接进行收缩的效率更高。在一个强有力的踝背屈后紧跟着慢频率和快频率的踝跖屈试验中，SSC对所做的工作的贡献率分别为20.2%和42.5%[17]。存在SSC的情况下，产生相同量的机械功需要的机体代谢量比没有此周期的更低。

牵伸-缩短循环（stretch-shortening cycle）
离心收缩后立即进行向心收缩。

SSC的运作机制还未被充分理解[32]。但可以确定的是串联弹性成分是促进肌肉力量产生的一个因素，主动牵伸后的弹性回缩增强了肌肉产生的力量。离心训练提高了肌肉-肌腱单位储存和释放弹性能量的能力[4]。SSC的另一个潜在作用是使肌肉强力牵伸后诱发牵伸反射。运动前，无论是离心收缩还是等长收缩，肌肉的主动收缩都会增强向心收缩的力量[7]。

不管是什么原因，SSC有助于在许多运动、活动中有效地促进向心收缩的力量。四分卫和投手在投掷球之前都会先用力牵伸肩关节屈肌和水平内收肌。在高尔夫球杆和棒球棍后挥至顶峰时，同样的动作也发生在躯干和肩部的肌群中。竞技性举重运动员在抓举的过渡阶段通过快速的膝关节屈曲来调用SSC并提高能力。SSC还可促进跑步过程中弹性势能的储存和使用，特别是以调整腓肠肌交替离心收缩和向心收缩的方法。

棒球投手投掷球之前，在开始阶段先用力伸展肩关节屈肌和水平内收肌。牵伸-缩短循环，然后促进这些肌肉产生较大的张力。©Donald Miralle/Getty Images.

肌电图

18世纪的意大利科学家Galvani发现了两个有趣的骨骼肌现象：①肌肉在受到电刺激时会产生张力；②肌肉产生张力时，即使刺激是神经冲动，也会产生可探测的电流或电压。后一项发现在20世纪之前几乎没有实际价值，那时的技术只可以用来探测和记录极小的电荷。这项记录肌肉产生的电活动，或肌电活动的技术，就是现在的肌电图（EMG）。

肌电活动（myoelectric activity）
肌肉张力产生的电流或电压。

肌电图用于研究神经肌肉功能，包括识别肌肉在整个运动过程中产生的张力，其电运动或多或少会引起特定肌肉或肌群的紧张，临床上还可用于评估神经传导速度和肌肉反应，同时诊断和跟踪神经肌肉系统的病理状况。科学家还利用肌电图技术来研究单个运动单位对中枢神经系统指令的反应方式。

肌电图的应用需要使用传感器，也就是所谓的电极，它能感觉到某一特定时间点的肌电活动。根据用途性质，可使用表面电极或针刺电极。表面电极由小圆盘导电材料制成，放置在皮肤表面上，以获得整组肌电活动。当需要更多的局部肌电信息时，内置、针刺电极直接注入肌肉，电极输出被放大、图形显示或由计算机进行数学处理和存储，如图6–19所示。

传感器（transducer）
探测信号的设备。

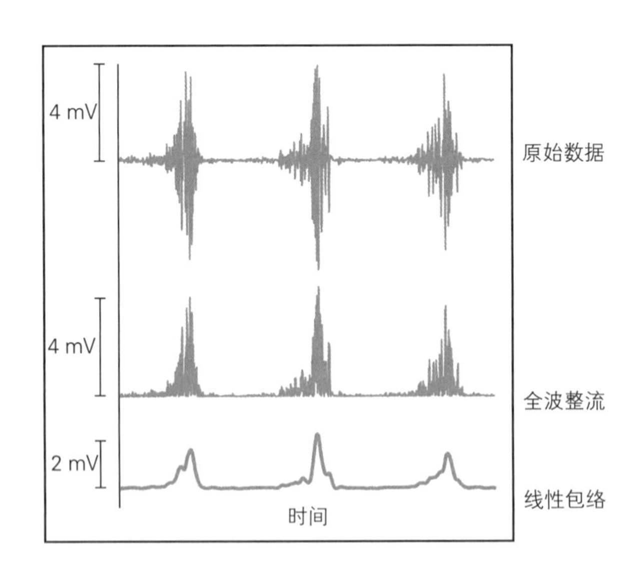

图 6–19
原始的肌电活动信号由一系列的尖峰组成，代表运动单位的放电或张力的发生。更大的尖峰代表同时多个运动单位被激活。分析肌电信号一般涉及用原始数据翻转，即全波整流。其次是通过低通滤波技术建立线性包络（LE），为研究者提供具有代表性的肌电信号轮廓。从线性包络数据中计算出峰值肌电信号和峰值肌电时间等变量。图片由特拉华大学Todd Royer博士提供。

电–机械延迟

肌肉受到刺激开始紧张之前，会有一段短暂的时间（图6–20），称为电–机械延迟（EMD），这一时间被认为是需要肌肉的收缩成分来拉伸串联弹性成分[30]。在此期间，肌肉松弛消除。一旦串联弹性成分得到足够的拉伸，张力就会继续发展。

电–机械延迟（electromechanical delay）
神经刺激到达肌肉产生张力之前的时间。

人体肌肉的EMD变化很大，据报道其值为20~100 ms[21]。研究人员发现，快肌纤维百分比高的肌肉较慢肌纤维百分比高的肌肉所产生

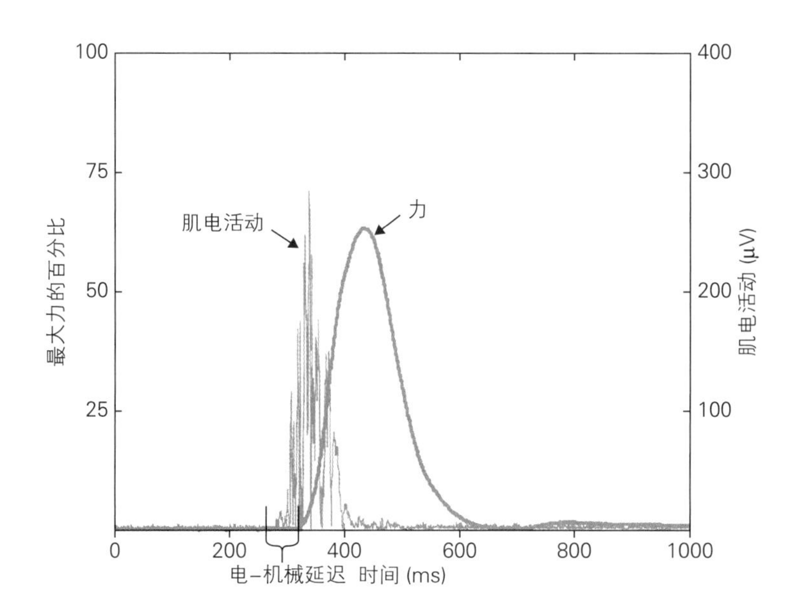

图6-20

股外侧肌电活动在等长伸展过程中叠加在股外侧肌输出力的平台上。注意肌电活动的爆发活动明显先于力的产生，表现为电-机械延迟（EMD）。图片由特拉华大学Todd Royer博士提供。

的EMD时间短[24]。EMD在被动牵伸后立即延长，且当肌肉疲劳时[33, 19]，儿童EMD明显长于成年人[6]。

肌力、爆发力和肌耐力

在实际评估肌肉功能时，肌力、爆发力和肌耐力等概念是用来讨论肌肉的力学特点的。这些肌肉功能的特点对于我们顺利完成不同形式的剧烈运动（如劈柴、掷标枪或徒步爬山）来说有着重要的意义。对于老年人和患有神经肌肉疾病或损伤的人群而言，保持足够的肌肉力量和耐力来进行日常活动和避免损伤是非常必要的。

肌力

当科学家们从实验动物身上切除一块肌肉并在实验室中使用电刺激它时，他们可以直接测量出肌肉产生的力。我们对肌肉组织的速度-张力、长度-张力关系的最初的理解都是从这种对照实验中得到的。

然而，在人体中，直接测量某块肌肉所产生的力并不方便。通常最直接的肌力测量方法是测量由整个肌群在某个关节处产生的最大扭矩。因此，肌力通常通过测量其一组给定肌群共同产生张力的能力而得来。更具体地说，肌力是指某组给定肌群在特定关节处产生扭矩的能力。

扭矩是力和力臂或力从旋转轴作用的垂直距离的乘积。将一个肌力分解成两个垂直和平行于肌肉附着骨的正交分量，可绘制出肌肉所产生扭矩效应的清晰图像（图6-21）。因为垂直于附着骨的肌力分量提供了扭矩，或者说是旋转效应，所以这个分量称为肌力的旋转分量。当肌肉与附着骨成90°角的时候，这个分量的值最大，并且它随着肌肉与附着骨在任一方向上的夹角减小而减小。而等速阻力机器的

• 最常用的肌力测量方法是测量该肌群在某个关节处产生的力矩的大小。

设计是为了在整个关节活动范围内都能匹配肌肉旋转分量的大小。例题6.2演示了给定肌肉力产生的扭矩如何随着肌肉与骨骼的附着角度变化而变化。

平行于附着骨的肌力分量不会产生扭矩，因为它直接通过关节中心，因此相对于关节中心力臂为零（图6–22）。根据这个分量是朝向关节中心还是远离关节中心，可以提供稳定或分离的影响。真实的关节脱位很少出现在肌肉紧张的时候，但是，如果肌力中有使关节分离的力量存在，就会有关节脱位的发生。例如，肘关节在一个快速屈曲超过90° 的角度上，肱二头肌产生的力将桡骨关节向外拉出，因此会减弱肘关节在那个特定角度的稳定性。

因此，肌力既来源于肌肉能够产生的张力大小，又来源于作用肌相对于关节中心所产生的力臂大小。这两个来源都受诸多因素的影响。

肌肉产生张力的能力与其横截面积（例题6.3）和训练状态有关。在肌肉进行向心力量训练和离心力量训练大约12周，相较于肌肉横截面积的增加，肌力的增加似乎与被训练肌肉的神经支配的改善有较大关系[15]。抗阻训练引起的神经适应性可能包括增加神经元放电频率、增加运动神经元兴奋性、减少突触前抑制、减少抑制性神经通路和增加中枢神经系统的运动输出水平[1]。研究表明，抗阻训练引起的肌肉肥大至少部分地受到个体遗传组成调节[3]。

肌肉的力臂受两个同样重要的因素影响：①肌肉在骨骼上的附着点和关节中心的旋转轴之间的距离；②肌肉附着于骨骼的角度，这通常与关节的角度相关。最大的机械优势在肌肉与附着骨成90° 角，并且附着点尽可能远离关节中心时出现。

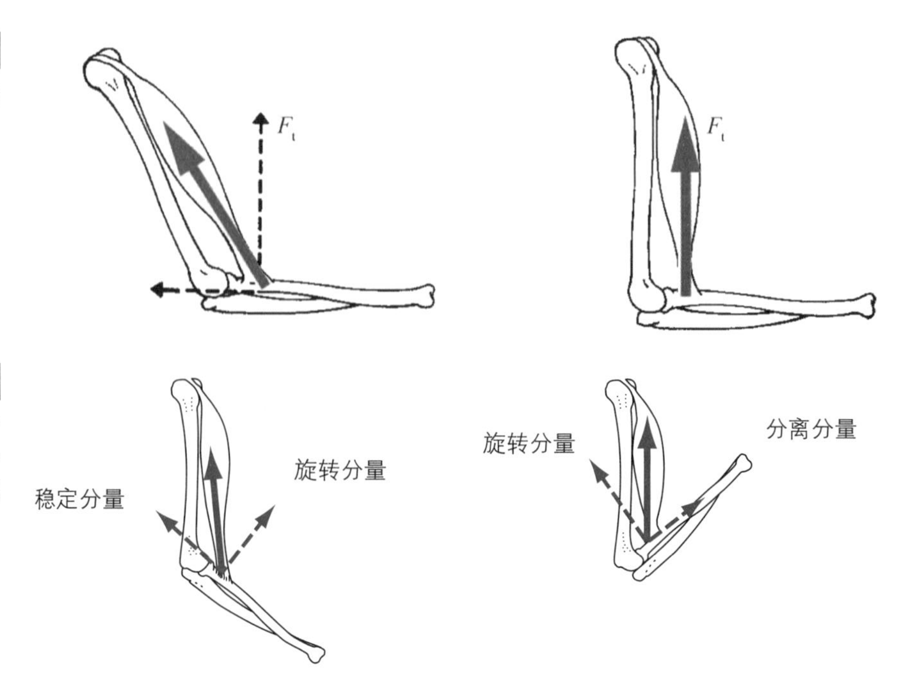

图6–21

在关节交叉处产生扭矩的肌力的分力（F_t）与其附着骨完全垂直。

图6–22

肱二头肌的收缩会在肘关节处产生一种趋于稳定或分离的力的分量。这具体取决于它收缩时出现在肘部的角度。

例题 6.2

当肌肉张力为400 N，并且肱二头肌与桡骨之间夹角为60° 时，肱二头肌能够对肘关节中心产生多大的扭矩？（假设肌肉的附着点距离肘关节的旋转中心3 cm）

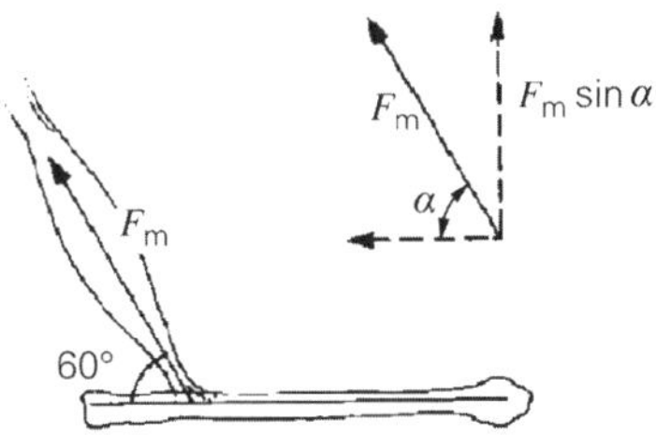

已知

$$F_m = 400\ \text{N}$$

$$\alpha = 60°$$

$$d_\perp = 0.03\ \text{m}$$

求：T_m。

解答

只有垂直于附着骨的肌力分量才对关节产生扭矩。如图所示，肌肉力的垂直分量是

$$F_p = F_m \sin\ \alpha$$

$$F_p = 400\ \text{N} \times \sin 60$$

$$= 346.4\ \text{N}$$

$$T_m = F_p d_\perp$$

$$= 346.4\ \text{N} \times 0.03\ \text{m}$$

$$T_m = 10.39\ \text{N} \cdot \text{m}$$

例题6.3

在肌肉的横截面上能够产生多大张力？

1. 4 cm^2；
2. 10 cm^2；
3. 12 cm^2。

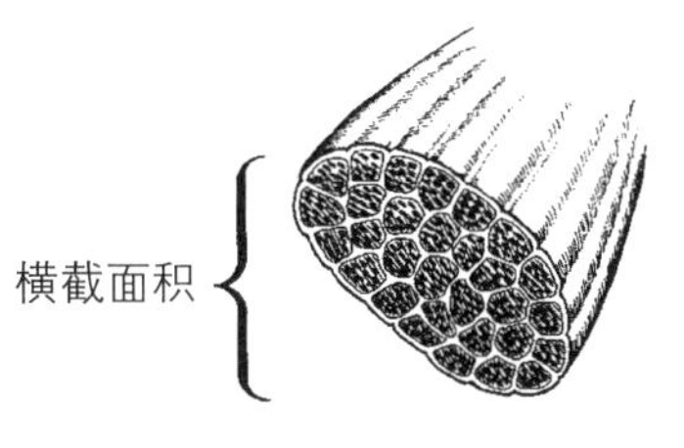

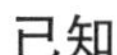

已知

肌肉的横截面积为 4 cm^2、10 cm^2 和 12 cm^2。

求：产生张力的大小。

解答

肌肉横截面产生张力的能力为 90 N/cm^2，肌肉产生的力是肌肉产生张力的能力与肌肉横截面积的乘积，则

1. $F = 90\ \text{N/cm}^2 \times 4\ \text{cm}^2$

   $F = 360\ \text{N}$

2. $F = 90\ \text{N/cm}^2 \times 10\ \text{cm}^2$

   $F = 900\ \text{N}$

3. $F = 90\ \text{N/cm}^2 \times 12\ \text{cm}^2$

   $F = 1080\ \text{N}$

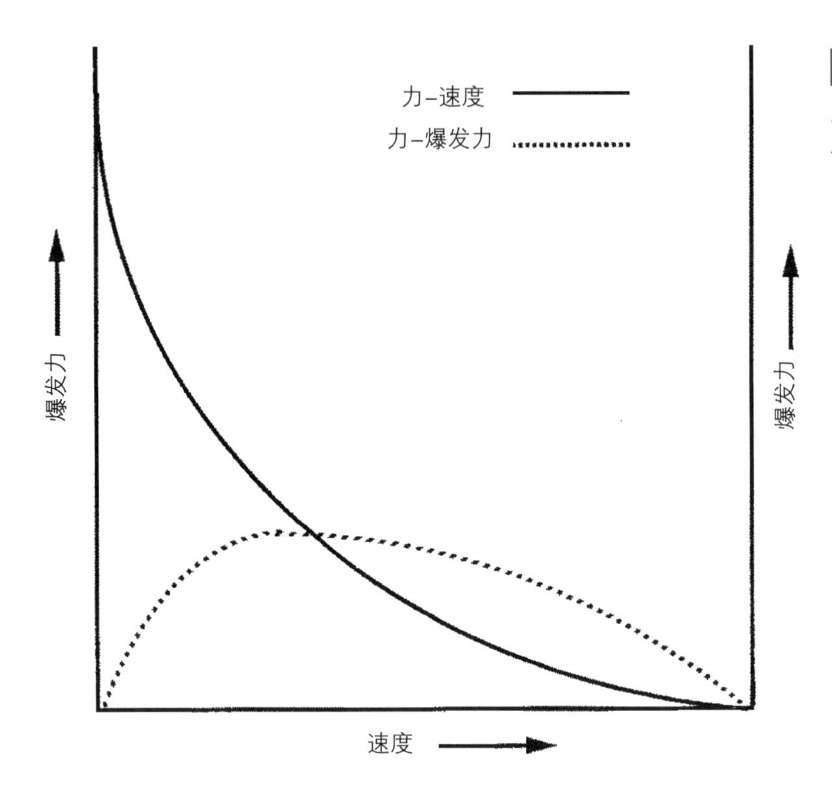

图 6–23

肌肉向心收缩的张力、缩短的速度与肌肉爆发力的关系。

肌肉爆发力

• 爆发性运动需要肌肉具有爆发力。

机械功率（见第十二章）是力和速度的乘积。因此，肌肉爆发力是肌力和肌肉缩短速度的乘积。最大爆发力出现在大约1/3最大速度[12]和大约1/3最大向心收缩力[14]时（图6–23）。研究表明，被设计成在一定范围内施加大约1/3的最大重复的负荷用来增加肌肉爆发力的训练最有效[22]。

因为肌肉力量和肌肉收缩的速度都不能在无创的情况下测量，肌力更普遍地被定义为关节处产生扭矩的速率，或净扭矩和关节处角速度的乘积。因此，肌肉的功率受肌力和运动速度的影响。

肌肉爆发力对于同时需要力量和速度的活动来说具有很重要的价值。一个团队中最强壮的铅球运动员不一定是最好的运动员，因为加速铅球的能力是在这项运动中获得成功的关键因素。需要爆发力的运动项目，如举重、投掷、跳远和短跑，都依赖产生肌肉爆发力的能力。

因为快肌纤维比慢肌纤维收缩得更快，肌肉中很大比例的快肌纤维对于一个需要强大肌肉爆发力的人来说是很有价值的。拥有更高快肌纤维比例的人比那些拥有更高慢肌纤维比例的人在一个给定的载荷下能够产生更大的肌肉功率。而这些快肌纤维比例更高的人也可以通过肌肉收缩速度的增加来提高他们肌肉的最大爆发力。

肌耐力

肌耐力是指肌肉长时间产生张力的能力。产生的张力可以是持续的，如体操运动员进行吊环十字支撑；也可以是周期性变化的，如在划船、跑步和骑自行车的过程中。能够产生张力的时间越长，肌耐力就越好。虽然最大肌力和最大爆发力是相对较明确的概念，但肌耐力就不是那么好理解了。因为不同活动对于肌肉力量和速度的不同要求会显著影响肌肉能够保持张力产生的时间。

肌耐力的训练通常是大量重复对抗较轻的阻力，而这种训练不会增加肌纤维的直径。

短跑对于肌肉爆发力有要求，特别是腘绳肌和腓肠肌的爆发力。©Cameron Heryet/The Image Bank/Getty Images.

肌肉疲劳

肌肉疲劳是指在运动神经元兴奋的情况下[8]，肌纤维产生力的能力降低。肌肉的易疲劳性和肌耐力是相对的概念，肌肉疲劳越快，肌耐力就越弱。影响肌肉疲劳发生率的因素复杂多样，包括运动的类型和强度、涉及的特定肌群及活动时的物理环境。此外，对于某块确定的肌肉来说，肌纤维的组成类型和运动单位激活的模式对于肌肉疲劳的速率起到了一些作用。然而，这是一个不断发展的知识领域，有相当多的相关研究正在取得进展[5]。

肌肉疲劳的特点包括肌力产生的能力和肌肉收缩速度的降低，及运动单位在两次募集之间放松时间的延长。一旦肌纤维在其运动轴突受到刺激时不能产生收缩，就达到了绝对疲劳。疲劳也可能发生在运动神经元本身，使其无法产生动作电位。快肌纤维比中间肌纤维疲劳得更快，慢肌纤维是最耐疲劳的。

肌肉的温度效应

随着体温的升高，神经传导的速度和肌肉功能也会有所提升。这就造成了肌肉张力–速度曲线的偏移，最大等长张力的值越高，在给定负荷下的肌肉最大收缩速度就有可能越高（图6–24）。在高温下，为了维持给定的载荷仅需要激活较少的运动神经元[28]。在较高的体温下，为收缩的肌肉供氧和排出废物的代谢过程也会加快。这些改变使得肌力、爆发力和肌耐力增加，为运动前的热身提供了理论基础。值得注意的是，这些益处是不随肌腱单位弹性的一些变化而产生的，因为研究已经表明，在超过生理范围后，肌肉和肌腱的机械特性不会随着加热或冷却而改变[16]。

肌肉功能在高于正常静息体温2~3 ℉（℉为非法定计量单位，1℉=32+℃×1.8）时是最有效率的。超过此点的体温升高可能出现在高环境温度或湿度条件下进行剧烈运动时的热衰竭或中暑。涉及跑步或骑自行车的长距离赛事的组织方，应该特别认识到在这种环境中与

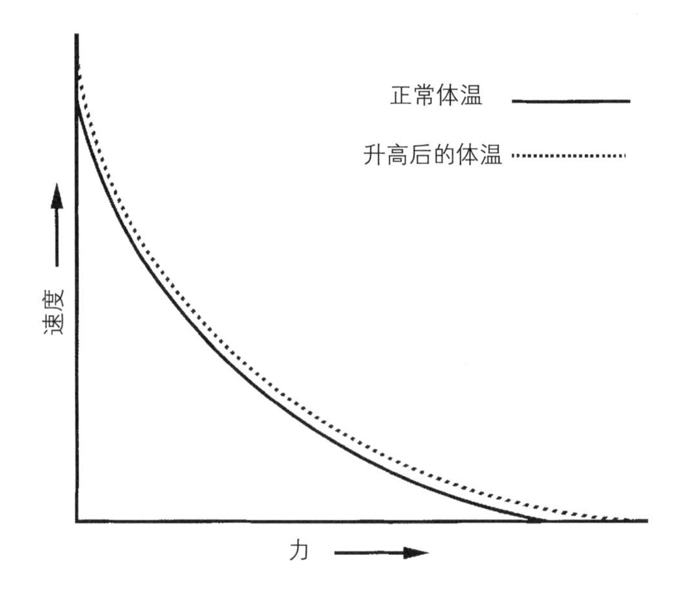

图6-24

当肌肉温度稍微升高时，速度-张力曲线发生偏移。这是运动前热身运动的一个优点。

竞赛相关的潜在危险。

常见肌肉损伤

肌肉损伤常见，大多数损伤较轻。幸运的是，健康的骨骼肌有相当强的自我修复能力。骨骼肌通过一组复杂的细胞和分子反应的活化作用进行再生。骨骼肌干细胞称为肌卫星细胞，其在形成新的肌肉组织的过程中扮演着重要的角色[37]。

拉伤

肌肉拉伤是由肌肉组织的过度牵伸导致的。通常，一块活动的肌肉承载负荷过重，其损失的程度与负荷大小及超载频率相关。拉伤可能是轻微的、中等的或者严重的。轻微的拉伤是最小的结构损伤，且伴有能被感觉到的肌肉紧绷或张力感。二级拉伤包含部分肌肉组织的撕裂，并伴随疼痛、无力及一些功能的缺失。对于三级拉伤，肌肉有严重的撕裂，功能的缺失并伴有出血和肿胀。腘绳肌是人体中最频繁拉伤的肌肉。腘绳肌的拉伤对运动员来说是很大的问题，因为腘绳肌恢复较慢并且在运动员回归参与运动的第一年中有1/3的复发率[25]。在研究的基础上，腘绳肌拉伤的预防或者康复计划应该着重高载荷下的离心训练[31]。

挫伤

挫伤或者肌肉瘀伤，是由持续性的压力引起的。它们由肌肉组织内的血肿组成。若严重的肌肉挫伤反复发生，则有可能发展成被称为骨化性肌炎的更严重的情况。骨化性肌炎为肌肉内存在钙化物质。在6周或者7周后，钙化物质开始进行再吸收，但有时会在肌肉中留下一些骨性病变。

痉挛

痉挛被认为是电解质失衡、钙与镁的缺失，及脱水导致的结果。近年的研究显示，痉挛来源于肌梭兴奋性与高尔基腱器抑制性的失衡，所有这些都由神经肌肉疲劳引起[23]。痉挛除了原发性的影响外，也可能产生次发性的影响。痉挛可能涉及中等到严重的肌肉痉挛且伴随相同程度的疼痛。

迟发性肌肉酸痛

肌肉酸痛常发生于进行不习惯的运动之后。迟发性肌肉酸痛（DOMS）发生在参加长时间或剧烈的运动后24~72 h且有疼痛、肿胀的特点，并伴有急性炎症。可能会涉及肌肉组织轻微撕裂并有疼痛，僵硬与关节活动度受限。

骨筋膜隔室综合征

肌肉损伤或过多的肌肉用力会导致骨筋膜鞘内的出血或者水肿。骨筋膜鞘内的压力增加且鞘内压力不能释放，从而对鞘内的神经与血管组织造成严重的损伤。肿胀、淤斑、远端脉搏减弱，感觉的缺失及运动功能的丢失等症状都会逐渐出现。

小结

肌肉具有弹性和延展性且对刺激有反应。更重要的是，它是唯一能产生张力的生物组织。

神经肌肉系统的功能单位是运动单位，其由单个的运动神经元及其支配的所有纤维组成。一个运动单位的纤维可能是慢肌纤维，抗疲劳快肌纤维或者快速疲劳快肌纤维。所有人体肌肉都存在慢肌纤维与快肌纤维，但比例不同。肌肉内纤维的数量与分布似乎由基因决定且与年龄相关。在人体骨骼肌中，纤维的排列为平行或者羽状。羽状纤维排列能促进张力的产生，平行纤维排列能使肌肉缩短较多。

肌肉通过产生张力对刺激做出反应。取决于其他力的作用，肌肉出现向心、离心或者等长收缩，即肌肉缩短、延长或者长度保持不变。中枢神经系统管理运动单位的募集，这样使肌肉张力产生的速度与幅度能很好地符合活动的要求。

肌肉力量输出与肌肉缩短的速度，刺激时肌肉的长度与刺激的时间之间有明确的关系。一块肌肉主动地牵伸，由于肌肉的弹性成分与神经促进的作用，力的产生会增强。

肌肉的力学特点包括肌力、爆发力及耐力。从生物力学的观点来看，肌肉力量是一组肌肉在一个关节处形成扭矩的能力，爆发力是在一个关节处扭矩产生的比率，耐力是抵抗疲劳的能力。

入门题

1. 列出三个肌肉向心收缩与离心收缩的例子，并列出涉及的肌肉或者肌群。
2. 列出并简述五种快肌纤维起重要作用的运动及五种慢肌纤维起重要作用的运动。
3. 设想在下列活动中所涉及的肌肉在活动时运动单位的募集类型。
   a. 步行上楼梯；b. 疾跑上楼梯；c. 扔球；d. 100 m自行车比赛；e. 穿针。
4. 找出三种平行纤维排列的肌肉并解释这种排列方式是如何使肌肉功能增强的。
5. 找出三种羽状纤维排列的肌肉并解释这种排列方式是如何使肌肉功能增强的。
6. 简述肌肉力量训练如何影响速度–张力曲线。
7. 描述决定肌肉力量的生物力学因素。
8. 列出五种由弹性成分与牵伸反射增强肌肉力量的运动。
9. 肌肉大约能形成90 N/cm^2张力，如果肱二头肌有10 cm^2的横截面积，它能产生多大的力？（答案：900 N）
10. 使用第9题中同样的力、横截面积，估计自己的肱二头肌的横截面积并计算出其能产生多大的力。

附加题

1. 找出下列活动中在髋、膝、踝关节运动的方向（屈、伸等）及每个关节中产生运动的力的来源：
   a. 坐在椅子上；b. 向上踏一阶楼梯；c. 踢球。
2. 考虑长度–张力关系与肌力的旋转成分，设想并画出对于肘关节屈肌的力–关节角度的曲线并写出合理的解释。
3. 一些动物如袋鼠和猫有很好的跳跃能力。设想它们的肌肉生物力学特征。
4. 简述下列活动所涉及的肌群的功能。
   a. 拿一个手提箱；b. 扔一个球；c. 从坐位站起。
5. 如果羽状纤维与中心腱成45° 角，当肌纤维有150 N的收缩力时，肌腱将产生多大的张力？（答案：106.08 N）
6. 如果羽状纤维与中心腱成60° 角，当肌腱产生200 N的张力时，肌肉能产生的力为多大？（答案：400 N）
7. 肌肉每平方厘米的横截面积能产生90 N的力，则在第5、6题中肌肉的最小横截面积分别为多少？（答案：1.67 cm^2，4.44 cm^2）
8. 距离肘关节中心2.5 cm的肱二头肌产生垂直于骨的力250 N，距离肘关节中心3 cm的肱三头肌产生垂直于骨的力300 N，在关节中心处的净力矩是多少？在关节处将会产生何种运动？（屈曲、伸直或无运动）（答案：2.75 N · m，屈曲）

9. 下列肌纤维连接角度下，当距离关节中心3 cm的肌肉产生100 N的张力，计算在关节处形成的力矩。

   a. 30°；b. 60°；c. 90°；d. 120°；e. 150°。

   （答案：a.1.5 N · m；b.2.6 N · m；c.3 N · m；d.2.6 N · m；e.1.5 N · m）

10. 写出一个涉及下列变量的问题：肌肉张力，肌肉与骨连接的角度，肌肉与关节中心连接的距离，关节处的力矩。并提供一个解决方案。

姓名：______________________

日期：______________________

实践

1. 与一个搭档，使用量角器分别测量在膝关节充分伸直时踝关节背屈与跖屈的活动度，及膝关节充分屈曲时踝关节背屈与跖屈的角度，并说明结果。

跖屈活动度膝关节充分伸直时：______________ 膝关节充分屈曲时：______________

背屈活动度膝关节充分伸直时：______________ 膝关节充分屈曲时：______________

解释说明：______________________________

____

____

____

2. 当肘关节分别在5°、90°与140°屈曲时，使用一系列的哑铃测试前臂屈曲运动的最大承重。解释说明你的发现。

最大承重 5°：______________ 90°：______________ 140°：______________

解释说明：______________________________

____

____

____

3. 使用表面电极肌电测试肱二头肌，分别在承受小的重量与承受大的重量的情况下做前臂屈曲运动。解释说明肌电图的变化。

肌电图轨迹的比较：______________________________

____

____

____

解释说明：______________________________

____

____

____

4. 使用表面电极肌电测试胸大肌与肱三头肌，在台式压力机上分别使用宽度为宽、中、窄的把手进行测试。解释说明肌肉表现的不同之处。

轨迹的比较：______________________________

____

____

____

解释说明：______________________________

____

____

____

5. 使用表面电极肌电测试肱二头肌，进行前臂屈伸以消除疲劳。疲劳时肌电图有哪些变化？解释说明你的结果。

疲劳前后肌电图的变化：______________________________

____

____

____

解释说明：______________________________

____

____

____

参考文献

[1] AAGAARD P. Training-induced changes in neural function. *Exerc Sport Sci Rev*, 2003, 31:61.

[2] AIT-HADDOU R, BINDING P, HERZOG W. Theoretical considerations on cocontraction of sets of agonistic and antagonistic muscles. *J Biomech*, 2000, 33:1105.

[3] BOLSTER D R, KIMBALL S R, JEFFERSON L S. Translational control mechanisms modulate skeletal muscle gene expression during hypertrophy. *Exerc Sport Sci Rev*, 2003, 31:111.

[4] DOUGLAS J, PEARSON S, ROSS A, et al. Chronic adaptations to eccentric training: A systematic review. *Sports Med*, 2017, 47:917.

[5] Enoka R M. Muscle fatigue—From motor units to clinical symptoms. *J Biomech*, 2012, 45:427.

[6] FALK B, USSELMAN C, DOTAN R, et al. Child-adult differences in muscle strength and activation pattern during isometric elbow flexion and extension. *Appl Physiol Nutr Metab*, 2009, 34:609.

[7] FUKUTANI A, MISAKI J, ISAKA T. Effect of preactivation on torque enhancement by the stretch-shortening cycle in knee extensors. *PLoS One*, 2016, 14:11.

[8] GAZZONI M, BOTTER A, VIEIRA T. Surface EMG and muscle fatigue: Multi-channel approaches to the study of myoelectric manifestations of muscle fatigue. *Physiol Meas*, 2017. doi: 10.1088/1361-6579/aa60b9. [Epub ahead of print].

[9] GOWITZKE B A, MILNER M. Understanding the scientific bases of human movement. 2nd ed. Baltimore: Williams & Wilkins, 1980.

[10] HAIZLIP K, HARRISON B, LEINWAND L. Sex-based differences in skeletal muscle kinetics and fiber-type composition. *Physiol*, 2015, 30:30.

[11] HERZOG W. Force production in human skeletal muscle// NIGG B M, MACINTOSH B R, MESTER J. *Biomechanics and biology of movement*. Champaign, IL: Human Kinetics, 2000, 269–281.

[12] HILL A V. First and last experiments in muscle mechanics. Cambridge, MA: Cambridge University Press, 1970.

[13] HODY S, LACROSSE Z, LEPRINCE P, et al. Effects of eccentrically and concentrically biased training on mouse muscle phenotype. *Med Sci Sports Exerc*, 2013, 45:1460.

[14] KOMI P V, LINNAMO V, SILVENTOINEN P, et al. Force and EMG power spectrum during eccentric and concentric actions. *Med Sci Sports Exerc*, 2000, 32:1757.

[15] KRAEMER W J, FLECK S J, EVANS W J. Strength and power training: Physiological mechanisms of adaptation. *Exerc Sport Sci Rev*, 1996, 24:363.

[16] KUBO K, KANEHISHA H, FUKUNAGA T. Effects of cold and hot water immersion on the mechanical properties of human muscle and tendon in vivo. *Clin Biomech*, 2005, 20:291.

[17] KUBO K, KANEHISA H, TAKESHITA D, et al. In vivo dynamics of human medial gastrocnemius muscle-tendon complex during stretch-shortening cycle exercise. *Acta Physiol Scand*, 2000, 170:127.

[18] LEMKE S, SCHNORRER F. Mechanical forces during muscle development. *Mechanisms of development*, 2016. http://dx.doi.org/10.1016/j.mod.2016.11.003.

[19] LONGO S, CÈ E, RAMPICHINI S, et al. Correlation between stiffness and electromechanical delay components during muscle contraction and relaxation before and after static stretching. *J Electromyogr Kinesiol*, 2017, 10:83.

[20] MALAS F U, OZÇAKAR L, KAYMAK B, et al. Effects of different strength training on muscle architecture: Clinical and ultrasonographical evaluation in knee osteoarthritis. *PM R*, 2013: S1934-1482(13)00114-7. doi: 10.1016/j.pmrj.2013.03.005.

[21] MIZUMURA K, TAGUCHI T. Delayed onset muscle soreness: Involvement of neurotrophic factors. *J Physiol Sci*, 2016, 66:43.

[22] MOSS B M, REFSNES P E, ABILDGAARD A, et al. Effects of maximal effort strength training with different loads on dynamic strength, cross-sectional area, load-power and load-velocity relationships. *Eur J Appl Physiol*, 1997, 75:193.

[23] NELSON N L, CHURILLA J R. A narrative review of exercise-associated muscle cramps: Factors that contribute to neuromuscular fatigue and management implications. *Muscle Nerve*, 2016, 54:177.

[24] NILSSON J, TESCH P, THORSTENSSON A. Fatigue and EMG of repeated fast and voluntary contractions in man. *Acta Physiol Scand* , 1977, 101:194.

[25] OPAR D A, WILLIAMS M D, SHIELD A J. Hamstring strain injuries: Factors that lead to injury and re-injury. *Sports Med*, 2012, 42:209.

[26] POWER G A, DALTON B H, BEHM D G, et al. Motor unit number estimates in master runners: Use it or lose it? *Med Sci Sports Exerc*, 2010, 42:1644.

[27] ROBERTS T. Contribution of elastic tissues to the mechanics and energetics of muscle function during movement. *J Exp Biol*, 2016, 219:266.

[28] ROSENBAUM D, HENNIG E M. The influence of stretching and warm-up exercises on Achilles tendon reflex activity. *J Sports Sci*, 1995, 13:481.
[29] SAINI A, FAULKNER S, AL-SHANTI N, et al. Powerful signals for weak muscles. *Ageing Res Rev*, 2009, 8:251–67.
[30] SASAKI K, SASAKI T, ISHII N. Acceleration and force reveal different mechanisms of electromechanical delay. *Med Sci Sports Exerc*, 2011, 43:1200.
[31] SCHACHE A G, DORN T W, BLANCH P D, et al. Mechanics of the human hamstring muscles during sprinting. *Med Sci Sports Exerc*, 2012, 44:647.
[32] SEIBERL W, POWER G, HERZOG W, et al. The stretch-shortening cycle (SSC) revisited: Residual force enhancement contributes to increased performance during fast SSCs of human m. adductor pollicis. *Physiol Rep*, 2015, 3:1.
[33] SMITH C M, HOUSH T J, HILL E C, et al. Dynamic versus isometric electromechanical delay in non-fatigued and fatigued muscle: A combined electromyographic, mechanomyographic, and force approach. *J Electromyogr Kinesiol*, 2017, 33:34.
[34] VECHETTI-JÚNIOR I J, AGUIAR A F, DE SOUZA R W, et al. NFAT isoforms regulate muscle fiber type transition without altering can during aerobic training. *Int J Sports Med*, 2013, 34:861.
[35] WAKAHARA T, KANEHISA H, KAWAKAMI Y, et al. Relationship between muscle architecture and joint performance during concentric contractions in humans. *J Appl Biomech*, 2012.
[36] WESTING S H, SEGER J Y, THORSTENSSON A. Effects of electrical stimulation on eccentric and concentric torque-velocity relationships during knee extension in man. *Acta Physiol Scand* , 1990, 140:17.
[37] YIN H, PRICE F, RUDNICKI M A. Satellite cells and the muscle stem cell niche. *Physiol Rev*, 2013, 93:23.

注释读物

CANATA G, D'HOOGHE P, HUNT K. Muscle and tendon injuries: Evaluation and management. New York: springer, 2017.
描述肌肉与肌腱病理学的原因与症状、可应用的诊断过程及目前的治疗方法。

MUSCOLINO J. The muscular system manual: The skeletal muscles of the human body. St.Louis: Mosby, 2017.
展示详细的肌肉骨骼解剖及用矢量展示肌肉力线的人体肌肉图谱。

SAKUMA K. The plasticity of skeletal muscle: From molecular mechanism to clinical applications. New York: Springer, 2017.
讨论近期对骨骼肌肉的形态学、生物功能及临床应用的研究。

TURNER A , COMFORT P. Advanced strength and conditioning: An evidence-based approach. New York: Routledge, 2017.
考察最新的科学证据，并将它应用到训练的选择与工程的选择中，从力量和功率到速度与敏捷度，涵盖所有功能领域。

第七章　人体上肢生物力学

通过学习本章，读者可以：

解释人体结构是如何影响上肢各关节运动能力的。

确定影响上肢各关节的灵活性和稳定性的因素。

识别在上肢特定运动中参与活动的肌肉。

描述常见上肢损伤的生物力学因素。

上肢功能复杂多样。因为上臂、前臂、手和手指基本相同的解剖结构，棒球投手可以掷出40 m/s的棒球速度，游泳员可以横穿海峡，体操运动员可以完成吊环，旅行者可拉行李箱，裁缝可以使用绣针，学生可以在智能手机上打字。本章将介绍能使上肢完成不同运动的解剖结构知识和上肢各肌肉如何多样性地协同完成各种运动。

完成投掷需要上肢全部肌肉协调参与。©Susan Hall.

- 盂肱关节又称肩关节。

胸锁关节（sternoclavicular joint）
近端锁骨和胸骨柄之间形成的改良版球窝关节。

肩部结构

肩部是人体最为复杂的部位，其由五个关节构成：肩关节、胸锁关节、肩锁关节、喙锁关节和肩胛胸壁关节。肩关节是肱骨头与肩胛骨关节盂之间的关节，它是一个典型的球窝关节，也是肩部最主要的关节。胸锁关节和肩锁关节为肩胛带的锁骨和肩胛骨提供了活动能力。

胸锁关节

锁骨近端锁骨切迹同胸骨柄与第1肋软骨之间形成了胸锁关节。这个关节是锁骨和肩胛骨主要的旋转轴（图7–1）。胸锁关节是非典型球窝关节，冠状面和水平面活动自由，矢状面可以限制性地向前和向后转动。尽管关节中的纤维软骨盘使得该关节面对应更为契合，还能帮助吸收一定的冲击，但该关节的稳定性主要还是由后侧关节囊提供[30，19]。当耸肩、举手过头和游泳时，胸锁关节会发生旋转。当肩关节前屈至最大位时胸锁关节处于紧张位。

- 锁骨与肩胛骨组成了肩胛带。
- 肩胛带的大多数运动都发生在胸锁关节。

肩锁关节

肩胛骨的肩峰同锁骨远端形成的关节为肩锁关节。尽管该关节的构造限制了其在三个平面的运动，但仍旧被划分为非典型的运动关节。喙锁韧带和肩锁韧带维持该关节的稳定性[32，20]。肩锁关节解剖结构个体之间差异明显，有多达五种不同的形态[23]。肩前屈时，肩锁关节发生旋转。肱骨外展至90° 时，肩锁关节处于紧张位。

肩锁关节
（acromioclavicular joint）
肩胛骨的肩峰和锁骨远端之间形成的特异性关节。

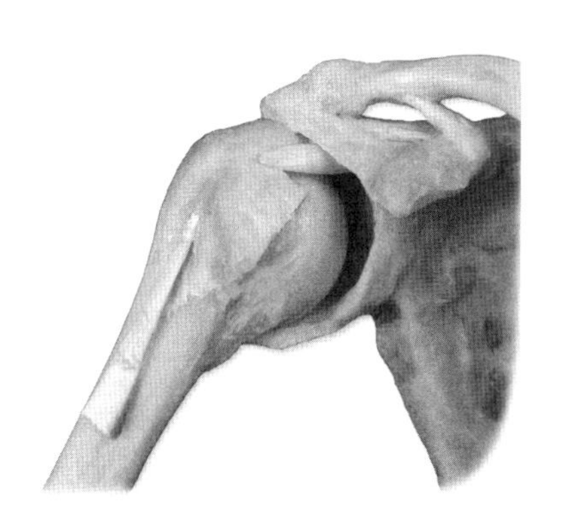

肩胛骨肩峰同锁骨远端形成的关节是肩锁关节。©McGraw-Hill Education.

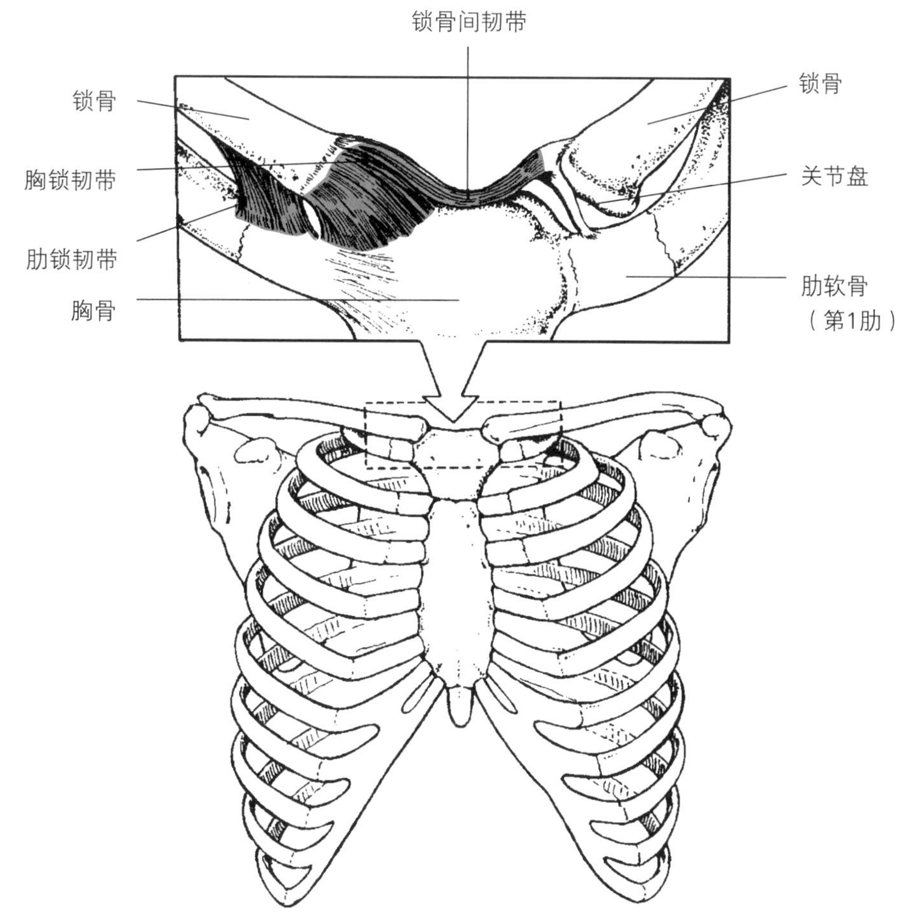

图 7-1
胸锁关节。

喙锁关节

喙锁关节（coracoclavicular joint）
肩胛骨喙突与锁骨下喙锁韧带形成的韧带联合。

喙锁关节是喙锁韧带在肩胛骨喙突与锁骨下缘处形成的韧带联合。该关节仅可产生很小的运动。喙锁关节和肩锁关节如图7–2所示。

肩关节

肩关节（shoulder joint）
肱骨头与肩胛盂形成的球窝关节。肩关节又称盂肱关节（glenohumeral joint）。

• 肩关节的过度运动是以失去关节稳定性为代价的。

肩关节是人体活动度最大的关节，可以完成肱骨前屈、后伸、过伸、外展、内收、水平外展和水平内收，及内、外旋（图7–3）。几乎为半球形的肱骨头关节面是肩胛盂（关节窝）表面的3~4倍，它们一起构成关节。加之比肱骨头较少的弧度，该关节窝允许肱骨头除了具有过度旋转能力外，还能做超越关节窝面的线性运动。肩关节的关节窝解剖形态存在个体差异，有的人的关节窝像橄榄，有的人的像鸡蛋。当做肩部的被动旋转时，在最大关节活动处肱骨头会在关节窝内发生过度移位。主动旋转时，肌肉的力量会限制肩关节的活动范围，从而也会限制肱骨头的移位。

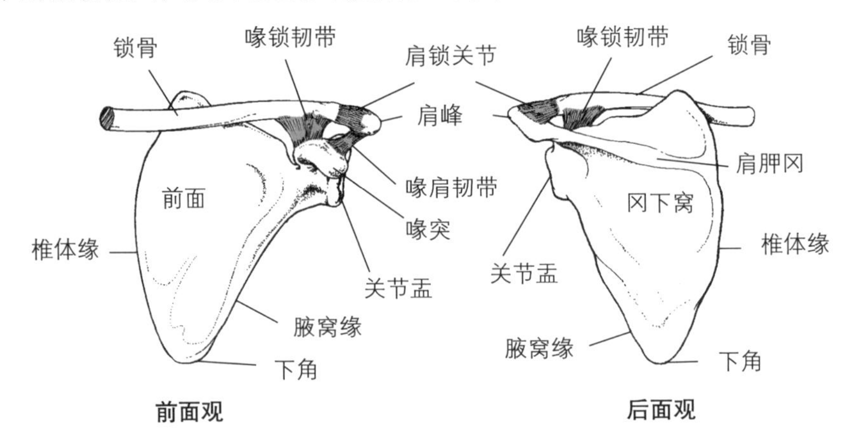

图 7–2
肩锁关节和喙锁关节。

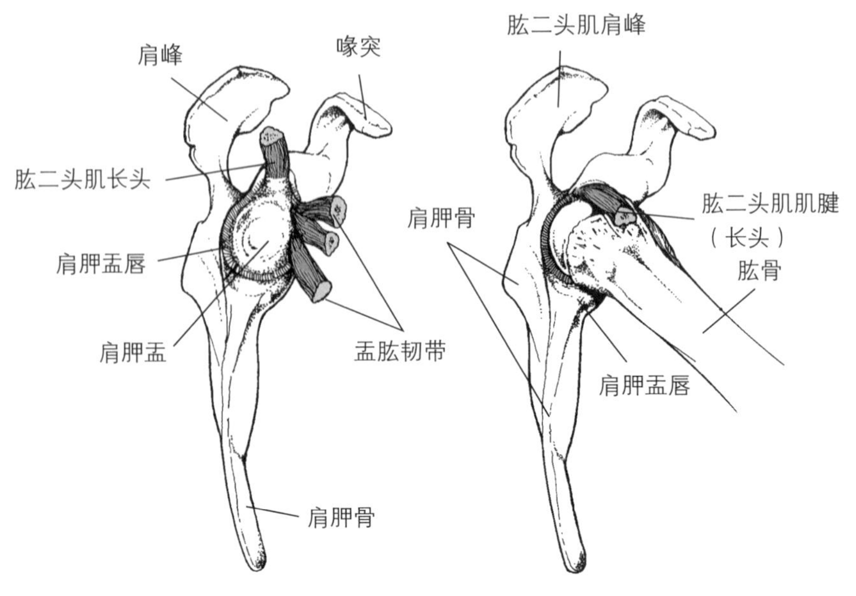

图 7–3
肩关节。

肩胛盂由盂唇、部分关节囊组成的唇、肱二头肌长头腱和盂肱韧带环绕[6]。盂唇加深了肩胛盂，为该关节提供稳定性。图7-4展示的是肩关节周围的关节囊。多条韧带与肩关节囊相连，其中包括位于关节前方的盂肱上、中、下韧带及位于关节上方的喙肱韧带。

盂唇（glenoid labrum）
肩胛盂唇是肩胛盂外周的环状软组织，作用是帮助稳定肩关节。

冈上肌、冈下肌、小圆肌和肩胛下肌四块肌肉的肌腱也汇入关节囊。由于它们的作用是旋转肱骨头，同时其肌腱在肩关节形成一个胶原状的细口，因此，将它们称为肩袖（有时也因每块肌肉的英文名称首字母，而写成SITS）。冈上肌、冈下肌和小圆肌参与外旋，肩胛下肌参与内旋。外旋肌群之间肌纤维存在相互交叉，从而也能帮助较快地增加张力和功能性力量[31]。肩袖环抱肩关节的后方、上方和前方。肩袖的张力增加会拉动肱骨头朝向关节窝移动，提供关节的小部分稳定性。相对而言，肩袖和肱二头肌产生的张力对肩关节的稳定作用大于肱骨的运动作用。肩关节囊内的负压同样会帮助稳定关节。当肱骨外展或（和）外旋时，该关节处于其紧张位，关节最稳定。

肩袖（rotator cuff）
肩胛下肌、冈上肌、冈下肌和小圆肌肌腱附着于肱骨头。

肩胛胸壁关节

由于肩胛骨相对于躯干既有矢状面的运动又有冠状面的运动，肩胛骨前部与胸廓之间的区域有时也称作肩胛胸壁关节。附着于肩胛骨的肌肉具有两个功能。第一，它们收缩以稳定肩部区域。例如，当从地面提起一件较重的行李时，肩胛提肌、斜方肌和菱形肌产生的张力帮助稳定肩胛骨，相应地通过肩锁关节也稳定了肩部。第二，肩胛骨周围肌肉通过控制肩关节精确位置促进上肢的运动。例如，当做过头投掷时，在预备阶段肱骨水平外展和外旋时，菱形肌收缩使整个肩部

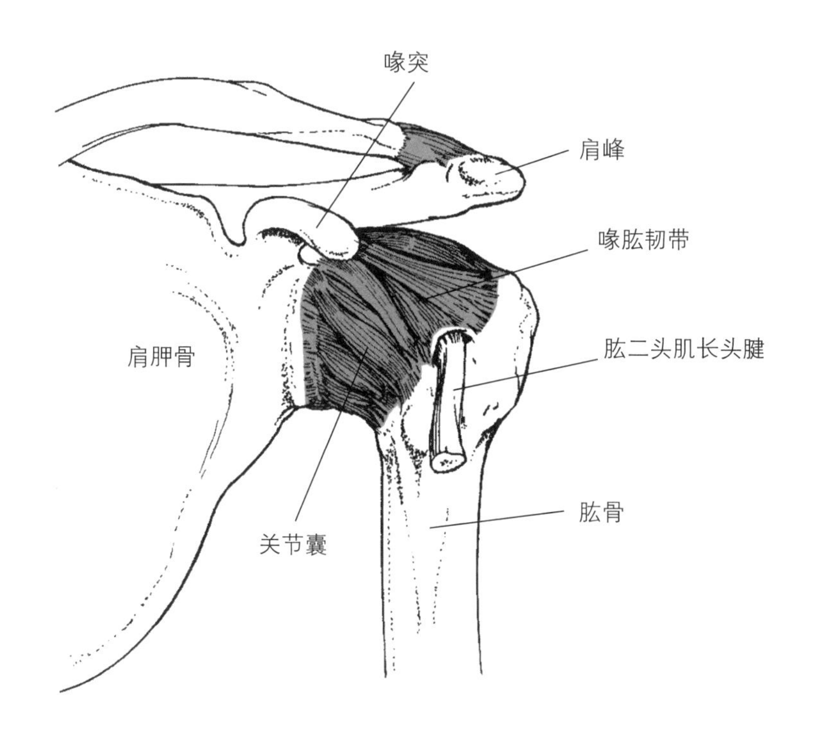

图 7-4
肩关节囊提供关节稳定性。

向后方运动。然后，当上臂和手向前运动产生投掷动作时，菱形肌张力释放，允许肩关节向前运动。

滑膜囊

滑膜囊（bursae）
内部具有产生滑液的囊，能减少关节周围软组织的摩擦。

位于肩关节区域的许多具有产生滑液的小纤维囊，在某种程度上同关节囊相似。这些滑膜囊在胶原组织之间充当海绵作用，以帮助减小摩擦。肩关节周围被多个滑膜囊包绕，其中有肩胛下囊、喙突下囊、肩峰下囊。

肩胛下囊和喙突下囊主要负责减少冈下肌表层纤维同肩胛骨颈部、肱骨头和喙突等之间的摩擦。当肩关节发生肩部运动时，肩胛下肌的走向会明显发生变化。特别是当其肌腹上部经过喙突时，这些关节囊的作用就很重要。

肩峰下囊位于肩峰下间隙，上方是肩胛骨肩峰和喙肩韧带，下方是肩关节。它紧贴于肩峰下骨面，对肩袖特别是冈上肌起缓冲作用（图7–5）。当上肢过头运动重复性挤压该部位时，该滑膜囊将被激惹。

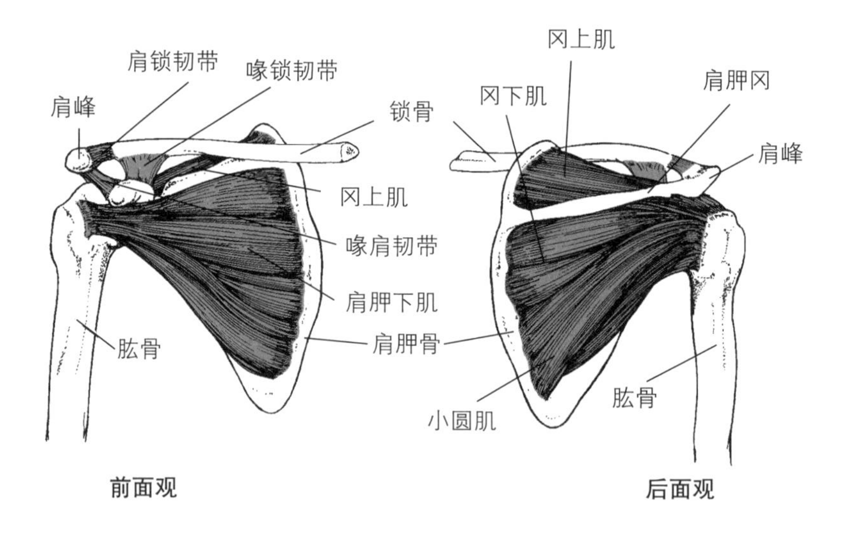

图 7–5
构成肩袖的四块肌肉。

肩部复合体的运动

即使在其他关节保持不动的情况下，肩关节也可发生一些运动，但肱骨运动常包含三个关节一起运动（图7–6）。所有平面内的肱骨上抬运动都伴随肱骨外旋。当上臂发生外展前屈时，肩胛骨的旋转会占肱骨全范围活动度的一部分。由于个体之间解剖结构的多样性，肱骨和肩胛骨的绝对位置也存在差异，但它们仍存在一个普遍的模式。众所周知的肩肱节律，是肩胛骨和肱骨之间十分重要的协调方式。同肩胛骨固定相比，肩肱节律可使肩关节有更大的关节活动范围[11]。当上臂向上抬起90°（矢状面、冠状面或对角平面内）时，锁骨也会在胸锁关节处产生抬升，肩锁关节会发生转动，脊柱的活动也会影响

肩肱节律（scapulohumeral rhythm）
肩胛骨转动伴随和促进肱骨外展的规律性活动。

图 7-6 肱骨水平内收位（左图）至水平外展位（右图）时，肩胛骨和锁骨转动增加了肱骨运动。两张照片：©Barbara Banks/McGraw-Hill Education.

远处肱骨的位置。当手持外部载荷时，肩胛骨的方向和肩肱节律将会受到影响，肩胛骨的稳定肌会减少肩胛胸壁关节的运动，这种动态的肩胛骨稳定为上肢运动提供了稳定基础[14]。通常，在上肢负重和有目的的运动时，肩胛骨与肱骨的关系比非负重运动时更稳定[13]。

在儿童和老年人中，肩胛骨的运动方式也存在不同。同成年人相比，儿童肱骨上举的运动中肩胛胸壁关节的贡献更大[5]。随着年龄增长，肩胛骨下沉、下回旋和后倾运动越来越小[8]。

肩胛骨的肌肉

附着于肩胛骨的肌肉包括肩胛提肌、菱形肌、前锯肌、胸小肌、锁骨下肌和斜方肌。图7-7和图7-8展示的是肩胛骨上不同肌肉收缩产生的力的方向。肩胛骨的肌肉具有两个主要功能。第一，肩胛骨的肌肉具有稳定肩胛骨的作用，为肩部肌肉用力时提供较稳定的支撑。例如，当一个人提公文包时，肩胛提肌、斜方肌和菱形肌的作用是稳定肩部对抗其外加的重量。第二，肩胛骨肌肉通过调整肩关节准确位置促进上肢运动。例如，当做过头投掷运动时，在准备阶段上臂和手向后运动时，菱形肌收缩使整个肩部向后运动。当上臂和手向前运动完成投掷动作时，菱形肌张力释放，允许肩部向前运动，促进肱骨向外旋转。

• 肩胛骨的肌肉具有两个功能：①在肩关节复合体增加载荷时稳定肩胛骨；②控制肩胛骨运动，促进肩关节运动。

肩关节的肌肉

在肩关节处有许多肌肉跨过。源于它们附着的部位和牵拉的力线方向，一些肌肉参与了肱骨多个方向的运动。更复杂的是，由于肩部较大的活动范围，某一块肌肉产生的张力，会不断地改变肱骨的运动方向。肩关节本身结构是不稳定的，该关节的稳定性主要由跨过该关

• 为了避免肱骨脱位，一块肩关节肌肉收缩时常伴随该肌肉的拮抗肌收缩。

图 7-7

肩胛骨的肌肉运动。

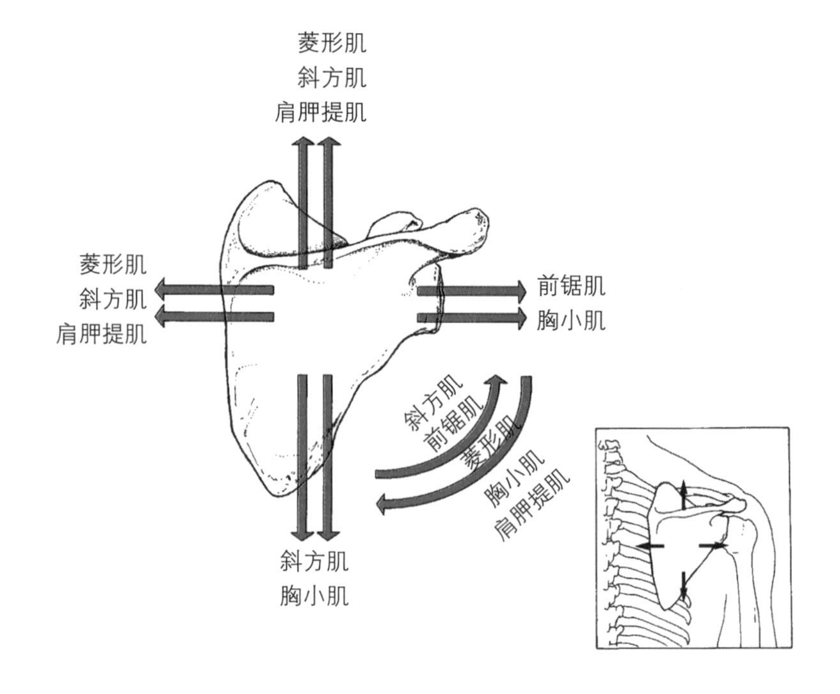

图 7-8

肩胛骨的肌肉。

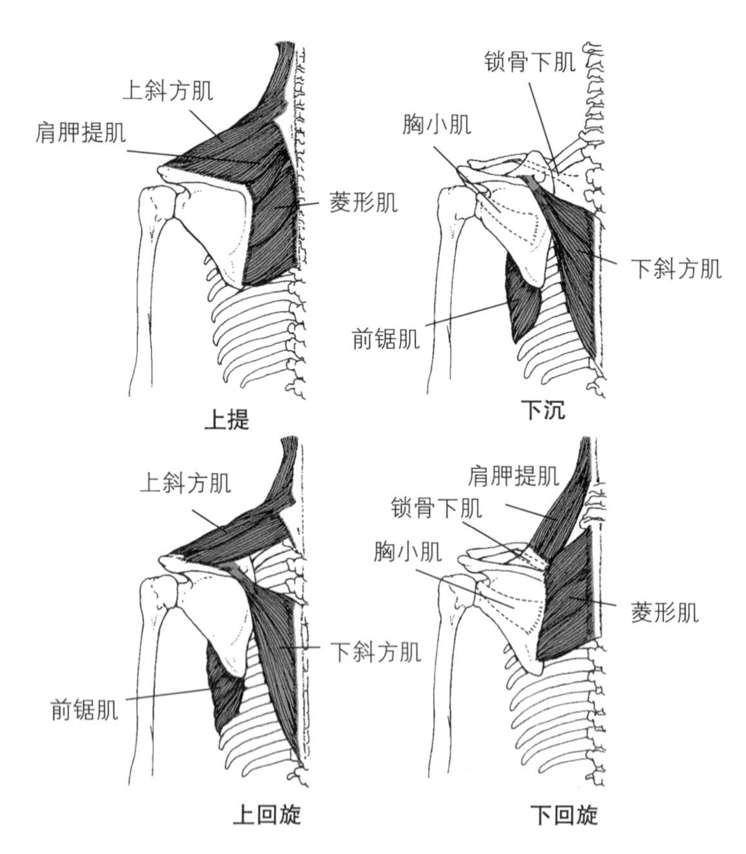

节的肌肉和肌腱提供。然而，为了避免关节脱位，当一块肌肉产生张力时，它的拮抗肌也需要产生张力。肩部肌肉如表7–1所示。

表7-1　肩部肌肉

肌肉	近端附着点	远端附着点	主要动作	支配神经
三角肌	外1/3锁骨、肩峰端、肩胛冈	肱骨三角肌粗隆		腋神经（C_5、C_6）
（前束）			前屈、水平内收、内旋	
（中束）			外展、水平外展	
（后束）			伸展、水平外展、外旋	
胸大肌		肱骨头下外侧部		
（锁骨部）	锁骨内2/3部		前屈、水平内收、内旋	胸外侧神经（C_5~T_1）
（胸骨部）	胸骨前部和上6个肋软骨		后伸、内收、水平内收、内旋	胸内侧神经（C_5~T_1）
冈上肌	冈上窝	肱骨大结节	外展、辅助外旋	肩胛上神经（C_5、C_6）
喙肱肌	肩胛骨喙突	肱骨前内侧	前屈、内收、水平内收	肌皮神经（C_5~C_7）
背阔肌	下6节胸椎和所有腰椎椎骨、骶骨后部、髂嵴、下3个肋骨	肱骨前侧	后伸、内收、内旋、水平外展	胸背神经（C_6~C_8）
大圆肌	肩胛骨下角背面	肱骨前侧	后伸、内收、内旋	肩胛下神经（C_5、C_6）
冈下肌	冈下窝	肱骨大结节	外旋、水平外展	肩胛下神经（C_5、C_6）
小圆肌	肩胛骨外侧缘后面	肱骨大结节及下方	外旋、水平外展	腋神经（C_5、C_6）
肩胛下肌	肩胛骨整个前面	肱骨小结节	内旋	肩胛下神经（C_5、C_6）
肱二头肌		桡骨粗隆		肌皮神经（C_5、C_7）
（长头）	关节盂上缘		辅助外展	
（短头）	肩胛骨喙突		辅助前屈、内收、内旋、水平内收	
肱三头肌（长头）	紧贴关节盂下侧	尺骨鹰嘴	辅助伸展、内收	桡神经（C_5~T_1）

肩关节前屈

跨过肩关节前侧的肌肉参与肩关节的前屈（图7-9）。前屈的原动肌为三角肌前束和胸大肌锁骨端。较小的喙肱肌和肱二头肌短头辅助肩关节前屈。尽管肱二头肌长头也跨过肩关节，但当肘关节和前臂不动时，在单独的肩关节运动中该肌肉不被激活[25]。

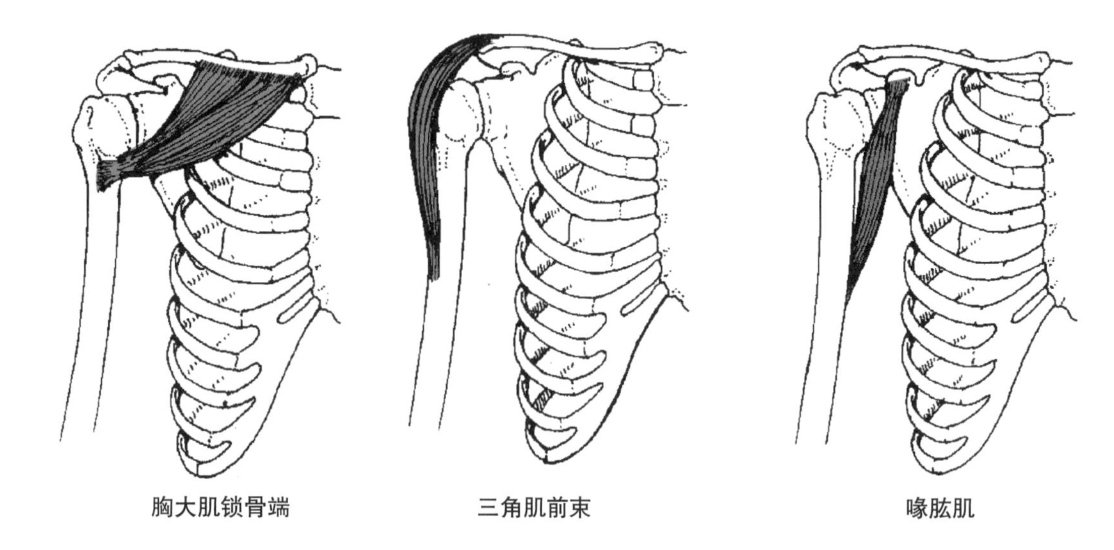

图 7-9 肩关节主要屈肌。

肩关节伸展

肩关节伸展的主要动力是重力，同时伴随屈肌的离心收缩阻止其运动。当有阻力存在时，肩关节后侧的肌肉如胸大肌胸骨端、背阔肌和大圆肌收缩使肩关节后伸。当肱骨外旋时，三角肌后束辅助伸展。肱三头肌长头也具有辅助伸展作用，因为该肌肉还跨过肘关节，所以当肘关节处于屈曲位时，伸展作用更有效。肩关节主要伸肌如图7-10所示。

肩关节外展

三角肌中束和冈上肌是肱骨外展的原动肌。两块肌肉都跨过肩关节上方（图7-11）。冈上肌负责启动外展，在外展110° 范围内主动

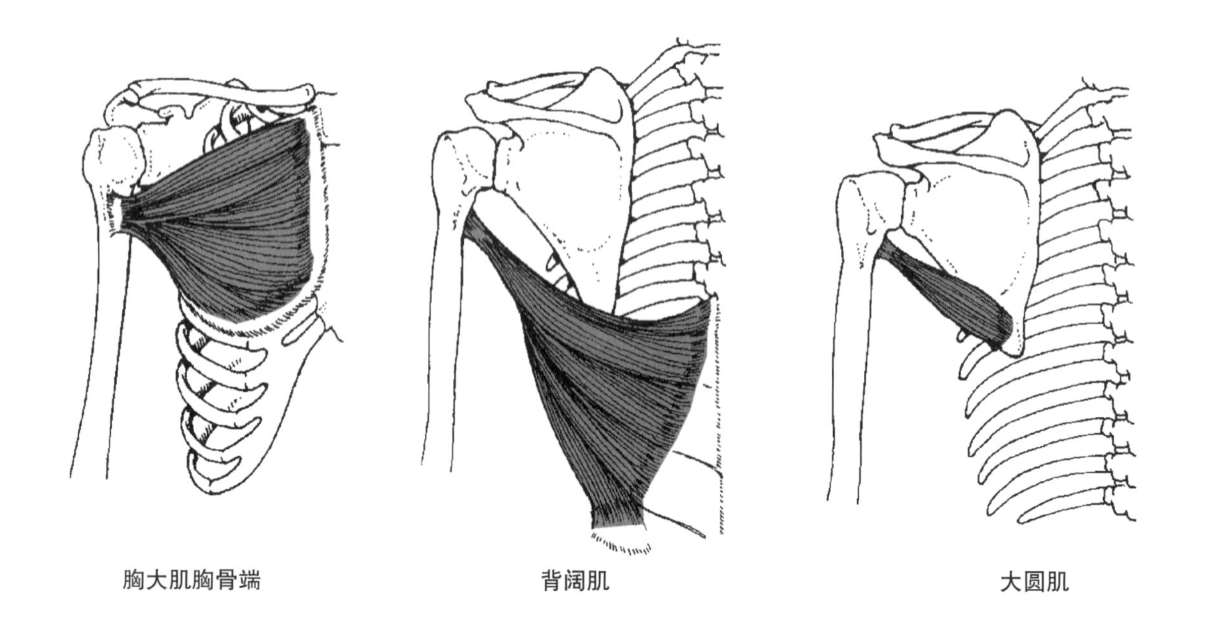

图 7-10 肩关节主要伸肌。

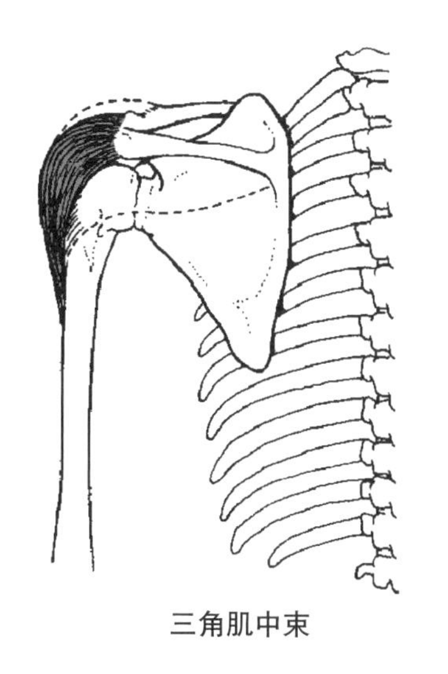

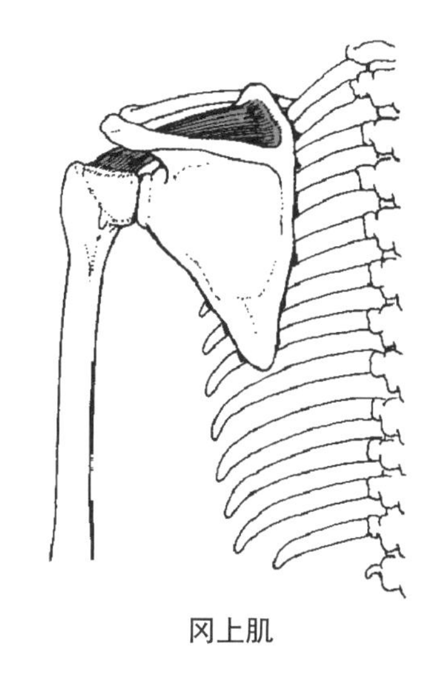

图 7-11 肩关节主要外展肌。

收缩。在三角肌中束收缩过程中（发生在90°~180°外展阶段），冈下肌、肩胛下肌和小圆肌会将因三角肌中束收缩而出现的肩关节上移的肱骨头重新拉回到中立位。

肩关节内收

同伸展一样，没有阻力时肩关节内收同样源于重力作用，同时由外展肌控制其运动速度。主要内收肌包括背阔肌、大圆肌和胸大肌胸骨端，它们都附着于关节下方（图7-12），当存在阻力时，参与收缩。肱二头肌短头和肱三头肌长头也有较小的辅助内收作用。当手臂处于外展90°以上时，喙肱肌和肩胛下肌同样也具有辅助内收作用。

肱骨内旋与外旋

肱骨内旋主要是肩胛下肌和大圆肌的作用，两块肌肉都附着于肱

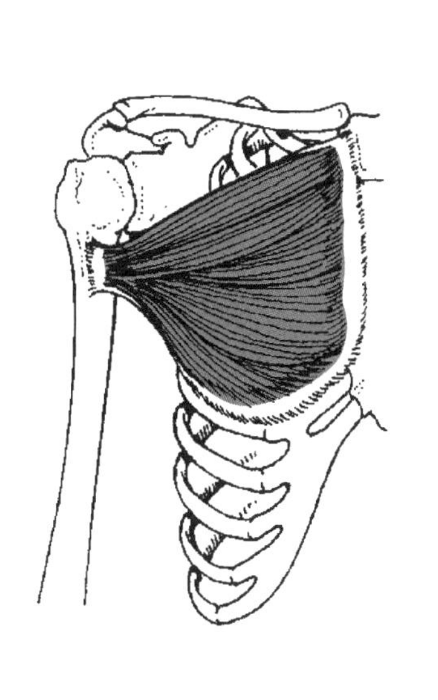

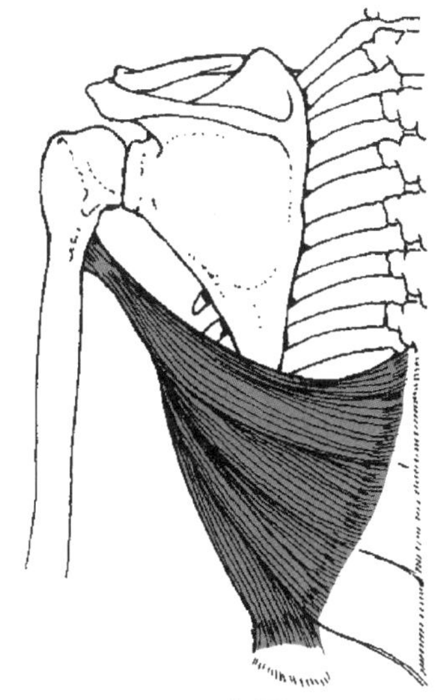

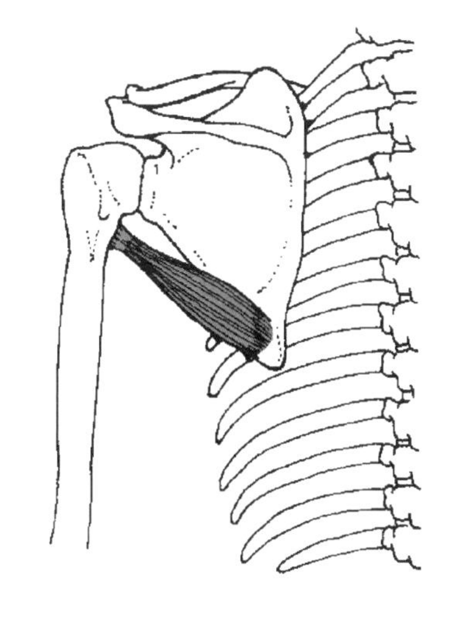

图 7-12 肩关节主要内收肌。

骨的前侧。肩胛下肌对于肩关节内旋具有明显的机械性优势。胸大肌的锁骨端和胸骨端、三角肌前束、背阔肌和肱二头肌短头也具有辅助内旋作用，其中胸大肌是主要的辅助肌。附着于肱骨后侧的肌肉，特别是冈下肌、小圆肌都产生外旋的力，三角肌后束也具有一定的辅助外旋作用。

肩关节水平内收和外展

关节前侧的肌肉，包括胸大肌、三角肌前束、喙肱肌，都有使肩关节水平内收的作用，肱二头肌短头具有辅助作用。肩关节后侧肌肉有使肩关节水平外展的作用。主要的水平外展肌为三角肌中束和后束、冈下肌和小圆肌，大圆肌和背阔肌起辅助作用。肩关节水平内收和水平外展的主要肌肉见图7-13和图7-14。

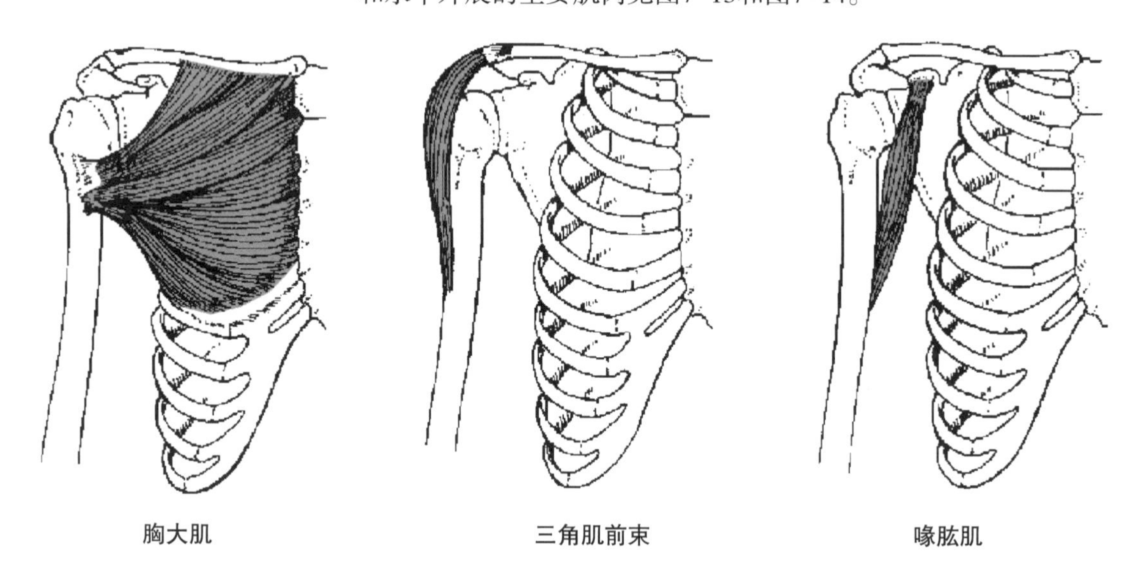

图 7-13 肩关节主要水平内收肌。

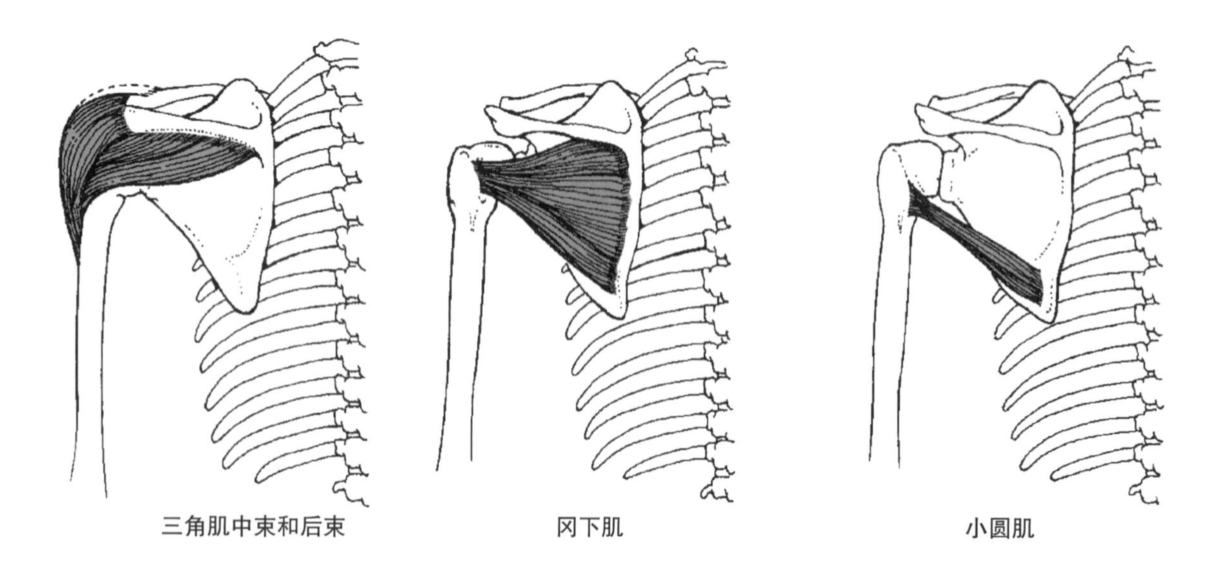

图 7-14 肩关节主要水平外展肌。

肩部负重

由于肩胛带各关节是相互联系的，从某种程度上讲它们作为一个整体承重和吸收冲击。然而，由于肩关节为上臂提供直接的力学支持，所以它比其他关节具有更大的承重作用。

如第三章所述，在分析身体位置时，我们常假设身体重量作用于身体重心。同样，分析身体节段位置时，如肩关节，也假设每个节段的重量作用于每个节段的重心。因此，上臂的运动力臂即为上臂重量矢量（作用于上臂重心）到肩关节的垂直距离（图7–15）。当肘关节屈曲时，上臂和前臂及手部必须分开分析（图7–16）。例题7.1阐述了上臂位置对肩部的负重影响。

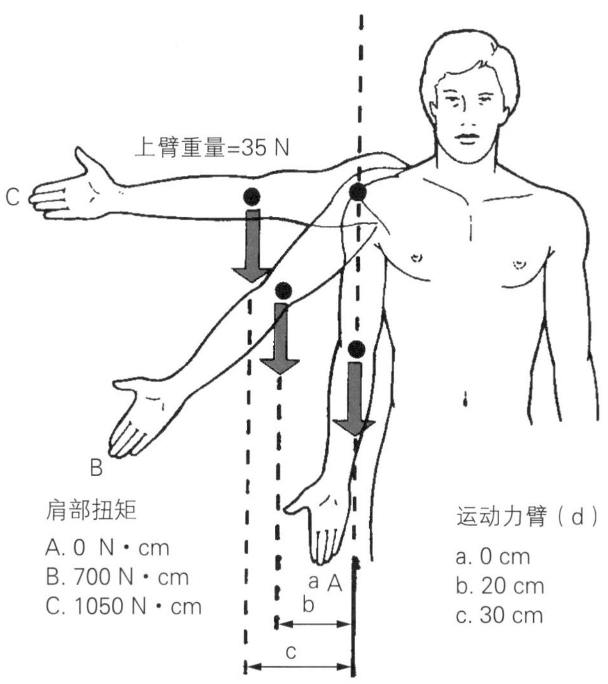

图 7–15

由上臂重量对肩关节产生的扭矩和上臂重心与肩关节之间的垂直距离（上臂的运动力臂）。

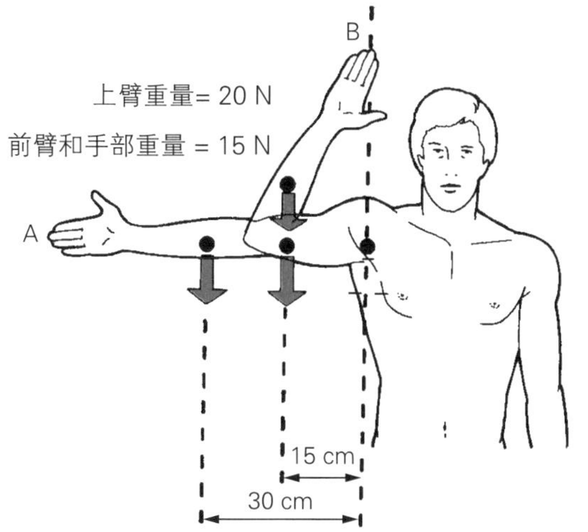

B
上臂重量= 20 N
前臂和手部重量 = 15 N
A
15 cm
30 cm

肩部扭矩$_A$ =20 N × 15 cm+15 N × 30 cm

=750 N・cm

肩部扭矩$_B$ =20 N × 15 cm+15 N × 15 cm

=525 N・cm

图 7–16

通过上肢各节段重量和节段力臂产生的肩部扭矩。

尽管上臂重量仅占身体体重的大约5%，但伸展至水平的上臂长度会产生很大的运动力臂，因此就必须要求肩部肌肉产生更大的扭矩。当肌肉能维持上臂伸展时，肩关节会受到50%体重大小的压力[3]。虽然通过肘关节完全屈曲减少前臂和手的力臂，能减小大约一半的肩关节载荷，但这也会增加肱骨的旋转扭矩，因此需要肩部其他肌肉收缩（图7–17）。

附着于肱骨头相对于肩胛盂平面具有较小角度的肌肉主要在关节处产生剪切力而不是挤压力。这些肌肉能够将肱骨很好地固定在肩胛盂中，起到对抗强大肌肉收缩可能会造成的关节脱位作用（图7–18）。

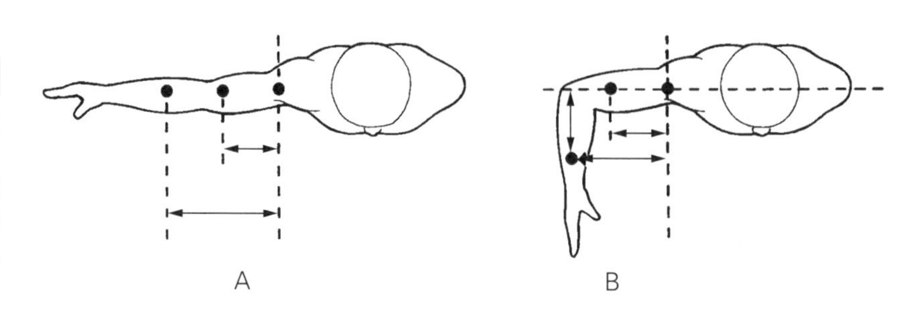

图 7–17

A. 上肢各节段在冠状面产生的肩部扭矩，运动力臂如图所示。B. 上臂重量在肩部产生的冠状面扭矩。前臂和手在肩关节于冠状面和矢状面产生的扭矩，运动力臂如图所示。

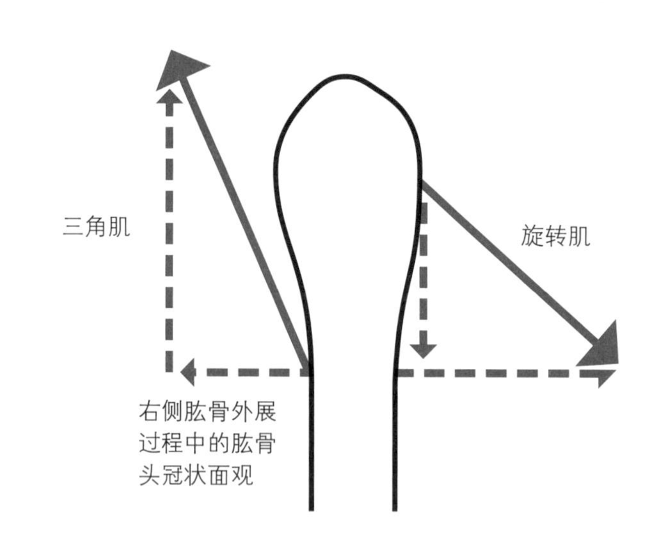

图 7–18

肱骨内收需要三角肌和旋转肌共同作用。因为肌肉力量的垂直分量大部分相互抵消，水平分量将产生肱骨的转动作用。

例题 7.1

下图为上肢和肩部的自由受力图。假如上肢重33 N，整个上肢运动力臂为30 cm，三角肌的运动力臂（d_m）为3 cm，为了保持该位置稳定，肱三头肌需要产生多大的力？在水平平面内产生的关节反作用力（R_h）有多大？

已知

$wt = 33\ \text{N}$

$d_{wt} = 30\ \text{cm}$

$d_m = 3\ \text{cm}$

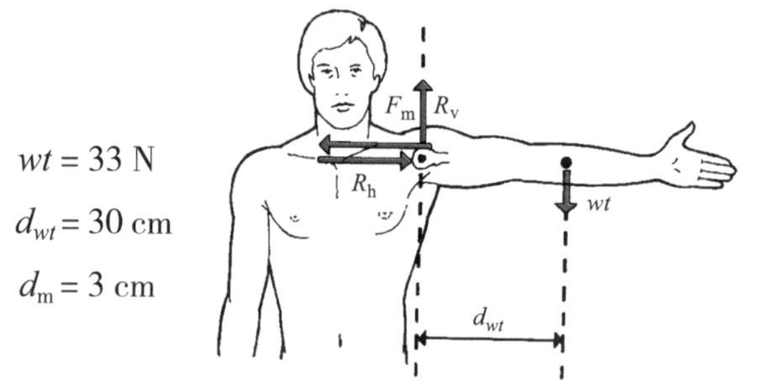

分析

由肌肉产生的肩部扭矩等于由上肢重量产生的扭矩，得出肩关节合力矩为0 N·cm。

$$\sum T_s = 0\ \text{N}\cdot\text{cm}$$

$$\sum T_s = F_m d_m - wtd_{wt}$$

$$0\ \text{N}\cdot\text{cm} = F_m \times 3\ \text{cm} - 33\ \text{N} \times 30\ \text{cm}$$

$$F_m = \frac{33\ \text{N} \times 30\ \text{cm}}{3\ \text{cm}}$$

$$F_m = 330\ \text{N}$$

因为水平分力R_h 和肩关节压力F_m是唯一的两个水平力，而上肢又是静止不动的，所以这两个力应该是大小相等、方向相反的。因此，R_h 的大小就等于F_m的大小。

$$R_h = 330\ \text{N}$$

注意：因为关节反作用力的分离方向都通过关节中心，所以相对于旋转中心的运动力臂为0 cm。

肩关节常见损伤

肩关节容易受到外伤（包括运动相关损伤）和出现过度劳损。

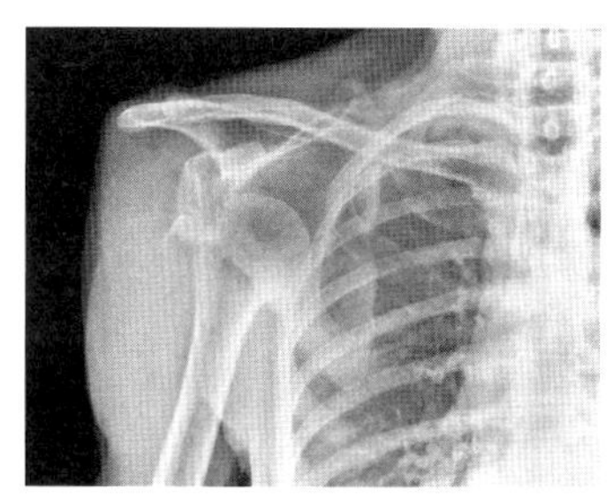

肱骨头向下完全脱出肩胛盂的肩关节脱位X线片。©Science Photo Library/Alamy Stock Photo.

脱位

肩关节脱位是人体中最为常见的脱位。肩关节松弛的解剖结构使得它具有很好的活动性和很弱的稳定性，该关节可发生向前、向后、向下方的脱位。强壮的喙肱韧带常常可避免肩关节向上脱位。肩关节脱位常发生在肱骨外展和外旋时，因此该关节向下脱位比向其他方向脱位更常见。导致肩关节易于脱位的因素有肩胛盂大小异常、肩胛盂前倾、肱骨头倾角异常、肩袖肌群损伤。

肩关节脱位也可能由意外的外力导致，如骑自行车时，或参与接触性体育运动——摔跤或者足球运动。不幸的是，一旦该关节发生了脱位，周围胶原组织就会被牵拉超出其弹性极限，预示着会再次发生脱位。由于先天性因素，肩关节囊也可能会存在松弛。存在这种情况的人在回归运动比赛之前需要特别加强他们的肩部肌力。

- 当肩关节发生脱位时，支撑它的软组织常被过度牵伸超出其弹性极限，因此存在再次脱位的可能性。

肩锁关节脱位或者分离在曲棍球、冰球、橄榄球和足球运动中也十分常见[32]。摔跤时伴随上肢向外的强力牵伸，会导致肩锁关节分离或锁骨骨折等严重后果。

肩袖损伤

工人和运动员进行发力的上肢过头动作，通常包含外展或前屈伴内旋，这种动作导致的最常见的损伤是肩袖撞击综合征，也称为肩峰下撞击综合征或肩关节撞击综合征。这是肩部最为常见的损伤，会出现肩关节进行性功能受限和残疾。其发病原因是肩部周围骨性或者软组织对肩袖肌腱的重复性挤压。其体征包括肩关节前侧关节囊活动过度，后侧关节囊活动不足，肱骨外旋过度伴随内旋受限，及肩关节周围韧带松弛。这些情况可导致肌腱和滑囊炎，严重时可能发生肩袖肌腱断裂。最常见的受累肌肉为冈上肌，可能是因为它的血供易受压力影响。肩袖损伤时常伴有肩关节上部和前部疼痛和触痛，有时也会有肩关节无力感。肱骨旋转，特别前屈和内旋，可加重其症状。

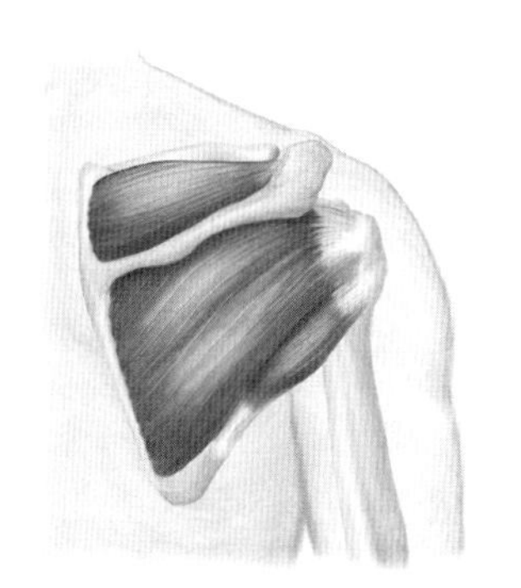

肩袖肌肉。©McGraw-Hill Education.

易引发肩关节撞击综合征的有投掷（特别是投掷标枪）、打网球、游泳（特别是自由泳、仰泳和蝶泳）[9]。在游泳运动员中，这也叫作游泳运动员肩。

一些解剖因素也是导致肩关节撞击综合征的诱因，如倾斜角度较小的扁平肩峰，肩锁关节炎继发的骨刺和肱骨头向上移位[9]。基于生物力学原因，肩袖损伤的诱因有很多。撞击理论认为，先天性原因是肩峰和肱骨头之间的间隙狭小。这样在每次肩上举时肩袖肌肉和滑膜囊都会在肩峰、肩锁韧带和肱骨头之间发生摩擦，从而导致激惹和磨损。另外一种理论认为，主要因素是重复性的过度牵伸导致的冈上肌肌腱炎。当肩袖肌腱被拉长和变弱时，它们不能正常地发挥维持肱骨头在肩胛盂的功能，从而在外展过程中，三角肌过高地牵拉肱骨头，导致其发生撞击和肩袖肌肉磨损。

过肩运动（如游泳）常常会导致肩部的过度使用性损伤。©Bob Thomas/Getty Images.

这种问题在游泳运动员中相对常见。在游泳摆臂期中，上肢抬高过肩时会发生内旋和前锯肌旋转肩胛骨，从而使得冈上肌、冈下肌和三角肌中束能轻松外展肱骨。在大学生男游泳运动员中，每侧上肢在该位置的时间将占到游泳周期的12%[33]。前锯肌会产生最大张力来完成该动作，如果前锯肌发生疲劳，肩胛骨无法充分转动使肱骨轻松外展，会发生撞击。在游泳运动员中，游泳技术同肩部撞击发生概率存在一定关系，在划水阶段上肢过度内旋、过头阶段上肢外旋延迟和过度依赖一侧呼吸等，都是发生肩峰撞击的诱因[34]。

旋转性损伤

肩部重复性大力旋转运动可导致很多种类的损伤，其中包含盂唇、肩袖和肱二头肌肌腱撕裂。投掷、打网球和羽毛球运动中的扣杀动作都属于用力旋转运动的例子。如果肌肉不能为肱骨提供足够的稳定性，肱骨将与肩胛盂唇而非肩胛盂形成关节，进而导致盂唇撕裂。大部分盂唇撕裂都发生在肩胛盂的前上部。肩袖撕裂主要为冈上肌撕裂，原因是在暴力旋转的降速过程中需要的肌肉张力超出了其能提供的极限值。附着于肩胛盂的肱二头肌肌腱可能由于在投掷过程中肘关节伸展时所需其强有力收缩来产生负加速度而导致损伤[28]。

此外，因投掷运动导致的其他病理损伤还包括关节软组织钙化和关节面退行性改变。滑囊炎是指一个或多个滑膜囊发炎，也是一种过度使用性损伤，原因通常是滑膜囊间的摩擦。

肩胛下神经损伤

肩胛下神经损伤或肩胛下神经麻痹，在含有过头运动和举重运动的运动员中较常见[7]。在排球、棒球、足球和壁球运动员，及背包客、体操运动员和舞蹈演员中，通常易出现肩胛上切迹处的肩胛下神经压迫（损伤）。

肘关节结构

尽管肘关节常被认为是一个简单的铰链关节，但它实际上是一个三轴铰链关节。它包含肱尺关节、肱桡关节和桡尺近侧关节。所有关节都包裹在同一个关节囊内，由位于前方和后方的桡侧副韧带和尺侧副韧带加固。关节囊、尺侧和桡侧副韧带及骨性结构都为肘关节提供了稳定性。

肱尺关节

肘关节的铰链关节为肱尺关节。肱尺关节是由肱骨的滑车同与之形状相对应的尺骨滑车切迹形成的关节（图7–19）。其主要运动为屈曲和伸展，在一些人中还存在少量过伸。该关节在伸直的紧张位最稳定。

肱尺关节（humeroulnar joint）
由肱骨滑车同与之形状相对应的尺骨滑车切迹形成的关节。

• 通常，肘关节指的是肱尺铰链关节。

肱桡关节

肱桡关节紧贴肱尺关节外侧，由肱骨小头和桡骨近端的桡骨头构成（图7–19）。尽管肱桡关节是滑动关节，但它紧贴肱尺关节，能限制后者在矢状面上的运动。肘关节屈曲90° 伴前臂旋后5° 左右是其紧张位。

肱桡关节（humeroradial joint）
肱骨小头和桡骨近端的桡骨头构成的滑动关节。

桡尺近侧关节

由环形韧带将桡骨头同尺骨的桡骨切迹连在一起形成桡尺近侧关节。它是一个枢轴关节，前臂旋前和旋后时，伴随桡骨在尺骨上向内和向外滚动（图7–20）。它的紧张位为前臂旋后5° 。

桡尺关节（radioulnar joint）
桡尺近侧和远侧关节均为枢轴关节；桡尺中间关节是韧带联合。

• 当前臂旋前和旋后时，桡骨绕着尺骨转动。

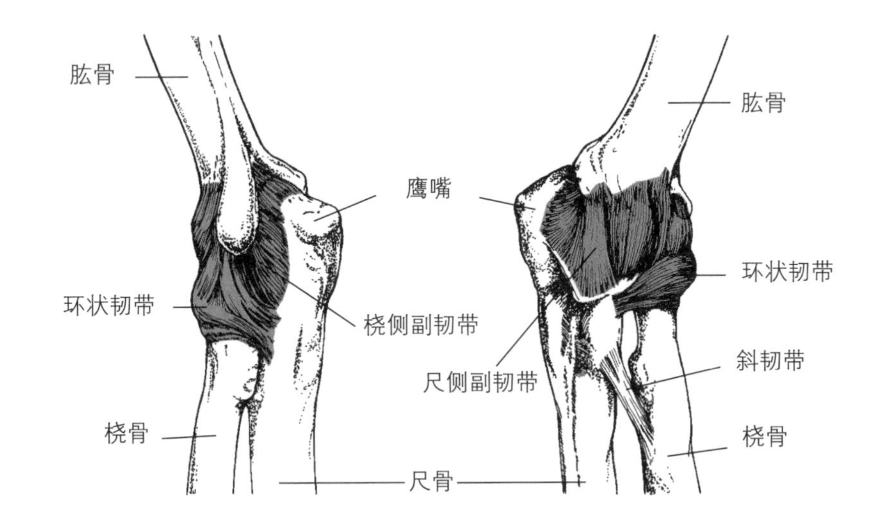

图 7-19

肘关节主要韧带。

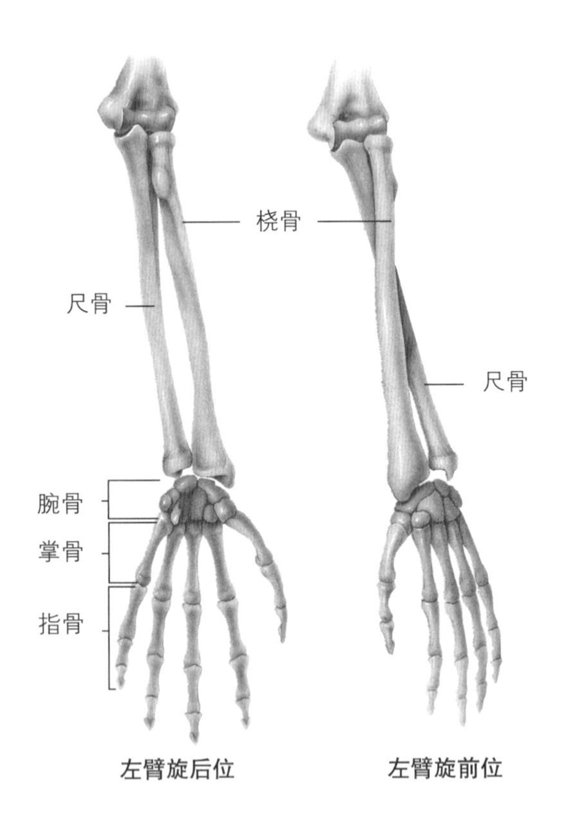

图 7-20

肘部、前臂及腕部骨骼组成。Copyright©1996 by McGraw-Hill Education.

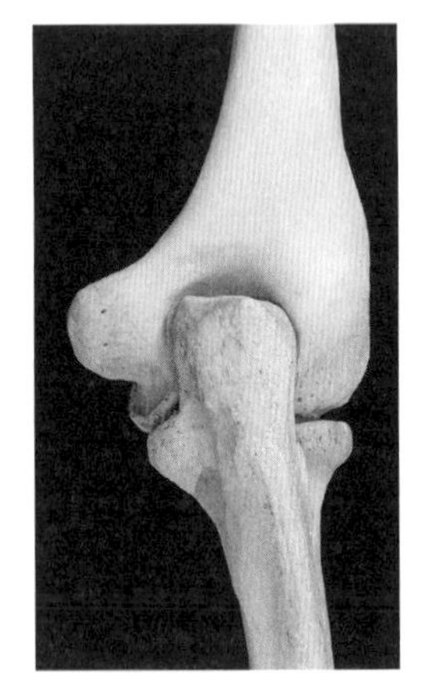

左肘关节后面观。©Christine Eckel/The McGraw-Hill Education.

提携角

当上肢处于解剖体位时，肱骨长轴与尺骨长轴之间的夹角称为提携角。成年人提携角的范围为10° ~15° ，女性角度大于男性。随着骨骼生长，提携角会发生变化，惯用手的提携角偏大[22]。没有特别的功能与提携角相关。

肘关节运动

肘关节周围肌肉

很多肌肉跨过肘关节，其中一些肌肉也跨过肩关节或者延伸至手和手指。肘关节主要运动肌如表7–2所示。

表7–2　肘关节主要运动肌

肌肉	近端附着点	远端附着点	主要动作	神经支配
肱二头肌	长头：关节盂窝上沿 短头：肩胛骨喙突	桡骨粗隆	屈肘、辅助旋后	肌皮神经（C_5~C_7）
肱桡肌	肱骨上2/3外侧髁上棘	桡骨茎突	屈肘、从旋后位旋前至中立位、从旋前位旋后至中立位	桡神经（C_5、C_6）
肱肌	肱骨前下半部	尺骨冠状突前侧	屈肘	肌皮神经（C_5~C_7）
旋前圆肌	肱骨头：肱骨内侧髁 尺骨头：尺骨冠突	桡骨外侧中点	旋前、辅助屈肘	正中神经（C_6、C_7）
旋前方肌	尺骨前下1/4部	桡骨前下1/4部	旋前	骨间前神经（C_8、T_1）
肱三头肌	长头：紧贴关节盂下侧 外侧头：肱骨后侧上半部 内侧头：肱骨后下2/3部	尺骨鹰嘴	伸肘	桡神经（C_6~C_8）
肘肌	肱骨外侧髁后方	尺骨后方和鹰嘴外侧	辅助伸肘	桡神经（C_7、C_8）
旋后肌	肱骨外侧髁和附近尺骨部	桡骨外侧上1/3处	旋后	骨间后神经（C_5、C_6）

屈曲和伸展

肘关节屈肌横跨肘关节前侧（图7–21）。最强的屈肘肌是肱肌。因为肱肌远端附着于尺骨冠突，所以前臂处于旋前或旋后位时其效率相等。

另外一个肘关节屈肌是肱二头肌，其长头和短头合成一个肌腱附着于桡骨粗隆。因为在前臂旋后位时肱二头肌被轻微牵拉，所以其屈肘效率较高。当前臂旋前时，该肌紧张度降低，收缩效率减小。

肱桡肌是第三块肘关节屈肌。因为其远端附着于桡骨外侧茎突根部，所以当前臂处于中立位（旋前和旋后的中间位置）时，该肌的屈肘效率最高。在此位置时，该肌被轻度牵拉，同时桡骨附着点正好处于肘关节中线前方。

肘关节最大的伸肌是肱三头肌，其跨越肘关节后面（图7–22）。尽管近端是三个分开的头，但远端汇成一条肌腱附着于尺骨鹰嘴。尽管远端附着点相对于肘关节旋转轴力矩很近，但该肌较大的体积和力量同样使得其具有伸肘的作用。相对较小的肘肌起于肱骨外侧髁后侧面，止于尺骨近端后侧和鹰嘴外侧，同样具有辅助伸肘的作用。

图 7-21

肘关节主要屈肌。

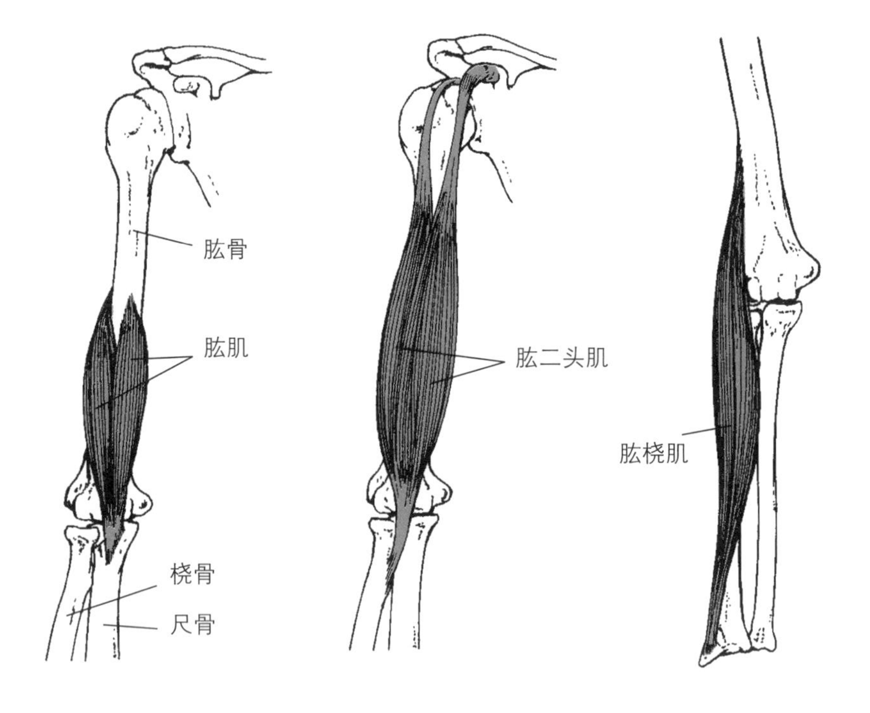

图 7-22

肘关节主要伸肌。

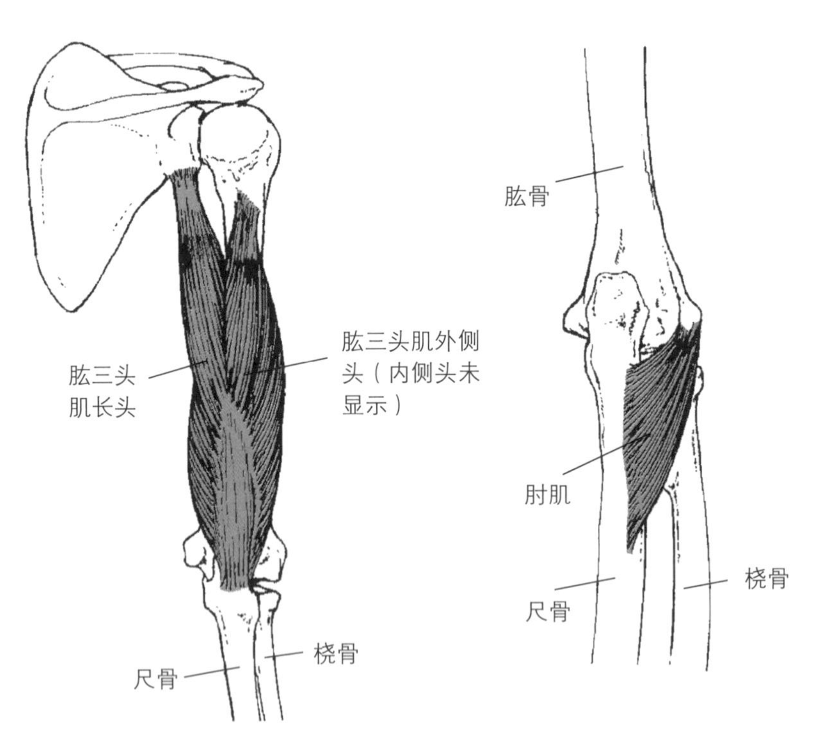

旋前和旋后

前臂旋前和旋后涉及桡骨绕着尺骨旋转。桡骨与尺骨之间有三个关节：桡尺近侧、中间和远侧关节。近侧和远侧关节为枢轴关节，桡尺中间关节是由具有弹性的骨间膜形成的韧带联合，其允许前臂旋前、旋后，但会限制骨之间的长轴平稳运动。

主要的旋前肌为旋前方肌，其附着于远端尺骨和桡骨（图7–23）。当旋前受阻或需要快速旋转时，跨越桡尺近侧关节的旋前圆肌可以提供辅助作用。

如同名称，旋后肌的作用为向后旋转前臂（图7–24）。该肌起于肱骨外侧髁至桡骨近端外侧1/3。当肘关节屈曲时，旋后肌张力减小，肱二头肌辅助旋后。当肘关节屈曲至≤90° 时，肱二头肌充当旋后肌。

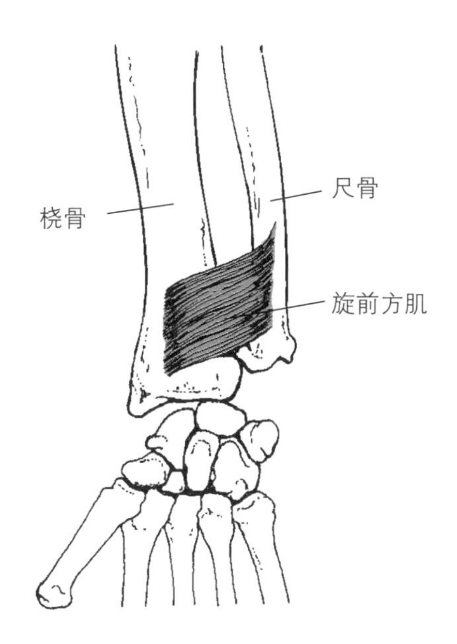

图 7–23

旋前方肌为主要的旋前肌。

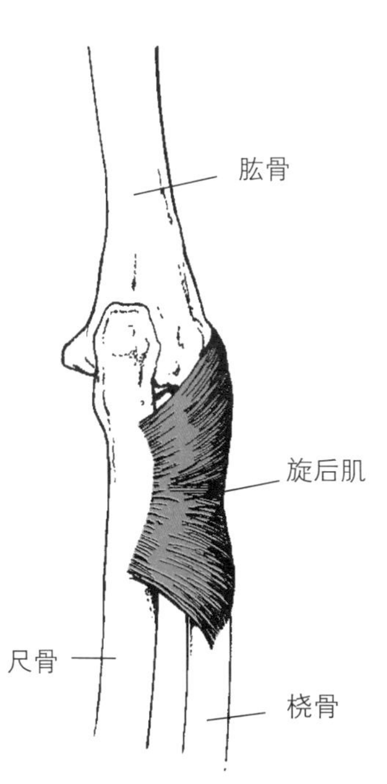

图 7–24

旋后肌为主要的旋后肌。

肘关节承重

尽管肘关节并不是承重关节，但它在日常活动中仍有可能承受着较大载荷。例如，有研究显示在穿衣和吃饭等日常活动中，肘关节所承受的关节压力可高达300 N；当双上肢支撑从坐到站时，肘关节的承重可达1700 N；当从地上拉起一个桌子时，肘关节承重可达1900 N[12]。在一些体育运动中，肘关节甚至需要承受更大的载荷。当投掷棒球时，肘关节外翻力矩可能高达64 N·m，为了避免关节脱位，需要肌肉产生高达1000 N的力量[17]。肘关节的外翻力矩几乎同投掷手的体重一致[24]。在做一些如翻腾和撑杆跳等体操技术动作时，肘关节也可被认为是一个承重关节。

由于肱三头肌肌腱附着于靠近肘关节中心的尺骨上，而不像肱肌附着于尺骨和肱二头肌附着于桡骨，因而肘关节的伸肘力臂比屈肘力臂小。这就使得肘关节伸肌必须比屈肌产生更大的力量，才能达到相等的关节力矩。这也就使得同样运动速度和力量时，肘关节在伸肘过程中产生的关节压力比屈肘时大。例题7.2阐述了肘关节运动力臂和力矩的关系。

由于鹰嘴的形状特点，肱三头肌运动力臂随肘关节位置变化而发生变化。如图7–25所示，肱三头肌运动力臂在上肢完全伸直时比屈曲超过90° 时更大。

例题 7.2

如下图所示，运动力臂为5 cm，前臂和手部力臂为15 cm，为保持15 N的前臂和手部的位置稳定，需要肱桡肌和肱二头肌产生多大的力？关节反作用力是多大？

已知

$$wt = 15\text{ N}$$
$$d_{wt} = 15\text{ cm}$$
$$d_{\mathrm{m}} = 5\text{ cm}$$

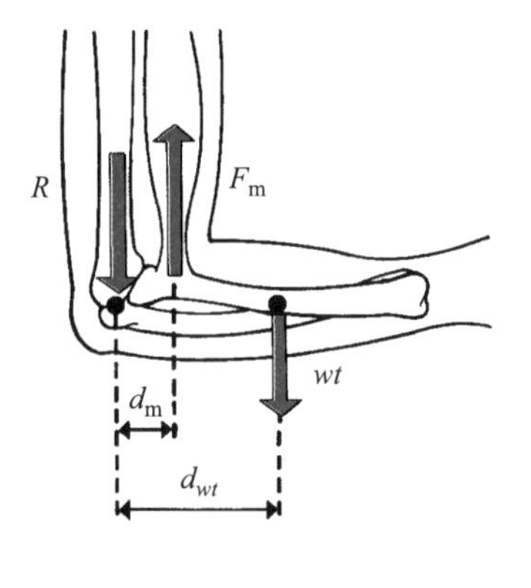

解答

上述肌肉产生的肘关节扭矩等于前臂和手部重量产生于肘关节的扭矩，肘关节合力矩为零。

$$\sum T_{\mathrm{e}} = 0$$
$$\sum T_{\mathrm{e}} = F_{\mathrm{m}} d_{\mathrm{m}} - wt d_{\mathrm{wt}}$$
$$0\text{ N}\cdot\text{cm} = F_{\mathrm{m}} \times 5\text{ cm} - 15\text{ N} \times 15\text{ cm}$$
$$F_{\mathrm{m}} = \frac{15\text{ N} \times 15\text{ cm}}{5\text{ cm}}$$
$$F_{\mathrm{m}} = 45\text{ N}$$

因为上肢是固定不动的，垂直的运动合力应为0 N。在书写力学公式时，设定向上为正方向。

$$\sum F_{\mathrm{v}} = 0\text{ N}$$
$$\sum F_{\mathrm{v}} = F_{\mathrm{m}} - wt - R$$
$$\sum F_{\mathrm{v}} = 45\text{ N} - 15\text{ N} - R$$
$$R = 30\text{ N}$$

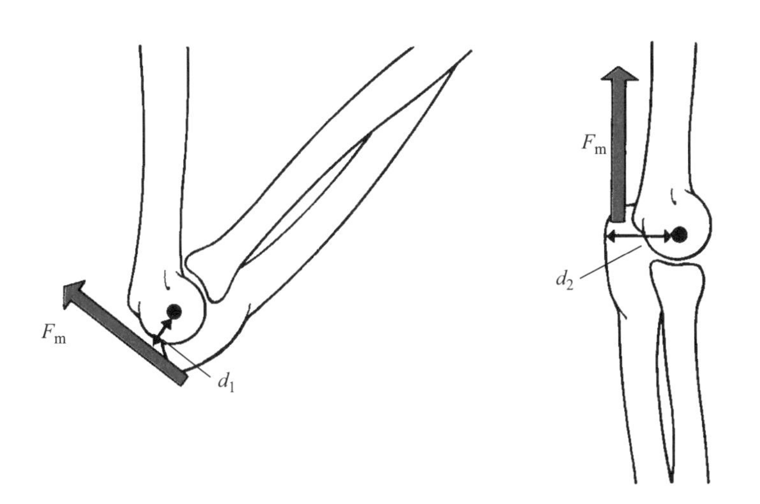

图 7-25
由于尺骨形态的变化，肘关节屈曲时肱三头肌运动力臂缩短。

肘关节常见损伤

尽管肘关节由较大的强壮韧带加以固定而显得稳定，但在日常生活和一些体育运动中施加给它的负荷仍然有可能使其发生脱位和疲劳性损伤。

扭伤和脱位

肘关节的强力过伸能引起尺骨冠突从肱骨滑车中向后移位。这种移位会牵扯到尺侧副韧带，导致其前侧部断裂或撕裂。

肘关节的继续过伸能引起肱骨远端向前侧滑脱出尺骨冠突，从而导致该关节脱位。美国肘关节脱位发病率高达每年每100 000人有5人发生，青少年脱位的发病风险最高。几乎一半的急性肘关节脱位都发生于体育运动，男性发病率在足球中最高，女性发病率在体操和滑雪项目中最高[26]。损伤机制常为跌倒时手部被向外牵伸或者暴力性扭转。一旦发生过脱位，其本身稳定性会受损，特别是伴有肱骨骨折或者尺侧副韧带断裂的脱位。由于许多神经和血管都通过肘关节，肘关节脱位时也要考虑到它们是否受损。

1~3岁小儿的肘关节脱位常称为“保姆肘”或“牵拉肘”。由于存在这种特异性的损伤，所以大人应该避免提拽或者甩拉小儿的手、手腕或前臂。

疲劳性损伤

同膝关节不同，肘关节最常见的损伤为疲劳性损伤。肘关节胶原组织的拉伤通常表现为进行性的。首发症状包括发炎和肿胀，接着形成软组织瘢痕。如果该症状持续存在，韧带中将会有钙盐和骨化形成。

外上髁炎常为远端肱骨外侧面的组织发炎或者微损伤，包括桡侧腕短伸肌和指伸肌肌腱附着部位。

上髁炎（epicodylitis）
肱骨远端内上髁或外上髁胶原组织炎症和微结构断裂，常被认为是疲劳性损伤。

因为外上髁炎常见于网球运动员，所以这种损伤也称为网球肘。几乎一半的网球运动员都会发生网球肘，运动员的发病年龄常为35~50岁[18]。这种疾病的风险因素还包括肩袖肌群损伤、狭窄性肌腱滑膜炎、肘管综合征、口服皮质醇药物治疗及吸烟史[29]。当网球运动员技术较差、装备不合理时，肘关节外上髁产生的应力也必将增加。例如，击球时偏离中心和使用弹力较高的网拍击球时，传导至肘关节的应力很大[18]。像游泳、击剑和捶打类型的活动也可能导致外上髁炎。

内上髁炎也叫作小联盟员肘或高尔夫球肘，也是肱骨远端内侧面软组织疲劳性损伤。这种情况可由多种肘关节内侧损伤引起，包括内

研究告诉了我们哪些投掷棒球的生物力学知识[10]

©David Madison/Getty Images

棒球投手常常在比赛、训练和肩关节或肘关节损伤后康复阶段使用长抛。为了评估这种练习的优势，研究人员对比了投掷和长抛的生物力学情况。

研究人员使用三维运动分析系统对17名健康棒球投掷大学生运动员进行了投掷动作的运动学和动理学分析。所有投手快速从18.4 m远端的土丘掷出棒球至击打区域，同时还测试了在平地上掷出37 m、55 m和尽可能最远的距离。对37 m和55 m投掷项目测试时，他们要求投手直接从目标地平线快速投出。对于最远距离的投掷没有提出任何投掷路线要求。利用统计学对比分析了四种投掷方式。

研究人员发现，从土丘上投掷时，投手脚步触地时肩关节几乎平行于地面。但随着投掷距离越远，他们肩关节的倾斜角度越大。随着投掷距离的增加，棒球掷出瞬间身体的前倾角度减小。在运球过程中，最大的肩关节外旋角度（均值±均方根，180° ±11° ）、肘关节屈曲角度（109° ±10° ）、肩部内旋扭矩（101 N·m±17 N·m）、肘关节内翻扭矩（100 N·m±18 N·m）都发生在最远距离投掷中。意料之中的是，肘关节的伸展速度也发生在最远距离投掷中（2573° /s±203° /s）。

对比四种投掷方式的结果显示，投手的运动方式在37 m和55 m投掷时同长抛投掷相似，但在最远距离投掷时，投掷运动学存在差异，同时投掷上肢的转动扭矩比长抛时更大。因此，他们提出在训练和损伤康复阶段需要谨慎练习最远距离投掷方式。

上髁骨突炎、内上髁撕脱性损伤和由张力过大引起的尺侧副韧带撕裂[2]。投掷运动中，在投掷早期阶段，当身体和肩部超过前臂和手时，肘关节内侧面会受到外翻拉伤，也会导致这种疾病。外翻力矩随着躯干旋转延后、投掷肩外旋减小和肘关节屈曲角度增加而增加[1]。内上髁撕脱性骨折也可能因在投掷释放阶段最大腕关节屈曲角度强力屈曲而导致。肘关节的投掷伤较常见的是慢性损伤而非急性伤。年轻投掷手正确的投掷方式能够通过减小肱骨内旋扭矩和肘关节外翻载荷来预防肩关节和肘关节损伤[4]。

腕关节结构

手腕由桡腕关节及腕骨间关节组成（图7-26）。大部分腕关节活动发生于桡腕关节，桡腕关节是由桡骨与手舟骨、月骨及三角骨组成的椭圆关节。腕关节产生矢状面上的运动（屈曲、伸展和过伸）和冠状面上的运动（桡偏和尺偏），以及环转运动。腕关节在伸展伴桡偏时，处于关节锁定位置。关节软骨盘将尺骨远端与月骨、三角骨和桡骨分开。虽然此关节间盘存在于桡腕关节及桡尺远侧关节，但两个关节分别有独立的关节囊。桡腕关节囊由掌侧桡腕韧带、背侧桡腕韧带、桡侧副韧带和尺侧副韧带固定。腕骨间关节为滑动关节，为腕关节运动提供少量支持。

桡腕关节（radiocarpal joint）
桡骨与三块腕骨之间的椭圆关节。

• 桡腕关节又称为腕关节。

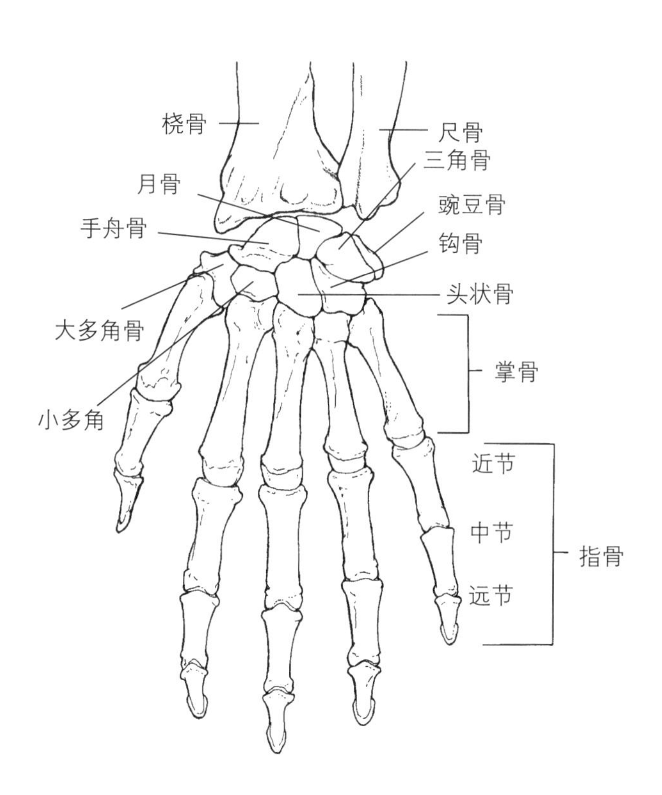

图 7-26
腕关节结构。

支持带（retinacula）
筋膜纤维束。

腕部筋膜增厚形成较粗的纤维束，称为支持带，是保护肌腱、神经和血管通过的通道。屈肌支持带保障了手外在屈肌肌腱及正中神经顺利穿过腕部掌侧面。在腕部背侧面，伸肌支持带为手外在伸肌肌腱的通道。

腕关节运动

腕关节能够在矢状面及冠状面产生运动，也能产生环转运动（图7–27）。屈曲是指手掌向前臂靠近的运动。伸展是指手回到解剖位置，过伸是指手背向前臂背侧的移动。桡偏是指手向拇指侧前臂的移动，向对侧方向的移动为尺偏。手向四个方向上的移动称为环转。由于腕关节的复杂结构，不同支点的旋转及腕关节运动时的不同生物力学机制，所以腕关节的环转运动十分复杂。

屈曲

负责腕关节屈曲的肌肉主要为桡侧腕屈肌和强有力的尺侧腕屈肌（图7–28）。掌长肌也会参与腕关节屈曲，但通常会在单侧或双侧前臂缺失。这三块肌肉的近端起点位于肱骨内上髁。指浅屈肌与指深屈肌可在手指完全伸展的情况下帮助屈曲腕关节，但当手指屈曲时，这些肌肉无法产生有效的张力，导致主动不足的情况发生。

伸展与过伸

腕关节的伸展与过伸是由桡侧腕长伸肌、桡侧腕短伸肌和尺侧腕伸肌收缩产生的（图7–29）。这些肌肉起始于肱骨外上髁。腕关节后侧其他肌肉也是帮助腕关节伸展的，尤其是在手指屈曲的情况下。这些肌肉包括拇长伸肌、示指伸肌、小指伸肌和指伸肌（图7–30）。

图 7–27
腕关节产生的运动。

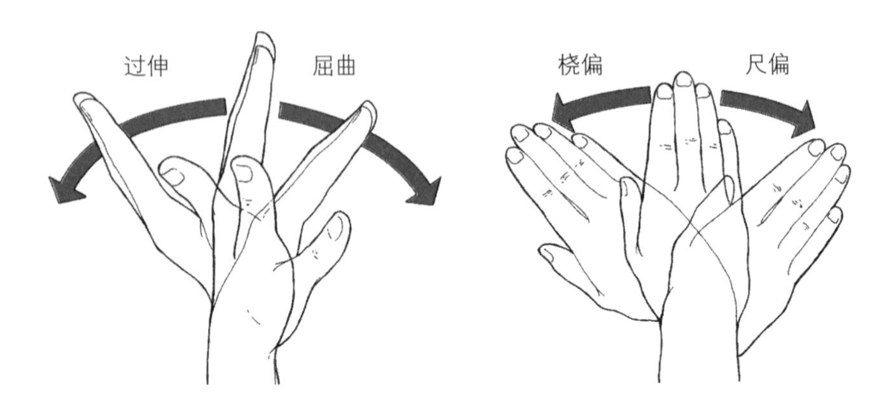

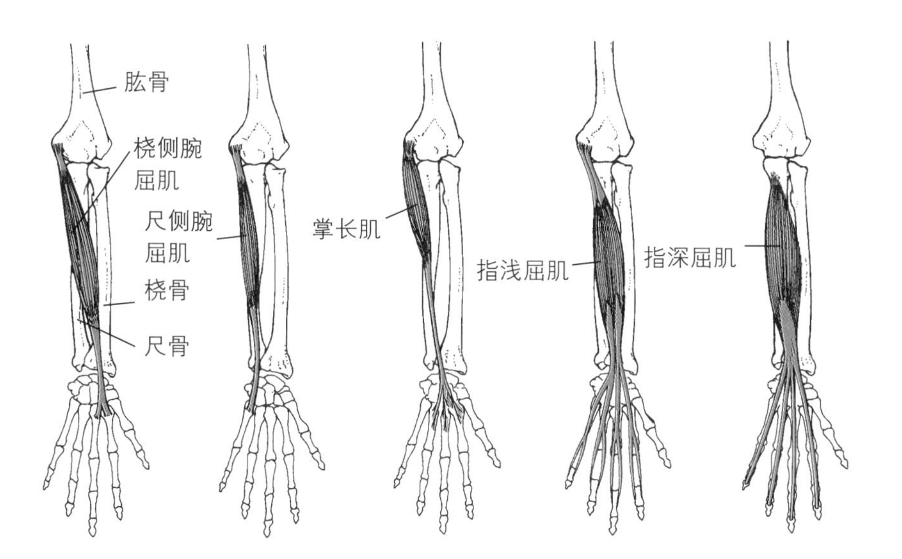

图 7-28

腕关节主要屈肌。

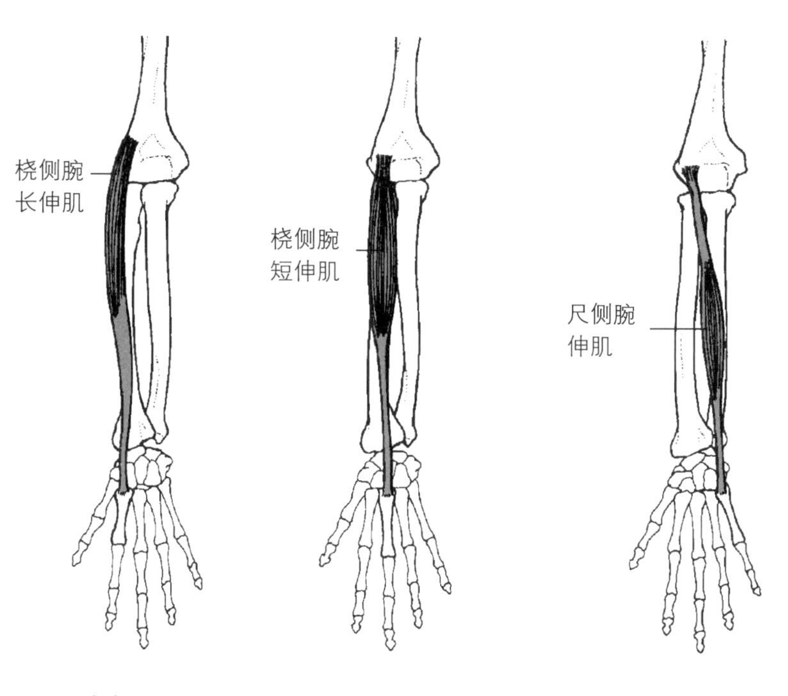

图 7-29

腕关节主要伸肌。

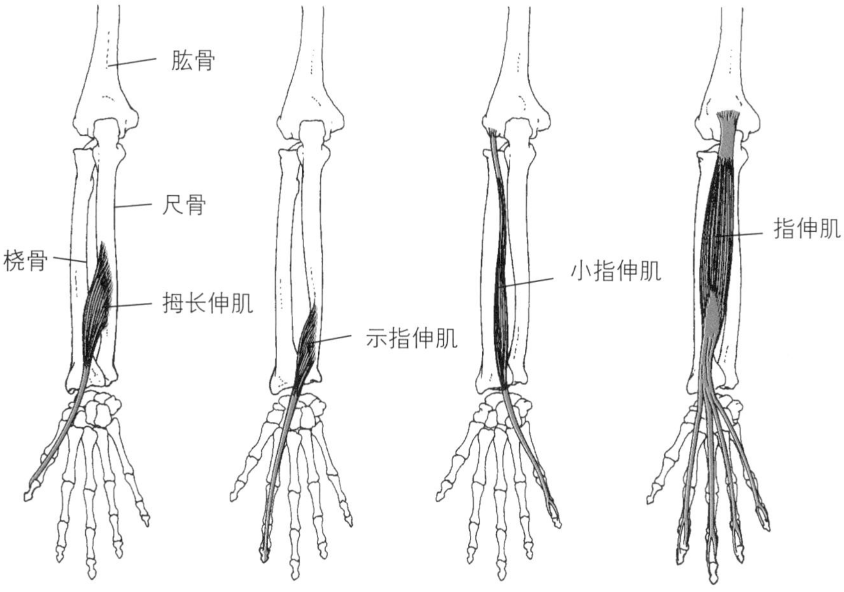

图 7-30

腕关节辅助伸展肌。

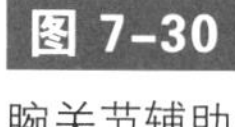

桡偏与尺偏

屈肌与伸肌的协同运动产生腕部手向外侧偏移的运动。桡侧腕屈肌与桡侧腕长、短伸肌收缩产生桡偏，尺侧腕屈肌与尺侧腕伸肌产生尺偏。

手关节结构

手部拥有大量的关节，可以满足高强度运动的需求，手关节有腕掌关节、掌骨间关节、掌指关节与指骨间关节（图7–31）。手指分为第1~5指骨，第1指骨也称为拇指。

腕掌关节与掌骨间关节

拇指的腕掌关节是大多角骨与第1掌骨间的关节，是经典的鞍状关节。其余的腕掌关节都为滑动关节。所有的腕掌关节均被关节囊包围，关节囊由背侧、掌侧和骨间的腕掌关节韧带加固。不规则的掌骨间关节共用这些关节囊。

掌指关节

掌指关节是掌骨远端凸面与指骨近端凹面间的椭圆关节。这些关节形成手部的指节。每个关节被关节囊包裹着，关节囊由强壮的副韧带加固。背侧的韧带与拇指的掌指关节合并。2~5指及拇指掌指关节的锁定位置分别是充分屈曲位和对指位。

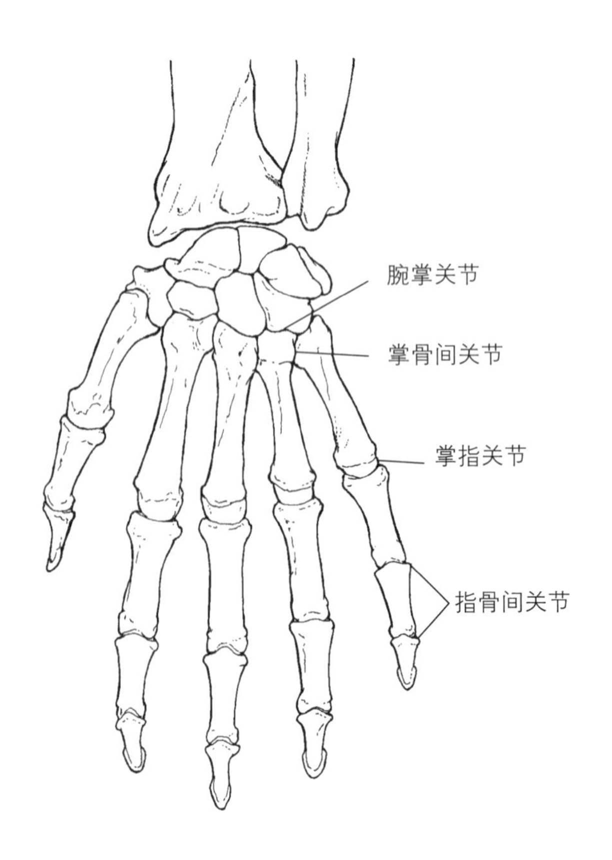

图 7–31

手关节结构。

指骨间关节

2~5指的近端和远端的指骨间关节及拇指唯一的指骨间关节都属于铰链关节。关节囊由包围在指骨间关节周围的掌侧韧带和副韧带组成。这些关节在完全伸展的锁定位置时最稳定。

• 与其他四指相比，拇指的大范围活动源于拇指腕掌关节的结构。

手关节运动

拇指的腕掌关节类似球状关节，使拇指具有较大的活动范围（图7–32）。由于受韧带的限制，第2~4指的腕掌关节活动范围很小，第5腕掌关节的活动范围稍大。

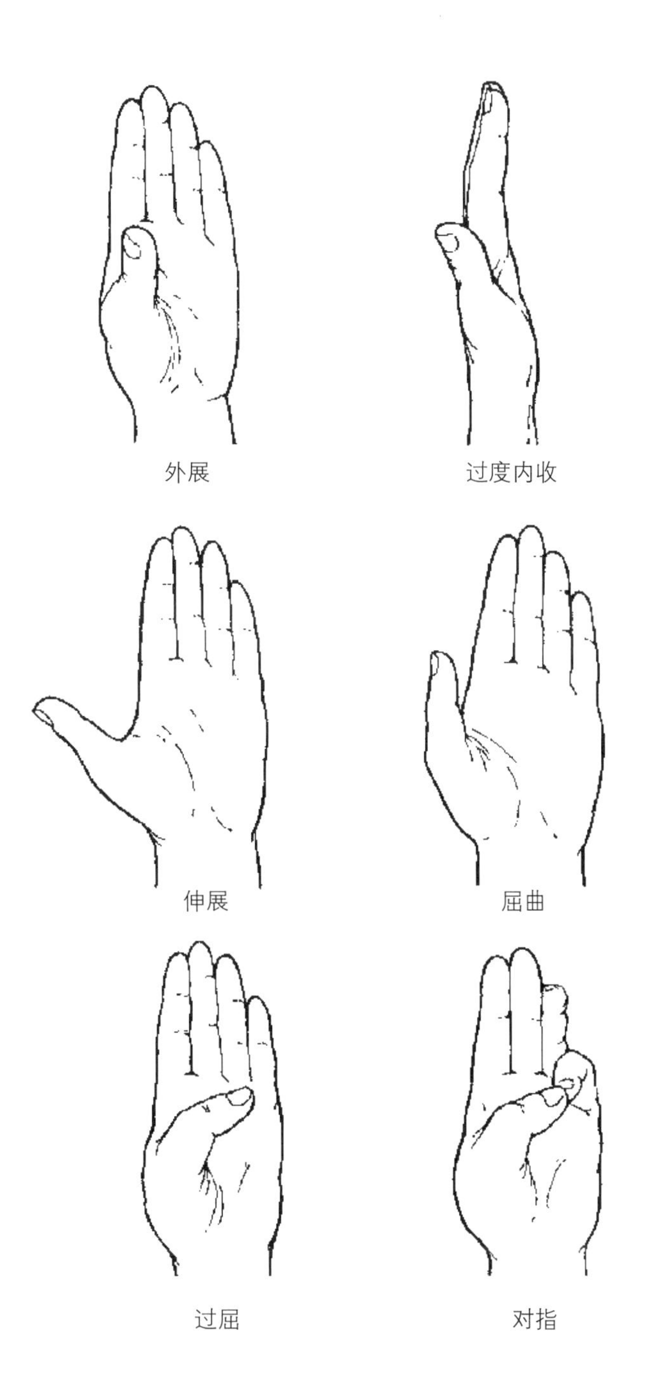

图 7–32
拇指的运动。

第2~5的掌指关节可做屈曲、伸展、外展、内收及环绕的运动。外展是指远离中指的运动，内收是指靠近中指的运动（图7–33）。由于拇指的掌指关节骨表面较为平坦，关节功能更像是铰链关节，只能进行屈曲和外展。

手内在肌（intrinsic muscle of hand）
所有附着点都位于腕关节远端的肌肉。

指骨间关节可进行屈曲和伸展运动，在一些个例中，会有轻度过伸。指骨间关节是典型的铰链关节。由于手内在肌（也称为手固有肌）的被动张力，当手处于放松状态，手腕从完全屈曲位至完全伸展位时，远端指骨间关节从近12° 屈曲至31° ，近端指骨间关节大约从19° 屈曲至70° [27]。

手外在肌（extrinsic muscle of hand）
近端附着于腕关节近端，远端附着于腕关节远端的肌肉。

手部及手指有相对较多的肌肉负责许多精细运动（表7–3）。有9条手外在肌（也称为手非固有肌）横跨手腕和10条手内在肌起止点都位于手腕远端。

手外在屈肌比最强的伸肌强2倍以上。这并不奇怪，因为手的屈肌在日常生活中使用得较多，如抓、握或拿、捏动作，而伸肌很少需要产生那么大的力。示指多方向的力量测试发现，屈曲时产生最大力，伸展、外展和内收产生的力分别是屈曲力的38%、98%和79% [15]。外在屈肌中最强的是指深屈肌和指浅屈肌，80%以上的屈肌力由它们产生 [16]。

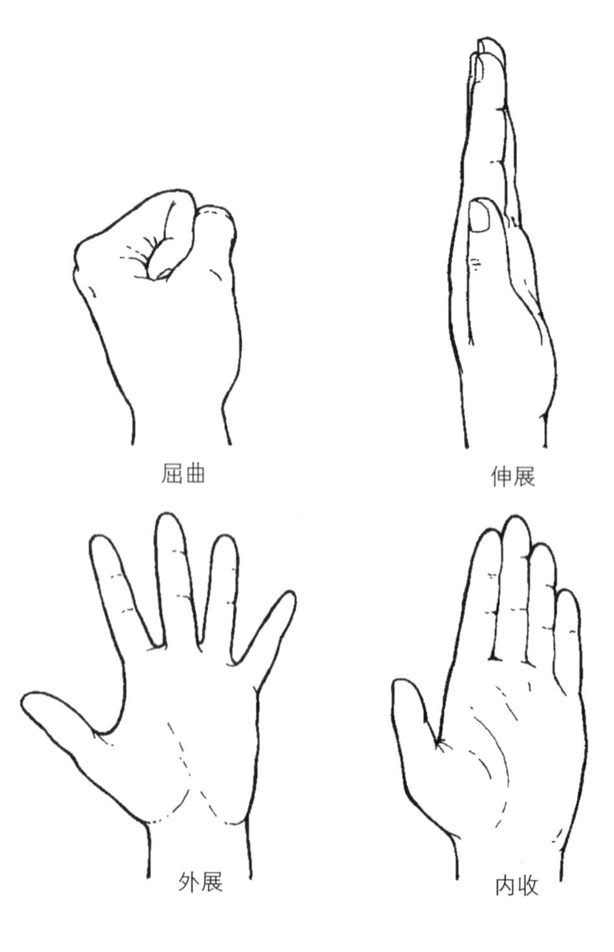

图 7–33
手指的运动。

表7-3　手部主要肌肉

肌肉	近端起点	远端止点	主要运动	神经支配
手外在肌				
拇长伸肌	尺骨背侧中间	拇指远端指骨背侧	拇指掌指和指骨间关节伸展，拇指掌指关节内收	桡神经（C_7、C_8）
拇短伸肌	桡骨背侧中间	拇指近端指骨背侧	拇指掌指和指骨间关节伸展	桡神经（C_7、C_8）
拇长屈肌	桡骨掌侧中间	拇指远端指骨掌侧	拇指掌指和指骨间关节屈曲	正中神经（C_8、T_1）
拇长展肌	尺骨和桡骨背侧中间	第1掌骨底桡侧端	拇指掌指关节外展	桡神经（C_7、C_8）
示指伸肌	尺骨背侧远端	指伸肌腱尺侧面	第2掌指关节伸展	桡神经（C_7、C_8）
指伸肌	肱骨外上髁	第2~5指中节和远节指骨底	第2~5指掌指关节，以及近、远端指骨间关节伸展	桡神经（C_7、C_8）
小指伸肌	近端指伸肌肌腱	第5掌指关节远端指伸肌肌腱	第5掌指关节伸展	桡神经（C_7、C_8）
指深屈肌	尺骨近端3/4	第2~5指远节指骨底	第2~5指远端指骨间关节和掌指关节屈曲	尺神经和正中神经（C_8、T_1）
指浅屈肌	肱骨内上髁	第2~5指中节指骨底两侧	第2~5指近端指骨间关节和掌指关节屈曲	正中神经（C_7、C_8、T_1）
手内在肌				
拇短屈肌	第1掌骨尺侧	拇指近端指骨掌侧面尺侧	拇指掌指关节屈曲和内收	正中神经（C_8、T_1）
拇短展肌	大多角骨和手舟骨	拇指第1指骨底桡侧	第1腕掌关节外展	正中神经（C_8、T_1）
拇对掌肌	手舟骨	第1掌骨底桡侧	拇指掌指关节屈曲和外展	正中神经（C_8、T_1）
拇内收肌	头状骨，第2、3掌骨远端	拇指近端指骨尺侧	拇指腕掌关节内收和屈曲	尺神经（C_8、T_1）
小指外展肌	豌豆骨	第5近端指骨底尺侧	第5掌指关节外展和屈曲	尺神经（C_8、T_1）
小指短屈肌	钩骨	第5近端指骨底尺侧	第5掌指关节屈曲	尺神经（C_8、T_1）
小指对掌肌	钩骨	第5掌骨尺侧	第5腕掌关节对掌	尺神经（C_8、T_1）
骨间背侧肌（4块肌肉）	所有指骨，掌骨对缘	所有近端指骨底	第2和4掌指关节外展，第3掌指关节桡偏和尺偏，第2~4掌指关节屈曲	尺神经（C_8、T_1）
骨间掌侧肌（3块肌肉）	第2、4和5掌骨	第2、4和5近节指骨底	第2、4和5掌指关节内收和屈曲	尺神经（C_8、T_1）
蚓状肌（4块肌肉）	第2~5指深屈肌肌腱	第2~5指伸肌肌腱	第2~5掌指关节屈曲	正中神经和尺神经（C_8、T_1）

腕部和手部常见损伤

日常生活和许多运动中几乎会连续使用手，因此腕关节扭伤和拉伤是相当常见的，偶尔伴有腕骨或桡骨远端脱位。这些损伤常由摔倒过程中自然顺势在腕关节过伸位上持续施力造成的。桡骨远端骨折是75岁以下人群中最常见的骨折类型。由于相同的原因，手舟骨和月骨骨折也比较常见。

一些手部和腕部损伤与特定运动有关。例如，近端指骨间关节损伤导致的掌骨骨折（拳击手）和锤状指或手指下垂的畸形，通常发生在足球守门员和棒球接球手身上。

在高尔夫球手中，腕关节是最容易损伤的关节，右利手的高尔夫球手通常会伤到左腕。过度使用损伤，如桡骨茎突狭窄性腱鞘炎（拇短伸肌肌腱炎和拇长展肌肌腱炎）和撞击相关的损伤都很常见。

腕管综合征是世界范围内最常见的神经卡压综合征[21]。腕管是腕骨和腕掌侧屈肌支持带之间的通道。虽然在特定的个体中导致疾病的病因未知，但是由该区域的急性或慢性创伤引起的任何肿胀都可以压迫穿过腕管的正中神经，从而导致该综合征。症状包括沿正中神经的疼痛和麻木，手指功能笨拙，最终出现正中神经支配区域肌肉无力和萎缩。在需要大握力、重复运动或使用振动工具的工作中，特别容易患腕管综合征。同样，反复在手腕掌侧面上休息的办公室人群也易患此病。为预防腕管综合征，需调整工作环境，使手腕在工作中处于中立位。羽毛球、棒球、自行车、体操、曲棍球、壁球、赛艇、滑雪、网球和攀岩等项目的运动员中也有腕管综合征的报道[7]。

小结

肩部的关节是人体最复杂的关节，由五个不同的关节组成，有助于肩部的运动。肩关节是一种结构松弛的球窝关节，其运动范围大，稳定性小。胸锁关节能够使肩胛带、锁骨和肩胛骨产生运动。肩胛带的运动有助于肱骨在不同方向运动时，肩关节处于最佳位置。肩锁关节和胸锁关节也提供了少量的运动。

肱尺关节控制着肘关节的屈曲和伸展。桡尺近侧、远侧关节产生前臂旋前、旋后的运动。

桡骨和三个腕骨之间椭圆关节的结构控制着腕部的运动，可使腕关节屈曲、伸展、桡偏和尺偏。大部分产生手部运动的关节是拇指腕掌关节、掌指关节和指骨间关节（铰链结构）。

入门题

1. 制作一个列举所有横跨肩关节肌肉的图表，可根据这些肌肉处于关节中心位置的上方、下方、前方或后方来设定。请注意一些肌肉属于多个类别。请识别肌肉在四个类别中的每一个或一组动作。

2. 制作一个列举所有横跨肘关节肌肉的图表，手臂处于解剖位时，根据这些肌肉处于关节中心位置的上方、下方、前方或后方来设定。请注意一些肌肉属于多个类别。请识别肌肉在四个类别中的每一个或一组动作。
3. 制作一个列举所有横跨腕关节肌肉的图表，手臂处于解剖位时，根据这些肌肉处于关节中心位置的上方、下方、前方或后方来设定。请注意一些肌肉属于多个类别。请识别肌肉在四个类别中的每一个或一组动作。
4. 请列出在下列活动中产生张力以稳定肩胛骨的肌肉名称：a. 拎手提箱；b. 滑水运动；c. 做俯卧撑；d. 做引体向上。
5. 请列出俯卧撑的原动肌、拮抗肌、稳定肌和中和肌。
6. 请解释引体向上正手抓握与反手抓握的不同。
7. 请选择一项熟悉的活动，并识别在活动期间上肢肌肉中的原动肌。
8. 请以例题7.1中的图为模型，在给定上臂（u）、前臂（f）和手（h）的重量（wt）和力矩长度（d）（$wt_u = 19$ N，$wt_f = 11$ N，$wt_h = 4$ N，$d_u = 12$ cm，$d_f = 40$ cm，$d_h = 64$ cm）的情况下，计算三角形中距肩部3 cm的力矩臂所需的张力。（答案：308 N）
9. 当手臂水平伸展时，入门题8中的三个部分哪个产生肩关节最大扭矩？请解释你的答案并讨论手臂在肩水平位置上的影响。
10. 请通过添加一个10 kg的保龄球来解决例题7.2，该保龄球在手中距肘部35 cm处保持。（记住千克是质量单位，不是重量单位！）（答案：F_m=732 N，$R = 5619$ N）

附加题

1. 识别正手投掷时发生在肩胸、肩、肘和腕关节的运动轨迹。
2. 哪些是附加题1最有可能成为原动肌的肌肉？
3. 选择一项熟悉的球拍类运动，并识别在进行正手和反手击球时，肩、肘和腕关节的运动轨迹。
4. 哪些是附加题3中最有可能成为原动肌的肌肉？
5. 选择五种基于阻力训练的上肢训练方法，并识别哪些肌肉为原动肌及在每次运动过程中哪些肌肉是起辅助作用的。
6. 讨论肩袖作为肩关节稳定器和肱骨运动的重要性。
7. 探讨肩袖损伤的可能机制，讨论包括力量-长度关系对肌肉的影响（见第六章）。
8. 如果d_m = 2 cm，d_e = 25 cm，那么肱三头肌必须产生多大张力

（F_m）才能使手臂抵御200 N的外力（F_e）？联合反作用力（R）的大小是多少？（因为前臂是垂直的，它的重量不会在肘部产生扭矩）（答案：$F_m = 2500$ N，$R = 2700$ N）

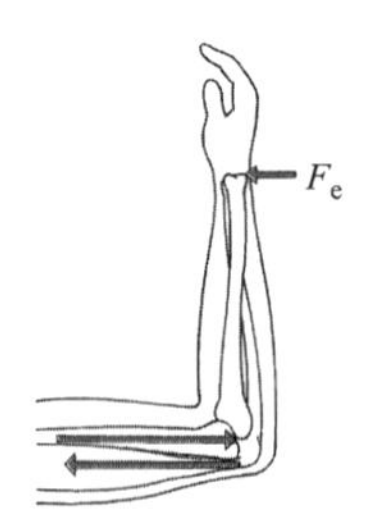

9. 当伸展的长50 cm的手臂夹角为60° 时，哑铃和肩膀之间的力矩臂的长度是多少？（答案：43.3 cm）

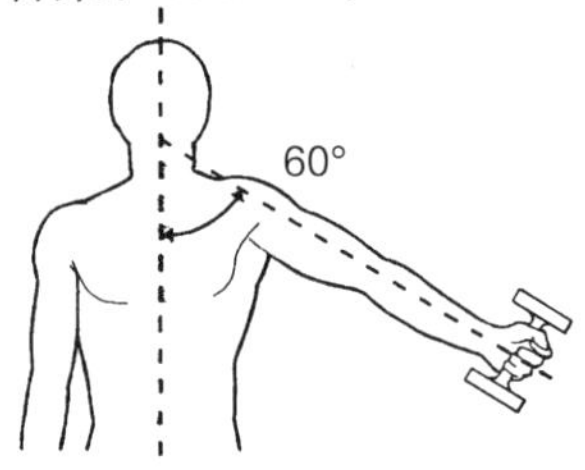

10. 三角肌内侧束以15° 的角度附着于肱骨。当总肌力为500 N时，用于旋转和稳定的肌力各是多少？（答案：旋转肌力＝129 N，稳定肌力＝483 N）

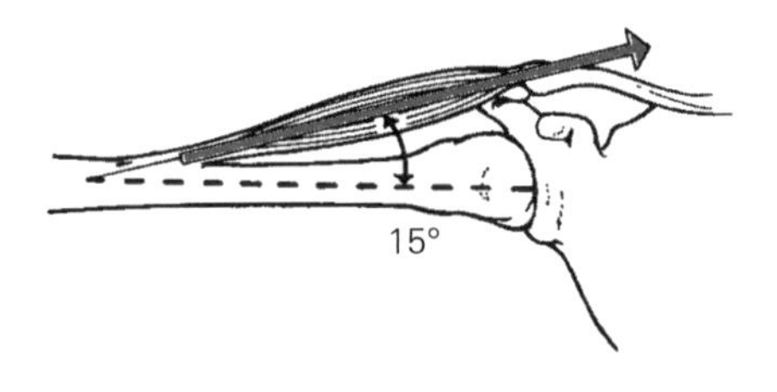

姓名：______________________

日期：______________________

实践

1．研究肩、肘和腕的解剖模型。定位和识别主要骨骼、肌肉附着点和韧带。

组成肩关节的骨：______________________

组成胸锁关节的骨：______________________

组成肩锁关节的骨：______________________

组成喙锁关节的骨：______________________

越过肩关节的韧带：______________________

越过胸锁关节的韧带：______________________

越过肩锁关节的韧带：______________________

越过喙锁关节的韧带：______________________

越过肩关节的肌肉：______________________

2．与一位搭档一起，使用测角仪分别测量手指在完全屈曲和完全伸展时腕关节屈曲和过伸的活动范围。请解释你的实验结果。

手指完全屈曲时，腕关节屈曲的活动范围：______________________

手指完全屈曲时，腕关节过伸的活动范围：______________________

手指完全伸展时，腕关节屈曲的活动范围：______________________

阐述原因：______________________

3. 分别用正手和反手完成引体向上运动。请从肌肉功能的角度解释哪种方式更容易。

哪种更容易？＿＿＿＿＿＿＿＿＿＿＿＿＿＿＿＿＿＿＿＿

阐述原因：＿＿＿＿＿＿＿＿＿＿＿＿＿＿＿＿＿＿＿＿

4. 分别使用双手支撑间的距离为宽、中和窄，完成俯卧撑运动。请从肌肉功能的角度解释哪种方式最简单，哪种方式最难。

哪种最简单？＿＿＿＿＿＿＿＿＿＿＿＿＿＿＿＿＿＿＿＿

哪种最难？＿＿＿＿＿＿＿＿＿＿＿＿＿＿＿＿＿＿＿＿

阐述原因：＿＿＿＿＿＿＿＿＿＿＿＿＿＿＿＿＿＿＿＿

5. 与一位搭档一起，使用测角仪分别测量优势臂和非优势臂肩部，在屈曲、过伸、外展和水平外展中的主动和被动关节活动度。请解释你的结果。

优势臂肩关节主动屈曲的关节活动度：＿＿＿＿＿＿＿＿

优势臂肩关节主动过伸的关节活动度：＿＿＿＿＿＿＿＿

优势臂肩关节主动外展的关节活动度：＿＿＿＿＿＿＿＿

优势臂肩关节主动水平外展的关节活动度：＿＿＿＿＿＿＿＿

优势臂肩关节被动屈曲的关节活动度：＿＿＿＿＿＿＿＿

优势臂肩关节被动过伸的关节活动度：＿＿＿＿＿＿＿＿

优势臂肩关节被动外展的关节活动度：＿＿＿＿＿＿＿＿

优势臂肩关节被动水平外展的关节活动度：＿＿＿＿＿＿＿＿

非优势臂肩关节主动屈曲的关节活动度：＿＿＿＿＿＿＿＿

非优势臂肩关节主动过伸的关节活动度：＿＿＿＿＿＿＿＿

非优势臂肩关节主动外展的关节活动度：＿＿＿＿＿＿＿＿

非优势臂肩关节主动水平外展的关节活动度：＿＿＿＿＿＿＿＿

非优势臂肩关节被动屈曲的关节活动度：＿＿＿＿＿＿＿＿

非优势臂肩关节被动过伸的关节活动度：＿＿＿＿＿＿＿＿

非优势臂肩关节被动外展的关节活动度：＿＿＿＿＿＿＿＿

非优势臂肩关节被动水平外展的关节活动度：＿＿＿＿＿＿＿＿

阐述原因：＿＿＿＿＿＿＿＿＿＿＿＿＿＿＿＿＿＿＿＿

参考文献

[1] AGUINALDO A L, CHAMBERS H. Correlation of throwing mechanics with elbow valgus load in adult baseball pitchers. *Am J Sports Med*, 2009, 37:2043.

[2] AMIN N H, KUMAR N S, SCHICKENDANTZ M S. Medial epicondylitis: evaluation and management. *J Am Acad Orthop Surg*, 2015, 23:348.

[3] CHIU J, ROBINOVITVH S N. Prediction of upper extremity impact forces during falls on the outstretched hand. *J Biomech*, 1998, 31:1169.

[4] DAVIS J T, LIMPISVASTI O, FLUHME D, et al. The effect of pitching biomechanics on the upper extremity in youth and adolescent baseball pitchers. *Am J Sports Med*, 2009, 37:1484.

[5] DAYANIDHI S, ORLIN M, KOZIN S, et al. Scapular kinematics during humeral elevation in adults and children. *Clin Biomech*, 2005, 20:600.

[6] DE CONINCK T, NGAI S S, TAFUR M, et al. Imaging the glenoid labrum and labral tears. *Radiographics*, 2016, 36:1628.

[7] DIMEFF R J. Entrapment neuropathies of the upper extremity. *Curr Sports Med Rep*, 2003, 2: 255.

[8] ENDO K, HAMADA J, SUZUKI K, et al. Does Scapular Motion Regress with Aging and Is It Restricted in Patients with Idiopathic Frozen Shoulder? *Open Orthop J*, 2016, 10:80.

[9] FESSA C K, PEDUTO A, LINKLATER J, et al. Posterosuperior glenoid internal impingement of the shoulder in the overhead athlete: Pathogenesis, clinical features and MR imaging findings. *J Med Imaging Radiat Oncol*, 2015, 59:182.

[10] FLEISIG G S, BOLT B, FORTENBAUGH D, et al. Biomechanical comparison of baseball pitching and long-toss: Implications for training and rehabilitation. *J Orthop Sports Phys Ther*, 2011, 41:296.

[11] Giphart J E, Brunkhorst J P, Horn N H, et al. Effect of plane of arm elevation on glenohumeral kinematics: A normative biplane fluoroscopy study. *J Bone Joint Surg Am*, 2013, 95:238.

[12] JAZRAWI L M, ROKITO A S, BIRDZELL G, et al. Biomechanics of the elbow// Nordin M and Frankel VH. *Basic biomechanics of the musculoskeletal system*. 4th ed. Philadelphia: Lippincott Williams & Wilkins, 2012.

[13] KAI Y, GOTOH M, TAKEI K, et al. Analysis of scapular kinematics during active and passive arm elevation. *J Phys Ther Sci*, 2016, 28:1876.

[14] KON Y, NISHINAKA N, GAMADA K, et al. The influence of handheld weight on the scapulohumeral rhythm. *J Shoulder Elbow Surg*, 2008, 943:17.

[15] LI Z-M, PFAEFFL E H J, SOTEREANOS D G, et al. Multi-directional strength and force envelope of the index finger. *Clin Biomech*, 2003, 18:908.

[16] LI Z M, ZATSIORSKY V M, LATASH M L. The effect of finger extensor mechanism on the flexor force during isometric tasks. *J Biomech*, 2001, 34:1097.

[17] LOFTIS J, FLEISIG G S, ZHENG N, et al. Biomechanics of the elbow in sports. *Clin Sports Med* , 2004, 23: 519.

[18] MOHANDHAS B R, MAKARAM N, DREW T S, et al. Racquet string tension directly affects force experienced at the elbow: Implications for the development of lateral epicondylitis in tennis players. *Shoulder Elbow* , 2016, 8:184.

[19] MORELL D J, THYAGARAJAN D S. Sternoclavicular joint dislocation and its management: A review of the literature. *World J Orthop*, 2016, 7:244.

[20] NAKAZAWA M, NIMURA A, MOCHIZUKI T, et al. The orientation and variation of the acromioclavicular ligament: an anatomic study. *Am J Sports Med*, 2016, 44:2690.

[21] PADUA L, CORACI D, ERRA C, et al. Carpal tunnel syndrome: Clinical features, diagnosis and management. LANCET NEUROL, 2016, 15:1273.

[22] PARASKEVAS G, PAPADOPOULOS A, PAPAZIOGAS B, et al. Study of the carrying angle of the human elbow joint in full extension: A morphometric analysis. *Surg Radiol Anat*, 2004, 26:19.

[23] PONCELET E, DEMONDION X, LAPEGUE F, et al. Anatomic and biometric study of the acromioclavicular joint by ultrasound. *Surg Radiol Anat*, 2003, 25: 439.

[24] SABICK M B, TORRY M R, LAWTON R L, et al. Valgus torque in youth baseball pitchers: A biomechanical study. *J Shoulder Elbow Surg*, 2004, 13:349.

[25] SARMENTO M. Long head of biceps: from anatomy to treatment. *Acta Reumatol Port*, 2015, 40:26.

[26] STONEBACK J W, OWENS B D, SYKES J, et al. Incidence of elbow dislocations in the United States population. *J Bone Joint Surg Am*, 2012, 94:240.

[27] SU F C, CHOU Y L, YANG C S, et al. Movement of finger joints induced by synergistic wrist motion. *Clin Biomech*, 2005, 5:491.

[28] THOMAS J, LAWRON J. Biceps and triceps ruptures in athletes. *Hand Clin*, 2017, 33:35.

[29] TITCHENER A G, FAKIS A, TAMBE A A, et al. Risk factors in lateral epicondylitis (tennis elbow): A case-control study. *J Hand Surg Eur Vol*, 2013, 38:159.
[30] VAN TONGEL A, MACDONALD P, LEITER J, et al. A cadaveric study of the structural anatomy of the sternoclavicular joint. *Clin Anat*, 2012, 25:903.
[31] VOSLOO M, KEOUGH N, DE BEER M A. The clinical anatomy of the insertion of the rotator cuff tendons. *Eur J Orthop Surg Traumatol*, 2017. doi: 10.1007/s00590-017-1922-z. [Epub ahead of print].
[32] WILLIMON S C, GASKILL T R, MILLETT P J. Acromioclavicular joint injuries: Anatomy, diagnosis, and treatment. *Phys Sportsmed*, 2011, 39:116.
[33] YANI T, HAY J G. Shoulder impingement in front-crawl swimming, II: Analysis of stroking technique. *Med Sci Sports Exerc*, 2000, 32:30.
[34] YANI T, HAY J G, MILLER G F. Shoulder impingement in front-crawl swimming, I: A method to identify impingement. *Med Sci Sports Exerc*, 2000, 32:21.

注释读物

BOZKURT M, ACAR H. Clinical anatomy of the shoulder: An atlas. New York: Springer, 2017.
讲述肩关节详细的功能解剖、体格检查和临床影像学知识。

GRAHAM T. Athletic hand and wrist injuries. Philadelphia: Lippincott Williams & Wilkins, 2017.
包含手和腕部的解剖，以及运动员常见损伤和相应的治疗。

MORREY B, SOTELO J, MORREY M. Morrey's the elbow and its disorders. New York: Elsevier, 2017.
讲述了现阶段肘部损伤和障碍的手术方法和预后。

ROCKWOOD C, MATSEN F, WIRTH M, et al. Rockwood and Matsen's The Shoulder, 5th Edition. London: Elsevier, 2016.
讲述了肩部损伤和功能障碍的最新手术方法和管理方案。

第八章　人体下肢生物力学

通过学习本章，读者可以：

解释解剖结构是如何影响下肢关节的运动能力的。

确定影响下肢关节移动和稳定性的因素。

解释下肢适应负重的方式。

识别在特定的下肢运动中活跃的肌肉。

描述下肢常见损伤的生物力学因素。

虽然上肢和下肢的关节有一些相似之处，但上肢更适合需要大范围活动的运动。相比之下，下肢具有良好的负重和移动功能。除了这些基本功能外，足球中的射门、完成一次跳远或跳高、芭蕾舞中保持足尖平衡等活动还显示了下肢的一些较为特殊的功能。这一章将解释下肢的运动关节和肌肉功能。

下肢具有良好的负重和移动功能。
©JUPITERIMAGES/Brand X/Alamy Stock Photo.

髋关节结构

髋关节属于球窝关节（图8–1）。约2/3的股骨头构成髋关节的球。窝指的是凹的髋臼，它倾斜向前、向外侧、向下。关节软骨覆盖关节两侧表面。髋臼缘外围的纤维软骨增厚，形成髋臼唇，有助于关节的稳定性。髋臼唇内的静水压力大于唇外，有助于关节的润滑。髋臼窝比肩关节窝深很多，因此，髋关节的骨性结构比肩关节的骨性结构更稳定且更不易脱位。

髋关节周围有几条维持其稳定的大而强壮的韧带（图8–2）。强壮的髂股韧带（Y形韧带）和耻股韧带加固髋关节前方关节囊，坐股韧带加固后方关节囊。在髋关节伸展时这些主要韧带的张力有助于维持股骨头位于髋臼。髂股韧带是防止股骨头向前平移和

• 由于骨性结构及跨过关节的肌肉和韧带的数量等优势，所以髋关节比肩关节稳定。

图 8-1

髋关节的骨性结构。

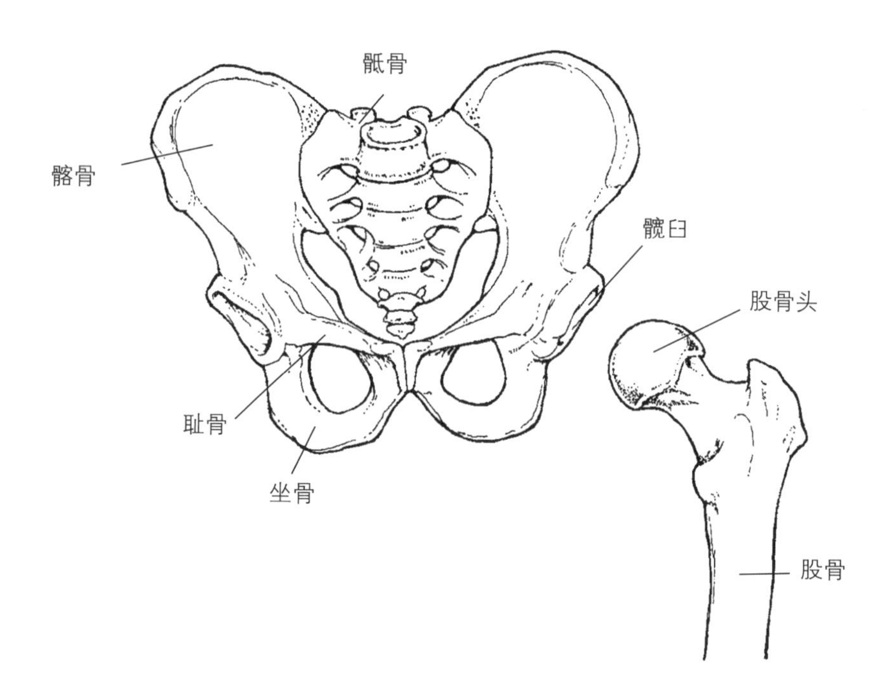

图 8-2

髋关节的韧带。

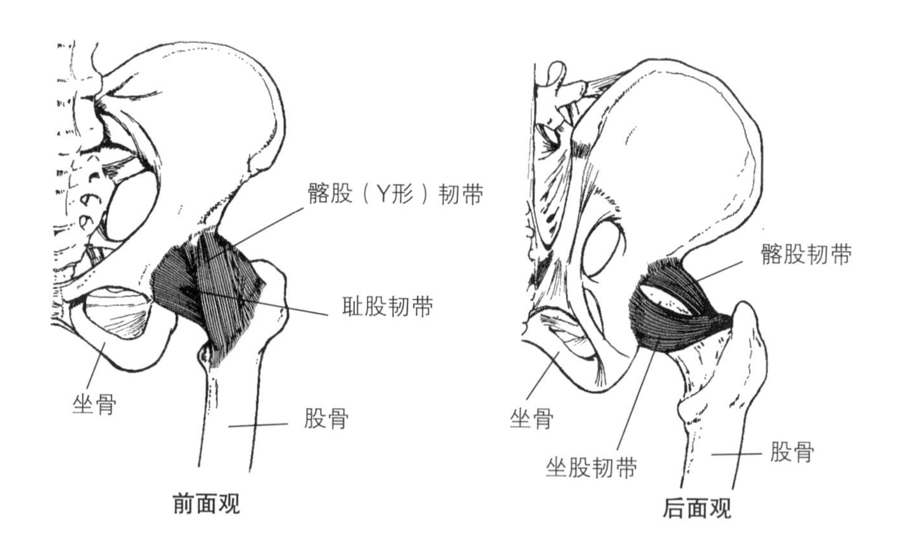

向外旋转的首要稳定因素[37]。在关节囊内，股骨头韧带从髋臼边缘直接连接到股骨头。

与肩关节一样，髋关节周围有几个滑膜囊，有助于增加润滑作用。最突出的是髂耻囊和臀大肌转子囊。髂耻囊位于髂腰肌和髋关节囊之间，以减少结构之间的摩擦。臀大肌转子囊在股骨大转子和臀大肌之间提供了一个缓冲，位于股骨大转子和附着于髂胫束上的臀大肌之间。

股骨是人体主要的负重骨，是人体最长、最大、最粗壮的骨。它最弱的部分是股骨颈，股骨颈的直径比骨的其他部分细小，因为股骨颈主要由骨小梁组成，内部很弱。在行走和跑步的支撑阶段，股骨从髋部向内向下倾斜，有助于单腿支撑时维持身体的稳定。

髋部运动

股骨的运动主要由髋关节旋转产生，下肢带骨在肢体运动时与肩胛带类似，起固定作用。与肩胛带不同，骨盆是一个单一的非关节结构，但它可以在三个解剖平面旋转。骨盆通过旋转促进股骨的运动，使髋臼朝向即将发生股骨运动的方向。例如，骨盆后倾，髂前上棘相对髋臼向后倾斜，将股骨头置于髋骨前，以使屈曲更容易。同样，骨盆前倾促进股骨的伸展，骨盆外侧向相反方向倾斜促进股骨外侧运动。骨盆带的运动也与脊柱的某些运动相协调（见第九章）。

下肢带骨（pelvic girdle）
又称髋带骨，两块髋骨加上骶骨，可以向前、向后和横向旋转，以优化髋关节的位置。

髋周肌

有许多大肌肉跨过髋关节，进一步促进了髋关节的稳定性。髋关节肌肉的位置和功能见表8-1。

表8-1　髋周肌

肌肉	近端附着点	远端附着点	髋关节动作	神经支配
股直肌	髂前下棘	髌骨	屈曲	股神经（L_2～L_4）
髂腰肌		股骨小转子	屈曲	L_1和股神经
（髂肌）	髂窝、邻近的骶骨			（L_2～L_4）
（腰大肌）	第12胸椎，所有腰椎和腰椎间盘			（L_1～L_3）
缝匠肌	髂前上棘	胫骨上部内侧	协助屈曲、外展、外旋	股神经（L_2、L_3）
耻骨肌	耻骨上支的耻骨梳	股骨近端内侧	屈曲、内收、内旋	股神经（L_2、L_3）
阔筋膜张肌	髂嵴前方和髂前上棘	髂胫束	协助屈曲、外展、内旋	臀上神经（L_4~S_1）
臀大肌	髂翼外面、髂嵴骶骨、尾骨后面	髂胫束和臀肌粗隆	伸展、外旋	臀下神经（L_5~S_2）
臀中肌	介于臀前线与臀后线之间的骨面	股骨大转子	外展、内旋	臀上神经（L_4~S_1）
臀小肌	介于臀前线与臀下线之间的骨面	大转子的前面	外展、内旋	臀上神经（L_4~S_1）
股薄肌	耻骨体下部和耻骨下支	胫骨上端内侧面	内收	闭孔神经（L_3、L_4）
大收肌	耻骨下支和坐骨	股骨粗线	内收、外旋	闭孔神经（L_3、L_4）
长收肌	耻骨前面	股骨粗线内侧唇中1/3	内收、协助屈曲	闭孔神经（L_3、L_4）
短收肌	耻骨下支	股骨粗线内侧唇上1/3	内收、外旋	闭孔神经（L_3、L_4）
半腱肌	坐骨结节中部	胫骨粗隆内侧	伸展	胫神经（L_5~S_1）
半膜肌	坐骨结节外侧	胫骨粗隆内侧	伸展	胫神经（L_5~S_1）
股二头肌（长头）	坐骨结节外侧	胫骨后外侧髁、腓骨头	伸展	胫神经（L_5~S_2）
六块外旋肌	骶骨、髂骨、坐骨	大转子后侧	外旋	（L_5~S_2）

屈曲

髂腰肌（iliopsoas）
由腰大肌和髂肌组成，它们以共同的肌腱止于股骨小转子。

主要负责髋关节屈曲的六块肌肉穿过髋关节的前方，即髂肌、腰大肌、耻骨肌、股直肌、缝匠肌和阔筋膜张肌。其中，较大的髂肌和腰大肌在股骨上方相融合，是主要的髋关节屈肌（图8–3）。职业网球运动员和足球运动员优势侧和非优势侧均出现髂腰肌肥大，网球运动员非优势侧的髂腰肌肥大得更多，足球运动员也同样[47]。辅助髋关节屈肌如图8–4所示。因为股直肌是一种在髋关节屈曲和膝关节伸直时活动的双关节肌肉，所以当膝关节处于屈曲状态，如在踢球时，股直肌能更有效地发挥髋关节屈肌的作用。狭窄如带状的缝匠肌，也是双关节肌肉。缝匠肌起于髂前上棘，止于胫骨粗隆内侧下方，是全身最长的肌肉。

伸展

腘绳肌（hamstrings）
包括股二头肌、半膜肌和半腱肌。

• 双关节肌在一个关节处被轻微牵拉时，在另一个关节处的作用更有效。

髋关节伸肌是指臀大肌和腘绳肌（图8–5）。臀大肌是一块大而有力的肌肉，通常只有在髋关节处于屈曲状态时才会活跃，如在爬楼梯或骑自行车时，或者在抗阻伸展髋关节的时候（图8–6）。腘绳肌主要根据它们突出的肌腱来命名，可以轻易地在膝关节后部摸到这些肌腱。这些双关节肌肉有助于髋关节的伸展和膝关节的屈曲，在站立、行走和跑步时都很活跃。

外展

• 在步态摆动阶段需要髋外展肌的主动收缩，防止摆动侧拖动。

臀中肌是主要的髋关节外展肌，其在臀小肌的辅助下外展髋关节。这些肌肉在行走和跑步的支撑相及单腿站立时稳定骨盆。例如，走路时，当体重由右脚支撑时，右髋关节外展肌以等长和离心的方式收缩，以防止左侧骨盆被左腿摆动的力量向下拉。这使得左腿可以在摆动阶段自由移动。如果髋关节外展肌太弱而不能完成这一功能，那么在步态的每一步中骨盆外倾和摆动相的拖动都会发生。髋关节外展肌在舞蹈表演时也很活跃，如大划圈。

内收

髋关节内收肌是越过关节内侧的肌肉，包括长收肌、短收肌、大收肌和股薄肌（图8–7）。髋关节内收肌在步态周期的摆动阶段有规律地活动，使支撑阶段脚置于身体重心之下。在爬楼梯和爬山时，内收肌更加活跃。股薄肌是一块长而相对较弱的带状肌肉，它也有助于膝关节的屈曲。三块内收肌也有助于髋关节屈曲和外旋，尤其是当股骨向内旋转时。

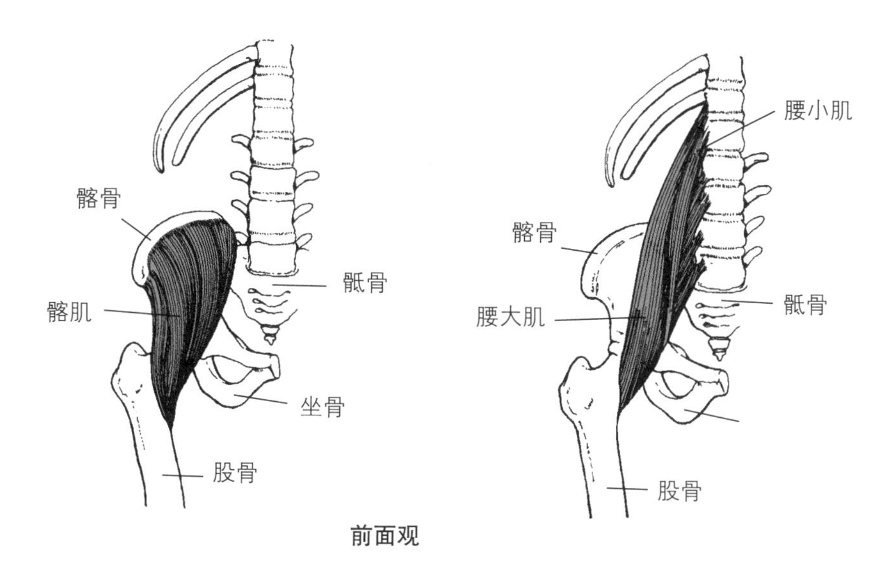

图 8-3

髂腰肌是主要的髋屈肌。

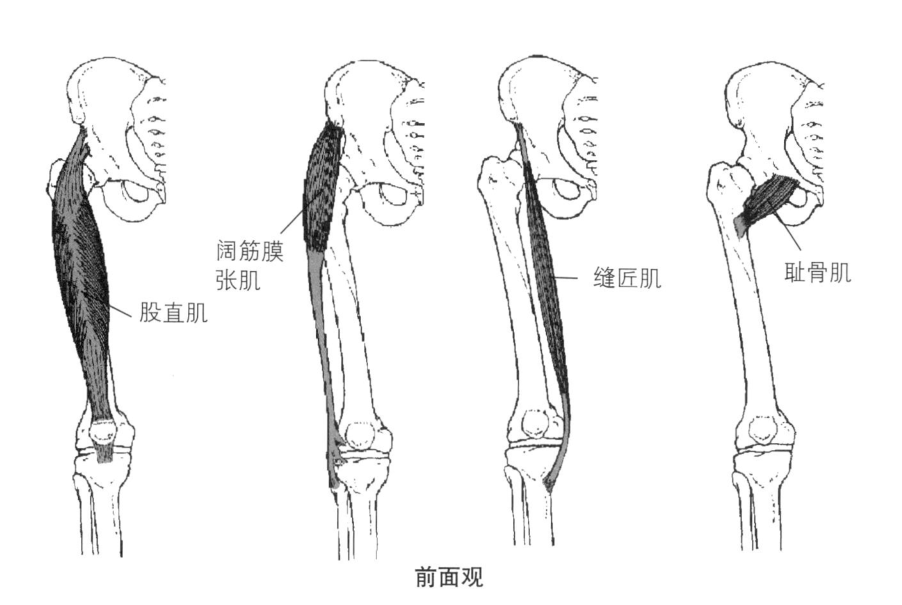

图 8-4

髋关节辅助屈肌。

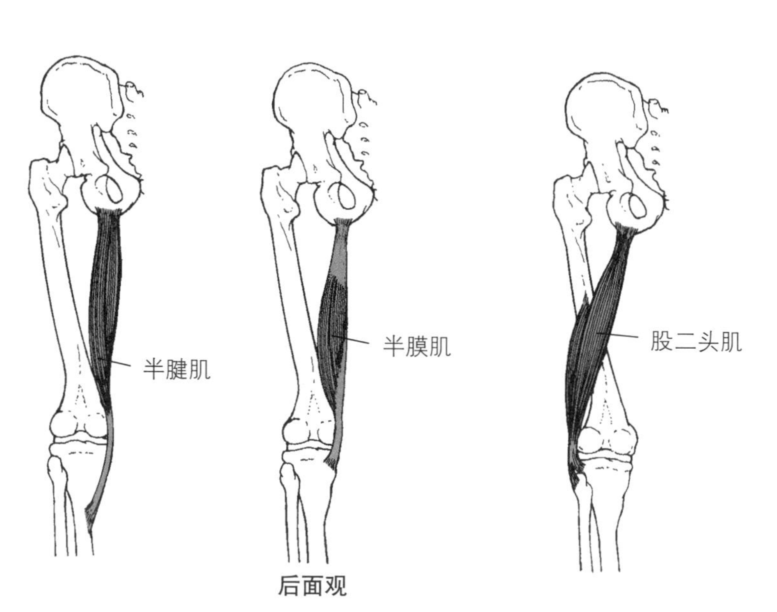

图 8-5

腘绳肌是主要的伸髋及屈膝肌。

图 8-6

三块臀部肌肉。

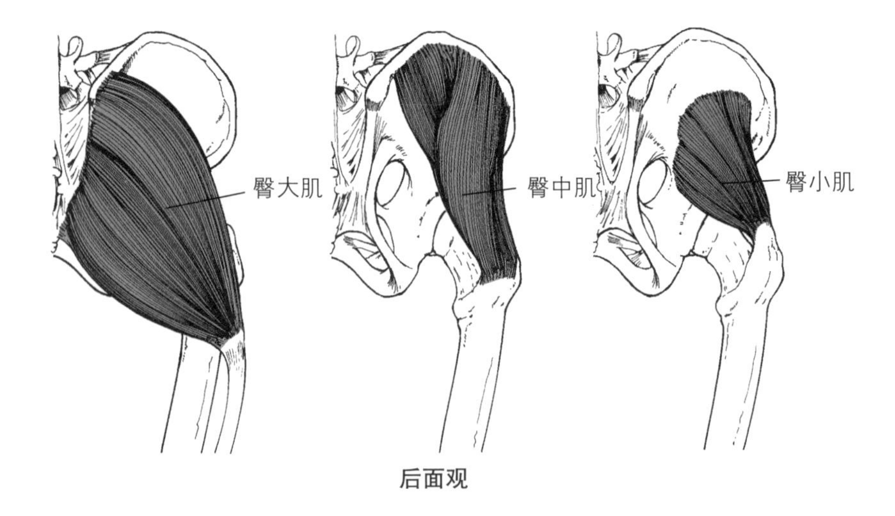

图 8-7

髋关节内收肌。

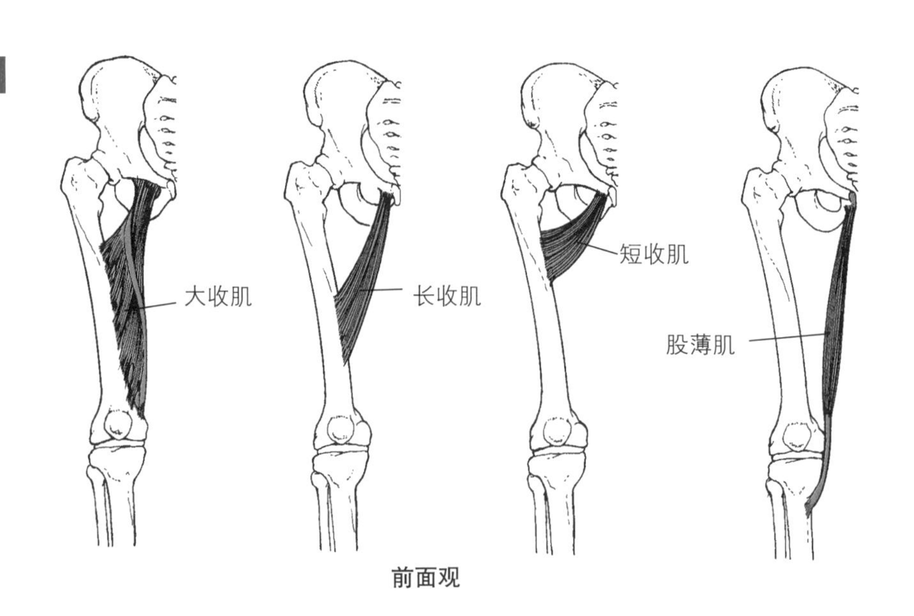

股骨的内旋和外旋

• 在步态周期中，股骨内旋和外旋与骨盆旋转协调进行。

虽然有助于股骨外旋的肌肉较多，但仅有六块肌肉起外旋的作用。这六块肌肉分别是梨状肌、上孖肌、下孖肌、闭孔内肌、闭孔外肌和股方肌（图8-8）。虽然我们倾向于认为行走和跑步是下肢关节严格的矢状面运动，但为了适应骨盆的旋转，每走一步股骨也会向外旋转。

股骨的主要内旋肌是臀小肌，由阔筋膜张肌、半腱肌、半膜肌和臀中肌协助。股骨的内旋通常不需要做大力量抗阻运动。内侧和外侧肌群在屈髋90° 比在完全伸直状态更能发挥强大的张力[1]。然而，与外旋肌相比，所有位置下的内旋肌都较弱。

水平内收和外展

股骨水平内收或外展发生在髋关节屈曲90° 且股骨处于内收或外展位时。这些动作需要几块肌肉同时收缩。屈髋时需要屈髋肌收缩来

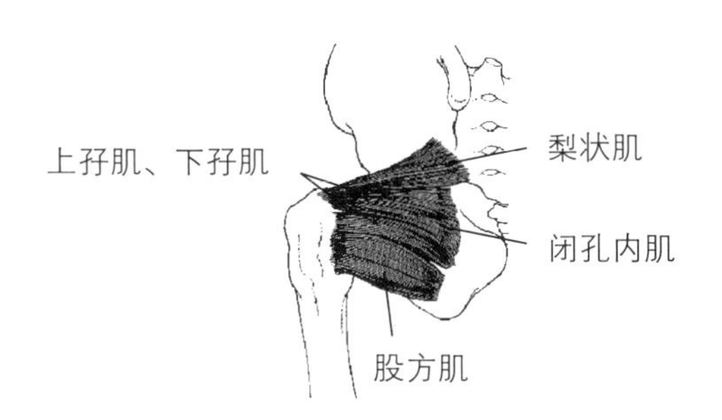

图 8-8

股骨外旋肌。

抬高股骨。髋关节外展肌可以产生水平外展，从水平外展的位置，髋关节内收肌可以产生水平内收。位于臀部后方的肌肉在水平内收和外展时比髋关节前方的肌肉更有力，因为当屈髋90° 时髋关节后方肌肉受到牵拉，前方肌群的张力随着屈髋角度的增加而减小。

髋关节负重

髋关节是主要的负重关节，其在日常活动中一直处于负重状态。当直立站立身体重量均匀分布在两腿上时，髋关节两侧各支撑髋关节以上部位重量的1/2，约为全身重量的1/3。然而，在这种情况下，每个髋关节所承受的总载荷大于所支撑的重量，因为大而有力的髋关节肌肉产生的张力会进一步增加关节处的压力（图8–9）。

由于肌肉的张力，髋关节受到的压力与行走摆动相的体重大致相同[40]。在步行速度为3~6 km/h时髋关节峰值接触力为4.37~5.74倍的体重，在跑步速度为6~12 km/h时为7.49~10.01倍体重[17]。

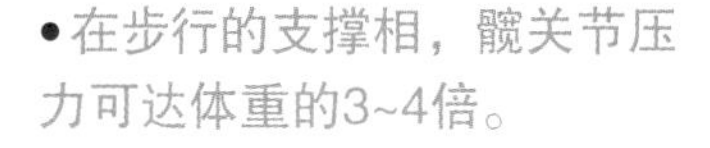

• 在步行的支撑相，髋关节压力可达体重的3~4倍。

随着步行速度的增加，髋关节的负重在摆动和支撑阶段都会增加。综上所述，体重、从脚向上通过骨骼传递的冲击力，以及肌肉张力都对髋关节产生了非常大的压缩力，如例题8.1所示。

幸运的是，髋关节能够很好地承受它习惯承受的大负荷。由于股骨头的直径略大于髋臼的关节面，所以在开始负重时，两块骨之间的接触开始于周围。随着载荷的增加，关节处的接触面积也会增大，使得应力水平大致保持不变[39]。

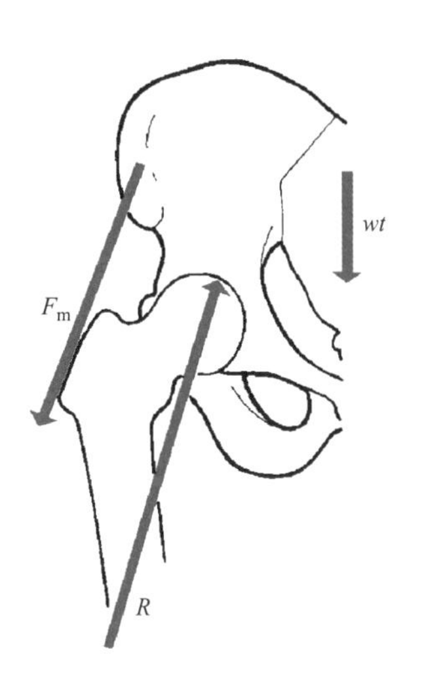

图 8-9

在静态站姿时作用于髋关节的主要力是髋关节上方身体各部分的重量（每侧髋负重一半的重量）、髋关节外展肌的张力（F_m）、关节面之间的压力（R）。

在受伤或疼痛的髋关节对侧使用拐杖或手杖是有益的，因为它有助于在整个步态循环中更均匀地分配双腿之间的载荷。站立时，疼痛髋关节的对侧支撑可以减少外展肌所需的张力，从而减轻疼痛髋关节的载荷。然而，疼痛髋关节所承受的载荷减少，会增加对侧髋关节的压力。

例题 8.1

假设两腿站立时，关节承受250 N的体重，外展肌产生600 N的张力，那么髋关节会受到多大的压力呢？

已知

$$wt = 250\ \text{N}$$
$$F_m = 600\ \text{N}$$

图解

由于物体是静止的，所以所有的垂直力分量之和及水平力分量之和为零。从图形上看，这意味着所有作用力都可以分解，形成一个封闭的多边形力（在本例中是一个三角形）。上述图中髋关节的力可以重新配置成三角形。

如果三角形按比例（如1 cm=100 N）画，关节压缩量可以通过测量关节反作用力（R）的长度来近似：

$$R \approx 840\ \text{N}$$

数学解答

利用余弦定理在一个三角形中计算R：

$$R^2 = F_m^{\ 2} + wt^2 - 2\ F_m wt \cos 160°$$
$$R^2 = 600\ \text{N}^2 + 250\ \text{N}^2 - 2 \times 600\ \text{N} \times 250\ \text{N} \times \cos 160°$$
$$R = 839.29\ \text{N}$$

髋关节常见损伤

骨折

•股骨颈骨折（髋部骨折）是一种严重的衰弱性损伤，常见于老年骨质疏松患者。

虽然骨盆和股骨都是又大又牢固的骨骼，但髋部在运动过程中承受着大而重复的载荷。股骨颈骨折常见于老年骨质疏松患者行走支撑阶段，是一种骨矿化和强度降低的情况（第四章），这些股骨颈骨折往往与失去平衡而跌倒有关。一种常见的误解是跌倒导致骨折，反过来也可能是真的。与跌倒相关的髋部骨折的危险因素包括跌倒风险、持续的冲击力、骨质量和骨几何学[29]。研究人员估计，大约50%的股骨颈骨折可归因于骨质疏松[38]。老年人髋部骨折是一个严重的健康问题，是老年人死亡的主要原因[49]。股骨近端皮质骨的含量高，会使髋部骨折风险降低[43]。当髋骨具有良好的健康和矿化时，它们可以承受巨大的载荷，这在许多举重项目中得到了证明。规律锻炼有助于预防髋部骨折。

挫伤

在参加接触性运动时，大腿前部的肌肉经常受到撞击。由此引起的内出血和瘀伤的表现从轻微到严重不等。大腿挫伤是一种相对少见但潜在严重并发症的急性骨筋膜隔室综合征，内出血导致肌肉腔内压力增加，致使神经、血管和肌肉受压[19]。如果不治疗，因为缺乏氧气，血管被腔内升高的压力压缩，可能会导致组织死亡。

拉伤

因为大多数日常活动不需要同时屈髋和伸膝，所以除非是为了特定的目的进行锻炼，否则很少会拉伸腘绳肌。腘绳肌在伸展性降低后很容易发生损伤。这些肌肉的拉伤通常发生在短跑中，尤其是当个人感到疲劳和神经肌肉协调能力受损时。研究人员认为，腘绳肌拉伤通常发生在站立后期或步态摆动后期腘绳肌离心收缩时[48]。这些损伤是运动员的困扰，因为它们的发病率高，愈合速度慢，而且在重返赛场后的第一年复发率接近1/3[4]。腹股沟区域的拉伤在运动员中也比较常见，大腿强有力的外展可能会过度拉伸内收肌。

膝关节结构

膝关节的结构使其可以承受巨大的载荷，以及适应机动性活动。膝关节是大的滑膜关节，关节囊内有三个关节——承重的胫股关节的两个髁突关节，以及髌股关节。虽然上胫腓骨关节不是膝关节的一部分，但有软组织与膝关节连接，因此会对膝关节的运动产生轻微影响。

胫股关节（tibiofemoral joint）
是胫骨内、外侧髁与股骨之间的双髁突关节，是构成膝关节的主要铰链关节。

髌股关节（patellofemoral joint）
髌骨和股骨之间的关节。

胫股关节

胫骨内、外侧髁与股骨连接形成两个并行的的髁状关节（图8-10）。由于韧带的限制，这些关节最初是作为一种改良的铰链关节一起工作的，允许有一些侧向和旋转运动。胫骨的髁状突称为胫骨平台，形成轻微的凹陷，由髁间隆起隔开。由于股骨的内、外侧髁在大小、形状和方向上有所不同，胫骨在最后几度的伸展过程中在股骨上

• 膝关节在伸展时需要少量的胫骨外旋才能完全伸展。

图 8–10

胫股关节的骨性结构。

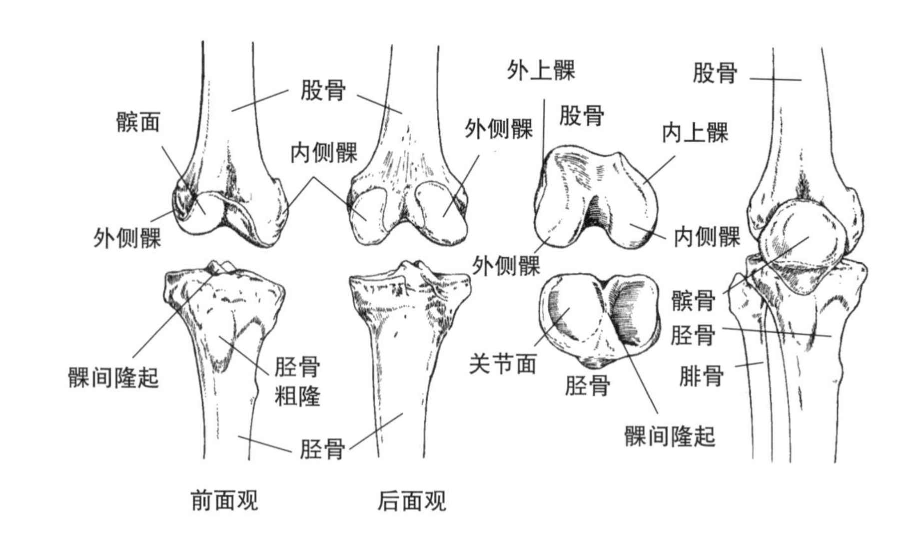

向外侧旋转，产生膝关节的“锁定”。这种现象被称为“螺旋归位”机制，即膝关节处于完全伸展的密闭位置。由于胫骨平台的曲率复杂、不对称，且因人而异，因此部分人的膝关节更稳定、更抗损伤。

半月板

半月板（menisci）
位于胫骨和股骨髁之间的软骨盘。

半月板又称半月软骨，是由韧带和关节囊固定在胫骨平台上的纤维软骨盘（图8–11）。它们通过膝横韧带相互连接。半月板的边缘最厚，关节囊的纤维将半月板固定在胫骨上。内侧半月盘直接与内侧副韧带相连。在中间，两个半月板逐渐变得和纸一样薄，内侧边缘不与骨相连。

图 8–11

膝关节半月板。

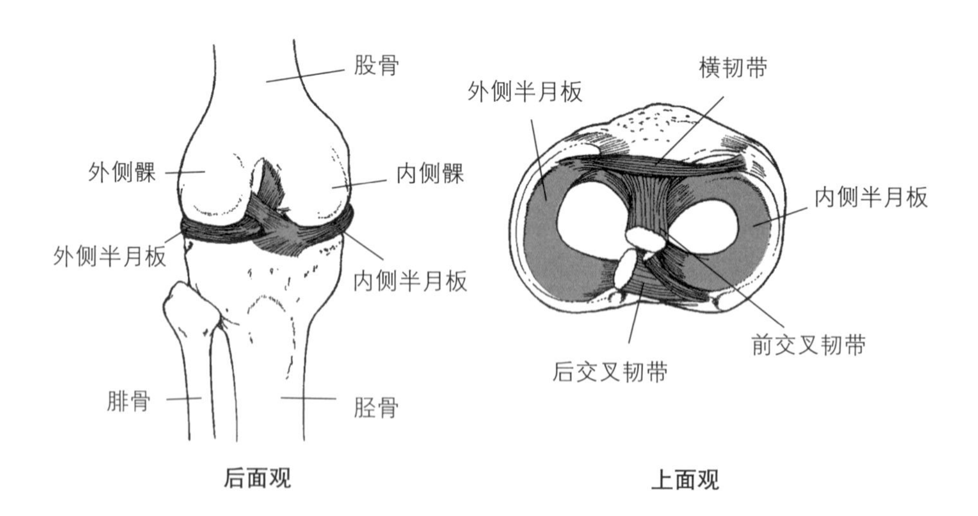

半月板上有丰富的血管和神经。血液供应可以促进炎症修复和重塑。每个半月板的外侧由神经支配，传入膝关节位置、膝关节运动速度和加速度的本体感受信息。

• 半月板可增加胫股关节的接触面积，有助于吸收振荡。

半月板加深胫骨平台的关节凹陷，有助于膝关节的载荷传递和减振。在日常生活活动中，半月板承受高度复杂的载荷模式[32]。每个半月板内侧2/3的结构特别适合于抵抗压迫[15]。如果半月板已经被摘除，那么在承重过程中，胫股关节的应力可能会成倍增加。若半月板部分或全部被摘除，受伤的膝关节也许仍能充分发挥功能，但关节表面磨损增加，显著增加关节退行性疾病发展的可能性。膝关节骨关节炎常伴有半月板撕裂。半月板撕裂会导致骨关节炎的发展，患有骨关节炎也会导致自发半月板撕裂。

韧带

膝关节周围有很多韧带，显著增强了膝关节的稳定性（图8-12）。每个韧带的位置决定了它能够抵抗膝关节移位的方向。

内、外侧侧副韧带阻止膝关节的侧向运动，就像肘的侧副韧带一样，根据止点它们也分别被称为胫侧和腓侧副韧带。内侧副韧带复合体的纤维与关节囊和内侧半月板合并，连接股骨内侧髁与胫骨内侧。附着点刚好位于鹅足下方，鹅足是半腱肌、半膜肌和股薄肌共同附着于胫骨的附着体。内侧副韧带用以抵抗作用于膝关节的中向剪切力（外翻）和旋转力。外侧副韧带从股骨外上髁后方几毫米向下止于腓骨头，有助于提高膝关节的外侧稳定性。与绳状的外侧副韧带相比，扇形的内侧副韧带更长、更宽、更薄。

侧副韧带（collateral ligament）
经过膝关节内侧和外侧的主要韧带。

前、后交叉韧带限制了膝关节屈伸过程中股骨在胫骨平台上的前后滑动，也限制了膝关节过伸。“交叉韧带”的名字来源于这两条韧带相互交叉的形状，前后指向各自的胫骨附着体。前交叉韧带从胫骨髁间隆起的前部，向上、向后延伸到股骨外侧髁的后内侧表面。后交叉韧带是膝关节最强的韧带，从胫骨髁间隆起的后方向股骨内侧髁外侧面的上、前方向延伸[36]。这些韧带限制了膝关节屈伸时股骨在胫骨平台上的前后滑动，限制了膝关节的过伸。

交叉韧带（cruciate ligament）
相互交叉连接膝关节前部和后部的主要韧带。

膝关节韧带还有：腘斜韧带和腘弓状韧带穿过膝关节后方，膝横韧带在内侧连接两个半月板。另一个限制组织是髂胫束，是阔筋膜向下的增厚延续，附着于股骨外侧髁和胫骨粗隆外侧。

髂胫束（iliotibial band）
连接阔筋膜张肌到股骨外侧髁和胫骨粗隆外侧的、厚而坚固的组织带。

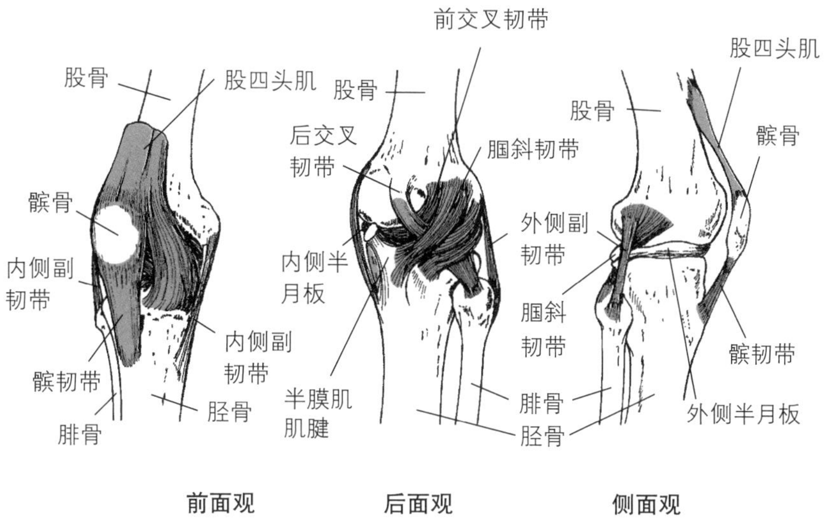

图 8-12
膝关节韧带。

髌股关节

髌股关节由包裹在髌韧带里呈三角状的髌骨及股骨的滑车沟组成。髌骨后表面覆盖关节软骨，可减少髌骨与股骨之间的摩擦。

• 髌骨为膝关节伸肌提高了差不多50%的机械优势。

髌骨具有多种生物力学功能，最明显的是增加胫骨四头肌的牵拉角度，从而提高股四头肌产生膝关节伸展的机械优势。将股四头肌分散的张力集中传递到髌韧带。髌骨还可增加髌韧带与股骨之间的接触面积，从而减少髌股关节的接触应力。它也为膝关节前部提供了一些保护，并帮助保护股四头肌肌腱免受邻近骨骼的损伤。

关节囊和滑膜囊

膝关节关节囊大而松弛，包裹着胫股关节和髌股关节。许多滑膜囊位于关节囊内和周围，以减少膝关节运动时的摩擦。髌上囊位于股骨和股四头肌肌腱之间，是人体最大的滑膜囊。其他重要的囊有：①腘下囊，位于股骨外侧髁和腘肌之间；②半膜肌囊，位于腓肠肌内侧头和半膜肌肌腱之间。

另外三个与膝关节相关但不包含在关节囊中的关键囊是髌前囊、髌下浅囊和髌下深囊。髌前囊位于皮肤和髌骨前表面之间，允许膝屈伸时皮肤在髌骨上自由运动。髌下浅囊提供皮肤和髌韧带之间的缓冲，髌下深囊减少胫骨粗隆和髌韧带之间的摩擦。

膝关节运动

膝关节肌肉

和肘关节一样，许多膝关节肌肉是双关节肌肉。膝关节肌肉的主要活动如表8-2所示。

屈曲和伸展

屈曲和伸展是胫股关节的主要运动。然而，要想从完全伸展的位置开始屈曲，首先必须“解锁”膝关节。完全伸展时，股骨内侧髁的关节面比外侧髁的关节面长，几乎不能运动。解锁的工作由腘肌负责，腘肌使胫骨相对于股骨内旋，使膝关节屈曲（图8-13）。随着屈曲的进行，股骨必须在胫骨上向前滑动，以防止从胫骨平台上滚落。同样，股骨在伸展时必须相对于胫骨向后滑动。膝关节屈曲时伴随胫骨内侧旋转和股骨在胫骨平台上向前滑动，即使屈曲是被动的[24]。这种耦合的确切性质受膝关节的个体差异而不同，并且受膝关节处载荷的影响[56]。膝关节韧带和关节面的形状都会影响膝关节这些耦合运动的模式[56]。

腘肌（popliteus）
由于它的活动是使胫骨相对于股骨内旋，因此它被称为膝关节屈曲的钥匙。

作用于膝关节的主要屈肌是腘绳肌。辅助膝关节屈曲的肌肉有股薄肌、缝匠肌、腘肌和腓肠肌。

表8-2 膝关节肌肉

肌肉	近端附着点	远端附着点	主要膝关节运动	神经支配
股直肌	髂前下棘	髌骨	伸展	股神经（L_2~L_4）
股外侧肌	股骨大转子和股骨粗线外侧	髌骨	伸展	股神经（L_2~L_4）
股中间肌	股骨前方	髌骨	伸展	股神经（L_2~L_4）
股内侧肌	粗线内侧	髌骨	伸展	股神经（L_2~L_4）
半腱肌	坐骨结节内侧	胫骨粗隆内侧	屈曲、内旋膝关节	坐骨神经（L_5~S_2）
半膜肌	坐骨结节外侧	胫骨内侧髁下缘	屈曲、内旋膝关节	坐骨神经（L_5~S_2）
股二头肌	长头：坐骨结节 短头：股骨粗线外侧	胫骨外侧髁后面、腓骨头	屈曲、外旋膝关节	坐骨神经（L_5~S_2）
缝匠肌	髂前上棘	胫骨体上端内侧面	协助屈髋和外旋髋关节	股神经（L_2、L_3）
股薄肌	耻骨联合前下	胫骨体上端内侧面	髋内收、屈膝	闭孔神经（L_2、L_3）
腘肌	股骨外侧髁	胫骨内侧髁下缘	内旋、屈曲膝关节	胫神经（L_4、L_5）
腓肠肌	股骨内侧髁和外侧髁后面	以跟腱止于跟骨结节	屈曲	胫神经（S_1、S_2）
跖肌	股骨远端	跟骨结节	屈曲	胫神经（S_1、S_2）

股四头肌由股直肌、股外侧肌、股内侧肌和股中间肌构成，是膝关节的伸肌（图8–14）。股直肌是唯一穿过髋关节的肌肉。这四块肌肉远端都附着于髌韧带，髌韧带止于胫骨粗隆。

股四头肌（quadriceps）
由股直肌、股中间肌、股内侧肌、股外侧肌构成。

旋转与被动外展和内收

膝关节在屈曲及在不负重情况下，胫骨可以相对于股骨旋转。在膝关节屈曲90° 时，胫骨具有最大的旋转能力。半膜肌、半腱肌和腘肌的张力产生胫骨内旋，股薄肌和缝匠肌起辅助作用。股二头肌只负责胫骨外旋。

膝关节允许一定程度的被动外展和内收。膝关节内收和外展力矩可以通过穿过膝关节内侧和外侧的肌肉共同收缩来抵抗外部施加的内收和外展力矩。这些阻力力矩主要来自腘绳肌和股四头肌的共同收缩，其次来自股薄肌和阔筋膜张肌。

髌股关节运动

胫股关节屈伸时，髌骨在股骨远端向下和向上滑动，偏移约7 cm。髌骨中心在单一平面上以圆形轨迹运动[23]。髌骨在股骨上的运动轨迹取决于股四头肌合力的方向。股外侧肌的作用是向外侧牵拉髌骨，而股内斜肌则与之相反，使髌骨始终位于髌股沟内。股四头肌的内外侧力量也会使髌骨在矢状面和冠状面发生倾斜。髂胫束对膝关节运动也有影响，其过度紧绷会导致髌骨脱位。

图 8-13

腘肌是膝关节屈曲的钥匙。

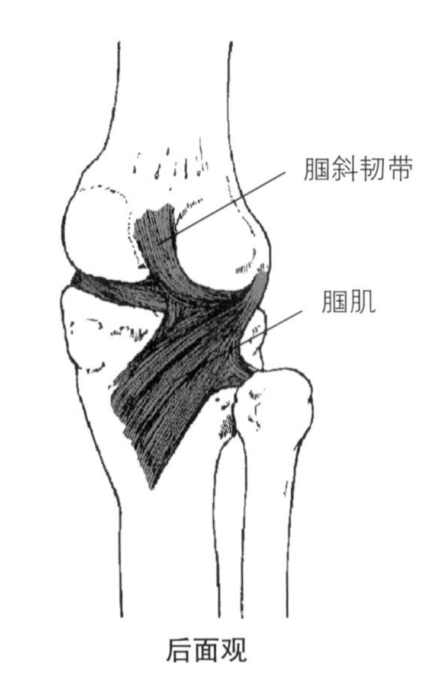

图 8-14

膝关节伸肌：股四头肌。

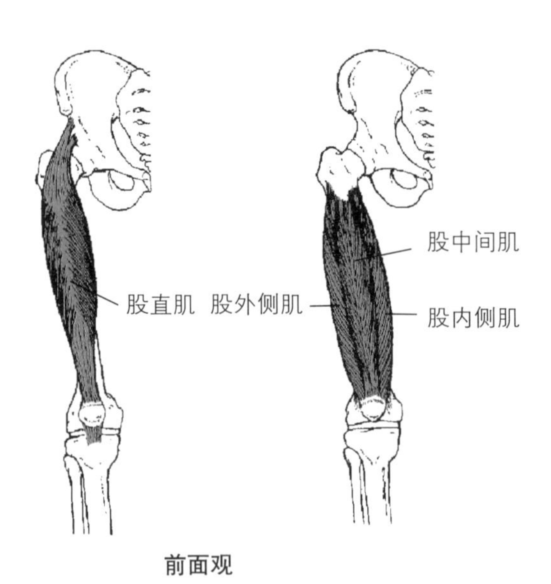

膝部载荷

因为膝关节位于身体最长的两个骨杠杆（股骨和胫骨）之间，关节处的扭矩很大。膝关节也是主要的负重关节。

胫股关节的应力

胫股关节在日常活动中承受压缩和剪切应力。负重和横跨膝关节的肌肉张力产生这些力量，当膝关节完全伸展时，压力占主导地位。

胫股关节的压缩力在步态的支撑相是体重的3倍，在爬楼梯的过程中可增至体重的4倍左右。当膝关节伸展时，胫骨内侧平台承担大部分的负重，而在承重较少的摆动相胫骨外侧平台承担较多的负重。由于胫骨内侧平台的表面积比胫骨外侧平台的表面积大60%左右，所以作用在关节上的应力小于最大载荷平均分布在胫骨平台的应力。内侧平台的关节软骨是外侧平台的3倍厚，这有助于保护关节免受磨损。

胫骨内侧平台在站立时具有良好的负重功能，比外侧平台具有更大的表面积和更厚的关节软骨。

半月板的作用是将载荷分布在更大的胫股关节区域，从而降低关节所受应力。半月板还可以直接吸收膝关节应力，承担大约45%的总载荷[20]。由于半月板有助于保护关节骨表面免受磨损，所以已经历过半月板切除术或部分半月板切除术的膝关节更有可能出现退行性疾病。

负重时在胫骨平台上测量关节软骨变形的研究表明，屈曲120°~180°时应力最大；屈曲30°左右时应力最小[2]。前深蹲和后深蹲练习的对比显示，两组肌肉的整体收缩没有差异，但前深蹲时作用于膝关节的压力明显减小[18]。在跑步过程中，虽然膝关节承受高能量载荷，但累积载荷对膝关节的影响较小。跑步不但不会导致关节软骨磨损，反而可能使软骨处于抵抗损伤的状态[33]。膝关节骨关节炎发生的一般危险因素包括体重指数高和半月板损伤。

髌股关节的应力

在正常行走步态下，髌股关节处的压缩力为体重的1/2，在爬楼梯时增加到体重的3倍以上[41]。如图8-15所示，负重时髌骨和股骨受压随膝关节屈曲增加而增加。这有两个原因：首先，膝关节屈曲角度的增加增加了作用在关节上的力的压缩分量；其次，随着屈曲角度的增加，需要更多的股四头肌张力来防止膝关节在重力作用下屈曲。

众所周知，深蹲练习时髌股关节的压力特别大，作用在关节上的力随着蹲的深度及载荷的增加而增加[8]。然而，0°~50°范围内的膝关节屈曲训练，对膝关节的伤害最小[13]。例题8.2阐述了股四头肌力和髌股关节压力之间的关系。

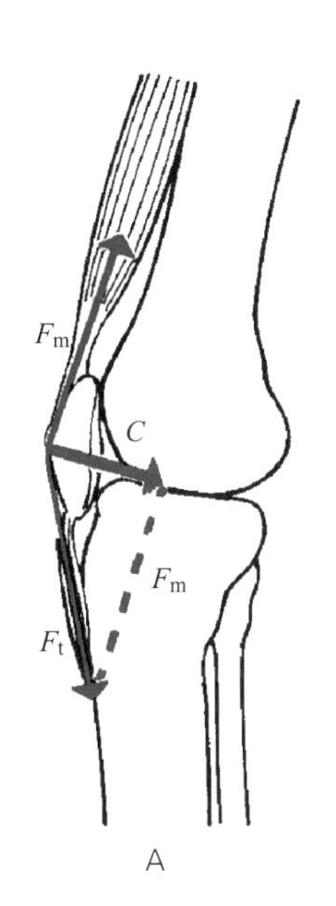

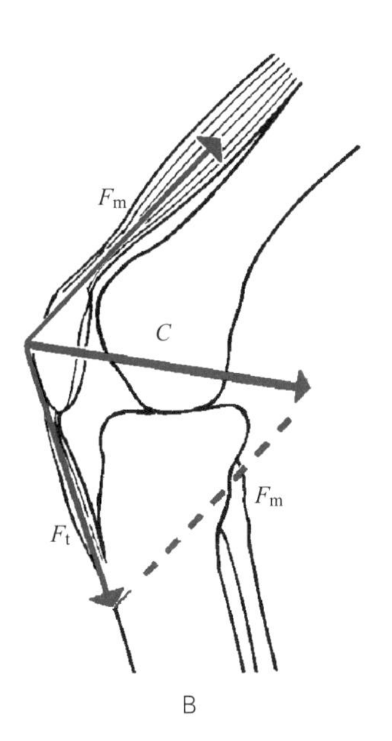

图 8-15

髌股关节受压是股四头肌和髌韧带张力的矢量和。A．膝关节伸展位，髌股关节受到的压缩力很小，因为肌肉和肌腱的张力几乎垂直于关节。B．随着屈曲角度的增加，由于力向量方向的改变和股四头肌为了保持身体姿势而增加的张力，髌股关节受到的压缩力增加。

膝关节和小腿常见损伤

膝关节位于下肢长骨之间，在负重及运动时较容易受伤，尤其是在接触性运动中更易受伤。常见的损伤机制是在负重过程中，关节的一侧受到打击，关节另一侧的软组织被拉伸或撕裂。

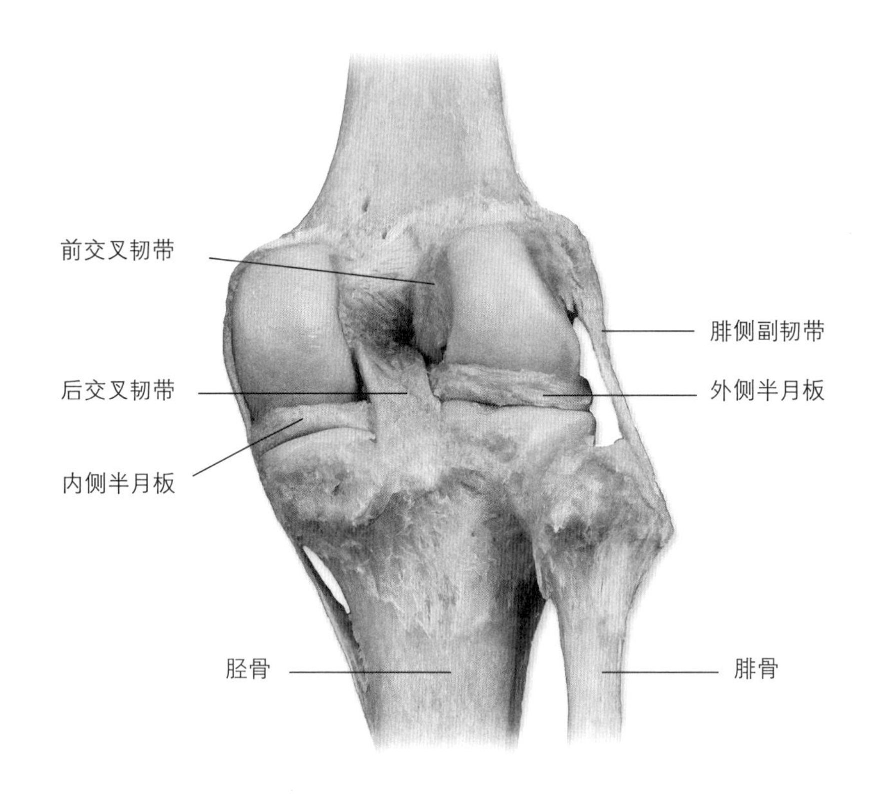

膝关节解剖后视图。©McGraw-Hill Companies, Inc.

例题 8.2

当股四头肌施加300 N张力，股四头肌和髌韧带夹角是160° 和90° 时，髌股关节所承受的压缩力是多大?

已知

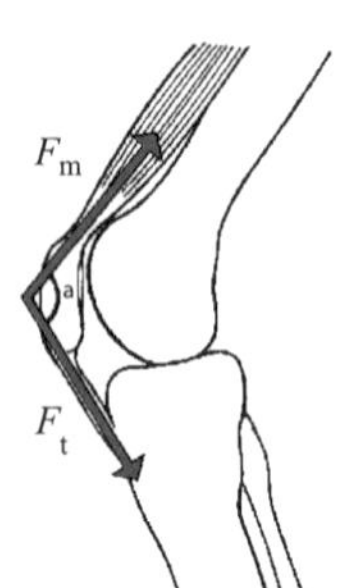

$$F_m = 300\ \text{N}$$

F_m 和 F_t之间的角度：

1. 160° ；
2. 90° 。

图解

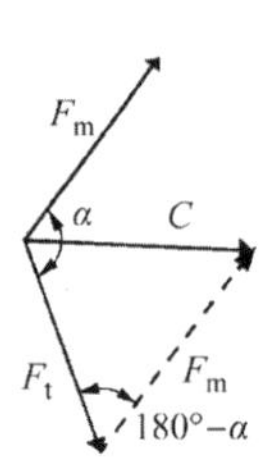

F_m和F_t的力量按照比例绘制（假设1 cm=100 N），F_m 和 F_t之间的角度是160° 和90° 。然后，使用向量组合的头到尾方法（第三章）平移其中一个向量，使其尾部位于另一个向量的尖端。压缩力是F_m和F_t的合力，其尾部位于原矢量的尾部，尖端位于转置矢量的尖端。

关节压缩量可以近似为测量向量C的长度。

1. $C \approx 100\ \text{N}$
2. $C \approx 420\ \text{N}$

数学解答

F_m 和 F_t的转换夹角是180° 减去两者之间的原始夹角，是20° 和90° 。余弦定理可以用来计算C的长度。

1. $C^2 = {F_m}^2 + {F_t}^2 - 2F_mF_t\cos 20°$
   $C^2 = (300\ \text{N})^2 + (300\ \text{N})^2 - 2 \times 300\ \text{N} \times 300\ \text{N}\cos 20°$
   $C = 104\ \text{N}$
2. $C^2 = {F_m}^2 + {F_t}^2 - 2F_mF_t\cos 90°$
   $C^2 = (300\ \text{N})^2 + (300\ \text{N})^2 - 2 \times 300\ \text{N} \times 300\ \text{N}\cos 90°$
   $C = 424\ \text{N}$

注意，这个问题说明髌股关节受压的程度，仅仅由于膝关节屈曲的改变而增加。

通常，随着膝关节屈曲的增加，股四头肌的力量也会增加。

前交叉韧带损伤

前交叉韧带损伤在篮球、团体手球等包括旋转及剪切等运动中很常见，也常见于高山滑雪。在高山滑雪中，常发生于在雪地中只抓住一根雪仗，滑雪者同时扭转和下滑。大约70%的前交叉韧带损伤是非接触性的，其中大多数是在移动、着陆或停止时，胫骨接近完全伸展位，股骨在相对于固定的胫骨上旋转时发生的[26]。这类活动涉及方向的突然改变及身体的加速或减速，会在膝关节处产生较大的旋转力矩和内、外翻力，特别是在没有充分准备的情况下完成这些运动时。当膝关节处的剪切力指向前方时，前交叉韧带承受负荷。因此，前交叉韧带断裂发生时，胫骨平台相对于股骨一定有过度的前平移或旋转。

前交叉韧带损伤的发生率性别差异显著，女性发生非接触性前交叉韧带损伤的可能性是男性的3.5倍[55]。没有研究直接表明下肢力量与前交叉韧带断裂之间的关系，但已经提出了许多与解剖学或神经肌肉因素有关的假设[61]。有关研究表明，与男性相比，女性在跑步、移位和着陆过程中，往往膝关节屈曲较少，膝关节外翻角度较大，髋关节外展较多，股四头肌活动较多，腘绳肌活动较少，下肢协调性差[21，22]。研究人员已经证明，膝关节内旋合并外翻对前交叉韧带施加的压力要大于单独负重[50]。

后交叉韧带损伤

后交叉韧带损伤最常见的原因是运动或机动车事故。当后交叉韧带破裂时，一般不会合并其他韧带或半月板损伤，通常在踝背屈及膝关节过度屈曲时发生[6]。另外，在机动车事故中，与仪表盘的碰撞时应力直接作用在胫骨近端前，在大多数情况下会导致联合韧带的损伤。单纯后交叉韧带损伤通常采取非手术治疗。

内侧副韧带损伤

• 在接触性运动中，对膝盖的撞击最常发生在膝关节外侧，损伤发生在内侧的韧带组织。

因为对侧的腿通常会保护关节的内侧，所以膝关节外侧的撞击比内侧的撞击更常见。足部固定在地面上，同时承受膝关节的外侧撞击，会导致扭伤或内侧副韧带断裂。模型研究表明，跨过膝关节的肌肉能够抵抗约17%的膝关节外侧内部和外部载荷，其余83%的载荷由韧带和其他软组织承担[28]。在足球等接触性运动中，内侧副韧带是最常见的受损伤的膝关节韧带[45]。

半月板损伤

由于内侧副韧带附着在内侧半月板上，韧带的拉伸或撕裂也会对半月板造成损伤。半月板撕裂是最常见的膝关节损伤之一，内侧半月板损伤的发生率大约是外侧半月板损伤的10倍。发生这种情况的部分原因是内侧半月板更牢固地附着在胫骨上，不像外侧半月板那么灵活。在前交叉韧带断裂的膝关节中，正常应力分布被破坏，使内侧半月板受力增大。半月板撕裂会引发一系列问题，因为未附着的软骨经常从正常位置滑落，会干扰正常的关节力学。其症状包括疼痛，有时伴有间歇性关节锁定或屈曲。

髂胫束摩擦综合征

负重过程中，当膝关节屈曲时，阔筋膜张肌会产生张力以帮助维持骨盆的稳定。在步行时髂胫束后缘会与股骨外侧髁发生摩擦，主要是在与地面接触的过程中发生。其原因是髂胫束远端及髂胫束下膝关节滑膜囊发生炎症，伴有膝关节外侧疼痛和压痛的症状。这是一种过度使用综合征，尤其会影响跑步者和骑自行车者。错误训练和下肢解剖畸形都会增加患髂胫束摩擦综合征的风险。错误的训练包括在跑道上持续同向跑，每周跑的里程数超过正常，以及下坡跑[16]。既往有髂胫束综合征的跑步者会出现典型的步态异常，表现为髋关节外展无力[34]。这两种运动学差异都增加了髂胫束的应力。不适当的座椅高度及高于正常的每周行驶里程，都容易使骑自行车者患上这种综合征[14]。

髌股关节疼痛综合征

髌股关节疼痛包括运动过程中及运动后的膝关节前方疼痛，尤其是需要反复屈曲膝关节的活动，如跑步、上下楼梯、蹲坐等。它在女性中比在男性中更常见。该综合征包括髌骨脱位，引发的原因有很多，包括局部关节畸形、下肢生物力学改变和错误训练方法等[11]（图8–16）。

• 疼痛的髌骨外侧偏移可能是由股内斜肌无力引起的。

虽然损伤机制尚不清楚，但大多数研究关注的是股内斜肌和股外侧肌之间的关系。股内斜肌相对于股外侧肌较薄弱，已经被证明与髌骨的侧向移位有关，尤其是在膝关节屈曲的早期。研究也证明，随着股内斜肌的增强，髌股关节疼痛患者的髌股关节载荷减少[58]。

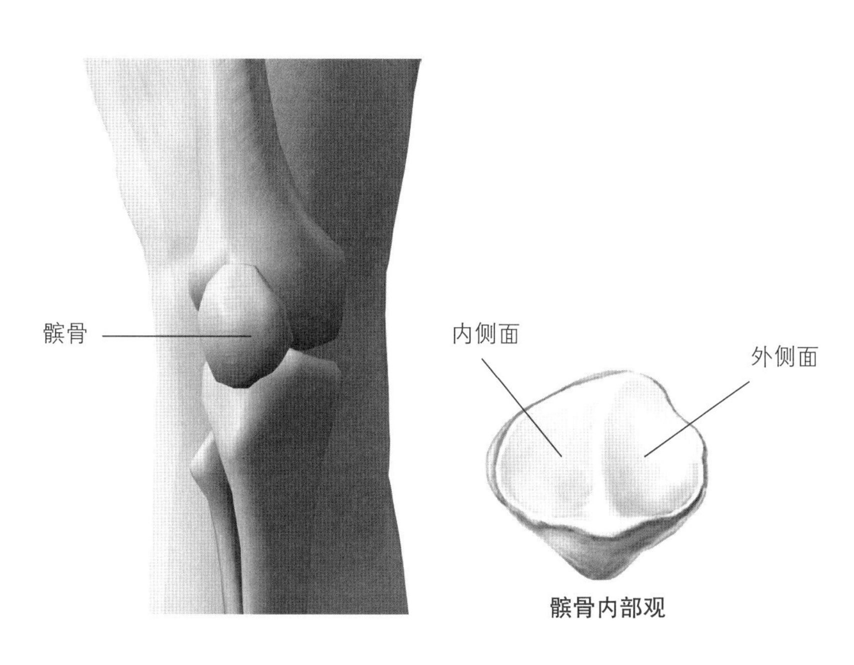

图 8–16

髌骨在膝关节屈曲过程中发生外侧或内侧偏移而不在中心时，就会出现髌股关节疼痛综合征。左图©Purestock/SuperStock；右图©The McGraw–Hill Companies.

外胫夹

下肢前外侧或后内侧的广泛性疼痛通常称为外胫夹（shin splints）。这是一种定义不明确的过度使用损伤，通常与跑步或跳舞有关，可能涉及附着于胫骨肌肉的微损伤和（或）骨膜炎症。常见的原因包括在硬地面上跑步或跳舞及上坡跑步。运动条件或休息的改变通常会缓解疼痛。

• 外胫夹是一个通用术语，通常指的是小腿前部的疼痛。

踝关节结构

踝关节包括下胫腓关节、胫距和距腓关节（图8–17）。下胫腓关节是一种由致密纤维将两骨连接在一起的韧带联合，由胫腓前、后韧带及胫腓骨韧带支撑。踝关节大部分运动发生在胫距关节，距骨上凸面与胫骨远端凹面接合。所有三个关节都被包裹在关节囊中，关节囊内侧厚、后部极薄。三条韧带——距腓前韧带、距腓后韧带和跟腓韧

图 8-17

踝关节骨性构造。

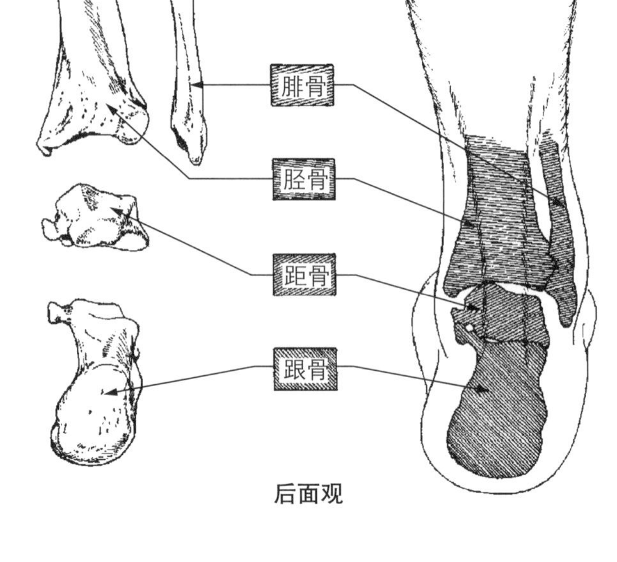

图 8-18

踝关节韧带。

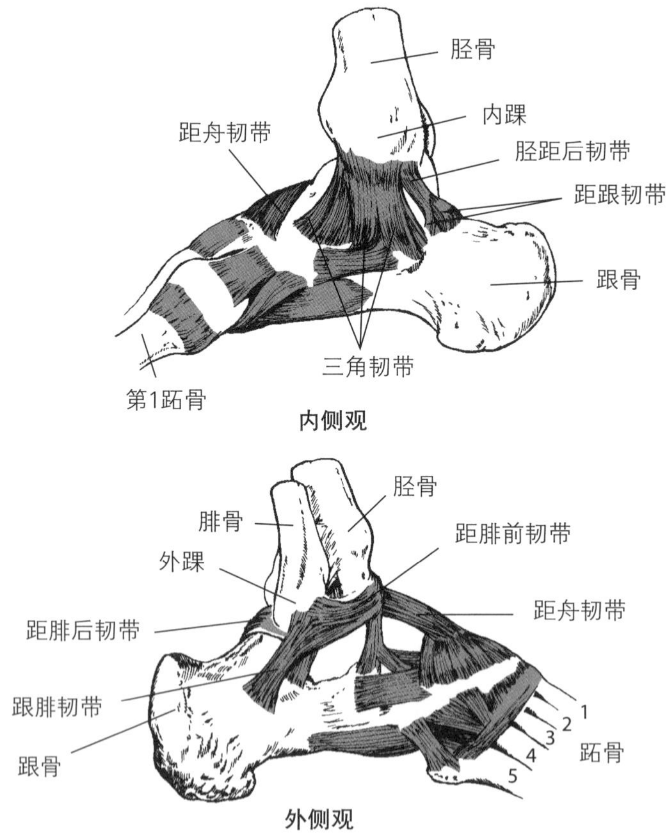

带，加固外侧关节囊。构成三角韧带的四个韧带束有助于增加关节内侧的稳定性。踝关节韧带结构如图8-18所示。

踝关节运动

•踝关节就像滑轮，引导踝关节旋转轴前后的肌肉、肌腱；踝前面是背屈肌，后面是跖屈肌。

踝关节的旋转轴虽然有一点倾斜，且方向随着关节的旋转会有所改变，但基本上是冠状轴。踝关节的运动主要发生在矢状面，在步态的支撑相起铰链作用，有一个移动的旋转轴。踝关节屈曲和伸展分别称为背屈和跖屈（见第二章）。被动运动时，关节面和韧带控制关节运动，关节面相互滑动，组织变形不明显。

内踝和外踝就像是滑轮，将通过踝关节的肌肉肌腱引导到旋转轴的前后，从而在踝关节背屈或跖屈时起作用。

胫骨前肌、趾长伸肌和第3腓骨肌是主要的背屈肌。踇长伸肌是辅助背屈肌（图8–19）。

主要的跖屈肌是强大的双关节肌——腓肠肌（有两个头）和其深面的比目鱼肌（图8–20）。辅助跖屈肌包括胫骨后肌、腓骨长肌、腓骨短肌、跖肌、踇长屈肌、趾长屈肌（图8–21）。

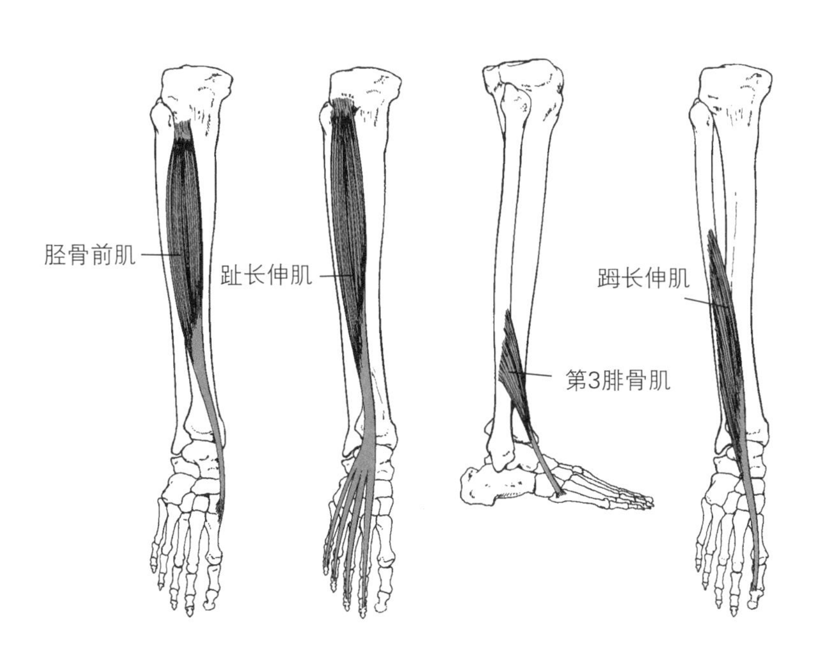

图 8–19
踝关节背屈肌。

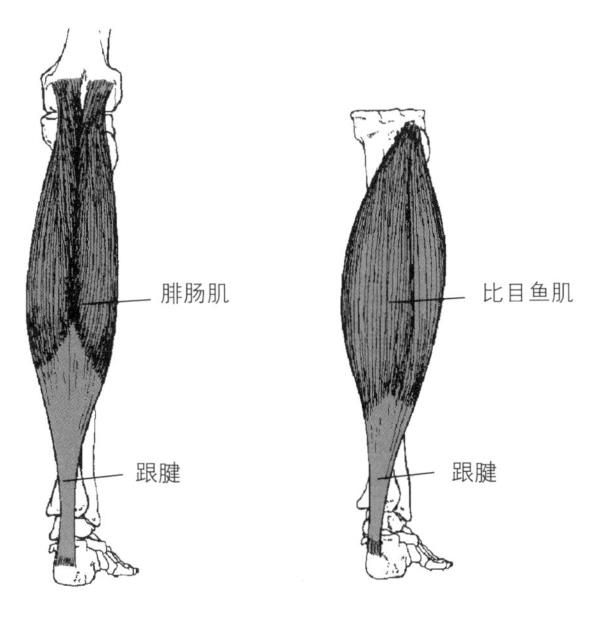

图 8–20
踝关节的主要跖屈肌。

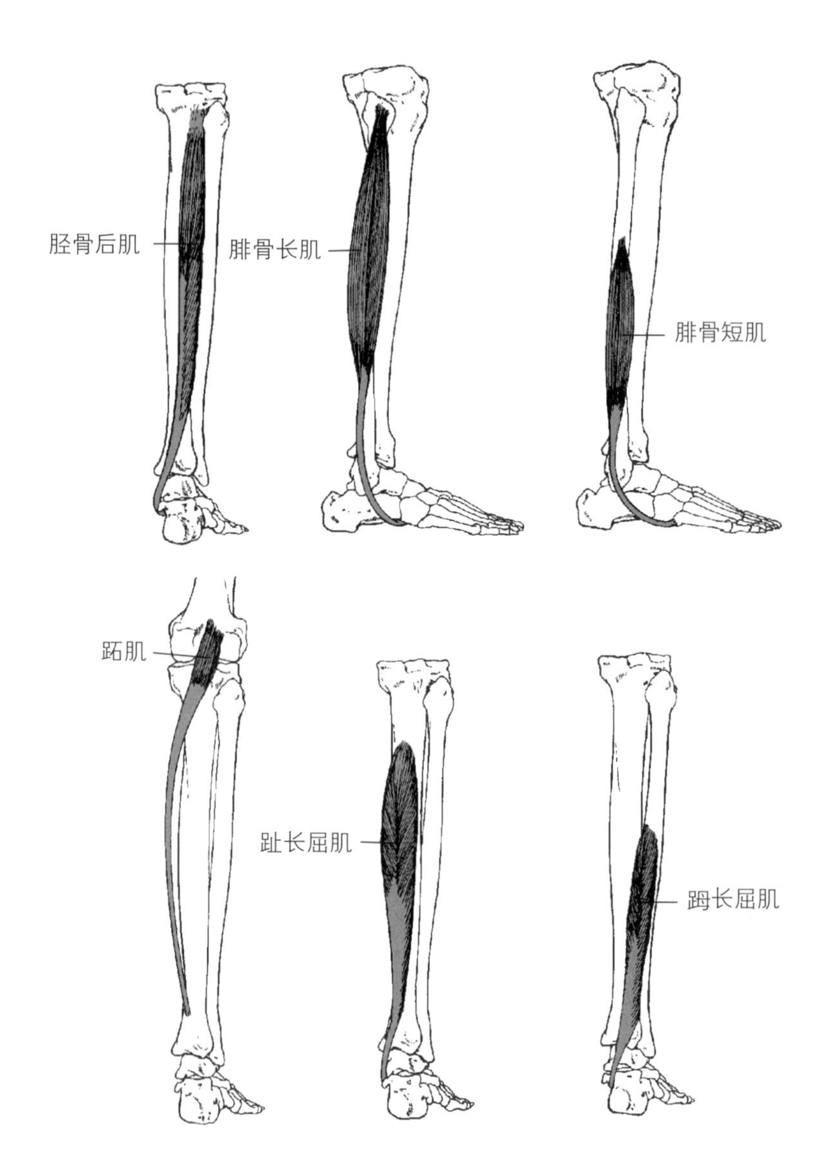

图 8-21

肌腱穿过踝关节后方的肌肉有辅助跖屈的作用。

足部结构

和手一样，足也是多骨结构。足部的26块骨组成了许多关节（图8-22），如距下关节、跗骨间关节、跗跖关节、跖骨间关节、跖趾关节和趾骨间关节。足部的骨骼和关节共同为直立的身体提供了支撑的基础，帮助身体适应不平的地形和吸收振动。

距下关节

顾名思义，距下关节位于距骨下方，距骨的前、后侧面与跟骨上段的距骨支撑面相连。四条距跟韧带连接距骨和跟骨。距下关节属于单轴关节，力线相对于解剖平面稍微倾斜。

跗跖关节和跖骨间关节

跗跖关节和跖骨间关节都是非轴向关节，骨的形状和韧带的限制使其只能进行滑动运动。这些关节使足部在负重时能够作为半刚性单元或灵活地适应不平整的表面。

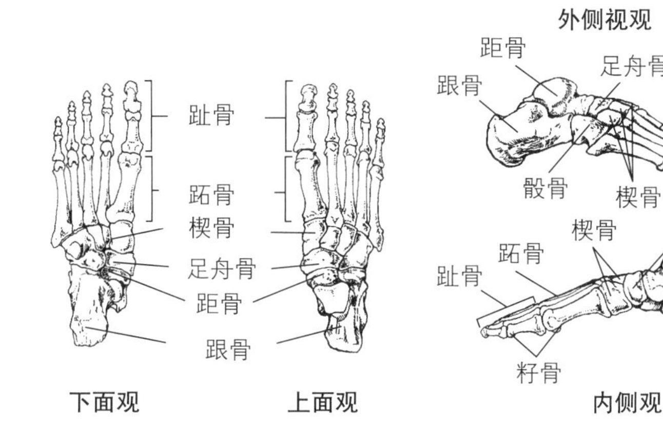

图 8-22

足由许多骨组成，这些骨构成了许多关节。

跖趾关节和趾骨间关节

跖趾关节和趾骨间关节与手的对应关节相似，前者为髁状关节，后者为铰链关节。有许多韧带为这些关节提供加固作用。脚趾的功能是在走路时平稳地将重心向另一只脚移动，并在负重时通过按压地面帮助保持稳定。第1趾称为跗趾或大脚趾。

足弓

足的跗骨和跖骨形成三个足弓。内侧纵弓和外侧纵弓从跟骨延伸到跖骨和跗骨。横弓由跖骨底形成。

一些韧带和足底筋膜支撑着足弓。跟舟足底韧带（又称为跳跃韧带）从跟骨上的载距突一直延伸到足舟骨，主要支撑内侧纵弓。足底长韧带在足底短韧带的辅助下为外侧纵弓提供主要支撑。厚的、纤维状的、相互连接的结缔组织带称为足底筋膜，延伸至足底表面，辅助支撑足弓（图8-23）。当肌肉紧张时，足部的肌肉尤其是胫骨后肌在足弓和关节交叉时也起支撑作用。

当足弓在承重过程中变形时，机械能储存在被拉伸的肌腱、韧带和足底筋膜中。当腓肠肌和比目鱼肌产生离心张力时，它们会储存额外的能量。在推离阶段，所有这些弹性结构中储存的能量被释放出来，从而产生推离力，实际上降低了行走或跑步的代谢能量成本。

足底筋膜（plantar fascia）
覆盖足底的厚筋膜带。

• 在负重时，机械能储存在足弓被牵拉的韧带、肌腱和足底筋膜中，也储存在离心收缩的肌肉中。储存的能量释放出来可以辅助脚从地面蹬离。

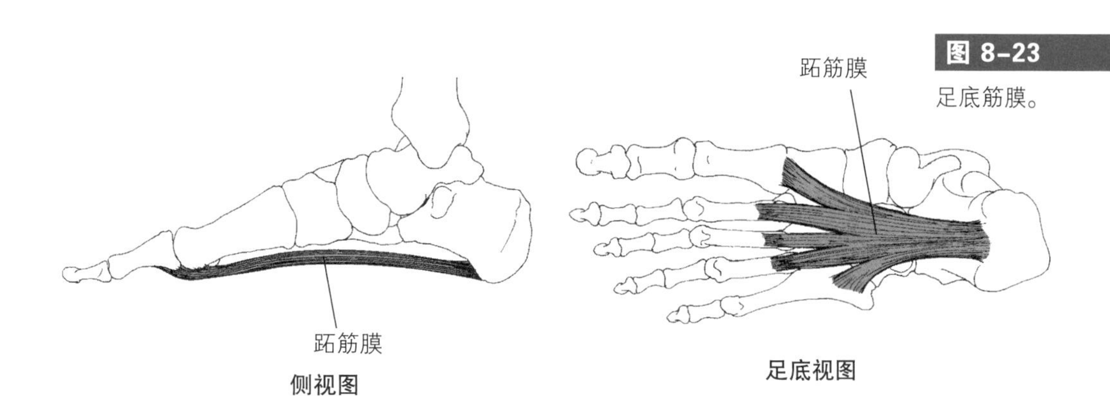

图 8-23

足底筋膜。

足部运动

足部肌肉

踝关节和足部主要肌肉的位置和主要活动如表8–3所示。就像手的肌肉一样，足外在肌指通过脚踝的肌肉，而足内在肌起止点都在足内。

表8–3 踝关节和足部肌肉

肌肉	近端附着点	远端附着点	主要作用	神经支配
胫骨前肌	胫骨上2/3外侧面	内侧楔骨内侧面及第1跖骨底	足背屈、内翻	腓深神经（L_4~S_1）
趾长伸肌	胫骨上端外侧面，腓骨体前面上2/3处骨间膜	第2~5趾的中节和远节趾骨底	脚趾伸展、背屈，足外翻	腓深神经（L_4~S_1）
第3腓骨肌	腓骨下1/3前面	第5跖骨底背面	足背屈、外翻	腓深神经（L_4~S_1）
踇长伸肌	腓骨体前2/3处	踇趾末节趾骨底	足背屈、内翻，伸踇趾	腓深神经（L_4~S_1）
腓肠肌	股骨内、外侧髁后面	以跟腱止于跟骨结节	跖屈	胫神经（S_1~S_2）
跖肌	股骨远端	以跟腱止于跟骨结节	协助跖屈	胫神经（S_1、S_2）
比目鱼肌	腓骨上部后面和胫骨上部后面2/3处	以跟腱止于跟骨结节	跖屈	胫神经（S_1、S_2）
腓骨长肌	腓骨头，腓骨外侧面上2/3处	第1楔骨外侧和第1跖骨底	足跖屈、外翻	腓浅神经（L_4~S_1）
腓骨短肌	腓骨外侧面下1/3处	第5跖骨结节	足跖屈、外翻	腓浅神经（L_4~S_1）
趾长屈肌	胫骨后面中1/3处	第2~5趾末节趾骨底	足跖屈、内翻，屈第2~5趾	胫神经（L_5~S_1）
踇长屈肌	腓骨后面下2/3处	踇趾末节趾骨底	足跖屈、内翻，屈踇趾	胫神经（L_4~S_2）
胫骨后肌	胫骨及腓骨后面及骨间膜	舟骨粗隆和内侧、中间及外侧楔骨跖面	足跖屈、内翻	胫神经（L_5~S_1）

脚趾的屈曲与伸展

屈曲包括脚趾下面的卷曲。趾屈肌包括趾长屈肌、趾短屈肌、足底方肌、蚓状肌和骨间肌。踇长屈肌和踇短屈肌产生屈曲。相反，踇长伸肌、趾长伸肌和趾短伸肌的作用是伸展脚趾。

内翻和外翻

足在内侧和外侧方向的旋转运动分别称为内翻和外翻（见第二章）。虽然跗骨间关节和跗跖关节之间的滑动对内、外翻也有作用，但这些运动主要发生在距下关节。内翻是指脚底向内转向身体中线。胫骨后肌和胫骨前肌是主要参与肌肉。把脚底向外翻叫作外翻。腓骨长肌和腓骨短肌是外翻的主要肌肉，这两种肌肉都有长肌腱环绕外踝。第3腓骨肌有协助作用。

旋前和旋后

在行走和跑步过程中，足和踝关节会经历一系列周期性的运动（图8–24）。当脚跟与地面接触时，脚的后部通常会在一定程度上翻转。当脚向前滚动，前脚接触地面时，发生的足跖屈、内翻和内收的结合称为旋后（见第二章）。脚在支撑中期支撑身体的重量，当脚进入背屈时，会有外翻和外展的倾向，这些运动统称为旋前。在步态过程中旋前通过增加支撑地面反作用力的时间间隔来减小地面反作用力的大小。

旋后（supination）
足跖屈、内翻和内收的结合状况。

旋前（pronation）
足背屈、外翻和外展的结合状况。

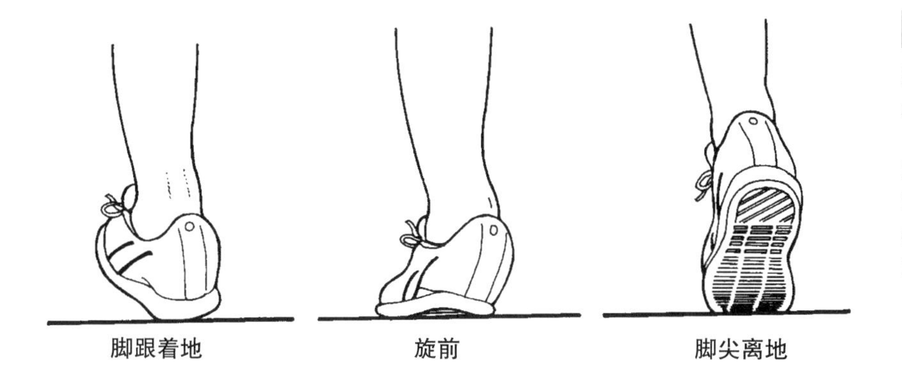

图 8-24

跑步时的后脚运动。Source: Adapted from Nigg, B.M. et al, "Factors influencing kinetic and kinematic variables in running," in B.M. Nigg (ed), Biomechanics of running shoes, Champaign, IL: Human Kinetics Publishers, 1986.

足部载荷

根据牛顿第三运动定律，足底所承受的冲击力随着体重和步行速度的增加而增加（见第三章）。在跑步时随着足底蹬离地面，作用于足底的垂直地面反作用力呈双峰——最初的足冲击峰紧随其后的是推进峰（图8–25）。当跑步速度从3.0 m/s增加到5.0 m/s时，冲击力范围为体重的1.6 ~ 2.3倍，推进力范围为体重的2.5 ~ 2.8倍[35]。

足的结构在解剖学上是连接在一起的，这样在负重的过程中可将载荷均匀地分布在脚上。约50%的体重分布于距下关节至跟骨，其余50%分布于跖骨头[46]。第1跖骨头承受2倍于其余每个跖骨头所承受的载荷[46]。影响这种加载模式的一个因素是脚的结构。扁平足（相对平坦的足弓）前足的负荷减轻，而高弓足（相对较高的足弓）前足的负荷显著增加了[56, 57]。

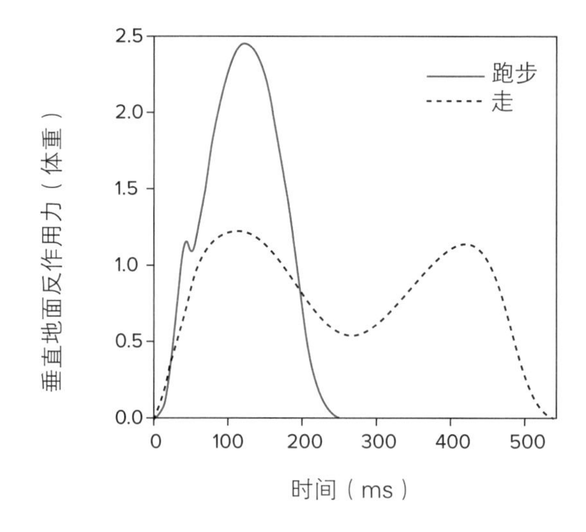

图 8-25

在跑步中，垂直地面反作用力以初始冲击峰和较大的推进峰为特征。在跑步时，最大的地面反作用力值通常是体重的2~3倍，而在步行时，垂直地面反作用力峰值约为体重的1.2倍。Graph courtesy of Dr. Todd Royer, University of Delaware.

• 通常踝关节外侧容易扭伤，因为外侧韧带的支持比内侧弱。

常见的踝关节与足部损伤

由于踝关节和足部在运动过程中起着至关重要的作用，这一部位的损伤会极大地限制其活动能力。下肢的损伤，尤其是足和踝关节的损伤，可能会导致运动员（尤其是跑步者）失去数周甚至数月的训练时间。在舞者中，脚和踝关节是慢性和急性损伤最常见的部位。

踝关节损伤

运动员和舞者最常见的损伤为踝关节扭伤。由于踝关节内侧关节囊和韧带较强，踝关节外侧韧带牵拉或断裂的扭伤比内侧韧带外翻扭伤更为常见。事实上，三角韧带的束带非常坚固，踝关节过度外翻比起三角韧带断裂反而更容易引起腓骨远端骨折。最常见的韧带损伤发生于距腓前、后韧带和跟腓韧带。由于对侧肢体在踝关节内侧的保护作用，踝关节骨折也多发生在外侧而非内侧。反复踝关节扭伤会导致踝关节不稳定，其特点是踝关节和膝关节的运动模式发生显著改变。

劳损

跟腱炎包括炎症，有时伴有小块的跟腱组织增生，还通常伴有肿胀。导致两种肌腱炎的可能机制：第一种理论认为，反复的张力发展会导致肌肉疲劳和灵活性下降，甚至在肌肉放松时肌腱的拉力也会增加。第二种理论认为，反复负重实际上会导致肌腱中胶原蛋白的失效或断裂。跟腱炎通常与跑步和跳跃有关，在喜剧舞蹈演员中非常常见，在滑雪者中也有报道。跟腱断裂最常见[54]。最常见的受影响人群是男性滑雪者。

足底筋膜的反复拉伸会导致足底筋膜炎，这种病的特点是附着在跟骨附近的足底筋膜出现轻微撕裂和炎症。其症状是脚跟和（或）足弓疼痛。足底筋膜炎是跑步者最常见的足底疼痛原因，在篮球运动员、网球运动员、体操运动员和舞者中也时有发生[53]。足底筋膜炎的解剖因素包括扁平足（平足）、高足弓和下肢后方肌肉紧张，所有这些都会减少足的减振能力[3]。当足底筋膜炎没达到长期、慢性状态时，牵伸足底筋膜和小腿后部肌肉可以缓解足底筋膜炎[10]。

应力性骨折（见第四章）在下肢骨骼中发生得较为频繁。在跑步者中，与应力性骨折相关的因素包括错误训练、前足撞击（脚跟步态）、在混凝土等坚硬表面跑步、穿鞋不当及躯干和（或）下肢的力线异常。女性跑步者、舞者和体操运动员的应力性骨折可能与继发月经过少导致的骨密度降低有关（见第四章）。体重指数低、月经初潮晚、过早参加体操和舞蹈都是女孩发生应力性骨折的危险因素[52]。

足部力线异常

内翻和外翻（从近端到远端的肢体力线向内或向外偏移）可发生在下肢的所有主要环节。这些可能是先天性的，也可能是由于肌肉力量的不平衡导致的。

内翻（pes varus）
从近端到远端的肢体力线向内偏移的情况。

外翻（valgus）
从近端到远端的肢体力线向外偏移的情况。

在足部，内翻足和外翻足会影响前脚、后脚和脚趾。前足内翻和前足外翻是指跖骨的内翻和外翻畸形，后足内翻和外翻是指距下关节的内翻和外翻畸形（图8–26）。踇外翻是指因穿尖头鞋而引起的踇趾向外侧偏曲（图8–27）。

胫骨和股骨内翻和外翻可以改变关节的运动学和动理学，因为它们会对受累关节的拉伸侧造成额外的牵拉应力。例如，股骨内翻合并胫骨外翻（一种膝关节撞击的情况）会增加膝关节内侧的张力（图8–28B）（俗称X形腿）。相比之下，股骨外翻和胫骨内翻的情况会增加膝关节外侧张力（图8–28A）（俗称O形腿），是髂胫束摩擦综合征的易感因素。不幸的是，由于负重过程中关节载荷的影响，下肢一个关节的偏斜通常伴有其他下肢关节的代偿性失调。

• 由于下肢的负重功能，下肢关节的偏斜通常会导致一个或多个其他关节的代偿性失调。

根据力线错位的原因，矫正方法可能包括加强或拉伸下肢特定肌肉和韧带的运动，以及使用矫形器，即穿矫形鞋垫，为脚提供一部分额外的支撑。

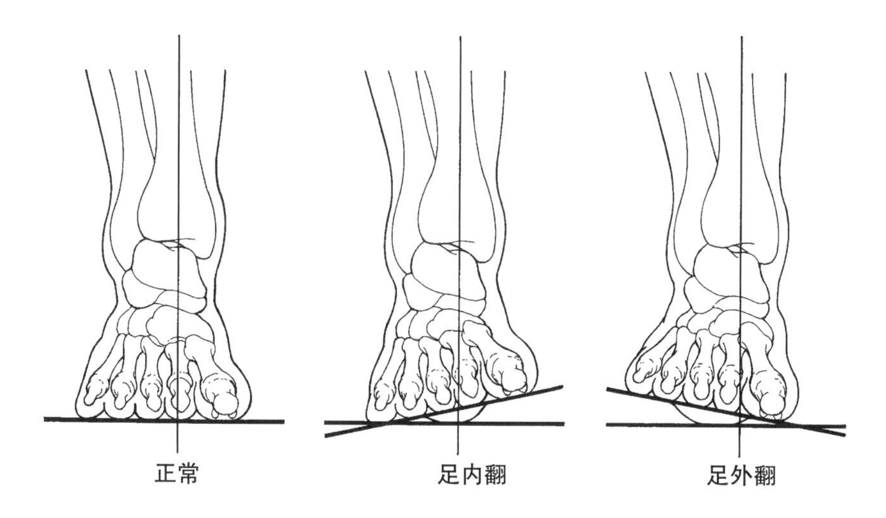

图 8–26
前足内翻和外翻的情况。

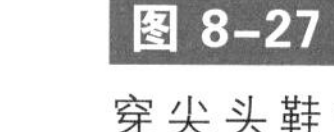

图 8–27
穿尖头鞋会引起踇外翻。©Sciencehoto Library/Alamy Stock Photo.

图 8-28

蓝色为张力区域。A. 股骨外翻和胫骨内翻。B. 股骨内翻和胫骨外翻。

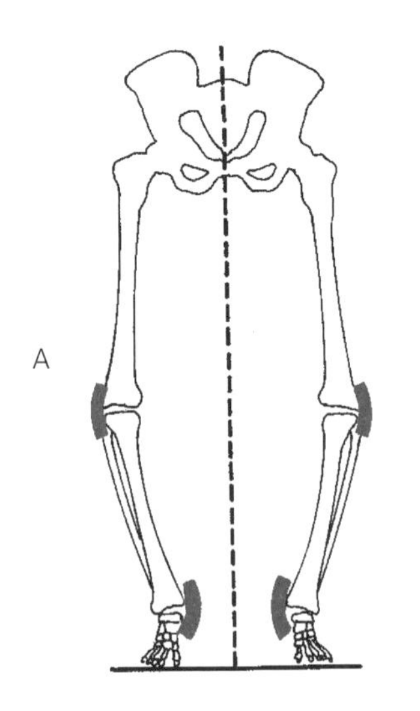

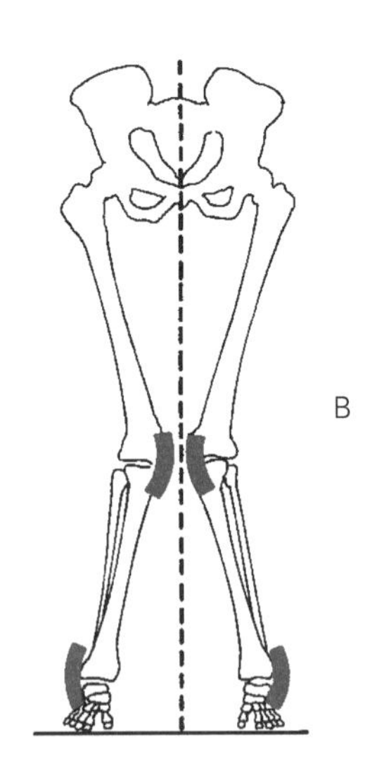

关于赤脚跑步

在数百万年的历史中，古代的人们赤脚或只穿极少的鞋或便鞋跑步。即使是在20世纪，有竞争力的跑步者也会赤脚或极少穿鞋跑步，直到20世纪70年代现代缓冲跑鞋的出现。

今天的跑鞋设计的目的是尽量减少冲击和控制后足的运动，目的是防止跑步者受伤。然而，从本章的损伤部分可以明显看出，跑步者这一群体的骨骼和韧带仍然经受着各种各样的损伤，而且没有证据表明跑步相关损伤的发生率正在下降[30]。

近年来，有一项运动旨在振兴赤脚跑步。支持者认为赤脚跑步改变了跑步运动学，而运动学反过来又改变了足部接触地面时产生力的模式，这些变化有可能降低受伤的发生率。

赤脚跑步和穿鞋跑步脚踩地的性质不同。虽然软垫跑鞋让脚跟着地很舒服（后足着地），但赤脚跑步时，后脚掌着地明显不舒服。因此，赤脚跑步者往往中足或前足着地，或脚跟和跖骨球同时着地，或用跖骨球着地。中足和前足着地都倾向于减少后足着地典型的初始触地峰值，如图8-25所示。虽然穿鞋和赤脚跑步都会发生这种情况，但穿标准跑鞋前足或中足触地受力是最小的，脚的负重率也会降低[44]。经过6周的最小限度穿鞋训练后，跑步者的冲击力和负重都有所下降[25]。研究表明，在大学越野运动队的中长跑运动员中，后足着地的运动员与压力有关的受伤概率比较高[9]。

赤脚跑步和穿鞋跑步的另一个区别是步幅。跑步速度是跨步长度和跨步速度的乘积。较长步幅的缺点可能是它会促进后足的撞击和随之而来的伤害倾向。虽然这一课题并没有得到太多的研究关注，但有研究表明，当要求经常赤脚跑步的人以同样的速度穿鞋跑步时，他们会拉长步幅，降低步速[25, 31]。这再次表明，赤脚跑步可以缩短步幅，从而降低受伤的可能性。

与穿鞋跑步相比，习惯性赤脚跑步对跑步者的解剖学有什么影响？赤脚跑步的一个缺点就是可能会刮伤脚底。然而，经常赤脚跑步脚底会长老茧，从而提供一些保护。赤脚跑步的方式下，中足或前足触地，也涉及趾长屈肌的离心收缩，促进和加强这些肌肉的力量和灵活性[7, 12]。可以假设，赤脚跑步也可以增强足部的肌肉——虽然这还没有得到专门的研究。

请参考Lieberman[27]对赤脚跑步研究的全面回顾。

与高、低足弓有关的损伤

高于或低于正常范围的足弓会影响下肢运动学和动理学，并可能导致损伤。具体来说，与正常足弓相比，高足弓跑步者的垂直负重率有所增加，踝关节扭伤、足底筋膜炎、髂胫束摩擦综合征、第5跖骨应力骨折的发生率较高[5]。低足弓跑步者与正常足弓跑步者相比，后足外翻表现出更大的运动范围和速度，以及外翻与胫骨内旋转增加的比率[42]。这些运动学上的改变会导致膝关节疼痛、髌骨肌腱炎和髌骨筋膜炎发生率的增加。

小结

下肢具有良好的负重和运动功能。这一点在髋关节尤为明显，髋关节的骨性结构和几个大而坚固的韧带使其具有相当大的关节稳定性。髋关节是典型的球窝关节，可以进行屈、伸、外展、内收、水平外展、水平内收、内外侧旋转和股骨环转。

膝关节是由两个并排的髁状突组成的大而复杂的关节。内侧和外侧半月板改善关节表面之间的契合度，并有助于吸收通过关节传递的力量。由于胫骨内侧和外侧关节的大小、形状和方向不同，胫骨的内侧旋转伴随膝关节的充分伸展。许多韧带穿过膝关节，限制了它的活动。膝关节的主要运动是屈、伸，但当膝关节处于屈伸状态而不承受重量时，胫骨也可以进行一些旋转。

踝关节包括胫骨和腓骨与距骨的关节。踝关节是铰链关节，由韧带加强其外侧和内侧。踝关节的运动有背屈和跖屈。

与手一样，足也由许多小骨骼和由它们组成的关节构成。足的运动包括内翻和外翻、外展和内收，及脚趾的弯曲和伸展。

入门题

1. 根据髋关节的前、后、内、外侧的肌肉，制作一个表格，列出所有通过髋关节的肌肉。注意，一些肌肉可能属于多个类别。识别四类肌肉所执行的动作。
2. 根据膝关节的前、后、内、外侧的肌肉，制作一个表格，列出所有通过膝关节的肌肉。注意，一些肌肉可能属于多个类别。识别四类肌肉所执行的动作。
3. 根据踝关节前方或后方的肌肉，制作一个表格，列出所有穿过踝关节的肌肉。注意，一些肌肉可能属于多个类别。识别四类肌肉所执行的动作。

4. 比较髋关节和肩关节的结构（包括骨骼、韧带和肌肉）。这两个关节的相对优点和缺点各是什么？
5. 比较膝关节和肘关节的结构（包括骨骼、韧带和肌肉）。这两个关节的相对优点和缺点各是什么？
6. 按顺序描述在踢球过程中发生的下肢运动。识别每一个动作的原动肌。
7. 按顺序描述在垂直跳跃中发生的下肢动作。识别每一个动作的原动肌。
8. 按顺序描述在从坐位站起的活动中发生的下肢运动。识别每一个动作的原动肌。
9. 以例题8.1中的图为模型，计算当髋关节外展肌力为750 N，体重为300 N时在髋关节处反作用力的大小。（答案：1037 N）
10. 以例题8.1中的图为模型，计算当股四头肌施加400 N拉力及股四头肌和髌韧带之间夹角为140° 和100° 时，髌股关节受到的压力的大小。

附加题

1. 以股直肌和腓肠肌为例，说明双关节肌在下肢的作用。肢体在一个关节所做运动的方向如何影响双关节肌在另一个关节处的活动？
2. 解释在步态支撑相中踝关节和足关节活动的顺序。
3. 描述在步态周期中下肢主要肌肉收缩的顺序，说明什么时候是向心收缩或离心收缩。
4. 相比平地跑，下肢哪些肌肉在上坡跑时发挥主要作用？相比下坡跑，在平地跑时更需要用到哪些肌肉？解释其中的原因。
5. 用杠铃做下蹲练习，有时要用一块木头抬高脚跟。解释这对主要肌肉的功能有什么影响。
6. 解释为什么站立时膝关节比髋关节支撑更多的体重，但是髋关节所受压力比膝关节大。
7. 建立一个自由的身体图示，演示如何使用拐杖来减轻对髋部的压迫。
8. 解释为什么单膝或双膝极度屈曲举起重物是危险的，说说什么结构处于危险中。
9. 解释过度内翻是如何导致跟腱和足底筋膜受应力而发生相关损伤的。
10. 膝外翻或膝内翻的人在步态中可能会采取怎样的代偿性措施？

姓名：________________

日期：________________

实践

1．研究髋、膝、踝解剖模型，定位和识别主要骨骼和肌肉附着。

髋关节骨性结构

骨　　**肌肉附着**

________　________

________　________

________　________

膝关节骨性结构

骨　　**肌肉附着**

________　________

________　________

________　________

踝关节骨性结构

骨　　**肌肉附着**

________　________

________　________

________　________

2. 研究髋关节、膝关节和踝关节的解剖模型，定位和识别主要肌肉及其附着部位。

大腿肌肉

肌肉　　**附着点**

________　________

________　________

________　________

________　________

________　________

________　________

________　________

小腿肌肉

肌肉 **附着点**

3. 写一段文字说明什么样的活动和损伤会导致膝关节骨关节炎。

4. 从侧面对志愿者的慢速、正常速度和快速行走进行录像。回放视频几次，并制作一个图表来描述三种试验中下肢运动学的差异。解释与主要运动学差异有关的肌肉活动的差异。

慢速 **正常速度** **快速**

5. 从侧面对一名志愿者从坐位站起进行录像。回放几次视频，制作一个图表，说明主要关节动作的顺序和时间，以及主要肌群的相关活动。

关节活动 **主要肌群**

参考文献

[1] BALDON RDE M, FURLAN L, SERRÃO F V. Influence of the hip flexion angle on isokinetic hip rotator torque and acceleration time of the hip rotator muscles. *J Appl Biomech*, 201 [Epub ahead of print].

[2] BINGHAM J T, PAPANNAGARI R, VAN DE VELDE S K, et al. In vivo cartilage contact deformation in the healthy human tibiofemoral joint. *Rheumatology* (Oxford), 2008, 47:1622.

[3] BOLÍVAR Y A, MUNUERA P V, PADILLO J P. Relationship between tightness of the posterior muscles of the lower limb and plantar fasciitis. *Foot Ankle Int*, 2013, 34:42.

[4] BRUKNER P, CONNELL D. "Serious thigh muscle strains": Beware the intramuscular tendon which plays an important role in difficult hamstring and quadriceps muscle strains. *Br J Sports Med*, 2016, 50:205.

[5] CARSON D W, MYER G D, HEWETT T E, et al. Increased plantar force and impulse in American football players with high arch compared to normal arch. *Foot (Edinb)*, 2012, 22:310.

[6] CHANDRASEKARAN S, MA D, SCARVELL J M, et al. A review of the anatomical, biomechanical and kinematic findings of posterior cruciate ligament injury with respect to non-operative management. *Knee*, 2012 19:738.

[7] COOPER D M, LEISSRING S K, KERNOZEK T W. Plantar loading and foot-strike pattern changes with speed during barefoot running in those with a natural rearfoot strike pattern while shod. *Foot (Edinb)*, 2015, 25:89.

[8] COTTER J A, CHAUDHARI A M, JAMISON S T, et al. Knee joint kinetics in relation to commonly prescribed squat loads and depths. *J Strength Cond Res*, 2012. [Epub ahead of print].

[9] DAOUD A I, GEISSLER G J, WANG F, et al. Foot strike and injury rates in endurance runners: A retrospective study. *Med Sci Sports Exerc*, 2012, 44:1325.

[10] DIGIOVANNI B F, MOORE A M, ZLOTNICKI J P, et al. Preferred management of recalcitrant plantar fasciitis among orthopaedic foot and ankle surgeons. *Foot Ankle Int*, 2012, 33:507.

[11] DUTTON R A, KHADAVI M J, FREDERICSON M. Patellofemoral pain. *Phys Med Rehabil Clin N Am*, 2015, 27:31.

[12] ERVILHA U F, MOCHIZUKI L, FIGUEIRA A J R, et al. Are muscle activation patterns altered during shod and barefoot running with a forefoot footfall pattern? *J Sports Sci*, 2016, 14:1.

[13] ESCAMILLA R F, FLEISIG G S, ZHENG N, et al. Effects of technique variations on knee biomechanics during the squat and leg press. *Med Sci Sports Exerc*, 2001, 33:1552.

[14] FARRELL K C, REISINGER K D, TILLMAN M D. Force and repetition in cycling: Possible implications for iliotibial band friction syndrome. *Knee*, 2003, 10:103.

[15] FOX A J, BEDI A, RODEO S A. The basic science of human knee menisci: Structure, composition, and function. *Sports Health*, 2012, 4:340.

[16] FREDRICKSON M, WOLF C. Iliotibial band syndrome in runners: Innovations in treatment. *Sports Med*, 2005, 35:451.

[17] GIARMATZIS G, JONKERS I, WESSELING M, et al. Loading of hip measured by hip contact forces at different speeds of walking and running. *J Bone Miner Res*, 2015, 30:1431.

[18] GULLETT J C, TILLMAN M D, GUTIERREZ G M, et al. A biomechanical comparison of back and front squats in healthy trained individuals. *J Strength Cond Res*, 2009, 23:284.

[19] GUTFRAYND A, PHILPOTT S. A case of acute atraumatic compartment syndrome of the thigh. *J Emerg Med*, 2016, 51:e45.

[20] HANSEN R, CHOI G, BRYK E, et al. The human knee meniscus: A review with special focus on the collagen meniscal implant. *J Long Term Eff Med Implants*, 2011, 21:321.

[21] HAVENS K, SIGWARD S. Cutting mechanics: Relation to performance and anterior cruciate ligament risk. *Med Sci Sports Exerc*, 2015, 47:818.

[22] HURD W J, CHMIELEWSKI T L, AXE M J, et al. Differences in normal and perturbed walking kinematics between male and female athletes. *ClinBiomech*, 2004, 19:465.

[23] IRANPOUR F, MERICAN A M, BAENA F R, et al. Patellofemoral joint kinematics: The circular path of the patella around the trochlear axis. *J Orthop Res*, 2010, 28:589.

[24] JOHAL P, WILLIAMS A, WRAGG P, et al. Tibio-femoral movement in the living knee: A study of weight bearing and non-weight bearing knee kinematics using "interventional" MRI. *J Biomech*, 2005, 38:269.

[25] KHOWAILED I A, PETROFSKY J, LOHMAN E, et al. Six weeks habituation of simulated barefoot running induces neuromuscular adaptations and changes in foot strike patterns in female runners. *Med Sci Monit*, 2015, 21:2021.

[26] KIRKENDALL D T, GARRETT WE J R. The anterior cruciate ligament enigma: Injury mechanisms and prevention. *Clin Orthop*, 2000, 372:64.

[27] LIEBERMAN D E. What we can learn about running from barefoot running: An evolutionary medical perspective. *Exerc Sport Sci Rev*, 2012, 40:63.

[28] LLOYD D G, BUCHANAN T S. A model of load sharing between muscles and soft tissues at the human knee during static tasks. *J Biomech Eng*, 1996, 118:367.

[29] LUO Y. A biomechanical sorting of clinical risk factors affecting osteoporotic hip fracture. *Osteoporos Int*, 2016, 27:423.

[30] MANN R, URHAUSEN A, MEIJER K, et al. Plantar pressure measurements and running-related injury: A systematic review of methods and possible associations. *Gait Posture*, 2016, 47:1.

[31] MCCARTHY C, FLEMING N, DONNE B, et al. Barefoot running and hip kinematics: Good news for the knee? *Med Sci Sports Exerc*, 2015, 47:1009.

[32] MCNULTY A L, GUILAK F. Mechanobiology of the meniscus. *J Biomech*, 2015, 48:1469.

[33] MILLER R H. Joint Loading in Runners Does Not Initiate Knee Osteoarthritis. *Exerc Sport Sci*, 2017. doi: 10.1249/JES.0000000000000105. [Epub ahead of print].

[34] MUCHA M D, CALDWELL W, SCHLUETER E L, et al. Hip abductor strength and lower extremity running related injury in distance runners: A systematic review. *J Sci Med Sport*, 2016. pii: S1440-2440(16)30202-X. doi: 10.1016/j.jsams.2016.09.002. [Epub ahead of print].

[35] MUNRO C F, MILLER D I, FUGLEVAND A J. Ground reaction forces in running: A reexamination. *J Biomech*, 1987, 20:147.

[36] HOSSEINI-NASAB S H, LIST R, OBERHOFER K, et al. Loading patterns of the posterior cruciate ligament in the healthy knee: a systematic review. *PLoS One*, 2016, 23:11.

[37] NEPPLE J J, SMITH M V. Biomechanics of the hip capsule and capsule management strategies in hip arthroscopy. *Sports Med Arthrosc*, 2015, 23:164.

[38] ODÉN A, MCCLOSKEY E V, JOHANSSON H, et al. Assessing the impact of osteoporosis on the burden of hip fractures. *Calcif Tissue Int*, 2013, 92:42.

[39] PANJABI M M, WHITE A A. Biomechanics in the musculoskeletal system. New York: Churchill Livingstone, 2001.

[40] PAUL J P, MCGROUTHER D A. Forces transmitted at the hip and knee joint of normal and disabled persons during a range of activities. *Acta Orthop Belg*, 1975, Suppl. 41:78.

[41] REILLY D T, MARTENS M. Experimental analysis of the quadriceps muscle force and patello-femoral joint reaction force for various activities. *Acta Orthop Scand*, 1972, 43:126.

[42] RAO S, SONG J, KRASZEWSKI A, et al. The effect of foot structure on 1st metatarsophalangeal joint flexibility and hallucal loading. *Gait Posture*, 2011, 34:131.

[43] REEVE J. Role of cortical bone in hip fracture. *Bonekey Rep*, 2017, 6:867.

[44] RICE H, JAMISON S, DAVIS I S L, et al. Influence of footwear and foot strike on load rates during running. *Med Sci Sports Exerc*, 2016, 48:2462.

[45] ROTHENBERG P, GRAU L, KAPLAN L, et al. Knee Injuries in American Football: An Epidemiological Review. *Am J Orthop*, 2016, 45:368.

[46] SAMMARCO G J, HOCKENBURY R T. Biomechanics of the foot// NORDIN M, FRANKEL V H. *Basic biomechanics of the musculoskeletal system*. 4th ed. Philadelphia: Lippincott Williams & Wilkins, 2012.

[47] SANCHIS-MOYSI J, IDOATE F, IZQUIERDO M, et al. Iliopsoas and gluteal muscles are asymmetric in tennis players but not in soccer players. *PLoS One*, 2011, 6:e22858. doi: 10.1371/journal.pone.0022858.

[48] SCHACHE A G, WRIGLEY T V, BAKER R, et al. Biomechanical response to hamstring muscle strain injury. *Gait Posture*, 2009, 29:332.

[49] SHEEHAN K, SOBOLEV B, CHUDYK A, et al. Patient and system factors of mortality after hip fracture: a scoping review. *BMC Musculoskelet Disord*, 2016, 17:166.

[50] SHIN C S, CHAUDHARI A M, ANDRIACCHI T P. Valgus plus internal rotation moments increase anterior cruciate ligament strain more than either alone. *Med Sci Sports Exerc*, 2011, 43:1 484.

[51] STEFFEN K, NILSTAD A, KRISTIANSLUND E, et al. Association between lower extremity muscle strength and non-contact ACL injuries. *Med Sci Sports Exerc*, 2016, 48: 2082.

[52] TENFORDE A S, SAYRES L C, MCCURDY L, et al. Identifying sex-specific risk factors for stress fractures in adolescent runners. *Med Sci Sports Exerc*, 2013. [Epub ahead of print].

[53] TENFORDE A S, YIN A, HUNT K. Foot and ankle injuries in runners. *Phys Med Rehabil Clin N Am*, 2016, 27:121.

[54] THEVENDRAN G, SARRAF K M, PATEL N K, et al. The ruptured Achilles tendon: A current overview from biology of rupture to treatment. *Musculoskelet Surg*, 2013, 97:9.

[55] VOSKANIAN N. ACL Injury prevention in female athletes: Review of the literature and practical considerations in implementing an ACL prevention program. *Curr Rev Musculoskelet Med*, 2013. [Epub ahead of print].

[56] WILLIAMS D S Ⅲ, MCCLAY I A, HAMILL J. Arch structure and injury patterns in runners. *Clin Biomech*, 2001, 16:341.
[57] WILLIAMS D S Ⅲ, MCCLAY I A, HAMILL J, et al. Lower extremity kinematic and kinetic differences in runners with high and low arches. *J Appl Biomech*, 2001, 17:153.
[58] WÜNSCHEL M, LEICHTLE U, OBLOH C, et al. The effect of different quadriceps loading patterns on tibiofemoral joint kinematics and patellofemoral contact pressure during simulated partial weight-bearing knee flexion. *Knee Surg Sports Traumatol Arthrosc*, 2011, 19:1099.

注释读物

FRANKLIN S, GREY M J, HENEGHAN N, et al. Barefoot vs common footwear: A systematic review of the kinematic, kinetic and muscle activity differences during walking. *Gait Posture*, 2015, 42:230.
回顾运动学的科学文献，及短期和长期赤脚和穿鞋情况下肌肉活动的影响。

KRABAK B, LIPMAN G, WAITE B. The long distance runner's guide to injury prevention and treatment: How to avoid common problems and deal with them when they happen. New York: Skyhorse Publishing, 2017.
医疗人员或者跑步者自身提出的预防和处理跑步伤害的建议。

NAKAMURA N, ZAFFAGNINI S, MARX R, et al. Controversies in the technical aspects of ACL reconstruction: An evidence-based medicine approach. New York: Springer, 2017.
提供与ACL重建手术成功相关的循证信息，包括移植材料和移植源的选择，不同手术技术的使用，与手术技术相关的移植物破裂，及骨关节炎的进展。

VALDERRABANO V, EASLEY M. Foot and ankle sports orthopaedics. New York: Springer, 2017.
包括骨科医生在他们的顶端领域讨论的脚及脚踝的医疗管理、一般治疗、最常见和高度衰弱运动损伤的手术治疗。

第九章 人体脊柱生物力学

通过学习本章，读者可以：

> 解释解剖结构如何影响脊柱的运动功能。
>
> 解释影响脊柱稳定性的因素和脊柱不同部位的稳定性。
>
> 解释脊柱执行其生物力学功能的方式。
>
> 解释肌肉的起止点与肌肉在躯干的活动本质和有效性之间的关系。
>
> 描述常见脊柱损伤的生物力学因素。

脊柱是复杂且重要的人体结构。脊柱提供了上肢和下肢之间的机械连接，可以在三个解剖平面上运动，脊柱还为脆弱的脊髓提供骨质保护。腰椎是许多研究人员和临床医生关注的脊柱节段，因为腰痛是一个主要的现代医学问题，与社会经济密切相关。

脊柱结构

脊柱

脊柱由33块椎骨组成，分成5个部分（图9–1），从上到下依次为颈椎（C）7块、胸椎（T）12块、腰椎（L）5块、骶椎（S）5块形成骶骨、尾椎（So）4块合成尾骨。个别人腰椎由4块或6块椎骨构成。

脊柱由于结构的不同及肋骨的存在，颈椎、胸椎及腰椎的活动度各不相同。在这些区域内，两个相邻的椎骨和它们之间的软组织称为运动节段。运动节段是脊柱的功能单位（图9–2）。

运动节段（motion segment） 由两个相邻的椎骨及相关软组织组成，为脊柱的功能单位。

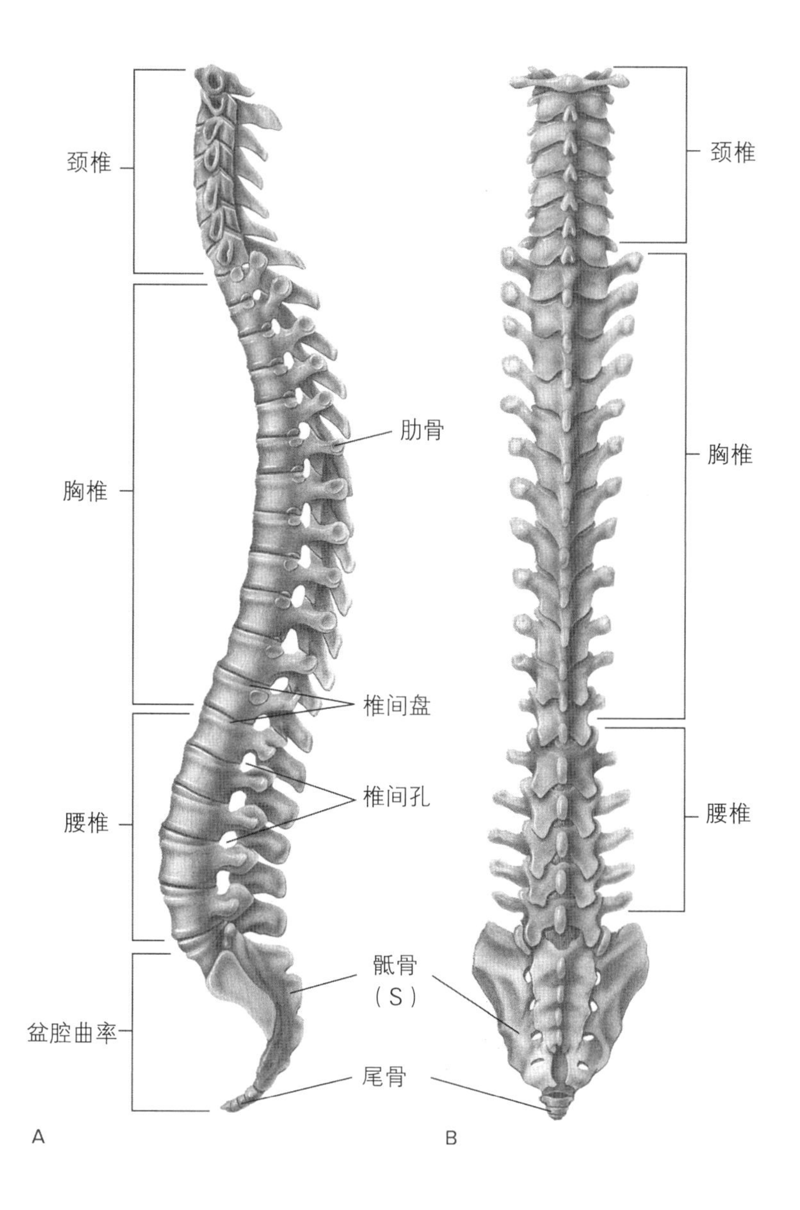

图 9-1

脊柱：A.左侧观；B.后面观。From Hole, John W., Shier, David; Butler, Jackie, & Lewis, Ricki, Human Anatomy and Physiology New York: McGraw-Hill Education, 1996. Copyright ©1996 by McGraw-Hill

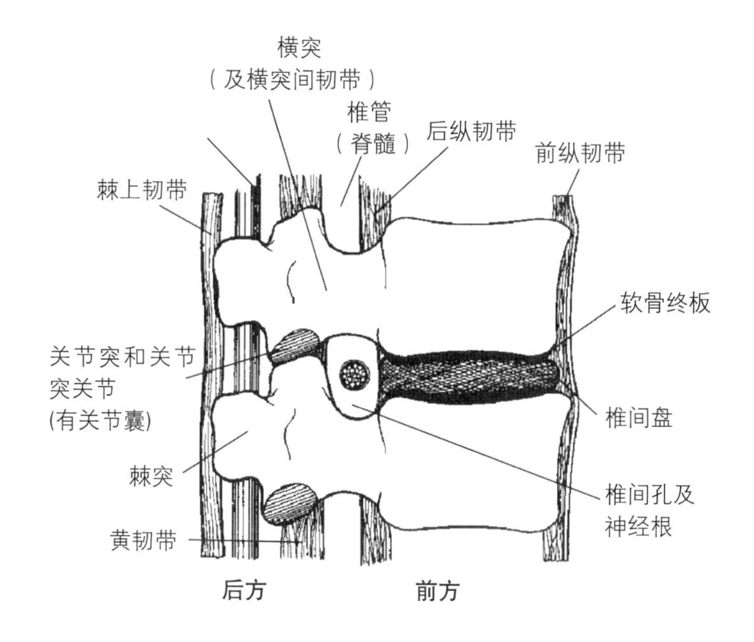

图 9-2

运动节段由两个相邻的椎骨及相关软组织组成，为脊柱的功能单位。

每个运动节段包含三个关节。椎体间由椎间盘分隔形成一个微动关节。上、下关节突之间的左、右关节突关节是滑动关节，内有关节软骨。

•脊柱可以看作是一个三角形的关节堆积体，前侧的椎体与后侧的两个滑动关节之间形成联合关节。

椎骨

一块典型的椎骨由一个椎体、一个称为椎弓的空心环和一些突起组成（图9–3）。椎体是脊柱的主要承重部位。椎弓和后侧椎体及椎间盘形成的脊髓和相关血管的保护通道，称为椎管。在每个椎弓的表面有几个突出的骨突。棘突和横突作为支架可提高附着肌肉的机械效益。

上两个颈椎具有特殊的形状和功能。第1块颈椎（C_1）称为寰椎，为颅骨枕部提供了一个相互楔合的容器。寰枕关节非常稳定，可屈曲、伸展14°～15°，除此之外几乎不能在其他解剖平面上发生运动[4]。寰椎和第2颈椎（C_2）之间的关节为寰枢关节，可进行大范围的轴向旋转，平均旋转75°，伸展14°和侧屈24°[4]。

•虽然所有的椎骨都有相同的基本形状，但椎体和关节突从上向下有逐渐增大。

•关节的方向决定了运动节段的运动能力。

从颈椎到腰椎，椎体逐渐增大（图9–3）。特别是腰椎，比脊柱上段的椎骨大且厚。这种结构具有功能性，因为当身体处于直立的位置时，每块椎骨不仅要支撑手臂和头部的重量，还要支撑整个躯干的重量。腰椎表面积的增加可减少这些椎体所承受的应力。所有哺乳动物的椎间盘表面积都随着负重的增加而增大。

棘突和横突的大小和角度在整个脊柱内各不相同（图9–4）。这改变了关节突关节的方向，限制了不同脊柱节段的活动范围。除了引导运动节段的运动，关节面关节有助于承载重量。关节突关节和椎间盘提供了大约80%的脊柱抵抗旋转扭转和剪切的能力，其中超过一半来自关节突关节[22,46]。关节突关节还承受着脊柱约30%的压缩载荷，尤其是在脊柱过度伸展时（图9–5）[27]。第5腰椎与第1骶椎的关节突关节接触力最大[22]。最近的研究表明，15%~40%的慢性腰痛来自关节突关节[28]。

椎间盘

相邻椎体之间的关节是联合关节，椎体间的纤维软骨盘有减振作用。成年人健康的椎间盘约占脊柱高度的1/4。当躯干直立时，椎间盘前后厚度的差异产生腰椎、胸椎和颈椎的曲线。

纤维环（annulus fibrosus） 形成椎间盘外部的厚纤维软骨环。

髓核（nucleus pulposus） 位于椎间盘纤维环内，具有较高液体含量的胶状体。

椎间盘有两个功能结构：一个由纤维软骨构成的厚外环，称为纤维环或环；被纤维环围绕、位于中央的凝胶状物质——髓核或核（图9–6）。纤维环由15～25层同心圆厚的胶原纤维组成。胶原纤维环以30°的夹角垂直交错，正是因为这种结构，纤维环的旋转相对于压缩、张力、剪切更为敏感[8]。髓核是一种凝胶状的物质，占健康成年人椎间盘体积的40%～50%[37]。在年轻、健康的椎间盘中，髓核

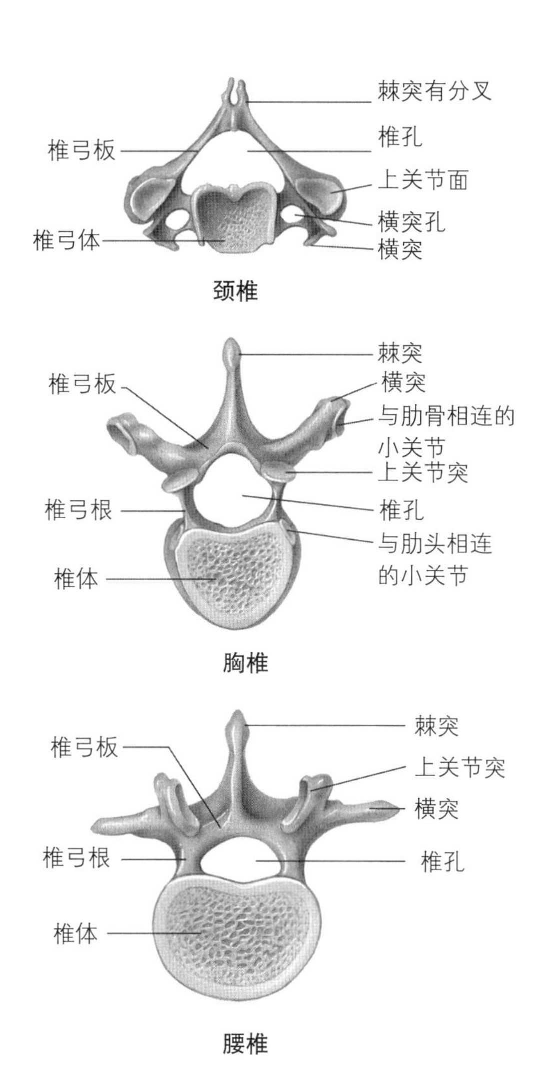

图 9-3

典型椎骨的上面观。

大约90%是水，剩下的是胶原蛋白和蛋白聚糖，是一种特殊的化学吸水材料。髓核中这种极高的流动性使它更能抗压缩。

机械学上，纤维环就像一个螺旋弹簧，把所有的椎体连在一起；此外，髓核就像是滚珠轴承，在脊柱屈曲、伸展及侧屈时，椎体在上面滚动（图9-7）[30]。在做屈伸运动的时候，椎体在髓核上运动，关节突关节引导运动方向。正如图9-8所示，脊柱在屈曲、伸展和侧屈时，椎间盘的一侧产生压缩应力，另一侧产生拉伸应力；而脊柱在旋转时，椎间盘内产生剪切力（图9-9）[27]。脊柱屈伸时，椎间盘承受的压力明显高于旋转时；在同样角度的屈曲和旋转下，屈曲对纤维环造成的应力大约是旋转的450倍[9]。在日常活动中，压缩是最常见的脊柱载荷。

椎间盘在承受压力时，它往往同时失水并吸收钠和钾，直到其内部电解质浓度足以防止进一步失水。当达到这种化学平衡时，椎间盘内部压力等于外部压力。由于这个原因，脊柱在一天的过程中会经历高达2 cm的高度下降，大约54%的下降发生在早晨起床后的30 min[42]。

图 9-4

关节突关节的大致方向。A.下段颈椎关节突关节面与横断面成45° 角，与冠状面平行。B.胸椎关节突关节面与横断面呈60° 角，与冠状面成20° 角。C.腰椎关节突关节面与横断面成90° 角，与冠状面成45° 角。

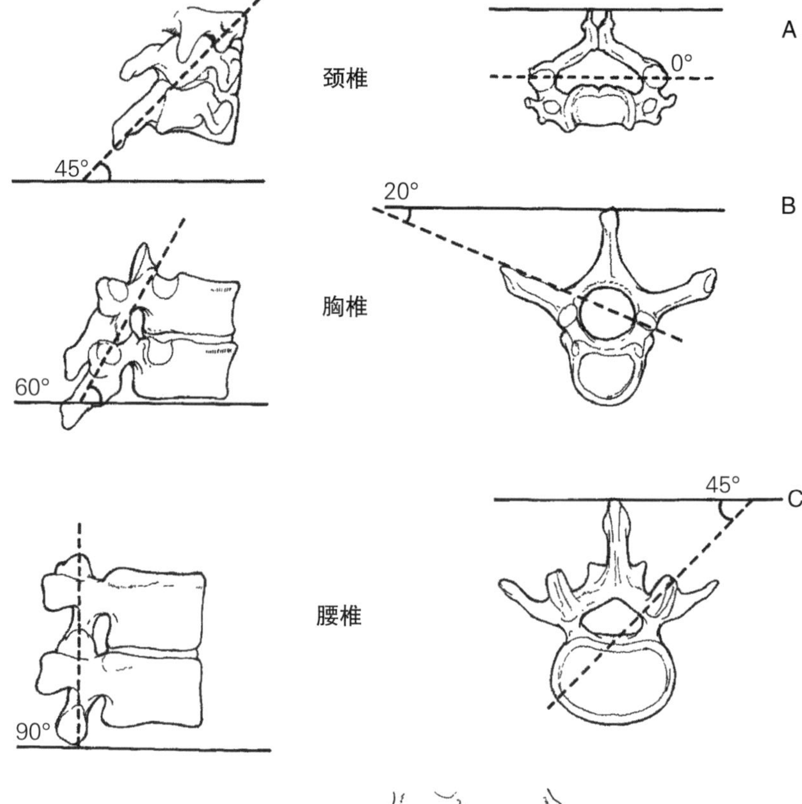

图 9-5

腰椎过度伸展时关节突关节受到挤压。

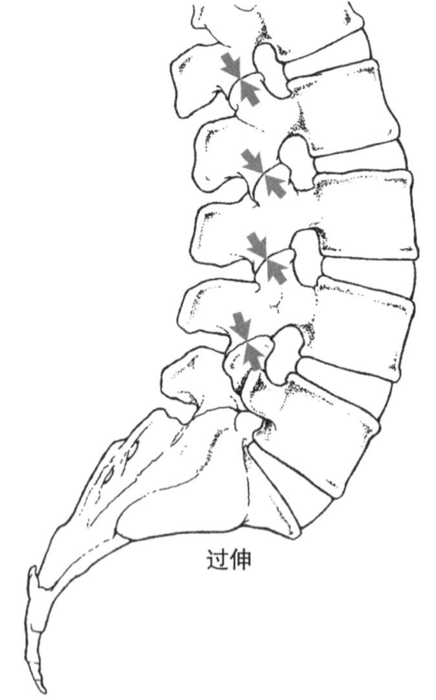

图 9-6

在椎间盘中，由层叠的胶原纤维组成的纤维环环绕着髓核。

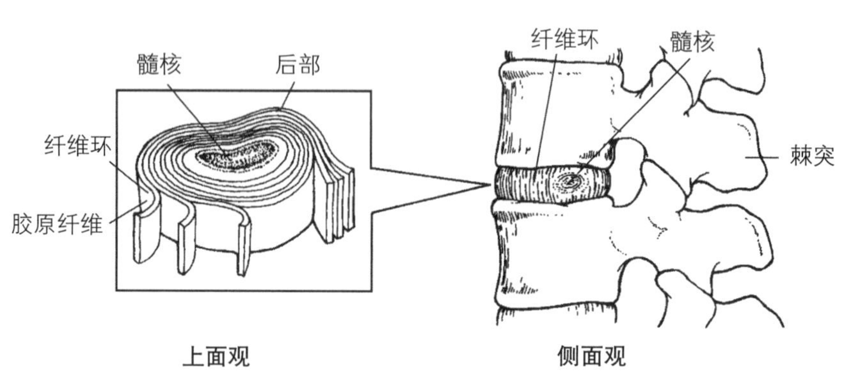

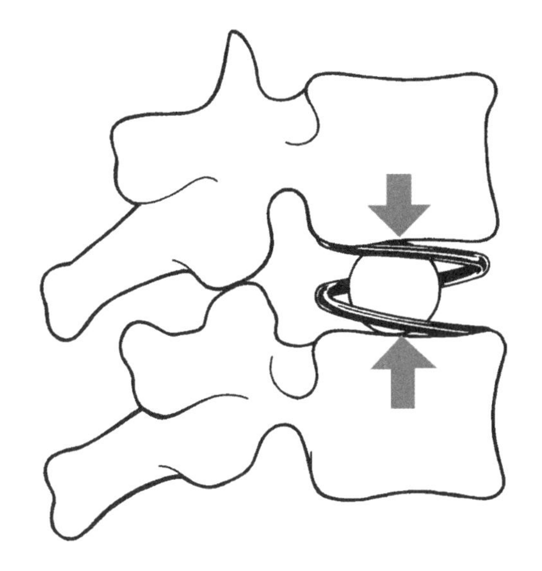

图 9-7

机械学上，纤维环就像一个螺旋弹簧，把所有的椎体连在一起。此外，髓核就像是滚珠轴承，在脊柱屈、伸及侧弯时，椎体在上面滚动。

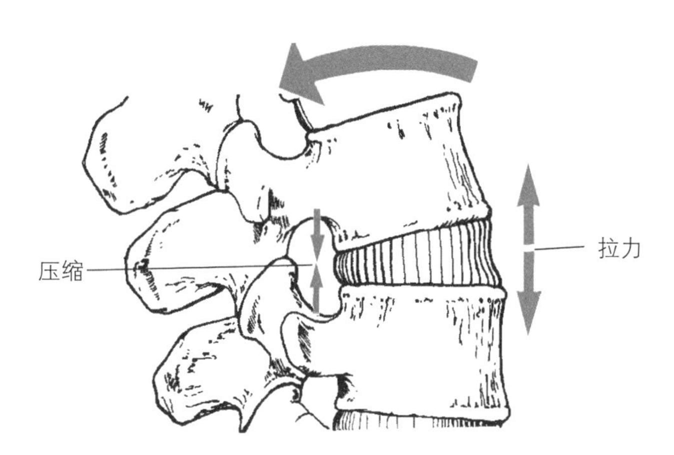

图 9-8

当脊柱屈曲时，椎间盘一侧产生拉伸应力，另一侧产生压缩应力。

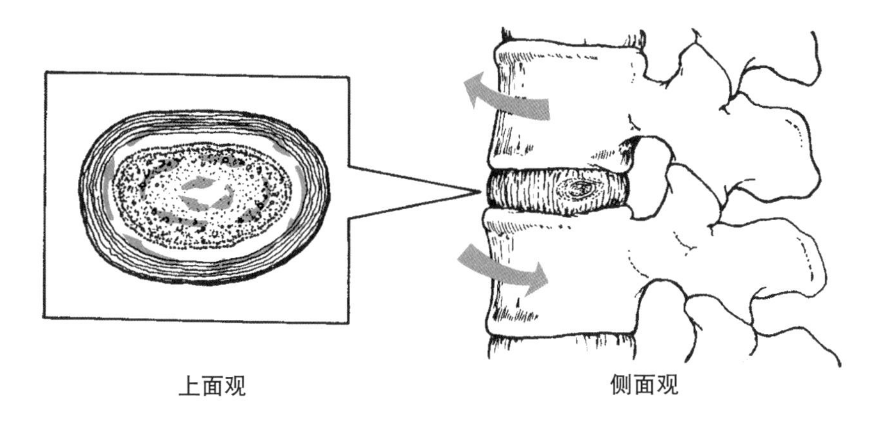

图 9-9

椎体在旋转时给椎间盘造成比较大的剪切力，此时纤维环所受的应力最大。

•椎间盘主要靠身体的运动来吸收及排出代谢废物，因此不要长时间保持一个姿势。

一旦椎间盘上的压力减轻，椎间盘就会迅速重新吸收水分，椎间盘的体积和高度也会增加，从而使夜间水分吸收（在仰卧位情况下）与日间椎间盘的脱水相平衡[52]。宇航员在不受重力影响的情况下，脊柱的高度会暂时增加约5 cm[38]。在地球上，通常人在早晨刚起床时椎间盘的高度和体积是最大的。由于椎间盘体积的增加也会导致脊柱硬度的增加，因此清晨椎间盘损伤的风险似乎会增加。中等强度跑步后脊柱收缩的研究显示，胸腰椎椎间盘高度下降6.3%[25]。

椎间盘的血供可达8岁左右，此后椎间盘无血管，必须依靠机械方法维持其健康的营养状态。体位和体位的间歇性变化会改变椎间盘内部压力，使椎间盘内产生泵送作用。水的流入和流出将营养物质输送进去和将代谢废物带走，基本上实现了与循环系统输送营养物质相同的功能。长时间保持一个非常舒适的固定体位会限制这种泵吸作用，并会对椎间盘健康产生负面影响。研究表明，有一个最佳区域的振动频率和大小，能够促进椎间盘的健康。像散步和慢跑这样速度相对较慢、强度中等的活动，会产生间歇性的轴向载荷，对椎间盘健康有益[3]。

•脊柱在过伸成椎间盘退化时，主要通过关节突关节承受应力。

损伤和老化不可逆转地降低了椎间盘的吸水能力，也降低了椎间盘的减振能力。第5腰椎与第1骶椎的椎间盘最容易发生退行性改变，因为这个位置椎间盘受到的机械应力最大。所有椎间盘的液体含量自20岁左右开始减少。典型的老年性椎间盘的液体含量大约减少35%[32]。当这种正常的退行性改变发生时，相邻的椎体之间会发生异常运动，脊柱上更多的压缩、拉伸和剪切载荷必须由其他结构承担，尤其是关节突关节和关节囊。脊柱高度的降低常常伴随脊柱结构的退行性改变，此时椎间盘承受的载荷增加，人体的姿势可能发生改变。当一个人试图通过保持脊柱屈曲的姿势来减轻关节突关节受压时，腰椎的正常前凸曲线可能会降低。急性椎间盘损伤、机械载荷过重、糖尿病、吸烟、振动等因素会影响椎间盘的营养吸收，而有规律的运动可以改善其营养状况[54]。

韧带

脊柱的周围包围着韧带，韧带有助于维持椎体内部的稳定（图9-10）。较强的前纵韧带与较弱的后纵韧带连接颈、胸、腰椎椎体。棘上韧带与棘突相连，纵贯整个脊柱。棘上韧带在颈部明显增大，称为项韧带（图9-11）。相邻的椎骨在棘突、横突和椎弓板之间由棘间韧带、横突间韧带和黄韧带相连。

•棘上韧带在颈部增大，称为项韧带或颈部韧带。

黄韧带（ligamentum flavum）连接相邻椎骨椎弓板的黄色韧带，弹性比较强。

黄韧带也是脊柱的主要韧带，连接相邻椎弓板。虽然大多数脊柱韧带主要由胶原纤维构成，伸展性较差，但黄韧带中弹性纤维比例较高，在脊柱屈曲时拉长，在脊柱伸展时缩短。当脊柱处于解剖位置时，黄韧带处于紧张状态，增强了脊柱的稳定性。黄韧带轻微的拉力使椎间盘产生轻微的、持续的压迫，称为预应力。颈椎的黄韧带在抵抗屈曲方面很重要[18]。脊柱的所有韧带都以弹性的方式活动，在拉伸时以非线性、时间依赖性的方式活动。

预应力（prestress）
静止的韧带对椎体产生的压力。

脊柱生理性弯曲

从矢状面看，脊柱有四条正常的曲度。胸椎和骶椎曲度在出生时即呈现为向后凸，称为先天性脊柱生理性弯曲。腰椎和颈椎的曲线凸向前，是在婴儿开始坐起和站立后，由于身体直立而形成的。因为这些曲度在出生时并不存在，所以称为后天性脊柱生理性弯曲。颈椎和胸椎曲度在生长过程中变化不大；在7~17岁之间，腰椎的曲度增加。

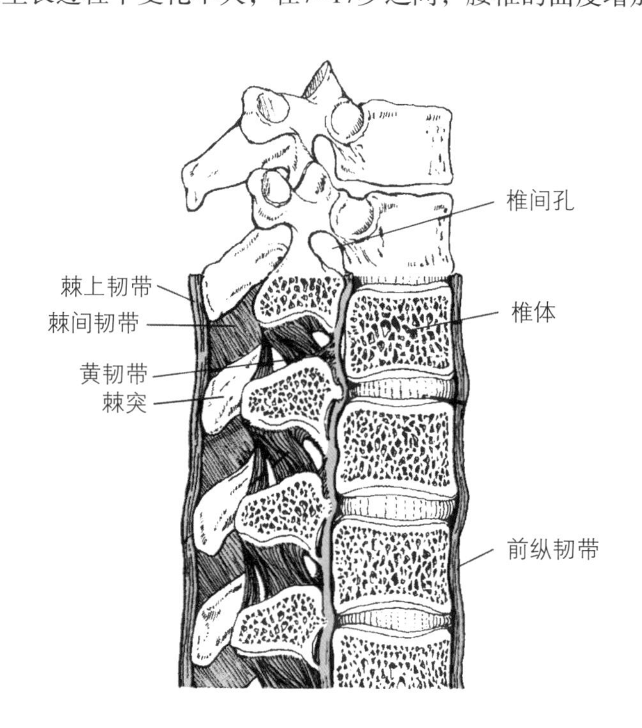

图 9-10
脊柱的主要韧带。

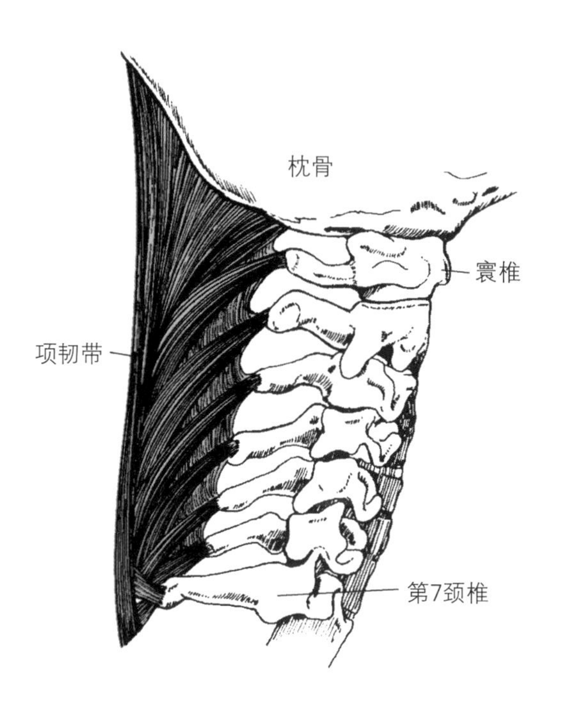

图 9-11
棘上韧带在颈椎区域比较发达，称为项韧带。

先天性脊柱生理性弯曲（primary spinal curves）
一出生就有的生理曲度。

后天性脊柱生理性弯曲（secondary spinal curves）
婴儿出生后开始坐起和站立后，由于身体直立而形成的生理曲度。

脊柱前凸（lordosis）
腰椎极度弯曲。

脊柱后凸（kyphosis）
胸椎极度弯曲。

脊柱侧弯（scoliosis）
脊柱向一侧偏移。

这个3岁孩子的脊柱相对平坦。腰部曲度直到大约17岁才发育完全。©Susan Hall.

脊柱曲度（姿势）受遗传、病理、个体精神状态和脊柱受力习惯的影响。这些曲度能够帮助脊柱吸收更多的震荡，使其不受伤害。

正如在第四章所讨论的，骨骼是根据作用在其上的力的大小和方向不断建模或成形的。同样，当脊柱习惯性地受到不对称的力时，这四条脊柱曲线也会发生扭曲。

腰椎曲度增大或前凸，常与腹肌力量弱和骨盆前倾有关（图9-12）。脊柱前凸的病因有先天性脊柱畸形、腹肌无力、错误姿势习惯，及过度训练需要伸展腰椎的运动，如体操、花样滑冰、掷标枪和蝶泳。由于脊柱前凸增加了脊柱后部的压力，有些人认为腰椎过度前凸是导致腰痛的原因。肥胖会导致整个脊柱和骨盆活动范围缩小，肥胖个体表现为骨盆前倾增加伴腰椎前凸增加[53]。与步行相比，跑步时骨盆前倾和前凸增加。

另一个常见的脊柱生理性弯曲异常是脊柱后凸（驼背，即胸椎曲度增大）（图9-12）。脊柱后凸可由先天性畸形、骨质疏松或舒尔曼病（Scheuermann disease，由骺板行为异常而形成一个或多个楔形椎骨）等引起。舒尔曼病好发于10~16岁，因为此时是胸椎生长最快的时期。遗传和生物力学因素也会发生脊柱后凸，如进行大量蝶泳训练的青少年出现的“游泳背”，症状较轻的可以通过加强背部肌肉的运动矫正，但严重的病例需要采用支具矫正或手术矫正。胸椎后凸也有随着年龄的增长而增加的趋势需要，表现为退行性改变、椎体压缩性骨折、肌肉无力和生物力学改变[1]。

脊柱的横向偏移称为脊柱侧弯（图9-12）。侧弯畸形常伴受累椎骨旋转，病情从轻到重不等。脊柱侧弯可表现为C形或S形畸形线，累及胸椎和（或）腰椎。

结构性脊柱侧弯和非结构性脊柱侧弯两者之间是有区别的。结构性脊柱侧弯不灵活，即脊柱侧屈时侧弯不会改变。非结构性脊柱侧弯是灵活的，可以通过侧屈矫正。

引起脊柱侧弯的原因很多。先天性畸形和部分肿瘤可导致结构性脊柱侧弯。非结构性脊柱侧弯可继发于腿长差异或局部炎症。小幅度的脊柱弯曲相对常见，可能是每天用一侧身体携带书籍或沉重挎包等习惯造成的。大多数脊柱侧弯为特发性脊柱侧弯，这种疾病的病因尚不明。特发性脊柱侧弯可在任何年龄发病，最常见于10~13岁的儿童。大约4%的人受此影响，在女性中更为常见[5]。

脊柱侧弯的症状与侧弯程度有关。轻度病例可能无症状，并可随时间自行矫正。越来越多的证据支持适当的牵伸和运动训练可以治疗轻度到中度脊柱侧弯的症状和矫正外观。严重的脊柱侧弯表现为极度侧偏和脊柱的局部旋转，可有严重的疼痛和变形，需要进行支具矫正或手术治疗。脊柱侧弯患者的受累椎骨和椎间盘都呈现为楔形。

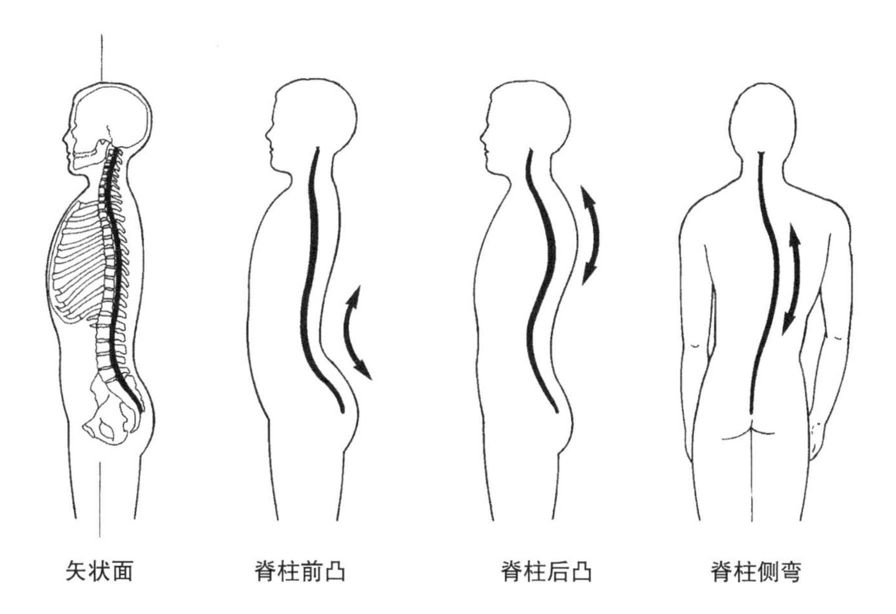

图 9-12

不正常的脊柱曲度。

脊柱运动

作为一个整体，脊柱可以在三个解剖平面运动及旋转。因为相邻两个椎骨之间的运动范围较小，所以脊柱运动总是涉及许多运动节段。每个运动节段所允许的活动范围受解剖限制，这些限制在脊柱的颈、胸、腰椎节段各不相同。

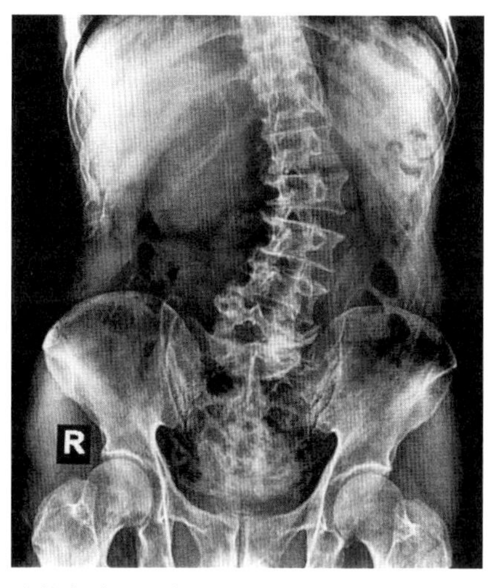

脊柱侧弯的X线表现。©Tewan Banditrukkanka/Shutterstock.com.

屈曲、伸展及过伸

颈椎和腰椎屈曲、伸展的活动度较大，第5、6颈椎约为17°，第5腰椎至第1骶椎约为20°。胸椎由于关节突关节走向的原因，关节活动度从第1~2胸椎的约4° 到第11~12胸椎的约10° 不等[56]。

脊柱屈曲和髋关节屈曲或骨盆前倾这三者容易混淆，因为这三种运动都发生在像腰椎弯曲触摸脚趾这样的活动中（图9-13）。髋关节屈曲包括股骨相对于骨盆带的前向矢状面旋转(或相反)，骨盆前倾是髂前上棘相对于耻骨联合的前向运动，如第八章所述。正如骨盆前倾促进髋关节屈曲一样，它也促进脊柱屈曲。

脊柱向后超过解剖位置的伸展称为过伸。颈椎和腰椎过伸很常见。在许多运动技能的练习中，如游泳、跳高、撑杆跳、体操等，都需要腰椎过伸。

侧屈和旋转

•脊柱作为一个整体，其运动能力和球窝关节一样，可在三个解剖平面运动；此外，脊柱还可以旋转。

脊柱在冠状面远离解剖位置的运动称为侧屈。颈椎的侧屈范围最大，4~5颈椎可进行9°~10° 的侧屈。胸椎的侧屈范围较小，胸椎上段相邻椎骨间的活动度大约是6°，胸椎下段大约是8°~9°。腰椎的侧屈活动度只有6°，第5腰椎至第1骶椎只有3°[56]。

横切面的脊柱旋转中颈椎也是活动度最大的节段。第1~2颈椎可女子体操运动员在许多常见的技术表演中都会经历腰椎过伸。©Juice Images Ltd/Getty Images RF.

转可达12° 。其次是胸椎，胸椎上段约有9° 的旋转，从第7~8胸椎向下胸椎的旋转活动度慢慢减小。由于腰椎结构的原因，旋转活动度只有2° 。骶髂关节约可进行5° 的旋转[56]。由于脊柱的结构原因，所以脊柱侧屈和旋转是耦合的，旋转的同时伴有轻微的侧向弯曲，但这种运动是肉眼无法观察到的。

颈椎的关节活动度随着年龄的增加呈线性减少，被动活动范围每年减少约0.5° [43]。

脊柱肌肉

颈部和躯干的肌肉成对，位于左右两侧。这些肌肉单侧收缩可引起躯干侧屈和（或）旋转，双侧收缩可引起躯干屈曲或伸展。脊柱主要肌肉和功能如表9–1所示。

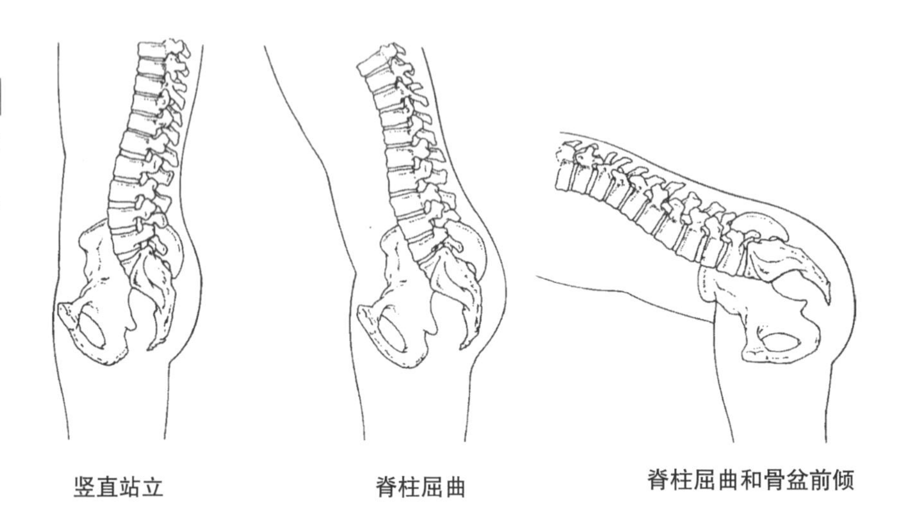

图 9–13

躯干在屈曲的时候，屈曲的前50° ~60° 主要由腰椎下段完成；然后，骨盆前倾躯干才可进一步屈曲。

前侧

颈部前侧主要为椎前肌，包括头前直肌、头外侧直肌、头长肌、颈长肌，及8对舌骨肌（图9–14、图9–15）。虽然舌骨肌的主要功能似乎是在吞咽过程中移动舌骨，但这些肌肉双侧同时收缩产生的张力会使头部屈曲。单侧的肌肉收缩有助于头部向收缩肌肉侧侧屈，或使头部向对侧旋转，当然，这也取决于其他肌肉所起的中和作用。

腹直肌是主要的腹部肌肉。©Susan Hall.

主要的腹肌有腹直肌、腹外斜肌和腹内斜肌（图9–16、图9–17和图9–18）。这些肌肉的主要作用是使脊柱屈曲，也可减少骨盆前倾。单侧收缩产生的张力使脊柱向同侧侧屈。腹内斜肌收缩产生的张力使脊柱向同侧旋转。由腹外斜肌收缩产生的张力导致向相反的方向旋转。如果保持脊柱固定不动，腹内斜肌收缩使骨盆向对侧旋转，腹外斜肌收缩使骨盆向同侧旋转。这些肌肉也是腹壁的主要组成部分，有

表9–1 脊柱主要肌肉功能

肌肉	近端附着点	远端附着点	主要作用	支配神经
椎前肌（头前直肌、头外侧直肌、头长肌、颈长肌）	枕骨和颈椎前部	颈椎和上3个胸椎前面	屈曲、侧屈、向对侧旋转	颈神经（C_1~C_6）
腹直肌	第5~7肋	耻骨结节	屈曲、侧屈	肋间神经（T_6~T_{12}）
腹外斜肌	下8根肋骨的外表面	白线和髂嵴前部	屈曲、侧屈、向对侧旋转	肋间神经（T_7 ~T_{12}）
腹内斜肌	白线和下4根肋骨	腹股沟韧带、髂嵴、腰背筋膜	屈曲、侧屈、向同侧旋转	肋间神经（T_7~T_{12}、L_1）
夹肌（头夹肌、颈夹肌）	颞骨乳突，第1~3颈椎横突	项韧带下半部分，第7颈椎棘突和上6个胸椎棘突	伸展、侧屈、向同侧旋转	颈中、下神经（C_4~C_8）
头上、下斜肌，头后大、小直肌	枕骨，第1颈椎横突	第1~2颈椎的后面	伸展、侧屈、向同侧旋转	枕下神经（C_1）
竖脊肌（棘肌、最长肌、髂肋肌）	项韧带下部，颈、胸、腰椎后面，下9根肋骨，髂嵴，骶骨后面	颞骨乳突，颈、胸、腰椎后部，第12肋	伸展、侧屈、向对侧旋转	脊神经（T_1~T_{12}）
头、颈、胸半棘肌	枕骨，第2~4胸椎棘突	胸椎和第7颈椎横突	伸展、侧屈、向对侧旋转	颈、胸神经（C_1~T_{12}）
深部脊肌（多裂肌、回旋肌、棘间肌、横突间肌、肋提肌）	所有椎骨的突起后面，骶骨后面	椎骨的棘突和横突及椎板，低于上端附着的棘突和横突	伸展、侧屈、向对侧旋转	脊神经和肋间神经（T_1~T_{12}）
胸锁乳突肌	颞骨乳突	胸骨上端、锁骨内1/3	颈部屈曲、头部伸展、侧屈、向对侧旋转	副神经和第2对颈神经
肩胛提肌	第1~4颈椎的横突	肩胛骨的脊柱缘	侧屈	脊神经（C_3~C_4），肩胛背神经（C_3~C_5）
斜角肌（前斜角肌、中斜角肌、后斜角肌）	颈椎横突	上2根肋骨	屈曲、侧屈	颈神经（C_3~C_7）
腰方肌	第12肋，上4个腰椎的横突	髂腰韧带、髂嵴	侧屈	脊神经（T_{12}~L_4）
腰大肌	第12胸椎和所有腰椎体侧面	股骨小转子	屈曲	股神经（L_1~L_3）

保护腹腔器官的作用。

后侧

头夹肌和颈夹肌是主要的颈伸肌（图9–19）。枕骨下肌包括头后大直肌、头后小直肌、头上斜肌和头下斜肌4块肌肉（图9–20），当这些颈后肌一侧收缩时，颈部侧屈或头部转向同侧；当双侧收缩时，颈屈曲。

胸、腰椎后侧有体积较大的竖脊肌（又称骶棘肌）、半棘肌和脊柱深层肌肉。如图9–21所示，竖脊肌包括棘肌、最长肌和髂肋肌。如图9–22所示，半棘肌包括颈半棘肌、头半棘肌和胸半棘肌。

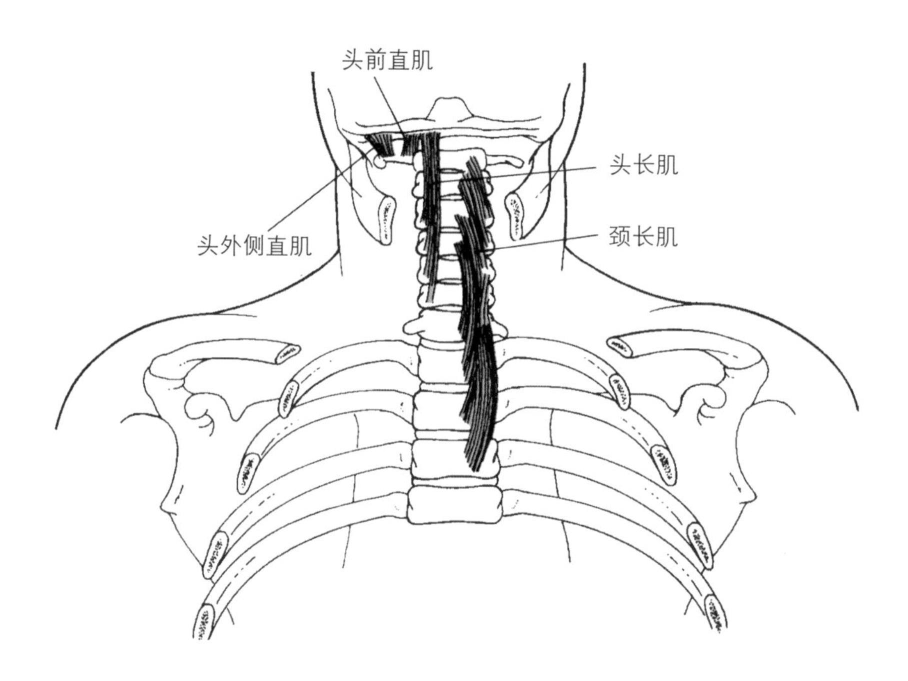

图9–14
颈部前侧肌肉。

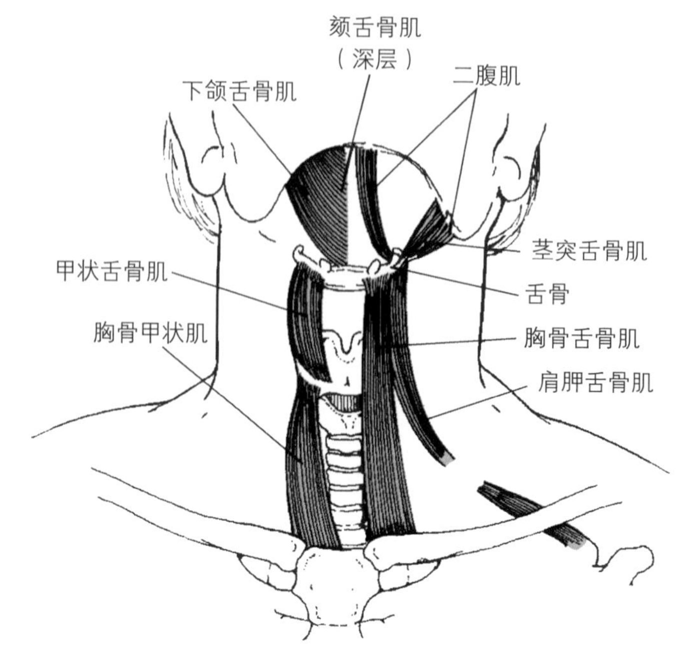

图9–15
舌骨肌。

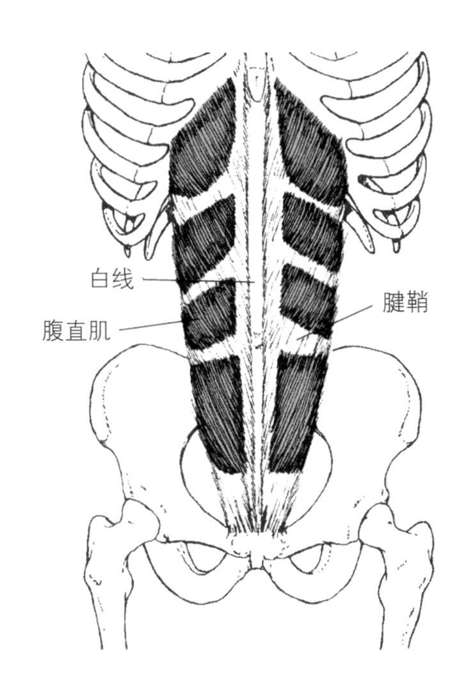

图9-16

腹直肌。

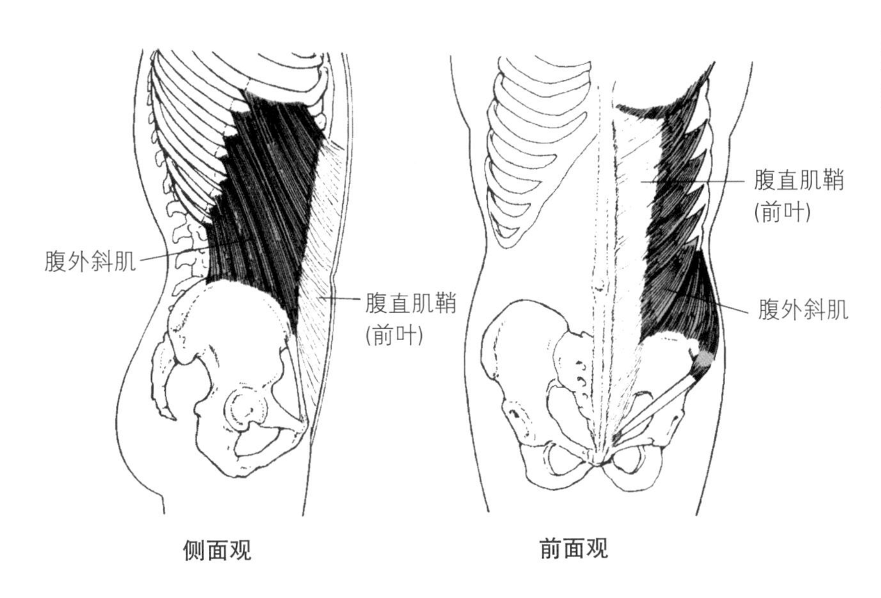

图9-17

腹外斜肌。

脊柱深层肌肉主要有多裂肌、回旋肌、棘间肌、横突间肌、肋提肌（图9-23）。竖脊肌是主要的脊柱伸肌和过伸肌。所有脊柱后侧肌肉双侧同时收缩产生伸展和过伸，单侧收缩产生侧屈。

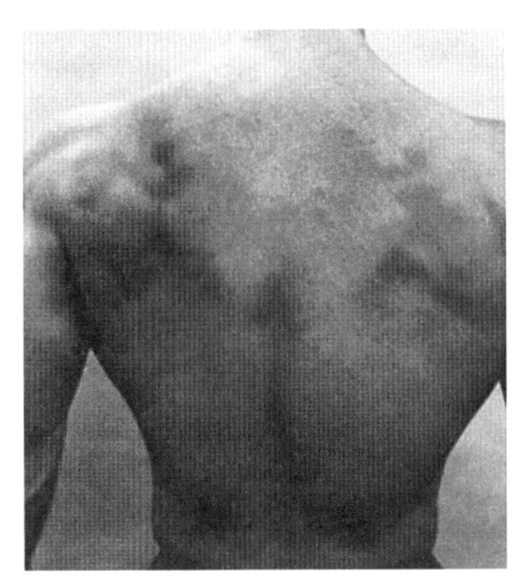

躯干后部的浅表肌肉。©Susan Hall.

侧方

颈部两侧有突出的胸锁乳突肌、肩胛提肌、前斜角肌、后斜角肌和中斜角肌（图9-24、图9-25和图9-26）。双侧胸锁乳突肌收缩能够屈曲颈椎或后仰头部，单侧收缩可产生同侧侧屈或对侧旋转。肩胛提肌在固定一侧肩胛骨时收缩，能够使颈部侧屈。三条斜角肌帮助颈部

图9-18

腹内斜肌。

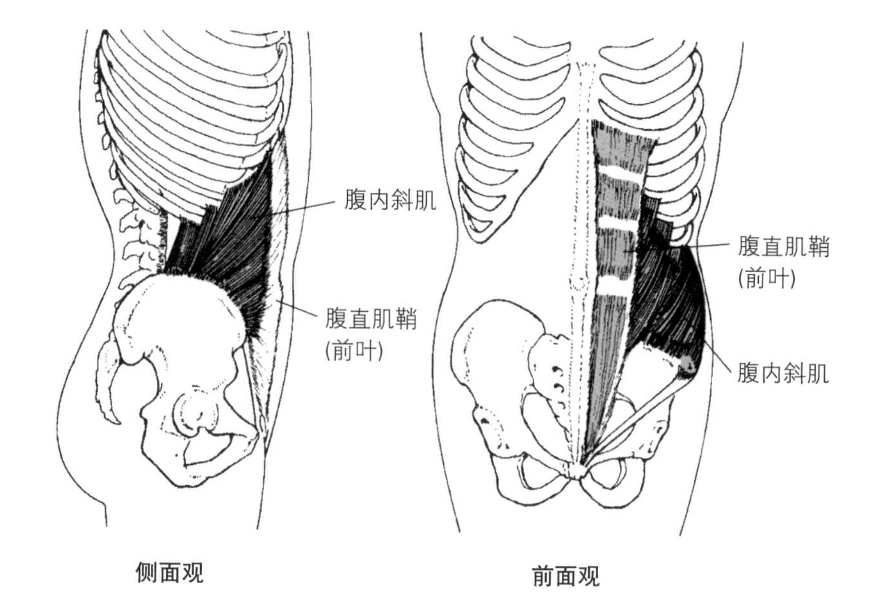

图9-19

颈部主要伸肌。

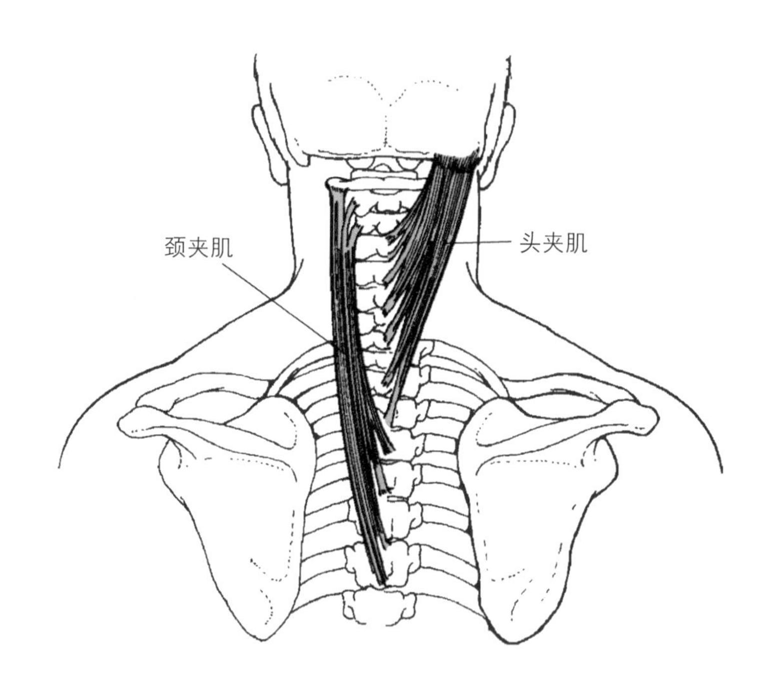

图9-20

枕骨下肌。

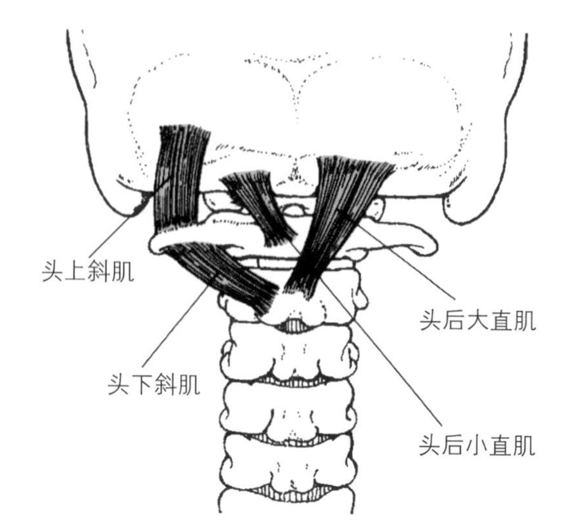

屈曲和侧屈，这取决于是双侧还是单侧肌肉收缩。

在腰椎区域，腰方肌和腰大肌是较大的、双侧对称的肌肉（图9-27和图9-28）。这些肌肉收缩能够屈曲或者侧屈腰椎。

• 脊柱上最突出的肌肉——伸肌和过伸肌是最常发生扭伤的脊柱肌群。

• 很多颈部及躯干肌肉，单侧收缩的作用是侧屈，双侧收缩的作用是屈曲或者伸展。

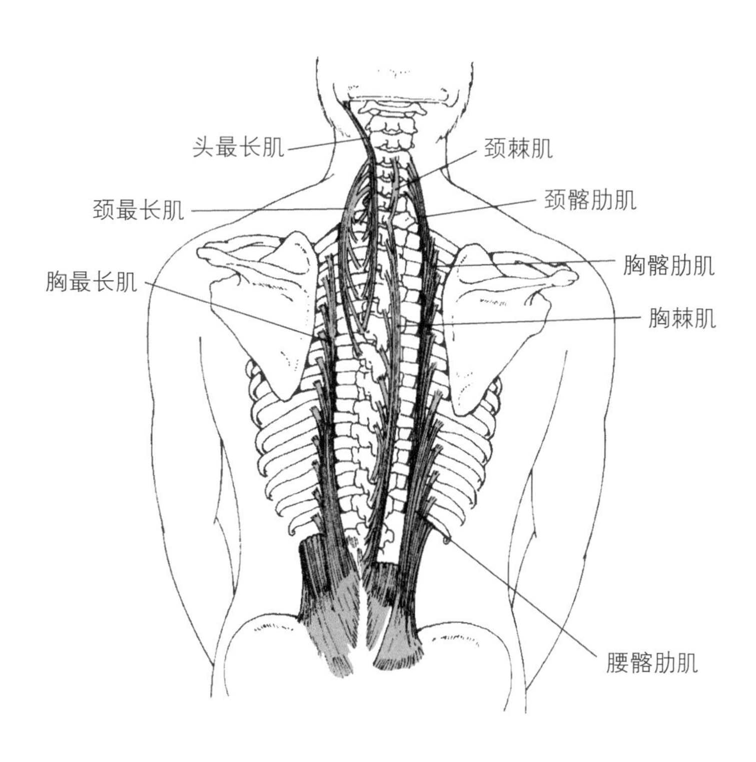

图9-21
竖脊肌。

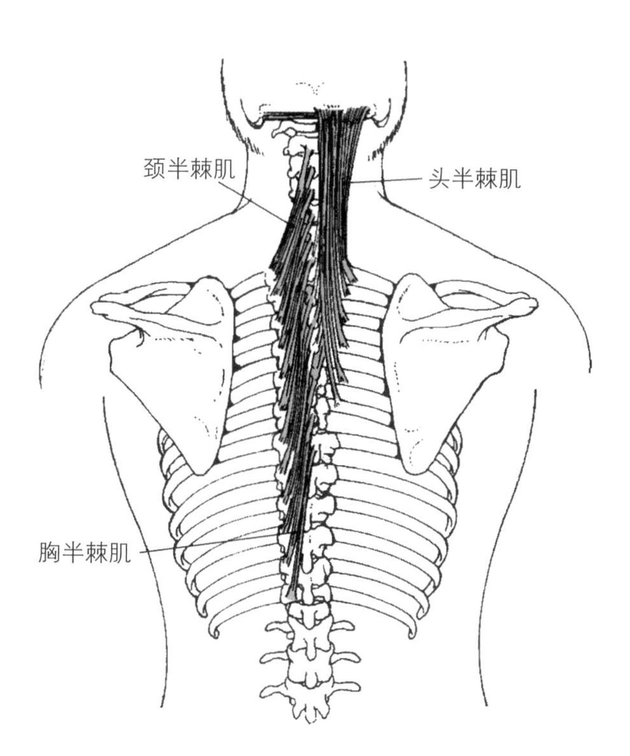

图9-22
半棘肌。

脊柱载荷

作用在脊柱上的力包括身体重量、脊柱韧带的张力、周围肌肉的张力、腹内压力和外部施加的载荷。当身体直立时，脊柱的主要载荷是轴向的。在这种姿势下，身体重量、手上任何负重的重量及周围韧带和肌肉的紧张都会导致脊柱压缩。

直立时，全身重心位于脊柱前侧，使脊柱承受恒定的前弯力距（图9–29）。为了保持身体的位置，这个力矩必须被后伸肌的张力抵消。当躯干或手臂屈曲时，这些身体节段增加的力臂有助于增加屈

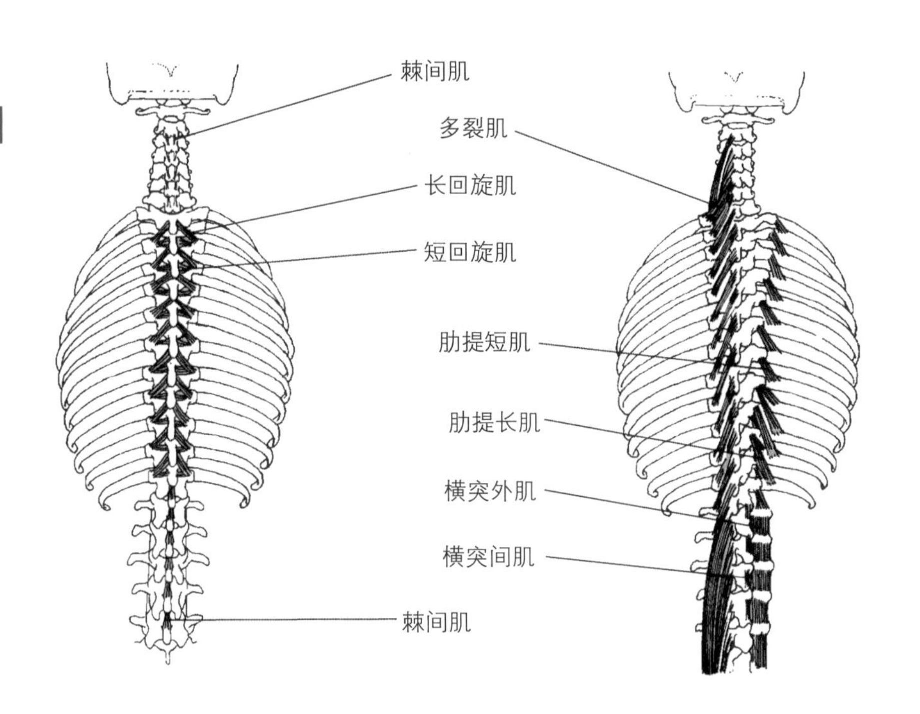

图9–23

脊柱深层肌肉。

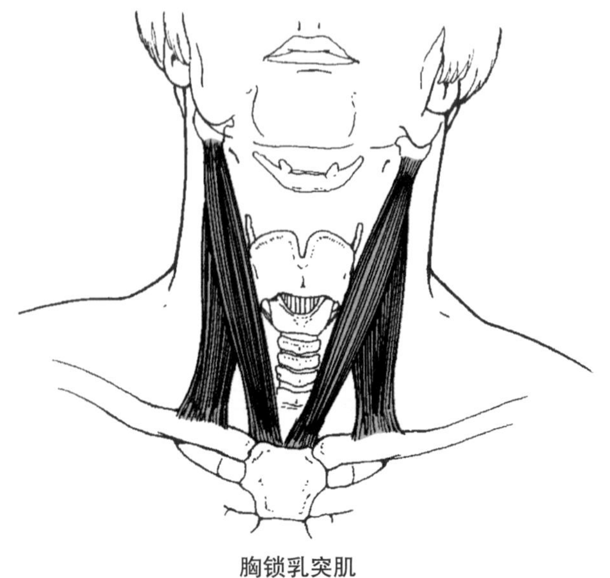

图 9–24

胸锁乳突肌。

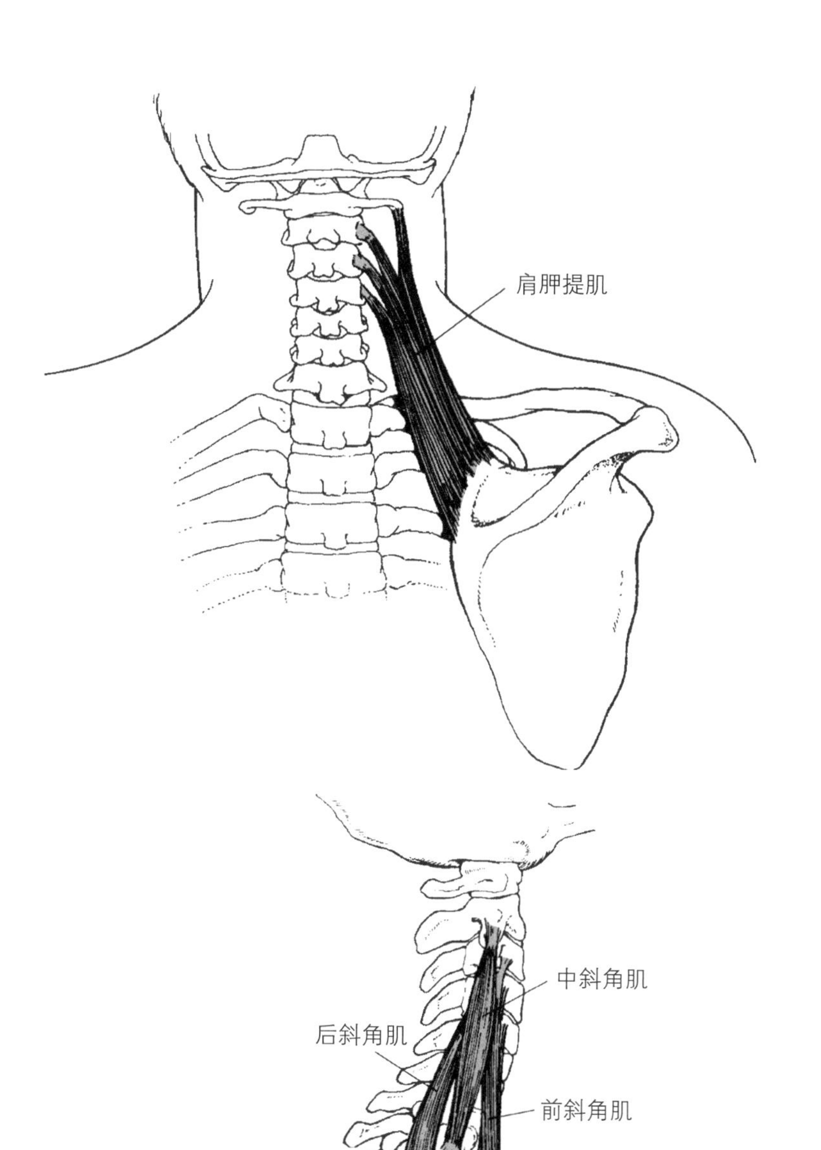

图9-25

肩胛提肌。

图9-26

斜角肌。

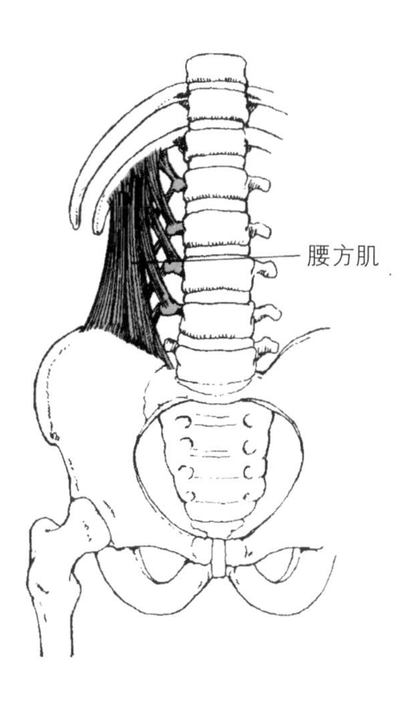

图9-27

腰方肌。

图9-28

腰大肌。

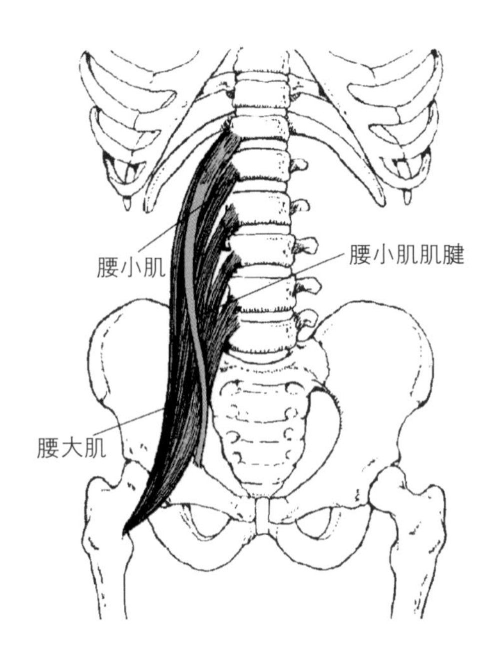

•脊柱后侧肌肉的力矩比较小，需要产生较大的力来中和由身体节段重量和外部载荷产生的弯曲力矩。

肌扭矩和后伸肌的补偿张力（图9–30）。由于脊柱肌肉相对于椎体关节有非常小的力臂，它们必须产生很大的力来抵消由身体节段的重量和外部载荷所产生的关于脊柱的力矩（例题9.1）。因此，作用在脊柱上的主要力量通常来自肌肉活动。与直立时的载荷相比，腰椎受压载荷随坐姿而增加，随脊柱屈曲而增加，随坐姿懒散而增加（图9–31）。坐位下骨盆向后旋转，正常腰椎前凸趋于平展，导致椎间盘载荷增加。坐姿倾斜会增加椎间盘的载荷。人体工程学设计的椅子，座椅轻微前倾，可提供腰椎支撑，使更多的重量由大腿支撑，有助于减轻脊柱的负担[31]。

椎间盘内的压力随着体位和载荷的变化而显著变化，但在脊柱的不同部位压力变化相对一致[41]。在静态加载过程中，椎间盘随着时间的推移而变形，将更多的载荷转移到小关节。在动态条件下，关节突关节和韧带分担脊柱的载荷，在这些结构之间进行载荷平衡[36]。30 min的动态重复性脊柱屈曲，如搬运重物，脊柱的整体刚度降低，椎间盘的变形和脊柱韧带的伸长会导致载荷模式的改变，这可能会导致患者腰背痛[40]。

•体重在腰椎产生剪切力和压缩力。

直立时，身体重量也会使脊柱承受剪切力。尤其是在腰椎，腰椎的剪切力会导致椎体相对于相邻的下位椎体向前移位（图9–32）。由于脊柱主要伸肌的纤维很少平行于脊柱，随着这些肌肉张力的增加，椎间盘和关节突关节的压缩力和剪切力都会增加。幸运的是，腰椎肌肉张力产生的剪切力是向后方的，因此它部分抵消了体重产生的前向剪切。在屈曲和需要向后倾斜躯干的活动中，如在航行中，用绳索下降和吊挂，这时候主要对脊柱产生剪切力。虽然脊柱压缩和剪切力的相对意义尚不清楚，但剪切力过大被认为是椎间盘突出的原因之一。

躯干伸肌的张力随着脊柱屈曲而增加，直到脊柱接近完全屈曲

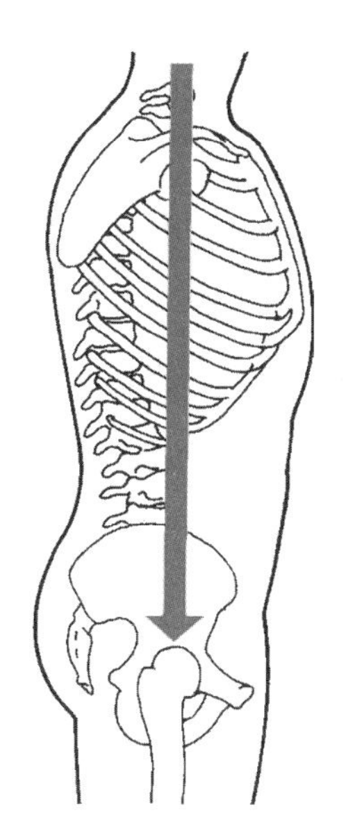

图9-29

由于头部、躯干和上肢的重力线经过脊柱前方，因此脊柱常处于向前弯曲的状态。

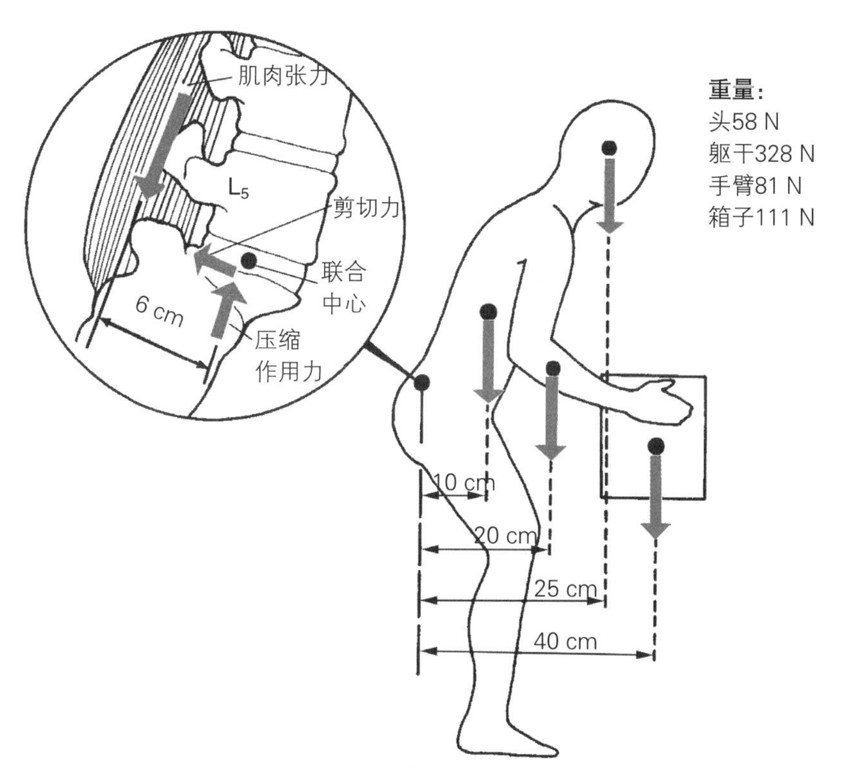

在载荷作用下，第5腰椎至第1骶椎椎体节段产生的扭矩：

T=328 N×10 cm+81 N×20 cm+58 N×25 cm+111 N×40 cm=10 790 N·cm

图9-30

背部肌肉的力臂大约6 cm，必须抵消身体各部分重量加上所有外部载荷所产生的力矩。因此举起和搬运东西要尽量靠近躯干。

例题9.1

在以下给定的节段力矩臂，以第5腰椎至第1骶椎中心力臂为6 cm的竖脊肌必须承受多大的拉力，才能使身体保持持重状态？（节段重量大约是一个600 N的人）

已知

节段	重量	力臂
头	50 N	22 cm
躯干	280 N	12 cm
手臂	65 N	25 cm
盒子	100 N	42 cm
F_m		6 cm

解答

当物体处于静止状态时，作用于任何一点的力矩之和为零。在L_5~S_1:

$$\sum T_{L_5\sim S_1}=0$$

$$0=F_m\times 6\ \text{cm}-(50\ \text{N}\times 22\ \text{cm}+280\ \text{N}\times 12\ \text{cm}+65\ \text{N}\times 25\ \text{cm}+100\ \text{N}\times 42\ \text{cm})$$

$$0=F_m\times 6\ \text{cm}-10\,285\ \text{N}\cdot\text{cm}$$

$$F_m=1714.17\ \text{N}$$

弯曲松弛现象（flexion relaxation phenomenon）
当脊柱完全屈曲时，伸肌完全放松，屈曲产生的力矩由韧带抵消。

时突然消失。这发生在最大髋关节屈曲的57%和最大脊柱屈曲的84%[16]。此时，脊柱后韧带完全支持屈曲力矩。脊柱伸肌在完全屈曲时停止收缩称为屈曲松弛现象。不幸的是，当脊柱处于完全屈曲状态时，棘间韧带的张力会显著增加前向剪切力，增加关节突关节载荷。

脊柱侧屈和轴向旋转时，肌肉的活动模式比屈曲和伸展更为复杂。研究人员估计，在第4~5腰椎关节处，50 N・m的伸展力矩施加

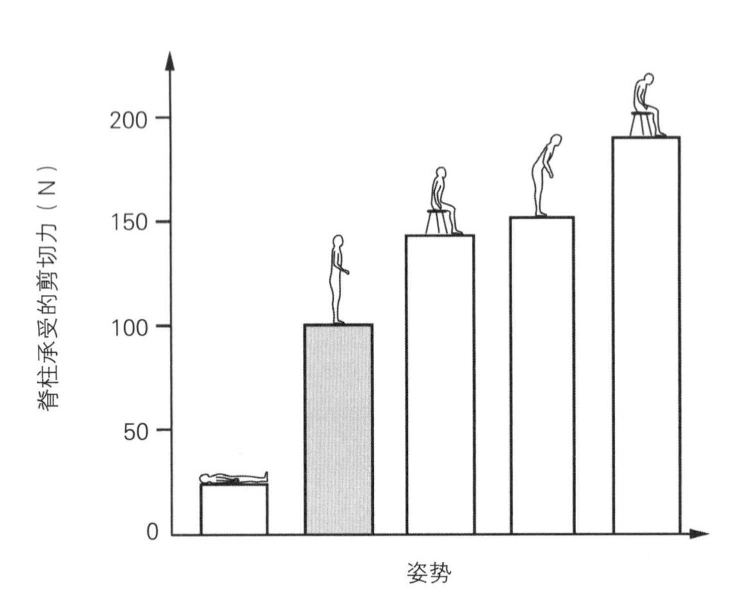

图9-31
第3腰椎椎间盘在完全直立时所承受的压力明显高于仰卧位，但低于其他如图所示的姿势。
Source: Nachemson, A. "Towards a better understanding of back pain: A review of the mechanics of the lumbar disc," Rheumatology and Rehabilitation 14:129, 1975.

800 N的压缩力，50 N · m的侧屈力矩和轴向扭转力矩在关节处分别产生1400 N和2500 N的压缩力[34]。在这些增加的载荷中，躯干拮抗肌的张力起重要作用。由于侧弯力矩的增加，躯干在冠状面不对称载荷也增加了脊柱的压缩和剪切载荷。

•侧屈和侧向旋转比屈曲和伸展产生的脊柱载荷大。

另一个影响脊柱载荷的因素是身体运动速度。研究表明，以快速、剧烈的方式做一个提升动作，可以明显增加脊柱的压缩力和剪切力，以及椎旁肌的张力。这也是抗阻训练应该以一种缓慢的、可控的方式进行的原因之一。最大限度地提高外部载荷运动模式的平稳性，可以使腰骶关节上的压力峰值最小化。然而，在搬运东西时需要运用合适的体位；技术熟练的工人能够减少脊柱的载荷，即首先将载荷拉到身体附近，然后通过躯干的旋转将重物搬起来（见第十四章）[34]。

古话说“利用双腿而不是背部搬重物”，指的是尽量减少躯干的屈曲，从而尽量减少体重对脊柱产生的扭矩。然而，同用背举起重物相比，无论是举起重物本身的身体限制还是蹬腿所增加的生理成本，常常使这一古话不切实际。对于想要拿起重物的人来说，要重点关注保持正常的腰椎曲度，不要增加腰椎前凸或让腰椎屈曲（图9-33）。保持正常或略平坦的腰椎曲度，可以使活动的腰椎伸肌部分抵消体重产生的前向剪切力（如前所述），并均匀地加载于腰椎间盘，而不是对这些椎间盘后环施加拉力[44]。腰椎前屈可增加后环和关节突关节的负荷，而腰椎全屈曲可改变腰椎伸肌的活动性，使其不能有效地抵消前剪切力[13]。腰椎前向剪切载荷与腰痛风险增加有关[45]。

当需要从地上捡东西时，腰痛患者通常会本能地将一只手放在大腿上，以支撑部分躯干的重量，同时身体前倾。最近的一项研究表明，在几种不同的提重物方法中，这种方法可以显著减轻腰背部的负重[24]。

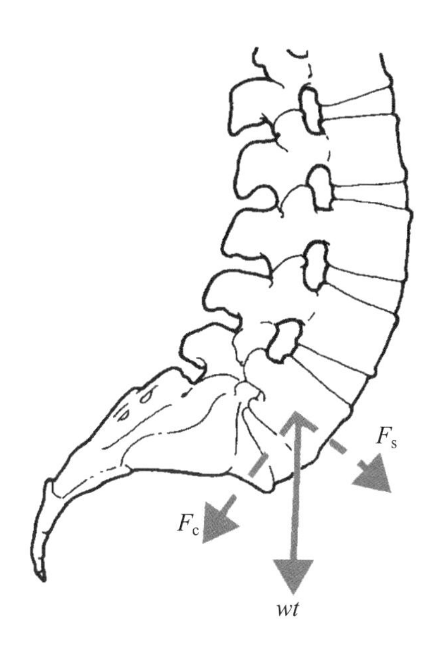

图 9-32

直立时的体重会在腰椎产生剪切力（F_s）和压缩力（F_c），它们的合力作用于脊柱。（注意F_s和F_c的合力是wt）

躯干旋转时应避免搬重物，因为它对背部施加的压力是矢状面提举的3倍。©Susan Hall

曾经认为可以减轻腰椎压缩力的因素是腹内压。研究人员假设，腹内压就像腹腔内的气球一样，通过产生一定程度上抵消压缩载荷的支撑力来支撑邻近的腰椎。在搬重物之前腹内压升高可以证实这一观点。然而，科学家发现，当腹内压增加时，腰椎间盘内的压力也会增加。现在看来，腹内压增加的作用可能是使躯干稳定，以防止脊柱在压缩载荷下屈曲[11]（图9–34）。在不稳定负荷下，躯干的拮抗肌也会同时被激活，以帮助维持躯干稳定[51]。研究表明，腹内压的增加会导致躯干伸肌力矩的成比例增加[21]。这对于完成像提重物这样的活动来说是有价值的，因为脊柱伸肌必须产生足够的伸肌力矩来克服躯干前倾产生的屈曲力矩，及被提起来的物体所产生的屈曲力矩。

腹内压（intraabdominal pressure）
腹腔内的压力，在腰椎屈曲时有助于提高腰椎的稳定性。

背装满书的背包会加重脊柱的载荷，加重的载荷会导致身体姿势的调整，包括躯干和头部的前倾和腰椎前凸的减少。研究表明，将背包内的负重降低，并将负重限制在不超过体重的15%，可以使姿势适应最小化[6,12]。

图 9–33

拿起重物时建议保持正常的腰椎曲度，不要增加腰椎前凸或让腰椎屈曲。

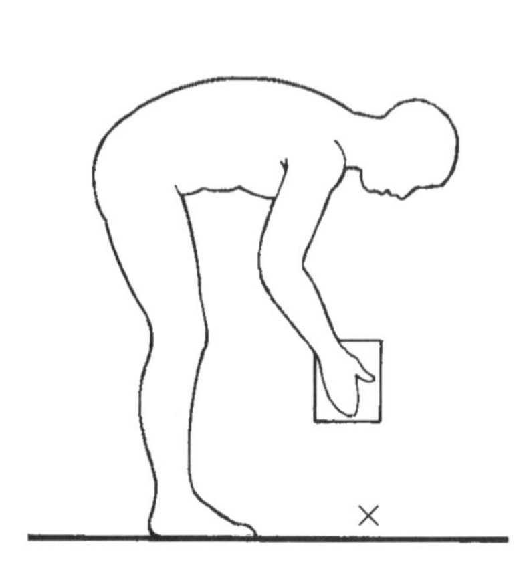

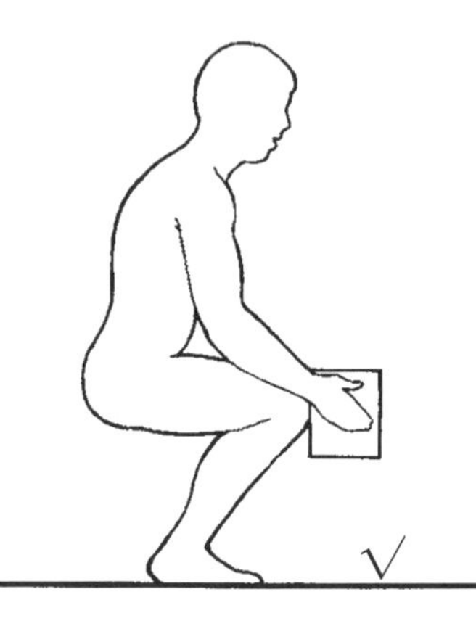

背部和颈部常见损伤

腰背痛

腰背痛（low back pain，俗称下腰痛）非常常见，多达85%的人在生活中经历过腰背痛。在美国，腰背痛是仅次于普通感冒的员工缺勤因素，腰背痛是美国所有工伤索赔中最常见、最昂贵的。在过去的10年中，腰背痛的发病率在美国一直稳步上升，这可能是超重和肥胖发病率增加的直接结果，而超重和肥胖与所有年龄段的男性和女性的腰痛都有显著关联[19]。大多数背部损伤也涉及腰椎或腰背部区域（图9–35）。

许多日常生活活动都会对腰部造成压力。由于躯干自动限制，脊柱直立时很难拿起重物。©Susan Hall.

虽然心理因素和社会因素也是腰背痛的病因，但机械压力是腰背痛的主要病因。或许是因为男性在处理重物的工作中占主导地位，50岁以下的男性患腰背痛的大约是女性的4倍[55]。

腰背痛在儿童中也比较常见。这种发病率随年龄增长而增加，大约18%的儿童在14~16岁时经历过腰背痛[35]。无论是不爱运动的孩子，还是在运动中极度活跃的孩子，都更有可能经历腰背痛。大多数病例是肌肉骨骼问题及自我限制[29]。青春期腰背痛与成年期腰背痛复发有关[20]。

不足为奇的是，运动员的腰背痛发生率比非运动员高得多，有超过9%的不同项目大学生运动员中接受过腰背痛的治疗[17]。儿童和青少年参与足球、篮球、长曲棍球、棒球和网球运动会增加腰背痛的风险[26]。

如第三章所述，损伤生物组织的载荷模式可能包括一次或几次大载荷或多次小载荷。重复加载，如在工业工作中发生的加载、在运动性能中发生的加载，及在卡车驾驶等涉及振动的工作中发生的加载，

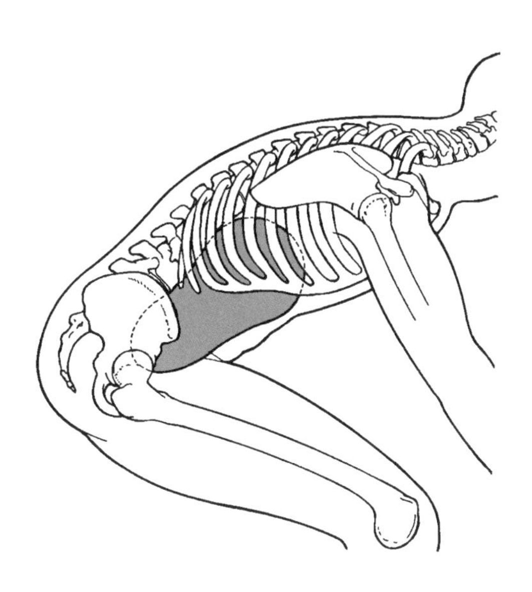

图 9–34

在提重物过程中，腹内压增加有助于增加腰椎的硬度，增加腰椎屈曲的稳定性。

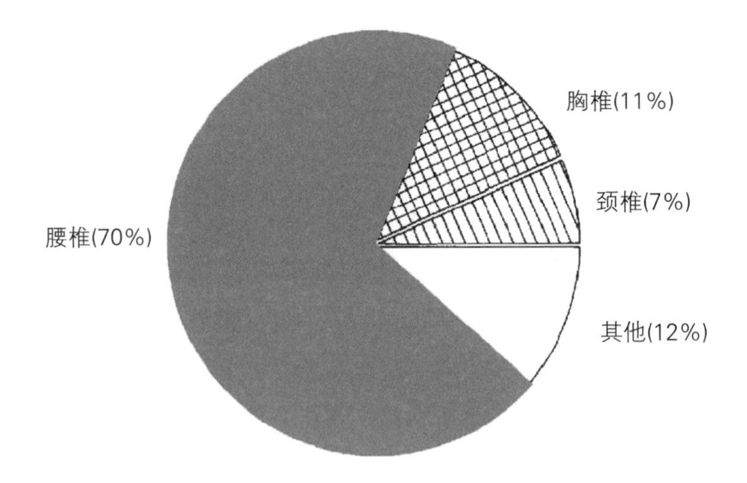

图 9-35

在美国，导致工作时间损失的多数脊柱损伤是腰椎问题。

都可能导致腰背痛。

虽然骨骼结构、椎间盘和韧带都有助于脊柱的稳定，但脊柱周围的肌肉已被证明是维持脊柱稳定的主要因素。特别是脊柱主动肌和拮抗肌的共同激活可增加运动节段的刚度，增强脊柱稳定性[15]。McGill提倡通过增强躯干肌肉耐力，而不是增强力量来预防腰背部的损伤[33]。

虽然损伤和一些已知的病理可能会导致腰背痛，但60%的腰背痛是特发性的或原因不明的。腰背痛引起慢性残疾的危险因素包括脊神经根受累、实质性功能障碍、广泛的疼痛和因长期制动造成的损伤[50]。大多数腰背痛是自愈性的，无论是否进行治疗，有75%的病例可在3周内痊愈，2个月内恢复率超过90%。

临床医生有时推荐通过腹肌锻炼来预防和治疗腰背痛。这是因为腹肌无力可能不足以维持脊柱的稳定性。然而，仰卧起坐式运动，即使是在膝关节屈曲的情况下，也会对腰椎产生超过3000 N的压力[33]。部分卷腹是较好的选择，能够增加腹肌力量，对腰椎的压迫也较小。

软组织损伤

背部最常见的损伤有挫伤、肌肉拉伤和韧带扭伤，在一般人群中占所有背痛的97%[2]。这些类型的损伤通常是由持续的损伤或肌肉载荷过重造成的，尤其是腰部的损伤。疼痛引起的肌痉挛和背部肌肉的结状收缩可能发展为背部肌肉损伤，也可能只是潜在问题的症状。造成这种交感性肌痉挛的生化机制可限制受伤部位活动，是一种保护性机制。

急性骨折

病因的不同决定了椎骨骨折的类型。横突或棘突骨折可能由附着的肌肉强力收缩造成，或由脊柱后部强有力的击打所致，这种情况可见于足球、橄榄球、篮球、曲棍球和长曲棍球等接触性运动。颈椎骨折最常见的原因是间接外伤，力作用于头部或躯干而不是颈部。严重颈椎损伤最常见的机制是在颈部微屈的情况下向头部上方施加轴向力[49]。在没有适当监督的情况下，潜入浅水或从事体操或蹦床活动时，可因头部撞击而导致颈椎骨折。

大的压缩载荷（如举重运动或搬运重物时等）会导致椎体终板骨折。高水平的冲击力可导致椎体前部压缩性骨折。这种类型的损伤通常与交通事故有关，但它也可能是由冰上曲棍球中与滑板接触，踢足球时正面阻截或拦截，棒球接球手和跑垒员之间的碰撞，或在乘坐雪橇、雪地摩托和热气球时的碰撞造成的。

由于脊柱的功能之一是保护脊髓，因此急性脊柱骨折极为严重，可能导致瘫痪和死亡。脊髓损伤发病率增加与越来越多的人参加休闲活动有关。当脊柱骨折发生时，只有受过训练的人员才能移动患者。脊柱应力损伤也可能是由相对较小的力反复支撑造成的，如足球中的头球。足球运动员的颈椎退行性改变比一般人群早发生10~20年，其中踢球时间越长变化越明显[57]。

肋骨骨折通常是由在事故或参加接触运动时因受到暴力撞击造成的。肋骨骨折是非常痛苦的，因为每次呼吸都会对肋骨施加压力。这类损伤潜在的严重并发症是软组织损伤。

应力性骨折

椎骨骨折最常发生于上、下关节突关节之间的峡部，此部位是椎弓最薄弱的部分（图9–36）。峡部骨折称为峡部裂或脊椎滑脱，其严重程度从裂缝骨折到完全断裂不等。峡部裂可能是先天性的，也可能是由机械应力造成的。腰椎过伸时受到反复轴向载荷可引起峡部裂。腰椎滑脱在普通人群中的患病率为11.5%，男性约为女性的3倍[23]。

脊椎滑脱（spondylolysis）
在椎弓峡部发生的骨折，此部位是椎弓最薄弱的部位。

双侧峡部完全断离称为脊椎前移，导致椎体相对于其下方椎体向前移位（图9–36）。这种损伤最常见的部位是腰骶关节，90%的滑脱发生在这个位置。脊椎前移最初通常在10~15岁的儿童中被诊断出来，在男孩中更为常见。脊椎前移的患病率在5~80岁中呈上升趋势，女性患者约为男性患者的3倍[23]。

脊椎前移（spondylolisthesis）
峡部的双侧完全断离，导致椎体前侧滑脱。

与大多数应力性骨折不同，脊椎滑脱和脊椎前移常不会随着时间的推移而愈合，而是会持续存在，尤其是在不间断运动的情况下。运动或体位需要反复过度伸展腰椎的人较容易发生压力性脊椎滑脱。女体操运动员、足球前锋和举重运动员尤其容易患这种病，排球运动员、撑杆跳运动员、摔跤运动员、花样滑冰运动员、舞蹈演员和划艇运动员的发病率也有所增加[39]。退行性脊椎滑脱是脊柱老化的一种常见情况，但其病因尚不清楚。

椎间盘突出

•与压力有关的椎弓最薄弱部分——峡部骨折，常见于反复过度伸展腰椎的运动。

•椎间盘突出通常是指椎间盘髓核向外突出或膨出。这是一个不准确的名称，因为作为完整单位的椎间盘不会四处滑动。

有1%~5%背痛是由椎间盘突出引起的，椎间盘突出是由部分髓核从环隙中突出造成的。椎间盘突出可能与创伤或压力有关。最常见的突出部位是第5~6或第6~7颈椎，第4~5腰椎或第5腰椎与第1骶椎之间。大多数发生在椎间盘的后侧或后外侧。

椎间盘本身没有神经支配，因此不能产生疼痛感，但感觉神经支配前、后纵韧带，椎体和关节突关节的关节软骨。如果腰椎间盘突出压迫这些结构中的一个或多个，及压迫脊髓或脊神经，就可能导致疼痛或麻木。

椎间盘突出并不会导致椎间隙高度明显下降，因此不能通过X线有效检测。大多数腰椎间盘突出可以采取保守治疗，即不需要手术。因为没有症状，许多人患有椎间盘突出，却没有意识到。对于那些有疼痛症状或轻微神经麻木的患者，可采取药物治疗、物理治疗，有时可进行腰椎注射。对保守治疗无效的严重病例采用外科干预治疗，通常是腰椎间盘切除术。

挥鞭伤

颈部挥鞭伤较为常见，据报道，每1000人中有4例[14]。这种损伤常见于汽车交通事故，颈部遭受突然的加速或减速，颈胸椎交界处的剪切力矩和伸展力矩是引起颈部运动和损伤的潜在机制[47]。研究表明，颈椎会有一系列的异常运动，因为冲击速度和方向不同，以及性别不同，异常运动也存在差异[7]。一般来说，假定颈椎为S形，上段呈向前的弯曲、下段呈向后的伸展[10]。在这种情况下，颈椎肌

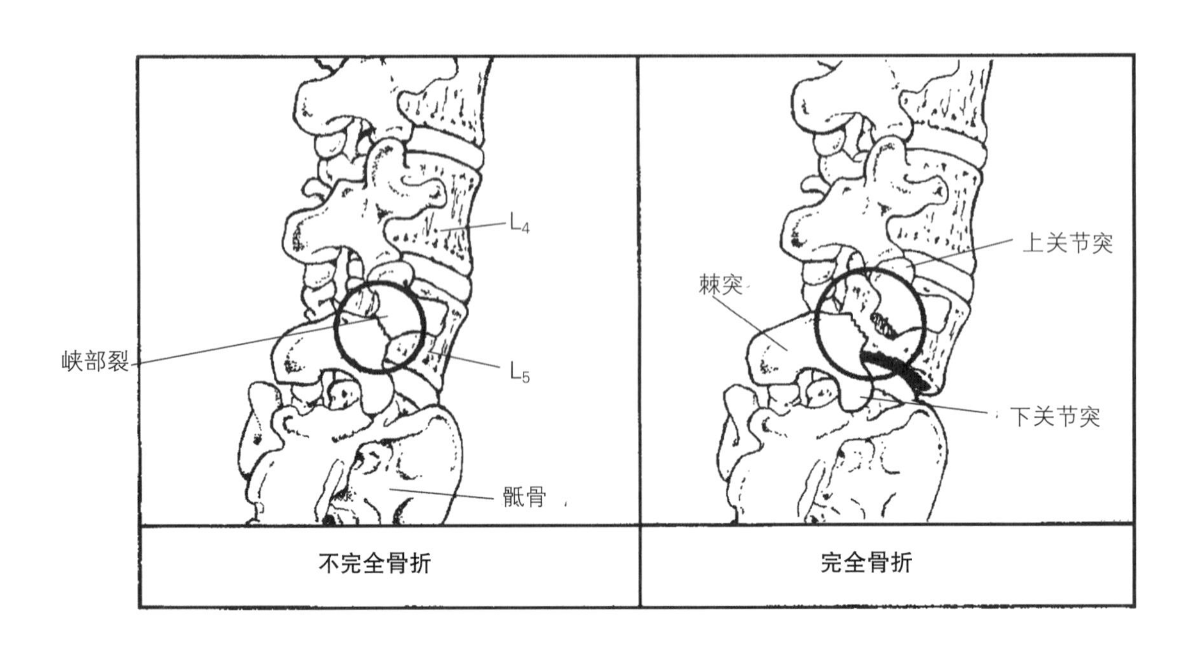

图 9-36 峡部应力性骨折可单侧发生也可双侧发生，骨折端也可能是不完全分离的。

肉收缩迅速，有可能发生强迫离心拉伸[7]，颈椎上下均有可能发生损伤。挥鞭伤的症状包括颈部疼痛，肌肉疼痛，从颈部放射到肩膀、胳膊或手的疼痛或麻木，50%~60%的病例伴有头痛[48]。女性较男性颈部结构的僵硬程度低，所以女性比男性更容易发生挥鞭伤。

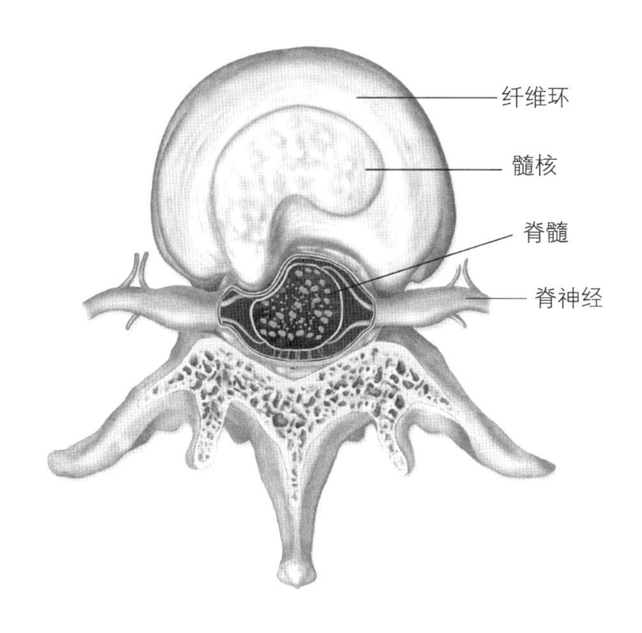

椎间盘突出上面观，图中显示椎间盘突出压迫脊髓。©McGraw-Hill Companies, Inc.

小结

脊柱由33块椎骨组成，分为颈椎、胸椎、腰椎、骶椎和尾椎。虽然大多数椎骨形状各不相同，但在整个脊柱中，椎体大小和关节面方向都互相关联。

在颈、胸、腰椎区域，两个相邻椎骨与它们之间的软组织称为运动节段。椎骨每个运动节段由3个关节组成。椎间盘在脊柱负重时起减振作用。脊柱左右两侧的上、下关节突关节对脊柱不同运动节段的运动能力有显著影响。

颈部和躯干的肌肉成对，位于左右两侧。这些肌肉单侧收缩可引起躯干侧屈和（或）旋转，双侧收缩可引起躯干屈曲或伸展。

作用在脊柱上的力包括身体重量、脊柱韧带的张力、周围肌肉的张力、腹内压力和外部施加的载荷。由于脊柱肌肉相对于椎体关节的力臂非常小，它们必须产生很大的力来抵消由身体各部分的重量和外部载荷在脊柱周围产生的力矩。

脊髓损伤通常很严重，脊柱为脊髓提供保护作用。腰背痛是当今一个主要的健康问题，也是影响正常工作、生活的主要原因。

入门题

1. 脊柱的哪些节段屈曲度最大？过伸、侧屈和旋转呢？
2. 制作颈椎的前、后、内、外侧肌肉表格。注意，有的肌肉可能属于多个类别。识别每一类肌肉所产生的动作。

3. 制作胸椎的前、后、内、外侧肌肉表格。注意，有的肌肉可能属于多个类别。识别每一类肌肉所产生的动作。
4. 制作腰椎的前、后、内或外侧肌肉表格。注意，有的肌肉可能属于多个类别。识别每一类肌肉所产生的动作。
5. 如果腰椎不能移动，躯干运动会受到怎样的影响？
6. 腹肌极度虚弱会出现什么样的姿势？
7. 负重训练常与许多运动结合。你对负重训练时的脊柱姿势有什么建议？
8. 什么运动能增强躯干的前、外和后侧的肌肉力量？
9. 搬重物时为什么要避免扭转？
10. 使用以下数据解答例题9.1。

节段	重量	力臂
头	50 N	22 cm
躯干	280 N	12 cm
手臂	65 N	25 cm
盒子	100 N	42 cm

附加题

1. 解释骨盆运动如何促进脊柱运动。
2. 脊柱侧弯患者应做哪些运动？脊柱前凸或后凸呢？
3. 比较和对比在下肢伸直和屈膝时做仰卧起坐时兴奋的主要肌肉。仰卧起坐是否应该作为腰背痛患者的一种锻炼方式？解释为什么。
4. 为什么整天伏案工作的人常会觉得腰背痛？
5. 解释为什么在举重过程中保持正常的腰部曲度是有益的。
6. 解释为什么骨质疏松症往往与脊柱胸段后凸增加有关。
7. 解释为什么大约50%的脊柱柔韧性的丧失是由老化造成的。
8. 随着年龄的增长，椎间盘水分流失的后果是什么？
9. 什么脊柱运动适合老年人？为什么？
10. 编写一个类似但不同于例题9.1的问题。画图并给出答案。

姓名：________________

日期：________________

实践

1. 在脊柱解剖模型上识别主要骨骼和附着的肌肉。

椎骨

________________　________________

________________　________________

________________　________________

________________　________________

胸廓的骨骼和肌肉附着

骨	肌肉附着
________________	________________
________________	________________
________________	________________
________________	________________

骨盆带的骨骼和肌肉附着

骨	肌肉附着
________________	________________
________________	________________
________________	________________
________________	________________

2. 在躯干解剖模型上识别主要肌肉的起止点。

腹部肌肉	附着点
________________	________________
________________	________________
________________	________________
________________	________________

背部肌肉 **附着点**

3. 使用脊柱解剖模型，仔细研究颈椎、胸椎和腰椎的椎体大小和形状。制作一个表格展现这几者之间的差异，并写出一段话来解释每个节段的椎骨形态与它们功能之间的关系。

颈椎 **胸椎** **腰椎**

说明：

4. 解释什么样的活动最有可能对椎间盘突出有所帮助。

说明：

5. 从侧面给搭档进行举起轻、中、重物体的动作录像。观察举物动作的不同，写一个简短的解释。

说明：

参考文献

[1] AILON T, SHAFFREY C I, LENKE L G, et al. Progressive spinal kyphosis in the aging population. *Neurosurgery*, 2015, 77:S164.

[2] AN H S, JENIS L G, VACCARO A R. Adult spine trauma // BEATY J H, ROSEMONT I L. Orthopaedic knowledge update six. *American Academy of Orthopaedic Surgeons*, 1999:653.

[3] BELAVÝ D L, ALBRACHT K, BRUGGEMANN G P, et al. Can exercise positively influence the intervertebral disc? *Sports Med*, 2016, 46:473.

[4] BOGDUK N, MERCER S. Biomechanics of the cervical spine, I: Normal kinematics. *Clin Biomech*, 2000, 15:633 .

[5] BOSWELL C W, CIRUNA B. Understanding idiopathic scoliosis: a new zebrafish school of thought. *Trends Genet*, 2017, 33:183.

[6] BRACKLEY H M, STEVENSON J M, SELINGER J C. Effect of backpack load placement on posture and spinal curvature in prepubescent children. *Work*, 2009, 32:351.

[7] BRAULT J R, SIEGMUND G P, WHEELER J B. Cervical muscle response during whiplash: Evidence of a lengthening muscle contraction.*Clin Biomech*, 2000, 15:426.

[8] CHAN W C, SZE K L, SAMARTZIS D, et al. Structure and biology of the intervertebral disk in health and disease.*Orthop Clin North Am*, 2011, 42:447.

[9] CHAUDHRY H, JI Z, SHENOY N, et al. Viscoelastic stresses on anisotropic annulus fibrosus of lumbar disk under compression, rotation and flexion in manual treatment. *J Bodyw Mov Ther*, 2009, 13:182.

[10] CHEN H B, YANG K H, WANG Z G. Biomechanics of whiplash injury. *Chin J Traumatol*, 2009, 12:305.

[11] CHOLEWICKI J, JULURU K, MCGILL S M. Intra-abdominal pressure mechanism for stabilizing the lumbar spine. *J Biomech*, 1999, 32:13.

[12] CONNOLLY B H, COOK B, HUNTER S, et al. Effects of backpack carriage on gait parameters in children. *Pediatr Phys Ther*, 2008, 20:347.

[13] DOLAN P, ADAMS M A. Recent advances in lumbar spinal mechanics and their significance for modelling. *Clin Biomech*, 2001, 16:S8.

[14] ECK J C, HODGES S D, HUMPHREYS S C. Whiplash: A review of a commonly misunderstood injury. *Am J Med*, 2001, 110:651.

[15] GRANATA K P, ORISHIMO K F. Response of trunk muscle coactivation to changes in spinal stability. *J Biomech*, 2001, 34:1117.

[16] GUPTA A. Analyses of myoelectrical silence of erectors spinae. *J Biomech*, 2001, 34:491.

[17] HANGAI M, KANEOKA K, OKUBO Y, et al. Relationship between low back pain and competitive sports activities during youth. *Am J Sports Med*, 2010, 38:791.

[18] HARTMAN R A, TISHERMAN R E, WANG C, et al. Mechanical role of the posterior column components in the cervical spine. *Eur Spine J*, 2016, 25:2129.

[19] HEUCH I, HAGEN K, HEUCH I, et al. The impact of body mass index on the prevalence of low back pain: The HUNT study. *Spine*（Philadelphia, PA, 1976）, 2010, 35:764.

[20] HILL J, KEATING J. Encouraging healthy spine habits to prevent low back pain in children: an observational study of adherence to exercise. *Physiotherapy*, 2016, 102:229.

[21] HODGES P W, CRESSWELL A G, DAGGFELDT K, et al.In vivo measurement of the effect of intra-abdominal pressure on the human spine. *J Biomech*, 2001, 34:347.

[22] JAUMARD N V, WELCH W C, Winkelstein B A. Spinal facet joint biomechanics and mechanotransduction in normal, injury and degenerative conditions. *J Biomech Eng*, 2011, 133:071010.

[23] KALICHMAN L, KIM D H, LI L, et al. Spondylolysis and spondylolisthesis: Prevalence and association with low back pain in the adult community-based population. *Spine* (Philadelphia, PA, 1976), 2009, 34:199.

[24] KINGMA I, FABER G, VANDIEËN J. Supporting the upper body with the hand on the thigh reduces back loading during lifting. *J Biomech*, 2016, 49:881.

[25] KINGSLEY M I, D'SILVA L A, JENNINGS C, et al. Moderate-intensity running causes intervertebral disc compression in young adults. *Med Sci Sports Exerc*, 2012, 44:2199.

[26] LADENHAUF H N, FABRICANT P D, GROSSMAN E, et al. Athletic participation in children with symptomatic spondylolysis in the New York area. *Med Sci Sports Exerc*, 2013. [Epub ahead of print].

[27] LINDH M. Biomechanics of the lumbar spine. In Nordin M and Frankel VH. *Basic biomechanics of the musculoskeletal system*. Philadelphia: Lippincott Williams and Wilkins, 2012.

［28］MAAS E T, JUCH J N, OSTELO R W, et al. Systematic review of patient history and physical examination to diagnose chronic low back pain originating from the facet joints. *Eur J Pain*, 2017, 21:403.

［29］MACDONALD J, STUART E, RODENBERG R. Musculoskeletal low back pain in school-aged children: a review. *JANA Pediatr*, 2017, 171:280.

［30］MACNAB I, MCCULLOCH J. *Backache*：2nd ed. Baltimore：Williams & Wilkins, 1990.

［31］MAKHSOUS M, LIN F, BANKARD J, et al. Biomechanical effects of sitting with adjustable ischial and lumbar support on occupational low back pain: Evaluation of sitting load and back muscle activity. *BMC Musculoskelet Disord*, 2009, 5:10.

［32］MASSEY C J, VAN DONKELAAR C C, VRESILOVIC E, et al. Effects of aging and degeneration on the human intervertebral disc during the diurnal cycle: A finite element study. *J Orthop Res*, 2012, 30:122.

［33］MCGILL S M. Low back stability: From formal description to issues for performance and rehabilitation. *Exerc Sport Sciences Rev*, 2001, 29:26.

［34］MCGILL, NORMAN R W. Low back biomechanics in industry: The prevention of injury through safer lifting//Grabiner M D.*Current issues in biomechanics*. Champaign, IL：Human Kinetics, 1993.

［35］MORENO M. Low back pain in children and adolescents. *JAMA Pediatr*, 2017, 171:312.

［36］NASERKHAKI S, JAREMKO J, ADEEB S, et al. On the load-sharing along the ligamentous lumbosacral spine in flexed and extended postures: Finite element study. *J Biomech*, 2016, 49:974.

［37］NEWELL N, LITTLE J P, CHRISTOU A, et al. Biomechanics of the human intervertebral disc: A review of testing techniques and results. *J Mech Biomed Mater*, 2017, 69:420.

［38］Nixon J. Intervertebral disc mechanics: A review. *J World Soc Med*, 1986, 79:100.

［39］OMEY M L, MICHELI L J, GERBINO P G 2nd. Idiopathic scoliosis and spondylolysis in the female athlete: Tips for treatment. *Clin Orthop*, 2000, 372:74.

［40］PARKINSON R J, BEACH T A C, CALLAGHAN J P. The time-varying response of the in vivo lumbar spine to dynamic repetitive flexion. *Clin Biomech*, 2004, 19:330.

［41］POLGA D J, BEAUBIEN B P, KALLEMEIER P M, et al. Measurement of in vivo intradiscal pressure in healthy thoracic intervertebral discs. *Spine*, 2004, 29:1320.

［42］REILLY T, TYNELL A, TROUP J D G. Circadian variation in human stature. *Chronobiology Int*, 1984, 1:121.

［43］SALO P K, HÄKKINEN A H, KAUTIAINEN H, et al. Quantifying the effect of age on passive range of motion of the cervical spine in healthy working age women. *J Orthop Sports Phys Ther*, 2009, 39:478.

［44］SHIRAZI-ADL A, PARNIANPOUR M. Effect of changes in lordosis on mechanics of the lumbar spine–lumbar curve fitting. *J Spinal Disord*, 1999, 12:436.

［45］SHOJAEI I, VAZIRIAN M, CROFT E, et al. Age related differences in mechanical demands imposed on the lower back by manual material handling tasks. *J Biomech*, 2016, 49:896.

［46］SKRZYPIEC D M, BISHOP N E, KLEIN A, et al. Estimation of shear load sharing in moderately degenerated human lumbar spine. *J Biomech*, 2013, 46:651.

［47］STEMPER B D, YOGANANDAN N, PINTAR F A. Kinetics of the head-neck complex in low-speed rear impact. *Biomed SciInstrum*, 2003, 39:245.

［48］SUISSA S, HARDER S, VEILLEUX M. The relation between initial symptoms and signs and the prognosis of whiplash. *Eur Spine J*, 2001, 10:44.

［49］TORG J S, GUILLE J T , JAFFE S. Current concepts review: Injuries to the cervical spine in American football players. *J Bone Joint Surg Am*, 2002, 84:112.

［50］TURNER J A, FRANKLIN G, FULTON-KEHOE D, et al. ISSLS prize winner: Early predictors of chronic work disability: A prospective, population-based study of workers with back injuries. *Spine* (Philadelphia, PA, 1976), 2008, 33:2809.

［51］VAN DIEËN J H, KINGMA I, VAN DER BUG J C E. Evidence for a role of antagonistic cocontraction in controlling trunk stiffness during lifting. *J Biomech*, 2003, 36: 1829.

［52］VERGROESEN P, VAN DER VEEN A, EMANUEL K, et al. The poro-elastic behavior of the intervertebral disc: A new perspective on diurnal fluid flow. *J Biomech*, 2016, 49:857.

［53］VISMARA L, MENEGONI F, ZAINA F, et al. Effect of obesity and low back pain on spinal mobility: A cross sectional study in women. *J Neuroeng Rehabil*, 18:7, 2010.

［54］WANG F, CAI F, SHI R, et al. Aging and age related stresses: a senescence mechanism of intervertebral disc degeneration. *Osteoarthritis Cartilage*, 2016, 24:398.

［55］WATERMAN B R, BELMONT P J Jr, SCHOENFELD A J. Low back pain in the United States: Incidence and risk factors for presentation in the emergency setting. *Spine J*, 2012, 12:63.

［56］WHITE A A, PANJABI M M. *Clinical biomechanics of the spine.* Philadelphia：JB Lippincott, 1978.
［57］YILDIRAN K A, SENKOYLU A, KORKUSUZ F. Soccer causes degenerative changes in the cervical spine. *Eur Spine. J*, 2004, 13:76.

注释读物

GIBBONS J. Functional anatomy of the pelvis and the sacroiliac joint: A practical guide. Berkeley：North Atlantic Books, 2017.
包括识别产生于骨盆带的疼痛和功能失调的方法和技术，纠正受损的运动模式，及促进康复的功能锻炼。

KLINEBERG E. Adult lumbar scoliosis: A clinical guide to diagnosis and management. New York：Springer, 2017.
描述非手术和手术策略，包括微创技术、减压、前路松解、脊柱截骨、生物制剂、近端和远端固定，强调临床指南和管理结果。

TAYLOR J. The cervical spine: An atlas of normal anatomy and the morbid anatomy of ageing and injuries. Philadelphia：Elsevier，2017.
颈椎的解剖照片及详细描述，包括正常解剖和随年龄增长及不同损伤的解剖变化。

WOLFA C, RESNICK D. Neurosurgical operative atlas: spine and peripheral nerves. New York：Thieme/AANS，2017.
由顶级脊柱外科医生介绍的详细教程——最新的手术程序。

第十章 人体运动的线性运动学

通过学习本章，读者可以：

- 讨论运动学定量之间的相互关系。
- 掌握线性运动定量及计量单位。
- 鉴别并描述控制抛射轨迹的因素。
- 解释为何将抛体运动的水平和垂直成分分开分析。
- 区别平均量和瞬时量并鉴别何种情况下的结果是有意义的。
- 选择使用恰当的方程式解决与线性运动相关的问题。

为什么短跑运动员在赛跑中的加速度接近于零？舞蹈编排者如何根据舞蹈者脚的尺码恰当分配跳跃的时间？铁饼和标枪从哪个角度扔出才能获得最远距离？为什么水平扔出的球落地时间和从同样高度落下的球的落地时间相同？这些问题都和一种纯形式运动的运动学特点——线性运动有关。本章介绍对人体运动机制的研究，探讨线性运动学定量和抛射运动。

线性运动量

运动学是相对于时间的运动的几何学、模式或形式。运动学研究的是运动表现，区别于动理学——研究的是与运动有关的力。线性运动学涉及单位时间内的线性运动的形状、形式、模式和顺序，没有特定参考引起或产生运动的力。

详细的运动学分析对临床医生、体育老师和教练非常重要。当人们学习一种新的运动技能时，运动学的逐步改变反映的是学习过程。这点在幼儿身上特别明显，他们的运动学随身体生长和神经肌肉协调的发育而变化。同样，患者损伤关节的康复寻求的是正常关节运动学的逐步恢复。

运动学包括定性分析和定量分析。例如，定性描述踢足球的运动学需要识别主要关节活动，包括屈髋、伸膝，可能还有踝关节的屈曲。更具体的定性运动学分析可能还需要描述身体节段运动的精确顺序和时间，转化为踢这个动作的技能度。尽管人体运动的大多数评估是通过视觉观察定性实现的，定量分析有时候也适用。例如，物理治疗师经常测量损伤关节的活动度，来帮助决定什么活动范围的锻炼程度可能是需要的。教练对运动员推铅球或跳远的表现评判也是一种定量评估。

运动生物力学常定量研究表现高级性能的运动学因素或可能限制一个典型运动员表现的生物力学因素。研究者发现，与训练有素的非精英短跑运动员相比，精英短跑运动员脱离起跑点时有更快的水平和垂直速度[3]。例如，在网球起跳扣球和跳台滑雪起跳的方法中，是微妙的运动学方法影响了起跳扣球的高度和跳台滑雪的长度[11，24]。曲棍球男精英球员过肩投掷、侧投球、下投球射门技术的运动学分析表明，侧投球技术球速最高，技术上的精确性没有什么不同[15]。

人体运动学的生物力学研究大多来于非精英受试者。运动学研究表明，初学走路的孩子的步行策略不同于成年人，他们表现出更多运动学可变性和探索性行为[4]。与适应性体育教育专家相结合，生物力学家已经记载了相对常见的与致残情况相关的典型运动学模式，如脑瘫、唐氏综合征和中风。研究轮椅驱动的生物力学家已经记载了在推轮椅上斜坡时，截瘫患者在加大躯干向前倾斜度及增加推动频率的同时减慢推动速度[7]。

轮椅运动员在竞赛或提高成绩时表现出典型的躯干前倾。©Image Source RF.

运动学也指运动形式或技术。©Chad Baker/Jason Reed/Ryan McVay/Photodisc/Getty Images RF.

距离和位移

米（meter）
最常用的国际长度单位，国际单位制SI此为基础。

距离和位移单位都是长度单位。在国际单位制中，最常用的距离和位移单位是米（m）。1千米（km）是1000米，1厘米（cm）是$\frac{1}{100}$米，1毫米（mm）是$\frac{1}{1000}$米。

距离和位移评估方法不同。距离沿着运动路径测量。当一个跑步者绕400 m跑道完成1.5圈，他跑过的距离等于600（=400+200）m。线性位移沿着位置1到位置2或起点到终点的一条直线进行测量。在绕跑道的1.5圈结束时，跑步者的位移就是横向跨过运动场的一条假想直线的长度，即连接沿跑道上跑步者的初始位置和终末位置的直线（见入门题1）。在沿跑道跑2圈时，跑的距离是800 m。因为初始位置和终末位置相同，因此，跑者的位移为0 m。在滑冰场滑冰时，滑冰者通过的距离可沿着冰鞋留下的轨迹进行测量。滑冰者的位移沿冰上初始位置到终末位置之间的直线测量（图10–1）。

线性位移（linear displace ment）
位置的变化，初始位置到终末位置的直接距离。

此外，距离是一个标量而位移是一个矢量。因此，位移不仅包括两位置之间的线的长度，还包括位移发生的方向。位移的方向与最终位置和初始位置有关系。例如，一艘向正南方向行驶900 m的游艇的位移被认定为向南900 m。

位移的方向或许会以几种不同的，同样可以接受的方式表明。指南针方向（如南、东、西、北）及左（右）、上（下）、正（负）这些词语都是合适的。正方向通常是指为向上或向右，负方向是指向下或向左。这使方向可用正号和负号来表示。最重要的是，在特定的上下文中采用一致的表示方法表示方向。“在向北500 m的位移后向右300 m”的表达会令人感到困惑。

距离和位移哪个才是有意义的定量要视情况而定。许多5 km和10 km的赛程终点线到起点线仅仅是一个街区或两个街区。参赛者通常是对跑完的距离或余下的距离感兴趣。在这种类型的活动中，位移的知识不是特别有价值。有些情况下，位移比较重要。例如，铁人三项可能涉及横穿湖的游泳。由于以一条完全直的线游泳穿过湖几乎是不

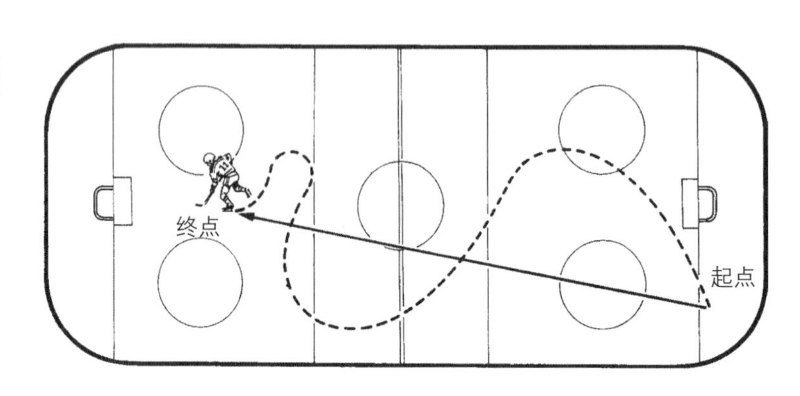

图 10–1
滑冰者经过的距离可沿冰上的轨迹进行测量。滑冰者的位移可沿初始位置到终末位置的直线测量。

可能的，游泳者游过的实际距离总是比湖的宽度多一些（例题10.1）。因此这种游泳长度就设定为湖入口处到出口处之间的位移的长度。

•给定运动的距离和位移可能一致，也可能距离大于位移，但位移永远不可能大于距离。

位移也可能和距离是相同的。越野滑雪者沿一条直线穿越森林时距离和位移是相等的。任何不是直线的运动，距离和位移的值就会不同。

速度和速率

与距离和线位移相似的两个定量是速度和线速率。这两个术语在一般情况下经常作为同义词使用，但在力学中，它们有着精确的不同含义。速率是标量，是指距离除以通过这段距离所花的时间，即

线速度（linear velocity） 位置的变化率。

$$速率 = \frac{长度（或距离）}{时间}$$

速度（v）是发生在特定时间段内的位置变化或位移：

$$速度 = \frac{位置变化（或位移）}{时间变化}$$

因为希腊大写字母delta（Δ）通常用在数学表达式中是“的变化”的意思，用t代表速率评估期间消耗的时间量，速度公式简写为

$$v = \frac{\Delta 位置}{\Delta 时间} = \frac{d}{\Delta t}$$

另一种表达位置变化的方式是$位置_2$–$位置_1$，$位置_1$代表物体在某一时刻的位置，$位置_2$代表物体位置在稍后一点时间的位置：

$$速度 = \frac{位置_2 - 位置_1}{时间_2 - 时间_1}$$

•位移和速率是标量距离和速度的矢量等价物。

速度以位移为基础，是个矢量。因此，速度的描述必须包括运动方向及大小。如果运动方向是正的，速度是正的；如果运动方向是负的，速度也是负的。物体速度的变化可能代表其速率的变化、移动方向的变化，或者两者都有。

不论何时，两个或多个速度起作用，矢量代数定律则决定合成运动的最终速率和方向（例题10.2）。例如，游泳者游过河流通过的实际路径由游泳者预期方向的速度和河流当前速度的矢量和决定（图10–2）。

速度和速率的单位是长度单位除以时间单位。在力学中，速度和速率的常用单位是米每秒（m/s）和千米每时（km/h）。然而，任何长度单位除以任何时间单位均会产生一个可接受的速度或速率单位。例如，5 m/s的速度也可以写成5000 mm/s或者18 000 m/h。使用以最小的、可控的形式表达量的单位是最实用的。

•速度和速率的单位是长度单位除以时间单位。

例题10.1

游泳者30 min内穿过0.9 km宽的湖，他的平均速率是多少？他的平均速度可以计算出来吗？

已知

仔细阅读问题后，概括问题情况，标出所有已知量或从问题陈述中可推断出的量：

t = 30 min（0.5 h）

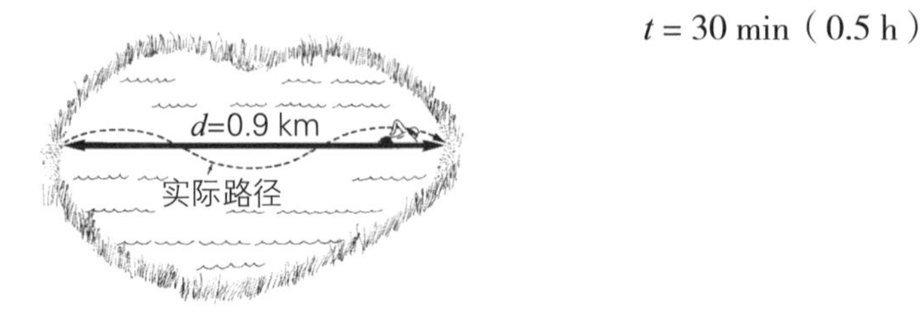

解答

我们知道游泳者的位移是0.9 km，但是，我们对他通过的实际路径一无所知。下一步确定合适的公式用来获得未知量，就是速率：

$$v=\frac{d}{t}$$

已知量现在可以填进去解出速率：

$$v=\frac{0.9\ \text{km}}{0.5\ \text{h}}$$
$$=1.8\ \text{km/h}$$

速率用距离除以时间计算。尽管我们知道穿过湖所用的时间，我们不知道、也不能从已给信息中推测出游泳者通过的实际距离。因此，对他的速度无法计算。

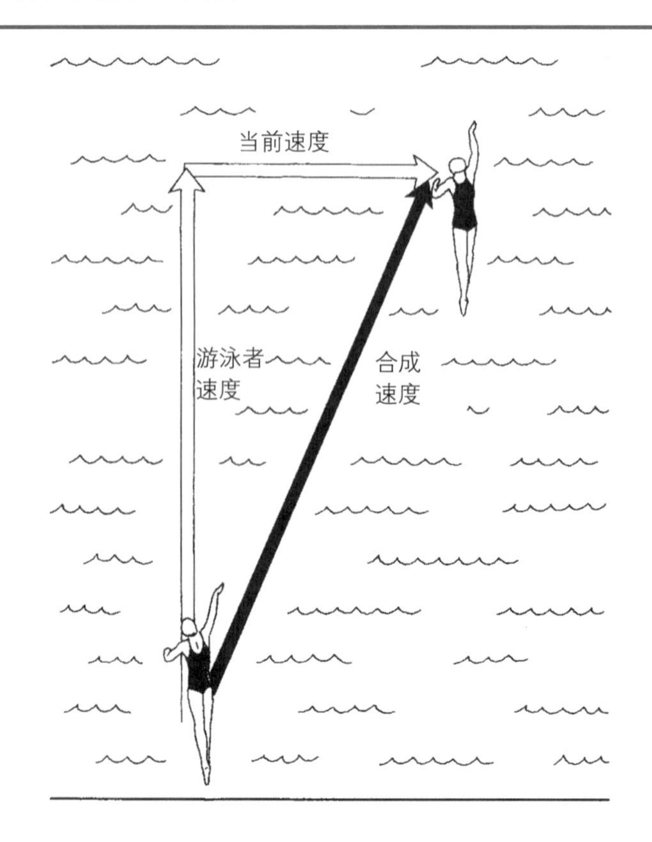

图 10-2

游泳者在河中的速度是游泳者的速度和河流当前速度的矢量和。

例题10.2

游泳者使自己垂直于平行的河岸。如果游泳者的速度是2 m/s，当前水的流速为0.5 m/s，他的合成速度是多少？如果河岸相离50 m远，到达另一边他实际需要游多远？

解答

画出表示游泳者和当前速度的矢量表示图如下：

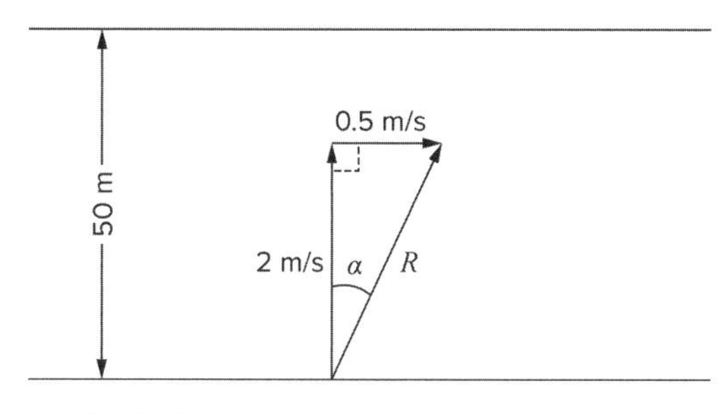

（1）合成速度可通过测量两个给定速度的矢量合成的长度和方向作图得到，即

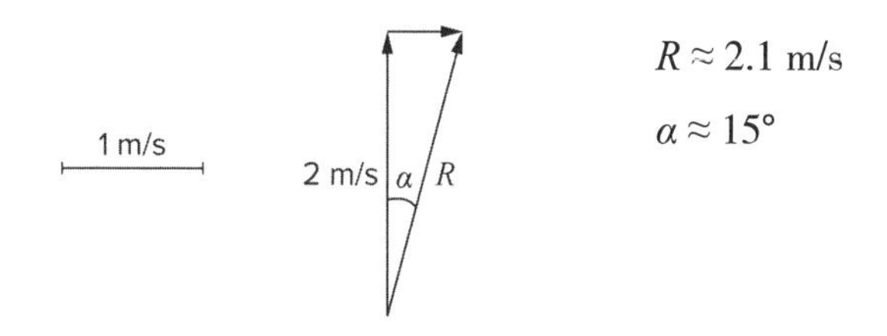

$R \approx 2.1$ m/s

$\alpha \approx 15°$

（2）合成速度也可以用三角关系得到。合成速度的大小可以用勾股定理计算：

$$R^2 = (2\ \text{m/s})^2 + (0.5\ \text{m/s})^2$$

$$R = \sqrt{(2\ \text{m/s})^2 + (0.5\ \text{m/s})^2}$$

$$= 2.06\ \text{m/s}$$

合成速度的方向可以用余弦关系来计算：

$$R\cos\alpha = 2\ \text{m/s}$$

$$(2.06\ \text{m/s})\cos\alpha = 2\ \text{m/s}$$

$$\alpha = \arccos\left(\frac{2\ \text{m/s}}{2.06\ \text{m/s}}\right)$$

$$= 14°$$

（3）如果游泳者以一条直线沿着合成速度的方向游，余弦关系可以用来计算他的合成位移D：

$$D\cos\alpha = 50\ \text{m}$$

$$D\cos 14° = 50\ \text{m}$$

$$D = 51.55\ \text{m}$$

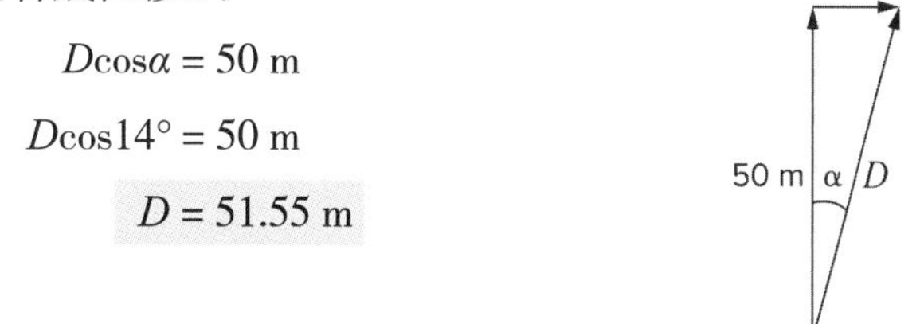

跑步速率是步幅和步频的产物。
©Tom Merton/Caiaimage/Getty Images RF.

精英速滑运动员在比赛中战略性地改变速度。©JMichl/Getty Images R.F

对人类步态而言，速率是步幅和步频的产物。成年人匆忙行走比悠闲行走的步幅更长和步频更快。

在跑步中，运动学变量如步幅不仅是跑步者身高的函数，还受肌纤维成分、鞋子、疲劳程度、外伤史、跑步路面的倾斜程度与硬度的影响。跑步者慢速跑时，主要通过增大步幅提高速度。已证实，长跑运动员增大步幅可以提高跑步经济性[21]。休闲跑步者更多地依赖提高步频来提高速度（图10–3）。下坡跑和上坡跑时，往往会分别提高和降低跑步的速率，这些差异主要表现为步幅的增大和减小[17]。疲劳往往表现为步频的提高和步幅的减小[8]。

因为最大限度地提高速率是所有竞赛活动的目的，运动生物力学家专注于出现在跑步、滑雪、滑冰、骑自行车、游泳和划船活动中伴随快速表现的运动学特征。研究表明，精英耐力跑步者与其他技巧表现者相区别，维持更直立的姿势，在跑步中更有效地使用臀部[18]。在越野滑雪和国际性竞赛中运用滑雪技巧比运用经典技巧大约快10%[5]。精英长距离速滑运动员采取快速起步和逐渐减速的方式，精英运动员在不同距离的比赛中优先选择的战术也不同，在500 m比赛中选择快速起步，在1000 m比赛中自650 m处至比赛终点选择快速配速，但是他们完成总圈数快于次精英运动员[16]。进一步的研究表明，蛙泳运动员比低技能游泳者滑行时间更长。

分析竞赛表现时，通常以步速为基础而不是速度或速率。步速是速度的倒数。步速单位由时间单位除以距离单位来表示，而不是距离单位除以时间单位。步速是通过给定的距离所花的时间，通常用每分钟每千米量化。

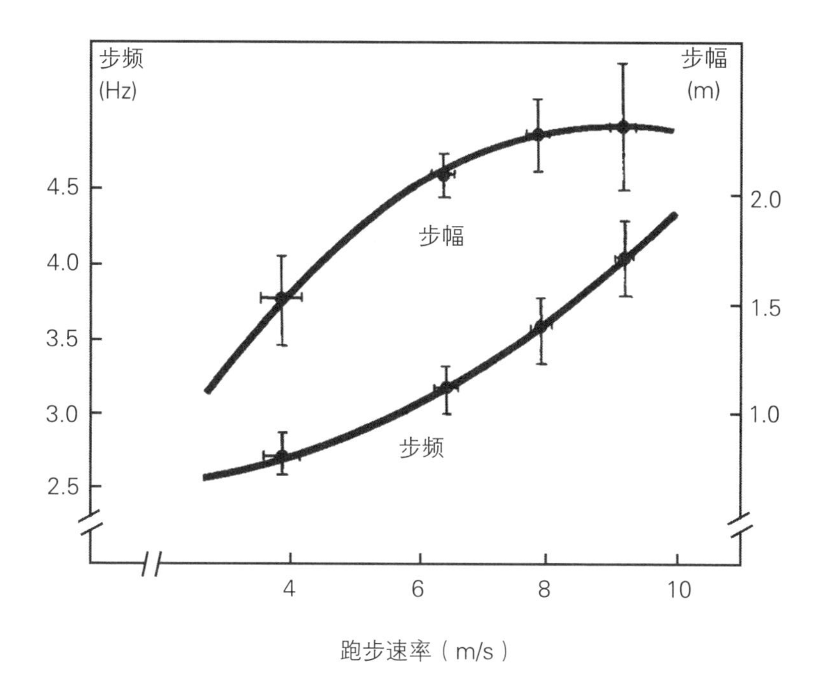

图 10-3

跑步速率的步幅和步频的变化。来源：Luhtanen，P.，and Komi，P.v. "Mechanical factors influen cing running speed."In Asmussen，E.，and Jorgensen，k.，eds，Biomechanisc VI-B，Baltimore，Univetsity Park Press，1978.

加速度

我们很清楚踩下或松开汽车加速踏板的结果通常是汽车速度（和速率）的变化。线加速度（a）是指速度的变化率，或者是在给定的时间（t）内发生的速度的变化：

线加速度（linear accpleration）
线速度的变化率。

$$a=\frac{\text{速度的变化}}{\text{时间的变化}}=\frac{\Delta v}{\Delta t}$$

另一种表达速度变化的方法为v_2-v_1，v_1代表某一时刻的速度，v_2代表后来某一时刻的速度，即

$$a=\frac{v_2-v_1}{\Delta t}$$

进一垒涉及跑垒员的负加速度。©David Madison/Getty Images RF.

加速度的单位是速度的单位除以时间的单位。如果一辆汽车以每秒1 km/h提高它的速度，它的加速度就是1 km/（h·s）。如果一个滑雪者以每秒1 m/s提高速率，加速度为1 m/（s·s）。在数学中，可以更简单地用1 m/s^2来表达滑雪者的加速度。加速度在力学中的常用单位是米/秒^2（m/s^2）。

加速度是速度的变化率，或关于时间的速度变化的程度。例如，一个物体以2 m/s^2的恒定加速度向正方向加速，就可以说它以每秒2 m提高它的速度。也就是，物体的最初速度为0 m/s，1 s后它的速度是2 m/s，再1s后它的速度是4 m/s，再1 s后的速度是6 m/s。

如果v_2比v_1大，加速度就是一个正数值，在上述期间运动中的物体可能加快了速度。然而，因为有时标明运动的方向为正向或负向是恰当的，正值的加速度可能不总意味着物体在加速。

如果运动方向不用正或负描述，正值的加速度表明被分析的物体加速了。比如，如果一个短跑运动员离开街区的速度是3 m/s，1 s后是5 m/s，加速度的计算得出的会是正数值。因为v_1=3 m/s，v_2=5 m/s，t=1 s，有

$$
\begin{aligned}
a &= \frac{v_2-v_1}{t} \\
&= \frac{5\ \text{m/s}-3\ \text{m/s}}{1\ \text{s}} \\
&= 2\ \text{m/s}^2
\end{aligned}
$$

无论何时运动方向不用正或负描述，$v_2>v_1$，加速度的值都会是正值，即问题中的物体正在加速。

加速度也可以假定为一个负值。若运动方向不用正或负描述，负加速度表明运动中的物体正在减速，或者它的速度正在减慢。例如，一个跑垒员滑过本垒板停下，加速度是负的。如果一个跑垒员的速度为4 m/s，经过0.5 s的滑行停止运动，v_1=4 m/s，v_2=0 m/s和t=0.5 s。加速度可以计算如下：

$$
\begin{aligned}
a &= \frac{v_2-v_1}{t} \\
&= \frac{0\ \text{m/s}-4\ \text{m/s}}{0.5\ \text{s}} \\
&= -8\ \text{m/s}^2
\end{aligned}
$$

在这种情况下$v_1>v_2$，加速度是负的。例题10.3提供了另一个加速度例子。

当一个方向定为正，另一个方向定为负时，加速度是很复杂的。在这种情况下，加速度的正值表示要么物体正朝着正方向加速或正朝着负方向减速（图10–4）。

考虑一个球从手上掉下来的情况。当球由于重力的影响下落得越来越快，它正在加快速度，即从0.3 m/s到0.5 m/s再到0.8 m/s。将向下

的方向设定为负方向，球的速率实际上从−0.3 m/s到−0.5 m/s再到−0.8 m/s。如果v_1=−0.3 m/s，v_2=−0.5 m/s和t=0.02 s，加速度计算如下：

$$a=\frac{v_2-v_1}{t}$$
$$=\frac{-0.5\ \text{m/s}-(-0.3\ \text{m/s})}{0.02\ \text{s}}$$
$$=-10\ \text{m/s}^2$$

在这种情况下，球正在加速，但由于它是朝着负方向加速，因此它的加速度是负的。如果加速度是负的，速度可能朝着负方向加快或朝着正方向减慢。另外，如果加速度是正的，速度可能朝着正方向加快或朝着负方向减慢。

加速度的第三种情况是等于0 m/s²。当速度恒定时，即v_1和v_2相同时，加速度是0 m/s²。在100 m短跑中，短跑者的加速度应该接近0 m/s²，因为在跑步者应该以一个恒定的接近最大值的速度奔跑。

加速和减速（负加速度的非专业术语）对人体受伤有影响，因为速度的变化来源于力的作用（见第十二章）。前交叉韧带在膝关节屈曲时限制股骨在胫骨平台处向前滑动，因此运动员跑步中突然减速或快速改变方向时会受伤。

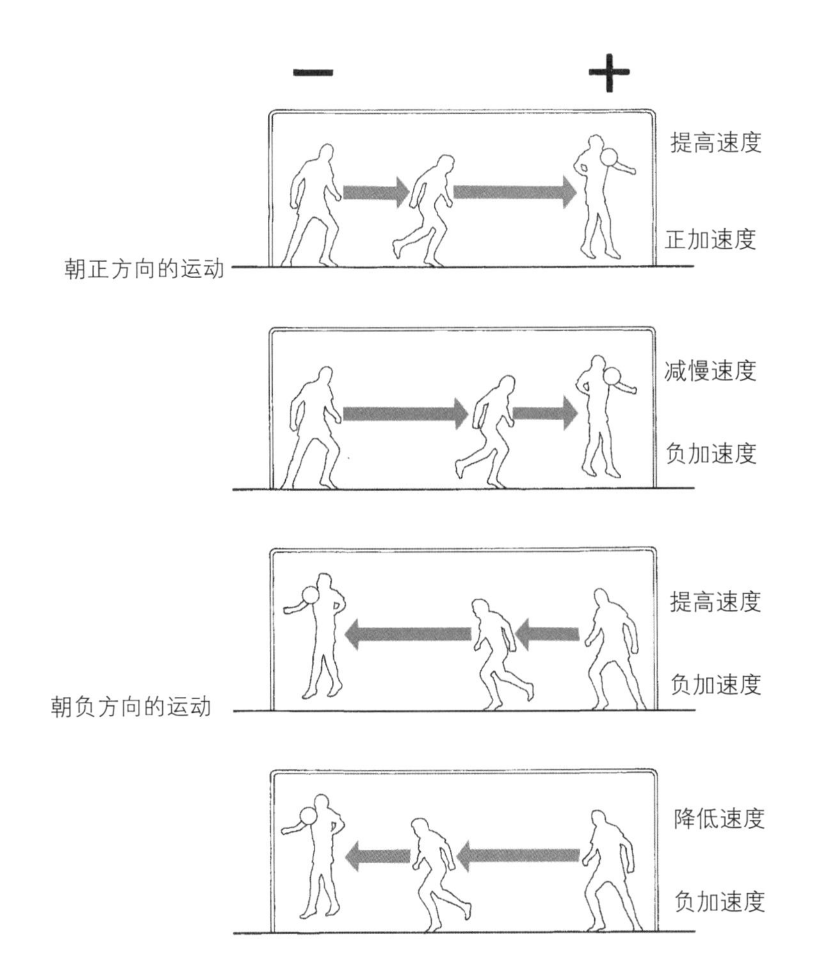

图 10–4

若右为正方向，左为负方向。加速度可能为正、负或等于0 m/s²，以运动方向和速度变化的方向为基础。

例题10.3

一个足球在场地上滚动。当t=0 s时，球的瞬时速度为4 m/s。如果球的加速度恒定为–0.3 m/s^2，球完全停止需要多长时间？

已知

仔细阅读问题后，画出问题的梗概，标明所有问题陈述中已知或给定的所有量。

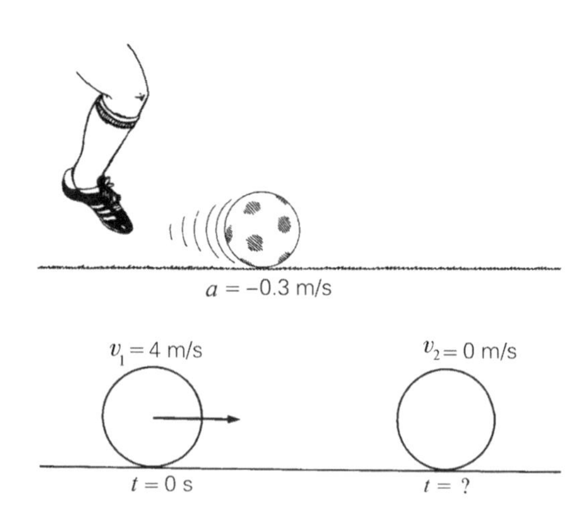

解答

确定用合适的公式计算未知量：

$$a=\frac{v_2-v_1}{t}$$

代入已知量求未知变量（时间）：

$$-0.3\ \text{m/s}^2=\frac{0\ \text{m/s}-4\ \text{m/s}}{t}$$

整理得

$$t=\frac{0\ \text{m/s}-4\ \text{m/s}}{-0.3\ \text{m/s}^2}$$

我们得出结果：

$$t = 13.3\ \text{s}$$

记住，由于加速度是一个矢量，即使速度恒定，只有方向变化，加速度也发生了变化，这一点很重要。方向的变化，产生了角加速度的概念，角加速度在第十一章讨论。以方向的变化为基础，与加速度变化相关的力必须被弥补，特别是滑雪者和自行车选手。这个话题在第十四章讨论。

瞬时速度（instantaneous velocity）

表示物体在某一时刻或经过某一位置时的速度。

平均量和瞬时量

确定物体或身体节段在某一特定时刻的加速度通常很有意义。例如，运动员投射和铁饼释放飞出时的瞬时速度极大地影响了铁饼通过的距离。有时，量化整个表现中的平均速度或速率就足够了。

平均速度（average velocity）
发生在指定时间内速度的平均值。

当计算速度和速率时，取决于是平均值还是瞬时值是有意义的量。平均速度以最终位移除以总时间计算。平均加速度以最终和初始速度之间的差值除以总时间间隔计算。瞬时值的算法大约是在极短的时间内除以速度的差。微积分中，速度可以用位移的导数计算，加速度可以用速度的导数计算。

在分析运动员在竞赛活动中的表现时，用于量化速度或速率的时间很重要。许多运动员可以在赛事的前1/2或3/4保持世界纪录的速度，但是在最后由于疲劳减速。另外，一些运动员有目的地在赛事早期控制速度，以便在最终阶段有最大速度。分析马拉松比赛中表现较好的跑步者发现，他们可以在整个赛事中维持近乎恒定的速度[2]。如果只有最终时间或平均速度，则赛事越长潜在丢失或隐藏的信息越多。

投射释放时的瞬时速度根本上决定了投射的最终水平位移。©Digital Vision/Getty Images RF.

抛体运动学

抛体（projectile）
指主观仅受重力和空气阻力支配而自由下落的物体。

向空中投射的物体是抛体（曾称抛物体）。篮球、铁饼、跳高运动员和跳伞者只要在空中不给予支撑地移动，就都是抛体。与抛体相关的不同的运动学定量都是有意义的。抛体的合成水平位移决定了田径比赛的获胜者，如扔铅球、扔铁饼和投掷标枪。跳高运动员和撑杆跳运动员以最大化垂直位移去赢得比赛。跳伞者控制速度的水平和垂直分量尽可能近地着陆到地面目标处。

然而，不是所有在空中飞过的物体都是抛体。抛体是指主观仅受重力和空气阻力而自由下落的物体。因此，像飞机和火箭这样的物体不是抛体，因为它们也受自身发动机产生的力的支撑。

水平分量和垂直分量

就像分析一般运动中线性分量和角性分量一样方便，分别分析抛体运动中的水平分量和垂直分量更有意义。其原因有二：第一，垂直分量受重力影响，然而没有力（忽略空气阻力）影响水平分量；第二，运动的水平分量与抛体通过的距离有关，垂直分量与抛体达到的最高点有关。一旦物体被抛掷到空中，它的整体（合成）速度基于作用在上面的力恒定变化。当分开测量时，抛体速度的水平分量和垂直分量的变化可以预测。

抛体运动的水平分量和垂直分量互相不受约束。如图10-5所示，一个棒球从1 m的高度落下，与此同时，另一个球在1 m的高度被球棒水平击中，产生平直球。两个球同时降落在平地上，因为它们运动的垂直分量是相同的。然而，因为平直球还有运动的水平分量，它又经历了水平位移。

人体在空中跳跃阶段是抛体。©Digital Vision/Getty Images RF.

重力的影响

•重力对地球表面附近的物体产生恒定的加速度，大约等于–9.8 m/s^2。

影响抛体运动垂直分量的一个主要因素是重力，重力向垂直于地球表面的方向加速物体（图10–6）。不像空气动力因素会随着风速变化，重力是恒定不变的力，产生一个垂直向下的恒定加速度。按照惯例向上为正、向下为负，重力带来的加速度被视为负的量（–9.8 m/s^2）。不论抛体的大小、形状或重量，加速度都保持恒定。初始抛射速度的垂直分量决定了从给定的相对投射高度投射的物体获得的最大垂直位移。

图10–7所示阐明了重力对玩杂耍的人抛向空中的球的抛射飞行上的影响。球以一定的垂直速度离开杂耍人的手。当球越来越高时，它的速度大小由于正经历负加速度（向下方向的重力加速度）而减小。

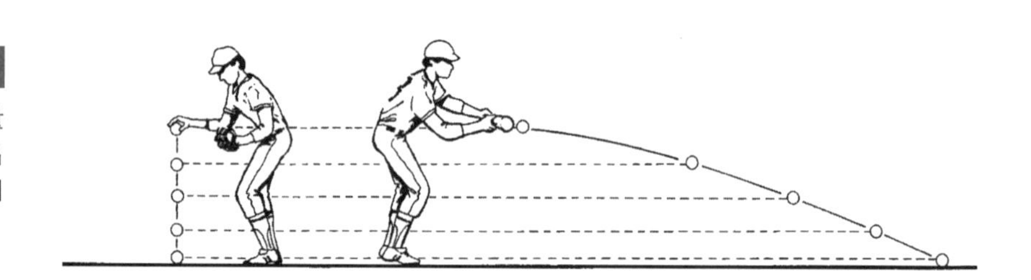

图 10–5

抛体运动的垂直分量和水平分量是各自独立的。一个球水平击出和一个球没有水平速度下落有同样的垂直分量。

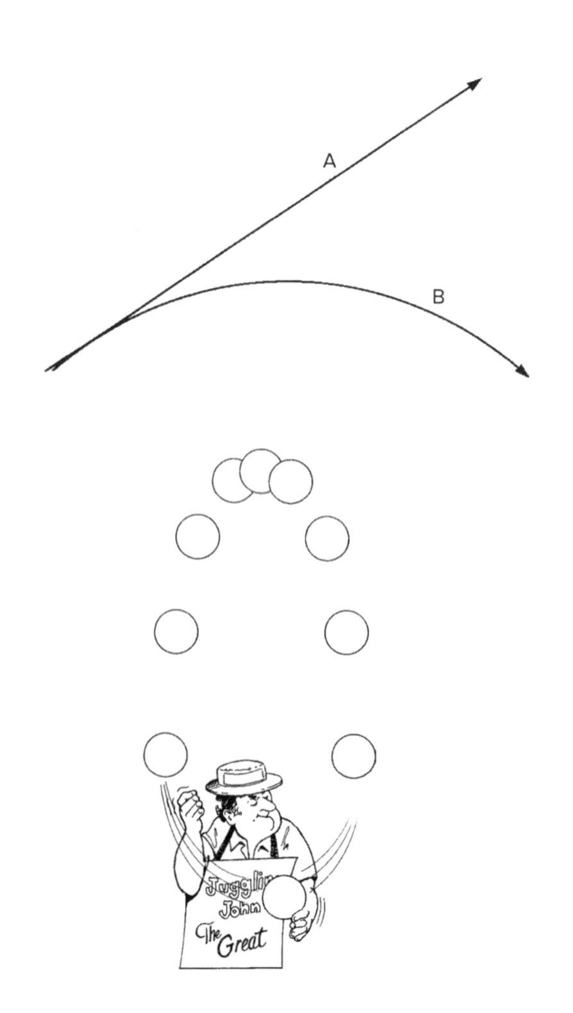

图 10–6

无重力影响（A）和有重力影响（B）的投射轨迹。

图 10–7

抛体垂直速度的变化模式在轨迹最高点是对称的。

在飞行的最高点或顶点，上升和下降的垂直速度是恒定的，为0 m/s。当球向下落时，速度由于重力加速度进一步提高。因为运动的方向向下，球的速度变得越来越小（负值）。如果球在与扔同样的高度被抓住，尽管方向是反向的，球的速度和初始速度完全相同。抛球的位移、速度和加速度如图10–8所示。

顶点（apex）
抛体轨迹的最高点。

空气阻力的影响

如果一个物体被抛在真空中（没有空气阻力），在整个飞行中速度的水平分量将保持完全相同。然而，在大多数现实情况中，空气阻力影响了抛射速度的水平分量。在户外以一个给定的初始速度扔出的球如果是顺风扔出的，平移得更远。因为空气阻力的影响是易变的，讨论和解决与抛体运动相关的问题时，习惯上不考虑空气阻力，这样可以将抛体运动的水平分量当作是不变的（恒定的）量。

• 忽略空气阻力，在整个轨迹中抛物体的水平速度保持恒定。

在典型的现实情况中，一个抛体垂直在空中下落，任何点处的速度都和空气阻力相关。例如，一个跳伞者打开降落伞后的速度远低于打开降落伞之前。

影响抛体轨迹的因素

影响抛体轨迹（飞行路径）的因素有：①抛射角；②抛射速度；③抛射的相对高度（图10–9、表10–1）。了解这些因素的相互影响，在体育方面对决定如何最好地投球和利用其他器具，以及预测如何最好地抓住或击打投出的球很有用。

轨迹（trajectory）
抛体的飞行路径。

• 决定抛体运动的三种力学因素是抛射角、抛射速度和抛射的相对高度。

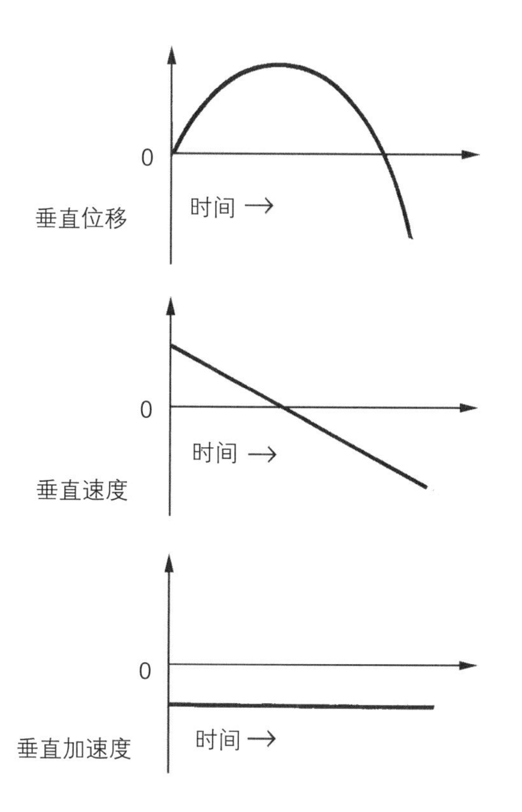

图 10–8

一个扔向空中的球落到地上的垂直位移、速度和加速度图示。记录了当球向上时，速度在正方向（向上）上降低。在轨迹的最高点，在上升和下降之间，球的瞬间速度为0 m/s。之后当球向下时，速度在负方向（向下）上增加。因为只有重力作用在球上，加速度保持恒定为–9.8 m/s^2。

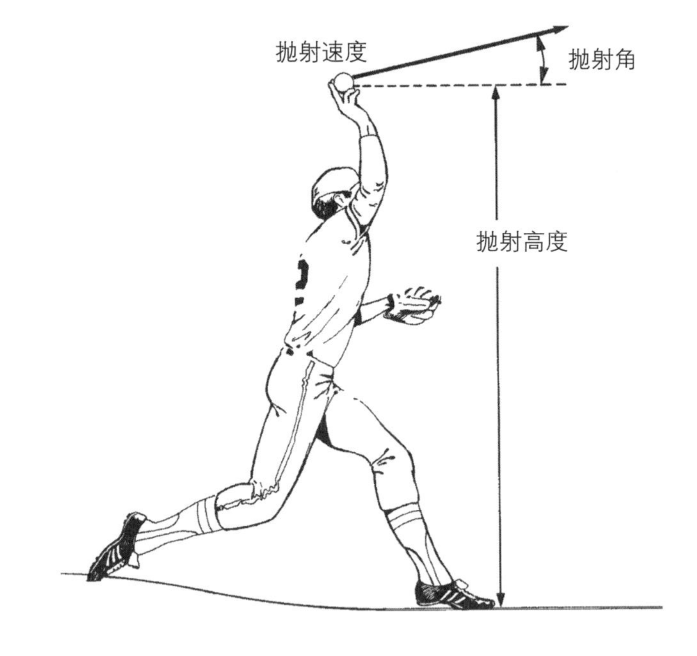

图 10-9

影响抛体轨迹的因素包括抛射角、抛射速度和抛射的相对高度。

表10-1

影响抛射运动的因素（忽略空气阻力）

可变量	影响因素
飞行时间	初始垂直速度 相对抛射高度
射程（水平位移）	水平速度 相对抛射高度
射高（垂直位移）	初始垂直速度 相对抛射高度
轨迹	初始速度 抛射角 相对抛射高度

抛射角

抛射角（angle of projection）
物体相对于水平面被抛出的夹角。

抛射角和空气阻力影响抛体轨迹的形状。抛体速率的变化影响轨迹的大小，但是轨迹的形状仅仅取决于抛射角。在没有空气阻力的情况下，抛体的轨迹假设为三种一般形状中的一种，取决于抛射角。如果抛射角完全垂直，轨迹也完全垂直，抛体沿着相同的路径竖直向上，然后竖直向下。如果抛射角是倾斜的（0° ~90° 之间的角），轨迹是抛物线或像抛物线。抛物线是对称的，它的左右半边是彼此的镜像。一个物体完全水平（以0° 的抛射角）抛出会遵循类似抛物线的轨迹（图10–10）。图10–11所示为物体以给定速度从不同角度抛射的理论轨迹。一个轨迹以80° 的抛射角向上抛向水平方向，它沿着一个相对高而窄的轨迹运动，达到比水平距离更高的高度；一个球以10° 的角向上投向水平方向，它沿着一个相对扁而长形状的轨迹运动。

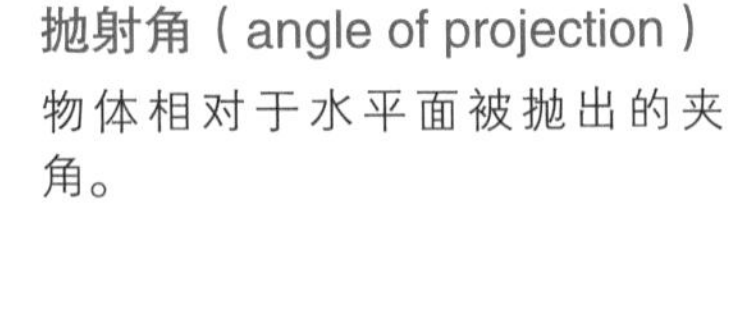

抛射角在篮球运动中尤其重要。新手常犯的错误是投射角度水平。©MaxzaS/Shutterstock.

抛射角对篮球运动能否获胜有直接影响，因为以几乎垂直的角度投球进入篮筐比以更水平的角度投球进入篮筐允许较大的误差范围。一项针对9~11岁男孩投篮的研究表明，以更垂直的角度投篮成功率更高[1]。同样地，已经证明训练球员在直径稍小的边缘投篮时，用更加垂直的轨迹进行投射可提高精确性[12]。在接近防守球员时投篮，球员往往以更垂直的角度和更高的速度投出球。虽然背后的策略通常是防止投篮被阻挡，但它同时也可产生更精确的投篮。

实际上，在一块场地上投射时，因空气阻力的影响，抛射轨迹的形状可能不规则。图10–12是空气阻力造成典型轨迹改变。为了简化，空气动力的影响在抛体运动中不予考虑。

在大多数游泳竞赛活动中，每个游泳者从泳道尽头开始。起跳的目的是最大限度地提高水平速度，使游泳运动员以最佳的角度进入水中，使其在比赛前10 m的水下速度达到最佳[23]。这样看来，一个相对平坦的轨迹使游泳者的位置在水下1 m以内是有利的[22]。

抛射速度

当抛射角和其他因素是恒定的，抛射速度决定了抛射轨迹的水平

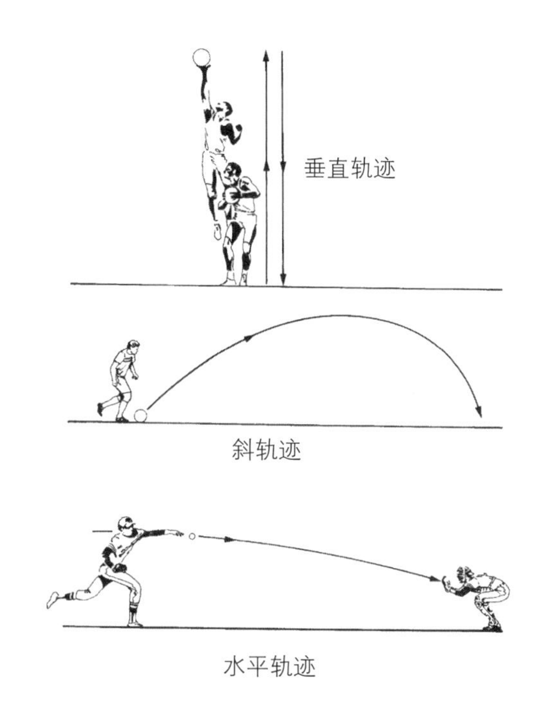

图 10–10

抛射角对抛射轨迹的影响。

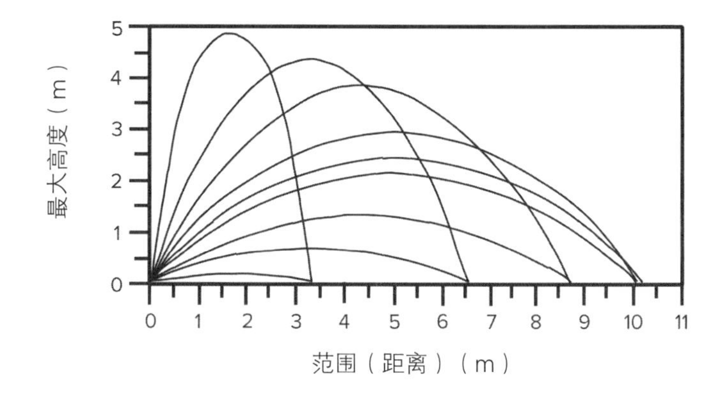

图 10–11

以10 m/s的速度抛出的物体的轨迹：高、远和形状。

• 抛体的范围是其水平速度和飞行时间的乘积。

范围/射程（range）
抛体着陆时的水平位移。

长度或最高点的高度。例如，当物体被垂直向上抛出，抛射的初始速度决定了轨迹最高点的高度，对于以斜角抛出的物体，抛出的速度决定了轨迹的最高点高度和水平长度（图10–13）。抛出速度和抛射角对抛物体的水平位移（或范围）的联合影响如表10–2所示。

在平地上垂直跳跃完全取决于起跳速度。也就是说，起跳时的垂直速度越大，跳得越高；跳得越高，跳高者在空中的时间越长。因为沙地的不稳定性起跳速度减慢，当沙滩排球运动员跳离固定地面而不是沙地时，可以跳得更高，在空中待得更久。

执行垂直跳跃需要的时间对舞蹈编导来讲可能是一个重要部分。垂直跳跃的引入必须经过仔细的计划[20]。如果音乐的节奏要求必须在1/3 s内完成垂直跳跃，跳跃的高度被限制在大约12 cm。编导必须清楚在这种情况下，大多数舞者在跳的时候没有足够的时间绷直脚尖跳离地面。

相对抛射高度

相对抛射高度（relative projection height）
抛射高度和着陆高度之间的差值。

第三个影响抛射轨迹的主要因素是相对抛射高度（图10–14）。这是物体最初的抛射高度与落地或停止的高度之差。掷铁饼者从离地1.5 m的高处掷出铁饼时，因为投射高度比铁饼落地的高度大1.5 m，相对抛射高度就是1.5 m。如果高尔夫球被打入树中，因为着陆高度比

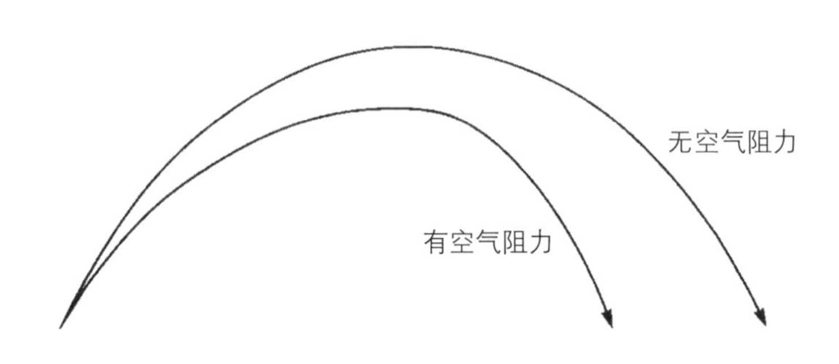

图 10–12
在现实情况中，空气阻力使抛物体偏离其理论抛物线轨迹。

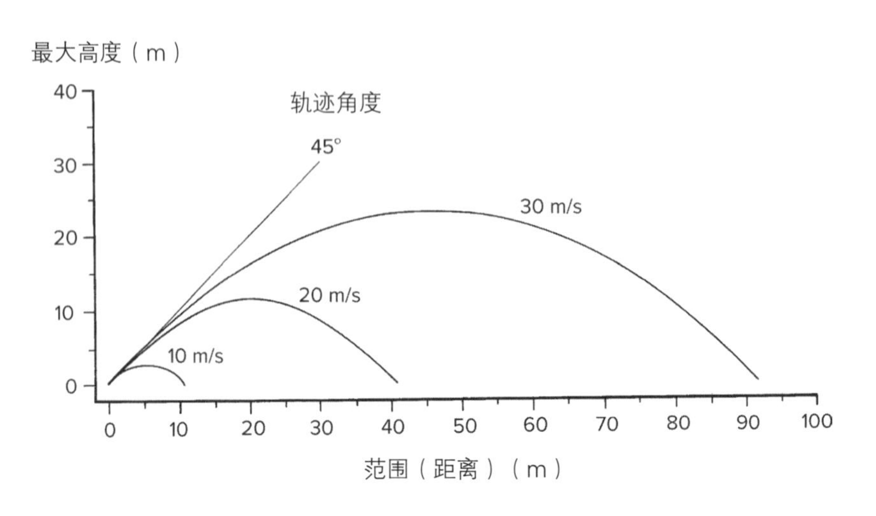

图 10–13
抛射角恒定时，抛出速度对抛射轨迹的影响。

表 10-2

抛射角对水平位移（或范围）的影响（相对抛出高度=0 m）

抛射速度（m/s）	抛射角 (°)	范围 (m)
10	10	3.49
10	20	6.55
10	30	8.83
10	40	10.04
10	45	10.19
10	50	10.04
10	60	8.83
10	70	6.55
10	80	3.49
20	10	13.94
20	20	26.21
20	30	35.31
20	40	40.15
20	45	40.77
20	50	40.15
20	60	35.31
20	70	26.21
20	80	13.94
30	10	31.38
30	20	58.97
30	30	79.45
30	40	90.35
30	45	91.74
30	50	90.35
30	60	79.45
30	70	58.97
30	80	31.38

抛射高度大，相对抛射高度是负的。当抛射速度恒定时，相对抛射高度越大，抛体的飞行时间越长，水平位移就越大。

在跳水运动中，相对抛射高度就是跳板或平台在水面上的高度。如果跳水者的重心被提升到距跳板1.5 m的轨道顶端，飞行时间为1 m板约1.2 s、3 m板约1.4 s[25]。这给技术熟练的跳水者从1 m板上完成3圈空翻和从3 m跳板上完成3.5圈空翻提供了足够的时间。这意味着跳水运动员试图从3 m跳板上学会3 .5圈空翻跳水前应当先学会能轻易地从1 m跳板上完成2.5圈空翻跳水。

• 抛体的飞行时间通过提升抛射速度的垂直分量或提高相对抛射高度来提升。

垂直跳跃高度 (cm)	飞行时间 (s)
5	0.2
11	0.3
20	0.4
31	0.5
44	0.6
60	0.7
78	0.8
99	0.9

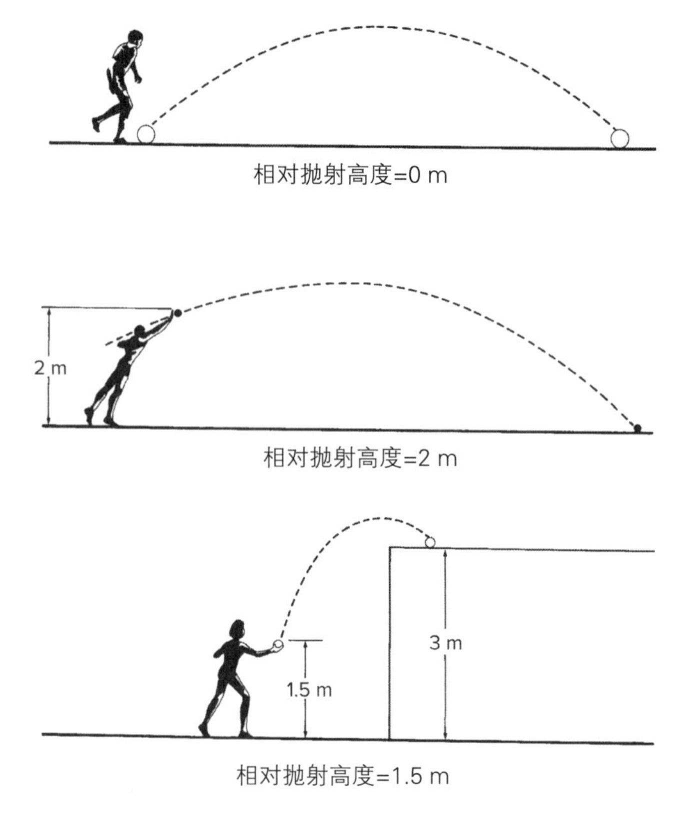

图 10–14

相对抛射高度。

最佳抛射条件

在以获得抛体最大水平位移或最大垂直位移的体育赛事中，运动员的主要目标是使抛射速度最大化。在投掷赛事中，另一个目标是使抛射高度最大化，因为相对抛射高度越大，产生的飞行时间越长，抛体的水平位移就越大。然而，对于投掷者来说，为了增加抛射高度而牺牲抛射速度通常是不可取的。

在赛事和执行者中变化最大的因素是抛射的最佳角度。当相对抛射高度为0 m时，产生最大水平位移的抛射角度是45°。相对抛射高度增加时，抛射的最佳角度应减小；相对抛射高度降低时，最佳角度应增加（图10–15）。

重要的是要认识到抛射速度、高度和角度之间的关系，如当一个因素更接近理论上最优值时，另一个因素则离最优值更远。这是因为人类不是机器，人体受解剖学因素的限制。研究显示，铅球运动中，抛射速度、高度和角度的关系是在1.7 m/（s · rad）时，抛射速度随抛射角的增加而减小；在0.8 m/（s · rad）时，抛射速度随抛射高度的增加而减小[10]。然而，对于铅球和铁饼运动来说，生物力学专家发现最优抛射角度是运动员特定的，优秀运动员由于抛射速度随着抛射角的增加而减小，抛射角的个体差异在35°~44°不等[13，14]。

同样，当人体在跳跃中成为一个抛体时，高起跳速度限制了可获得的抛射角。例如，在跳远运动中，因为起跳和着陆高度是相同的，相对水平面的起跳理论认为，最优角度是45°。然而，据Hay[9]估计，要获得这个理论最优起跳角度，跳远运动员会降低大约50%的水平速度。研究显示，跳远、跳高和撑杆跳成功和运动员最大化起跳水平速度的能力有关。优秀跳远运动员采取的实际起跳角度大约为18°~27°[9]。在像跳高这样的赛事，它的目标是最大化垂直位移，技巧性背越式跳高者起跳角度在40°~48°之间[6]。

起跳角度对跳高获胜很重要。©Robert Daly/age fotostock RF.

分析抛体运动

因为速度是一个矢量，抛体的初始速度是指抛射速率（大小）和抛射角（方向）的矢量。当初始速度被分解为水平分量和垂直分量时，水平分量在水平方向上有一定的速率或大小，垂直分量在垂直方向上有一定的速率或大小（图10-16）。水平和垂直分量的大小总是量化的，如果它们通过矢量组合的过程加在一起，合成速度矢量和原始初速度矢量的大小和方向相同。初始速度的水平分量和垂直分量可以用图形和三角形来量化（例题10.4）。

初始速度（initial velocity）
包含抛射角和抛射速率的矢量。

为了分析抛体运动，可以假定抛射速度的水平分量在运行轨迹中恒定及抛射速度的垂直分量由于重力的影响恒定变化（图10-17）。因为水平抛射速度是恒定的，轨迹中的水平分量的加速度等于0 m/s^2。

抛物体的垂直加速度恒定等于-9.81 m/s^2。

• 抛体的垂直速度由于重力加速度恒定变化。

• 抛体的水平加速度总是0 m/s^2。

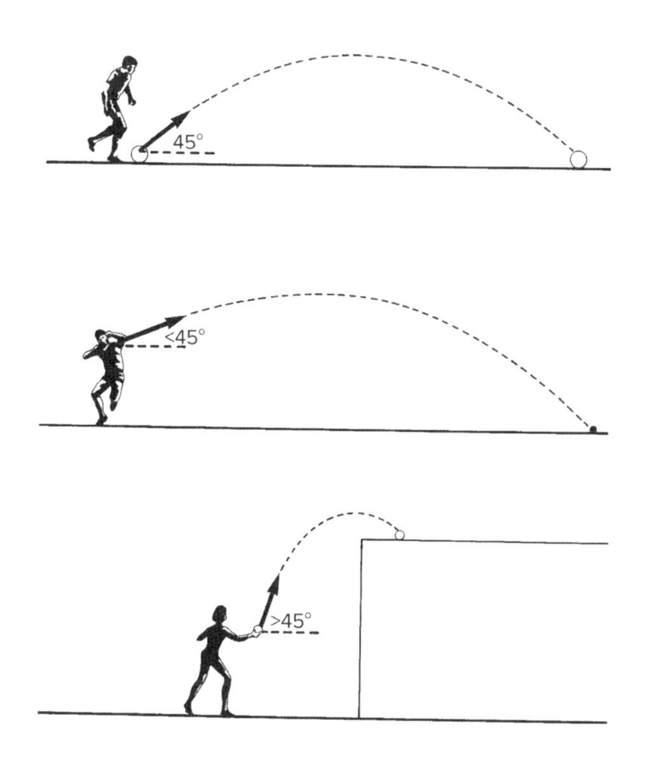

图 10-15

当抛射速度恒定，不考虑空气动力时，最优抛射角度以相对抛射高度为基础。当相对抛射高度为0 m时，45°的角度是最优的。当相对抛射高度增加时，最优抛射角度减小。当相对抛射高度负向增加时，最优抛射角度增大。

恒定加速度方程

恒定加速度定律（law of constant acceleration）
加速度不变时，与位移、速度、加速度和时间相关的公式。

当物体以恒定加速度（正的、负的或者等于0 m/s^2）移动时，与物体运动有关的运动量之间存在一定的相互关系。这些相互关系可以用伽利略最初导出的三个数学方程来表示，这三个数学方程式称为恒定加速度定律，或者匀加速运动定律。变量符号d、v、a和t分别代表位移、速度、加速度和时间，下标1和2表示第一个时间或初始时间和第二个时间或终点时间，方程式如下：

$$v_2 = v_1 + at \tag{1}$$

$$d = v_1 t + \frac{1}{2}at^2 \tag{2}$$

$$v_2^2 = v_1^2 + 2ad \tag{3}$$

注意：每个方程式包含四个运动量中的三个的独特组合：位移、速度、加速度和时间。 这为解决已知其中两个量而目标是求出第三个量的问题提供了相当大的灵活性。这些方程中的符号列于表10–3。

检验应用于加速度a=0 m/s^{2}时的抛体运动水平分量的这些关系具有指导意义。在这种情况下，包含加速度的每个条目都可在方程中去除。整理方程如下：

$$v_2 = v_1 \tag{1H}$$

$$d = v_1 t \tag{2H}$$

$$v_2^2 = v_1^2 \tag{3H}$$

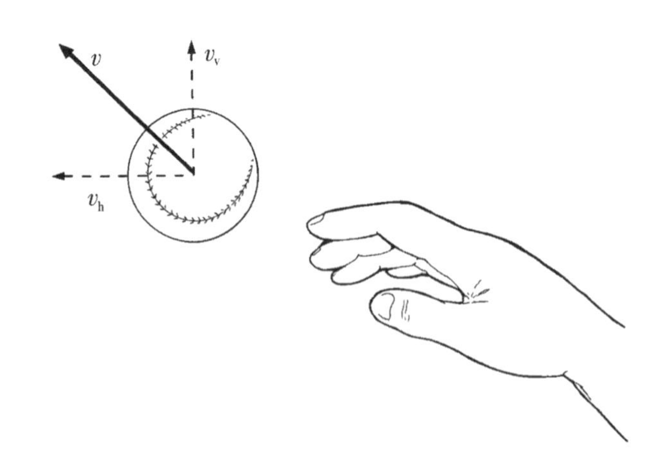

图10–16
抛射速度的垂直分量和水平分量。

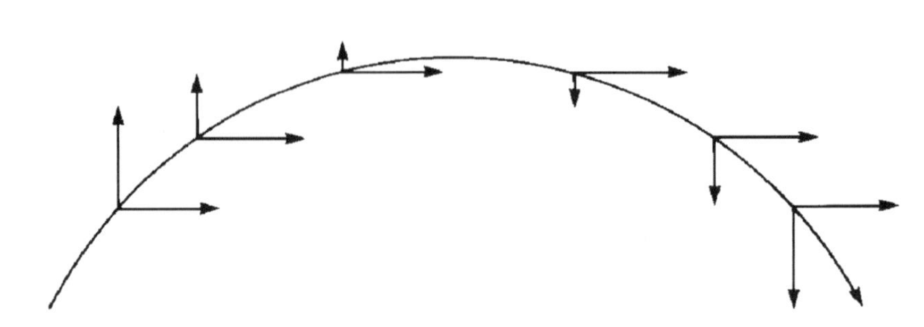

图10–17
抛射速度的水平分量和垂直分量。注意，水平分量恒定不变，垂直分量恒定变化。

例题10.4

篮球以60° 的角及8 m/s的初始速率抛出。从图形和三角形上找出篮球初始速度的水平分量和垂直分量。

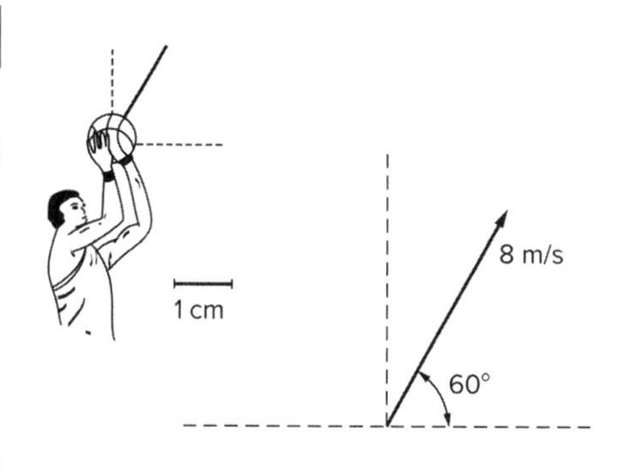

已知

用1 cm=2 m/s的比例画出的显示初始速度的矢量简图如右图：

解答

水平分量沿着水平线画出的长度等于初始速度矢量在水平方向上延伸的长度。之后以同样的方式沿垂直于水平线的方向画出垂直分量，如右图所示：

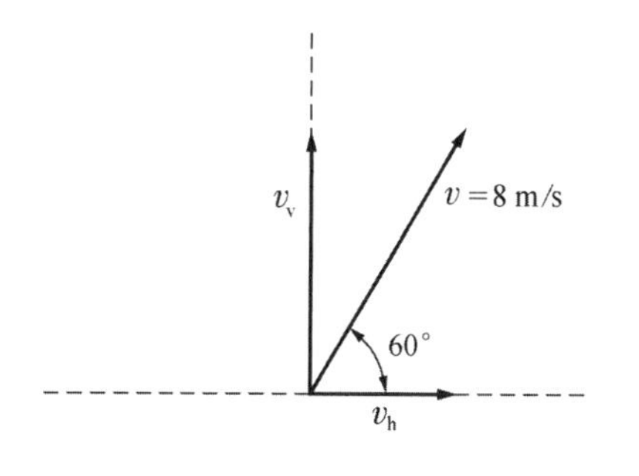

然后测量出水平分量和垂直分量的长度：

水平分量的长度=2 cm

垂直分量的长度=3.5 cm

用1 cm=2 m/s的比例来计算水平分量和垂直分量的大小。

水平分量的大小为

$$v_h=2\ \text{cm} \times 2\ \text{m/（s·cm）}$$

$$v_h=4\ \text{m/s}$$

垂直分量的大小为

$$v_v=3.5\ \text{cm} \times 2\ \text{m/（s·cm）}$$

$$v_v=7\ \text{m/s}$$

求出v_h和v_v的三角函数，画一个直角三角形（右图），边是初始速度的水平分量和垂直分量，初始速度为斜边。

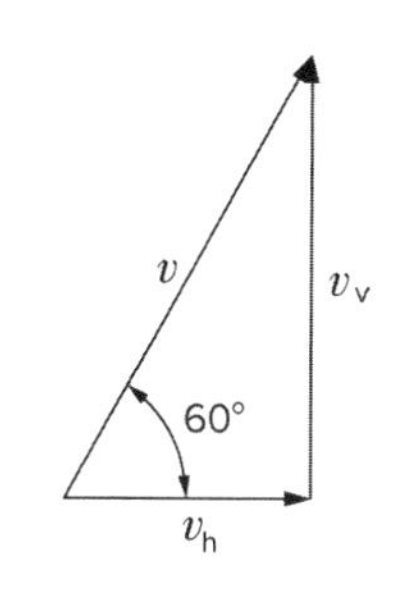

用正弦和余弦关系可以量化水平分量和垂直分量：

$$v_h=8\ \text{m/s} \times \cos 60°$$

$$v_h=4\ \text{m/s}$$

$$v_v = 8\ \text{m/s} \times \sin 60°$$

$$v_v = 6.9\ \text{m/s}$$

注意：初始水平分量的大小总是等于初始速度的大小乘投射角的余弦值。同样，初始垂直分量的大小总是等于初始速度的大小乘投射角的正弦值。

方程（1H）和（3H）再次确定抛体速度的水平分量是一个常数。方程（2H）表明水平位移等于水平速度和时间的乘积（例题10.5）。

表 10-3

运动学变量

符号	含义	方程表示
d	位移	位置变化
v	速度	位置变化率
a	加速度	速度变化率
t	时间	一段时间
v_1	初始或第一速度	时间1处的速度
v_2	后期或最终速度	时间2处的速度
v_v	垂直速度	总速度的垂直分量
v_h	水平速度	总速度的水平分量

例题10.5

1987年亚足联季后赛决赛丹佛野马队和克里兰夫布朗队比分为20：20。在第一次加时赛期间，球位于离球门29 m的地方，丹佛野马队有机会射门得分。如果球以水平分量为18 m/s的初速度和2 s的飞行时间踢出，这一脚踢得够远，可以射门吗？

已知

$$v_h = 18 \text{ m/s}$$
$$t = 2 \text{ s}$$

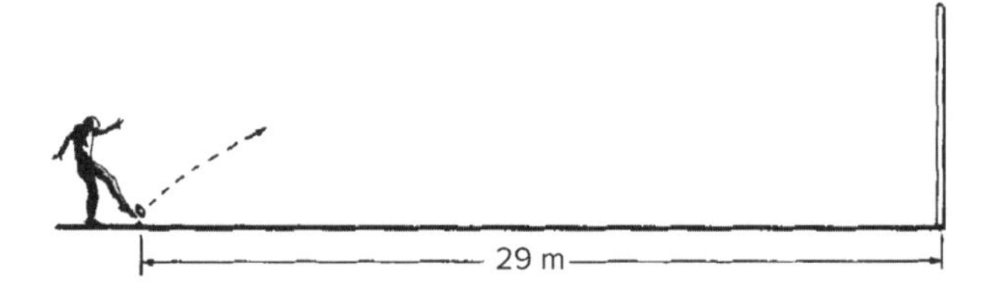

解答

因为公式包含的两个变量（v_h和t）都是已知量，未知变量（d）是我们想要得到的量，选用方程（2H）来解决问题：

$$d_h = v_h t$$
$$d = 18 \text{ m/s} \times 2 \text{ s}$$
$$d = 36 \text{ m}$$

以足够远的距离可以射门成功，丹佛野马队赢得了比赛，进入了超级杯。

当恒定加速度关系应用于抛体运动的垂直分量时，加速度等于-9.81 m/s^2，方程无法因加速度项的去除而简化。然而，在抛体运动垂直分量的分析中，初速度v_1在特定情况下等于0 m/s^2。例如，当物体从一个固定位置下落时，物体的初速度为0 m/s。在这种情况下，恒定加速度的方程可以表达为

$$v_2 = at \qquad (1V)$$

$$d = \frac{1}{2}at^2 \qquad (2V)$$

$$v_2^2 = 2ad \qquad (3V)$$

当物体下落时，方程（1V）叙述了任何时刻物体的速度都是重力加速度和物体自由下落的时间的乘积。方程（2V）表明物体下落通过的垂直距离可以通过重力加速度和物体下落的时间计算。方程（3V）表达了物体速度和在特定时间的垂直位移及重力加速度之间的关系。

在分析抛体运动中记住：抛体轨迹的顶点是有用的，速度的垂直分量为0。如果目的是确定抛体可以获得的最大高度，方程（3）中的v_2可以设置为等于0，即

$$0 = v_1^2 + 2ad \qquad (3A)$$

运用方程（3A）的例子如例题10.6所示。如果问题是确定总飞行时间，一种方法是计算它到达顶点花费的时间，如果抛射高度和着陆高度相等，到达顶点花费的时间是总飞行时间的一半。在这种情况下，由于顶点的垂直速度为0，方程（1）中的代表运动的垂直分量v_2可以设置为等于0：

$$0=v_1+at \qquad (1A)$$

例题10.7阐述了方程（1A）的用法。

当使用恒定加速度的方程时，记住它们可以应用于抛体运动的水平分量或垂直分量，而不是抛体的合成运动，这很重要。分析抛体运动的水平分量时，a=0 m/s^2；分析垂直分量时，则a=−9.81 m/s^2。恒定加速度方程及其特殊变化总结见表10–4。

表10–4

与抛体运动相关的公式

恒定加速度方程

当加速度a是一个恒定、不变的值时，以下方程可以用来计算线运动学量：

$$v_2 = v_1 + at \qquad (1)$$

$$d = v_1t + \frac{1}{2}at^2 \qquad (2)$$

$$v_2^2 = v_1^2 + 2ad \qquad (3)$$

恒定加速度方程的特殊情况应用

a=0 m/s^2，抛体运动的水平分量：

$$d_h = v_ht \qquad (2H)$$

当抛体从固定位置下落时，v_1=0 m/s^2，抛体运动的垂直分量：

$$v_2 = at \qquad (1V)$$

$$d = \frac{1}{2}at^2 \qquad (2V)$$

$$v_2^2 = 2ad \qquad (3V)$$

当抛体在顶点时，v_2 =0 m/s^2，抛体运动的垂直分量：

$$0 = v_1 + at \qquad (1A)$$

$$0 = v_1^2 + 2ad \qquad (2A)$$

例题10.6

在一所高中体育馆举行的一场比赛中，排球运动员将排球垂直偏转，体育馆的天花板距地面为10 m。如果球的初始速度是15 m/s，球会接触到天花板吗？

已知

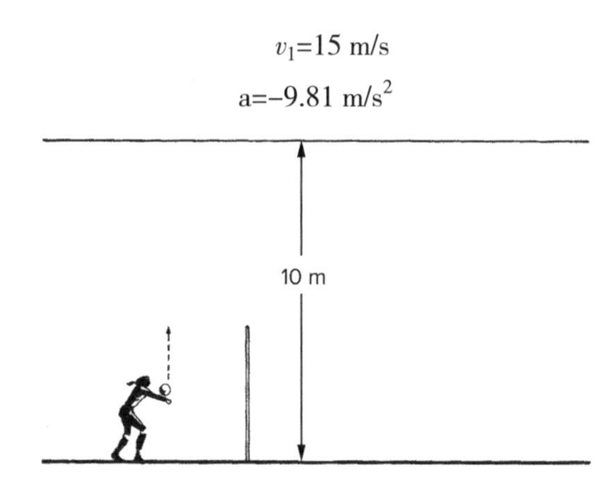

解答

选择用来解决问题的方程必须包含代表垂直位移的变量d。方程（2）包含变量d也包含变量t，而变量t在这个问题中是未知量。方程（3）包含变量d，因在轨迹的顶点，垂直速率为0　m/s。用方程（3A）求d：

$$v_2^2 = v_1^2 + 2ad \quad (3)$$
$$0 = v_1^2 + 2ad \quad (3A)$$
$$0 = (15\ \text{m/s})^2 + 2 \times (-9.81\ \text{m/s}^2) \times d$$
$$19.62\ \text{m/s}^2 \times d = 225\ \text{m}^2/\text{s}^2$$
$$d = 11.47\ \text{m}$$

因此，球有足够的速度接触10 m的天花板。

例题10.7

球以35° 角、12 m/s的初始速度击出，球可以飞多高、多远？

解答

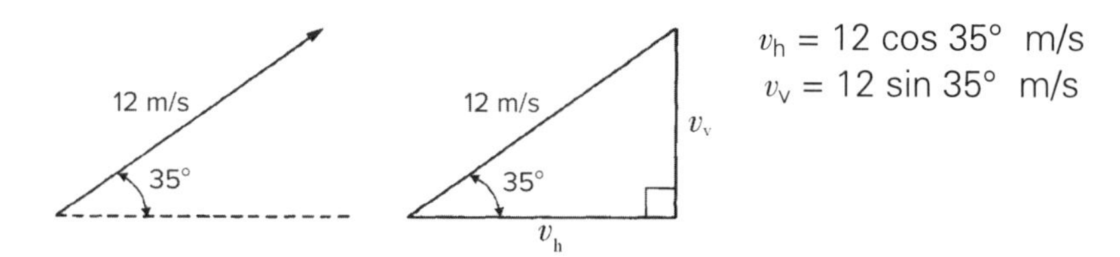

球飞多高？

因为方程里不包含d，不能使用方程（1）。方程（2）也不能使用，因为t是未知的。因为垂直速度在球的轨迹顶点是0，选择方程（3A），即

$$0 = v_1^2 + 2ad \quad (3A)$$

$$0 = (12\sin 35° \text{m/s})^2 + 2 \times (-9.81 \text{m/s}^2)$$

$$19.62 \text{ m/s}^2 \times d = 47.37 \text{ m}^2/\text{s}^2$$

$$d = 2.41 \text{ m}$$

球飞多远？

因为球在空中的时间t是未知的，不能使用代表水平运动的方程（2H）。方程（1A）可以用来解决球到达顶点所花费的时间：

$$0 = v_1 + at \quad (1A)$$

$$0 = 12 \times \sin 35° \text{ m/s} + (-9.81 \text{ m/s}^2)\, t$$

$$t = \frac{6.88 \text{ m/s}}{9.81 \text{ m/s}^2}$$

$$t = 0.70 \text{ s}$$

到达顶点的时间是总飞行时间的一半，总时间如下：

$$t = 0.70 \text{ s} \times 2$$

$$t = 1.40 \text{ s}$$

方程（2H）可以用来解决球通过的水平距离：

$$d_h = v_h t \quad (2H)$$

$$d_h = 12 \times \cos 35° \text{ m/s} \times 1.40 \text{ s}$$

$$d_h = 13.76 \text{ m}$$

小结

运动学研究与时间相关的线性运动的形式或顺列。运动学量包括标量——距离和速率，矢量——位移、速度和加速度。依据被分析的运动，不管是一个矢量还是标量，不管是一个瞬时量还是平均量，都可能是有意义的。

抛体是仅受重力和空气阻力影响的自由下落的物体。可对抛体运动进行水平分量和垂直分量的分析。两个分量互相独立，只有垂直分量受重力影响。决定抛体高度和距离的因素是抛射角、抛射速度和相对抛射高度。恒定加速度方程可以用来定量分析抛体运动，垂直加速度为–9.81 m/s^2，水平加速度为0 m/s^2。

入门题

注解：一些问题需要用到数学矢量（见第三章）。

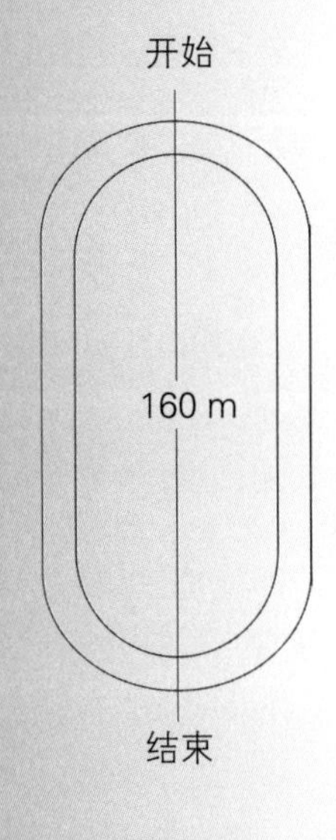

1. 跑步者在12 min（720 s）跑步测试中绕着400 m跑道完成了6.5圈。计算以下量：
   a.跑步者通过的距离；
   b.跑步者在12 min末的位移；
   c.跑步者的平均速率；
   d.跑步者的平均速度；
   e.跑步者的平均步速。
   （答案：a.2.6 km；b.160 m；c.3.61 m/s；d.0.22 m/s；e.4.6 min/km）
2. 球以–0.5 m/s^{2}的加速度滚动，如果它在7s后停下，它的初始速率是多少？（答案：3.5 m/s）
3. 一个轮椅马拉松运动员在1.5 s内滑下一座小山后有了5 m/s的速率。如果轮椅在下坡期间的恒定加速度为3 m/s^2，这位轮椅马拉松运动员在山顶的速率是多少？（答案：0.5 m/s）。
4. 一名定向越野参赛直向正方向东跑400 m，然后向东北（正东和正北之间45° 角处）跑500 m。用图表示出相对于开始位置的最终位移。（答案：832.37 m，北偏东64.86° ）
5. 一名定向越野参赛者向北以5 m/s跑120 s，然后向西以4 m/s跑180 s。用图表示出定向越野参赛者的合成位移。（答案：937.23 m，北偏西50.19° ）
6. 为什么抛体运动的水平分量和垂直分量要分开分析？
7. 一个足球以5 m/s的水平初速率及3 m/s的垂直速率击出。假设抛射高度和着陆高度相同，忽略空气阻力，分别计算以下物理量：
   a.球以0.5 s时的水平速度开始飞行；
   b.球在飞行中途的水平速率；

c.球在与地面接触前的水平速率；

d.球在飞行顶点处的垂直速率；

e.球在飞行中途的垂直速率；

f.球在与地面接触前的垂直速率。

8. 如果棒球、篮球同时从楼顶下落（忽略空气阻力），哪一个先落地？为什么？

9. 网球在完成一个完全水平的地面击球时以22 m/s的速度离开球拍。如果球在空中运行0.7 s，它通过的水平距离是多少米？（答案：15.4 m）。

10. 蹦床运动员以9.2 m/s的初速率向上垂直跳跃。蹦床运动员会在蹦床上跳多高？（答案：4.31 m）。

附加题

1. 回答下列与呈现在下方的Ben Johnson和Carl Lewis在1988年奥运会100 m短跑中分段时间有关的问题。

	Ben Johnson	Carl Lewis
10 m	1.86	1.88
20 m	2.87	2.96
30 m	3.80	3.88
40 m	4.66	4.77
50 m	5.55	5.61
60 m	6.38	6.45
70 m	7.21	7.29
80 m	8.11	8.12
90 m	8.98	8.99
100 m	9.83	9.86

a. 绘制以上两名短跑运动员的速度和加速度曲线。分别说出曲线在哪些方面相似和不同。

b. 你可以从优秀短跑运动员的表现中得出哪些一般性结论。

2. 为入门题4提供一个三角的解决方案。（答案：832.37 m，东偏北25°）。

3. 为入门题5提供一个三角的解决方案。（答案：937.23 m，北偏西50.19°）。

4. 一个标志着三项全能运动中海洋游泳回合的浮标变成不固定的了。如果当前水流以0.5 m/s带着浮标向南漂，风以0.7 m/s将浮标向西吹，5 min后浮标的合成位移是多少？（答案：258 m；∠=54.5° 正南偏西）。

5. 一艘帆船正由4 m/s的风速向西推进。如果当前水流以2 m/s向东北方向流动，相对于船的起始位置，10 min时船会在哪里？

（答案：D=1.8 km；∠=29° 正西偏北）。

6. 一名橄榄球队员以8 m/s的速度将球从近边线直接带着穿过50分线的同时，最后一个有希望能追上他的Bill在距离边线13.7 m处从50分线开始奔跑。如果Bill要在离球门线不远处追上他，他的速度必须是多少？（答案：8.35 m/s）
7. 一个足球以45° 的角被踢出运动场。如果球在空中飞行3 s，足球的最大高度是多少？（答案：11.0 m）
8. 球被踢出45.8 m的水平距离。如果它在飞行4.4 s时达到最大高度24.2 m，球被踢出的抛射角小于、大于还是等于45° ？通过计算证实你的答案。（答案：大于45° ）
9. 羽毛球被球拍以35° 的角击打，给它一个10 m/s的初速度。它将达到多高？在被对手的球拍在它被抛出的同样高度接触到之前它将水平通过多远？（答案：d_v=1.68 m，d_h=9.58 m）
10. 箭以10° 角、45 m/s的速度被射出。箭在射中同一高度的目标前能水平移动多远？（答案：70.6 m）

参考文献

[1] ARIAS J L. Performance as a function of shooting style in basketball players under 11 years of age. *Percept Mot Skills*, 2012, 114:446.
[2] BERTRAM J E, PREBEAU-MENEZES L, SZARKO M J. Gait characteristics over the course of a race in recreational marathon competitors. *Res Q Exerc Sport*, 2013, 84:6.
[3] BEZODIS N E, SALO A, TREWARTHA G. Relationships between lower-limb kinematics and block phase performance in a cross section of sprinters. *Eur J Sport Sci*, 2015, 15:118.
[4] BISI M, STAGNI R. Evaluation of toddler different strategies during the first six-months of independent walking: A longitudinal study. *Gait Posture*, 2015, 41:574.
[5] BOLGER C M, KOCBACH J, HEGGE A M, et al. Speed and heart-rate profiles in skating and classical cross-country skiing competitions. *Int J Sports Physiol Perform*, 2015, 10:873.
[6] DAPENA J. Mechanics of translation in the Fosbury flop. *Med Sci Sports Exerc*, 1980, 12:37.
[7] GAGNON D, BABINEAU A C, CHAMPAGNE A, et al. Trunk and shoulder kinematic and kinetic and electromyographic adaptations to slope increase during motorized treadmill propulsion among manual wheelchair users with a spinal cord injury. *Biomed Res Int*, 2015, 2015:636319.
[8] GIRARD O, MILLET G P, SLAWINSKI J, et al. Changes in running mechanics and spring-mass behaviour during a 5-km time trial. *Int J Sports Med*, 2013, 34:832.
[9] HAY J G. The biomechanics of the long jump. *Exerc Sport Sci Rev*, 1986, 14:401.
[10] HUBBARD M, D E MESTRE N J, SCOTT J. Dependence of release variables in the shot put. *J Biomech*, 2001, 34:449.
[11] JANURA M, CABELL L, ELFMARK M, et al. Kinematic characteristics of the ski jump in run: A 10-year longitudinal study. *J Appl Biomech*, 2010, 26:196.
[12] KHLIFA R, AOUADI R, SHEPHARD R, et al. Effects of a shoot training programme with a reduced hoop diameter rim on free-throw performance and kinematics in young basketball players. *J Sports Sci*, 2013, 31:497.
[13] LEIGH S, LIU H, HUBBARD M, et al. Individualized optimal release angles in discus throwing. *J Biomech*, 2010, 10（43）:540.
[14] LINTHORNE NP. Optimum release angle in the shot put. *J Sports Sci*, 2001, 19:359.
[15] MACAULAY C A, KATZ L, STERGIOU P, et al. Kinematic and kinetic analysis of overhand, sidearm and underhand lacrosse shot techniques. *J Sports Sci*, 2016, 16:1.
[16] NOORBERGEN O S, KONINGS M J, MICKLEWRIGHT D, et al. Pacing behavior and tactical positioning in 500-m and 1000-m short-track speed skating. *Int J Sports Physiol Perform*, 2016, 11:742.
[17] PADULO J, ANNINO G, MIGLIACCIO G M, et al. Kinematics of running at different slopes and speeds. *J Strength Cond Res*, 2012, 26:1331.
[18] PREECE S J, MASON D, BRAMAH C. How do elite endurance runners alter movements of the spine and pelvis as running speed increases? *Gait Posture*, 2016, 46:132.
[19] SEIFERT L, LEBLANC H, CHOLLET D, et al. Inter-limb coordination in swimming: Effect of speed and skill level. *Hum Mov Sci*, 2010, 29:103.
[20] SMITH J A, SIEMIENSKI A, POPOVICH J M, et al. Intra-task variability of trunk coordination during a rate-controlled bipedal dance jump. *J Sports Sci*, 2012, 30:139.
[21] TARTARUGA M P, BRISSWALTER J, PEYRE-TARTARUGA L A, et al. The relationship between running economy and biomechanical variables in distance runners. *Res Q Exerc Sport*, 2012, 83:367.
[22] TOR E, PEASE D L, BALL K A. Comparing three underwater trajectories of the swimming start. *J Sci Med Sport*, 2015, 18:7265.

注释读物

AMSTUTZ L J. The science behind athletics (Edge Books: Science of the summer Olympics).Oxford：Raintree Publisher，2017.
用基本的力学原理描述奥运会田径项目。

HUBER J. Springboard and platform diving. Champaign：Human Kinetics, 2015.
最有运动成就的教练之一对于所有形式的竞争性跳水的权威性指南。

JEMNI M. The science of gymnastics. London：Routledge, 2017.
与体操相关的科学知识的全面概述，包括表现运动学。

PLATT G K. The science of sport. Marlborough, UK：Crowood Press, 2015.
顶尖教练和运动科学家研究支撑短跑准备和表现的科学原理的专业知识。

第十一章　人体运动的角运动学

通过学习本章，读者可以：

- 区别角运动与直线、曲线运动。
- 了解角运动变量之间的关系。
- 掌握角运动定量及其计量单位。
- 解释角位移和线性位移、角速度和线速度及角加速度和线加速度之间的关系。
- 解决涉及角运动定量、角运动定量和线运动定量之间关系的问题。

为什么高尔夫球棒比9号铁杆长？为什么击球手在球棒的手柄上缓慢张开双手进行推动而不是猛击球？挥臂准备投球期间铁饼或链球的角运动与投后的线性运动有什么样的关系？

这些问题与绕轴的角运动或旋转运动有关。旋转轴是一条真实的或者假想的直线，垂直于旋转发生的平面，像车轮的轴一样。本章讨论角运动，像线性运动一样，角运动也是一般运动的基本组成成分。

观察人体运动的角运动学

理解角运动对于研究人体运动非常重要，因为大多数意识控制的人体运动都涉及一个或多个身体部位围绕关节的旋转。例如，行走时身体借助于发生在髋、膝、踝处围绕假想旋转轴的旋转运动平移。在开合跳中，手臂和腿围绕前、后方向的假想轴旋转，前后轴穿过肩关节和髋关节。高尔夫球杆、棒球棒、曲棍球棒及家用和园艺工具的角运动也很有意义。

像第二章讲述一样，临床医生、教练和老师基于用视觉观察对人体运动进行常规分析。在这种情况下实际观察的是人体运动的角运动学。基于对时间和关节活动度的观察，有经验的分析人员可以根据产生关节活动和关节活动造成的肌肉活动的协调性做出推断。

测量角

角由在顶点相交的两边组成。为了对此进行说明，可以通过将拍摄的人体图像投影到一张纸上来进行简单的定量运动学分析，然后用点标记关节中心，并用表示身体各节段纵轴的线连接点（图11–1）。身体相邻两节段之间的关节中心为角的顶点，可使用测角仪手动测量角度（测量角的步骤见附录一）。分析人体运动的视频和影片时，也可以用相同的基础步骤评估人体关节的角度和身体节段的角方向。如今的科学性运动学分析常常运用与计算机相连的、自动追踪反光标记的多样化相机和生成三维运动学与运动定量的软件。

关节角和身体节段的定向

通常在解剖学姿势下测量关节角，此时所有的关节都是0° 。像第五章节提及的，关节运动应进行定向测量（图11–2）。例如，伸展的手臂在身体前方矢状面抬高30° ，手臂在肩关节存在30° 的屈曲。当腿在髋关节处外展时，外展的关节活动度同样依据解剖学参考位置从0° 位开始测量。

其他有意义的角经常是身体节段自身的定向。像第九章提及的，当躯干弯曲时，躯干的倾角直接影响必须由躯干伸肌产生的用以支撑在假定位置上的躯干的力的大小。一个身体节段的角方向以身体节段定向作为参考，对于绝对参考线的测量经常是水平的或垂直的。图11–3所示为身体节段角相对于右水平线的量化。

关节角（joint angle）
指解剖学姿势（0° ）和移动后的身体节段所在位置之间的夹角。

• 关节完全伸直时所成的角度为0° 。

身体节段定向（body segment orientation）
指相对于固定的参考线，身体节段的角方向。

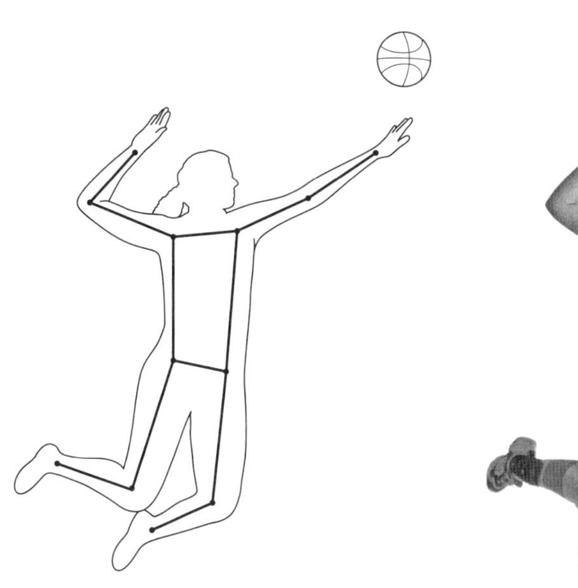

图 11–1
人体各关节中心点为身体各节段角的顶点。©Photodisc/Getty Images RF.

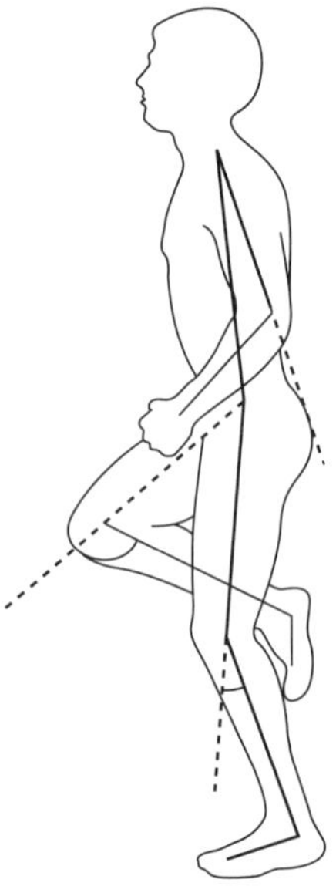

图 11-2

关节角在身体节段运动远离解剖学位置时被测量。

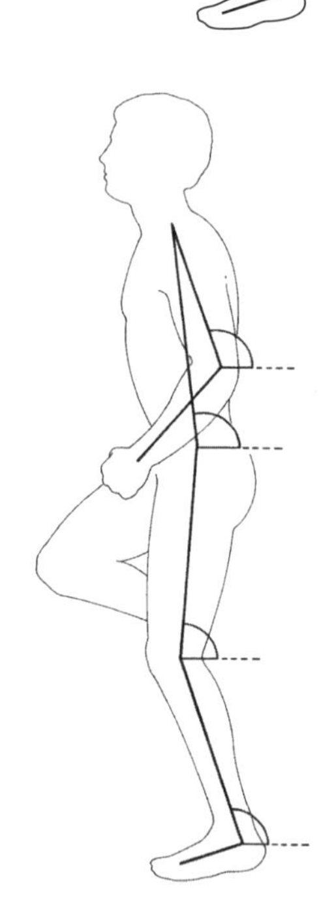

图 11-3

单个身体节段的角方向依据绝对（固定的）参考线测量。

测量人体角的工具

•应以同一参考线进行身体阶段定向测量——要么水平参考线，要么垂直参考线。

临床医生用常用测角仪直接测量人体的关节角。测角仪本质上就是两条长臂连在一起的量角器。一条臂是固定的，为0° ；另一条臂可自由旋转。没量时，测角仪的中心和关节中心对齐，两条长臂和连接关节的两个身体节段长轴对齐。关节角可在自由旋转臂和分度尺的交叉处读得。读数的准确性取决于测角仪定位的精确度。具有基础关节解剖学知识对于关节旋转中心的正确定位是必要的。在对准测角仪之前，在皮肤上做标记来识别关节旋转中心位置和身体节段的长轴是有帮助的，尤其是需要在相同关节处重复测量时。

旋转的瞬时中心

关节运动常伴随构成关节的骨的位移，这表明关节角的量化是复杂的。这个现象是由连接骨表面形状的正常不对称造成的。例如，在屈膝时胫股关节胫骨内旋及股骨相对于胫骨向前滑动。

因此，当关节角改变时，关节处的旋转中心会发生轻微改变。在动态运动中，一个特定关节角或一个特定时刻的旋转中心叫作瞬时中心。特定关节的瞬时中心的精确定位可通过X线检查确定，通常在关节整个活动度内采取10° 间隔进行检测。胫股关节的瞬时中心在膝关节的角运动期间因椭圆形的股骨髁而发生变化（图11–4）。

瞬时中心（instant center）
指一个特定时刻的关节旋转中心的精确定位。

角运动学关系

角运动定量之间的相互关系与在第十章讨论的线性运动定量相

膝关节的屈曲度（从解剖学位置测量）和躯干的角方向（依据右水平线测量）。©Susan Hall.

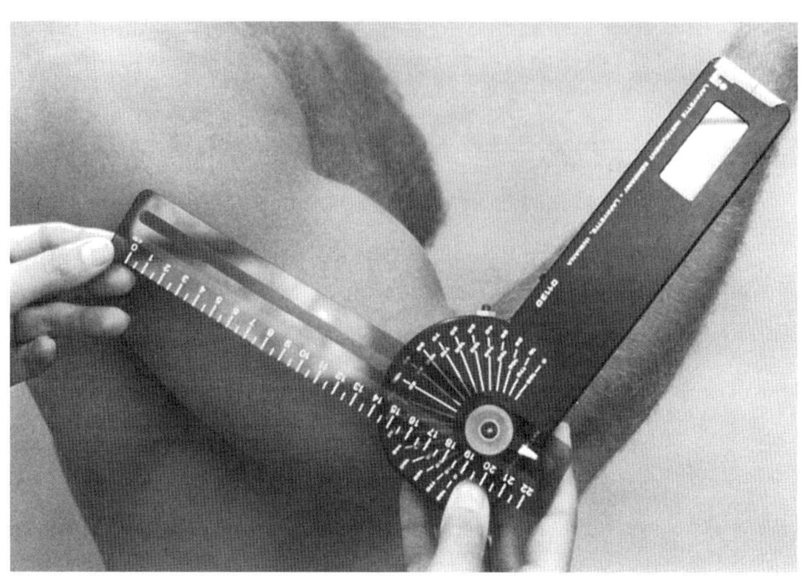

用测角仪测量关节角。©Susan Hall.

图 11-4

伸膝期间膝关节的瞬时中心的路径。

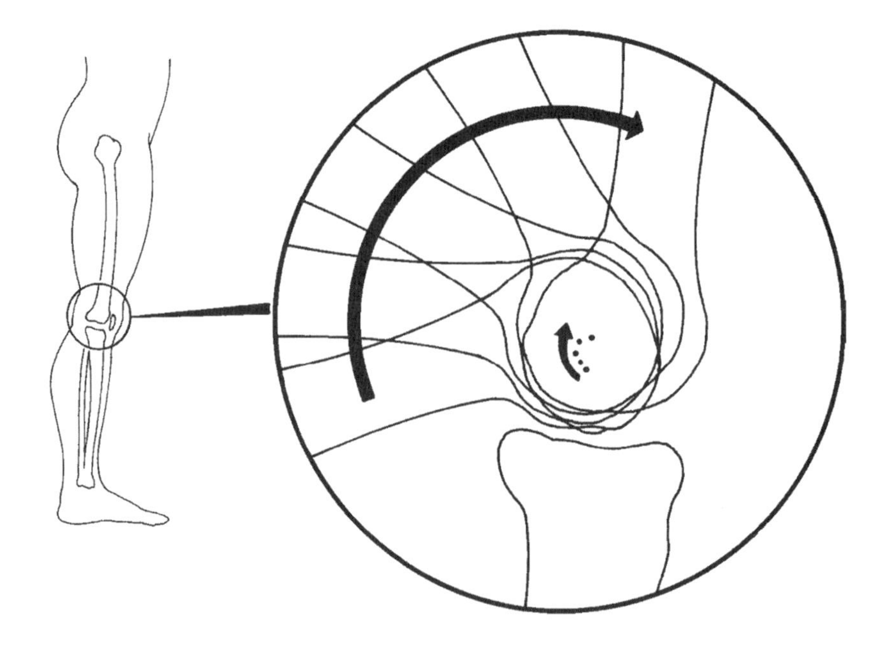

当前臂完成一个卷曲练习回归初始位置，肘部的角位移为零。
©Susan Hall.

似。尽管与角运动定量有关的计量单位不同于线性运动定量所用的计量单位，但是角计量单位之间的关系与线性计量单位之间的关系相似。

角距离和位移

假设一个钟摆在一个支点来回摆动。钟摆围绕穿过它的支点垂直于运动平面的轴进行旋转。如果钟摆摆过60°的弧度，它就摆过60°的角距离。如果钟摆再从60°摆回初始位置，它经过了整整120°（=60°+60°）的角距离。角距离是指一个旋转物体经历的所有角变化的总和。

同样的步骤可以用来量化人体节段移动通过的角距离。如果肘关节的角在前臂屈曲练习的弯曲阶段从90°变到160°，角距离是70°。如果在伸展阶段肘部回到原来90°的位置，角距离仍是70°，因此完成卷曲的整体角距离为140°。如果完成10次卷曲，肘关节角距离应记录为1400°（=140°×10）。

与线位移一样，角位移是指移动物体的初始位置和最终位置之间的差值。在跑步最初的支撑相，支撑腿膝关节的角从5°变为12°，膝关节的角距离和角位移是7°。如果膝关节发生伸展，关节回到原先5°的位置，角距离总共为14°（=7°+7°），但角位移是0°，因为关节最终位置和最初位置是相同的。角距离和角位移之间的关系如图11–5所示。

角位移（angular displacement）
指角位置或方向的变化。

像线位移一样，角位移用大小和方向定义。因为从旁观角度进行观察，旋转要么是顺时针方向要么是逆时针方向，角位移的方向可以用这些词语表明。逆时针方向照例为正（+），顺时针方向定为负（–）（图11–6）。对于人体，用关节相关术语（如屈曲或外展）表明角位移的方向也是适用的。但是，正方向（逆时针）和屈曲、外展或其他任何关节运动都没有固定的关系。这是因为当从一侧进行观察时，特定关节的屈曲（如屈髋）是正方向的，但是从另一侧观察它是负方向的。当生物力学家用与电脑连接的相机进行运动拍摄研究时，软件先量化正方向或负方向的关节运动。之后研究者必须依靠相机观察将这些数字转化成屈曲、外展或其他关节运动。更复杂的软件程序利用研究者的合适输入来完成这种转化。

• 逆时针方向被认定为正，顺时针方向被认定为负。

角距离和角位移有三种计量单位。这些单位中最常见的是度（°）。一个完整的旋转圈为360°的圆弧，180°的弧对应的是一条直线，90°为垂直线之间的直角（图11–7）。

另一个有时用在生物力学分析中的单位是弧度。弧度为圆弧弧长与圆弧半径相等时圆心夹角的大小（图11–8）。一个完整的圆是2π的弧度或360°。因为360°除以2π是57.3°，1弧度等同于57.3°。由于1弧度远大于1°，极大角距离或位移适合使用弧度。弧度常用π的倍数来量化。

弧度（radian，rad）
指用于角–线运动量转换的角测量单位，1rad=57.3°。

• π在数学上约恒等于3.14，是圆的周长与圆的直径之比。

第三个有时用来量化角距离或角位移的单位是公转。一转等于一个圆。跳水和一些体操技能经常用人体动作的公转数来描述。例如，向前一个半空翻跳水。图11–9比较了度、弧度和转。

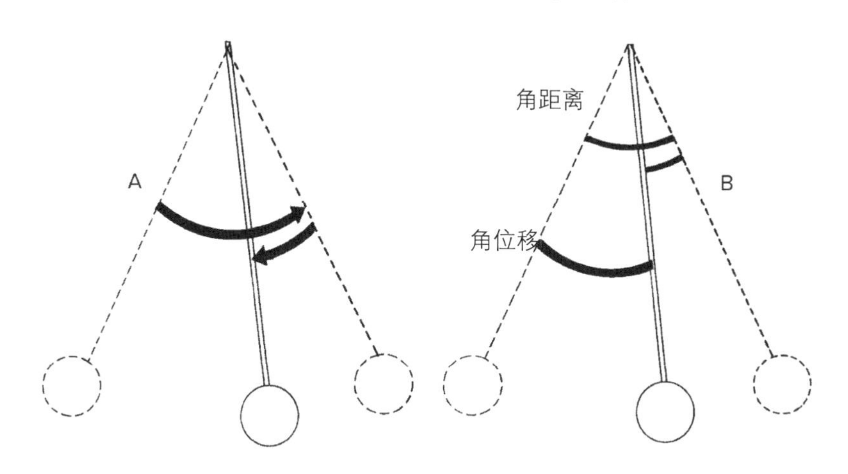

图 11–5
A. 摆动的钟摆运动路径。B.角距离是发生的所有角变化的总和，角位移是初始位置和最终位置之间的角。

图 11-6

旋转运动的方向：逆时针（正方向）与顺时针（负方向）。

图 11-7

用度测量的角。

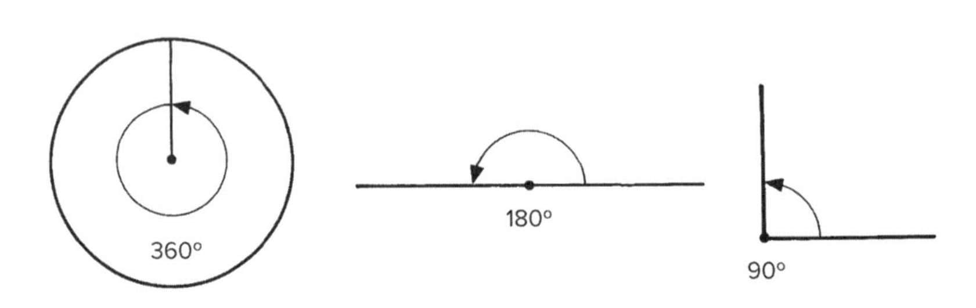

图 11-8

弧度是指圆弧弧长与圆弧半径相等时圆心夹角的大小。

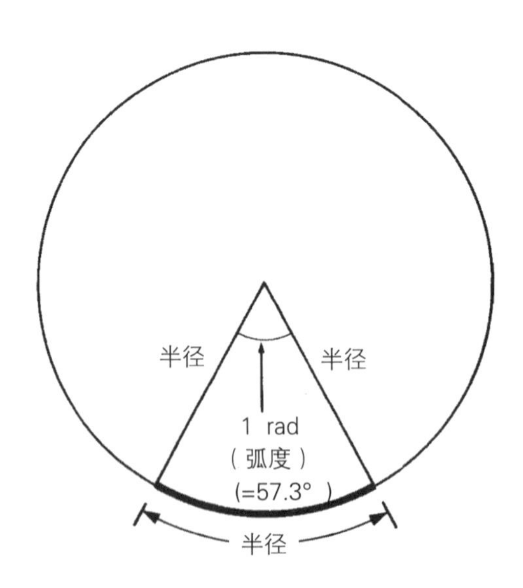

图 11-9

度、弧度和转的对比。

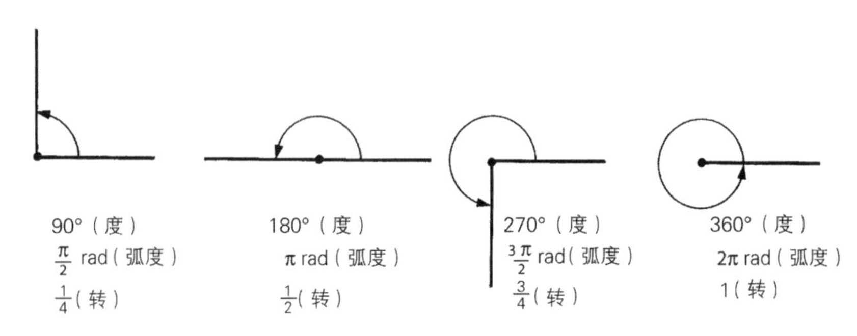

角速率和速度

角速率是标量，是角距离除以运动发生的时间，即

$$角速率=\frac{角距离}{时间变化}$$

$$\sigma=\frac{\Phi}{\Delta t}$$

小写希腊字母σ代表角速率，小写希腊字母Φ代表角距离，t代表时间。

角速度以发生在给定时间段的角位置的变化或角位移计算：

角速度（angular velocity）
指角位置或线段旋转的变化率。

$$角速度=\frac{角位置变化}{时间变化}$$

$$\omega=\frac{\theta}{\Delta t}$$

小写希腊字母ω代表角速度，大写希腊字母θ代表角位移，t代表速度评估期间所经过的时间。另一种表达角位置变化的是角位置$_2$–角位置$_1$，其中，角位置$_1$代表某个时刻的位置$_1$，角位置$_2$代表后面某个时刻的位置。

$$\omega=\frac{角位置_2-角位置_1}{时刻_2-时刻_1}$$

因为角速度以角位移为基础，所以它必定包括角位移发生的基础方向的鉴别（顺时针或逆时针方向，负方向或正方向）。

角速度和角速率的单位都是角距离或角位移的单位除以时间的单位。时间的单位常用秒。角速度和角速率的单位都是度每秒［（°）/s］、弧度每秒（rad/s）、转每秒（r/s）和转每分（r/min）。

投手投球涉及了肩、肘和腕的极高度角旋转。©Erik Isakson/Tetra Images/Corbis/Getty Images RF.

身体节段的高速率移动是许多体育运动中典型的技巧表演。据报道，棒球投手投掷臂处关节的角速度达到肘部延伸2320° /s和肩内旋7240° /s[4]。有趣的是，这些数值在年轻投手的投掷臂处也很高，肘部延伸2230° /s和肩内旋6900° /s[4]。当投手提升到越来越高的竞争水平时往往他们投掷运动的运动学变得更一致[5]。然而，这并不意味着更好的协调性或减少过度使用伤害的风险[5]。图11–10~图11–13所示为高校垒球运动员上手和下手投球时肘部和肩部关节角度及角速度的变化规律。注意，在这些投手的上投和下投过程中，大多数关节的运动模式是一致的。

在某些运动表演中，特定运动模式与高水平的技巧有关。例如，棒球中的击球，可以观察到高技能的击球手和低技能的对手之间的差异。更多的高技能击球手在挥杆早期髋部有高角速度，接着是挥肘处的高角速度，使击球更快[2]。

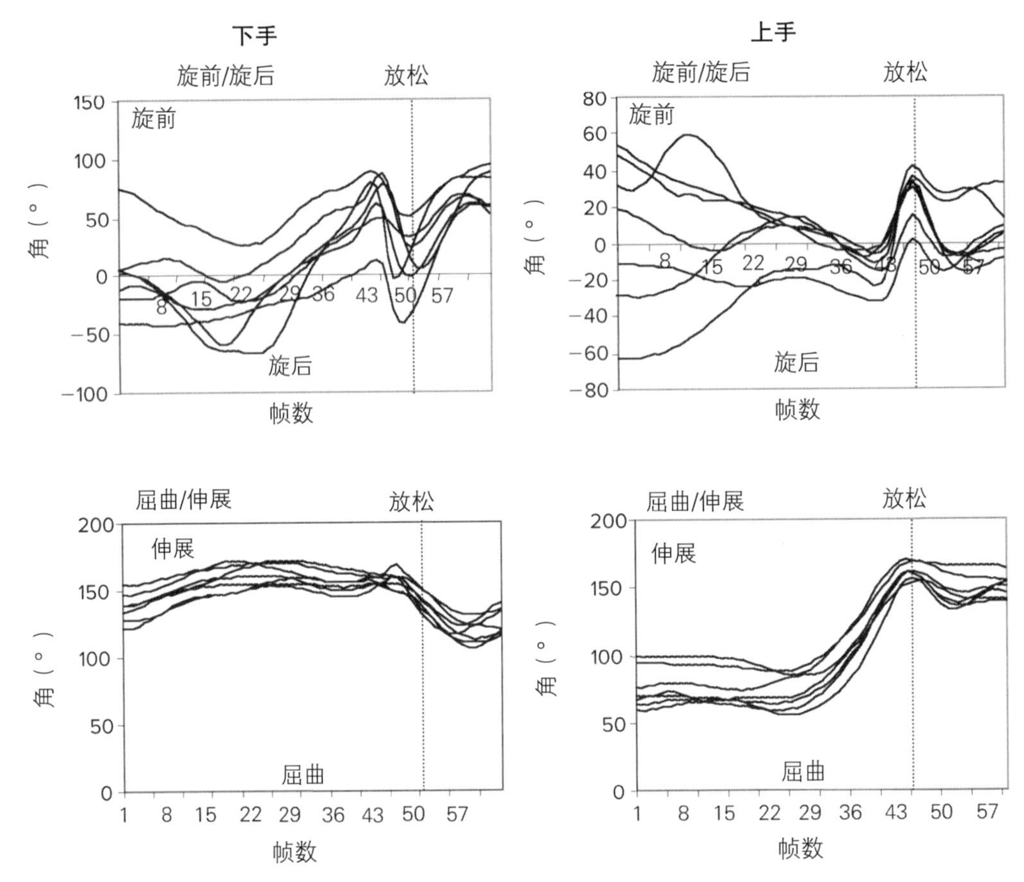

图 11-10 七名大学垒球运动员在快速投球时所展示的肘关节角。图由特拉华州大学Kim Hudson和Dr.James Richards提供。

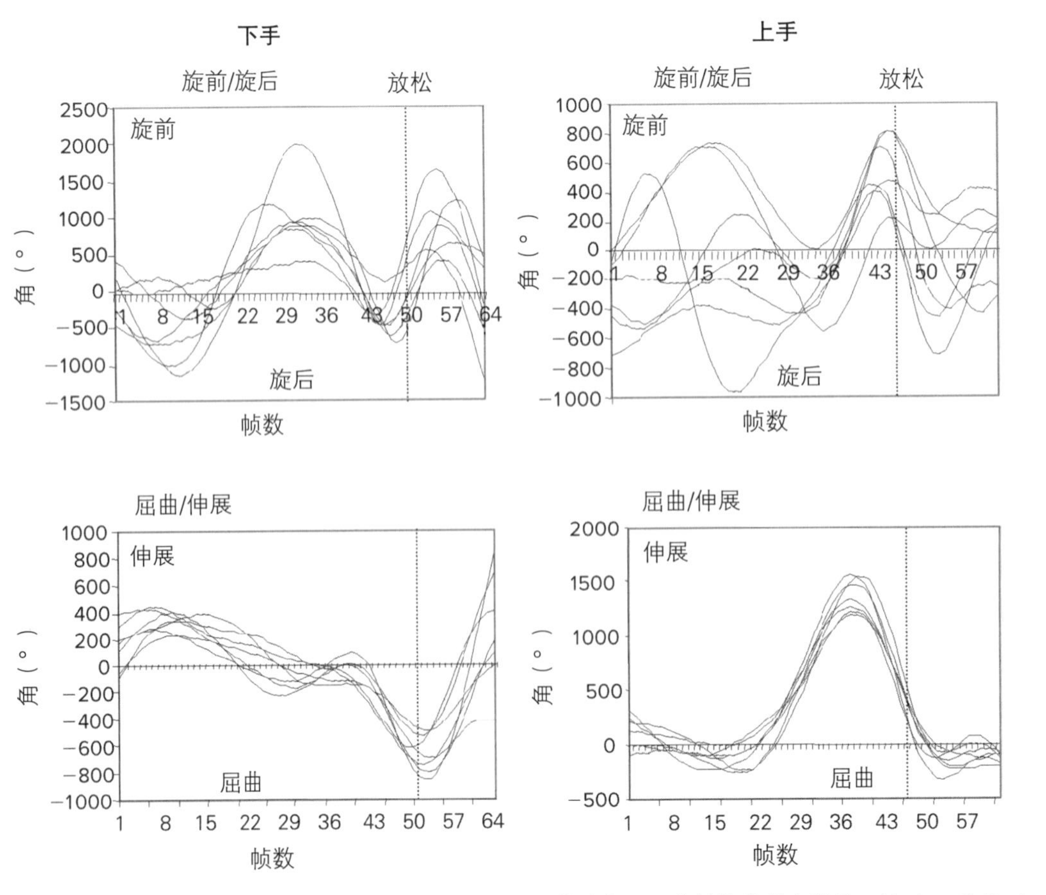

图 11-11 七名大学垒球运动员在快速投球时所展示的肘关节速率。图由特拉华州大学Kim Hudson和Dr.James Richards提供。

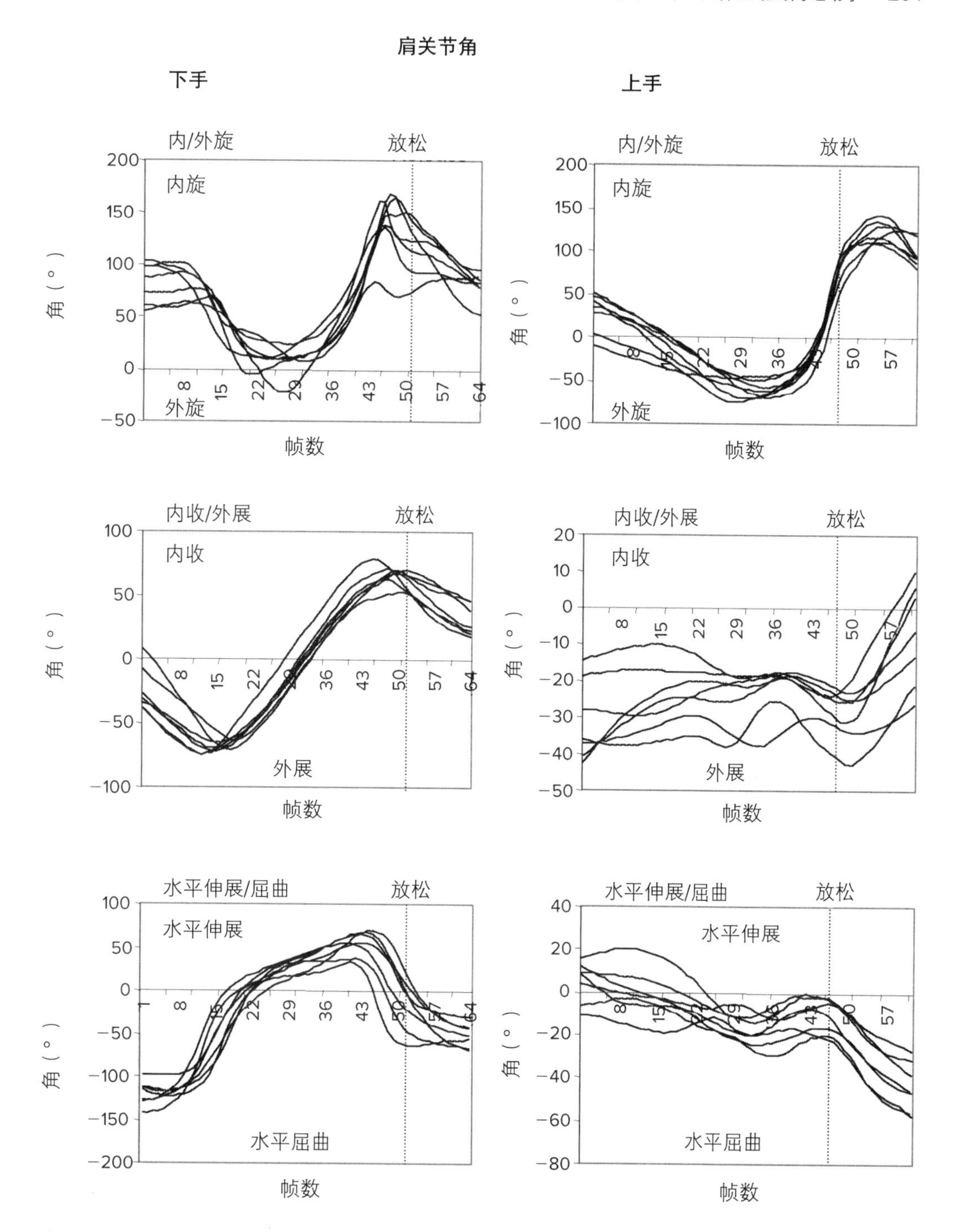

图 11-12　七名大学垒球运动员在快速投球时所展示的肩关节角。图由特拉华州大学Kim Hudson和Dr.James Richards提供。

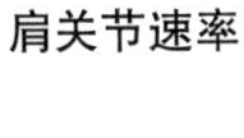

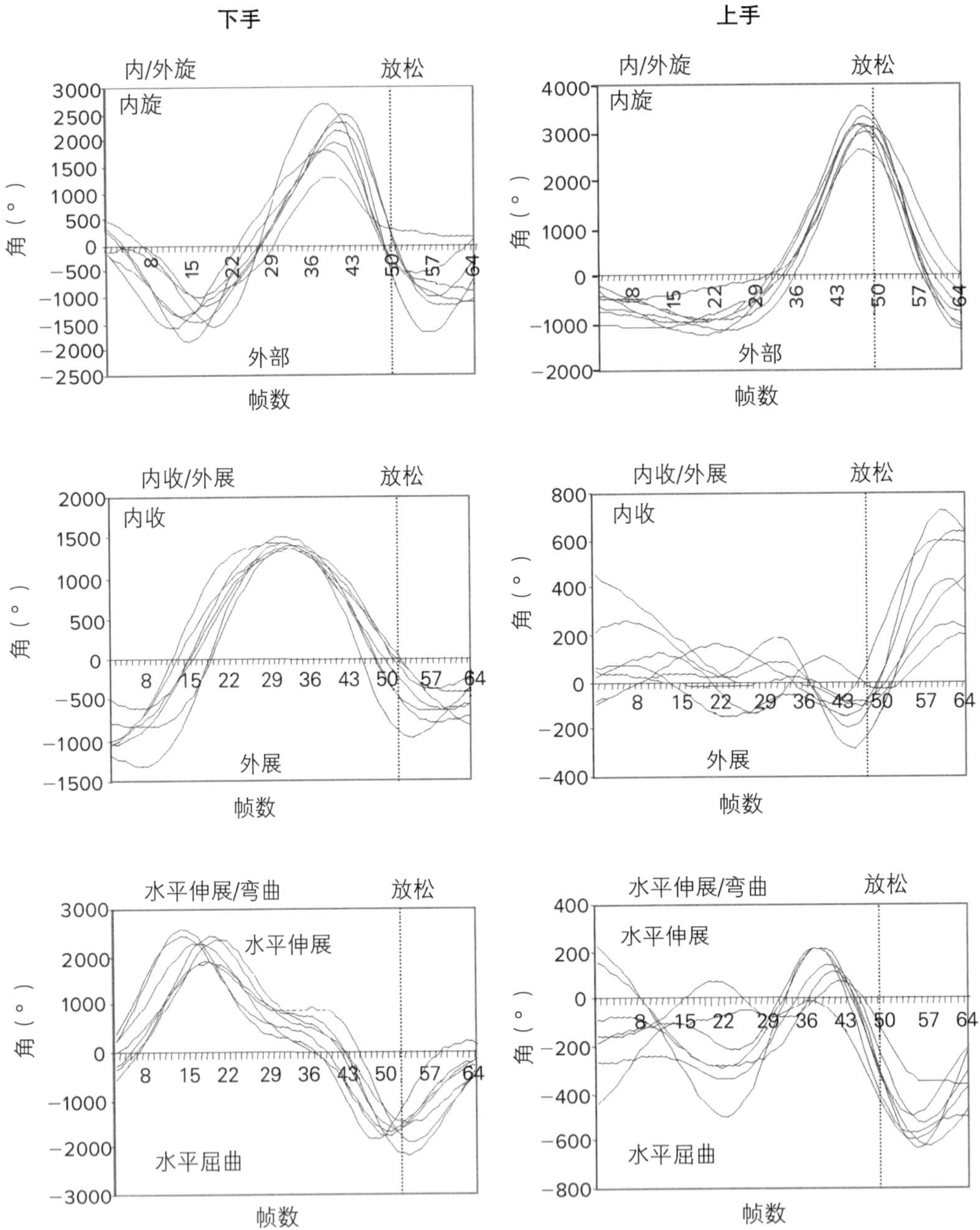

图 11-13 七名大学垒球运动员在快速投球时所展示的肩关节速率。图由特拉华州大学Kim Hudson和Dr.James Richards提供。

一项对世界级男女网球运动员的研究记录了发球过程中节段旋转的顺序。三角预备位置的分析显示，肘关节屈曲平均104° ，上臂在肩关节处外旋大约172° 。从这个位置出发，有一个快速的节段旋转序列，平均躯干倾斜度为280° /s，上半身旋转870° /s，骨盆旋转440° /s，肘部延伸1510° /s，手腕弯曲1950° /s，以及肩内旋男性2420° /s和女性1370° /s[6]。观察职业男子网球运动员发球过程发现，在球撞击前，球拍的角速度在1900~2200° /s（33.2~38.4 rad/s）范围内[3]。

网球中的发球动作涉及上肢高角速度，在球碰撞的瞬间球拍的高角速度达到顶点。©Purestock/SuperStock RF.

如第十章讲述的，人体在跳跃时是一个抛体，跳跃的高度决定了人体在空中的时间。花样滑冰运动员进行三、四轴动作时，与单轴或双轴相比，这意味着不管是跳跃高度还是旋转速度一定会更大。这两个变量的测量表明，在三轴滑冰比赛中，技巧性滑冰者的速度提高，可在空中旋转身体超过5 r/s[11]。

角加速度

角加速度是角速度的变化率，或给定时间内发生的角速度的变化。角加速度的传统符号是小写希腊字母α：

角加速度（angular acceleration）
指角速度的变化率。

$$角加速度=\frac{角速度的变化}{时间的变化}$$

$$\alpha = \frac{\Delta\omega}{\Delta t}$$

角加速度的计算公式如下：

$$\alpha=\frac{\omega_2-\omega_1}{t_2-t_1}$$

式中，ω_1代表初始时间点的角速度；ω_2代表第二个时间点或最终时间点的角速度；t_1和t_2分别对应的是角速度被评定的时间。这个公式的用法见例题11.1。

例题11.1

高尔夫球棒以1.5 rad/s²的平均角加速度挥动。球棒在0.8 s挥杆结束时击中球时的角速度是多少？（给出以弧度和度为单位的答案）

已知

$$\alpha = 1.5\ \text{rad/s}^2$$
$$t = 0.8\ \text{s}$$

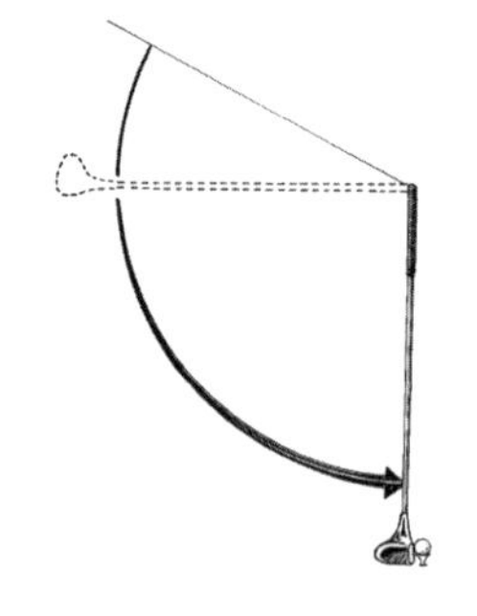

解答

采用的公式是联系角加速度、角速度和时间的方程：

$$\alpha = \frac{\omega_2 - \omega_1}{t_2 - t_1}$$

将已知的量代入得

$$1.5\ \text{rad/s}^2 = \frac{\omega_2 - \omega_1}{0.8\ \text{s}}$$

可以推导出挥杆开始时球杆的角速度ω_1=0 rad/s，则

$$1.5\ \text{rad/s}^2 = \frac{\omega_2 - 0}{0.8\ \text{s}}$$

$$(1.5\ \text{rad/s}^2)(0.8\ \text{s}) = \omega_2 - 0$$

$$\omega_2 = 1.2\ \text{rad/s}$$

以度为单位的角速度为

$$\omega_2 = 1.2\ \text{rad/s} \times 57.3°/\text{rad}$$

$$\omega_2 = 68.8°/\text{s}$$

• 人体运动很少涉及恒定速度或恒定加速度。

如线加速度一样，角加速度可能为正、负或零。当角加速度为零时，角速度是恒定的。如线加速度一样，正角加速度可以表明向正方向提高角速度或向负方向降低角速度。同样地，负值的角加速度可以代表向正方向降低角速度或向负方向提高角速度。

角加速度的单位是角速度的单位除以时间的单位，如度每秒的平方（°/s²），弧度每秒的平方（rad/s²）和转每秒的平方（r/s²）。表11-1对角运动量和线运动量的单位进行了比较。

表11-1
运动学测量的常用单位

	位移	速度	加速度
线	米（m）	米/秒（m/s）	米/秒²（m/s²）
角	弧度（rad）	弧度/秒（rad/s）	弧度/秒²（rad/s²）

角运动矢量

因为用符号（如弯曲的箭头）代表角量是不切实际的，角量用常规的直线矢量来表示，使用右手原则。根据这个规则，当右手的四指在角运动方向上弯曲，用来表示该运动的矢量方向垂直于旋转平面，在伸出的拇指指向的方向上（图11–14）。量的大小可以通过与矢量度成比例来表示。

右手原则（right hand rule）
指确定角运动矢量方向的方法。

图 11–14
角运动矢量的方向垂直于旋转物体上一点的线性位移（d）。

平均角量和瞬时角量

角速度、角速率和角加速度可以用瞬时值或平均值计算，取决于选择的时间的长度。棒球棒触到球的瞬时角速度通常比挥动时的平均角速度更有意义，因为前者直接影响球的瞬时速度。

线运动和角运动之间的关系

线位移和角位移

旋转物体上给定点与旋转轴之间的半径越大，角运动时该点所经历的直线距离越大（图11–15）。这个观察结果可以用一个简单的方程来表达：

$$s = r\varphi$$

意义点经过的曲线距离s是点的旋转半径r的产物，φ为旋转物体移动所通过的角距离，以弧度来量化。

旋转半径（radius of rotation）
指旋转轴到旋转物体上一点的距离。

为了使这种关系有效，会遇到两种情况：①线距离和旋转半径必须用相同的长度单位来量化; ②角距离必须用弧度来表示。虽然当一个有效的关系被表达时，度量单位通常在等号的两边是平衡的，但在这里并非如此。当旋转半径（单位用米表示）乘用弧度表示的角距离，结果是单位用米表示的线距离。在这种情况下，方程右边的弧度消失，从弧度的定义可以看出，弧度在线测量和角测量之间为转换因子。

同样，在线位移和角位移之间也为转换因子。然而，回顾一下，不像距离，沿着通过的路径测量，线位移测量初始和开始点之间的直

图 11-15

旋转半径（r）越大，旋转物体上一点通过的线距离（s）就越大。

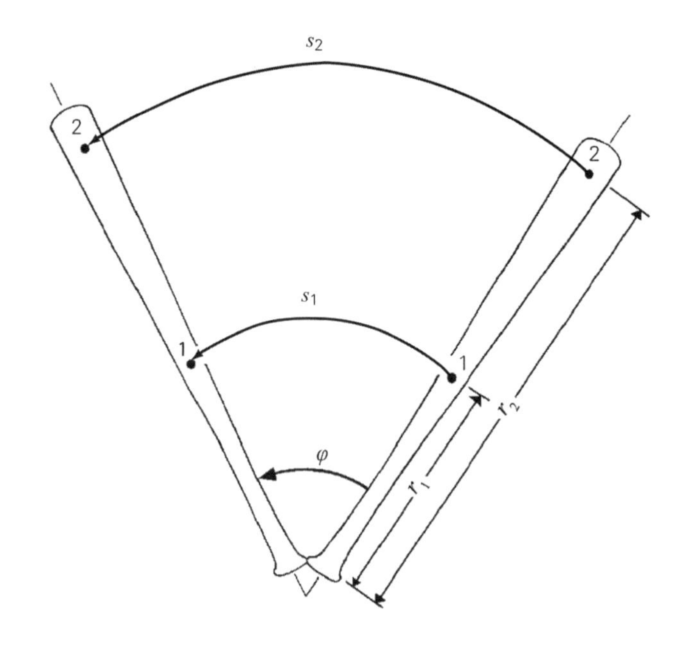

在网球地面击球中，时机很重要。如果球被触到得太早或太迟，可能会打出界。©Blulz60/Shutterstock.

线。当φ的值很小，接近于零时，切向线位移很小并且近似于直线。用希腊字母Δ表示“的变化”，联系线位移和角位移的公式如下：

$$\Delta s = r\,\Delta \varphi$$

这个公式可以用微积分解答。这种关系也可以近似使用相同的公式转换直线距离和角距离。

线速度和角速度

同类型的关系存在于旋转物体的角速度和物体上一点在给定的时间的瞬间线速度之间，关系表达如下：

$$v = r\omega$$

意义点的线（切向）速度是v，r是点的旋转半径，ω是旋转物体的角速度。为了使方程有效，角速度必须用弧度为基础的单位来表示（通常为rad/s），速度必须用旋转半径的单位除以适当的时间单位来表示。弧度可以作为线性-角性转换因子，但等号的两边是不平衡的：

$$\text{m/s} \neq (\text{m})\ (\text{rad/s})$$

以弧度为基础单位进行线速度和角速度之间转换的方法见例题11.2。

例题11.2

两个棒球被球棒连续击出。第一个球在球棒旋转轴20 cm处被击打，第二个球在球棒旋转轴40 cm处被击打。如果球棒在触到两个球瞬间的角速度为30 rad/s，那么球棒在两个接触点的线速度是多少？

已知

$$r_1 = 20\ \text{cm}$$
$$r_2 = 40\ \text{cm}$$
$$\omega_2 = \omega_1 = 30\ \text{rad/s}$$

40 cm
20 cm

解答

采用的公式是与线速度和角速度有关的方程：

$$v = r\omega$$

球1：

$$v_1 = 0.20\ \text{m} \times 30\ \text{rad/s}$$
$$v_1 = 6\ \text{m/s}$$

球2：

$$v_2 = 0.40\ \text{m} \times 30\ \text{rad/s}$$
$$v_2 = 12\ \text{m/s}$$

在一些体育活动中，在赋予棒球棒、高尔夫球棒、网球拍或棍子一个相对较大的速度的同时，应精准地击中目标，如棒球、高尔夫球、网球或曲棍球。在棒球击球中，挥动的开始和挥动的角速度，必须精确计时，以便与球接触并将其导向界内区域。40 m/s的投球在离开投手手后0.41 s到达击球手。据估计，挥杆开始时的0.001 s的差距可以决定球是直接打到中场还是打到罚球线，挥杆开始早或晚0.003 s会造成接触不到球[7]。同样，在高杠上的体操运动员有一个很小的时间窗可以从杠上放松，熟练地下杠。在2000年悉尼奥运会的单杠决赛中，时间窗平均0.055 s[8]。单杠上的技巧性表演者在下杠运动学上表现出高度一致性[9]。

所有其他的因素保持恒定，摆动工具击中球的旋转半径越大，碰撞到球的线速度就越大。在打高尔夫时，较长的击球选用较长的球棒，较短的击球选用较短的球棒。然而，在摆动装置上某一点的线速度确定时，角速度的大小与旋转半径的长度一样重要。小球员常选择长球杆，因为球被接触时能增加潜在的旋转半径，但是，对于他们来说难以和短、轻球棒挥动得一样快。在研究者研究网球发球时增加球拍重量5%和10%对球速度的影响中，他们发现由于肩内旋角速度和腕关节屈曲角速度的降低，球的速度保持不变[14]。研究显示，当网拍、球网高度和场地大小都按比例缩小时，小学生只要掌握很好的击球技术，在打网球时，他们能够打得像成年人[1, 13]。击打工具与球之间的接触点的旋转半径和球随后的速度之间的关系见图11–16。

图 11–16

一根旋转的棍子击打三个球的简单实验说明了旋转半径的意义。

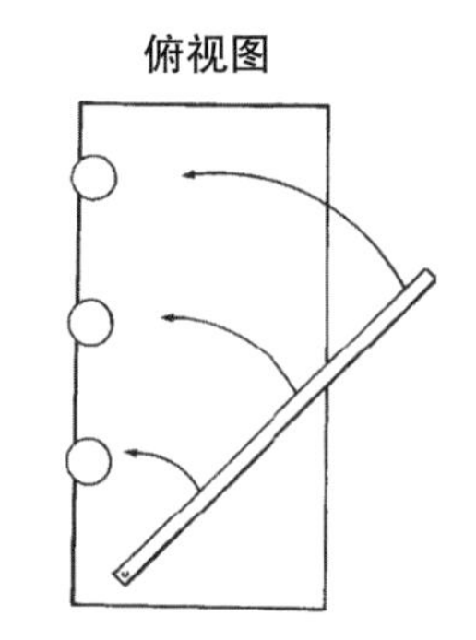

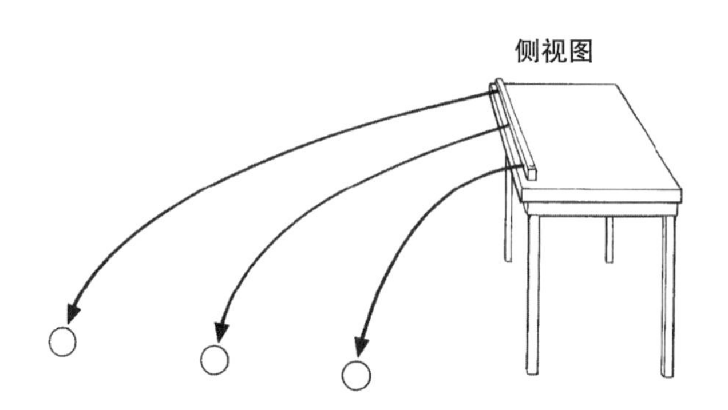

辨别出被棒球棒、网球拍或高尔夫球棒击中的球的线速度和挥动器具上接触点的线速度不相同是很重要的。其他的因素，如冲击的直接性和弹性，也影响球的速度。在打高尔夫球时，高尔夫球杆的刚度会影响高尔夫球棒头部的速度和击球高度，尽管不是所有的高尔夫球手都会受到这些影响[12]。

线加速度和角加速度

角运动中的物体的加速度可以解析成两个垂直的线加速度分量。这些分量在任何时间点上都沿着和垂直于角运动路径（图11–17）。

图 11–17

相对于运动的圆路径显示的切向加速度（a_τ）和径向加速度（a_r）矢量。

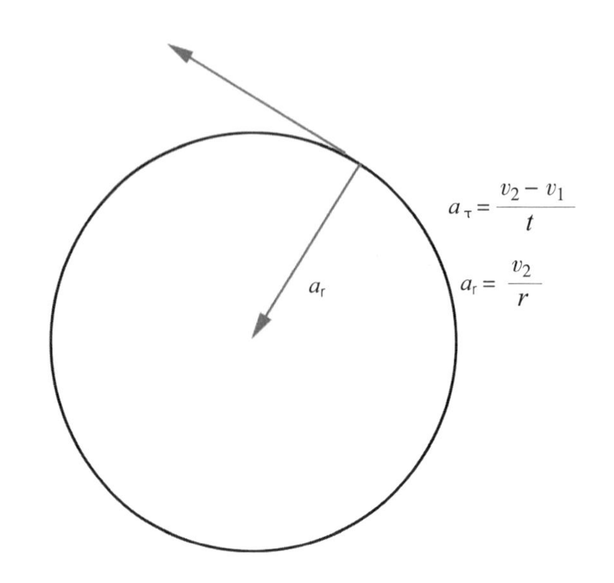

切线是在一个点上与曲线接触但不相交的直线。切向分量称为切向加速度，代表在弯曲的路径上行驶的物体的线速度的变化。切向加速度的公式如下：

切向加速度（tangential acceleration）
物体在角运动中沿运动路径的切线的加速度分量，代表线速度的变化。

$$a_{\tau}=\frac{v_2-v_1}{t}$$

式中，a_{τ}是切向加速度，v_1是移动物体在初始时刻的线速度；v_2是移动物体在第二个时刻的线速度；t是线速度的时间。

当球被投掷者的手抓住时，球行驶的是被肩、肘和腕部的肌肉加速的曲线路径。球加速度的切向分量代表球线速度的变化率。因为抛体的速率极大地影响抛射的范围，如果目标是把球扔得快或者远，切向速度应当在球投出前达到最大值。一旦球投出，切向加速度是零——因为投掷者不再施加力。

切向加速度和角加速度之间的关系表达如下：

$$a_{\tau}=r\alpha$$

式中，a_{τ}是切向加速度；r是旋转半径；α是角加速度。切向加速度和旋转半径的单位必须兼容，为了使关系精确，角加速度必须以弧度为单位来表达。

尽管沿曲线路径行驶的物体的线速度可能不变化，但它运动的方向恒定变化。角加速度的第二个分量代表角运动中物体方向的变化率。这个分量叫作径向加速度，它总是指向圆弧的中心。径向加速度可以用以下公式来量化：

径向加速度（radial acceleration）
物体指向圆弧中心的角运动的加速度分量，代表方向的变化。

$$a_r=\frac{v^2}{r}$$

式中，a_r是径向加速度，v是移动物体的切向线速度，r是旋转半径。线速度的提高或圆弧半径的减小会提高径向加速度。因此，圆弧半径越小（曲线越紧），骑自行车者越难以高速通过曲线（见第十四章）。

棒球棒的角速度越大，被击打的球飞得越远，其他情况也是一样的。©Susan Hall.

例题11.3

风车式垒球投手在0.65 s内完成一次投球。如果她的投掷臂长0.7 m，当切向球速度为20 m/s时，球投出前球上的切向加速度和径向加速度的大小各是多少？球上这个点的总加速度的大小是多少？

已知

$$t = 0.65\ \text{s}$$
$$r = 0.7\ \text{m}$$
$$v_2 = 20\ \text{m/s}$$

解答

求切向加速度用以下公式：

$$a_\tau = \frac{v_2 - v_1}{t}$$

代入已知量，假设$v_1 = 0$ m/s，有

$$a_\tau = \frac{20\ \text{m/s} - 0\ \text{m/s}}{0.65\ \text{s}}$$

$$a_\tau = 30.8\ \text{m/s}^2$$

求径向加速度用以下公式：

$$a_r = \frac{v^2}{r}$$

代入已知量得

$$a_r = \frac{(20\ \text{m/s})^2}{0.7\ \text{m}}$$

$$a_r = 571.4\ \text{m/s}^2$$

总加速度为切向和径向加速度的合成矢量。因为切向加速度和径向加速度的方向互相垂直，可以用勾股定理计算总加速度：

$$a = \sqrt{(30.8\ \text{m/s}^2)^2 + (571.4\ \text{m/s}^2)^2}$$

$$a = 572.2\ \text{m/s}^2$$

在投球动作中，由于投手的手臂和手控制着球，球沿曲线运动。这个控制力形成整个运动中指向圆弧中心的径向加速度。当投手投出球时，径向加速度不再存在，球遵循曲线在那一刻的切线路径。因此，投出的时间非常关键：如果投出太早或太迟，球会被导向左边、或右边、或上、或下，而不是一直向前。例题11.3证明了加速度的切向分量和径向分量的影响。

运动的切向分量和径向分量都可以促成抛体在投出时的合成线速度。例如，在体操动作中，从高杠上下空翻时，尽管物体重心的线速度通常主要来自切向加速度，但径向分量能贡献高达50%的合成速度[10]。径向分量的贡献大小及方向是正或是负，都随着表演者的技术不同而异。

在球被投出的瞬间，它的切向加速度和径向加速度都等于零——因为投手不再施加力。©Beto Chagas/123RF.

小结

对角运动的认识是生物力学研究的重要组成部分，因为人体大多数有意识的运动都涉及骨骼绕着假想的旋转轴旋转，这个旋转轴通过关节中心。角运动量——角位移、角速度和角加速度，具有相应线性运动量相同的相互关系：角位移代表角位置的变化，角速度是指角位置的变化率，角加速度是指给定时间的角速度的变化率。根据时间的选择，不管是角速度和角加速度的平均值还是瞬时值，都可以被量化。

角运动学变量可以量化身体两节段纵轴形成的关节的角度，或相对于固定参考线单个身体节段的绝对角定向。可以使用不同的仪器直接测量人体的角度。

入门题

1. 做下蹲运动，膝关节角度0° ~ 85° 。如果完成10次下蹲运动，膝关节的总角距离和总角位移是多少？（给出以度和弧度为单位的答案）（答案：φ=1 700° ，29.7 rad；θ=0° ，0 rad）
2. 确定钟表的分针从数字12移到数字6的角位移、角速度和角加速度。（给出以度和弧度为单位的答案）（答案：θ=-180° ，-π rad；ω=-6° /s，-π/30 rad/s；α=0，0 rad）
3. 一个陀螺在20 s的时间内以3 π rad/s的恒定角速度完成多少转？

°（度）	rad（弧度）	r（转）
90	?	?
?	1	?
180	?	?
?	?	1

（答案：30 r）

4. 罚球运动员伸腿以200° /s^2加速向逆时针方向摆动0.4 s。腿接触球的瞬时角速度是多少？（答案：80° /s，1.4 rad/s）
5. 跑步者大腿的角速度在0.5 s内从3 rad/s变化到2.7 rad/s。大腿的平均角加速度是多少？（答案：–0.6 rad/s^2，–34.4° /s^2）
6. 写出三个动作有意义的特定时刻的瞬时角速度。解释你的选择。
7. 在下表中填入角测量丢失的相应值。
8. 测量并记录下图所示的角度，用右水平线作为绝对参考线。
   a. 肩部的相对角度；
   b. 肘部的相对角度；
   c. 上臂的绝对角度；
   d. 前臂的绝对角度。

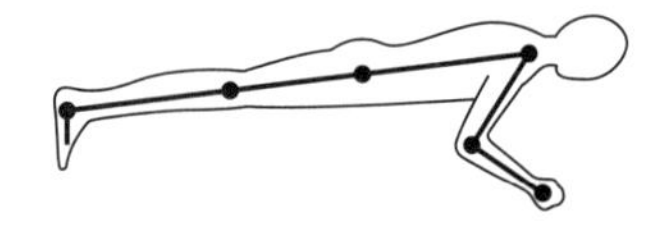

9. 计算下图所示的量：
   a. 每个时间段髋关节的角速度；
   b. 每个时间段膝关节的角速度。

   它能提供有意义的信息来计算所显示的运动在髋关节和膝关节的平均角速度吗？为你的答案提供合理的解释。

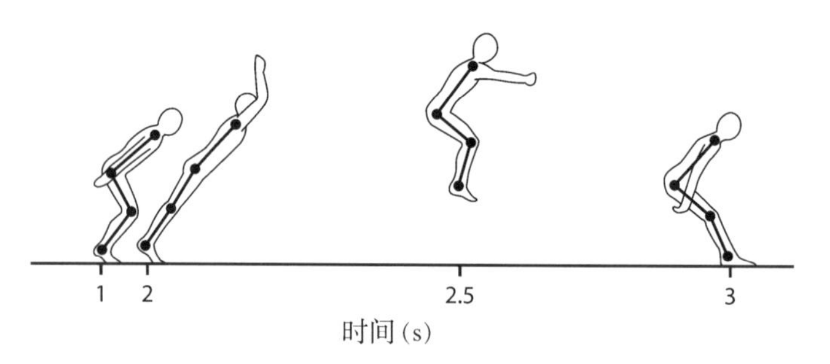

10. 以12 rad/s的角速度挥动网球拍，击打一个距离旋转轴0.5 m的无目的的球。球拍与球的接触点的线速度是多少？（答案: 6 m/s）

附加题

1. 一根长1.2 m的高尔夫球杆由一名右手高尔夫球手以平面运动的方式挥动，其臂长为0.76 m。如果高尔夫球的初始速度为35 m/s，球接触时左肩的角速度是多少？（假设左臂和球杆成一条直线，球的线速度和杆头在碰撞时的线速度相同）（答案：17.86 rad/s）
2. David用0.75 m高的投石器以20 rad/s^2加速1.5 s抛出石头，抛出的石头的初始速度是多少？（答案：22.5 m/s）
3. 当棒球棒的角速度是70 rad/s时，棒球被距离旋转轴46 cm的球棒击中。如果球在1.2 m的高度以45° 的角被击中，这个球能越过110 m外1.2 m高的栅栏吗？（假设球的线速度和球被球棒击中处的线速度相同）（答案：不能，球将在105.7 m的距离处从1.2 m的高度掉落）

4. 马球运动员的手臂和球杆构成2.5 m长的刚性部分。如果手臂和球杆在马以5 m/s的速度飞奔时以1.0 rad/s的角速度挥动，一个静止的球迎面被撞击时的合成速度是多少？（假设球速度和球杆末端的线速度相同）（答案：7.5 m/s）
5. 解释如果球杆朝马的运动方向以30° 的角挥动，附加题4中的球的速度有何不同。
6. 列出特定关节的相对角度较重要的三种动作，以及身体节段的绝对角度较重要的三种动作。解释你的选择。
7. 花车大游行的乐队指挥将指挥棒以2.5 r/s的初始角速度抛向空中。如果指挥棒在空中的加速度恒定为–0.2 r/s^2，当被乐队指挥抓住时，其角速度为0.8 r/s，它在空中转了多少转？（答案：14 r）
8. 骑自行车者以12 m/s的速度进入半径30 m的弯道。在刹车的时候，速度以0.5 m/s^{2}的加速度减慢。当骑自行车者的速度是10 m/s时，它的径向加速度和切向加速度的大小各是多少？（答案：a_r=3.33 m/s^2，a_τ=–0.5 m/s^2）
9. 锤子以15 rad/s^{2}正在加速。给定1.7 m的旋转半径，当锤子切向速度为25 m/s时，它的径向加速度和切向加速度的大小各是多少？（答案：a_r=36.76 m/s^2，a_τ=–25.5 m/s^2）
10. 当速滑者从半径为20 m的弯道中出来时，在3 s的时间内她的速度从10 m/s提升到12.5 m/s。她离开弯道时的径向加速度、切向加速度和总加速度的大小各是多少？（记住a_r和a_τ是总加速度的矢量分量）（答案：a_r=7.81 m/s^2，a_τ=–0.83 m/s^2，a=7.85 m/s^2）

姓名：________________

日期：________________

实践

1. 完成例题11.1展示的实验。记录三个球通过的线距离，写一份简要的说明。

距离：________________

说明：________________

____

____

2. 和搭档一起用测角仪测量腕关节屈曲、过伸，踝关节跖屈、背屈，以及肩关节屈曲、过伸的角度。说明搭档和你的运动范围的不同。

	你自己	**你的搭档**
腕屈	________	________
腕过伸	________	________
跖屈	________	________
背屈	________	________
肩屈曲	________	________
肩过伸	________	________

说明：________________

____

____

3. 观察小孩踢或扔球的动作。写一份主要关节动作的角运动学的简要描述。其与一个相当熟练的成年人的表现有什么不同?

髋运动学：________________

____

____

膝运动学：________________

____

____

足/踝运动学：________________

____

____

4. 小组合作，从侧面观察两个志愿者同时进行最大垂直跳跃。视频播放（重播）跳跃或让志愿者重复跳跃几次。比较跳跃的角运动学，包括相对角和绝对角。你的描述是否说明了一个跳跃者比另一个跳得更高的原因？

受试者1

受试者2

5. 在盒式磁带录像机的显视器上粘贴一张描摹纸。使用单帧前进按钮，绘制至少一个人进行有意义的运动的三个连续的简笔人物画。（如果运动缓慢，你可能需要跳过一个相似的帧数）使用测角仪测量每个图形上主要关节处的角度。相邻视频图像之间的给定时间为1/30 s，计算图1和图2之间及图2和图3之间关节的角速度。给出以度和弧度为单位的答案。

选择的关节：＿＿＿＿＿＿＿＿

角1：＿＿＿＿＿＿　角2：＿＿＿＿＿＿　角3：＿＿＿＿＿＿

摹图之间跳过的帧数：＿＿＿＿＿＿＿＿

计算：

参考文献

[1] BUSZARD T, REID M, MASTERS R S, et al. Scaling tennis racquets during PE in primary school to enhance motor skill acquisition. Res Q Exerc Sport, 2016, 87:414.

[2] DOWLING B, Fleisig G S. Kinematic comparison of baseball batting off of a tee among various competition levels. Sports Biomech, 2016, 15:255.

[3] ELLIOTT B C. Tennis strokes and equipment // Vaughan C L. Biomechanics of sport. Boca Raton, FL: CRC Press, 1989.

[4] FLEISIG G S, BARRENTINE S W, ZHENG N, et al. Kinematic and kinetic comparison of baseball pitching among various levels of development. *J Biomech*, 1999, 32:1371.

[5] FLEISIG G, CHU Y, WEBER A, et al. Variability in baseball pitching biomechanics among various levels of competition. *Sports Biomech*, 2009, 8:10.

[6] FLEISIG G, NICHOLLS R, ELLIOTT B, et al. Kinematics used by world class tennis players to produce high-velocity serves. *Sports Biomech*, 2003, 2:51.

[7] GUTMAN D. The physics of foul play. *Discover*,1988,70.

[8] HiLEY M J, YEADON M R. Maximal dismounts from high bar. *J Biomech*, 2005, 38:2221.

[9] HILEY M J, ZUEVSKY V V, YEADON M R. Is skilled technique characterized by high or low variability? An analysis of high bar giant circles. *Hum Mov Sci*, 2013, 32:171.

[10] KERWIN D G, YEADON M R, HARWOOD M J. High bar release in triple somersault dismounts. *J Appl Biomech*, 1993, 9:279.

[11] KING D L, SMITH S L, BROWN M R, et al. Comparison of split double and triple twists in pair skating. *Sports Biomech*, 2008, 7:222.

[12] MACKENZIE S J, BOUCHER D E. The influence of golf shaft stiffness on grip and clubhead kinematics. *J Sports Sci*, 2017, 35:105.

[13] TIMMERMAN E, De Water J, Kachel K, et al. The effect of equipment scaling on children's sport performance: the case for tennis. *J Sports Sci*, 2015, 33:1093.

[14] WHITESIDE D, ELLIOTT B, LAY B, et al. The effect of racquet swing weight on serve kinematics in elite adolescent female tennis players. *J Sci Med Sport*, 2014, 17:124.

注释读物

DIAS G，COUCEIRO M. The science of golf putting: A complete guide for researchers，players and coaches. New York：Springer，2015.

探讨高尔夫推杆运动表现及生物力学，提供以研究为基础的指南和应用数学方法评估高尔夫推杆。

FLEISIG G，KWON Y. The biomechanics of batting, swinging, and hitting. London：Routledge，2017.

最新的棒球、板球、曲棍球、垒球、乒乓球和网球的生物力学研究。

GIORDANO B D，LIMPISVASTI O. The bimechanics of throwing//DINES JD. MEGARRy T，O'DONOGHUE P，et al. routledge handbook of sports performance analysis. London：Routledge，2015.

涉及部分运动生物力学，包括运动学分析。

JEMNI M. The science of gymnastics. London：Routledge，2017.

与体操相关的科学知识的全面概述，包括表现运动学。

第十二章　人体运动的线性动理学

通过学习本章，读者可以：

> 了解牛顿定律和万有引力定律，并且能举出这些定律的实际例证。
>
> 了解影响摩擦力的因素及摩擦力在日常活动和运动中的作用。
>
> 掌握冲量和动量并解释它们之间的关系。
>
> 了解决定两个物体碰撞结果的因素。
>
> 了解机械做功、功率和能量之间的关系。
>
> 解决与动力学概念相关的定量问题。

在结冰的街道上行走时，怎么做可以提高抓地力呢？为什么有些球在一个表面上比在另一个表面上弹得高？足球前锋怎样才能把体格较大的对手甩到后面？在这一章中，我们通过讨论与线性动力学相关的一些重要的基本概念和原理来介绍动力学。

牛顿定律

牛顿发现了构成现代力学领域基础的许多基本定律。这些定律强调了第三章中介绍的基本运动量之间的相互关系。

惯性定律

牛顿的第一定律称为惯性定律，定律叙述为：除非受到改变物体状态的外力作用，否则物体将保持静止或匀速状态。

换句话说，一个静止的物体将保持静止，除非有一个合力（没有被另一个力抵消的力）作用于它。同样，一个物体以恒定的速度沿着直线运动，除非受到改变运动速度或方向的合力的作用，否则它将继续运动。

由于惯性，滑冰者往往以恒定的速度和方向持续滑行。©Karl Weatherly/Getty.

很明显，一个物体在静止（无运动）状态下将会保持无运动，除非有外力的作用。我们假设，一件家具，如椅子，除非被人施加合力来推动或拉动它，导致它的移动，否则将保持在固定的位置。然而，当物体以恒定速度运动时，惯性定律就不那么明显了，因为，在大多数情况下，外力确实会降低速度。例如，惯性定律表明，滑冰者在冰面上滑行时除非有外力的作用，否则将持续以同样的速度和方向滑行。而事实上，摩擦力和空气阻力是两种常存在的力，它们会减慢滑冰者和其他移动物体的速度。

加速度定律

牛顿第二定律是关于力、质量和加速度之间相互关系的定律。这个定律即加速度定律，对于质量恒定的物体，可表述为：施加于物体上的力会使物体产生加速度，其大小与力的大小成正比，在同方向上，与物体的质量成反比。

当一个球被扔、踢或用工具击打时，它倾向于沿着力的作用方向运动。同样，施加的力越大，球的速度就越快。该定律的代数表达式是一个众所周知的公式，它表示施加的力、物体的质量和由此产生的物体加速度之间的数量关系：

$$F = ma$$

因此，如果一个1 kg重的球受到10 N的力撞击，那么球的加速度为10 m/s^2。如果球的质量是2 kg，同样的10 N力的作用只能产生5 m/s^2的加速度。

牛顿第二定律也适用于运动物体。一名防守球员在场上奔跑时被对方球员阻挡，防守球员接触后的速度是其最初的方向、速度及对方球员施加的力的方向和大小的函数。

反作用力定律

牛顿第三定律指出，每个作用力都伴随着一个反作用力。任何动作都有一个大小相等、方向相反的反作用力。

就力而言，这条定律可表述为：当一个物体对另一个物体施加力时，另一个物体对这个物体施加一个大小相等、方向相反的反作用力。

当一个人用一只手靠在坚硬的墙壁上时，墙壁会以一个与手在墙壁上施加的力大小相等且方向相反的力推他的手。手推墙的力度越大，接触墙壁的手的表面所感受到的压力就越大。关于牛顿第三定律的例子见例题12.1。

行走时，每一次与地板或地面的接触都会产生向上的反作用力。研究人员和临床医生通过测量和研究地面反作用力来分析步态模式在不同的发育阶段和有障碍的个体之间的差异。研究人员已经研究了跑步过程中每一只脚着地时产生的地面反作用力，以观察跑步时的表现及与跑步损伤相关的因素。在水平面上跑步时，地面反作用力垂直分量的大小通常是跑步者体重的2~3倍，随着运动方式的不同，在与地面接触过程中所保持的受力模式也不同。根据鞋子首次触地的部位，跑步者被分为后足、中足和前足触地。图12–1所示是典型的垂直地面反作用力模式。

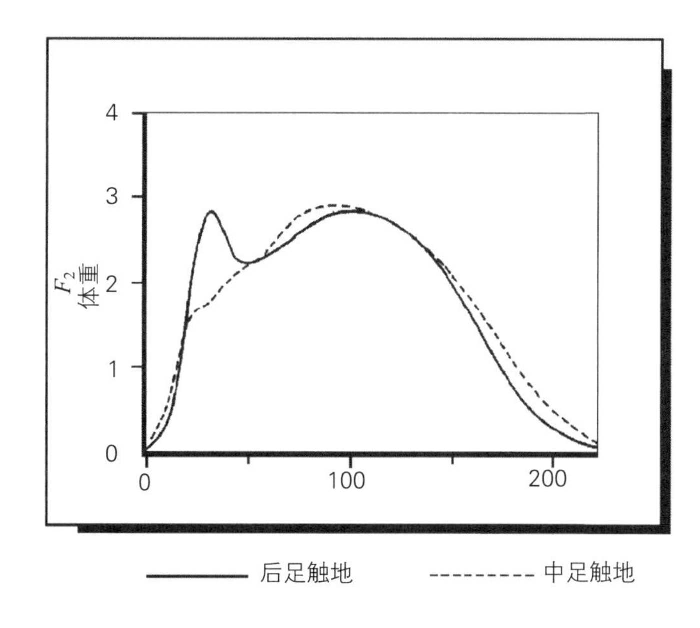

图 12–1

典型的后足触地和足其他部位触地的地面反作用力模式。根据鞋子通常先接触地面的部位，跑步者可分为后足、中足或前足触地。

例题12.1

一个90 kg重的冰球运动员和一个80 kg重的运动员迎面相撞。如果第一个运动员对第二个运动员施加了450 N的力，那么第二个运动员对第一个运动员施加了多少力？

F_1=第一个运动员对第二个运动员施加的力；F_2=第二个运动员对第一个运动员施加的力。

已知

$$m_1 = 90\ \text{kg}$$
$$m_2 = 80\ \text{kg}$$
$$F_1 = 450\ \text{N}$$

F_1　F_2

解答

这个问题不需要计算。根据牛顿的第三运动定律，每一个作用力都有一个大小相等、方向相反的反作用力。如果第一名运动员对第二名运动员施加的力大小为450 N，方向为正，那么第二名运动员对第一名运动员施加的力大小为450 N，方向为负。

$$F_2 = -450\ \text{N}$$

其他影响地面反作用力模式的因素包括跑步速度、膝关节屈曲角度、步幅、鞋子类型、表面硬度、表面平滑度、光照强度和坡度。然而，在跑步过程中没有明显改变地面反作用力强度的因素是疲劳[11]。

• 由于地面反作用力是作用于人体的外力，其大小和方向影响着人体的速度。

尽管较硬的跑道表面会产生较大的地面反作用力，这看起来是合乎逻辑的，但这并没有被证实。当遇到不同硬度的表面时，跑步者通常会在跑步动力学中进行个体调整，使地面反作用力保持在恒定的水平[4]。这可以从某种程度上解释为：跑步者每一次脚跟撞击所产生的冲击波的敏感性会向上传播，动态地调动肌肉骨骼系统。

如第十章所述，跑步者通常会通过增加在慢-中速度范围内的步幅提高跑步速度。较长的步幅倾向于生成具有较大减速水平分量的地面反作用力（图12-2）。这是过度跨步可能适得其反的原因之一。在快速跑时，跑步者产生正向水平方向地面反作用力的能力与加速能力有关[2]。

图 12-2

好的短跑运动员能够从总的地面反作用力（F）中获得前进方向的水平分量（F_H）。©Digital Vision/Getty Images.

因为地面反作用力是作用在人体的外力，它的大小和方向对许多体育赛事的表现都有影响。通常认为棒球和垒球投球主要是上肢运动，当地面反作用力接近于139%的体重时，24%的体重在前面，42%的体重在中间，因此垒球投手常见的是下肢受伤[8]。单个风车式投手可观察的动力学反映在产生的地面反作用力的特色模型或“特征”中[12]。在棒球投手中，制动地面反作用力的测量值为245%的体重[7]。在高尔夫运动中，要想使移动距离最大化，就需要生成大的地面反作用力，在上挥拍时后脚的地面反作用力占比较大，在下挥拍时该力有效地传递到前脚[13]。

万有引力定律

牛顿对万有引力定律的发现是对科学革命最重要的贡献之一，许多人认为这标志着现代科学的开始。据说，牛顿对万有引力的思考，可能是因为他观察到一个从树上掉下来的苹果，也可能是因为他实际上被一个掉下来的苹果击中了头部。在牛顿关于这个问题的著作中，他用掉下来的苹果的例子来说明每个物体都吸引其他物体的原理。

牛顿万有引力定律表述为：所有物体之间相互吸引的力与质量的乘积成正比，与它们之间距离的平方成反比。从代数上讲，这个定律是这样的：

$$F_g = G\frac{m_1m_2}{d^2}$$

式中，重力是F_g；G是常数；m_1和m_2是物体的质量；d是物体质心之间的距离。

以掉落的苹果为例，牛顿万有引力定律表明，就像地球吸引苹果一样，苹果也吸引地球，尽管吸引程度要小得多。正如上述公式所示，两个物体的质量越大，两者之间的吸引力越大。同样，物体之间的距离越大，它们之间的吸引力就越小。

从生物学应用来说，唯一的引力是由地球产生的，因为它的质量非常大。物体被吸引到地球表面的重力加速度（$-9.81\ m/s^2$）取决于地球的质量和到地球中心的距离。

物体在接触过程中产生的机械运动

根据牛顿第三定律，每一个作用力都有一个大小相等、方向相反的反作用力。例如，马拉马车，根据牛顿第三定律，当马在马车上施加一个力使其向前运动时，马车也给马施加一个大小相等的反向力（图12-3）。把马和马车作为是一个单独的机械系统，如果两种力大小相等、方向相反，那么它们的矢量和为零。马-马车系统如何实现向前运动呢？答案与另一种力的存在有关，这种力称为摩擦力，其作用于马车和马的大小不同。

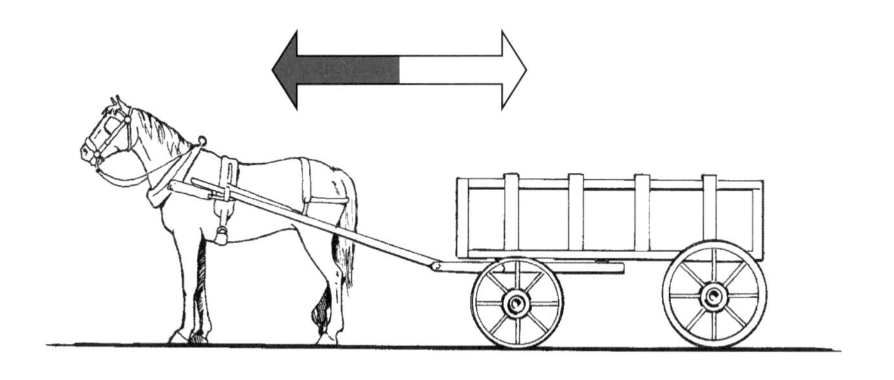

图 12-3
根据牛顿第三定律，当一匹马试图拉着一辆马车前进时，马车对马施加大小相等、方向相反的力。

摩擦力

摩擦力是一种作用于接触面表面的作用力，作用方向与运动方向或即将运动的方向相反。因为摩擦力是一种力，所以它是以力的单位（N）量化的。摩擦力的大小决定了两个物体接触时移动的难易程度。

摩擦力（friction force）
指作用在两个物体表面之间，与运动方向或想要运动的方向相反的力。

思考一个位于水平桌面上的盒子的例子（图12–4）。作用于不受外力干扰的盒子上的两种力是它自身的重量和桌子施加的反作用力（R）。在这种情况下，反作用力与盒子的重力大小相等、方向相反。

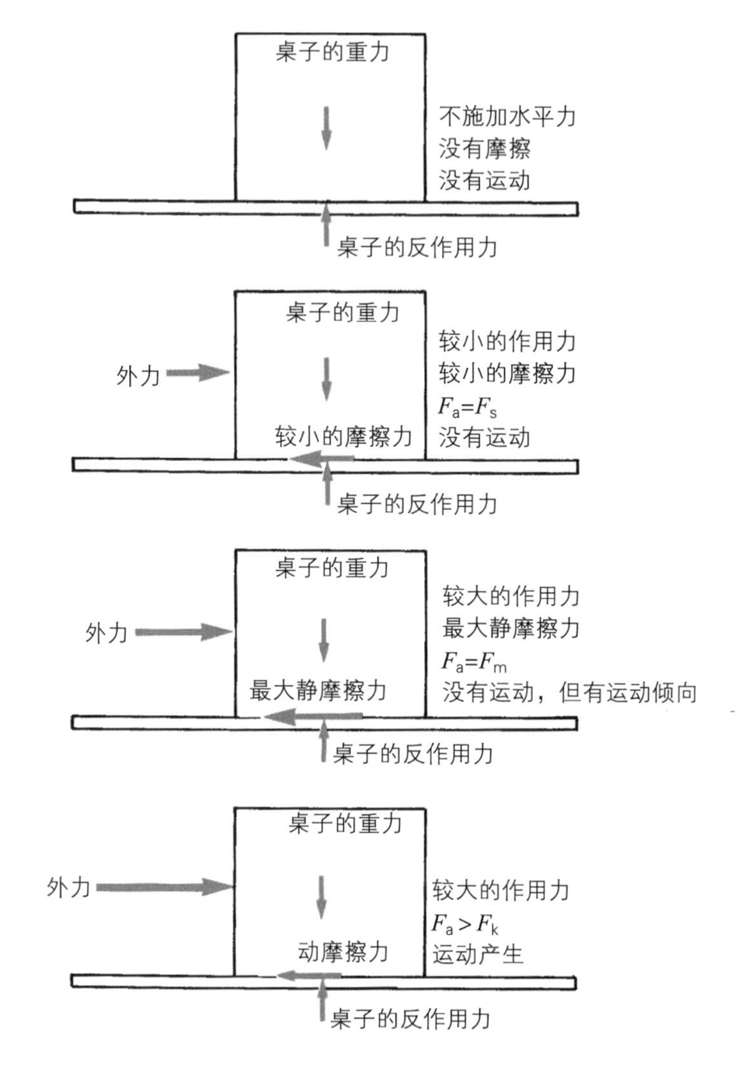

图 12–4

摩擦力的大小随施加力的增加而变化。

当一个非常小的水平力作用在这个盒子上时，盒子保持静止不动。盒子之所以可以保持静态的位置，是因为这个很小的力在盒子或桌子表面产生的摩擦力与它大小相等、方向相反。随着这个力越来越大，相反的摩擦力也增加。当到一个临界点时，存在的摩擦力称为最大静摩擦力（F_m）。如果这个力的大小超过最大静摩擦力，就会发生运动（盒子会滑动）。

最大静摩擦力（maximum static friction force）

即静摩擦力，在两个静态表面之间可能产生的最大摩擦力。

一旦盒子移动，一个相反的摩擦力随之产生。运动时存在的摩擦力称为动摩擦力（F_k）。与静摩擦不同的是，动摩擦的大小始终保持为一个小于最大静摩擦力而大小恒定的数值。无论施加的力的大小或产生运动的速度如何，动摩擦力保持不变。图12–5所示说明了摩擦力和施加的外力之间的关系。

动摩擦力（kinetic friction force）

即最大滑动摩擦力。在运动过程中，两个接触面之间产生恒定大小的摩擦力。

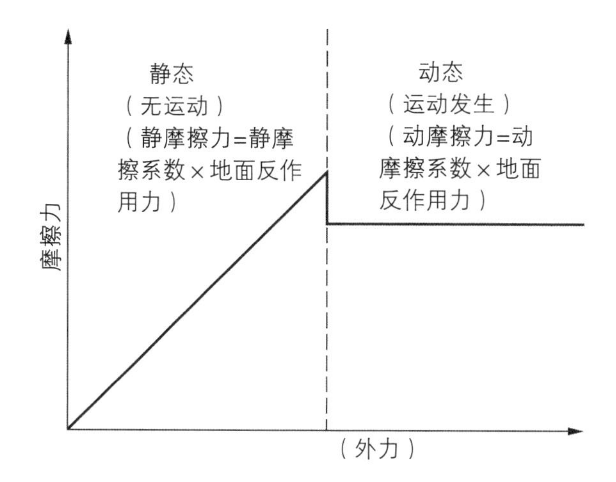

图 12-5
只要物体是静止的（不动的），所产生的摩擦力的大小就等于施加的外力的大小。一旦开始运动，摩擦力的大小就保持在一个恒定的水平，小于最大静摩擦力。

什么因素决定了物体移动所需的作用力大小？移动冰箱所需要的力比移动运送冰箱的空盒子所需要的力大。让冰箱在铺着地毯的地板上滑动，比在铺着光滑油毡的地板上滑动需要更大的力。两个因素决定最大静摩擦力或动摩擦力的大小——摩擦系数和法向反作用力。摩擦系数为小写希腊字母μ，法向反作用力用字母R表示：

$$F = \mu R$$

摩擦系数（coefficient of friction）
指两表面之间的摩擦力和作用在其一表面上的垂直力之比值。

法向反作用力（normal reaction force）
垂直作用于接触的两表面的力。

摩擦系数的量纲为1，表示滑动的相对容易程度，或两个接触表面之间的机械和分子相互作用的量。影响μ值的因素是接触面的相对粗糙度和硬度，及接触面间分子相互作用的类型。机械和分子间相互作用越大，μ值就越大。例如，用粗糙砂纸覆盖的两块板之间的摩擦系数大于滑板与光滑冰面之间的摩擦系数。摩擦系数描述的是两个接触表面之间的相互作用，而不是单独描述某个表面。与冰接触的冰刀叶片的摩擦系数不同于同一冰刀叶片与混凝土或木材接触的摩擦系数。

两个表面之间的摩擦系数是一个或两个不同的值，取决于接触的物体是静止的（静态的）还是运动的（动态的）。这两个系数称为静摩擦系数（μ_s）和动摩擦系数（μ_k）。最大静摩擦力的大小取决于静摩擦系数：

$$F_m = \mu_s R$$

动摩擦力的大小取决于动摩擦系数:

$$F_k = \mu_k R$$

对于任意两个接触的物体，μ_k总是小于μ_s。据报道，标准冰上曲棍球冰鞋动摩擦系数为0.0071，在叶片设计中，由于叶片靠近底部边缘处的扩口，可进一步降低摩擦系数[5]。静摩擦系数和动摩擦系数的应用见例题12.2。

另一个影响摩擦力大小的因素是法向反作用力。如果重量是作用在水平面上的物体上的唯一垂直力，那么R的大小与重量相等。如果物体是一个足球拦网雪橇，上面坐有100 kg重的教练，R等于雪橇的

• 由于μ_k总是小于μ_s，动摩擦力的大小总是小于最大静摩擦力的大小。

例题12.2

雪橇与雪的静摩擦系数为0.18，动摩擦系数为0.15。一个250 N的男孩坐在200 N的雪橇上。雪橇开始运动需要与水平面平行的多大力？保持雪橇运动需要多大的力？

已知

$$\mu_s = 0.18$$
$$\mu_k = 0.15$$
$$wt = 250\ \text{N} + 200\ \text{N}$$

解答

为了开始运动，施加的力必须超过最大静摩擦力：

$$\begin{aligned} F_m &= \mu_s R \\ &= 0.18 \times (250\ \text{N} + 200\ \text{N}) \\ &= 81\ \text{N} \end{aligned}$$

施加的力必须大于81 N。

为了保持运动，施加的力必须等于动摩擦力:

$$\begin{aligned} F_k &= \mu_k R \\ &= 0.15 \times (250\ \text{N} + 200\ \text{N}) \\ &= 67.5\ \text{N} \end{aligned}$$

施加的力必须至少是67.5 N。

重量加上教练的重量。其他垂直方向的力，如推力或拉力，也会影响R的大小，它们总是等于作用于接触表面的所有力或力分量的矢量和（图12–6）。

可以人为地改变R的大小，以增大或减小在特定情况下存在的摩擦力。当一个足球教练站在雪橇挡板上时，地面对雪橇的法向反作用力增加，同时产生的摩擦力增加，使运动员移动雪橇更加困难。反之，如果R减小了，摩擦力就减小了，就容易移动物体。

- 移动重物时使用方向略向上的拉力较好。

怎样才能减小法向反作用力？假设你需要重新布置房间里的家具。移动像桌子这样的物体，推或拉哪种方式更好呢？推桌子时，施加的力是典型的斜向下方的。拉桌子时，力通常是斜向上方的。推或拉使垂直分量增加或减少，从而影响法向反作用力的大小，进而影响产生的摩擦力的大小和移动桌子的难易程度（图12–7）。

- 壁球和高尔夫手套的设计是为了增加手与球拍或球杆之间的摩擦力。

两个表面之间的摩擦力的大小可以通过改变表面之间的摩擦系数来改变。例如，在高尔夫球和壁球等运动中使用手套会增大手和球杆或球拍之间的摩擦系数。同样地，涂在冲浪板上的蜡块会增加冲浪板表面的粗糙程度，从而增加冲浪板与双脚之间的摩擦系数。在越野滑雪板的底部涂一层薄薄的光滑的蜡，是为了减小滑雪板和雪之间的摩擦系数，在不同的雪况下使用不同的蜡。

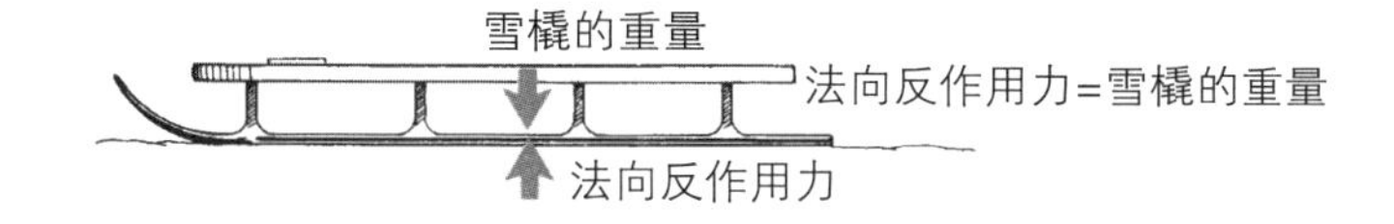

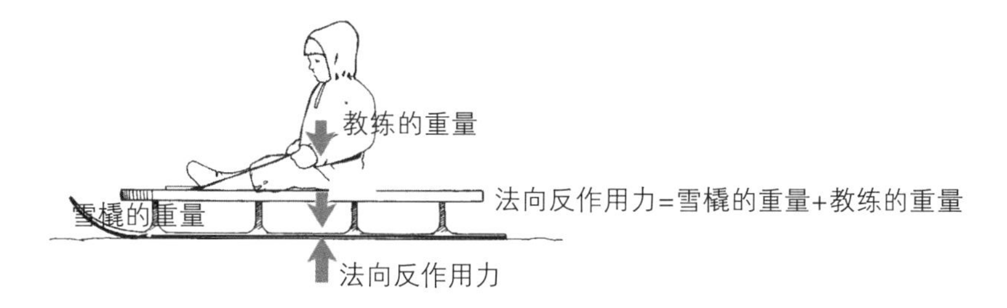

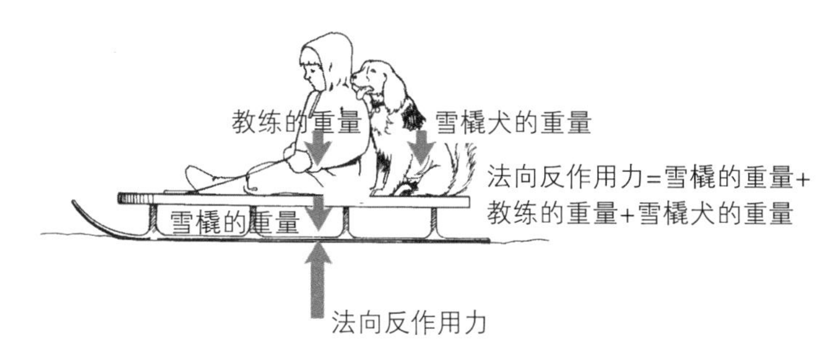

图 12-6
随着重量的增加，法向反作用力增加。

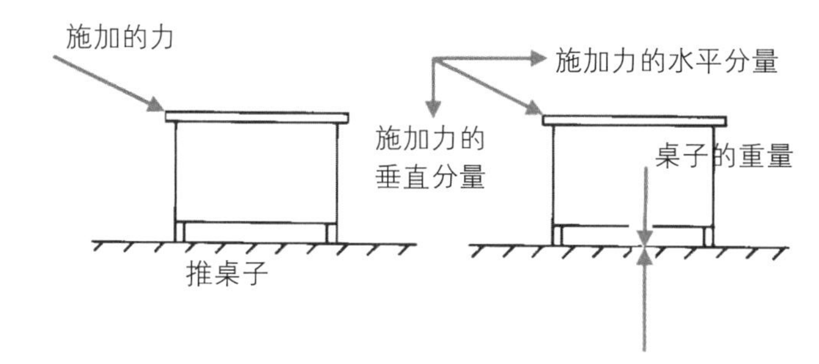

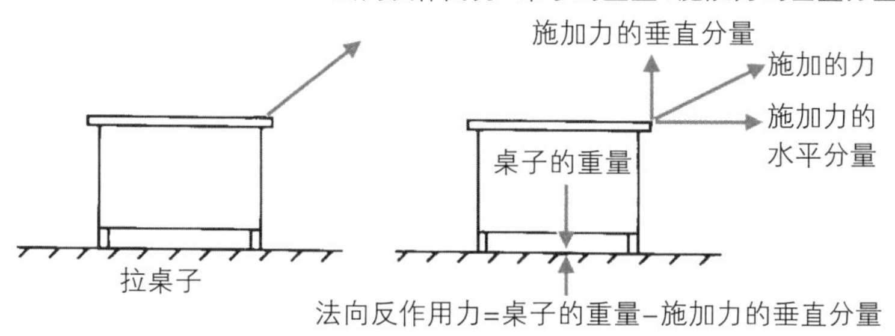

图 12-7
从机械角度看，拉比推桌子等物体更容易，因为拉往往会降低R和F的大小，而推往往会增加R和F的大小。

关于摩擦力的一个普遍误解是，接触面积越大，摩擦力越大。广告经常暗示，针对同样的道路，宽轮距汽车轮胎可比普通宽度的轮胎提供更好的抓地力（摩擦力）。然而，影响摩擦力的唯一因素是摩擦系数和法向反作用力。通常宽轮距轮胎重量超过普通轮胎，因为它们增大了R，所以它们的确增大了摩擦力。然而，同样的效果也可以通过在汽车的后备箱中携带砖块等实现，经常在结冰的道路上开车的人常用此法。宽轮距轮胎确实具有增强横向稳定性和增强耐磨性的优点，因为更大的接触面积减小了路面对充气轮胎的压强。

摩擦力对许多日常活动有重要影响。行走依赖于鞋与支撑表面之间适当的摩擦系数。如果摩擦系数太低，就像一个人穿着光滑的鞋子在冰面上行走，会发生滑动而易滑倒。在湿浴缸底部或淋浴间地面垫防滑垫就是为了增加摩擦系数，防止滑倒。

芭蕾舞鞋和舞蹈室地板之间存在的摩擦力必须得到控制，这样一些涉及滑动或旋转的动作，如滑翔、组合动作和旋转动作，才能不发生滑动而得以顺利进行。松香经常用于舞池，因为它可增加静摩擦系数，及减小动摩擦系数。这有助于在静态情况下防止滑移，并允许所需的运动自由发生。

舞者的鞋子和地板之间的摩擦系数必须小到可以自由运动，但大到可以防止滑倒。©Susan Hall.

- 滚动摩擦受物体重量、半径和变形性，及两个接触表面之间的摩擦系数的影响。
- 存在于人体许多关节的滑液，大大减小了关节骨之间的摩擦力。

发生在美国保龄球名人堂和美国保龄球协会会员、退休职业保龄球手Glenn Allison身上的问题曾引起争议。争论的焦点是Allison的球和他在连续三场比赛中完美的300分得分的球道之间的摩擦力。根据保龄球组委会的说法，他的分数无法被认可，因为他使用的球道不符合国会规定的现有调节油用量标准[9]，这给Allison的球提供了额外的牵引力。

滚动物体，如保龄球或汽车轮胎，与平面之间的滚动摩擦力是滑动表面之间摩擦力的0.1%~1%。滚动摩擦发生的原因是曲面和平面在接触过程中都有轻微的变形。接触面间的摩擦系数、法向反作用力、滚动体曲率半径的大小都影响滚动摩擦力的大小。

当一层液体，如油或水，介入接触两表面时，在滑动或滚动的情况下产生的摩擦力会大大减小。例如，滑液的存在减少了人体可动关节的摩擦和相应的机械磨损。

回顾之前关于马和马车的问题，摩擦力是运动的决定因素。如果马蹄对地面产生的摩擦力大于车轮对地面产生的摩擦力，马–马车系统就会向前运动（图12–8）。因为大多数的马都是通过钉铁蹄来增大蹄子和地面之间的摩擦力，而且大多数的车轮是圆且光滑的，以尽量减小它们产生的摩擦力，马通常占优势。然而，如果马站在湿滑的路面上，或者车陷在泥沙中，又或者货物很重，马有可能不能拉动马车。

动量

动量（momentum）

又称线动量，是与物体质量和速度相关的量，表示物体的质量与速度的乘积。

影响两个物体相互作用结果的另一个因素是动量，这是一个在涉及碰撞情况下的特别重要的机械量。动量通常可以定义为物体所具有的运动量。更具体地说，线动量是物体质量及其速度的乘积:

$$M = mv$$

静止物体（零速度）没有动量；也就是说，它的动量等于零。物体动量的变化可能是由物体质量的变化或速度的变化引起的。大多数人体运动，动量的变化是由速度的变化引起的。动量的单位是质量单位乘速度单位，用kg · m/s来表示。由于速度是矢量，所以动量也是矢量，并且遵循矢量合成和分解的规则。

当两个物体发生正面碰撞时，两个物体都倾向于继续沿着动量大的物体所拥有的初运动方向运动。一名90 kg、以6 m/s向右移动的曲棍球运动员与一名80 kg、以7 m/s向左移动的运动员迎面相撞，第一名运动员的动量如下：

$$\begin{aligned} M_1 &= mv \\ &= 90\ \text{kg} \times 6\ \text{m/s} \\ &= 540\ \text{kg} \cdot \text{m/s} \end{aligned}$$

第二名运动员的动量如下：

$$\begin{aligned} M_2 &= mv \\ &= 80\ \text{kg} \times 7\ \text{m/s} \\ &= 560\ \text{kg} \cdot \text{m/s} \end{aligned}$$

由于第二名运动员的动量更大，两名运动员在碰撞后都倾向于以第二名运动员初速度的方向继续运动。实际的碰撞也会受到运动员被缠住的程度、一名或两名运动员是否仍然站着及碰撞的弹性的影响。

忽略这些可能影响碰撞结果的其他因素，我们可以用牛顿第一定律的推论——动量守恒定律来计算碰撞后两名曲棍球运动员速度总和的大小（例题12.3）。动量守恒定律：在没有外力的情况下，既定系统的总动量保持不变。

该原理用方程形式表示为

$$M_1=M_2$$

$$m_1v_1=m_2v_2$$

式中，下标1表示初始时间点，下标2表示终末时间点。

• 动量是一个矢量。

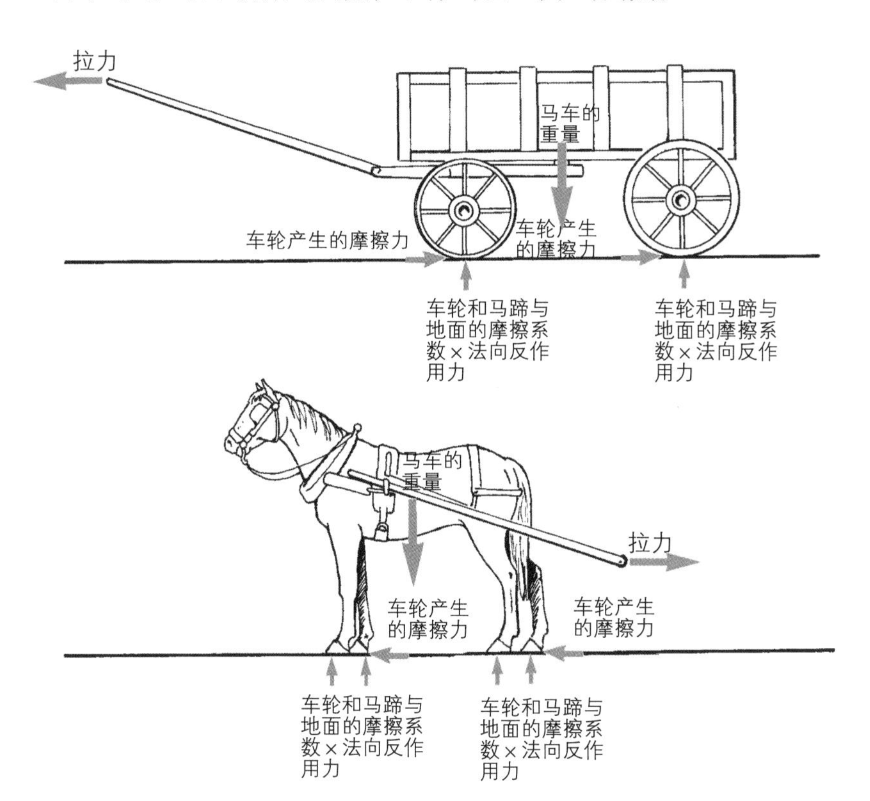

图 12-8

如果马蹄产生的摩擦力比车轮大，马就能拉动马车。

•在没有外力作用的情况下，动量是守恒的。然而，摩擦力和空气阻力是减小动量的力。

将这一原理应用到假设的冰球运动员碰撞的例子中，两名运动员碰撞前动量的矢量和等于他们碰撞后单独的动量和（例题12.3）。实际上，摩擦力和空气阻力是减少总动量的外力。

冲量

冲量（impulse）
指动量的增量，即力和力作用时间的乘积。

当外力起作用时，运动物体必然改变系统中存在的动量。动量的变化不仅取决于作用的外力的大小，还取决于每个力作用的时间。力和时间的乘积称为冲量:

$$冲量 = Ft$$

一个推力作用于一个系统的结果是系统总动量发生变化。冲量与

例题12.3

一名90 kg重的冰球运动员以6 m/s的速度与一名80 kg重的冰球运动员以7 m/s的速度迎面相撞。如果两名运动员在碰撞后缠在一起并继续作为一个整体前进，他们的总速度是多少？

已知

$m_1 = 90$ kg

$v_1 = 6$ m/s

$m_2 = 80$ kg

$v_2 = 7$ m/s

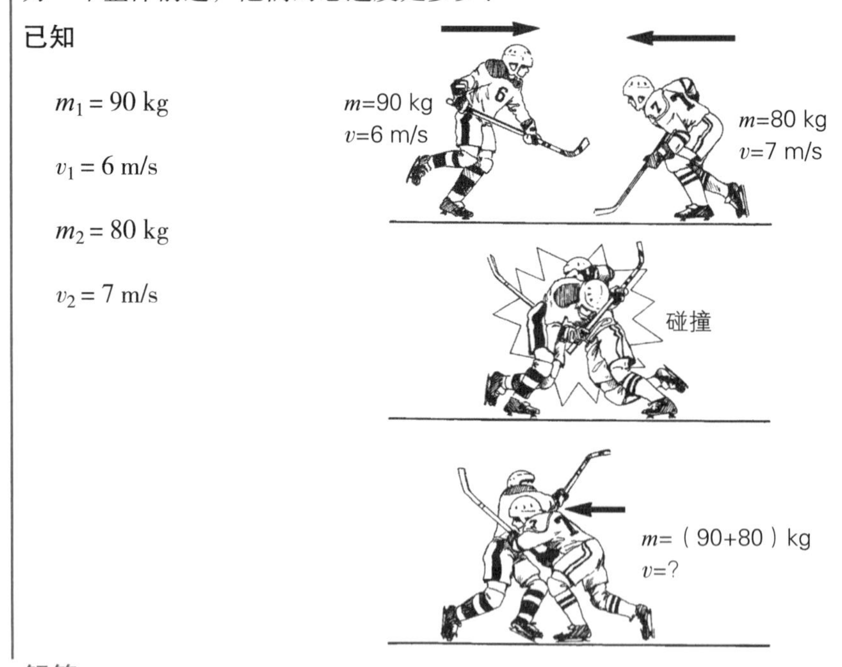

解答

可以用动量守恒定律来解决这个问题，将两名运动员视为一个整体系统。

碰撞前　　碰撞后

$$m_1v_1+m_2v_2 = (m_1+m_2)v$$

$$90\text{ kg}\times 6\text{ m/s}+ 80\text{ kg}\times(-7)\text{ m/s}= (90\text{ kg} + 80\text{ kg})v$$

$$540\text{ kg}\cdot\text{m/s} - 560\text{ kg}\cdot\text{m/s}=170\text{ kg}\times v$$

$$-20\text{ kg}\cdot\text{m/s}=170\text{ kg}\cdot v$$

在80 kg运动员的初始方向上v=0.12 m/s。

动量的关系取决于牛顿第二定律：

$$F = ma$$
$$F = m\frac{(v_2-v_1)}{t}$$
$$Ft = m_2v_2- m_1v_1$$
$$Ft = \Delta M$$

式中，下标1表示初始时间点，下标2表示终末时间点。这个关系的一个应用是例题12.4。

物体动量的显著变化可能来自于长时间作用的小强度力或短时间作用的大强度力。高尔夫球在草地上滚动时，由于它的运动不断受到滚动摩擦力的阻碍，因此逐渐失去动量。在球棒与棒球接触的那一瞬间，球棒施加的巨大的力也会改变棒球的动量。优秀的短跑运动员与训练有素但无经验的短跑运动员相比，在起跑线上表现出了更大的爆发力[14]。在游泳比赛中，在起跑线上产生的冲量同样重要，因为后脚产生的水平动力最大[15]。

人体产生的冲量大小经常被意识控制。在地上垂直跳跃时，可以生成随时间变化的垂直地面的反作用力的显示图（图12-9）。因为冲量是力和时间的乘积，所以冲量是力-时间曲线下的面积。对地板产生的冲量越大，施力者动量的变化就越大，因此产生的跳跃就越高。从理论上讲，冲量可以通过增加施加的力的大小或力作用的时间来增加。然而，在实际上，在实现垂直跳跃过程中，当力作用于地面的时

例题12.4

雪橇比赛开始时，两名机组人员推动雪橇，以在爬上去之前让雪橇尽可能快地移动。如果机组人员对90 kg雪橇的运动方向平均施加100 N的力，持续7 s，然后跳上去，那么此时雪橇的速度（忽略摩擦）是多少?

已知

$F = 100\ \text{N}$

$t = 7\ \text{s}$

$m = 90\ \text{kg}$

100 N

90 kg

解答

机组人员正在给雪橇施加动力，使雪橇的动量从零增加到最大。可以用冲量-动量关系来解决这个问题。

$$Ft = m_2v_2-m_1v_1$$
$$100\ \text{N} \times 7\ \text{s} = 90\ \text{kg} \times v-90\ \text{kg} \times 0\ \text{m/s}$$

在受力方向上$v = 7.78\ \text{m/s}$。

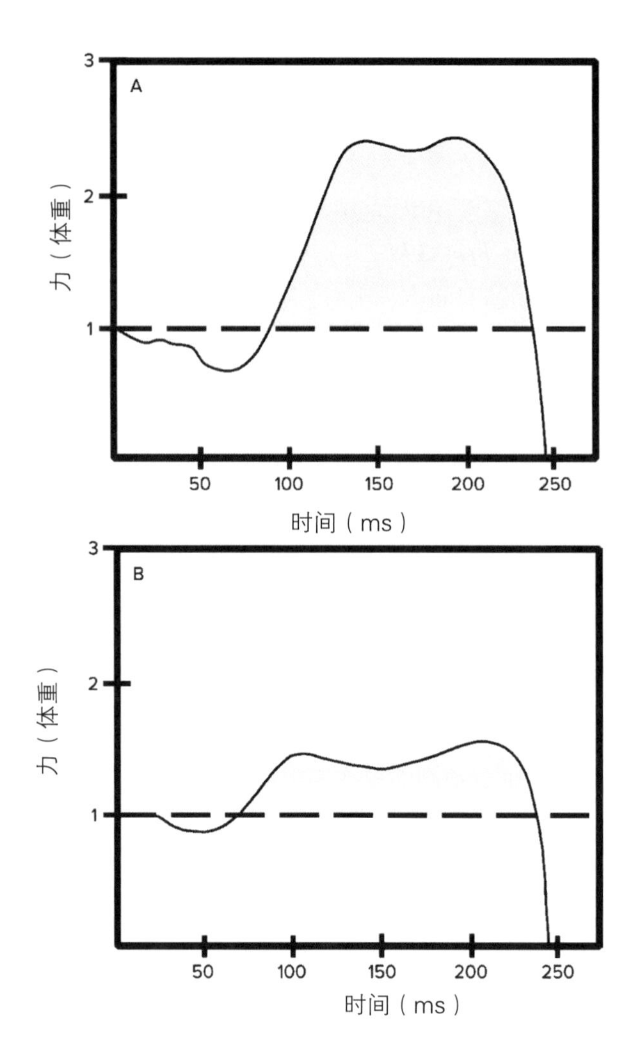

图 12-9

同一施力者垂直跳跃的A高B低的力-时相图。图中阴影部分表示跳跃过程中对地板产生的冲量。

间延长时，所能产生的力会大大减小，最终结果就是产生一个较小的冲量。为了实现最大的垂直跳跃，施力者必须通过优化施加的力的大小和持续时间之间的平衡来最大化冲量。

在跳跃到着陆的过程中也可以人为地控制冲量（图12-10）。一个训练有素的施力者会在一个相对短的时间内经历一个相对大的作用力。或者，允许髋、膝和踝关节在着陆过程中进行屈曲，以增加着陆时力被吸收的时间，从而减小持续的力。女子体操运动员在跳马时产生的地面反作用力是她们体重的6.8~13.3倍[18]。

在接硬球时控制冲量也很有用。在球开始接触手或手套后、球完全停止前，"给予"球冲量，可以防止球的动量导致手刺痛。在开始与球接触到使球完全停止之间的时间越长，球对手的抵抗力就越小，受到刺痛的可能性就越小。

碰撞

碰撞（impact）
在物理学中表现为两粒子或物体在极短时间内的相互作用。

被击中的棒球和球棒之间发生的撞击称为碰撞。碰撞是指两粒子或物体在极短时间内的相互作用，在这段时间内，这两个物体对对方施加的力相对较大。两个物体在碰撞后的运动不仅取决于它们共同的动量，还取决于碰撞的性质。

假设在完全弹性碰撞的情况下，两个物体碰撞后的相对速度与碰撞前的相对速度相同。具有坚硬表面的超级棒球的碰撞具有理想的弹性，因为在与表面碰撞时，球的速度几乎没有减小。在这个过程中另一方是完全非弹性碰撞，至少有一个物体变形了，没有恢复到原来的形状，而且物体没有分离。这种现象也见于黏土模型掉落时。

完全弹性碰撞（perfectly elastic impact）
无机械能损失的碰撞。

完全非弹性碰撞（perfectly plastic impact）
机械能完全损失的碰撞。

大多数碰撞既不是完全弹性的，又不是完全非弹性的，而是介于两者之间。恢复系数是指碰撞的相对弹性。它是0~1之间的常数。恢复系数越接近于1，碰撞弹性越大；系数越接近于0，碰撞的非弹性越强。

恢复系数（coefficient of restitution）
是碰撞前后两物体沿法线方向上的分离速度与接近速度之比，只与碰撞材料有关。

恢复系数决定了碰撞前后两个物体相对速度的关系。这种最初由牛顿提出的关系可以表述为：当两个物体发生直接碰撞时，碰撞后的速度差与碰撞前的速度差成正比。

这种关系也可以用代数表示为：

$$-e = \frac{\text{碰撞后的速度差}}{\text{碰撞前的速度差}}$$

$$-e = \frac{v_1 - v_2}{u_1 - u_2}$$

式中，e是恢复系数，u_1和u_2是碰撞前物体的速度，v_1和v_2是碰撞后物体的速度（图12-11）。

在网球运动中，比赛的性质取决于球和球拍之间，以及球和场地之间的碰撞类型。在所有其他条件相同的情况下，更硬的球拍和更紧的拍柄都明显增加了球和球拍之间的恢复系数，因此，球有了反弹速度[1]。当一个受压的网球被击穿时，球和网拍之间的恢复系数会降低，其他影响因素包括球拍的大小、形状、平衡、韧性、弦的类型和张力、挥拍的动作及球员抓握力[3, 19]。

在棒球和垒球运动中，球棒与球之间的冲撞性质也是一个重要的

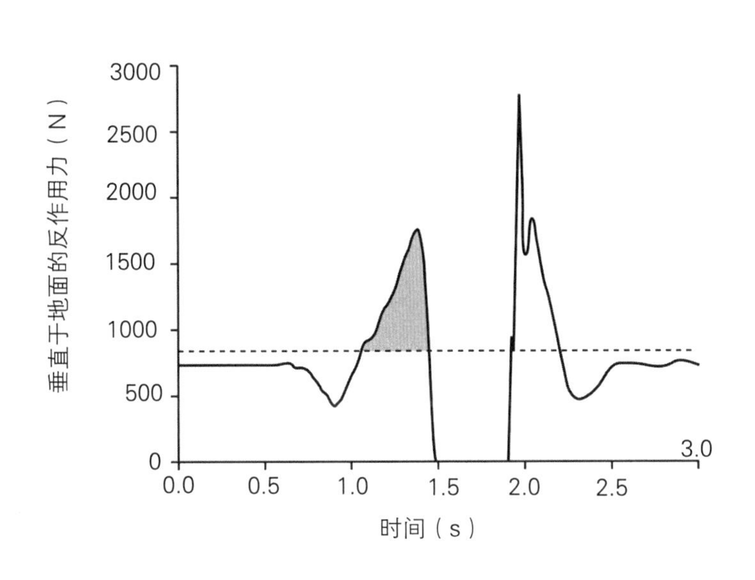

图 12-10

经典的反向运动垂直跳跃的垂直地面反作用力阐明了推进/推出阶段的峰值力（1.4 s）和着陆阶段的峰值力（约2.0 s）。水平虚线表示物体重量（约725 N），阴影部分表示起跳时对地板产生的冲量。

图 12-11

两个球碰撞前的速度差与碰撞后的速度差成正比。比例系数是恢复系数。

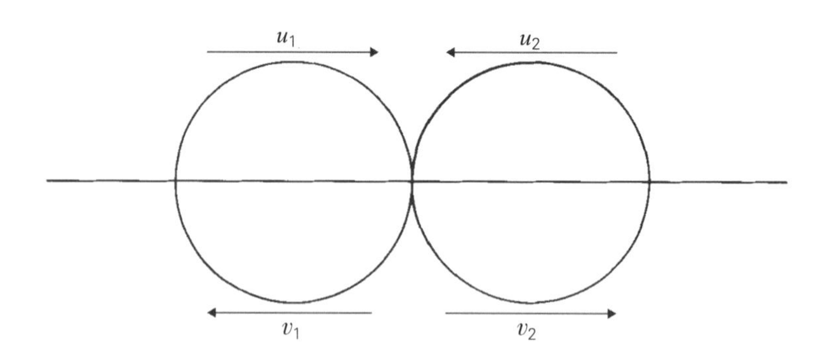

因素。球棒的击球面是凸的，与网球网拍的表面相反，网拍在球接触时变为凹状。因此，以一种直接而非擦边的方式打棒球或垒球是至关重要的。研究表明，铝制棒球棒的击球速度明显高于木棒，表明铝棒与棒球之间的恢复系数高于木棒与棒球之间的恢复系数[6]。

在运动物体和静止物体发生碰撞的情况下，牛顿的碰撞定律可以被简化，因为静止物体的速度保持为零。球与其所落在的平的静止表面之间的恢复系数可以用以下公式表示:

$$e=\sqrt{\frac{h_b}{h_d}}$$

• 碰撞速度和温度的提高可增加恢复系数。

式中，e是恢复系数；h_d是球落地的高度；h_b是球反弹的高度（例题12.5）。恢复系数描述的是碰撞过程中两个物体之间的相互作用，它不能描述任何单一的物体或表面。将一个篮球、一个高尔夫球、一个

在接球时用球“给予”回击可以减少接球手所承受的冲击力。©Susan Hall.

壁球和一个棒球扔到几个不同的表面上，结果表明一些球在某些类型的表面上弹得更高（图12–12）。

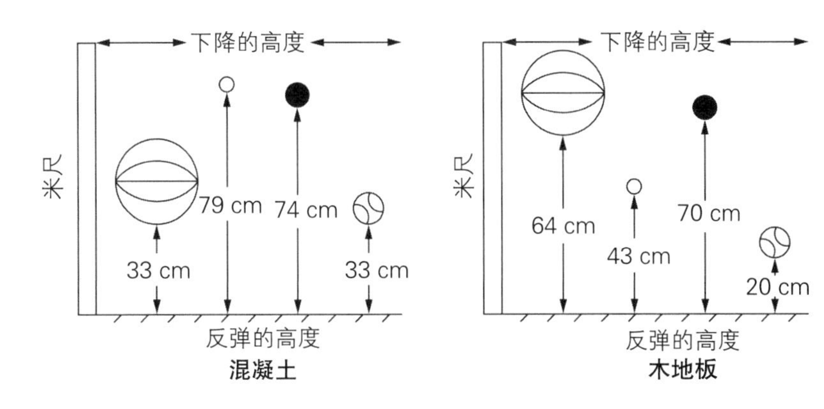

图 12–12

篮球、高尔夫球、壁球和棒球的弹跳高度都是从1 m高处掉到同一平面上。

例题12.5

一个篮球从2 m高的地方掉到体育馆的地板上。如果球和地板之间的恢复系数是0.9，那么球反弹的高度是多少？

已知

$h_d = 2\ \text{m}$

$e = 0.9$

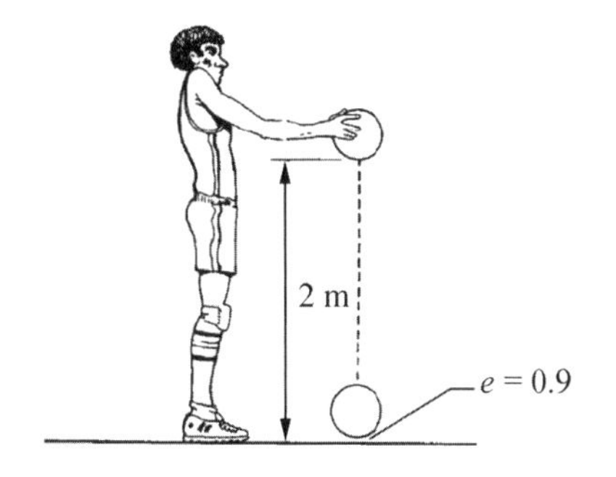

解答

$$e = \sqrt{\frac{h_b}{h_d}}$$

$$0.9 = \sqrt{\frac{h_b}{2\ \text{m}}}$$

$$0.81 = \frac{h_b}{2\ \text{m}}$$

$$h_b = 1.6\ \text{m}$$

碰撞速度和温度增加，恢复系数可提高。在棒球和网球等运动中，入球速度和球棒或球拍速度的提高可增加球拍和球之间的恢复系数，并有助于球从击球器械中获得更有力的反弹。在网球和壁球运动中，球在壁面上不断变形，球的热能（温度）在运动过程中不断增加。当球的温度升高时，它可从网拍和墙壁上获得更加有力的反弹。

做功、功率和能量的关系

做功

做功（work）
经典力学的定义是：当一个力作用在物体上，并使物体在力的方向上通过一定的距离，就说这个力对物体做了功。

“work”这个词经常在各种语境中使用。在举重室“work”指的是“锻炼”，学生“work hard”指的是“努力学习”。从机械的角度来看，“work”指的是做功，是对一个物体施加的力乘物体在力方向上通过的距离：

$$W=Fd$$

当一个物体在外力作用下移动一定距离，这个外力已经对这个物体做了功，功的大小等于外力的大小和物体在力的方向上通过的距离的乘积。当一个力被施加到一个物体上，由于是相反的力而没有合力，如摩擦力或者物体本身的重力，因为物体没有运动，所以没有做机械功。

•机械功不应与热量消耗相混淆。

当人体的肌肉产生张力，从而引起身体某部分的运动时，肌肉就对身体某部分做了功，根据支配身体活动占主导的肌肉类型所进行的机械活动可分为正功或负功。当肌肉的扭矩之和与关节角运动方向都相同时，肌肉所做的功称为正功。反之，当肌肉的扭矩之和与关节角运动方向相反时，肌肉所做的功是负功。尽管人体的许多运动都涉及协同肌的相互拮抗和拮抗肌的共同收缩，当向心收缩占优势时做的是正功，当离心收缩占优势时做的是负功。像在水平面上跑步这样的活动，肌肉所做的净负功等于肌肉所做的净正功。

做正机械功通常比做同样大小的负机械功需要消耗要更多的热量。然而，已发现做等量的正功和负功所需的热量之间并不是简单的关系，拮抗肌和其他肌肉经常共同收缩的事实使情况变得复杂。

功的单位是力的单位乘距离的单位。在国际单位制中，力（N）乘距离（m）称为功［焦耳（J）］：

$$1\ \mathrm{J}=1\ \mathrm{N}\cdot\mathrm{m}$$

功率

功率（power）
指物体在单位时间内所做的功的多少，是描述做功快慢的物理量。

在力学中，功率是指在给定的时间内完成的功的量：

$$功率=\frac{功}{时间}$$

$$P=\frac{W}{\Delta t}$$

使用前面描述的关系，功率计算公式也可以为：

$$功率=\frac{力\times位移}{时间}$$

$$P=\frac{Fd}{\Delta t}$$

由于速度等于距离除以时间，方程也可以表示为

$$P = Fv$$

功率的单位是功的单位除以时间单位。在国际单位制中，焦耳除以秒称为瓦特（W）：

$$1\ \text{W}=1\ \text{J/s}$$

在投掷、跳跃、短跑和举重等项目中，运动员运用机械力的能力或力与速度结合的能力对获胜至关重要。峰值功率与最大等距强度密切相关。例题12.6是一个涉及机械功和功率的问题演示。

能量

能量通常是指做功的能力。因此，机械能就是指做功的能力。机械能的单位和机械功的单位是一样的。机械能有两种形式：动能和势能。

例题12.6

在15 s的时间里，一个580 N的人跑上30级25 cm高的楼梯。此人做了多少机械功？产生了多少机械功率？

已知

$$wt（F）= 580\ \text{N}$$

$$h = 25 \times 30\ \text{cm}$$

$$t = 15\ \text{s}$$

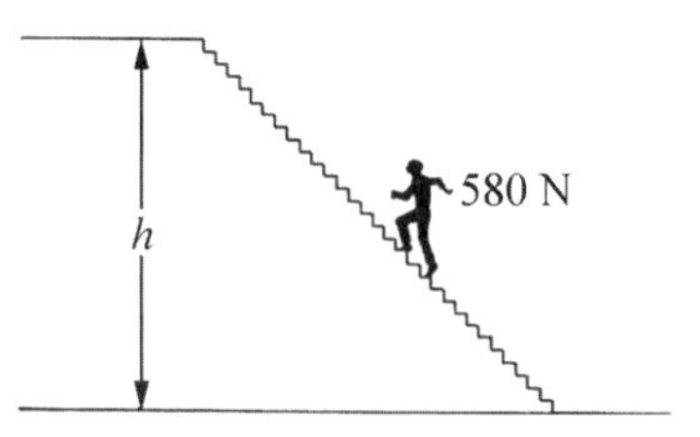

解答

机械功：

$$W = Fd$$

$$= 580\ \text{N} \times 30 \times 0.25\ \text{m}$$

$$W = 4350\ \text{J}$$

机械功率：

$$P = \frac{W}{t}$$

$$P = \frac{4350\ \text{J}}{15\ \text{s}}$$

$$P = 290\ \text{W}$$

动能（kinetic energy）
指运动的能量，计算式为 $E_K=\frac{1}{2}mv^2$。

• 在爆发性的田径比赛中，参赛的运动员产生机械动力的能力至关重要。

动能（E_k）是运动的能量。物体只有在运动时才有动能。从形式上说，直线运动的动能为物体质量的一半乘速度的平方：

$$E_k = \frac{1}{2}mv^2$$

如果物体静止（$v = 0$ m/s），它的动能也是0 J。因为速度在动能的表达式中是平方的，所以物体速度的增加会导致动能的急剧增加。例如，一个2 kg的球以1 m/s的速度滚动，它的动能为1 J：

$$\begin{aligned} E_k &= \frac{1}{2}mv^2 \\ &= 0.5 \times 2\ \text{kg} \times (1\ \text{m/s})^2 \\ &= 1\ \text{kg} \times 1\ \text{m}^2/\text{s}^2 \\ &= 1\ \text{J} \end{aligned}$$

如果球的速度增加到3 m/s，动能将显著增加：

$$\begin{aligned} E_k &= \frac{1}{2}mv^2 \\ &= 0.5 \times 2\ \text{kg} \times (3\ \text{m/s})^2 \\ &= 1\ \text{kg} \times 9\ \text{m}^2/\text{s}^2 \\ &= 9\ \text{J} \end{aligned}$$

势能（potential energy）
指物体的位置或结构所具备的能量，计算公式为重量和高度的乘积。

势能（E_p）是位置的能量。具体来说，势能是一个物体的重量乘它在参考平面上的高度：

$$E_p = wt \cdot h$$

$$E_p = ma_g h$$

式中，m为质量；a_g为重力加速度；h为高度。参考平面通常是地板或地面，但在特殊情况下，它可以定义为另一个表面。

因为在生物力学应用中，体重通常是固定的，所以势能的变化通常基于身高的变化。例如，当一个50 kg的木棒被抬高到1 m高时，它在此位置的势能是490.5 J：

$$\begin{aligned} E_p &= ma_g h \\ &= 50\ \text{kg} \times 9.81\ \text{m/s}^2 \times 1\ \text{m} \\ &= 490.5\ \text{J} \end{aligned}$$

应变能（strain energy）
指使变形的物体恢复到原来形状所做功的能力。

势能也可以看作是被储存的能量。“势（potential）”意味着有可能转化为动能。势能的一种特殊形式称为应变能（E_s）或弹性能。应变能的计算如下：

$$E_s = \frac{1}{2}kx^2$$

式中，k是弹性常数，表示材料的相对刚度或在变形时储存能量的能力；x是材料变形的距离。

当一个物体被拉伸、弯曲或发生其他形变时，它把这种特殊形式的势能储存起来，供以后使用。例如，当人体的肌肉和肌腱被拉伸时，它们会储存被释放出来的应变能，以增加随后的收缩力，如第六章所述。又如，在尽力投掷时，被拉伸的肌腱中所储存的能量可以对产生的力、能量及由此产生的投掷速度提供很大帮助。因为肌腱比肌肉更容易伸展，所以它们是储存和释放弹性能量的首要部位，较长的肌腱比较短的肌腱更能有效地实现这一功能[16]。尤其是跟腱，可储存并释放大量的机械能，为行走提供大量的机械功[10]。同样地，当跳水板或蹦床表面的末端凹陷时，就会产生应变能。随后将储存的能量转换为动能，使表面恢复到原来的形状和位置。撑杆跳高运动员使用的撑杆在弯曲时储存应变能，然后在撑杆跳时释放动能并增加运动员的势能。

在撑杆跳高时，弯曲的撑杆将应变能作为供后续释放的动能和热量储存起来。©Chris Martens.

机械守恒

思考一下，垂直抛向空中的球的机械能如何变化（图12-13）。当球获得高度时，它也获得了势能（ma_gh）。然而，由于重力加速度的作用，球随着高度的增加而失去速度，因此也失去了动能（$\frac{1}{2}mv^2$）。在球运动轨迹的顶点（由上升转为下降的瞬间），其高度和势能达到最大值，其速度和动能为零。当球开始下落时，它逐渐获得动能而失去势能。

当唯一作用的外力是重力时，垂直抛球的动能和势能之间的关系说明了一个适用于所有物体的概念。这一概念被称为机械能守恒定律，可表述为：在只有重力或弹力做功的物体系统内，物体系统的动能和势能发生相互转化，但机械能的总能量保持不变。

• 当重力或弹性力是唯一起作用的外力时，物体系统势能的任何变化都需要其动能变化来补偿。

由于一个物体所具有的机械能是它的势能和动能的总和，这种关系也可以表示为：

$$E_p + E_k = C$$

式中，C是一个常数。也就是说，在重力是唯一作用的外力时，这个

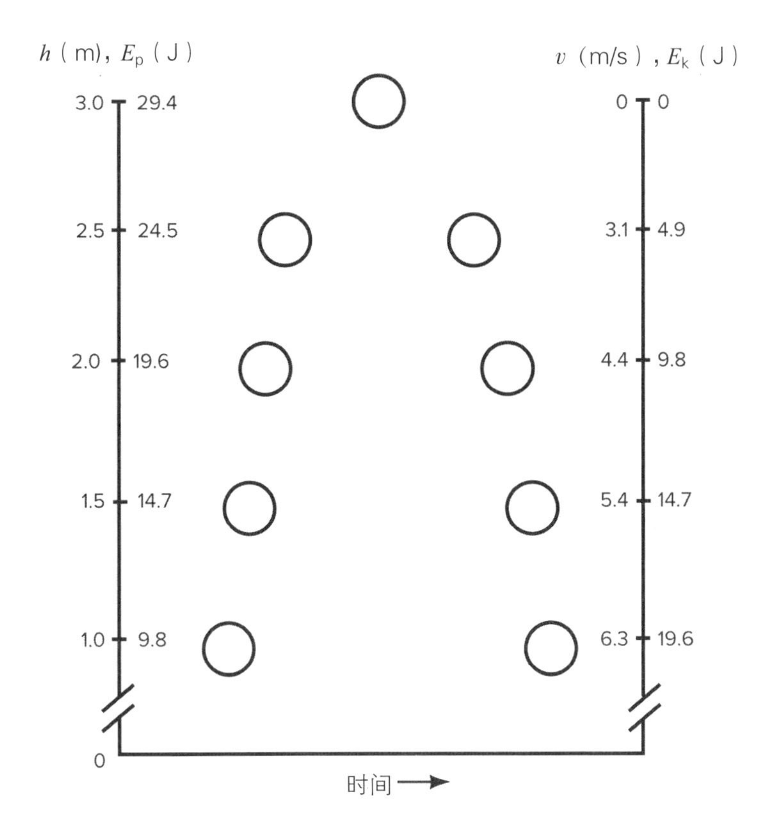

图 12-13

从1 m的高度向上抛的1 kg球的高度、速度、势能和动能的变化。注意$E_p+E_k=C$（一个常数）贯穿整个运动轨迹。

数值保持不变。例题12.7从定量上说明了这一原则。

例题12.7

一个2 kg重的球从1.5 m的高度落下。在撞击地面之前它的速度是多少?

已知

$m = 2\ \text{kg}$

$h = 1.5\ \text{m}$

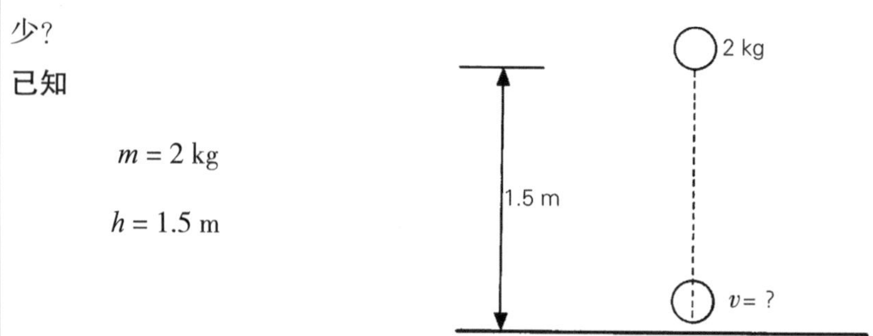

解答

利用机械能守恒定律可以解决这一问题。当球在1.5 m高时，它所拥有的总能量就是它的势能。在撞击之前，球的高度(和势能)可以假设为零，在那一点它的能量100%是动能。

球的总（恒定）机械能:

$$E_p + E_k = C$$
$$(wt)(h) + \frac{1}{2}mv^2 = C$$
$$2\ \text{kg} \times 9.81\ \text{m/s}^2 \times 1.5\ \text{m} + 0 = C$$
$$29.43\ \text{J} = C$$

球在撞击前的速度:

$$E_p + E_k = 29.43\ \text{J}$$
$$wt \times h + \frac{1}{2}mv^2 = 29.43\ \text{J}$$
$$2\ \text{kg} \times 9.81\ \text{m/s}^2 \times 0 + \frac{1}{2} \times 2\ \text{kg} \times v^2 = 29.43\ \text{J}$$
$$v^2 = 29.43\ \text{J/kg}$$
$$v = 5.42\ \text{m/s}$$

功和能量的原则

在机械功和机械能的众多关系之间有一种特殊的关系，即功和能量的原则，描述为：力的功等于它在作用物体上产生的能量的变化。从代数上讲，这一原则可以表示为：

$$W = \Delta E_k + \Delta E_p + \Delta E_T$$

式中，E_k为动能；E_p为势能；E_T为热能（热）。功和能原则的代数表述表明，力所产生的能量形式的变化在数量上等于力所做的机械功。当网球被抛球机抛向空中时，由抛球机对球所做的机械功导致球的机械能增加。在抛之前，球的势能基于它的重量和高度，它的动能是零。抛球机通过向球传递动能来增加球的总机械能。在这种情况下，球的热能变化可以忽略不计。例题12.8提供了功和能量原则的定量说明。

做功与能量的关系在人体的运动中同样常见。例如，跑步者的足弓就像一个储能然后释放的机械弹簧，它们周期性地发生形变，然后又恢复到静息时的形状。足弓作为弹簧的功能减少了在跑步中所需要的其他机械工作量。

人体中的双关节肌肉也可以将机械能从一个关节传递到另一个关节，从而减少了肌肉在运动过程中经过第二个关节所需要的机械功。例如，在垂直起跳时，当髋关节伸肌向心运动产生髋关节伸展时，如果股直肌保持等速收缩，第二个效应是产生膝关节伸肌扭矩。在这个例子中，是髋关节伸肌产生了膝关节伸肌扭矩，因为股直肌的长度没有改变。

重要的是，不要把人体肌肉产生的机械能或机械功与化学能消耗或热量消耗混为一谈。 向心收缩与离心收缩、身体各节段之间的能量转移、弹性储存和能量再利用及关节活动范围的限制等因素，使定量计算机械能和生理能变得复杂[17]。肌肉消耗的大约25%的能量转化为功，剩下的转化为热量或用于身体的化学反应。

表12–1总结了本章使用的公式。

例题12.8

要接住一个以40 m/s的速度运动的1.3 kg重的球需要多少机械功?

已知

m = 1.3 kg

v = 40 m/s

v = 40 m/s

1.3 kg

解决方案

功和能的原理可以用来计算将球的动能变为零所需的机械能。假设球的势能和热能不变：

$$W = \Delta E_k$$

$$= (\frac{1}{2}mv_2^2) - (\frac{1}{2}mv_1^2)$$

$$= 0 - \frac{1}{2} \times 1.3\ \text{kg} \times (40\ \text{m/s})^2$$

$$W = -1040\ \text{J}$$

表 12-1

本章使用的公式总结

描述	公式
力=质量×加速度	$F=ma$
摩擦=摩擦系数×法向反作用力	$F=\mu R$
线性动量=质量×速度	$M=mv$
恢复系数 = $\frac{\text{碰撞后的速度}}{\text{碰撞前的速度}}$	$-e=\frac{v_1-v_2}{u_1-u_2}$
功=力×力的方向上的位移	$W=Fd$
功率= $\frac{\text{功}}{\text{时间}}$	$P=\frac{W}{t}$
功率=力×速度	$P=Fv$
动能 = $\frac{1}{2}$×质量×速度的平方	$E_k=\frac{1}{2}mv^2$
势能=重量×高度	$E_p=ma_gh$
应变能 = $\frac{1}{2}$×弹簧常数×形变的平方	$E_s=\frac{1}{2}kx^2$
势能+动能 =常数	$E_p+E_k=C$
功=能量的变化	$W=\Delta E_k+\Delta E_p+\Delta E_T$

小结

线性动理学是研究与线性运动有关的力的学科。许多基本动理学的量之间的相互关系在牛顿提出的物理定律中得到了确认。

摩擦力是当一个表面相对于另一个表面有运动或运动趋势时，两个面接触时产生的力。最大静摩擦力和动摩擦力的大小是由两个表面之间的摩擦系数和将两个面压在一起的法向反作用力决定的。摩擦力的方向总是与运动方向或运动趋势的方向相反。

当涉及碰撞时，动量和弹性也是影响两个接触物体运动的因素。线性动量是物体质量和速度的乘积。在不受外力作用的情况下，既定系统中存在的总动量保持不变。动量的变化是推力和外力作用一段时间的结果。碰撞的弹性决定了碰撞后系统速度的大小。两个碰撞物体的相对弹性由弹性系数表示。

机械功是力和力作用的距离的乘积。机械功率是指在一段时间内所做的机械功。机械能有两种主要形式：动能和势能。当重力或弹性力是唯一作用的外力时，既定物体系统所具有的动能和势能之和保持不变。物体能量的变化与外力所做的机械功相等。

入门题

1. 一个踢球者需要施加多大的力才能给一个静止的2.5 kg的球40 m/s的加速度？（答案：100 N）

2. 一名体重712 N的跳高运动员在起跳时对地面施加3 kN的力。地面对跳高运动员施加多大的力？（答案：3 kN）
3. 影响摩擦力大小的因素是什么？
4. 如果篮球鞋和球场之间的μ_s是0.56，作用在鞋上的法向反作用力是350 N，引起鞋子的滑动需要多大的水平力？（答案：> 196 N）
5. 一名足球运动员推着一辆670 N的雪橇。雪橇与草的静摩擦系数为0.73，雪橇与草的动摩擦系数为0.68。

   a.要启动雪橇，运动员必须施加多大的力？

   b.保持雪橇运动需要多大的力？

   c.假设一位100 kg重的教练站在雪橇上，回答以上两个问题。

   （答：a. >489.1 N；b.455.6 N；c. >1205.2 N，1122.7 N）
6. 前锋A的质量是100 kg，他以4 m/s的速度与质量为90 kg、速度为4.5 m/s的前锋B迎头相撞。如果双方都能保持站立，会发生什么情况？（答案：B以0.026 m/s的速度将A向后推）。
7. 两个滑冰者在冰面上迎面相撞。如果两人在碰撞后抱在一起并继续作为一个整体运动，那么他们的合成速度是多少？滑冰者A的速度为5 m/s、质量为65 kg，滑冰者B的速度为 6m/s、质量为60 kg。（答：v = 0.28 m/s，方向与滑冰者B方向一致）
8. 球从2 m高掉到地面上，反弹到0.98 m的高度。球与接触面之间的恢复系数是多少？（答案：0.7）
9. 一层20级的楼梯，每级高20 cm，一个700 N的人在12.5 s内爬完。计算上升过程中的机械功、功率和势能的变化。（回答：W=2800 J，P =224 W，E_p=2800 J）。
10. 一个质量为1kg的球以28 m/s的速度投向接球手的手套。

    a.这个球有多少动量？

    b.使球停下需要多大的冲量？

    c.如果球在接球过程中与接球手的手套接触时间为0.5 s，那么手套的平均作用力是多少？

    （答案：a. 28 kg・m/s; b. 28 N・s; c. 56 N）

附加题

1. 找出每个牛顿定律对应的三个实际例子，并清楚地解释每个例子是如何阐明这个定律的。
2. 选择一项运动或日常活动，并找出接触面之间存在的摩擦力是如何影响活动结果的。
3. 一个2 kg重的物体在水平面上受到7.5 N的水平力。如果物体的加速度是3 m/s^2，那么与物体运动方向相反的摩擦力的大小是多少？

（答案：1.5 N）。

4. 在特定的人类运动技能情形下解释机械功、功率和能量之间的相互关系。
5. 解释机械功是否与热量消耗有关系，其以什么样的方式作用。在你的回答中应包括正功和负功的区别及人为测量因素的影响。
6. 一根长108 cm、重0.73 kg的高尔夫球杆以10 rad/s^2的恒定加速度摆动0.5 s。球杆撞击球时的线性动量是多少？（答案：3.9 kg · m/s）
7. 一只6.5 N的球以35° 角从1.5 m的高度扔出，初始速度为20 m/s。

   a.如果球在1.5 m的高度被接住，它的速度是多少？

   b.如果球在1.5 m的高度被接住，需要做多少机械功？

   （答案：a. 20 m/s；b.132.5 J）
8. 一个50 kg的表演者以2 m/s的初速度进行最大垂直跳跃。

   a.表演者在跳跃时的最大动能是多少？

   b.表演者在跳跃时的最大势能是多少？

   c.表演者在跳跃时的最小动能是多少？

   d.在跳跃过程中，表演者的重心升高了多少？

   （答：a. 100 J；b.100 J；c.0 J；d.20 cm）
9. 利用机械能守恒定律计算一个以10 m/s初速度垂直向上抛的7 N的球的最大高度。（答案：5.1 m）
10. 从下列运动中选择一项，推测机械动能和机械势能之间发生的变化。

    a.跑步时单腿支撑；

    b.网球发球；

    c.撑杆跳；

    d.跳板跳水。

参考文献

[1] ALLEN T B, HAAKE S J, Goodwill S R. Effect of tennis racket parameters on a simulated groundstroke. *J Sports Sci*, 2011, 29:311.
[2] BEZODIS N E, NORTH J S, Razavet J L. Alterations to the orientation of the ground reaction force vector affect sprint acceleration performance in team sports athletes. *J Sports Sci*, 2016, 4:1.
[3] CHADEFAUX D, RAO G, LE CARROU J L, et al. The effects of player grip on the dynamic behaviour of a tennis racket. *J Sports Sci*, 2017, 35:1155.
[4] DIXON S J, COLLOP A C, BATT M E. Surface effects on ground reaction forces and lower extremity kinematics in running. *Med Sci Sports Exerc*, 2000, 32:1919.
[5] FEDEROLF P A, MILLS R, NIGG B. Ice friction of flared ice hockey skate blades. *J Sports Sci*, 2008, 26:1201.
[6] GREENWALD R M, PENNA L H, CRISCO J J. Differences in batted ball speed with wood and aluminum baseball bats: A batting cage study. *J Appl Biomech*, 2001, 17:241.
[7] GUIDO JA Jr, WERNER S L. Lower-extremity ground reaction forces in collegiate baseball pitchers. *J Strength Cond Res*, 2012, 26:1782.
[8] GUIDO JA Jr, WERNER S L, Meister K. Lower-extremity ground reaction forces in youth windmill softball pitchers. *J Strength Cond Res*, 2009, 23:1873.
[9] KIEFER J. Bowling: The great oil debate. In Schrier EW and Allman WF: *Newton at the bat*, New York: Charles Scribner's Sons, 1987 .
[10] KÜMMEL J, CRONIN N J, KRAMER A, et al. Conditioning hops increase triceps surae muscle force and achilles tendon strain energy in the stretch-shortening cycle. *Scand J Med Sci Sports*, 2017.
[11] NIKOOYAN A A, ZADPOOR A A. Effects of muscle fatigue on the ground reaction force and soft-tissue vibrations during running: a model study. *IEEE Trans Biomed Eng*, 2012, 59:797.
[12] NIMPHIUS S, MCGUIGAN M R, SUCHOMEL T J, et al. Variability of a *force signature* during windmill softball pitching and relationship between discrete force variables and pitch velocity. *Hum Mov Sci*, 2016, 47:151.
[13] QUEEN R M, BUTLER R J, DAI B, et al. Difference in peak weight transfer and timing based on golf handicap. *J Strength Cond Res*, 2013, 27:2481.
[14] SLAWINSKI J, BONNEFOY A, LEVÊQUE J M, et al. Kinematic and kinetic comparisons of elite and well-trained sprinters during sprint start. *J Strength Cond Res*, 2010, 24:896.
[15] TAKEDA T, SAKAI S, TAKAGI H, et al. Contribution of hand and foot force to take-off velocity for the kick-start in competitive swimming. *J Sports Sci*, 2017, 35:565.
[16] THORPE C T, GODINHO M S, RILEY G P, et al. The interfascicular matrix enables fascicle sliding and recovery in tendon, and behaves more elastically in energy storing tendons.*J Mech Behav Biomed Mater*, 2015, 52:85.
[17] VAN DE WALLE P, DESLOOVERE K, TRUIJEN S, et al. Age-related changes in mechanical and metabolic energy during typical gait. *Gait Posture*, 2010, 31:495.
[18] WADE M, CAMPBELL A, SMITH A, et al. Investigation of spinal posture signatures and ground reaction forces during landing in elite female gymnasts. *J Appl Biomech*, 2012, 28:677.
[19] WU S K, GROSS M T, PRENTICE W E, et al. Comparison of ball-and-racquet impact force between two tennis backhand stroke techniques. *J Orthop Sports Phys Ther*, 2001, 31:247.

注释读物

LACOUR J R, BOURDIN M. Factors affecting the energy cost of level running at submaxi-mal speed. *Eur J Appl Physiol*, 2015, 115:651.
回顾关于跑步的能量消耗中弹性能量储存在肌腱中的作用。

MlYNAREK R A, LEE S, BEDI A. Shoulder injuries in the overhead throwing athlete, *Hand Clin*, 2017, 33:19.
回顾空中抛球运动的力学，注意肌肉力量的发展顺序，肌腱的储能和释能，由于重复抛球、常见的损伤，以及外科选择造成的肩膀适应性和病理性变化。

POPOV V. Contact mechanics and friction: Physical principles and applications. New York: Springer, 2017.
介绍接触力学与摩擦力的关系，包括摩擦、润滑和磨损。

RAVIV D. Math-less physics: A visual guide to understanding Newton's laws of motion.North Charleston, SC: CreateSpace Independent Publishing Platform, 2016.
提供一个直观介绍物理基本概念的视角，让学生以一种舒适的、非畏惧的方式亲近物理。

第十三章　平衡与人体运动

通过学习本章，读者可以：

定义扭矩，量化合成扭矩，并了解影响合成关节扭矩的因素。

识别与不同种类杠杆相关的机械优势，并解释人体杠杆的概念。

利用静力平衡方程解决基本的定量问题。

掌握重心的定义，了解重心位置在人体中的重要性。

了解机械因素是如何影响物体稳定性的。

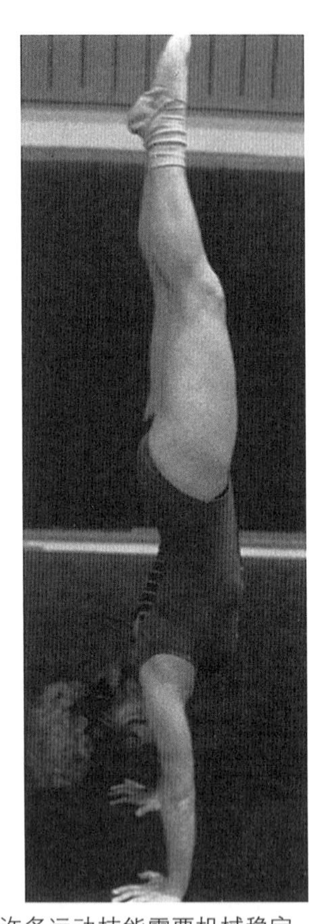

许多运动技能需要机械稳定性。©Susan Hall.

与跳高运动员相比，为什么跳远运动员在起跳前要降低重心？是什么机械因素使轮椅能在缓慢变化的坡道上保持静止，使相扑选手能抵抗对手的攻击？一个物体的机械稳定性是以它对直线运动和角运动的抵抗为基础的。本章介绍角运动的动理学，及影响机械稳定性的因素。

平衡

扭矩

扭矩（torque）
是使物体发生转动的特殊力矩，计算式为力与力的作用线与轴之间的垂直距离的乘积。

由施加的力产生的旋转效应称为扭矩或力矩。可以把扭矩当作是旋转力矩，是角的等效线性力。从代数上讲，扭矩是力和力臂或力的作用线到旋转轴的垂直距离的乘积：

$$T = Fd_{\perp}$$

因此，力的大小及力臂的长度都会对扭矩产生影响（图13–1）。力臂有时也称为矩臂或杠杆臂。

力臂（moment arm）
是力的作用线与旋转轴之间的最短（垂直）距离。

如图13–2所示，力臂是力的作用线与旋转轴之间最短的距离。通过旋转轴的力不会产生扭矩，因为力的力臂是0 m。

在人体内部，相对于关节中心的肌肉力臂是肌肉的运动线与关节中心之间的垂直距离（图13–3）。关节运动时，经过关节的肌肉力臂会发生变化。对于任何给定的肌肉，随着构成关节的骨的夹角逐渐接近90°，力臂越来越大。例如，肘关节，随着任一方向上关节的角度远离90°，肘关节屈肌的力臂逐步减小。由于扭矩是力臂与肌肉力的乘积，力臂的变化直接影响肌肉产生的关节扭矩。如果肌肉要在运动中产生恒定的关节扭矩，就必须在力臂减少时产生更大的力。

在赛艇运动中，按照传统，相邻的船员在船身的两侧划桨，桨和船尾之间施加力的力臂是影响比赛表现的一个因素（图13–4A）。按照传统安排，船一侧的桨手比另一侧的桨手位置离船尾更远，从而在划桨时产生净扭矩，并在船尾附近产生横向摆动[18]。假设每个桨手在每次划桨时产生的力几乎相同，某种意大利装备通过固定桨手位置，阻止净扭矩产生，从而避免了这个问题（图13–4B）。意大利和德国的赛艇队为八名运动员设定了几种可供选择的位置（图13–5）。

• 当施加的力垂直，力离旋转轴越远，越容易产生旋转。

另一个关于力臂长度重要性的例子是舞者在准备绕垂直轴进行全身旋转时的脚的位置。当舞者开始转身时，产生转身的扭矩是由脚对地板施加的大小相等、方向相反的力提供的。一对大小相等、方向相反的力称为力偶。因为力偶中的力位于旋转轴的相反方向，所以它们在相同的方向上产生扭矩。因此，由一对力偶产生的扭矩是每个力及其力臂的乘积之和。从芭蕾五位开始旋转，两脚之间的

力偶（couple）
是指一对大小相等、方向相反的力作用于旋转轴的两边，以产生扭矩。

俯视图

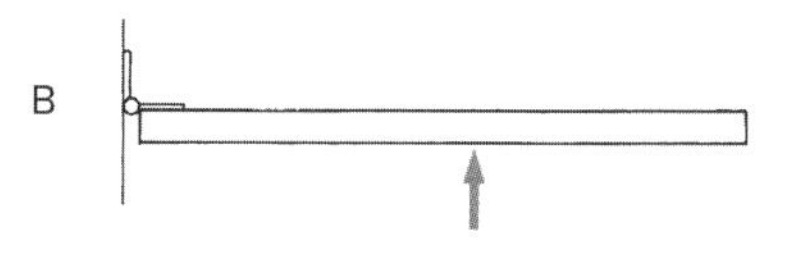

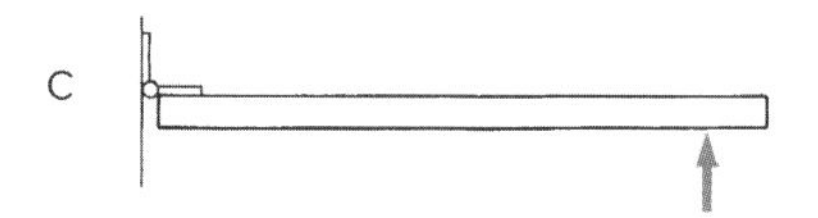

图 13–1
开启旋转门的最佳受力位置是哪里？也许经验能证明图C所示位置是最好的。

图 13-2

力的力臂是力的作用线到旋转轴（门铰链）的垂直距离。

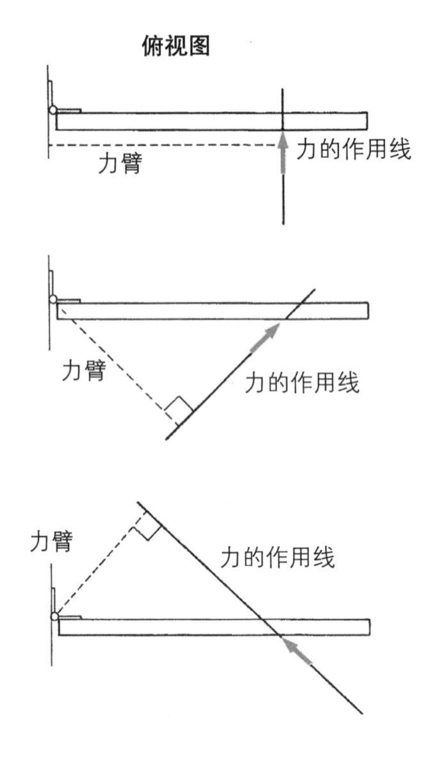

图 13-3

肌肉的力臂在被拉至90° 角时最大。当任一方向上拉力线角度远离90° 时，力臂变得越来越小。

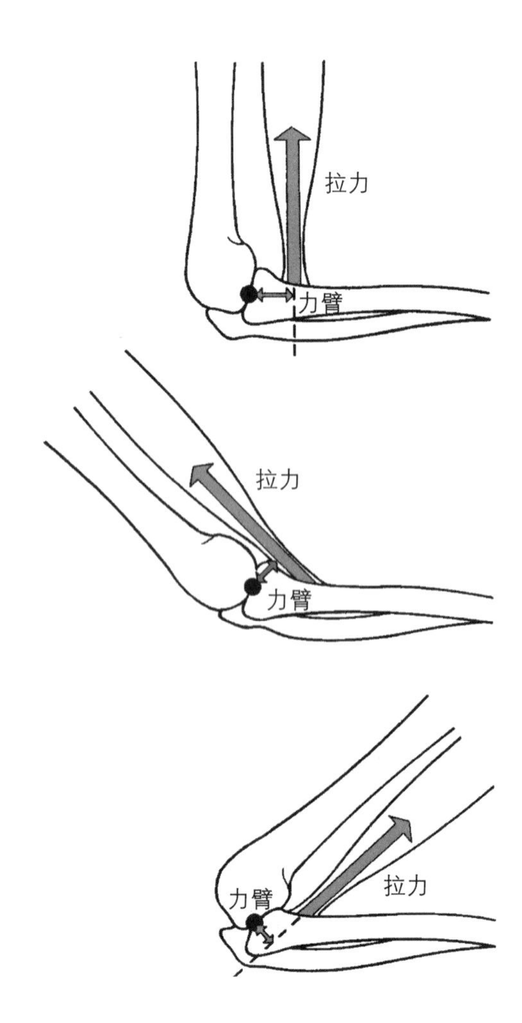

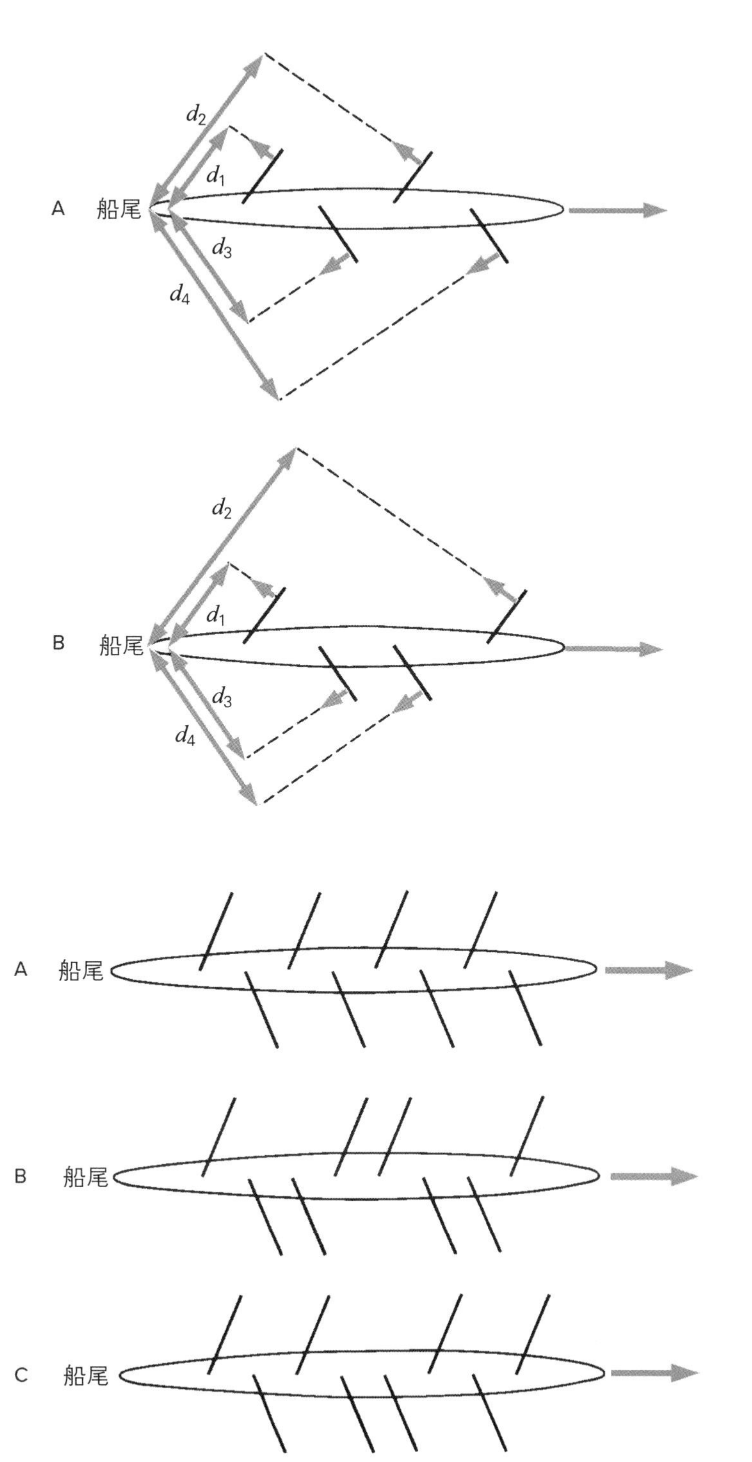

图 13-4

A.因为上侧桨力矩臂（d_1+d_2）之和小于下侧桨力矩臂（d_3+d_4）之和，所以这种船员排布在船尾产生净扭矩。B.假设所有桨手同时划水并且产生的力相等，这种排布避免了A图的问题，因为（d_1+d_2）=（d_3+d_4）。

图 13-5

意大利和德国为八名赛艇运动员安排了不同的位置。桨力对船尾产生的力矩在B图和C图中是平衡的，但在传统排布A图中不是。

距离较小，舞者在以相同的速度旋转时需要产生比从四位开始旋转更大的力，因为在四位中，力偶的力臂更长（图13-6）。当扭矩由一个支撑脚产生时需要更大的力，因为支撑脚使力臂减小到跖骨和跟骨之间的距离。

扭矩是矢量，具有大小和方向的特征。既定的力产生的扭矩（T）的大小等于Fd，扭矩的方向可以描述为顺时针方向或逆时针方向。如第十一章中讨论的，逆时针方向通常称为正（+）方向，而顺时针方向通常认为是反（–）方向。作用于既定旋转轴上的两个或两个以上扭矩的大小可以用矢量组合的规则相加（例题13.1）。

图 13-6

舞者的站姿越宽，转身时脚所产生的力臂就越大。当从单脚站立开始旋转时，力臂为支撑脚两点之间的距离。

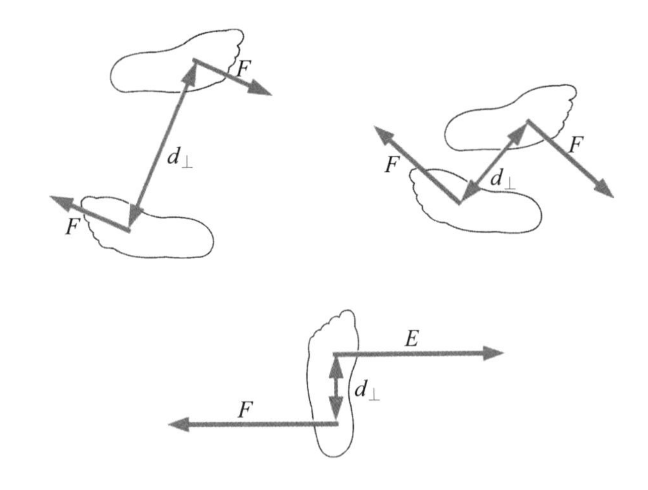

例题13.1

两个孩子坐在跷跷板的两端。如果200 N的Joey距离跷跷板的旋转轴1.5 m，190 N的Susie距离旋转轴1.6 m，跷跷板的哪一端会下落？

已知

Joey：$wt\ (F_J) = 200\ \text{N}$

$d_{\perp J} = 1.5\ \text{m}$

Susie：$wt\ (F_S) = 190\ \text{N}$

$d_{\perp S} = 1.6\ \text{m}$

解答

跷跷板将在它的旋转轴上，沿合成扭矩的方向旋转。为了求合成扭矩，根据矢量组合的原则，将两个孩子产生的力矩相加。Susie体重产生的扭矩是逆时针（正）方向，Joey体重产生的扭矩是顺时针（负）方向。

$$
\begin{aligned}
T_a &= F_S \times d_{\perp S} - F_J \times d_{\perp J} \\
&= 190\ \text{N} \times 1.6\ \text{m} - 200\ \text{N} \times 1.5\ \text{m} \\
&= 304\ \text{N}\cdot\text{m} - 300\ \text{N}\cdot\text{m} \\
&= 4\ \text{N}\cdot\text{m}
\end{aligned}
$$

产生的合成扭矩是正方向的，Susie坐的跷跷板一端会下落。

- 肌肉张力和肌肉力臂的乘积在肌肉经过的关节处产生扭矩。

关节合成扭矩

扭矩的概念在人体运动研究中非常重要，因为扭矩产生人体各部分的运动。正如第六章所讨论的，当肌肉经过关节时产生张力，张力会产生一种牵拉附着骨的力，从而在肌肉经过的关节处产生扭矩。

人体的许多运动涉及主动肌和拮抗肌同时产生张力。拮抗肌的张力控制着运动的速度，并增强运动发生时关节的稳定性。由于拮抗肌张力产生的扭矩与主动肌张力产生的扭矩方向相反，因此在关节处产生的运动是净扭矩的函数。当肌肉的净扭矩与关节的运动方向相同时，扭矩称为向心扭矩，而与关节运动方向相反的肌肉扭矩称为离心扭矩。虽然这些术语在肌肉功能分析中是实用性的描述，但当考虑双关节或多关节肌肉时，它们的应用就复杂了，因为一块肌肉可能在一个关节上存在向心扭矩，而在其经过的另一个关节上存在离心扭矩。

由于在完成大多数动作技能时直接测量肌肉所产生的力量是不切实际的，因此往往用测量或估计关节扭矩（关节矩）来研究肌肉运动的模式。许多因素，包括身体各部分的重量，身体各部分的运动和外力的作用，都可能促进净关节扭矩的形成。关节扭矩分布通常与最首要任务的要求相匹配，并至少提供肌群运动水平的一般估计量。

为了更好地理解跑步过程中的肌肉功能，许多研究人员研究了整个跑步过程中髋关节、膝关节和踝关节产生的扭矩。图13–7为跑步过程中髋关节、膝关节和踝关节典型的关节扭矩和角速度的合成结果，这是根据胶片和力平台数据计算出来的。在图13–7中，当所得到的关节扭矩曲线与角速度曲线在0线的同一侧时，扭矩为向心扭矩；相反，扭矩是离心扭矩。从图13–7可以看出，跑步时，下肢关节同时存在向心扭矩和离心扭矩。随着跑步速度在3.5 ~ 9.0 m/s范围内增加，摆动相末期时髋关节伸肌和膝关节屈肌是导致下肢关节扭矩增加的主要原因[16]。有趣的是，已经证明与赤脚跑步相比，穿跑鞋会增加臀、膝和踝关节扭矩[10]。

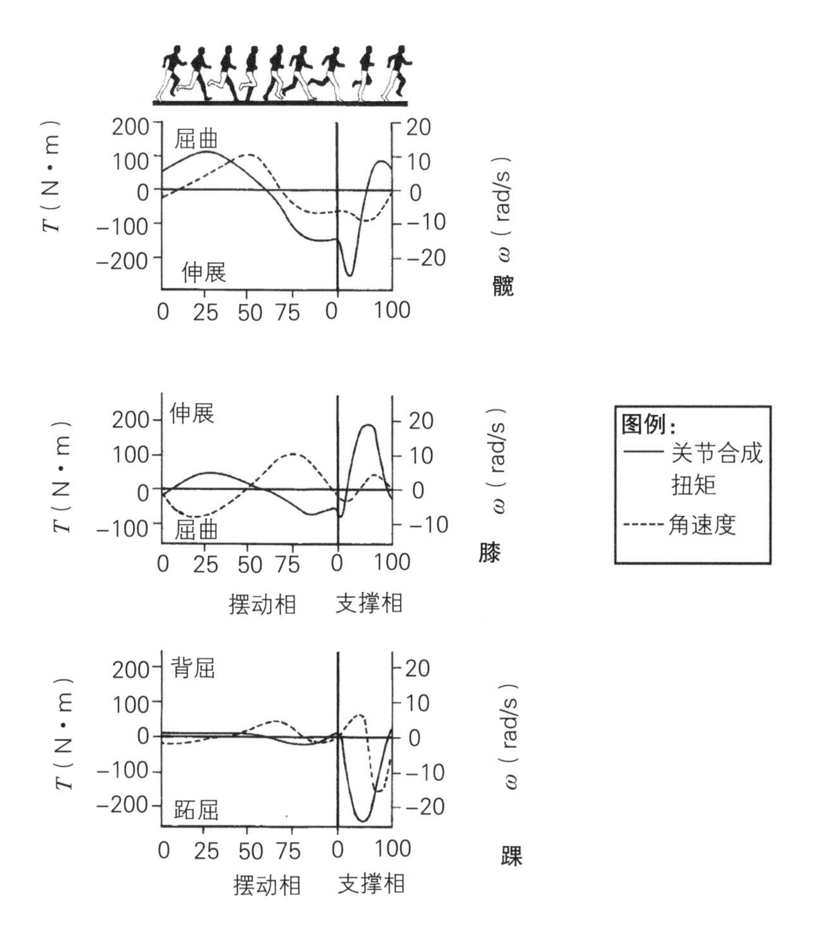

图 13–7

跑步过程中具有代表性的下肢关节扭矩（T）和角速度（ω）曲线。Source: Adapted from Putnam CA and Kozey JW: Substantive issues in running. In Vaughan CL, ed: Biomechanics of sport, Boca Raton, FL, 1989, CRC Press.

在既定的动力下，在骑行过程中，髋、膝和踝所需要的扭矩受身体位置和自行车尺寸的影响。©Ryan McVay/DigitalVision/Getty Images RF.

在既定功率下骑行时，下肢关节扭矩受踏板速度、坐椅高度、踏板曲柄臂长度、踏板主轴与踝关节距离的影响。图13-8为在恒定功率下，随着踏板速度的变化，髋关节、膝关节和踝关节平均合成扭矩的变化。骑自行车时，通过在每个下肢关节之间经过的肌肉的协调活动，达到最佳的机械效率；经过膝关节、髋关节和踝关节的肌肉被连续最大化激活；利用多块肌肉产生更大关节扭矩[4]。

人们普遍认为，阻力训练所需的肌肉力量（由关节扭矩所产生）随着阻力的增加而增加。与正常体重的儿童相比，肥胖儿童的体重超标，每走一步，髋、膝和踝关节的扭矩会显著增加[17]。体重的增加也被证明会增加膝关节扭矩，即使在不负重的运动中也是如此，如划船时下肢身体部分重量的增加[15]。在阻力训练中，另一个影响关节扭矩的因素是运动学。例如，有关研究表明，与前蹲相比，后蹲在膝关节处产生的伸肌扭矩更大[8]。

另一个在训练中影响关节扭矩的因素是运动速度。在其他因素保持不变的情况下，训练中运动速度的增加会导致关节扭矩的增加，如下蹲。然而，在重量训练中增加运动速度通常是不可取的，因为增加速度不仅会增加所需的肌肉张力，还会强化不正确技巧和后续受伤的可能性。在阻力训练的早期，负荷的加速度也会产生动量，这意味着所涉及的肌肉在整个运动范围内不需要像在其他情况下那样努力工作。由于这些原因，在缓慢的、可控的运动速度下进行锻炼既安全又有效。

图 13-8

在骑车时，髋关节、膝关节和踝关节的平均合成扭矩与踏板速度之比。Source: Adapted from Redfield R and Hull ML: On the relation between joint moments and pedalling at constant power in bicycling, J Biomech 19:317, 1986.

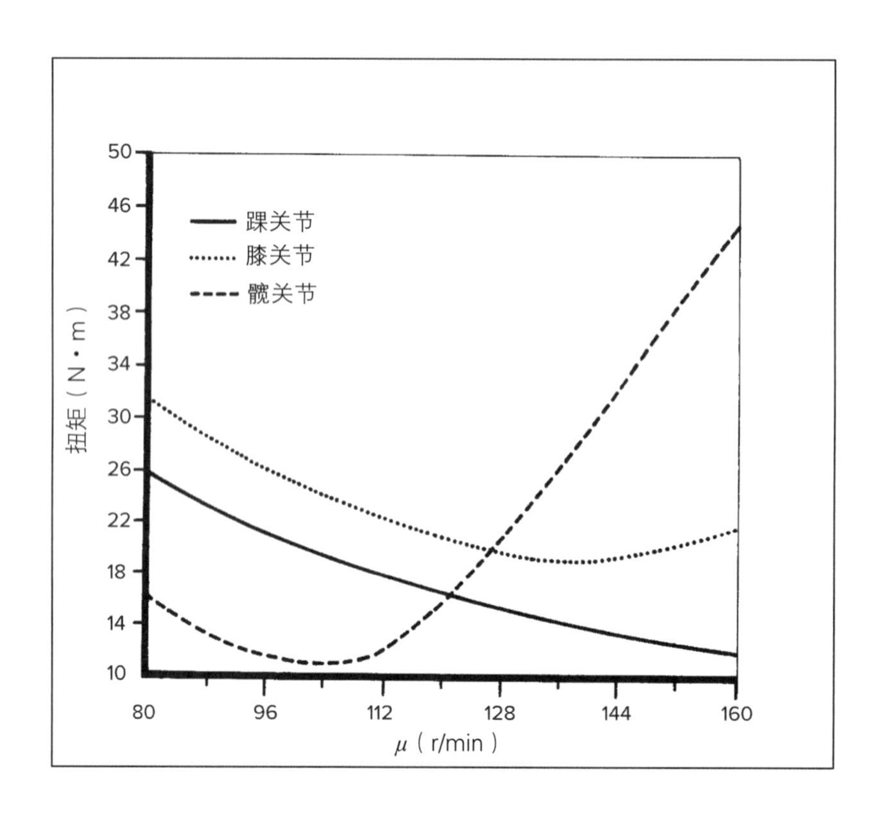

杠杆

当肌肉产生张力，拉动骨骼来支撑或移动身体各部分的重量，可能还有额外载荷的重量产生的阻力时，肌肉和骨骼在机械上起的作用就像一个杠杆。杠杆是围绕轴或支点旋转的刚性杆。施加在杠杆上的力需要克服一定的阻力，从而使杠杆移动。在人体中，骨起着刚性杆的作用，关节是轴或支点，肌肉发力。在杠杆中，作用力、阻力和旋转轴或支点的三种相对排列，如图13-9所示。

在一类杠杆中，所施加的力和阻力位于轴或支点的两侧，如跷跷板，剪刀、钳子和撬棍等常用工具（图13-10A）。人体关节轴的两侧，主动肌和拮抗肌的同时作用类似于一类杠杆，主动肌提供动力，而拮抗肌提供阻力。在一类杠杆中，所施加的力和阻力可能与轴或支点的距离相等，也可能其中一个比另一个离轴或支点远。

杠杆（lever）
在力的作用下能绕着固定点转动的硬棒就是杠杆。

支点（fulcrum）
指杠杆绕着转动的点。

一类杠杆（first-class fulcrum）
施加的力和阻力在轴或支点的两侧的杠杆。

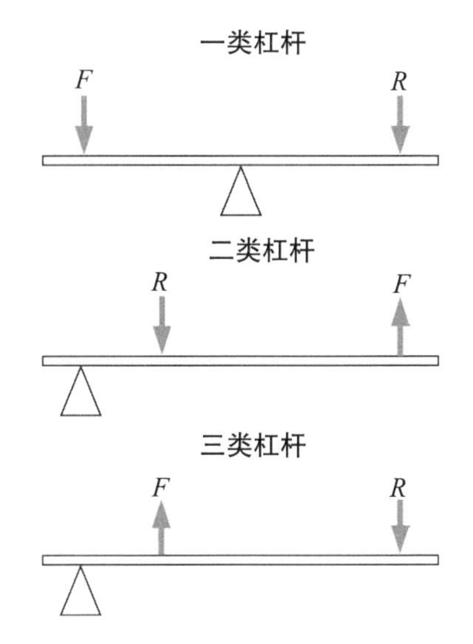

图 13-9

作用力、阻力和支点或旋转轴的相对位置决定了杠杆的分类。

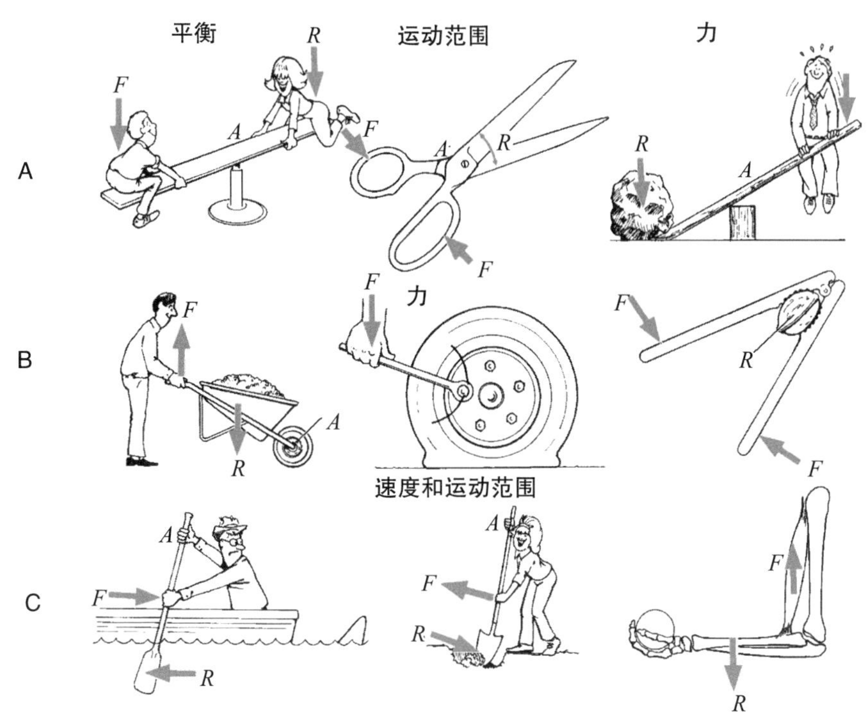

图 13-10

A.一类杠杆。B.二类杠杆。C.三类杠杆。注意，只有当上端手不施加力，只作为一个固定的旋转轴或支点时，桨和铲才能作为三类杠杆。

二类杠杆（second-class lever）
阻力位于施加的力和支点之间的杠杆。

三类杠杆（third-class lever）
施加的力位于支点和阻力之间的杠杆。

在二类杠杆中，施加的力和阻力在轴或支点的同一侧，阻力更靠近轴或支点。独轮车、螺母扳手和胡桃钳都是二类杠杆的例子，但是在人体中没有完全类似的例子（图13-10B）。

在三类杠杆中，施加的力和阻力在轴或支点的同一侧，但施加的力更靠近轴或支点。独木舟桨和铲子可以被看作是三类杠杆（图13-10C）。人体大部分肌肉骨骼系统属于三类杠杆。向心收缩时，肌肉提供的施加力与身体部位重量或肢体远端重量所施加阻力的距离相比，肌肉所施加的、附着在骨上的力离关节中心点更近（图13-11）。然而，如图13-12所示，在离心收缩时，肌肉提供的阻力与外力对抗。在离心收缩时，肌肉和骨骼的功能类似于二类杠杆。

机械效益（mechanical advantage）
是既定杠杆的动力力臂与阻力力臂之比。

杠杆的作用有两个（图13-13）。当施加的力的力臂大于阻力的力臂时，施加的力的大小小于阻力的大小。当阻力的力臂大于施加的力的力臂时，阻力可以移动相对较大的距离。杠杆移动阻力的机械效率可以定量表示为机械效益，即施加的力的力臂与阻力的力臂之比：

$$机械效益 = \frac{力臂（动力）}{力臂（阻力）}$$

• 施加的力的力臂也可以称为动力臂，阻力的力臂也可以称为阻力臂。

当施加的力的力臂大于阻力的力臂时，机械效益为大于1的数值，而移动阻力所需施加的力小于阻力。当必须移动重物时，用小于

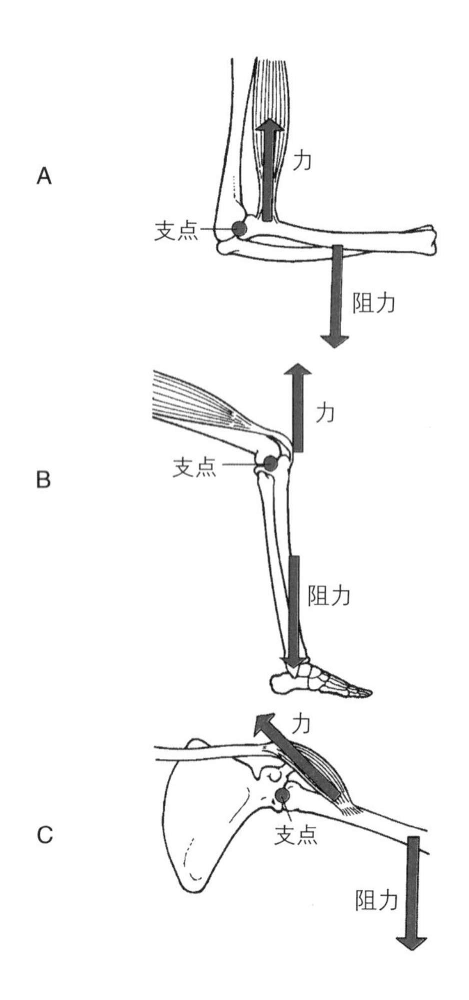

图 13-11
人体肌肉骨骼系统大部分属于三类杠杆。A.肘的肱二头肌。B.膝的髌韧带。C.肩的三角肌中部。

阻力的力移动有明显的优势。如图13–10所示，独轮车结合了二类杠杆和滚动摩擦，以方便运输负载。在从汽车车轮上拆卸螺母时，扳手上用一个可行的、足够长的附件，有助于提高机械效益。

换言之，当机械效益小于1时，必须施加大于阻力的力来引起杠杆的运动。虽然这种设计在需要更大的力上的意义不大，但在杠杆的施力点上一个小的运动可以使阻力产生一个更大的运动范围（图13–13B）。

熟练的投手在投球时，通常会将投球的手与全身旋转轴之间的力臂长度最大化，以最大限度地发挥肌肉所产生扭矩的作用。©Erik Isakson/Tetra Images/Corbis/Getty.

解剖杠杆

在许多运动项目中，技巧型运动员刻意使有效力臂的长度最大化，以使关节周围肌肉所产生的扭矩的效果最大化。在网球发球过程中，技术精湛的选手不仅要伸直手臂击球，还要在水平面上大力旋转

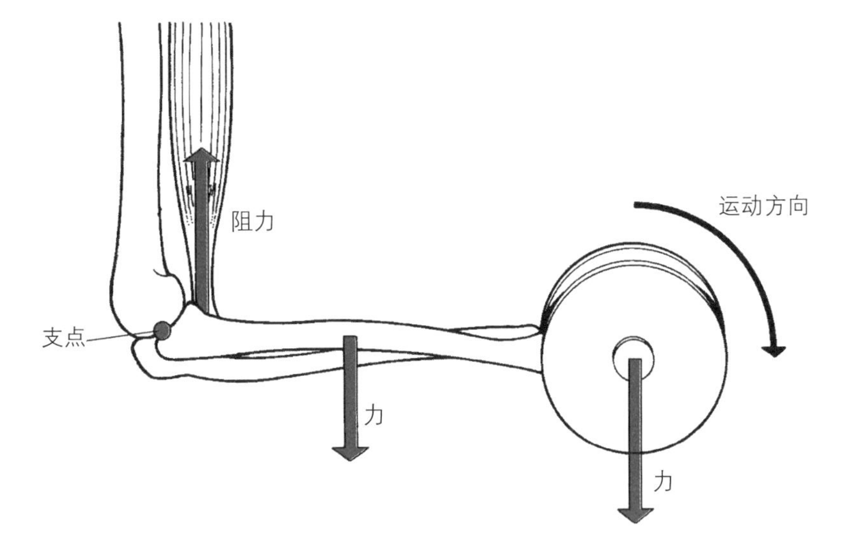

图 13–12

肘关节屈肌的离心收缩，提供一个减速阻力，以控制屈曲运动减速阶段的运动速度。

A

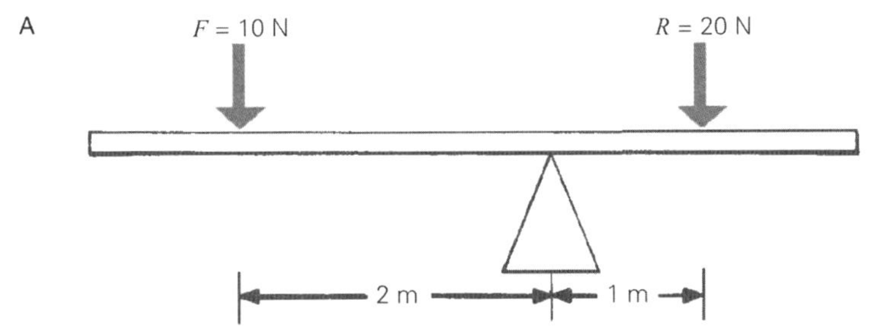

B

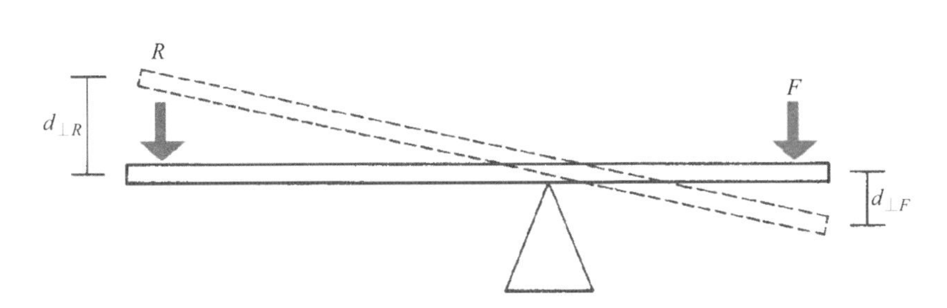

图 13–13

A.当一个力的力臂大于阻力的力臂时，它可以制衡较大的阻力。B.当一个力的力臂比阻力的力臂小时，它可以使阻力产生更大范围的运动。

身体，使脊柱成为旋转轴，从而最大限度地延长输送力的解剖杠杆的长度。同样的策略也适用于熟练的棒球投手。如第十一章所述，旋转半径越大，球拍或手所传递的投掷线速度越大，击球或投球的合成速度也越大。

在人体中，大多数的肌肉骨骼都属于三类杠杆，因此，其机械效益小于1。虽然这种结果提高了身体各部分的运动范围和角速度，但如果要做正机械功，肌肉所产生的力必须大于阻力。

肌肉牵拉骨骼的角度也会影响肌肉骨骼的机械效益。肌张力分解为两个力分量——一个垂直于附着骨，一个平行于附着骨（图13–14）。正如第六章所讨论的，只有垂直于骨的分量——旋转分量才真正使骨骼绕关节中心点旋转。直接平行于骨的肌肉力量的分量要么使骨远离关节中心点（不稳定的分量）要么靠近关节中心点（稳定的分量），这取决于骨和附着肌之间的角度小于还是大于90°。对任何肌肉来说，最大机械优势的角度就是能够产生最大旋转力的角度。比如在肘关节，关节处的相对角度与肘关节屈肌的附着的角度接近。肱肌、肱二头肌、肱桡肌的最大机械效益发生在肘关节屈曲大约75°和90°时（图13–15）。

随着关节角度和机械优势的变化，肌肉长度也会发生变化。肘关节屈肌长度的变化与肘关节角度的变化相关（图13–16）。这些变化会影响肌肉产生的张力，如第六章所述。在肘关节产生最大扭矩的屈曲角度大约为80°，随着肘关节在各个方向角度的变化，产生最大扭矩的能力逐渐减小[19]。

肌群在产生关节旋转时的机械效益随关节角度的变化而变化，这是现代变阻力量训练装置设计的潜在基础。这些装置的设计是为了配

图 13–14

肌肉力量可以分解为旋转分量和分离分量。

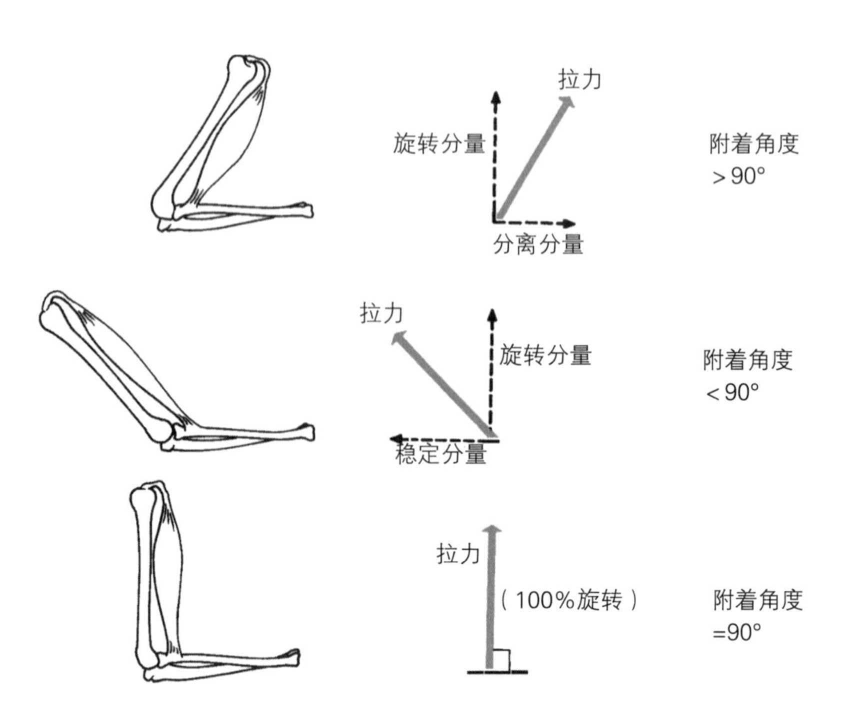

合肌群在关节运动范围内产生不断变化的扭矩的能力。Universal和Nautilus制造的器械就是例子。尽管这些器械在关节运动范围的终末端提供的相对阻力比不负重时大，但其所包含的阻力模式与人体一般力量曲线并不完全匹配。

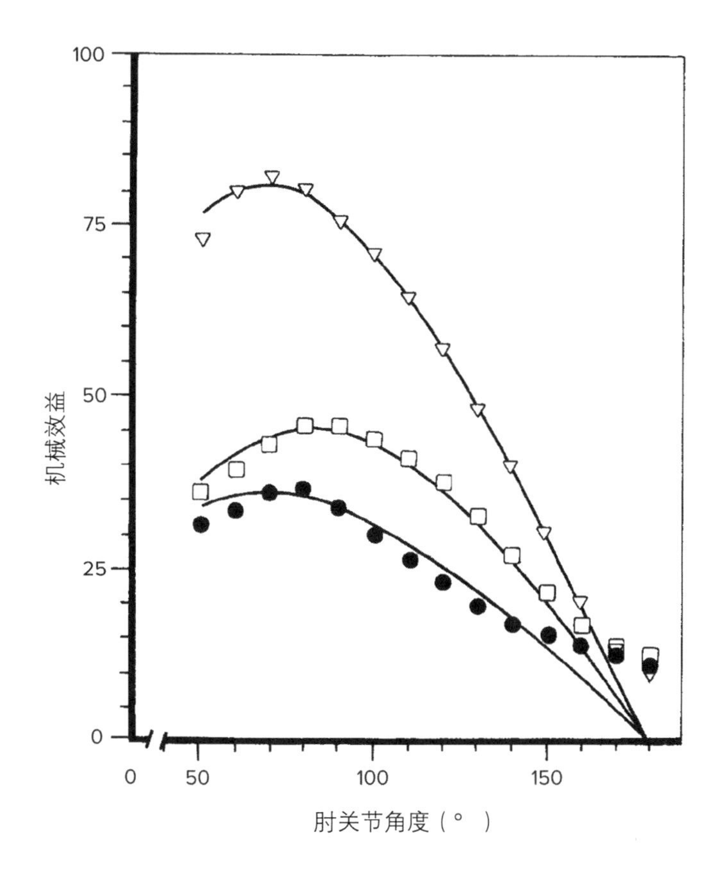

图 13-15

随着肘关节角度的变化，肱肌（●）、肱二头肌（□）、肱桡肌（▽）的机械效益发生变化。Source: van Zuylen, E. J., van Zelzen, A., and van der Gon, J. J. D. "A Biomechanical Model for Flexion Torques of Human Arm Muscles as a Function of Elbow Angle," Journal of Biomechanics, 21:183, 1988.

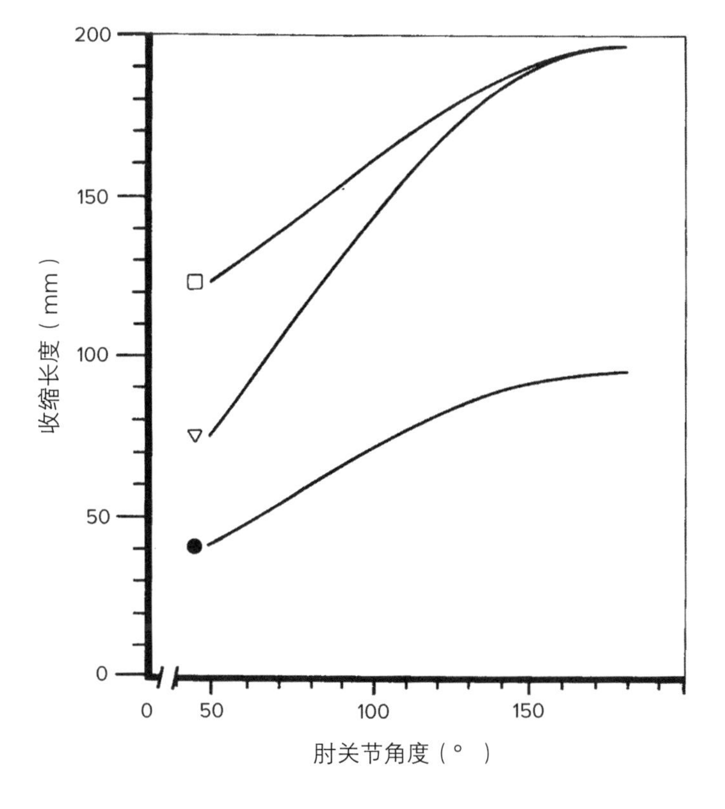

图 13-16

随着肘关节角度的变化，肱肌（●）、肱二头肌（□）、肱桡肌（▽）的收缩长度变化。Source: van Zuylen，E. J.，van Zelzen，A.，and van der Gon，J. J. D. "A Biomechanical Model for Flexion Torques of Human Arm Muscles as a Function of Elbow Angle，" Journal of Biomechanics，21:183，1988.

- 肌肉产生力的能力受肌肉长度、横截面积、力臂、附着角、减慢速度和训练状态的影响。

等速器械是另一种将产生扭矩能力与阻力相匹配的方法。这些装置通常设计成以恒定角速度对旋转的杠杆臂施加力。如果关节中心与杠杆臂的旋转中心在一条直线上，那么身体节段以与杠杆臂相同（恒定）的角速度旋转。如果所涉及的肌群在整个运动范围内产生最大的扭矩，理论上就可以达到最大匹配阻力。但是，当力刚开始作用在等速器械的杠杆臂上时，会产生加速度，而杠杆臂的角速度会发生波动，直到达到设定的转速。由于最优化使用等速抗阻器械要求用户在整个运动范围内实现最大努力，因此一些人更喜欢其他阻力训练模式。

- 因为变阻训练设备在整个运动范围内是变化的，所以可匹配肌群产生的抗阻扭矩。
- “等速”一词应用于机械运动时是指关节的角速度恒定。

静态平衡方程

静态平衡（static equilibrium）
静止状态的特点是$\sum F_v=0$，$\sum F_h=0$，$\sum F=0$。

平衡是以平衡力和扭矩为特征的状态（没有合力和扭矩）。根据牛顿第一定律，处于平衡状态的物体要么静止不动，要么匀速运动。当一个物体完全静止时，它就处于静态平衡。物体要达到静态平衡，必须满足三个条件：①作用在物体上的所有垂直力（或力分量）之和必须为零；②作用在物体上的所有水平力（或力分量）之和必须为零；③所有扭矩之和必须为零。也就是：

$$\sum F_v = 0$$
$$\sum F_h = 0$$
$$\sum T = 0$$

第一个希腊字母（$\sum$）代表总和，F_v代表垂直力，F_h代表水平力，T代表扭矩。当一个物体处于静止状态时，可以推断这三个条件都是有效的，因为违反这三个条件中的任何一个都会导致身体的运动。静态平衡的条件是解决与人体运动有关问题的有效方案（例题13.2，例题13.3和例题13.4）。

动态平衡方程

动态平衡/达朗贝尔原理（dynamic equilibrium/d’Alembert principle）
表示运动物体的外来力和惯性力之间的平衡的概念。

运动中的物体被认为处于动态平衡状态，所有作用力产生大小相等、方向相反的惯性力。这个概念是由法国数学家达朗贝尔首先提出的，称为达朗贝尔原理。静态平衡方程的修正版本，包含了惯性矢量的因素，描述了动态平衡的条件。动态平衡方程可表述为：

$$\sum F_x - ma_x = 0$$
$$\sum F_y - ma_y = 0$$
$$\sum T_G - I\alpha = 0$$

水平力和垂直力作用于一个物体的合力分别是$\sum F_x$和$\sum F_y$；ma_x和ma_y分别是物体质量与物体质心水平和垂直加速度的乘积；$\sum T_G$是物体质心的扭矩之和，也是物体质心的惯性力矩和物体角加速度的乘积（例题13.5）。惯性力矩的概念在第十四章讨论。

例题13.2

肱二头肌作用于屈曲90° 距离轴心半径3 cm的肘关节时须产生多大的力，才能撑起距离肘关节30 cm握在手中70 N的重物？（忽略前臂和手的重量，忽略其他肌肉的作用）

已知

$d_m = 3\ \text{cm}$

$wt = 70\ \text{N}$

$d_{wt} = 30\ \text{cm}$

解答

由于所描述的情况是静态的，所以作用于肘的扭矩之和必须等于零:

$$\sum T_e = 0$$

$$\sum T_e = F_m d_m - wt d_{wt}$$

$$0 = F_m \times 0.03\ \text{m} - 70\ \text{N} \times 0.30\ \text{m}$$

$$F_m = \frac{70\ \text{N} \times 0.30\ \text{m}}{0.03\ \text{m}}$$

$$F_m = 700\ \text{N}$$

例题13.3

A、B两人在无摩擦的旋转门的两侧施加力。如果A施加一个40° 角距离门轴45 cm、大小为30 N的力，B施加一个90° 角距离门轴38 cm的力，如果要保持门的静态位置，那么B需要施加多大的力?

已知

$F_A = 30\ \text{N}$

$d_{\perp A} = 0.45\ \text{m} \times \sin 40°$

$d_{\perp B} = 0.38\ \text{m}$

解答

利用静态平衡方程求解F_B。可以通过将两种力在门轴处产生的力矩加起来找到解决办法:

$$\sum T_h = 0$$

$$\sum T_h = F_A d_{\perp A} - F_B d_{\perp B}$$

$$0 = 30\ \text{N} \times 0.45\ \text{m} \times \sin 40° - F_B \times 0.38\ \text{m}$$

$$F_B = 22.84\ \text{N}$$

• 作用在物体上的合力导致物体的加速度。

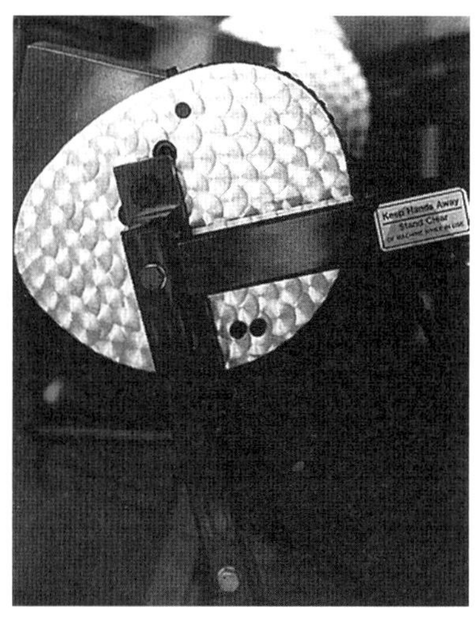

可变阻力训练器械中的凸轮被设计用来与肌肉的机械效益所提供的阻力相匹配。©Susan Hall.

例题13.4

股四头肌肌腱以30° 角连接到胫骨，距离膝关节中心点4 cm。当一个重80 N的物体附着在距膝关节28 cm的踝关节上时，肌四头肌需要多大的力量才能使腿保持水平位置？股骨对胫骨施加的反作用力的大小和方向各是什么？（忽略腿部的重量和其他肌肉的作用）

已知

$$wt = 80\ \text{N}$$

$$d_{wt} = 0.28\ \text{m}$$

$$d_F = 0.04\ \text{m}$$

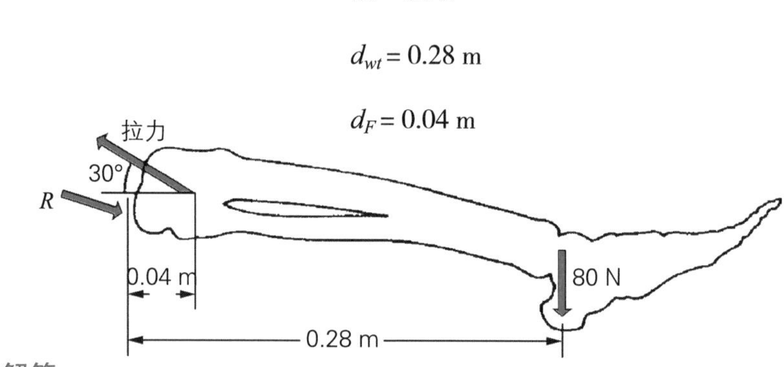

解答

静态平衡方程可用于求解未知量:

$$\sum T_k = 0$$

$$\sum T_k = F_m \sin 30° \times d_F - wt \times d_{wt}$$

$$0 = F_m \sin 30° \times 0.04\ \text{m} - 80\ \text{N} \times 0.28\ \text{m}$$

$$F_m = 1120\ \text{N}$$

静态平衡方程可用来求解股骨对胫骨施加的反作用力的垂直分量和水平分量。垂直力的总和如下:

$$\sum F_v = 0$$

$$\sum F_v = R_v + F_m \sin 30° - wt$$

$$0 = R_v + 1120\ \text{N} \times \sin 30° - 80\ \text{N}$$

$$R_v = -480\ \text{N}$$

水平力的总和如下：

$$\sum F_h = 0$$

$$\sum F_h = R_h - F_m \cos 30°$$

$$0 = R_h - 1120\ \text{N} \times \cos 30°$$

$$R_h = 969.92\ \text{N}$$

勾股定理可以用来求合力的大小：

$$R = \sqrt{(-480\ \text{N})^2 + (970\ \text{N})^2}$$

$$= 1082.19\ \text{N}$$

用正切关系可以求出反作用力的方向角:

$$\tan\alpha = \frac{480\ \text{N}}{969.92\ \text{N}}$$

$$\alpha = 26.33°$$

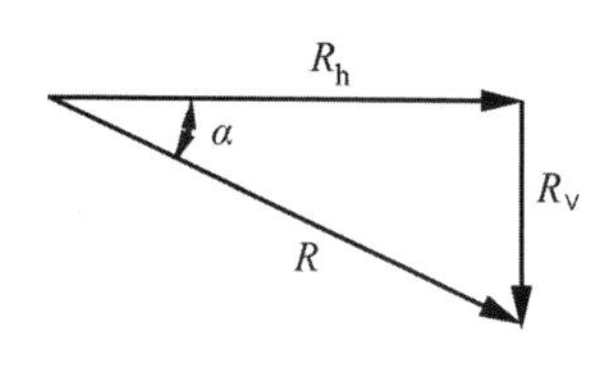

$R = 1082.19\ \text{N}$，$\alpha = 26.33°$

例题13.5

由于空气阻力，一位580 N的跳伞运动员在做自由落体运动时加速度是$-8.8\ m/s^2$而不是$-9.81\ m/s^2$。作用在跳伞运动员身上的阻力有多大?

已知

$$wt = -580\ N$$

$$a = -8.8\ m/s^2$$

$$m = \frac{580\ N}{9.81\ m/s^2} = 59.12\ kg$$

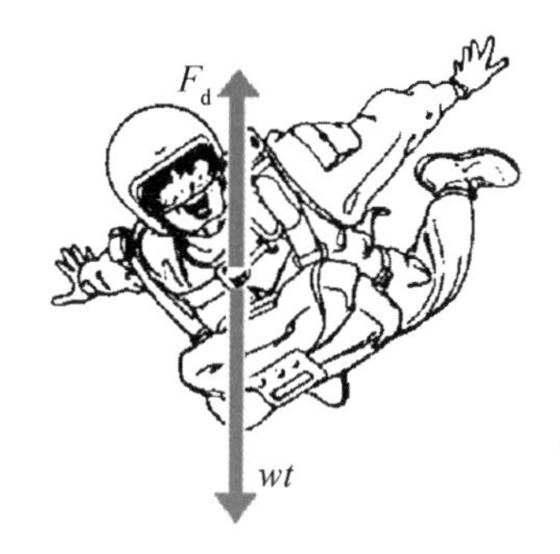

解答

由于跳伞运动员被认为处于动态平衡状态，因此可以采用达朗贝尔原理。所有的力均为竖向力，故采用竖向力之和为0的动态平衡方程:

$$\sum F_y - m\bar{a}_y = 0$$

静态平衡方程可用来求解股骨对胫骨施加的反作用力的垂直分量和水平分量。垂直力的总和如下:

$$\sum F_y = -580\ N + F_d$$

将已知信息代入方程:

$$-580\ N + F_d = 59.12\ kg \times (-8.8\ m/s^2)$$

$$F_d = 59.74\ N$$

乘坐电梯时垂直力的变化即是一个常见的达朗贝尔原理的例子。当电梯向上加速时，会产生一个相反方向的惯性力，电梯内测量的物体重量会增加。当电梯向下加速时，向上的惯性力会使在电梯里测量的物体重量降低。虽然物体质量保持不变，但垂直惯性力改变了在天平上测量的反作用力的大小。

重心

物体的质量取决于构成它的物质。每个物体都有一个独一无二的点，在这个点周围，物体的质量在各个方向上均匀分布。这一点称为物体的质心或质量中心。在分析受重力的物体时，质心也可以称为重心。在这个点上，物体在各个方向上的重量均等，或者说物体各部分重量产生的扭矩之和为零。这个定义并不是说重心两侧的重量相等，而是重心两侧的重量产生的扭矩相等。如图13–17所示，在一个点的两侧产生的等重量和等扭矩可能有很大的不同。质心和重心这两个术语在生物力学应用中比质量中心更常用，尽管这三个术语指的是完全相同的一点。由于地球上的物体质量受重力的影响，重心可能是三者中在生物力学应用里最精确的描述。

质心/重心（center of mass/center of gravity）
不管身体处于何种姿势，身体重量和质量保持平衡的点即为质心/重心。

图 13-17

在旋转轴两侧存在相等的扭矩并不是在轴的两侧存在相等的重量。

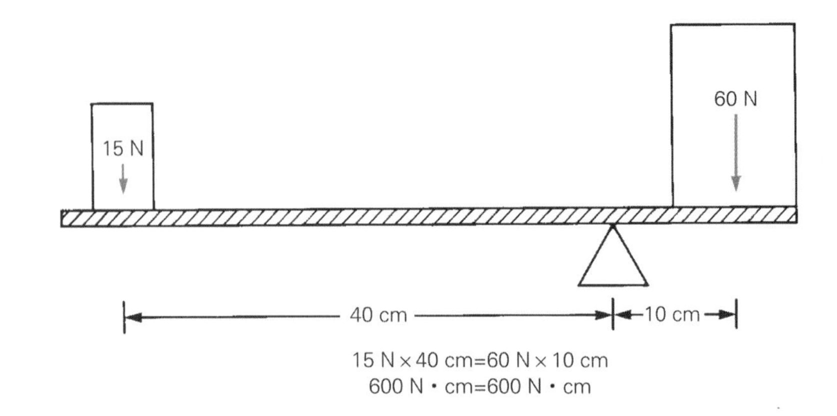

密度均匀、完全对称的物体的重心（质量和重量均匀分布）恰好在物体的几何中心。例如，圆形球或实心橡胶球的重心在其几何中心。如果物体是一个均匀的环，重心则位于环的中心。然而，当一个物体的质量分布不恒定时，重心就会向质量更大的方向移动。一个物体的重心也可能位于物体外部（图13-18）。

图 13-18

重心是与物体相关的一个点，在这个点的周围，物体的质量在各个方向上是均等的。

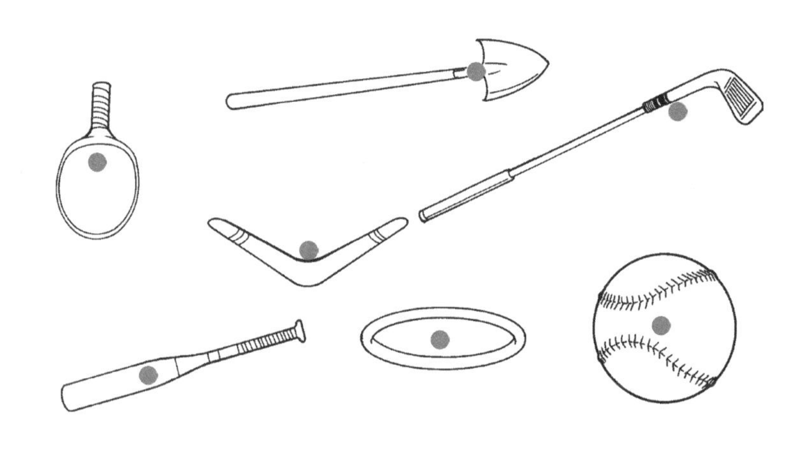

确定重心的位置

只有一个节段的物体，如棒球棒、扫帚或铲子，支点是其在三个不同平面的平衡点的位置。因为重心是物体质量均匀分布的点，它也是物体在各个方向上保持平衡的点。

物体重心的位置是很有趣的，因为，从机械上来说，物体的运动就好像它所有的质量都集中在重心上。例如，当人体作为一个抛体时，忽略身体姿势在空气中的变化，身体的重心遵循抛物线轨迹。在自由体受力图中绘制重力矢量时，重力矢量作用于重心。由于人体的机械行为可以通过跟踪整个身体的重心轨迹来追踪，因此这个因素已经作为几种运动中表现熟练程度的一个可能指标被研究。

运动员全身重心的速度和投射角度在很大程度上决定着跳高的成绩。©Susan Hall.

在一些跳跃项目中，重心在起跳时的路径被认为是区分高水平和低水平表现的因素。研究表明，较好的背越式跳高运动员在起跳前通过身体倾斜和身体屈曲（尤其是支撑腿的屈曲）来降低重心，延长支撑足的接触时间，从而增加起跳冲量[5]。在跳远比赛中，较好的运动员在倒数第二步保持正常的冲刺步幅，重心高度相对稳定[9]。

然而，在最后一步，他们会明显地降低重心高度，然后增加重心高度进入跳跃过程[9]。对于优秀的撑杆跳运动员，从倒数第三步起跳，重心逐渐升高。这在一定程度上是由撑杆跳运动员准备插杆时双臂抬高所致。然而，研究表明，更好的跳高运动员会在倒数第二步降低臀部，然后通过起跳逐步提高臀部（和重心）。

起跳前降低重心的策略使运动员能够延长起跳时身体加速的垂直距离，从而获得起跳时一个更快的垂直速度（图13-19）。起跳的速度和角度主要决定了运动员在跳跃过程中的重心轨迹。唯一的影响因素是空气阻力，但空气阻力对跳远成绩的影响非常小。

确定人体重心的位置

对于一个包含两个或更多可移动的、相互连接部分的物体，定位重心比单节段物体要困难得多，因为每次物体改变结构，它的重量分布和重心位置都会发生变化。每当手臂、腿或手指移动时，整个重心位置在重物移动的方向上都有轻微移动。

有一些相对简单的程序可用来确定人体重心的位置。17世纪，意大利数学家Borelli使用了一种简单的重心定位平衡程序，将一个人放在一块木板上（图13-20）。这个程序的升级版可以计算位于反应板上的人的重心的位置。本程序要求使用天平、与天平高度相同的平台，及两端带有少量支撑的刚板（图13-21）。包含重心的平面位置的计算涉及作用在支撑平台上的扭矩的总和。在支撑处产生扭矩的力包括人的体重、板的重量及平台上天平的反作用力（通过天平上的读数表示）。虽然平台也在板上施加一个反作用力，但它不会产生扭矩，因为这个力与平台支撑的距离为零。由于反应板与受试者处于静态平衡

反应板（reaction board）
是特殊构造的板，用于确定位于其上的物体的重心位置。

• 因为人体重心的组成部分（如骨骼、肌肉和脂肪）密度不同，而且在全身分布不均，所以人体重心的位置很复杂。

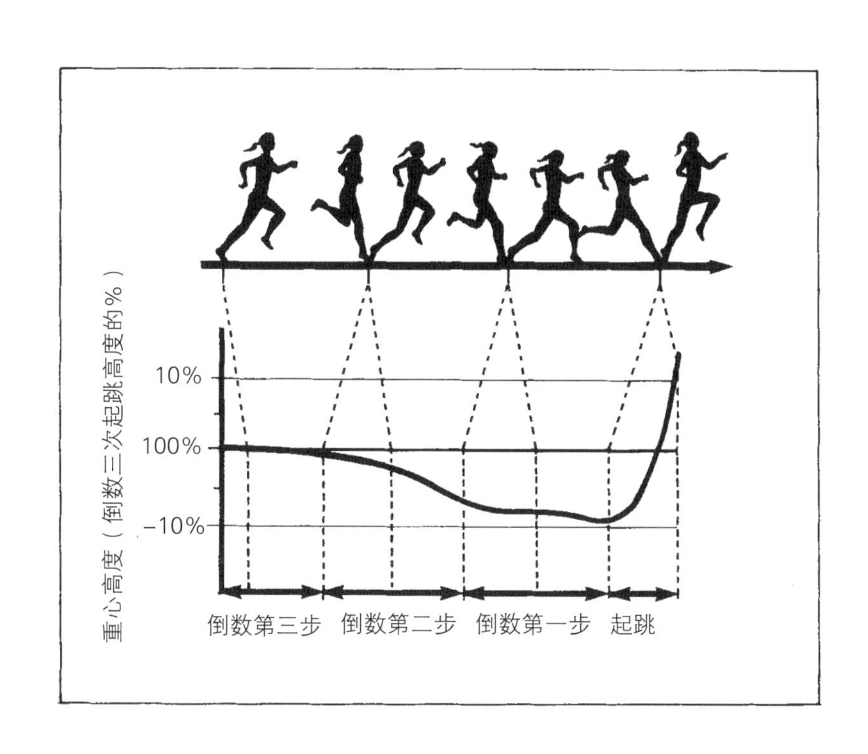

图 13-19
在跳远起跳准备期间运动员的重心高度。Absprungvorbereitung beim Weitsprung—Eine biomechanische, Untersuchung zum Problem derKorperschwerpunktsenkung, Lehre Leichtathlet，1983，p. 1539.

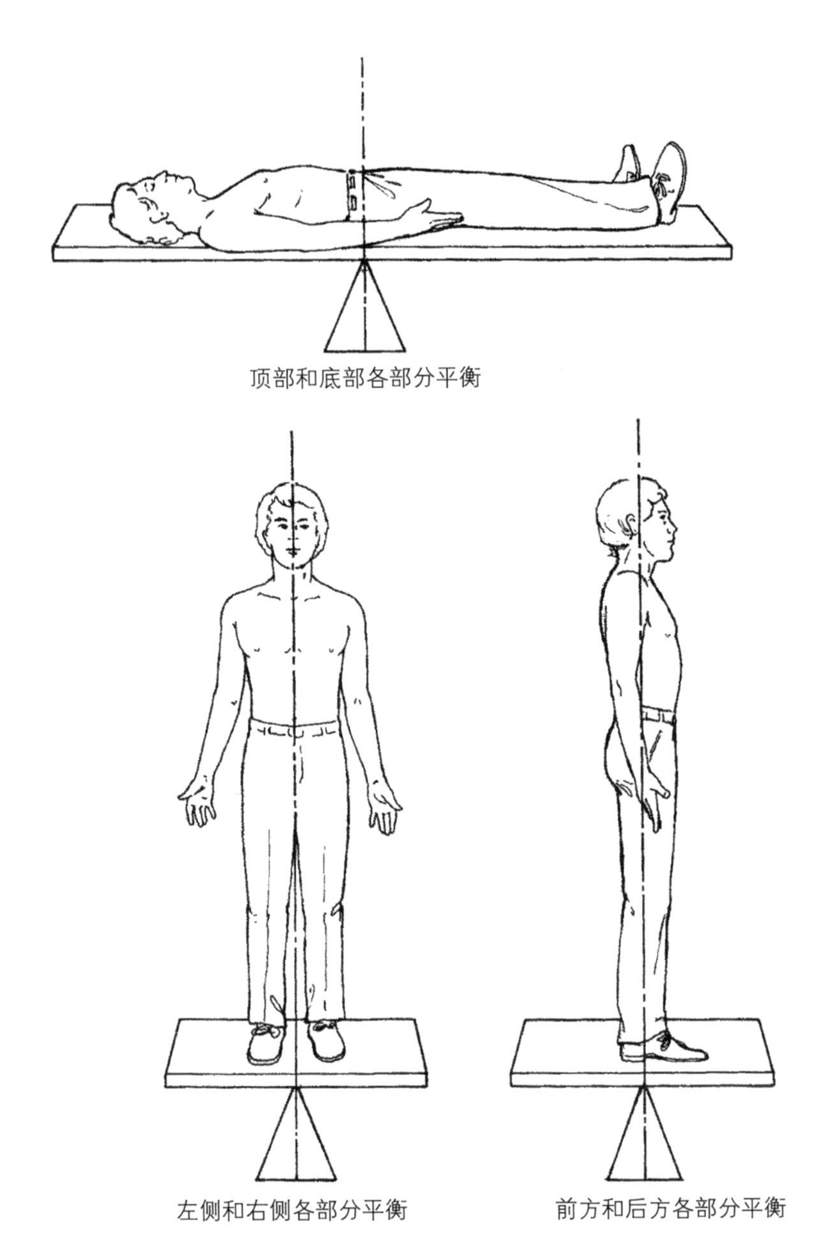

图 13-20

17世纪数学家Borelli为计算人体重心大概位置而设计的一种相对粗糙的算法。

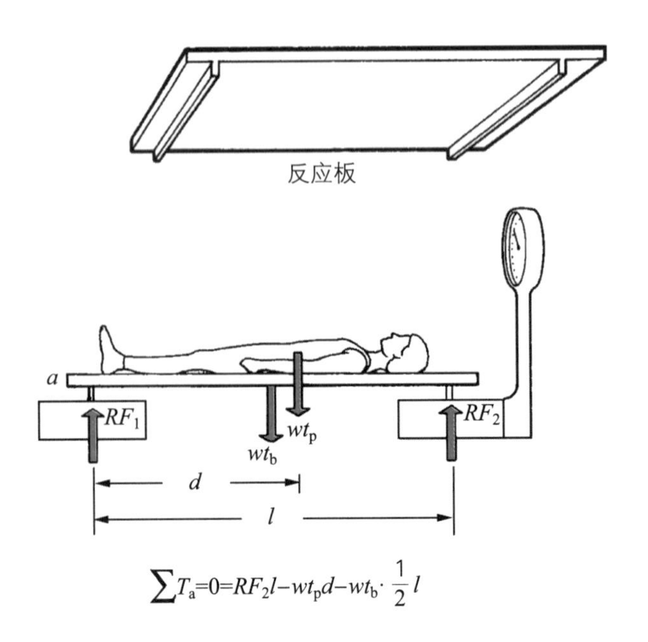

图 13-21

通过对a点的力矩求和，可以计算出d（从a点到被测者重心的距离）。

状态，在平台支撑处作用的三个力矩之和必须为零，可以计算出受试态重心平面到平台的距离（例题13.6）。

例题13.6

求支撑平台到受试者重心的距离，对于图13-21，给出如下信息：

已知

质量（受试者）= 73 kg

质量（仅板材）= 44 kg

刻度读数 = 66 kg

$l_b = 2$ m

解答

$$wt_p = 73\ \text{kg} \times 9.81\ \text{m/s}^2$$
$$= 716.13\ \text{N}$$
$$wt_b = 44\ \text{kg} \times 9.81\ \text{m/s}^2$$
$$= 431.64\ \text{N}$$
$$RF_2 = 66\ \text{kg} \times 9.81\ \text{m/s}^2$$
$$= 647.46\ \text{N}$$

使用静态平衡方程:

$$\sum T_a = 0 = RF_2 \times l - wt_p \text{d} - wt_b \cdot \frac{1}{2} l$$

$$0 = 647.46\ \text{N} \times 2\ \text{m} - 716.13\ \text{N} \times d - 431.64\ \text{N} \times \frac{1}{2} \times 2\ \text{m}$$

$$d = 1.21\ \text{m}$$

一种常用的从人体投影影像中估计全身重心位置的方法称为分段法。这个方法是基于这样的概念：由于身体是由各个部分组成的（每个部分都有一个单独的重心），整个身体重心的位置是各个部分重心位置的函数。然而，一些身体部分质量比其他部分大，因此对整个身体重心的位置有更大的影响。当每一部分的重心位置与质量的乘积相加，然后除以所有部分的质量之和（总质量），结果就是总重心的位置。分段法以每个单独身体部分重心位置的平均值为数据，作为身体部分长度的百分比：

$$X_{cg} = \sum x_s m_s / \sum m_s$$
$$Y_{cg} = \sum y_s m_s / \sum m_s$$

式中，X_{cg}和Y_{cg}为整体重心的坐标；x_s和y_s为单个部分的坐标；m_s为单个部分的质量。因此，单个部分重心位置的x坐标被确定，并乘该部

分段法（segmental method）是根据个体各部分的质量和重心位置确定物体总重心位置的方法。

- 由多部分组成的物体的重心位置受较重部分位置的影响大于较轻部分位置的影响。

- 分段法最常用的应用方法是通过一个计算机程序从数字转换器创建的文件中读取关节中心的x、y坐标。

分的质量。然后，对所有身体部分的$x_s m_s$乘积求和，然后除以总的身体质量，得到整个身体重心位置的x坐标。计算全身重心位置的y坐标遵循相同的步骤（例题13.7）。

例题13.7

上臂、前臂和手部重心的x、y坐标如下图所示。利用附录四给出的各部分质量数据，使用分段法求出整个手臂的重心。

已知

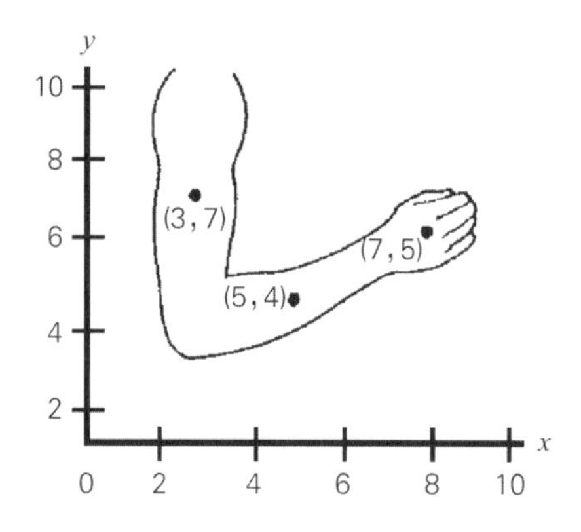

部位	质量（%）	x	(x)[质量（%）]	y	(y)[质量（%）]
上臂	0.45				
前臂	0.43				
手	0.12				
$\sum$					

解答

首先列出各自列中的x坐标和y坐标，然后计算并将每个坐标和每个部位的质量百分比的乘积插入相应的列中。总的手臂重心的x、y坐标即乘积列的和。

部位	质量（%）	x	(x)[质量（%）]	y	(y)[质量（%）]
上臂	0.45	3	1.35	7	3.15
前臂	0.43	5	2.15	4	1.72
手	0.12	7	0.84	5	0.60
$\sum$			4.34		5.47

$x = 4.34$

$y = 5.47$

表演阿拉贝斯克芭蕾舞需要很好的平衡感，因为舞者的重心线在小的支持面之外的侧向移动会导致失去平衡感。©Susan Hall.

稳定性与平衡性

与平衡原理密切相关的概念是稳定性。稳定性的机械定义是抵抗线性加速度和角加速度，或抵抗平衡被破坏。在某些情况下，如相扑比赛或进攻前锋对橄榄球四分卫的传球保护，需要最强的稳定性。在其他情况下，运动员的最佳策略是故意减弱稳定性，如短跑运动员和游泳运动员在比赛开始前的准备姿势中，故意摆出一种身体姿势，以便在发令枪响的同时迅速、轻松地加速。个人控制平衡的能力称为平衡性。

稳定性（stability）
抵抗平衡被破坏的能力。

平衡性（balance）
一个人控制平衡的能力。

不同的机械因素会影响同一个物体的稳定性。根据牛顿第二定律（$F=ma$），物体质量越大，产生给定加速度所需的力就越大。在对方前锋施加很大的外力情况下，足球边锋期望保持自己的位置，因此，他们身材越魁梧，就会越稳定。相比之下，体操运动员的身体质量越大，就越不利，因为大多数体操技能的练习都会打破稳定性。

物体与其接触的表面或表面之间的摩擦力越大，启动或保持运动所需的力就越大。雪橇和滑冰鞋的设计目的是使它们对冰面产生的摩擦力最小，从而使它们在开始运动或比赛时能够迅速打破稳定性。然而，网球、高尔夫球和棒球手套的设计是为了增加球员对工具握持的稳定性。

影响稳定性的另一个因素是支持面的面积。其包括由身体最外层边缘包围的一个或多个支撑面（图13–22）。当一个物体的重量移动线（从重心发出）移动到支持面外时，就会产生扭矩，这个扭矩会导致物体产生角运动，从而打破稳定性，重心会坠向地面。支持面的面积越大，发生这种情况的可能性就越低。武术运动员通常会在防守时采取一个较宽的姿势来增加稳定性。相对而言，起跑区的短跑运动员要保持一个相对较小的支持面，这样他们可以在比赛开始时迅速打破

支持面（base of support）
物体与一个或多个支撑面的最外层接触区域。

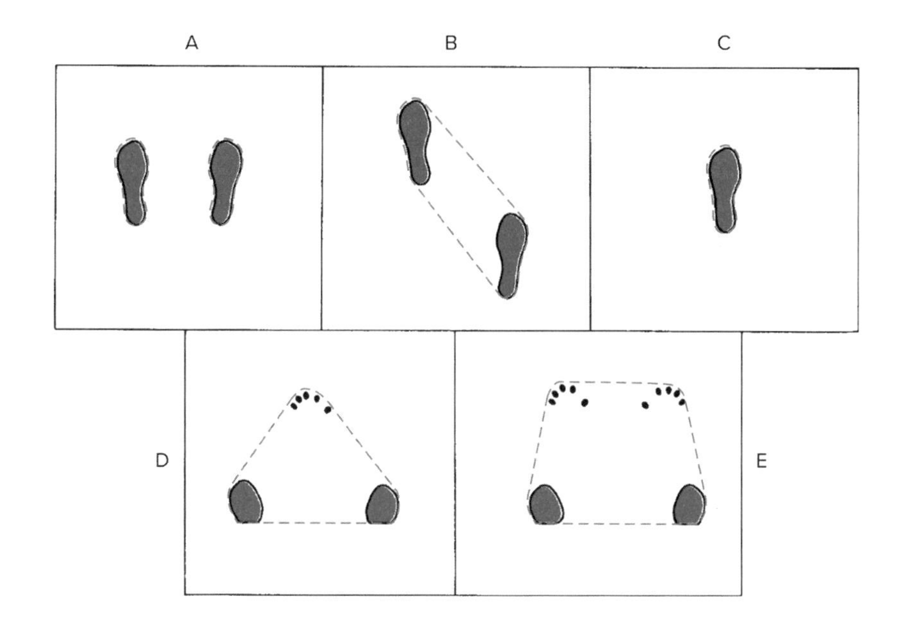

图 13–22
A.支持面是正方形；B.支持面是成斜角的面；C.支持面是一只脚的面；D.支持面是三点的面；E.支持面是四点的面。身体各部分与支撑面之间的接触区域为阴影部分。支持面是虚线包围的区域。

稳定性。在阿拉贝斯克芭蕾舞姿中，舞者用一只脚的脚趾保持平衡，需要通过细微的身体动作不断调整重心位置。

重心相对于支持面的高度也会影响稳定性。重心的位置越高，在物体发生角位移时产生潜在的破坏性扭矩就越大（图13–23）。运动员在需要增加稳定性的情况下，往往会蹲下。在许多运动中，初学者最常用的一个指导性提示是“弯曲你的膝盖”。

一名游泳运动员在板上的位置，他的重心接近他的支持面的前边界，以准备向前加速。©Robert Daly/age fotostock RF.

虽然这些稳定性原则（表13–1）大体上是正确的，但只有在认识到神经肌肉因素也有影响的情况下，才能将其应用于人体。由于意外跌倒是老年人面临的一个重大问题，老年人面临的平衡控制问题正受到越来越多的研究者关注。研究人员发现，与年轻人相比，老年人安静站立时，在前后和左右方向的身体摇晃都有所增加[14]。然而，在行走过程中，老年人增加的不稳定性主要是左右摇晃[2]。这是有意义的，因为测量得出左右摇晃与跌倒的风险有关[12]。同样，在行走中改变步宽的能力被证明比改变步幅长度或步幅时间对平衡的控制更重要[13]。研究人员假设，与年龄有关的侧向平衡控制困难可能与髋关节外展腿的能力受损有关，而髋关节需要足够的力量和速度来保持动力稳定性[11]。一般来说，健康成年人的成长过程是一个减慢步行速度的过程，缩短步幅、增加步宽和延长双倍的支撑时间，所有这些调整可能协助增加稳定性，避免摔倒，并减少步态中的能量消耗[1]。然而，衰老也与步态运动学中适应步行速度变化的能力降低有关，以致增加摔倒的风险[6]。负重训练和有氧运动都能显著改善老年人的平

图13–23

重心位置越高，在重力线和支撑面交点处产生的扭矩就越大。

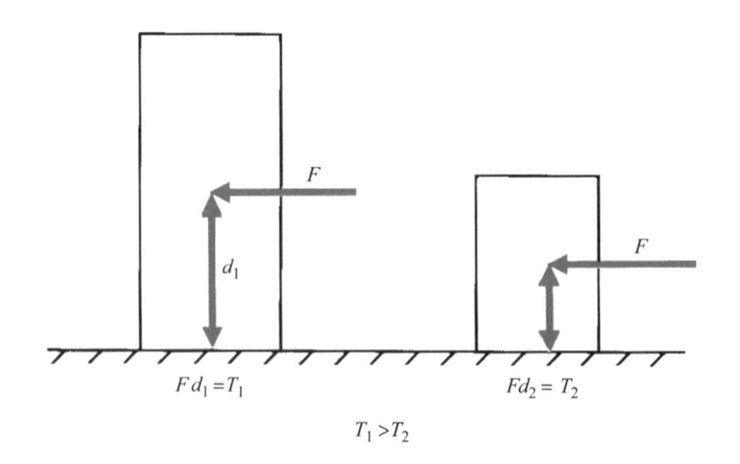

表13–1

机械稳定性原则

在保持其他因素不变的情况下，人体增强维持平衡的能力可通过如下方法:
1. 增加体重
2. 增加物体与表面或接触表面之间的摩擦
3. 在外力作用的方向上增加支持面面积的大小
4. 水平放置重心，靠近支持面边缘，靠近受力的一侧
5. 垂直放置重心，越低越好

衡能力，而平衡正是老年人应关注的问题[7]。一个高速、低阻力骑行已经被证明可以提高老年人速度依赖性的活动[3]。

虽然在正常情况下，支持面面积的大小是稳定性的主要决定因素，但研究表明，各种其他因素也会限制平衡的控制。摩擦力系数不足，静息肌肉张力下降，肌力、关节运动、平衡、步态、听力、视力、认知能力受损，都是跌倒的危险因素。然而，很明显，需要更多的研究来阐明稳定性原则在人类平衡控制中的应用。

小结

旋转运动是由扭矩引起的，扭矩是具有大小和方向的矢量。当肌肉产生张力时，它会在一个或多个其经过的关节处产生扭矩。身体部位的旋转发生在合成关节扭矩的方向上。

在机械上，肌肉和骨骼起杠杆作用。大多数关节都是三类杠杆，其良好的结构能够最大限度地扩大运动范围和运动速度，但需要肌力大于阻力。肌肉牵拉骨的角度也会影响其机械效率，因为只有肌肉的旋转部分才能产生关节扭矩。

当一个物体静止时，它处于静态平衡状态。静态平衡的三个条件是$\sum F_v = 0$，$\sum F_h = 0$，$\sum T = 0$。当考虑惯性因素时，运动物体处于动态平衡状态。

受一个或多个力作用的物体的机械行为受其重心位置的影响很大，重心是物体重量在各个方向上相等的点。确定重心位置有不同的方法。

物体的机械稳定性是它对线加速度和角加速度的抵抗能力。影响物体稳定性的因素有很多，包括质量、摩擦力、重心位置和支持面的面积。

入门题

1. 为什么通过旋转轴的力不会在旋转轴上引起旋转？
2. 为什么作用在物体上的力的方向会影响它在物体内的旋转轴上产生的扭矩？
3. 一个23 kg的男孩坐在距离跷跷板旋转轴1.5 m的地方。为了平衡跷跷板，一个21 kg重的男孩必须距离旋转轴的另一边多远？（答案：1.64 m）
4. 肱二头肌与肘部旋转轴垂直距离为3 cm时，需要多大的力才能在与肘部垂直距离为25 cm时支撑200 N的重量？（答案：1666.67 N）
5. 两个人推着一扇旋转门的两边。如果A在距铰链20 cm的垂直距离上施加40 N的力，B在距铰链25 cm的垂直距离上施加30 N的力，作用在铰链上的合成扭矩是多少？门向哪个方向移动？（答

案：T_h=0.5 N·m；门向A推动的方向移动）

6. 高尔夫球杆、旋转门和扫帚属于哪类杠杆？解释你的答案，包括自由落体受力图。
7. 一类杠杆的机械优势是大于、小于还是等于1？解释你的答案。
8. 利用图表，确定作用于成角20° 的骨上的100 N肌力的旋转分量和稳定分量的大小。（答案：旋转分量= 34.2 N，稳定分量= 93.97 N）
9. 一个10 kg重的物体，在受到2 N的水平力作用下，仍然一动不动地立在桌子上。作用在物体上的反作用力和摩擦力的大小是多少？（答案：R=98.1 N，F=2 N）
10. 根据反应板程序给出的数据，计算支撑台到受试者重心的距离：RF_2 = 400 N，l=2.5 m，wt=600 N。（答案：1.67 m）

附加题

1. 解释一个下肢关节在步态中为什么会产生离心力矩。
2. 选择一个你所熟悉的人体运动技能，并绘制一个图表，解释在该技能中重心高度的变化。
3. 35 N的手和前臂被与地面垂直的肱骨以45° 角举起。前臂和手的重心位于距肘关节中心15 cm的位置，肘关节屈肌与关节中心的平均距离为3 cm。（假设肌肉以45° 附着在骨上）。
   a.为了保持这个姿势，前臂屈肌必须施加多大的力？
   b.前臂屈肌在手臂25 cm处举起50 N的重量，需要施加多大的力？
   （答案：a. 175 N；b.591.67N）

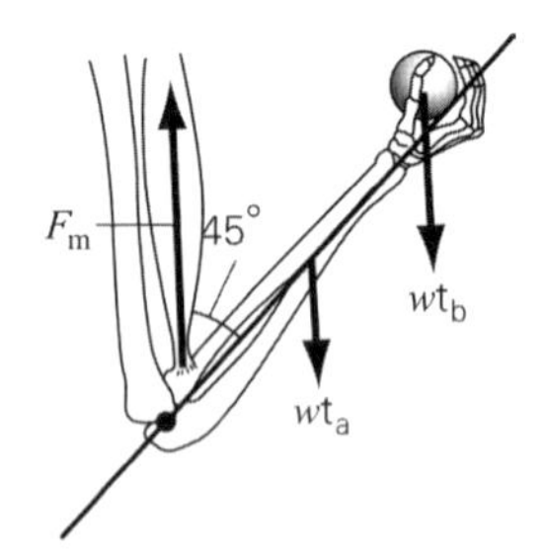

4. 一只手在距离肘关节中心32 cm的刻度上施加90 N的力。如果肱三头肌以90° 角附着在尺骨上并且距离肘关节中心3 cm，同时如果前臂和手的重量是40 N，手、前臂的重心距离肘关节中心17 cm，肱三头肌施加了多大的力？（答案：733.33 N）

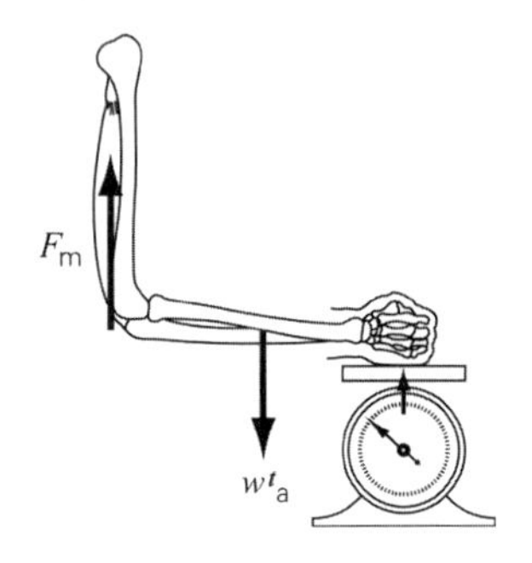

5. 一名患者穿着15 N重的靴子进行膝关节伸展运动。在靴子重心与膝关节中心之间距离为0.4 m的情况下，计算图示四个位置靴子在膝关节产生的扭矩。（答案：a.0 N・m；b.3 N・m；c.5.2 N・m；d.6 N・m）

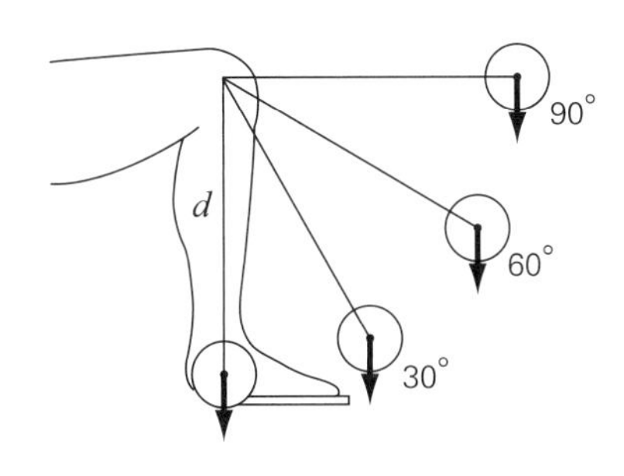

6. 一个600 N的人拿起一个180 N的行李箱，在拿起行李箱之前，行李箱的重心与人的重心的位置平行距离为20 cm。如果这个人不依靠任何方式来补偿增加的负载，那么相对于这个人原来的重心位置，这个人和行李箱的组合重心位置在哪里？（答案：移向行李箱4.62 cm）
7. 一名工人俯身捡起一个距离脊柱旋转轴0.7 m的90 N的盒子。忽略体重的影响，平均力臂为6 cm的腰背部肌肉需要多大的外力才能使箱子稳定在所示位置？（答案：1050 N）

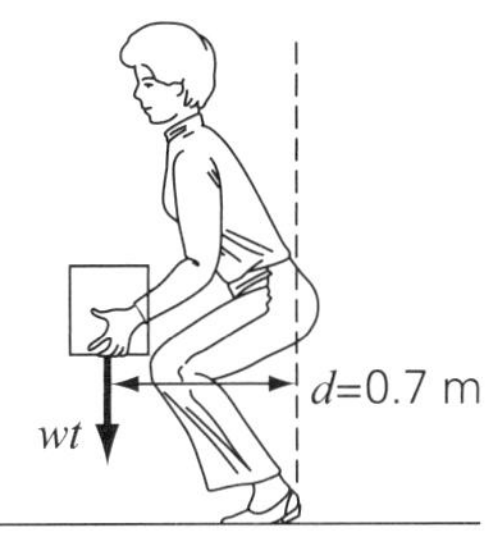

8. 一个人肩上扛着一块长3 m、重32 N的木板。如果板在肩后1.8 m，在肩前1.2 m，当他的手放在板上距肩前0.2 m处，必须垂直向下施加多大的力才可以稳定木板在这个位置？（假设板的重量在整个长度上均匀分布）（答案：48 N）

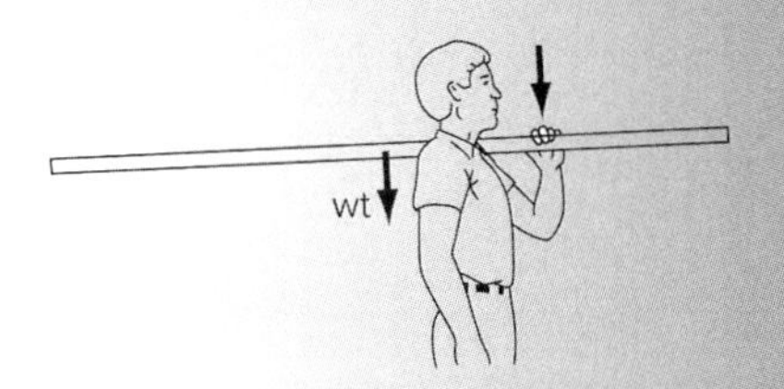

9. 治疗师在距离肘关节旋转轴25 cm处对前臂施加80 N的侧向力。肱二头肌以90° 附着在桡骨上，距离肘关节中心3 cm。
a.肱二头肌需要多大的力量才能使手臂稳定在这个位置？
b.肱骨对尺骨施加的反作用力的大小是多少？（答案：a. 666.67 N；b. 586.67 N）

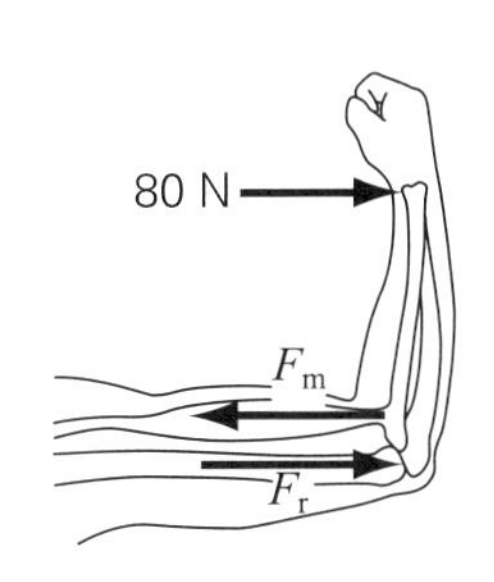

10. 肌腱力T_a和T_b作用于髌骨。股骨对髌骨施加力F。如果关节没有运动，T_b的大小是80 N, T_a和F的大小是多少？（答案：T_a = 44.8 N，F = 86.1 N）

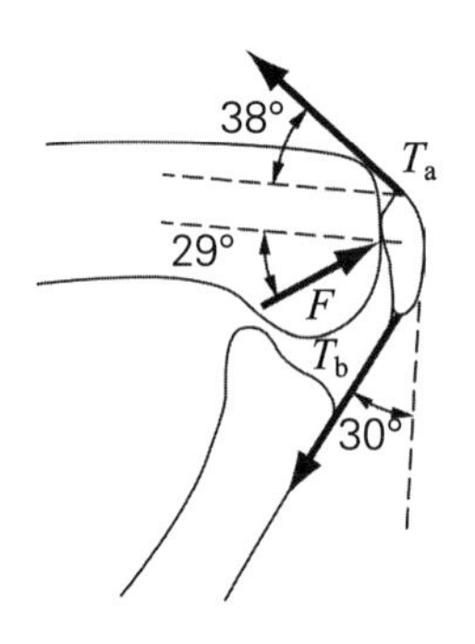

姓名：________________

日期：________________

实践

1. 分别用短柄和长柄扳手拆卸汽车轮胎上的螺母。写一段话解释你的发现，并画一个物体受力图显示所应用的力、阻力和旋转轴。是什么提供了阻力？

解释：________________

____

____

物体受力图：

2. 在椅背上放一根杆子(作为支点)，在杆子的一端放一个9.5 kg的重物。在杆子的另一端放一个2.3 kg的重物，使重物保持平衡。测量并记录两个重物离支点的距离，并对结果进行解释。

9.5 kg重物到支点的距离：________________

2.3 kg重物到支点的距离：________________

解释：________________

____

____

3. 在下列条件下做仰卧起坐练习：①双臂交叉于胸前；②双手放在脖子后面；③头部以上保持2.3 kg的重量。写一段话解释你的发现，并画一个物体受力图显示应用的力、阻力和旋转轴。

解释：________________

____

____

物体受力图：

4. 使用反应板程序计算解剖位置上受试者重心矢状面、冠状面和横截面的位置。计算受试者①将双臂伸出头顶、②向右伸出一只手臂时的位置。在表格中写出你的结果，并写一段话解释。

受试者的重量：________________

反应板的重量：________________

刻度1：____________　刻度2：____________　刻度3：____________

d_1：____________　d_2：____________　d_3：____________

计算：

解释：____

____

____

5. 使用杂志或照片上的人物照片和附录四中的人体测量数据，用分段法计算和标记全身重心的位置。首先在图片周围画出x轴和y轴并标记刻度。接下来，利用附录四中的数据，在图片上标记出各部位重心的大致位置。最后，以例题13.7中的表格为模型，制作一个表格。

部位	**质量（%）**	x	(x)[**质量（%）**]	y	(y)[**质量（%）**]

参考文献

[1] ABOUTORABI A, ARAZPOUR M, BAHRAMIZADEH M, et al. The effect of aging on gait parameters in able-bodied older subjects: A literature review. *Aging Clin Exp Res*, 2016, 28:393.
[2] ARVIN M, MAZAHERI M, HOOZEMANS M J, et al. Effects of narrow base gait on mediolateral balance control in young and older adults. *J Biomech*, 2016, 49:1264.
[3] BELLUMORI M, UYGUR M, KNIGHT C A. High-speed cycling intervention improves rate-dependent mobility in older adults. *Med Sci Sport Exerc*, 2017, 49:106.
[4] BLAKE O M, CHAMPOUX Y, WAKELING J M. Muscle coordination patterns for efficient cycling. *Med Sci Sports Exerc*, 2012, 44:926.
[5] DAPENA J, MCDONALD C, CAPPAERT J. A regression analysis of high jumping technique. *Int J Sport Biomech*, 1990, 6:246.
[6] GIMMON Y, RIEMER R, RASHED H, et al. Age-related differences in pelvic and trunk motion and gait adaptability at different walking speeds. *J Electromyogr Kinesiol,* 2015, 25:791.
[7] GRABINER M D, BAREITHER M L, Gatts S, et al. Task-specific training reduces trip-related fall risk in women. *Med Sci Sports Exerc*, 2012, 44:2410.
[8] GULLETT J C, TILLMAN M D, GUTIERREZ G M, et al. A biomechanical comparison of back and front squats in healthy trained individuals. *J Strength Cond Res*, 2009, 23:284.
[9] HAY J G, NOHARA H. The techniques used by elite long jumpers in preparation for take-off. *J Biomech*, 1990, 23:229.
[10] KERRIGAN D C, FRANZ J R, KEENAN G S, et al. The effect of running shoes on lower extremity joint torques. *PM R*, 2009, 1:1058.
[11] MILLE M L, JOHNSON M E, MARTINEZ K M, et al. Age-dependent differences in lateral balance recovery through protective stepping. *Clin Biomech*, 2005, 20:607.
[12] NAKANO W, FUKAYA T, KOBAYASHI S, et al. Age effects on the control of dynamic balance during step adjustments under temporal constraints. *Hum Mov Sci*, 2016, 47:29.
[13] OWINGS T M, GRABINER M D. Step width variability, but not step length variability or step time variability, discriminates gait of healthy young and older adults during treadmill locomotion. *J Biomech*, 2004, 37:935.
[14] PARK J H, MANCINI M, CARLSON-KUHTA P, et al. Quantifying effects of age on balance and gait with inertial sensors in community-dwelling healthy adults. *Exp Gerontol*, 2016, 85:48.
[15] ROEMER K, HORTOBAGYI T, RICHTER C, et al. Effect of BMI on knee joint torques in ergometer rowing. *J Appl Biomech*, 2013, 29:763.
[16] SCHACHE A G, BLANCH P D, DORN T W, et al. Effect of running speed on lower limb joint kinetics, *Med Sci Sports Exerc*, 2011, 43:1260.
[17] SHULTZ S P, SITLER M R, TIERNEY R T, et al. Effects of pediatric obesity on joint kinematics and kinetics during 2 walking cadences. *Arch Phys Med Rehabil*, 2009, 90:2146.
[18] SIMPSON C, FLOOD J. Advanced Rowing: International perspectives on high performance rowing, London: *Bloomsbury Sport*, 2017.
[19] TIBOLD R, LACZKO J. The effect of load on torques in point-to-point arm movements: A 3D model. *J Mot Behav*, 2012, 44:341.

注释读物

BLAZEVICH A J. Sports biomechanics:The basics:Optimising human performance. London：Bloomsbury Sport，2017.
浅谈与运动相关的生物力学。

CAVAGNA G. Physiological aspects of legged terrestrial locomotion: The motor and the machine.New York：Springer，2017.
从速度、步频、体重、重力、年龄、病理步态等方面，分析了不同情况下的步行和跑步。

FLYNN L. All about preventing falls，Guelph，ON. Mediscript Communications，Inc.，2017.
包括关于预防老年人跌倒的、实用的、基于证据的信息。

HANNA M，NACY S，HASSAN S. Dynamic analysis of human l.l. with artificial knee joint modification: Modeling of lower limb to obtain forces and torques in joints & modified four bar knee joint and experimentally tested. Saarbrücken，Germany：LAP Lambert Aca-demic Publishing，2015.
描述计算步态循环中下肢关节扭矩的方法。

第十四章 人体运动的角动理学

通过学习本章，读者可以：

> 了解质量、力、动量和冲量的角度类比。
>
> 解释为什么空中旋转物结构的变化会引起物体角速度的变化。
>
> 确定牛顿运动定律的角度类比，并可举例说明。
>
> 定义向心力，解释向心力的作用位置和作用方式。
>
> 解决与引起或改变角运动有关的定量问题。

为什么短跑运动员比长跑运动员膝关节在摆动相有更多的屈曲？为什么舞者和滑冰者在手臂靠近身体时旋转得更快？猫是怎样用脚着地的？本章将从线动理学和角动理学定量的相似性和差异性探索更多关于角动理学的概念。

角加速度阻力

惯性运动

惯性是物体抵抗加速的趋势。虽然惯性本身是一个概念，而不是一个可以用单位来衡量的量，但一个物体的惯性与它的质量成正比（图14-1）。根据牛顿第二定律，一个物体的质量越大，它对线性加速度的抵抗力就越大。因此，质量是物体相对于线性运动的惯性特征。

抵抗角加速度也是物体质量的一项功能。质量越大，角加速度所受阻力越大。然而，启动或停止角运动的相对容易或困难程度取决于一个额外因素：质量相对于旋转轴的分布。

思考图14–2所示的棒球棒。假设一名球员在做热身运动，此时在他挥动的球棒上增加了一个重量环。当重量环靠近球棒的击打端时，或者当重量环靠近球棒的握柄时，挥动球棒的力会发生变化吗？同样地，握着握柄（正常的手柄位置）挥动球棒比调转球棒、握着击打区（桶状部分）更容易吗？

用棒球棒或一些类似物体进行的实验表明，质量越接近旋转轴，就越容易摆动物体。相反，质量离旋转轴越远，启动或停止角运动就越困难。因此，对角加速度的阻力不仅取决于物体所承受的质量，还取决于质量相对于旋转轴的分布。角运动的惯性必须包含两个因素。

•质量离旋转轴越近，角运动越容易启动或停止。

转动惯量是角运动的惯性特征，表示为 I。每个物体由质量粒子组成，每一个粒子都与给定的旋转轴有特定距离。单个质量粒子的转动惯量可表示为

转动惯量（moment of inertia）是物体绕轴转动时惯性（回转物体保持其匀速圆周运动或静止的特性）的质量，又称质量惯性矩，简称惯矩。

$$I = mr^2$$

式中，m是粒子的质量，r是粒子的旋转半径。整个物体的转动惯量是物体包含的所有质量粒子的惯矩的总和（图14–3）：

$$I = \sum mr^2$$

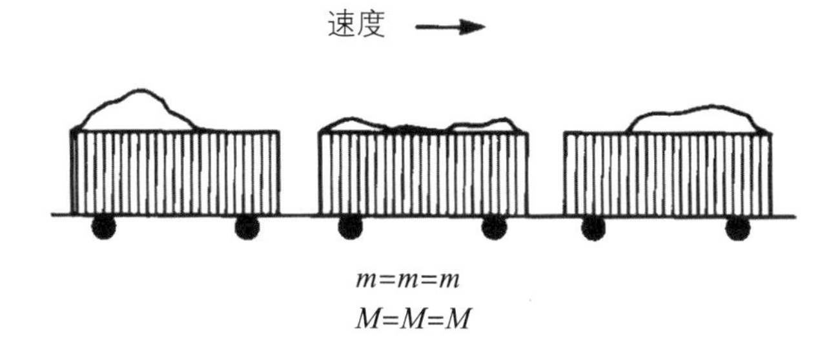

图 14–1

一个系统中分布的质量不会影响它的线性动量。

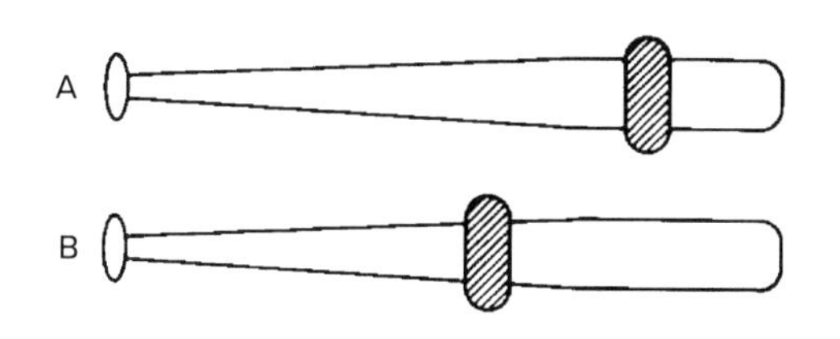

图 14–2

虽然两根棒球棒有相同的质量，但球棒A比球棒B更难挥动，因为它上面的重量环位于离旋转轴较远的位置。

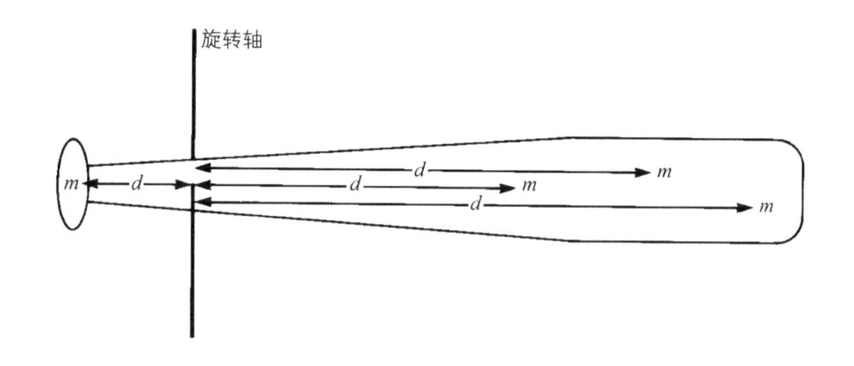

图 14–3

转动惯量是刚性物体质量和回转半径的平方乘积总和。

在确定角加速度阻力方面，旋转轴的质量分布比整个物体的质量更重要，因为旋转半径r是被平方的。r是给定粒子到旋转轴的垂直距离，r的值随着旋转轴的变化而变化。因此，当球员握住棒球棒时，“猛击”球棒降低了球员绕在手腕上做旋转轴的转动惯量，同时更加容易挥棒。少年棒球联盟球员挥动球拍时经常不知不觉地利用这个概念，这样，球拍可以更长、更重，以便他们有效操作。对大学棒球运动员的研究显示，挥动加重手柄和加重击球区的球棒与改变了挥棒动作的运动学和力学有关[9]。

在人体内，相对于旋转轴的质量分布可以显著地影响肢体移动的难易程度。例如，在行走时，一条特定腿的质量分布，它的髋旋转时主轴的转动惯量主要取决于膝关节的角度。在短跑中，最大角加速度需要腿，在摆动阶段，膝关节的屈曲比慢速跑时要大得多。这需要大大减少髋关节屈曲的阻力矩。拥有更加结实的大腿和纤细的小腿、腿质量分布靠近髋部的跑步者腿的转动惯量比髋部小。短跑运动员如果具有这样的特征是有优势的。在行走期间，腿需要最小角速度，在摆动期膝关节屈曲相对较小，髋的转动惯量相对最大。

在短跑中，膝关节处的极度屈曲减少了摆动腿的转动惯量。©Lori Adamski Peek/The Image Bank/Getty .

现代高尔夫球杆通常给头部的底部加重、周边加重，或后跟和尖端加重。这些对杆头质量的量和分布的控制是为了增加杆头惯性，从而减少球杆在偏心击球时绕轴旋转的趋势。

高尔夫球手的个人偏好、感觉和经验，最终决定了对球杆类型的选择。

确定转动惯量

•骨骼、肌肉和脂肪的密度不同，分布也不同，这一事实使计算人体节段的转动惯量更复杂。

•因为有一些公式可用于计算规则立体图形的转动惯量，一些研究人员已经将人体建模为各种几何形状的复合体。

回转半径（radius of gyration） 指从旋转轴到可以集中物体质量而不改变其旋转特性的点的距离。

测量每个物体质量与旋转轴的距离，然后应用公式来评估物体相对于旋转轴的转动惯量显然是不切实际的。可以用数学程序计算具有规则几何形状和已知尺寸的物体的转动惯量。因为人体由具有不规则形状和不均匀质量分布的节段组成，所以可使用实验程序或数学建模来粗略估计某个节段的转动惯量及整个身体在不同位置的转动惯量。目前，已经通过使用来自尸体研究的平均测量值，测量摆动肢体的加速度，摄影测量方法及数学建模对人体及其各部分的转动惯量进行粗略估计。

一旦评估了已知质量体的转动惯量，就可以使用以下公式表征该值：

$$I = mk^2$$

式中，I是相对于旋转轴的转动惯量，m是总质量，k称为回转半径。回转半径表示物体相对于给定旋转轴的质量分布。它是从旋转轴到理论上可以集中物体质量而不改变旋转物体惯性特征的点的距离。这一点与人体节段重心不同（图14-4）。因为回转半径基于单个粒子的r^2，所以k总是比回转半径到节段重心的距离长。

回转半径的长度随着旋转轴的变化而变化。如前所述，抓击球区比抓握手柄更容易挥动球棒。抓握击球区时，k比正确抓握距离短得多，因为质量位于更加靠近旋转轴的位置。同样，前臂相对于腕部的回转半径比相对于肘的大。

当讨论给定物体相对于不同轴的转动惯量时，回转半径是有用的指标。转动惯量的单位为质量单位乘长度单位的平方（$kg \cdot m^2$）。

人体转动惯量

转动惯量只能定义为相对于特定的旋转轴。在矢状面和冠状面运动中，身体节段的旋转轴通常是通过身体节段近端关节中心的轴。当一个节段围绕着自己的纵轴旋转时，由于质量分布差异，其在屈曲、伸展或外展和内收时的转动惯量大不相同。图14–5所示为前臂回转半径的长度相对于横向和纵向旋转轴的差异。

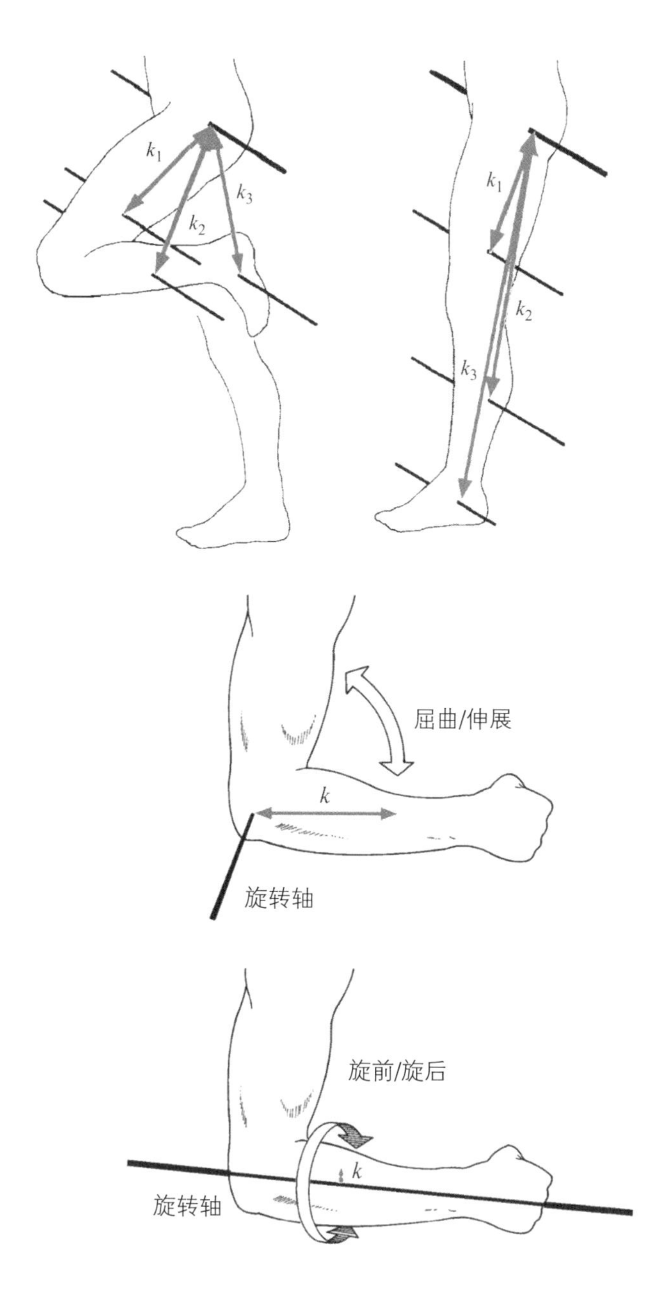

图 14–4

髋关节的转动惯量受摆动腿时膝关节角度影响，因为小腿（k_2）和脚（k_3）的回转半径变化。

图 14–5

前臂屈伸力矩的旋转半径（k）远大于旋前/旋后力矩的旋转半径。

主轴（principal axes）

指通过整个身体重心的三条相互垂直的轴。

主转动惯量（principal moment of inertia）

指相对于一个主轴的总转动惯量。

人体的转动惯量作为一个整体也因轴不同而不同。当整个身体不受支撑旋转时，它绕着三个主轴之一移动。三个主轴分别为横（或冠状）轴、前-后（或矢状）轴或纵（或垂直）轴，每个轴都通过全身重心。其中一个为主转动惯量轴。图14-6所示为在几个不同的位置人体的主转动惯量的定量估计。身体在翻转呈收拢状态时，其绕横轴的主转动惯量（抵抗角运动的能力）明显小于身体处于解剖位置时的主转动惯量。

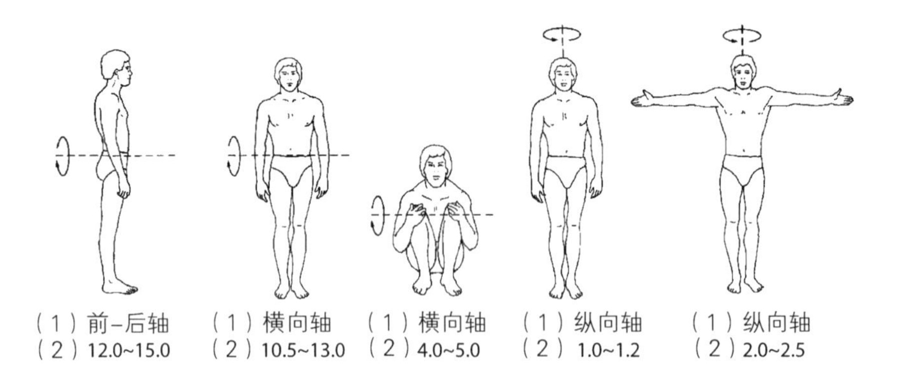

图 14-6

人体在不同位置相对于不同主轴的主转动惯量。（1）：主轴；（2）：转动惯量（$kg \cdot m^2$）。Modified from Hochmuth G: Biomechanik sportlicher bewegungen，Frankfurt，Germany，1967，Wilhelm Limpart，Verlag.

从儿童期到青少年期，再到成年期，发育变化导致身体节段长度、质量和回转半径的比例发生变化，所有这些都会影响节段转动惯量。在诸如体操和跳水等运动中，身体节段的转动惯量会影响角旋转的阻力，从而影响表现能力。体形较小的体操运动员由于转动惯量较小，在完成包括全身旋转的技巧方面具有优势，尽管事实上，体形较大的体操运动员可能有更大的力量，并且能够产生更多的力量。一些在青春期早期获得世界级地位的著名女子体操运动员，出现表现能力下降的情况，一般归因于身体比例随着成长而变化，致使在20岁之前便从公众的视野中消失了。

角动量

角动量（angular momentum）

物体具有的角运动的量，用转动惯量和角速度的乘积。

因为转动惯量是旋转运动的惯性特性，所以它是其他角动量的重要组成部分。正如第十二章所讨论的，物体拥有的运动量称为其动量。线性动量是线性惯性特性（质量）和线速度的乘积。一个物体所具有的角运动的量称为角动量。角动量用H表示，是角惯性特性（转动惯量）和角速度的乘积：

对于线性运动：$M = mv$

对于角运动：$H = I\omega$或者$H = mk^2\omega$

影响物体角动量大小的三个因素：①质量（m）；②质量相对于旋转轴的分布（k）；③角速度（ω）。如果一个物体没有角速度，它就没有角动量。角动量随着质量或角速度的增加，成比例地增加。最显著影响角动量的因素是质量相对于旋转轴的分布，因为角动量与回转半径的平方成比例（例题14.1）。角动量的单位由质量单位、长度平方单位和角速度单位的乘积得出，即$kg \cdot m^2/s$。

例题14.1

一个旋转的10 kg的物体，其中k=0.2 m且ω=3 rad/s。如果质量增加1倍，对物体角动量的影响是什么？回转半径加倍呢？角速度加倍呢？

解答

物体的原始角动量如下：

$$H = mk^2\omega$$

$$H = 10\ \text{kg} \times (0.2\ \text{m})^2 \times 3\ \text{rad/s}$$

$$H = 1.2\ \text{kg} \cdot \text{m}^2/\text{s}$$

质量加倍：

$$H = mk^2\omega$$

$$H = 20\ \text{kg} \times (0.2\ \text{m})^2 \times 3\ \text{rad/s}$$

$$H = 2.4\ \text{kg} \cdot \text{m}^2/\text{s}$$

角动量H增加为2倍。

k加倍：

$$H = \text{mk}^2\ \omega$$

$$H = 10\ \text{kg} \times (0.4\ \text{m})^2 \times 3\ \text{rad / s}$$

$$H = 4.8\ \text{kg} \cdot \text{m}^2/\ \text{s}$$

角动量H增加为4倍。

角速度ω加倍：

$$H = mk^2\omega$$

$$H = 10\ \text{kg} \times (0.2\text{m})^2 \times 6\ \text{rad / s}$$

$$H = 2.4\ \text{kg} \cdot \text{m}^2/\ \text{s}$$

角动量H增加为2倍。

肌肉力量（肌肉产生关节扭矩的能力）与节段转动惯量（关节的转动阻力）的比例是影响体操运动表现能力的重要因素。©Photodisc/Getty.

对于人体，围绕给定旋转轴的角动量是各个身体节段的角动量的总和。在空中转体180° 时，单个节段的角动量，如小腿，相对于穿过整个身体重心的旋转主轴由两个部分组成：局部项和远程项。 局部项是该节段相对于其自身重心的角动量，远程项表示该节段相对于全身重心的角动量。相对于主轴的该节段的角动量是局部项和远程项总和：

$$H = I_s\omega_s + mr^2\omega_g$$

式中，I_s是节段的转动惯量，ω_s是节段的角速度，两者都相对于横轴通过自己的重心。在远程项中，m是节段的质量，r是全身重心和节段重心之间的距离，ω_g是节段重心绕主横轴的角速度（图14–7）。 围绕主轴的所有节段的角动量之和产生围绕该轴的全体角动量。

从跳板或平台起跳时，竞技跳水运动员必须达到足够的水平线动量需要的必要高度（与甲板或平台的安全距离）和足够的角动量来执行所需的旋转次数。对于多次旋转、无扭转的平台跳水，起跳时产生的角动量随着入水旋转需要的增加而增加。当扭转也被纳入翻腾跳水时，所需的角动量进一步增加。

同样，在跳跃中，体操运动员在接近和接触台面期间必须产生足够的线动量和角动量，以完成起跳后阶段的旋转要求[6]。随着旋转次数的增加，在接近过程中所需的线动量和角动量也会增加。

图 14–7

摆动的角动量是它的局部项$I_s\omega_s$和它的远程项$mr^2\omega_g$之和。

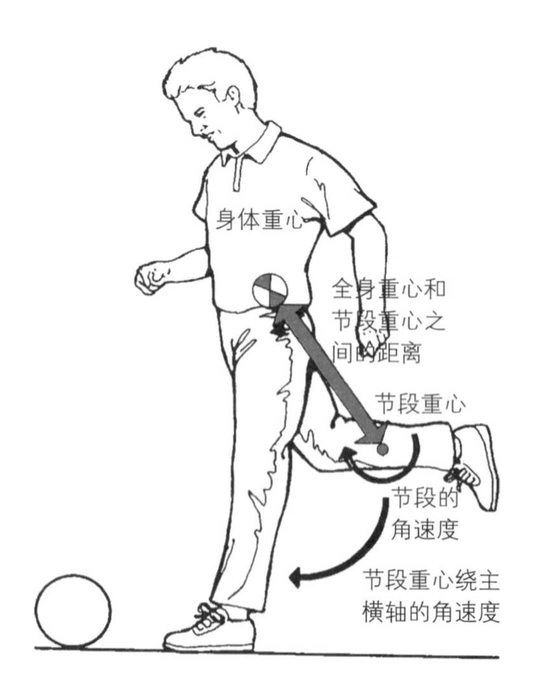

角动量守恒

当重力是唯一作用的外力时，角动量守恒。对于角运动，动量守恒的原理可以表述为：在不受外力矩作用时，给定系统的总角动量不变。

作用于人体的重力不产生扭矩，因为$d_\perp$等于0 m，因此它不会产生角动量的变化。

角动量守恒原理在跳水、蹦床和体操项目的力学分析中特别有用，在这些项目中，人体在空中进行有控制的旋转。在一次半前空翻跳水中，跳水运动员以一定的角动量离开跳板。根据角动量守恒原理，起跳瞬间存在的角动量，在整个跳水过程中保持不变。 当跳水运动员从伸展的姿势进入蜷缩姿势时，回转半径减小，从而减小了身体绕横轴的主转动惯量。由于角动量保持恒定，角速度的补偿性增加必然伴随转动惯量的减小（图14–8）。跳水运动员蜷缩得越紧，角速度越大。 一旦空翻完成，跳水运动员就进入直体姿势，从而增加相对于旋转轴的全身转动惯量。 另外，因为角动量仍然存在，恒定时，角速度发生等效的减小。为了使跳水运动员看起来完全垂直地进入水中，需要最小的角速度（例题14.2）。

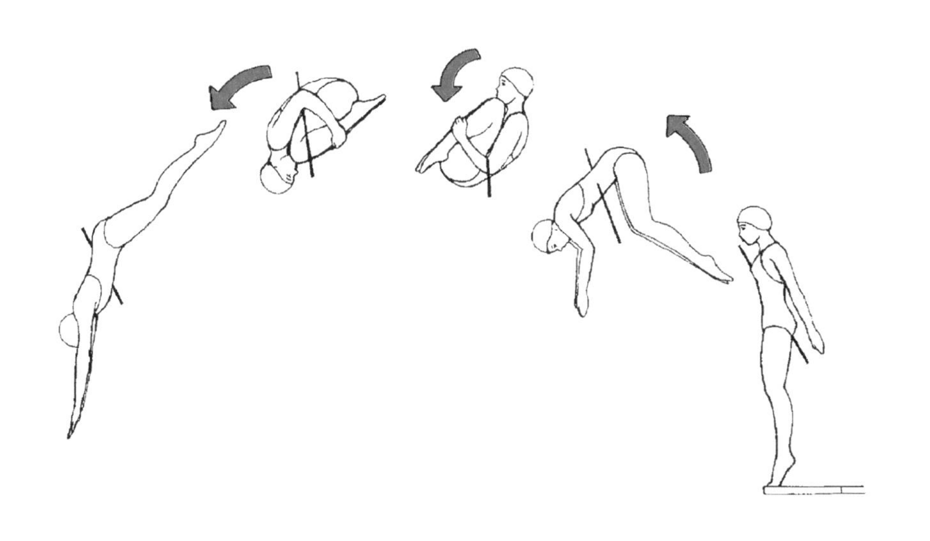

图 14–8

当角动量守恒时，物体结构的改变在转动惯量和角速度之间产生一种平衡，而蜷缩姿势产生更大的角速度。

角动量守恒的例子还包括跳伞运动员全身角动量为0 kg · m²/s时，以及力量型运动，如跳传或排球扣球。当排球运动员进行扣球时，以高角速度和大角动量移动击球臂，下身有一个补偿旋转，在相反的方向产生等量的角动量（图14–9）。两腿相对于臀部的转动惯量要比扣球的手臂相对于肩部的转动惯量大得多。因此，为了抵消摆臂的角动量而产生的腿部的角速度远小于扣球的手臂的角速度。

• 跳伞运动员在起跳瞬间即形成了角运动矢量的大小和方向。

角动量的转移

虽然在没有外力矩的情况下，角动量保持恒定，但角速度至少部分地从一个主旋转轴传递到另一个主旋转轴是可能的。当跳水运动员从主要的空翻旋转变为主要的扭转式旋转时，就会发生这种情况，反之亦然。运动员的角速度矢量不一定与角动量矢量在同一方向上出

例题14.2

一个60 kg的跳水运动员以4 rad/s的角速度离开跳板时，他的回转半径为0.5 m。此时他的角速度是多少？当跳水运动员采取蜷缩姿势，回转半径为0.25 m时，他的角速度是多少？

已知

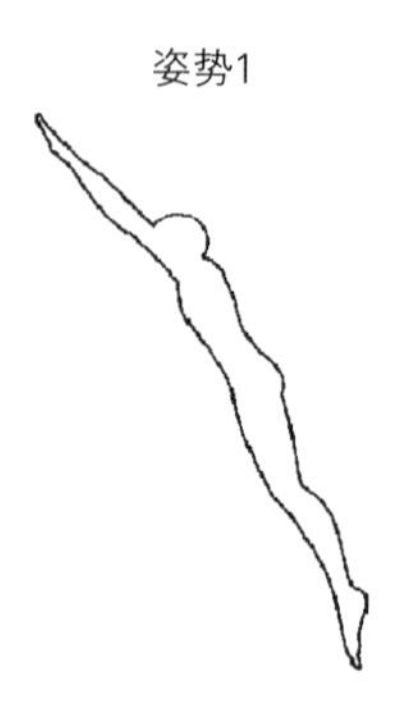

$$m = 60 \text{ kg}$$
$$k = 0.5 \text{ m}$$
$$\omega = 4 \text{ rad/s}$$

$$m = 60 \text{ kg}$$
$$k = 0.25 \text{ m}$$

解答

姿势1：

$$H = mk^2\omega$$
$$= 60 \text{ kg} \times (0.5 \text{ m})^2 \times 4 \text{ rad/s}$$
$$= 60 \text{ kg} \cdot \text{m}^2/\text{s}$$

当k=0.25 m时，姿势2：

$$H = mk^2\omega$$
$$60 \text{ kg} \cdot \text{m}^2/\text{s} = 60 \text{ kg} \times (0.25 \text{ m})^2 \times \omega$$

$$\omega = 16 \text{ rad/s}$$

图 14-9

在排球扣球跳起时，下肢的补偿性转动抵消了有力摆动的手臂角动量，从而保持了身体总的角动量。©Rubberball/Getty.

现。在半空中，身体的空翻角动量和扭转角动量有可能改变，尽管两者的矢量和（总角动量）在大小和方向上保持不变。

研究人员观察了几种改变全身旋转轴的方法。不对称的手臂运动和臀部的旋转（称为呼拉运动）可以使旋转轴偏离原来的运动平面（图14-10）。当身体处于尖峰位置时，较不常用的呼拉运动可以产生主旋转轴的倾斜。

即使当全身角动量为零时，通过熟练地操纵至少身体的两个部分，在半空中产生扭转也是可能的。由于观察到家猫无论从什么位置落下总是用脚着地，科学家们已经研究了角动量守恒原理的这种明显的矛盾[4]。体操运动员和跳水运动员使用这种“猫旋转”，不违反角动量的守恒。

猫旋转基本上是一个两阶段的过程。两个身体节段处于90° 的屈曲位置时是最有效的，使得一个节段的回转半径相对于另一个节段的纵轴最大（图14-11）。第一阶段包括节段1围绕其纵轴在内部产生的旋转。因为角动量是守恒的，所以节段2在节段1纵轴的相反方向上有一个补偿旋转。然而，所得到的旋转速度相对较小，因为节段2的回转半径比节段1纵轴的回转半径更大。该过程的第二阶段包括使节段2绕其纵轴沿最初由节段1采取的相同方向旋转。伴随这种运动，在绕节段2纵轴相反的方向上使节段1补偿旋转。同样，角速度相对较小，因为节段1的回转半径比节段2的回转半径更大。使用这个步骤，熟练的跳水运动员可以在半空中开始扭转，并翻转多达450° [5]，绕两个主要节段的纵轴进行猫旋转。绕主纵轴旋转比绕主横轴或主前-后轴旋转更容易，因为纵轴的全身转动惯量比其他两个轴的全身转动惯量小得多。

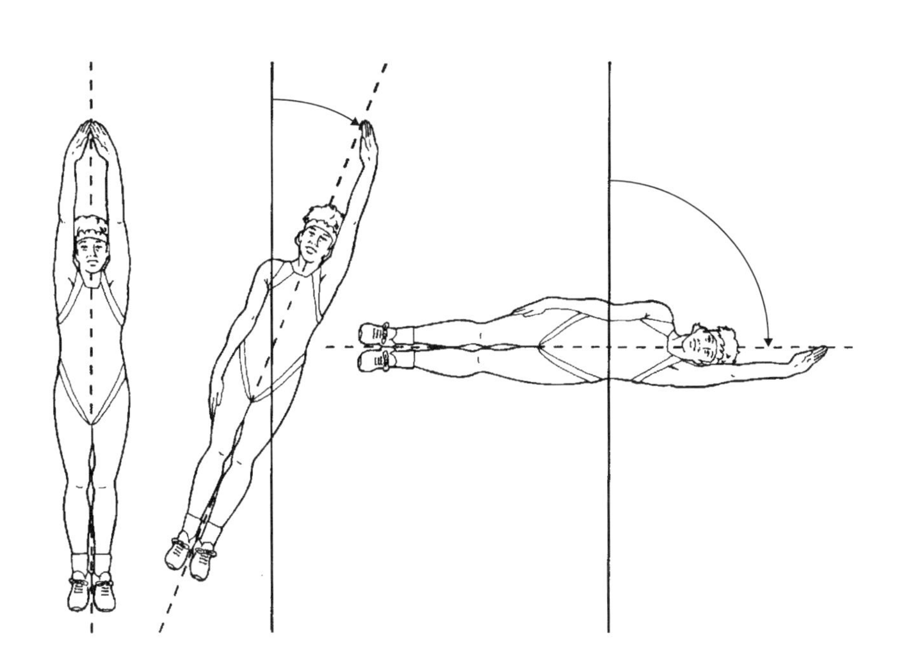

图 14-10

手臂相对于角动量轴的不对称定位可以改变旋转轴。

图 14-11

熟练的运动员可以在空气中以零角动量旋转180° 或更大，因为在最高位置，上下肢相对于这两个主要身体节段的纵轴有较大的差异。©Photodisc/Getty.

角动量的变化

当外部扭矩确实起作用时，它会不出所料地改变系统中存在的角动量。正如线动量的变化一样，角动量的变化不仅取决于起作用的外部扭矩的大小和方向，而且取决于每个扭矩作用时长：

$$线冲量 = Ft$$

$$角冲量 = Tt$$

角冲量（angular impulse）又称冲量矩，是量度力矩时转动物体的时间积累效应的物理量。其效果是使物体的角动量发生变化。角动量等于扭矩和时间的乘积。

当角冲量作用于系统时，其结果是系统的总动量发生变化。角冲量－动量关系可表示为

$$Tt = \Delta H（角冲量=角动量变化）$$

$$= I_2\omega_2 - I_1\omega_1$$

如前所述，符号T、t、H、I和ω分别表示扭矩、时间、角动量、转动惯量和角速度，下标1和2表示时间上的初始点和第二点（或最终点）。因为角冲量是转动惯量和时间的乘积，所以物体的角动量的显著变化可能是很短时间内的大转动惯量的作用或长时间内的小转动惯量的作用。因为转动惯量是力的大小和与旋转轴的垂直距离的乘积，所以这两个因素都会影响角冲量。角冲量对角动量的影响如例题14.3所示。

在田径投掷项目中，目标是使投掷器械在投出前所受的角冲量最大，力矩和投出后的最终水平位移最大。正如第十一章所讨论的，线速度与角速度直接相关，旋转半径作为比例系数，只要旋转体的转动惯量（mk^2）保持恒定，增加的角动量直接转化为线动量。这个概念

在链球投掷中尤其明显。在链球投掷中，运动员首先用脚在身体周围摆动链球两三次，然后在投出前对链球进行接下来的三四次全身转动。一些链球运动员用躯干轻微弯曲（称为臀部反弹）进行一个或两个转身，从而能够用手伸出得更远（图14–12）。这个策略可增加旋转半径，从而增加链球对于旋转轴的转动惯量，因此，如果不减小角速度，则增大了投掷者、链球系统的角动量。对于这个策略，最后的回合是用整个身体对抗链球倾斜，或者用肩膀对抗[3]。使用任一种技术的目的，是使链球速度的波动最小化，从而保持缆绳中的恒定张力。这种做法已被证明可以在投出时增加链球速度[4]。

在空中技能表演中执行全身旋转所需的角动量的轮换主要来源于起跳时支撑表面的反作用力产生的角冲量。跳水运动员在从甲板上进行后跳时，通过臀部、膝关节和踝关节的伸展并且同时伴有有力的臂摆动产生主要的角冲量[11]。跳板反作用力的垂直分量，作用在跳水运动员的重心的前面，产生所需的大部分后向角动量（图14–13）。

在跳板上，支点相对于板尖的位置通常可以调整，并且可以影响运动表现。将支点设置得离板尖越远，在起跳开始时板尖的垂直速度就越大，可使跳水运动员与板接触时有更多的时间产生角动量和增加入水的垂直速度[8]。然而，伴随而来的缺点包括需要增加空中停留时间及膝关节更大的屈曲角度——反向向下运动[8]。在从跳板上进

例题14.3

当k=20 cm时，为了阻止3.5 kg手臂以5 rad/s角速度摆动，在0.3 s的时间内，距肘关节旋转轴平均垂直距离1.5 cm肘关节屈肌所施加的平均力量是多少？

已知

$d = 0.015\ \text{m}$

$t = 0.3\ \text{s}$

$m = 3.5\ \text{kg}$

$k = 0.2\ \text{m}$

$\omega = 5\ \text{rad/s}$

F

k

解答

可以使用角冲量–动量关系。

$$Tt = \Delta H$$

$$Fdt = m_1 k_1^2 \omega_1 - m_2 k_2^2 \omega_2$$

$$F(0.015\ \text{m} \times 0.3\ \text{s}) = 0 - 3.5\ \text{kg} \times (0.2\ \text{m})^2 \times 5\ \text{rad/s}$$

$$F = -155.56\ \text{N}$$

图 14-12

链球运动员必须克服链球的离心力以避免被抛掷环拉出。用肩膀（图A）来反击比用臀部（图B）来反击，旋转半径要小得多。

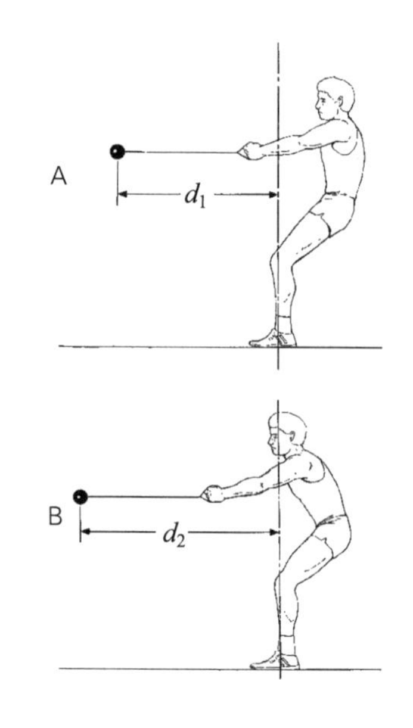

图 14-13

跳板反作用力（F）及其力矩臂相对于跳水运动员重心（$d_{\perp}$）的乘积产生一个扭矩，从而产生角冲量，在起跳时形成跳水运动员的角动量。

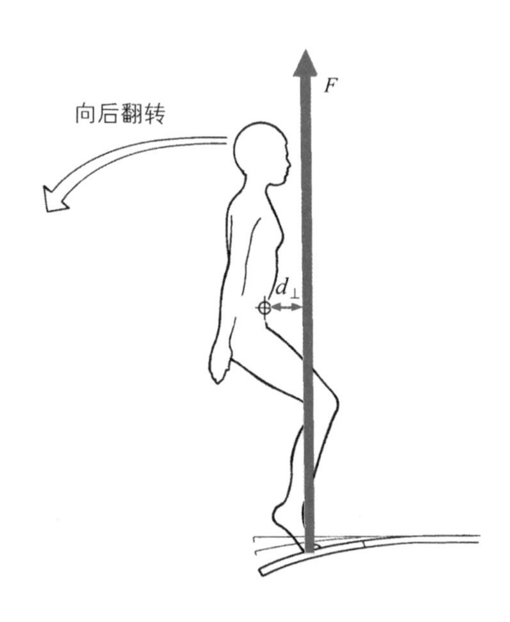

起跳时的手臂摆动对跳水运动员的角动量有很大影响。©Susan Hall.

行后跳时，在跳板最大下沉量来临前产生膝关节伸展力矩峰值，使得跳水者对较硬的板施加力[13]。

在起跳期间身体节段的运动决定了产生线冲量和角冲量的反作用力的大小和方向。在跳台和跳板跳水时，起跳时手臂的旋转通常比任何其他身体节段的运动更有利于角动量[10]。高度熟练的跳水运动员进行手臂摆动时会充分伸展，从而最大化手臂的转动惯量和产生的角动量。技术不熟练的跳水运动员通常必须用肘关节屈曲来减少手臂在肩膀周围的转动惯量，以便在可用的时间内完成手臂摆动[10]。

通过支撑表面反作用力产生的角冲量对于芭蕾舞的小跳动作也是必不可少的。该舞蹈动作包括跳跃伴随180° 转弯，舞者以起跳脚对侧脚落地。当正确表演时，舞者看起来笔直地升起来，然后在空中绕着主垂直轴旋转。实际上，必须跳跃，以使地板产生围绕舞者垂直轴的反作用力。在跳跃开始时，伸展腿相对于旋转轴产生相对较大的转

表面反作用力使芭蕾舞者在小跳起跳时产生角动量。©Susan Hall.

动惯量，从而产生相对较低的全身角速度。在跳跃的最高处，舞者的双腿同时穿过旋转轴，手臂同时向头顶靠拢，靠近旋转轴。 这些运动大大减少了转动惯量，从而增加了角速度。

类似地，当滑冰者在花样滑冰中完成两周半跳和三周半跳时，角动量是由滑冰者的运动和在起跳前全身转动惯量的变化产生的。两周半跳的角动量的一半以上是在进入跳跃的预备滑冰时产生的[1]。大部分角动量由摆动腿的运动来贡献；摆动腿稍微水平延伸，以增加滑冰者垂直轴周围的全身转动惯量[1]。当滑冰者进入空中时，双腿垂直伸展，双臂紧紧交叉。因为角速度主要由滑冰者的惯性矩控制，所以四肢靠近旋转轴的紧密定位对于在空中使旋转最大化至关重要。

在过顶动作中，如投球、打排球或网球发球，手臂的作用就像人们所说的“动力学链”一样。因此，当手臂有力地向前移动时，角动量从近端逐渐传递到远端。在翻臂过程中，由于角动量从一个身体节段传递到另一个身体节段[7,12]，躯干和上臂的运动加速了肘关节伸展和腕关节屈曲的运动。在网球发球中，角动量是由躯干、手臂和腿的运动产生的，动量从伸展的下肢和旋转的躯干传递到握球拍的手臂，最后传递到球拍[2]。

牛顿定律的类比

表14–1以平行格式给出了线性运动量和角运动量。由于线性运动和角运动之间有许多相似之处，牛顿运动定律也可以用来表示角运动。

表14–1

线性运动量和角运动量。

线性运动	角运动
质量（m）	转动惯量（I）
力（F）	扭矩（T）
线动量（M）	角动量（H）
线冲量（Ft）	角冲量（Tt）

牛顿第一定律

牛顿第一定律用角度形式表述为：任何物体都要保持匀速直线运动或静止状态，直到外力迫使它改变运动状态为止。

在对质量始终不变的人体的运动分析中，这种角类比形成了角动量守恒原理的潜在基础。因为角速度可以改变，以抵消由于回转半径的改变而引起的转动惯量的变化，所以在没有外部扭矩的情况下保持恒定的量是角动量。

牛顿第二定律

在角度的术语里，牛顿第二定律可以用代数式表示：

$$T=I\alpha$$

式中，α表示角加速度。净扭矩产生物体的角加速度，与扭矩大小成正比，方向与扭矩相同，与物体的转动惯量成反比。

根据牛顿第二定律，前臂的角加速度与肘部净扭矩的大小和肘部净扭矩的（弯曲）方向成正比。相对于肘部的旋转轴，转动惯量越大，得到的角加速度越小（例题 14.4）。

牛顿第三定律

牛顿第三定律可以用角度形式表述为：物体A施加在物体B上的每个扭矩，物体B在物体A上都会施加一个大小相等、方向相反的扭矩。

棒球运动员挥动球棒时，伴随着旋转的上半身的重量，产生一个靠近球员的纵轴的扭矩。如果击球手的脚没有牢固地固定，下半身就会倾向于在相反的方向绕着纵轴旋转。然而，因为脚通常是固定的，所以上半身产生的扭矩被传递到地面，在地面上，地面对击球手的鞋钉产生的扭矩大小相等、方向相反。

向心力

围绕固定轴进行旋转运动的物体也受线性力的作用。当附着在一

例题14.4

膝关节的伸肌以30° 的角度在距离膝关节的旋转轴3 cm的地方止于胫骨。小腿和脚的重量为4.5 kg，k=23 cm，膝关节伸肌需要施加多大的力才能使膝关节产生1 rad/s^{2}的角加速度？

已知

$d = 0.03$ m

$\alpha = 1$ rad/s^2

$m = 4.5$ kg

$k = 0.23$ m

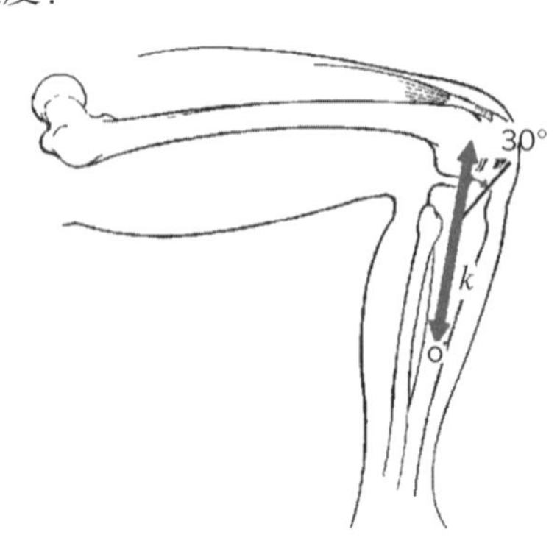

解答

可以用牛顿第二定律来解决这个问题：

$$T = I\alpha$$

$$Fd = mk^2\alpha$$

$$F \sin 30°\ \text{N} \times 0.03\ \text{m} = 4.5\ \text{kg} \times (0.23\ \text{m})^2 \times 1\ \text{rad/s}^2$$

$$F = 15.87\ \text{N}$$

条线上的物体在圆形路径中绕着旋转然后被释放时，该物体就在被释放的那一刻开始，从形成的和圆形路径相切的路径飞出，因为这是它在释放时的运动方向（图14–14）。向心力防止旋转的物体离开它的原路径，当旋转发生在一个固定的轴上时，向心力的方向总是接近旋转的中心，这就是为什么它被称为“寻找中心的力”。向心力产生于物体在曲线路径上运动的加速度的径向分量（见第十一章）。下面的公式用旋转体的切向线速度来量化向心力的大小：

向心力（centripetal force）
在旋转运动中，物体指向旋转中心的力。

$$F_c = \frac{mv^2}{r}$$

式中，F_c代表向心力；m代表质量；v代表旋转物体在给定时刻的切向线上的速度；r代表旋转半径。向心力也可以用角速度来定义：

$$F_c = mr\omega^2$$

由上述两个公式（表14.2）可知，旋转速度是对向心力大小影响最大的因素，因为向心力与速度或角速度的平方成正比。

当骑自行车的人转弯时，地面对自行车轮胎施加向心力。作用在自行车–自行车手系统上的力是重量、摩擦力和地面反作用力（图14–15）。地面反作用力的水平分量和横向定向的摩擦提供向心力，这也产生一个自行车–自行车手重心的力矩。为了防止向曲线的外侧旋转，自行车手必须倾斜到曲线的内侧，使得相对于地面接触点的系统重量的力矩臂足够大，以产生大小相等、方向相反的力矩。在没有倾斜进入弯道时，自行车手必须降低速度，以减小地面反作用力的大

自行车手倾斜成为一条曲线，以抵消作用在支撑基座上的向心力所产生的扭矩。©Susan Hall.

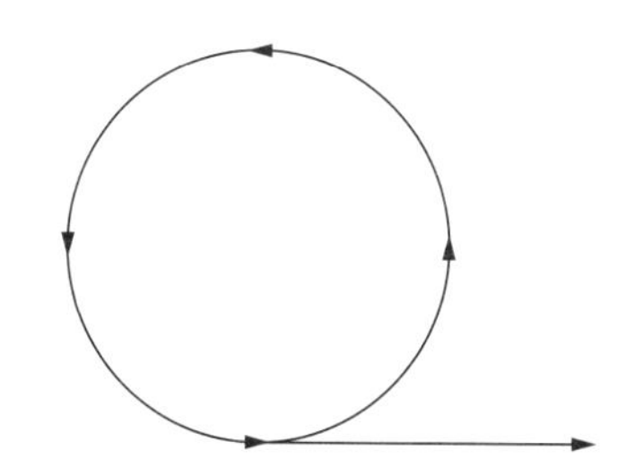
图 14–14
一个圆形摆动的物体停止摆动时会沿停止点与曲线相切的路径摆出，因为这是其在停止点处的方向。

表14–2
公式总结

描述	公式
转动惯量=质量×回转半径的平方	$I=mk^2$
角动量=转动惯量×角速度	$H=I\omega$
节段角动量=节段重心的转动惯量×节段重心的角速度	$H_1=I_s v_s$
远端角动量=节段质量×全身和节段重心之间距离的平方×主轴节段的角速度	$H_r = mr^2\omega_g$
角冲量=角动量变化	$Tt = \Delta H$ $Tt = m_2k_2\omega_2 - m_1k_1\omega_1$
牛顿第二定律（旋转）	$T = I\alpha$
向心力 = 质量×速度的平方 / 旋转半径	$F_c = \frac{mv^2}{r}$
向心力=质量×旋转半径×角速度的平方	$F_c = mr\omega^2$

小，防止失去平衡。当汽车在拐角处转弯时，有种被推向弯道外侧方向的感觉。而这种感觉被（错误地）当作离心力。然而，实际发生的是，根据牛顿第一定律，身体的惯性倾向于使其继续在一条直线上运动，而不是在一条曲线上。汽车坐椅、安全带可能还有车门提供了一个反作用力，改变了身体运动的方向。因此，“离心力”是一种虚构的力，可以更恰当地描述为作用于物体上的向心力的缺失。

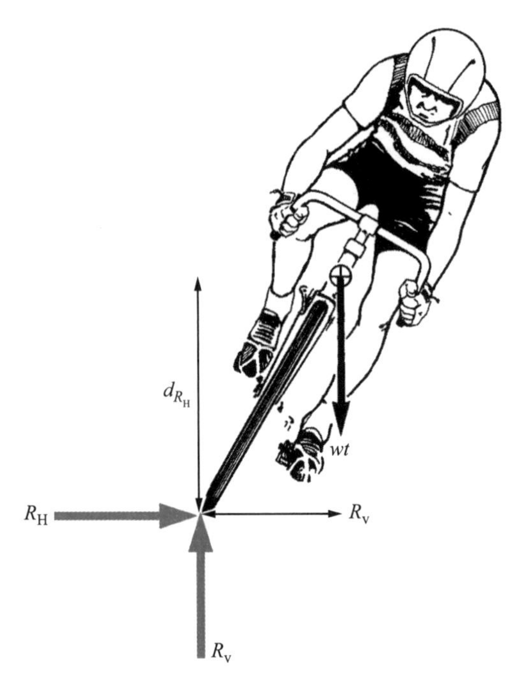

图 14–15

一名在弯道中的自行车手的自由身体力线图。R_H代表向心力。当骑自行车者保持平衡时，在骑自行车的重心处求得合成扭矩：$R_V d_{R_v}=R_H d_{R_H}$。

小结

物体对线加速度的阻力与其质量成正比，而角加速度的阻力与质量和质量相对于旋转轴的分布有关。对角加速度的阻力称为转动惯量，它是一个由质量及质量相对于旋转中心分布的量合并的总量。

正如线动量是线性惯性（质量）和线性速度的乘积一样，角动量是转动惯量和角速度的乘积。在没有外部扭矩的情况下，角动量是守恒的。当旋转发生的时候，运动员在空中的表现可以通过围绕轴线旋转来改变相关的身体形态，借助操纵转动惯量来改变整个物体角速度。熟练的表演者也可以改变旋转轴，并在空中没有角动量时开始旋转。角动量守恒的原理是基于牛顿第一定律的角度形式。牛顿第二和第三定律也可以用来表示角动量守恒，用转动惯量代替质量，用扭矩代替力，用角加速度代替线性加速度。

作用在所有旋转物体上的线性力是向心力（或称为寻找中心的力），它总是指向旋转的中心。向心力的大小取决于旋转物体的质量、速度和旋转半径。

入门题

1. 如果必须设计一个完全由规则几何立方体组成的人体模型，你会选择哪种立方体形状？使用直尺绘制人体模型，与你选择的立方体形状结合起来。
2. 绘制一个表格，内容包括惯性的线性运动和角运动的动量和冲量常用计量单位。
3. 多项运动技能的熟练表现具有“随动性”的特点。从本章所学内容出发，阐述“随动性”的价值。
4. 解释为什么体重和身高的平方乘积是儿童身体转动惯量的良好预测变量。
5. 一个1.1 kg的球拍在旋转轴上握力的转动惯量为0.4 kg · m^2。它的回转半径是多少？（答案：0.6 m）
6. 已知腿的转动惯量为0.7 kg · m^2，腘绳肌必须提供多大的角度冲量才能使腿以8 rad/s的速度摆动到停止？（答案：5.6 kg · m^2 / s）
7. 根据下列给出的主横轴的转动惯量和角速度，计算每个体操运动员的角动量。这些转动惯量代表什么身体结构？

	I_{cg} (kg · m^2)	ω（rad/s）
A	3.5	20.00
B	7.0	10.00
C	15.0	4.67

（答案: A = 70 kg · m^2/s；B = 70 kg · m^2/s；C = 70.05 kg · m^2/s）

8. 排球运动员3.7 kg的手臂在扣球动作时平均角速度为15 rad/s。如果伸展臂的平均转动惯量是0.45 kg · m^2，那么扣球时手臂的平均回转半径是多少？（答案：0.35 m）
9. 一个50 kg的跳水选手在直体姿势一周，相对于她的主横轴的总体回转半径等于0.45 m，留下一个角速度为6 rad/s的跳板。当她处于屈体姿势将回转半径减小到0.25 m时，跳水选手的角速度是多少？（答案：19.4 rad / s）
10. 如果一个网球运动员的手施加在挥动的网球拍上的向心力是40 N，则球拍对球员施加多大的反作用力？（答案：40 N）

附加题

1. 大腿相对于髋部横轴的回转半径是节段长度的54%。大腿的质量占身体总质量的10.5%，大腿的长度占身高的23.2%。对于以下身体质量和身高的男性，大腿相对于髋部的转动惯量是多少？

	M（kg）	l（m）
A	60	1.6
B	60	1.8
C	70	1.6
D	70	1.8

（答案：A=0.25 kg・m²；B=0.32 kg・m²；C=0.30 kg・m²；D=0.37 kg・m²）

2. 选择三种运动或日常生活用工具，并解释你可能会如何修改每个工具相对于旋转轴的转动惯量，以使其适应一个力量受损的人。
3. 一个0.68 kg网球的角动量为27.2 kg・m / s，当被球拍击中时，如果它的回转半径是2 cm，它的角速度是多少？（答案：10 rad / s）
4. 一颗7.27 kg的炮弹在其2.5 s的飞行过程中完成了七次完整的旋转。如果它的回转半径是2.54 cm，它的角动量是多少？（答案：0.0817 kg・m^2 / s）
5. 屈肘90°，前臂和手重1.7 kg，旋转半径为20 cm，前臂屈肌从附着点到肘部的旋转中心为3 cm时，产生10 N的张力，那么前臂和手的角加速度是多少？（答案：4.41 rad/s^2）
6. 髌韧带以距离膝关节旋转轴3 cm的20° 角附着到胫骨。如果肌腱的张力为400 N，那么，当小腿、足部的回旋半径为25 cm时，4.2 kg的小腿和足部相对于膝关节的旋转轴产生的角加速度是多少？（答案：15.6 rad / s^2）
7. 一个穴居的妇人用一条长0.75 m、重量可以忽略不计的吊索绕着她的头摆动，吊索的向心力为220 N。从吊索中释放出一块9 N的石头的初始速度是多少？（答案：13.41 m/s）
8. 一个7.27 kg重的锤子在1 m长的金属丝上以28 m/s的线速度投出。在投出前的瞬间，锤子对投掷器施加了多大的反作用力？（答案：5699.68 N）
9. 讨论倾斜曲线在赛道上的影响。绘制一个自由体图来帮助分析。
10. 利用附录四中的数据，计算身高为1.7 m的女性所有身体节段相对于近端关节中心回转半径的位置。

姓名：________________

日期：________________

实践

1. 从侧面观看视频或跳远的现场表演。根据本章介绍的概念解释跳远运动员手臂和腿的运动。

手臂的运动：________________

腿部的运动：________________

2. 从侧面观看跳水的视频或现场表演。根据本章介绍的概念解释跳水运动员手臂和腿部的运动。

手臂的运动：________________

腿部的运动：________________

3. 你站在一个旋转平台上，两臂在肩屈曲90°时外展，让一个同伴以均衡中等的角速度旋转。一旦同伴放手，你迅速于胸前双臂交叉，小心不要失去平衡。写一段话解释角速度的变化。

解释：________________

这种情况下角动量是恒定的吗？

4. 站在一个旋转平台上，用臀部的呼啦运动产生旋转。解释全身旋转的结果。

解释：________________

参考文献

[1] ALBERT W J, MILLER D I. Takeoff characteristics of single and double axel skating jumps. *J Appl Biomech*, 1996, 12:72.

[2] BAIGET E, CORBI F, FUENTES J P, et al. The relationship between maximum isometric strength and ball velocity in the tennis serve. *J Hum Kinet*, 2016, 53: 63.

[3] BŁAŻKIEWICZ M, ŁYSOŃ B, CHMIELEWSKI A, et al. Transfer of mechanical energy during the shot put. *J Hum Kinet*, 2016, 52:139.

[4] BRICE S M, NESS K F, ROSEMOND D. An analysis of the relationship between the linear hammer speed and the thrower applied forces during the hammer throw for male and female throwers. *Sports Biomech*, 2011, 10:174.

[5] FROHLICH C. The physics of somersaulting and twisting. *Sci Am*, 1980, 242:154.

[6] HILEY M J, JACKSON M I, YEADON M R. Optimal technique for maximal forward rotating vaults in men's gymnastics. *Hum Mov Sci*, 2015, 42:117.

[7] HIRASHIMA M, YAMANE K, NAKAMURA Y, et al. Kinetic chain of overarm throwing in terms of joint rotations revealed by induced acceleration analysis. *J Biomech*, 2008, 41:2874.

[8] JONES I C, MILLER D I. Influence of fulcrum position on springboard response and takeoff performance in the running approach. *J Appl Biomech*, 1996, 12:383.

[9] LAUGHLIN W A, FLEISIG G S, AUNE K T, et al. The effects of baseball bat mass properties on swing mechanics, ground reaction forces, and swing timing. *Sports Biomech*, 2016, 15:36.

[10] MILLER D I, JONES I C, PIZZIMENTI M A. Taking off: Greg Louganis' diving style. *Soma*, 1988, 2:20.

[11] MILLER D I, et al. Kinetic and kinematic characteristics of 10m platform performances of elite divers, I: Back takeoffs. *Int J Sport Biomech*, 1989, 5:60.

[12] OLIVER G D. Relationship between gluteal muscle activation and upper extremity kinematics and kinetics in softball position players. *Med Biol Eng Comput*, 2013.

[13] SPRIGINGS E J, MILLER D I. Optimal knee extension timing in springboard and platform dives from the reverse group. *J Appl Biomech*. 2004, 20:275.

注释读物

JEMNI M. The Science of gymnastics. London: Routledge，2017.

与体操相关的科学知识的全面概述，包括表现运动学。

ÖZKAYA N，LEGER D，GOLDSHEYDER D，et al. Fundamentals of biomechanics: Equilibrium，motion，and deformation. New York: Springer，2017.

使用生物学和医学上的实例，整合了力学的经典领域——静力学、动理学及材料力学等。

REESER J C. Handbook of sports medicine and science，volleyball（Olympic handbook of sports medicine）. New York: Wiley-Blackwell，2017.

介绍排球运动的医学和科学方面内容，包括表演的角度动理学。

WATSON M，BOEVE T，SHULL T. Smart golf: Science，math，art，reason，and tradition of golf. New York: Afflatus Press，2016.

关于高尔夫运动的全面的信息概要，包括挥杆的生物力学和球飞行轨道的科学分析。

第十五章　人在流体介质中的运动

通过学习本章，读者可以：

> **解释流体的组成和流动特性是如何影响流体的力的。**
>
> **定义浮力并解释决定人体漂浮的因素。**
>
> **掌握阻力的定义、组成，以及影响因素。**
>
> **掌握升力的定义及产生升力的方式。**
>
> **了解游泳中人体推进力的理论。**

为什么高尔夫球表面有许多凹痕？为什么有些人能浮起来，而有些人不能？为什么自行车运动员、游泳运动员、下坡滑雪者和速滑运动员在比赛中要注意身体的流线型化？

空气和水都是流体介质，对通过它们的物体施加力。有些力可减慢物体的运动，有些力可提供支持或推进作用。全面认识流体力对人体运动（活动）的作用是人体运动生物力学研究的重要组成部分。本章介绍流体力对人体运动和抛体运动的影响。

流体的性质

尽管在一般语境中，“流体”一词经常与“液体”互换使用，但从力学的角度来看，流体是任何趋于流动或在剪切力作用下依然流动且不断变形的物质。气体和液体是具有相似力学表现的流体。

流体（fluid）
指在剪切应力作用下依然流动的物质。

优秀游泳运动员有别于一般游泳运动员的是控制流体作用力的能力。
©Susan Hall.

• 空气和水是对人体施加力的流体。

• 物体相对于流体的速度影响流体对物体所施加的力的大小。

相对运动

因为流体是具有流动能力的介质，所以流体对于穿过它的移动物体的影响，不仅取决于物体的速度，还取决于流体的速度。例如，在有中等水流强度的河流浅水区，即便站着不动，仍可感到水流对腿的冲击；如果逆流而上，则水流对抗腿的力量更大；如果顺流而下，水流的力量就会减弱，甚至可能察觉不到。

当物体在流体中移动时，物体的相对速度与流体的相对作用力的大小相关。如果运动方向与流体流动方向正好相反，则运动物体相对于流体的速度为运动物体与流体速度的代数和（图15–1）。如果物体的运动方向与周围流体的流动方向相同，物体相对于流体的速度是物体与流体速度的差。换句话说，物体相对于流体的相对速度是流体的绝对速度与物体的绝对速度的矢量差（例题15.1）。同样地，流体相对于置于其中的物体的速度是物体速度与流体速度的矢量差。

层流与湍流

当物体如手或独木舟的桨在水中移动时，如果该物体相对于水的相对速度较低，则周围的水几乎没有明显的扰动。然而，如果水中运动产生的相对速度足够高，就会出现波浪和旋涡。

流体在管内低速流动时呈现为层流。层流的特点是光滑的流体分子层相互平行（图15–2）。

层流（laminar flow）
是流体的一种层次分明的流动状态。

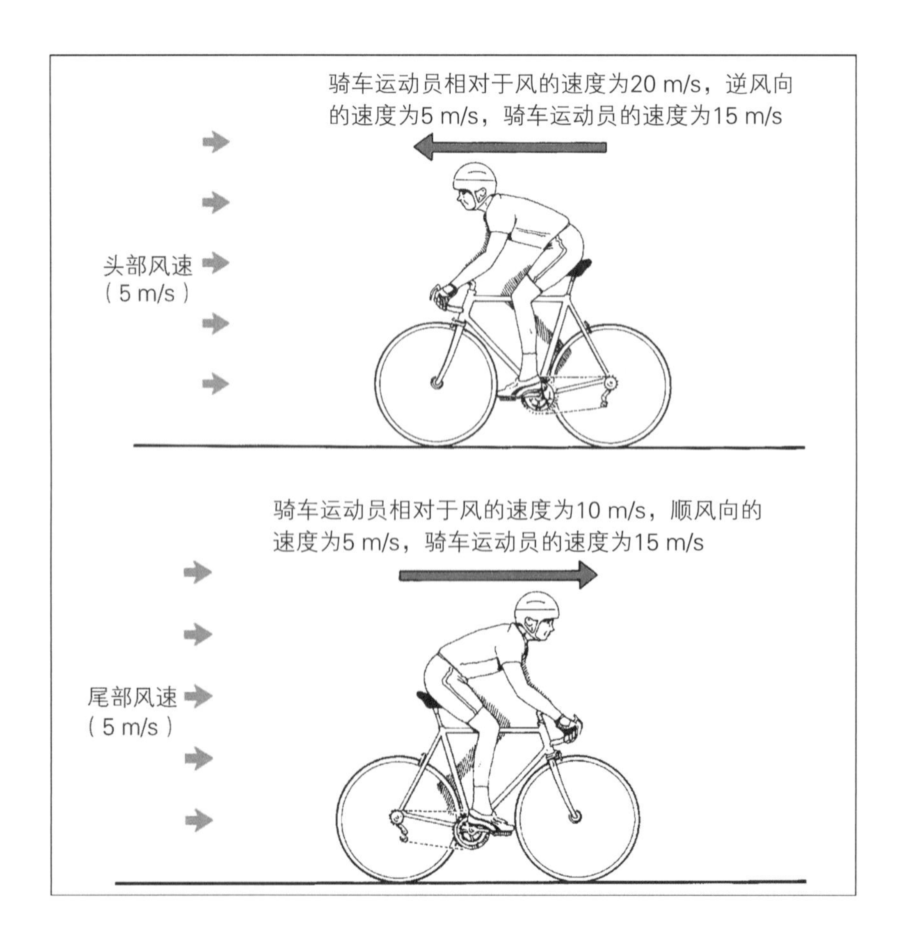

图 15–1

相对于流体运动的物体，其速度等于流体的速度和物体速度的矢量差。

例题15.1

一艘帆船以3 m/s的绝对速度，对抗流速为0.5 m/s的逆流，在风速6 m/s的顺风中航行。水流相对于船的速度是多少？风相对于船的速度是多少？

已知

$v_b = 3\ \text{m/s} \rightarrow$

$v_c = 0.5\ \text{m/s} \leftarrow$

$v_w = 6\ \text{m/s} \rightarrow$

解答

水流相对于船的速度等于水流的绝对速度和船的绝对速度的矢量差：

$$
\begin{aligned}
v_{c/b} &= v_c - v_b \\
&= (0.5\ \text{m/s} \leftarrow) - (3\ \text{m/s} \rightarrow) \\
&= (3.5\ \text{m/s} \leftarrow)
\end{aligned}
$$

水流相对于船的速度是3.5 m/s，方向与船行驶的方向相反。

风相对于船的速度等于风的绝对速度和船的绝对速度的矢量差。

$$
\begin{aligned}
v_{w/b} &= v_w - v_b \\
&= (6\ \text{m/s} \rightarrow) - (3\ \text{m/s} \rightarrow) \\
&= (3\ \text{m/s} \rightarrow)
\end{aligned}
$$

风相对于船的速度是3 m/s，方向和船行驶的方向一致。

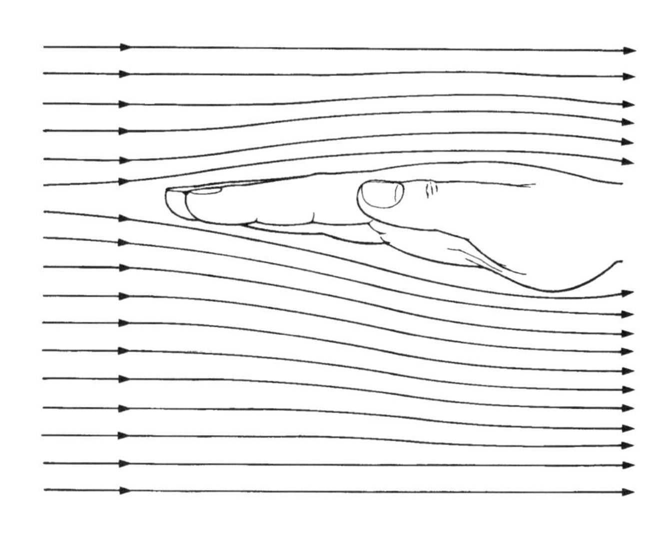

图 15-2

层流的特点是有光滑、平行的流体层。

湍流（turbulent flow）
湍流是流体的一种流动状态。当流速增加到很大时，流线不再清楚可辨，流场中有许多小旋涡，层流被破坏。

当一个物体相对于周围的流体以足够高的速度运动时，物体表面附近的流体层混合在一起，这种流动称为湍流。物体表面越粗糙，引起湍流的相对速度就越低。层流和湍流是两个截然不同的类别。如果存在任何湍流，则流动是非层流的。围绕物体的流体流动的性质可以显著地影响施加在物体上的流体力。游泳时，流动既不是完全层流，也不是完全湍流，是两者之间的过渡类型[14]。

流体特性

影响流体产生的力的大小的因素还有流体的密度、比重和黏度。密度(ρ)为质量/体积，而重量与体积之比为比重(γ)。物体周围的流体介质越密越重，流体对物体施加的力就越大。流体黏度的特性与流体的内部阻力有关。流体在外力作用下抵抗流动的程度越大，流体的黏度就越大。例如，黏稠的糖浆比液态的蜂蜜更黏稠，液态的蜂蜜比水更黏稠。流体黏度的增加导致对暴露于流体中的物体施加的力增加。

• 大气压和温度影响流体的密度、比重和黏度。

大气压力和温度影响流体的密度、比重和黏度，在较高的大气压力和较低的温度下，在给定的流体单位体积中，质量集中得较多。由于气体分子运动剧烈程度随温度的升高而增强，所以气体的黏度也随之增大。液体的黏度随温度的升高而降低是由分子间的黏合力降低导致的。普通流体的密度、比重和黏度如表15-1所示。

表 15-1
常见流体的相似物理性质

流体*	密度（kg/m³）	比重（n/m³）	黏度（ns/m²）
空气	1.20	11.8	0.000 018
水	998	9790	0.0010
海水⁺	1026	10 070	0.0014
乙醇	799	7 850	0.0012
水银	13 550.20	133 000.0	0.0015

*表示流体是在温度20 ℃和标准大气压力下被测量的。
⁺表示在10 ℃下3.3% 盐度。

浮力

浮力的特点

阿基米德原理（Archimedes principle）
即浮力原理，是指流体作用于物体的浮力等于物体排开的流体的重力。

浮力是一种总是竖直向上作用的流体力。决定浮力大小的因素最初由古希腊数学家阿基米德提出。阿基米德原理说明：作用于某一物体上的浮力的大小等于该物体所排开的流体的重量。排开流体的重量是将流体的比重乘物体被流体包围的部分的体积。浮力（F_b）是用排水容积（V_d）与流体比重（γ）的乘积来计算：

$$F_b = V_d \times \gamma$$

例如，一个体积为0.2 m^3的球完全浸没在20 ℃的水中，作用在球上的浮力等于球的体积乘温度20 ℃的水的比重:

$$\begin{aligned} F_b &= V_d \times \gamma \\ &= 0.2\ m^3 \times 9790\ N/m^3 \\ &= 1958\ N \end{aligned}$$

周围流体的密度越大，产生的浮力就越大。由于海水密度比淡水密度大，所以一个物体在海水中的浮力比在淡水中的浮力大。由于浮力的大小直接与淹没在流体中物体的体积有关，所以浮力作用的点就是物体的体积中心，也称为浮力中心。体积中心是物体体积均匀分布的点。

体积中心（center of volume）即浮力的作用点，物体体积沿此点均匀分布。

漂浮

物体在流体介质中漂浮的能力取决于物体的浮力与其重量之间的关系。当只有重量和浮力是作用在物体上的力，并且它们的大小相等时，物体就按照静力平衡的原理，处于静止状态。如果物体的重量大于浮力，物体就会下沉，即向合力的方向移动。

大多数物体在部分淹没的位置上静止漂浮，因其产生的浮力与物体重量相等。浸在流体内的物体受到的流体竖直向上托起的作用力叫浮力。

人体漂浮

在生物力学的研究中，浮力是与人体在水中漂浮有关的最普遍的研究内容。有些人不能静止漂浮，而有些人则不费多大力气就能漂浮。这种漂浮性上的差异是身体密度的作用结果。因为骨骼和肌肉的密度大于脂肪的密度，所以肌肉发达、身体脂肪少的人比肌肉少而骨骼密度低或身体脂肪多的人平均身体密度要高。如果两个人的身体体积相同，则身体密度高的人体重较重。或者说，如果两个人的体重相同，则身体密度越大的人的体积就越小。要进行漂浮，身体体积必须足够大，以产生大于或等于体重的浮力（例题15.2）。

- 为了使物体浮起来，它所产生的浮力必须等于或超过它的重量。

许多人只有在肺部吸入大量空气时才能浮起来，这是一种在不改变体重的情况下增加体积的方法。

人体漂浮在水中时的方向是由全身重心相对于全身体积中心的相对位置决定的。重力中心和体积中心的确切位置随人体尺寸和身体组成而变化。通常，由于肺的体积相对较大，重量相对较小，所以重心低于体积中心。因为重量作用于重心，浮力作用于体积中心，所以就产生了一个扭矩，使人体旋转，直到人体的姿势不再产生扭矩而停止（图15–3）。

例题15.2

当一个22 kg重的女孩，在她的肺部充满大量的气体时，她的体积是0.025 m^3。如果γ=9810 N/m^3，她能漂浮在淡水中吗？考虑到她的体积，当她依然能浮在水面上时，她有多重？

已知

$$m = 22\ \text{kg}$$
$$V = 0.025\ \text{m}^3$$
$$\gamma = 9810\ \text{N/m}^3$$

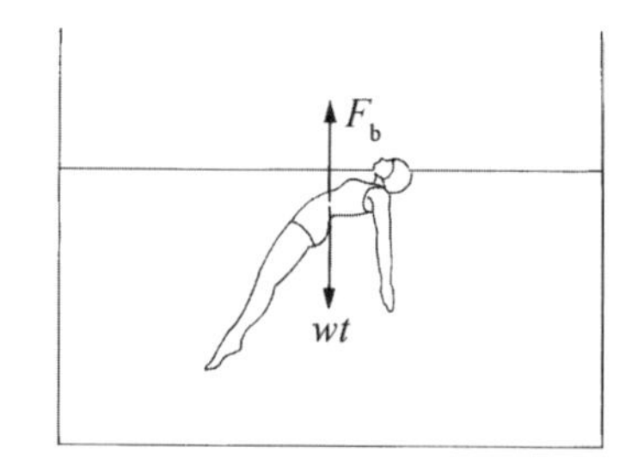

解答

有两种力作用在这个女孩身上：她的体重和浮力。根据静力平衡条件，垂直力之和必须等于零，女孩才能以一个静止的姿势漂浮。如果浮力小于她的重量，她就会下沉；如果浮力等于她的重量，她就会完全沉入水中。如果浮力大于她的重量，她将部分浮在水中。作用在她全身体积上的浮力的大小是其身体排开的流体的体积（她的体积）和流体的比重的乘积：

$$\begin{aligned} F_b &= V\gamma \\ &= 0.025\ \text{m}^3 \times 9810\ \text{N/m}^3 \\ &= 245.25\ \text{N} \end{aligned}$$

她的重量等于她的质量乘重力加速度：

$$\begin{aligned} wt &= 22\ \text{kg} \times 9.81\ \text{m/s}^2 \\ &= 215.82\ \text{N} \end{aligned}$$

由于浮力大于她的体重，这个女孩将部分浮在淡水中。

是的，她会浮起来。

为了计算女孩的身体在淡水中所能承受的最大重量，用身体体积乘水的比重：

$$wt_{max} = 0.025\ \text{m}^3 \times 9810\ \text{N/m}^3$$
$$wt_{max} = 245.52\ \text{N}$$

初学游泳的人试图仰面浮在水面上时，通常采用水平身体姿势。一旦游泳者放松，由于扭矩正在作用于身体，身体的下端就会下沉。经验丰富的老师指导初学游泳的人在放松进入背部漂浮之前在水中采取对角线的姿势。这个姿势可最大限度地减少扭矩和随之而来的下肢下沉。游泳运动员在进入背浮姿势时，还可以使用其他方法来减少身体的扭矩，包括在头部之上的水中向后伸展双臂和屈膝。这两种方法都可提高重心的位置，使其更靠近体积中心。

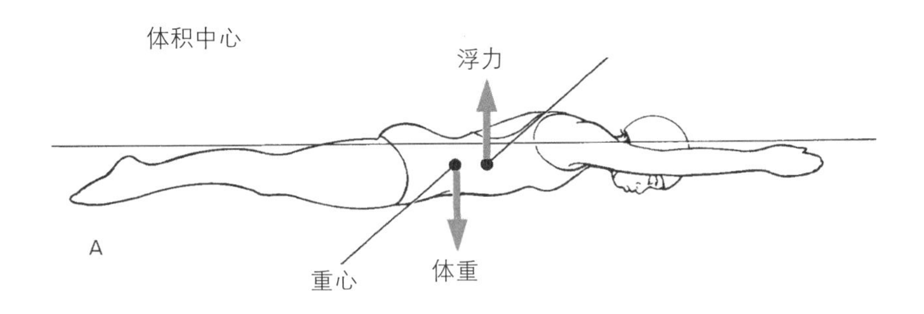

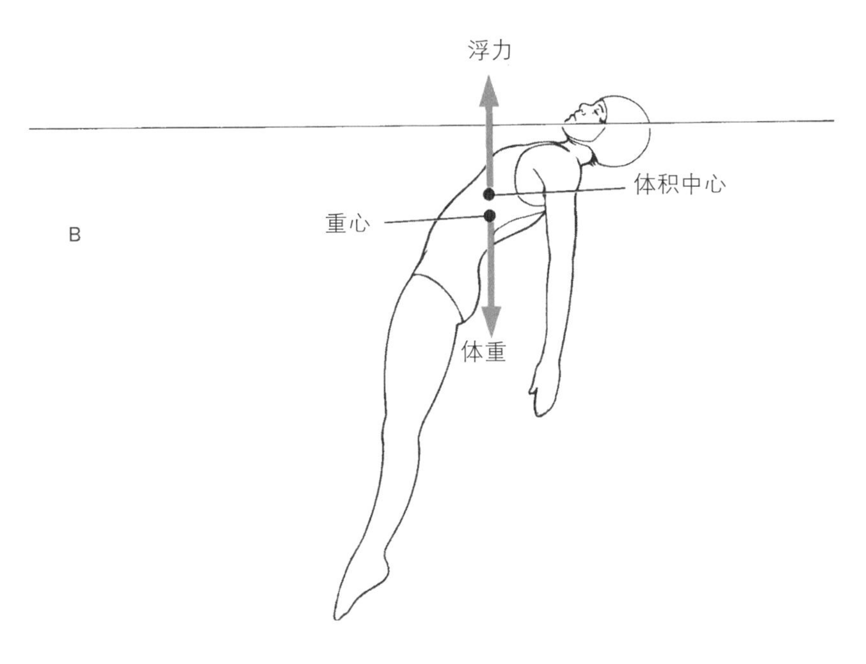

图 15-3

A.由游泳者体重（作用于重心）和浮力（作用于体积中心）产生的扭矩。B.当重心和体积中心垂直对齐时，这个扭矩就消除了。

流体阻力

- 不能在游泳池里漂浮的人，可能会漂浮在犹他州的大盐湖里，那里的水密度甚至超过了海水的密度。

流体阻力是物体相对于流体运动所受的逆物体运动方向的流体的力。一般来说，流体阻力是一种抗力：在物体穿过流体时一种减缓物体移动的力。阻力作用于相对于流体做相对运动的物体上可以用下面公式计算：

$$F_D = \frac{1}{2} C_D \rho A_p v^2$$

式中，F_D是阻力；C_D是阻力系数；ρ是流体密度；A_P是物体的投影面积或垂直于流体流动的物体的表面积；v是物体相对于流体的速度。流体阻力系数是无量纲，是一个物体可以产生的阻力数量的指数。它的大小取决于物体相对于流体的形状和方向，长而流线型的物体通常比钝的或不规则形状的物体具有更低的流体阻力系数。图15-4所示为通常假设的参加几种运动时人体姿势的近似阻力系数。在四种竞技游泳泳姿中，A_p指身体冠状面的平均面积，在自由泳、仰泳和蝶泳中相似，但在蛙泳中最大[8]。

阻力系数（coefficient of drag）没有单位，表示物体产生流体阻力的能力。

阻力系数的公式论证了每个因素影响阻力的确切方式。如果阻力系数、流体密度和物体的投影面积保持不变，阻力就会随着相对

假设平方定律（theoretical square law）

相对速度较低时，阻力以接近速度的平方的值增大。

运动速度的平方而增大。这种关系称为假设平方定律。根据这条定律，如果骑手的速度增加1倍，而其他因素保持不变，反作用力就会增加4倍。当身体以很高的速度运动时，阻力的影响就更大，这种情况发生在骑自行车、速滑、高山滑雪、有舵雪橇和无舵雪橇等运动中。

在游泳运动中，运动物体所受的阻力是在空气中的数百倍，阻力的大小随个体游泳者的人体特征及所用的划水方式而变化。研究人员区分了被动阻力（由游泳者的身体尺寸、形状和在水中的姿态产生）和主动阻力（与游泳运动有关）。被动阻力与游泳运动员的浮力成反比，浮力虽小却对短程游泳成绩的影响很重要[19]。

在水下滑翔过程中，双臂在身体两侧比过头伸展时被动阻力下降17%以上[5]。总阻力有三种形式。占主导地位的阻力成分取决于紧挨着身体流动的流体的性质。

表面摩擦力

表面摩擦力（skin friction）

又称表面阻力、黏性阻力。阻力来自于在流体中运动的物体附近的相邻流体层之间的摩擦产生的力。

表面摩擦力也称为表面阻力或黏性阻力，是组成总阻力的一种力。这种阻力类似于第十二章描述的摩擦力。表面摩擦力是由靠近一个运动物体表面的连续流体层之间的滑动摩擦产生的（图15–5）。邻近运动物体的流体微粒层速度由于物体对流体施加的剪切应力而减小。由于相邻分子之间的摩擦，流体微粒的下一相邻层的运动速度稍小，而下下相邻层又会受到影响。受影响的流体层层数随着流体沿物体的顺流方向移动而逐渐增大。由于运动物体边界所引起的剪切阻力而使流体速度降低的整个区域就是边界层。物体在形成边界层时对流体施加的力导致了流体对物体施加反作用力。这种作用力称为表面摩擦力。

边界层（boundary layer）

紧邻物体的流体层。

有几个因素影响表面摩擦力的大小。表面摩擦力随着流体的相对速度、流体流过的物体的表面积、物体表面的粗糙度和流体的黏

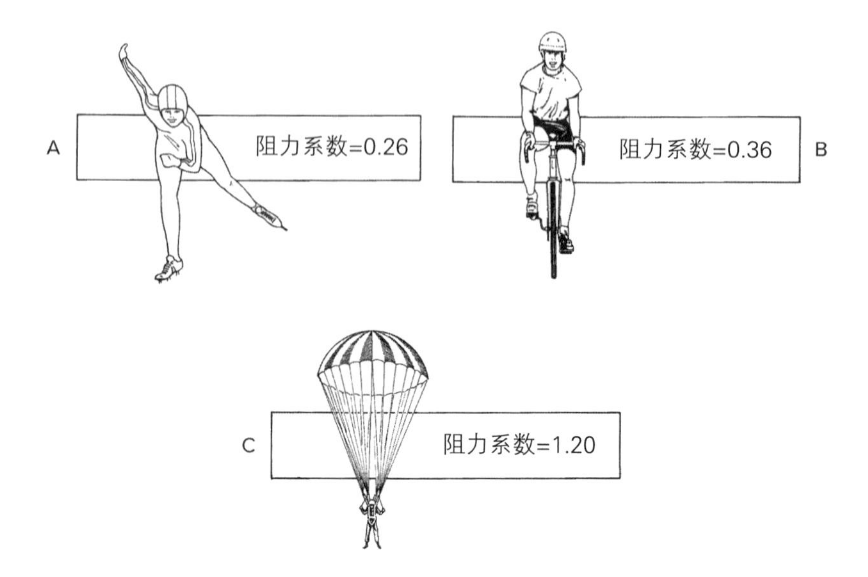

图 15–4

人体阻力的近似系数。A.对速滑运动员的正面阻力。B.在骑行位置对骑手的正面阻力。C.跳伞运动员伴随着完全打开的降落伞下降时的垂直阻力。Source: Adapted from Roberson JA and Crowe CT: Engineering fluid mechanics (2nd ed.), Boston, 1980, Houghton Mifflin.

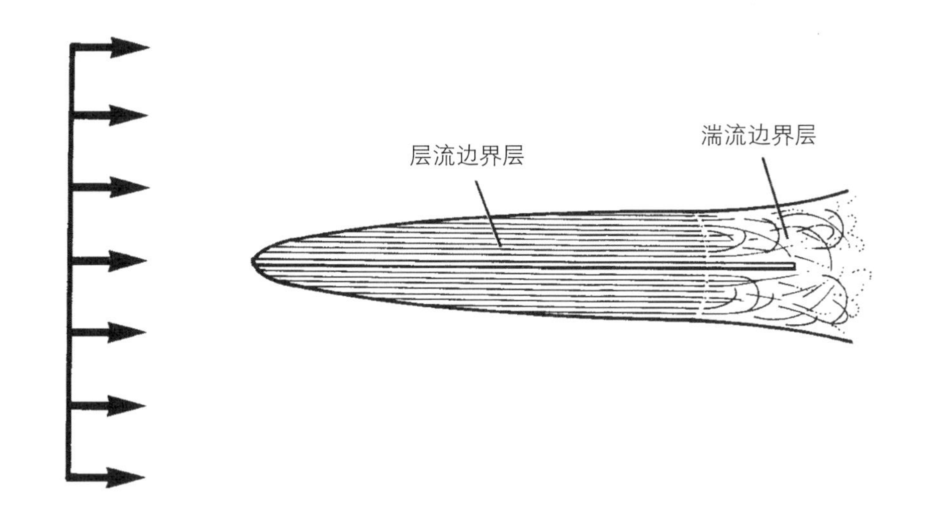

图 15-5

从侧视图显示薄板的流体边界层。层流边界层随着流体沿平板的流动而逐渐变厚。

度的增加成正比地增加。表面摩擦力总是作为总阻力的一个组成部分作用于相对于流体运动的物体上，当流体主要是层流时，它是阻力的主要形式。对于自由泳、皮艇、赛艇等，表面摩擦阻力在1 m/s和3 m/s之间的速度中占优势[17]。

在这些因素中，竞技运动员能够轻易改变的是身体表面的相对粗糙度。例如，运动员穿由光滑面料做成的紧身衣服，而不是宽松的或者由粗糙面料做成的衣服。当骑手穿着合适的衣服，包括袖子、紧身衣及覆盖在鞋带上的光滑物时，空气阻力有明显的降低。与内裤相比，男游泳运动员穿从肩到膝或从肩到脚踝的泳衣时，皮肤摩擦也会明显减少。有竞争力的男游泳运动员和自行车运动员经常剃掉体毛，以降低皮肤表面的粗糙度来降低表面摩擦力。

影响表面摩擦力的另一个因素是运动员改变姿势时与流体接触面的大小。在划船项目中，如果我携带一名运动员，如舵手，由于重量增加，会使船体与水的接触表面积变大，导致表面摩擦力增加。

形状阻力

在流体中，作用于运动物体上的第二部分阻力是形状阻力，也称为型阻力或压差阻力。它通常是物体相对于流体运动所产生的阻力的一个组成部分。当流体分子的边界层紧邻运动物体表面时，主要形成湍流，形状阻力占主导地位。在大多数抛物线运动中，形状阻力是形成阻力的主要因素。它也是自由泳和移动速度小于1 m/s的皮划艇运动的主要阻力类型[17]。

形状阻力（form drag）
又称为型阻力、压差阻力，是物体在水中运动时，物体前后的压力差所形成的。它与物体的大小与形状、投影截面面积及物体前后的压力差成正比。

当物体以足够的速度通过流体介质时，在物体后面会产生一个湍流区，物体周围的压力就会产生不平衡而形成压差（图15-6）。在流体扑面而来的上游端，会形成一个相对高压的区域。有湍流存在的地方是物体下游端，形成相对低压的区域。每当存在压差时，力就从高压区域指向低压区域。例如，真空吸尘器产生吸力，是因

图 15-6

形状压力是由于存在湍流时在物体前缘上的正压区和后缘上的负压区之间产生的抽吸样力造成的。

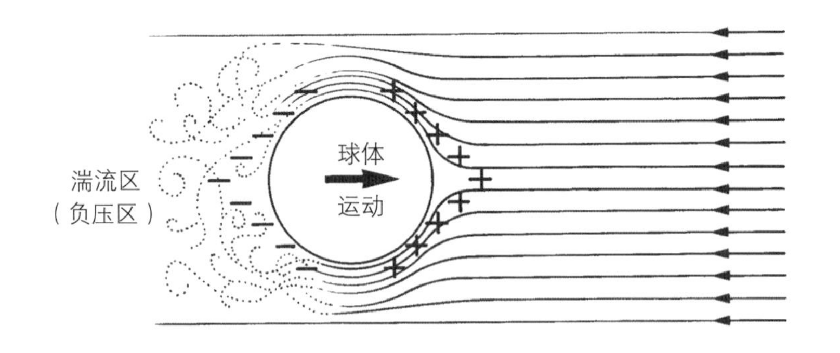

为相对低压（相对真空）区域存在于机器内部。这种力从物体的前端指向后端，与流体产生相对运动而形成阻力。

影响形状阻力大小的因素包括物体与流体的相对速度、物体前缘和后缘之间的压力差梯度的大小。压力差梯度和垂直于流动方向的表面积均可降低到最小，以保证形状阻力对人体产生最小的影响。例如，整体形状为流线型的物体，可减少压力梯度的幅度。流线型可产生最小的湍流，因此要使物体后部产生的负压最小化（图15-7）。假设身体保持更蜷缩的体位，也会减少垂直于流动方向的表面积。

有竞争力的自行车运动员、滑冰运动员和滑雪运动员通过保持流线型的身体姿势，来保证身体与迎面而来的气流垂直接触面积最小。尽管自行车运动员采取的低蹲姿势与直立姿势相比增加了自行车运动员的新陈代谢成本，但空气动力学方面的好处使阻力减少了90%以上[11]。同理，常将赛车、快艇外壳和一些自行车头盔设计成流线型。具有空气动力学框架和车把设计的赛车，也可减少阻力。

•流线型有助于最小化形状阻力。

流线型也是减少水中阻力的一个有效方法。在自由泳时流线型身体姿势是区分专业和非专业游泳者的典型特征。采取流线型姿势

图 15-7

流线型的作用是减少流体中物体后缘产生的湍流。A.流线型。B.球型。

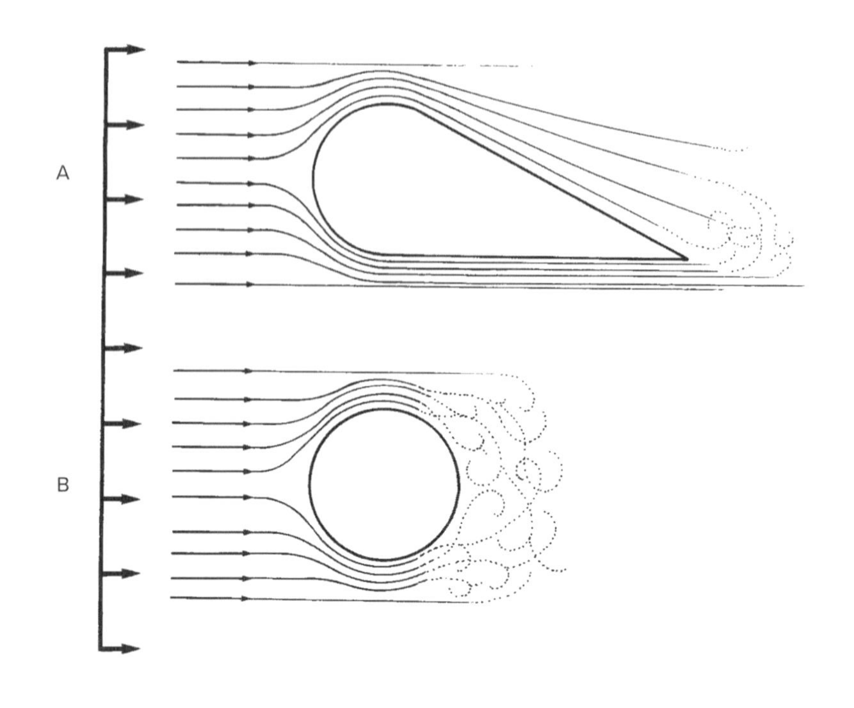

可减少以1.25 m/s典型三项全能比赛速度游泳的比赛者多达14%的阻力，这是因为流线型姿势的浮力效应有效减小了游泳者所受到的阻力[20]。

在流体中，运动物体表面的边界层也可以通过影响物体的前后缘之间的压力梯度来影响形状阻力。当边界层主要是层流时，流体与靠近物体前缘的边界分离，从而产生具有负压的大型湍流区，进而产生较大的阻力（图15-8）。相反，当边界层是湍流层时，流动分离层越靠近物体的后缘，产生的湍流腔越小，产生的形状阻力就越小。

边界层的性质取决于物体表面的粗糙度和物体相对于流体的速度。当物体（如高尔夫球）的相对运动速度增加时，阻力会发生变化（图15-9）。在相对速度增加到一定临界点前，假设平方定律有

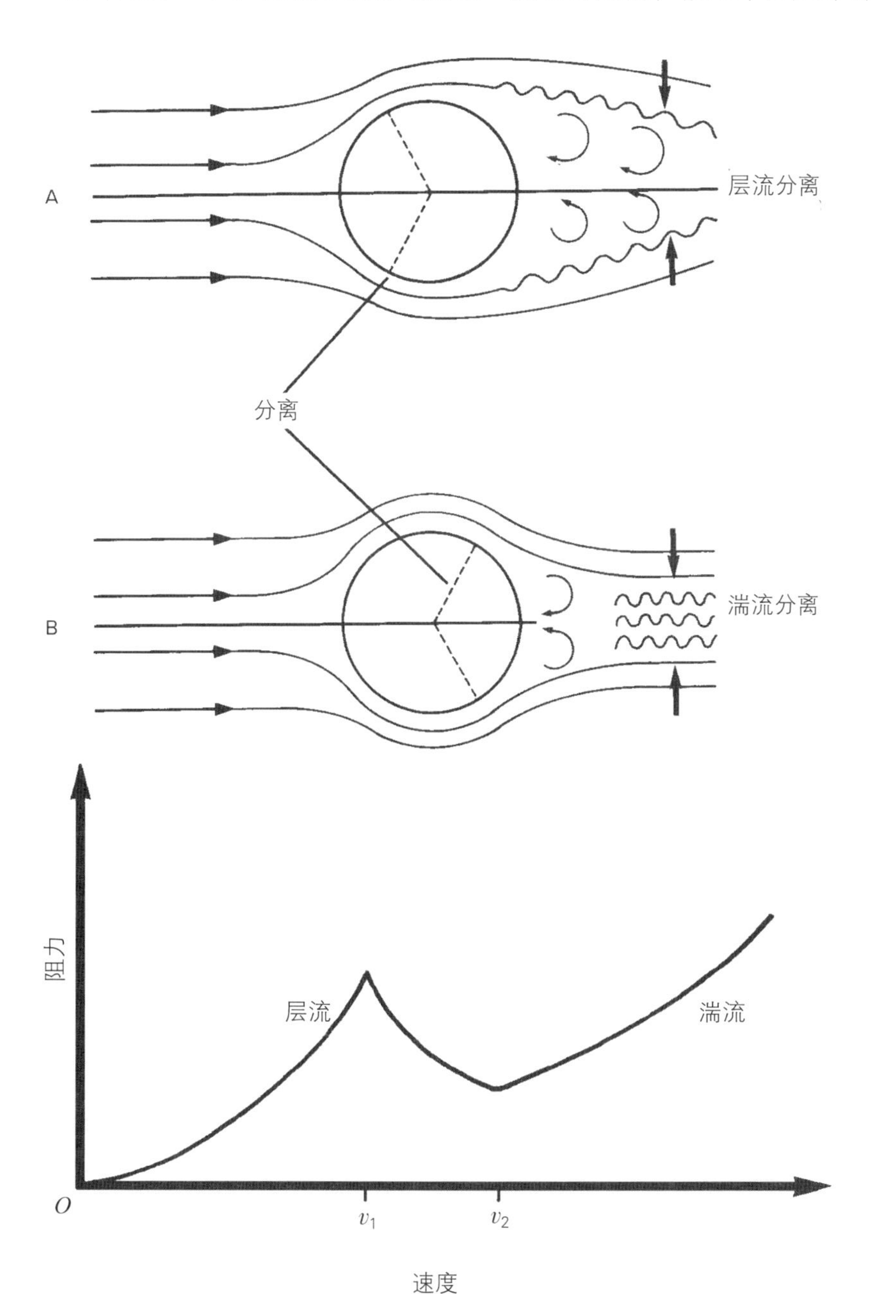

图 15-8

A.层流导致流动层与边界的早期分离和较大的阻力。B.湍流导致流动层与边界的晚期分离和较小的阻力。

图 15-9

在达到足够的相对速度（v_1）形成湍流层之前，阻力随着速度的平方增加而增加。当速度增加超过这个临界点时，形状阻力下降。在达到第二关键相对速度（v_2）之后，阻力再次增加。

流线型自行车头盔。©Susan Hall.

效，阻力随速度的平方增加而增加。在达到临界速度后，边界层的湍流比层流更多，并且由于物体后缘的负压腔变小，形状阻力也减小了。高尔夫球的表面设计（凹陷）有利于产生湍流边界层，该湍流边界层在高尔夫球运动的速度范围内可减少球的形状阻力。

另一种控制形状阻力的方法是追随，指在以速度竞技为基础的运动（如自行车和赛车比赛）中，紧跟在另一个参赛者后面的过程。追随的好处是可以降低追随者的阻力，这是因为被追随者帮助追随者的前缘挡住了部分增加的流体阻力。根据被追随者身后负压腔的大小，类似吸力的力量也有助于带动追随者前进。游泳时，在游泳池中最佳的追随距离是距前一个游泳者脚趾0 ~ 50 cm[3]。人们甚至发现，在远距离游泳时，追随可以提高游泳成绩，特别是对于更快、更瘦的游泳者来说[4]。

波阻

波阻（wave drag）
是一种在不同流体介质临界面上产生源源不断的波浪而引起的阻力，如空气和水。

第三种阻力作用在两种不同流体的临界面上，如水和空气的临界面上。虽然完全浸没在流体中的物体不受波阻的影响，但这种形式的阻力对游泳者的总阻力却可能起主要作用，特别是在开放性水域游泳时。当游泳者沿着、靠近或穿过空气和水的临界面移动身体时，在密度更大的流体（水）中会产生波浪，水对游泳者施加的反作用力构成波阻。

波阻的大小随着身体上下运动幅度的增大和游泳速度的增加而增加。在游泳者前面产生的头波高度随着游泳速度增加而成比例地增加，在一定的速度下，游泳时运用上下运动技巧更娴熟的游泳者产生的头波比不熟练的游泳者更小。在快速游泳（超过3 m/s）时，波阻是主要阻力[17]。由于这个原因，在规则允许的情况下，竞技游泳者通常将自己推入水下，以消除比赛中的小部分波阻。在刚跳入水中和蛙泳转身时允许潜泳，仰泳转身时，允许潜泳距离可达15 m。在大多数游泳池中，泳道线可消散波浪而使波阻最小化。

游泳运动员产生的头波。©Susan Hall.

自行车运动员通过追随而降低形状阻力。©Susan Hall.

升力

当阻力作用于流体流动的方向时，还有一个力，即升力，升力是垂直于流体流动方向产生的。虽然升力这个名称表明这种力是垂直向上的，但它实际上可以是任何方向，这取决于流体流动的方向和物体运动的方向。影响升力大小的因素基本上与影响阻力大小的因素相同：

$$F_L = \frac{1}{2} C_L \rho A_p v^2$$

式中，F_L代表升力；C_L是升力系数；ρ是流体密度；A_p是产生升力的表面积；v是物体与流体的相对速度。表15-2总结了影响流体力大小的因素。

升力（lift force）
流体中，垂直于流体流动方向作用于运动物体上的力。

升力系数（coefficient of lift）
无量纲量，表示物体产生升力能力的指数。

表 15-2
影响流体力大小的因素

力	因素
浮力	流体比重 物体排开流体的体积
壁剪应力 （表面摩擦）	流体密度 流体相对速度 在流体中的总表面积 表面粗糙程度 流体黏性
形状阻力	流体密度 流体相对速度 物体前后缘的压力差 垂直于流体流动方向的总面积
波阻	波的相对速度 垂直于波的总面积 流体黏性
升力	流体相对速度 流体密度 物体的大小、形状、运动方向

箔形

箔形（foil）
在流体流动时能够产生升力的形状。

产生升力的一种方式是将运动物体的形状设计成类似于箔的形状（图15-10）。当流体遇到箔形时，流体开始分流，一部分流过曲面，另一部分沿相反侧的平坦面直线回流。流过曲面的流体相对于流体流动是正加速的，从而产生了相对高速流动的区域。根据意大利科学家伯努利推导出的关系式，箔的弯曲侧与平坦侧的流速差导致在流体中产生压差。根据伯努利原理，相对高速的流体流动区域与相对低压区域相关，而相对低速的流体流动区域与相对高压区域相关。当在箔的正上方产生这些相对低压和高压区域时，其结果是产生垂直于箔的升力。

伯努利原理（Bernoulli principle）
流体流动中相对速度与相对压力相反关系的表述。

不同的因素影响作用在箔上的升力大小。箔相对于流体的速度越大，产生的压力差和升力越大。其他影响因素还有流体密度和箔的平坦侧的表面积。随着这两个变量的增加，升力增加。此外，升力系数表示物体根据其形状产生升力的能力，也是影响因素。

从侧面看，人手类似于箔形。当游泳者将一只手划过水面时，它会产生垂直于手掌的升力。在水中，花样游泳运动员运用划船动作，快速地来回划手，通过各种姿势来操纵身体。快速划船动作产生的升力使优秀花样游泳运动员能够以倒立姿势支撑身体，并将双腿完全伸出水面。

铁饼、标枪、足球、飞镖和飞盘等半箔形的物体在朝向流体流动方向的适当角度上运动时，可产生一定的升力。球形物体，如子弹或球，与箔形不够相似，不能借助自身形状产生升力。

迎角（angle of attack）
物体纵轴和流体流动方向之间的夹角。

抛体相对于流体流动的方向角称为迎角，又称为攻角，是发射抛体产生最大射程（水平位移）的重要因素。恰当的攻角是产生升力的必要条件（图15-11）。随着攻角的增加，垂直于流体流动方

现代游泳池中的泳道线设计能使波浪作用最小化，从而缩短比赛时间。©Susan Hall.

向的表面积也增加了，导致形状阻力增加了。

当攻角太大时，流体不能沿着箔形的弯曲侧流动以产生升力。飞机上升的角度太大时，飞机可能会熄火并从高处掉下来，直至飞行员减小机翼的攻角来获取升力。

升力最大化和阻力最小化有利于铁饼或标枪等抛体实现飞行距离最大化。当攻角为0° 时，形状阻力最小，这是产生升力的一个

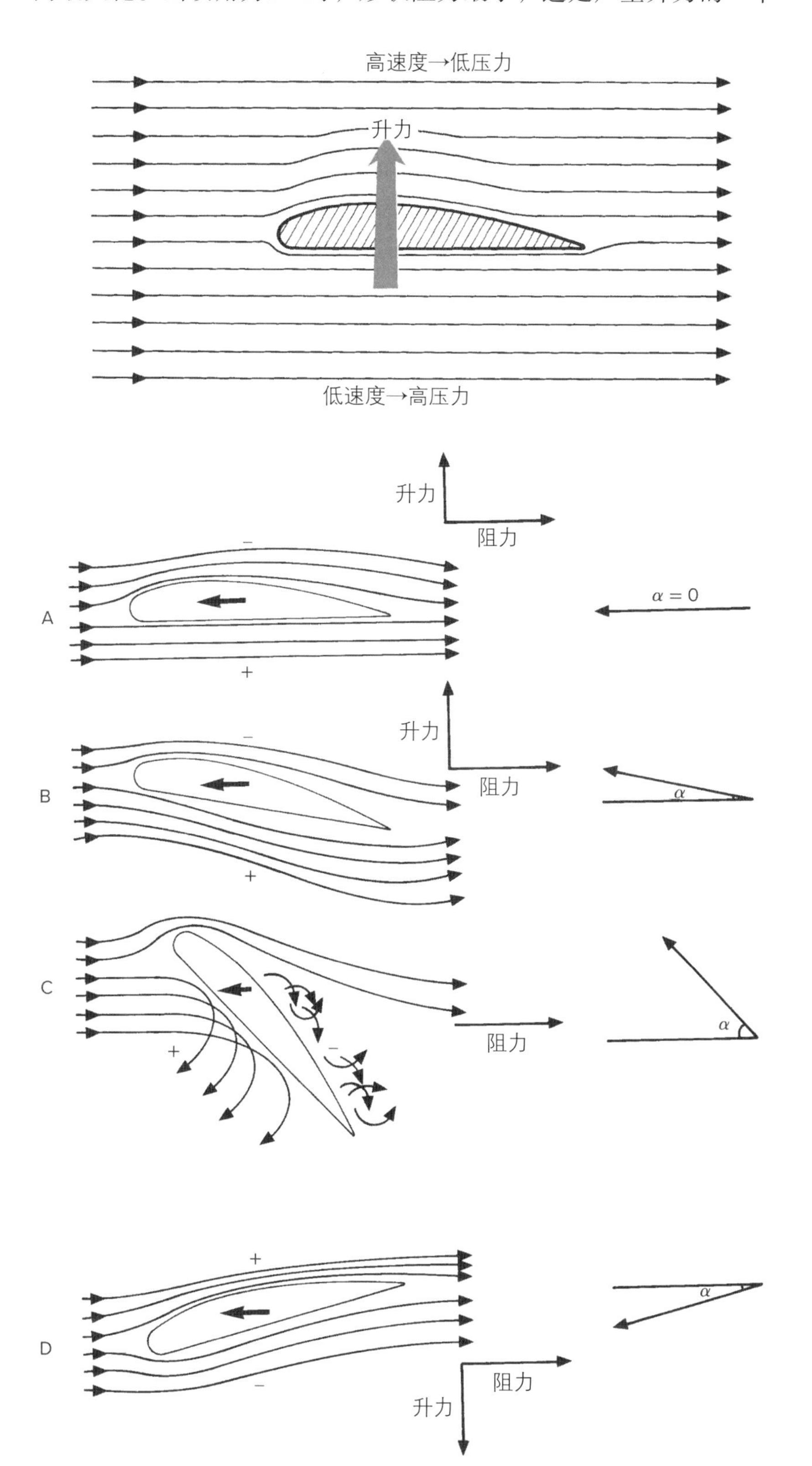

图 15-10

由箔形产生的升力从箔的平面侧的相对高压区域指向箔的弯曲侧的相对低压区域。

图 15-11

A.阻力和升力都很小，因为攻角（α）没能在箔形物体上缘和下缘产生足够的压力差。B.该攻角促进升力提高。C.当攻角太大时，流体不能流过箔形的曲面，不会产生升力。D.当攻角低于水平面时，向下方产生升力。Source: Adapted from Maglischo E: Swimming faster: A comprehensive guide to the science of swimming, Palo Alto, CA, 1982, Mayfield.

升阻比（lilt-drag ratio）
升力与特定时间内作用于物体的总阻力的比值。

较差角度。升阻比最大时，可获得使射程最大化的最佳攻角角度。以24 m/s的相对速度运动的铁饼的最大升阻比是在10° 攻角时产生的[7]。然而，对于铁饼和标枪来说，唯一与距离相关的最重要的因素是投出速度。

将跳跃的人体看作抛体时，要使升力最大化和阻力最小化是很复杂的。在跳台滑雪运动中，由于身体在空中的时间相对较长，所以人体的升阻比特别重要。对跳台滑雪的研究表明，为了获得最佳表现，跳台滑雪运动员在起跳时应该保持一个扁平的姿势，具有较大的正面积（用于产生升力）和较小的体重（用于实现更大的加速度）。在起跳时升力立即起作用，使跳跃者有一个比利用斜坡反作用力产生的速度更大的初始垂直速度[21]。在飞行的第一部分，跳跃者应该保持较小的攻角，使阻力最小（图15-12）。在飞行的后期，应该增加攻角角度以达到最大升力。由于作用于跳跃者的升力增加，跳跃距离会大幅度增加[15]（图15-13）。

图 15-12

攻角是在人体的主轴和流体流动方向之间形成的角度。左图 ©technotr/E+/Getty Images.

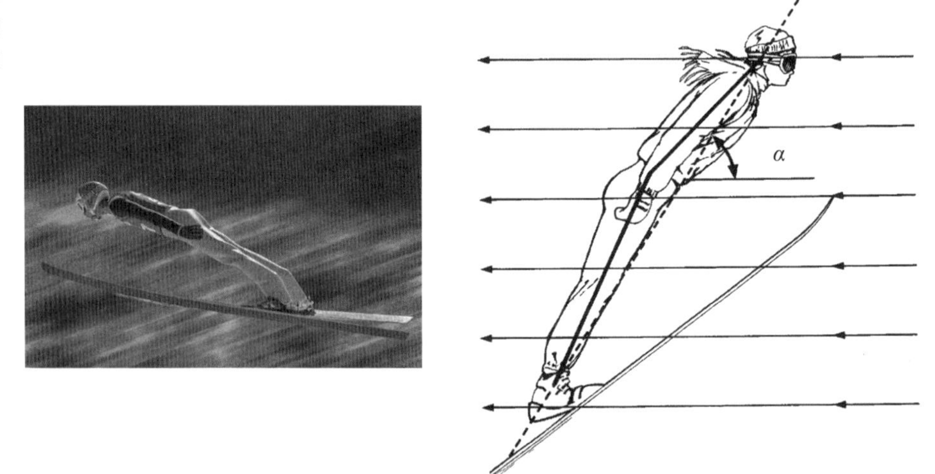

图 15-13

跳台滑雪的距离与滑雪者攻角的关系。Source: Denoth, J., Luethi, S. M., and Gasser, H. H. Methodological Problems in Optimization of the Flight Phase in Ski Jumping," International journal of Sports Biomechanics, 3:404, 1987.

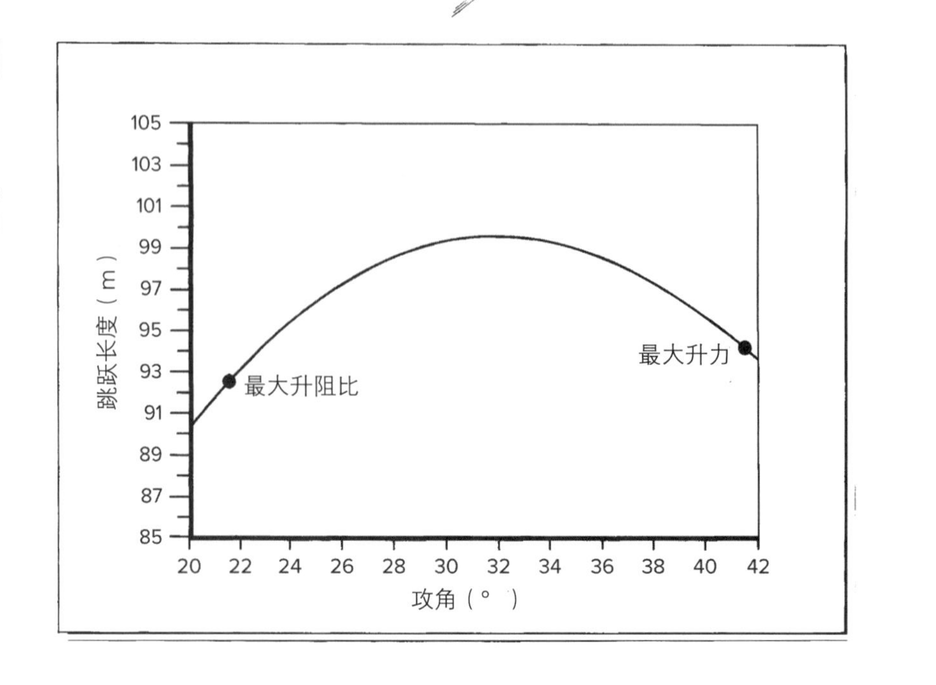

马格纳斯效应

旋转物体通常也产生升力。当物体在流体介质中旋转时，流体分子的边界层随之旋转。当这种情况发生时，旋转物体一侧的流体分子与流体自由流中的分子正面碰撞（图15-14）。这就产生了一个相对低速和高压的区域。在旋转物体的相反侧，边界层沿与流体流动方向相同的方向移动，从而形成相对高速和低压的区域。压差产生所谓的马格纳斯力是指从高压区域指向低压区域的升力。

马格纳斯力（Magnus force）
是在流体中转动的物体（如圆柱体）受到的力，即由旋转产生的提升力。

马格纳斯力影响旋转体在空气中运行的路径，导致路径逐渐偏离旋转方向，这种偏离就是马格纳斯效应。当网球或乒乓球被击中上旋时，球的落下速度比没有上旋时快，而且球往往回弹得又快又低，常常使对手回击得更加困难。网球上的绒毛在它旋转时产生相对较大的空气边界层，从而可加强马格纳斯效应。马格纳斯效应也可能来自侧旋，如投手投出曲线球（图15-15）。现代的曲线球是故意以旋转的方式投掷，使得它在整个飞行路径中沿着旋转方向的弯曲路径运动。

马格纳斯效应（Magnus effect）
马格纳斯力使自旋物体的轨迹向自旋方向偏移的效应。

球在水平和垂直平面上的曲线路径或“突破”的程度主要取决于球的旋转速度和旋转轴的方向。如果旋转轴是完全垂直的，所有的马格纳斯效应都发生在水平面上。如果旋转轴是水平方向的，马格纳斯效应仅在垂直平面上发生。在观察棒球投手时，可看到两种具有截然不同的旋转轴方向的投球方式，一个是快球和变速球，另一个是弧度不大的曲线球[22]。然而，因为球上接缝的方向也可能对球的轨迹产生影响，所以不同的投手可能会使用不同的方法投球[16]。

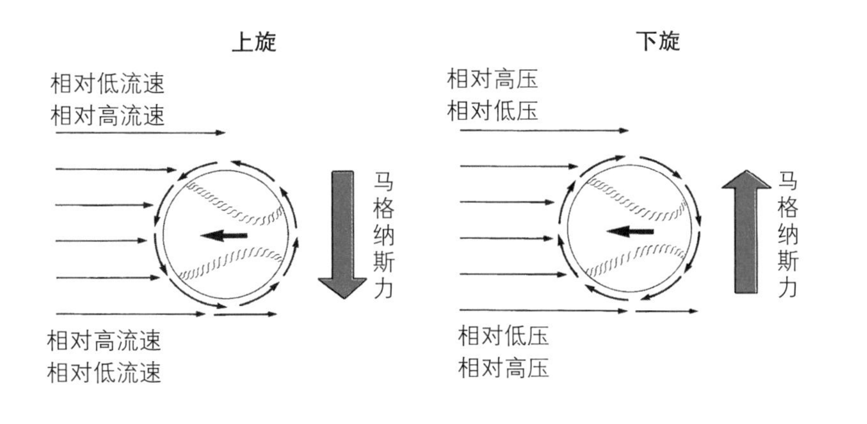

图 15-14
马格纳斯力是由旋转体产生的压差引起的。

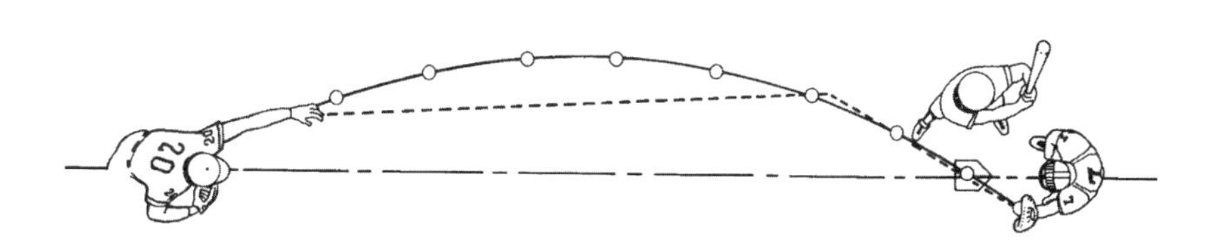

图 15-15
由于马格纳斯效应，一个自旋的球会沿着一定的曲线轨迹运动。虚线显示的是球员在场上看到的假想轨迹。

当想让足球沿着曲线轨迹运动得分时，足球运动员也会采用马格纳斯效应，如在踢“香蕉球”时，让足球进行横向旋转，可绕过球门前的防守人墙进球（图15–16）。

当旋转轴与流体速度方向垂直时，马格纳斯效应最大。高尔夫球被击中时，发生后旋，从而产生向上的马格纳斯力，增加飞行时间和飞行距离（图15–17）。

当球击中边缘时，会发生绕着垂直轴方向的旋转，这时会产生一个横向的马格纳斯力，这个力使球偏离直线路径运动。当球后旋和侧旋时，马格纳斯力对球路径产生的影响取决于球的旋转轴、气流的方向和击球的速度。当高尔夫球手从边缘击球时，球将不幸地沿着一条曲线路径向一边运动，通常称为钩（向左）或切片（向右）。

• 旋转投射的球沿着旋转方向的曲线运动。

在排球比赛中，通常采用平直、冲击式的动作发出悬浮球，这样球在运动时就不会旋转。没有旋转使得球能够“漂浮”，并随着气流横向运动。发射悬浮球，并不是不用力击打球。一个高速飞行的悬浮球，在飞行时来回横向移动，运动轨迹很难被捕捉，也很难被击打回来。

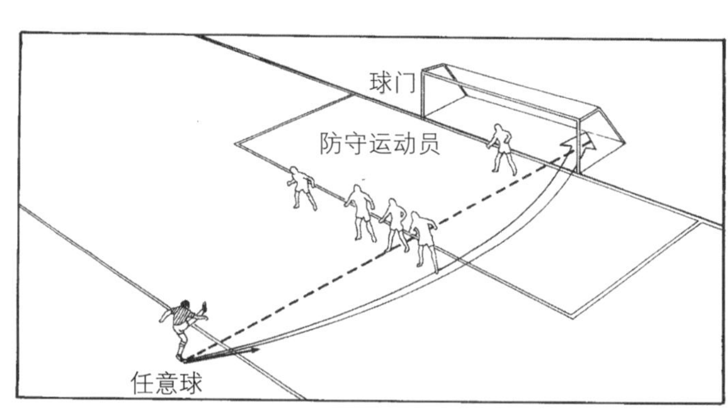

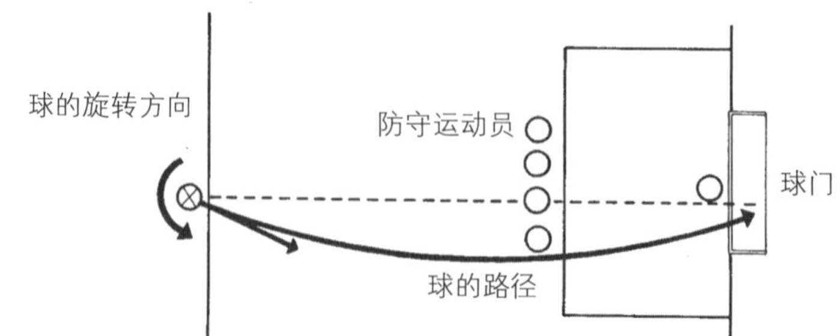

图 15–16

足球侧旋发生“香蕉球”射门。

图 15–17

高尔夫球杆上杆面之间角度的设计用来产生球的下旋。由于马格纳斯效应，采用正确方法击打的球会上升。

流体介质中的推动力

尽管逆风可通过增加阻力使跑步者或骑自行车者减速，但尾风实际上有助于向前推动他们。尾风影响物体相对于空气的速度，从而改变作用于物体的阻力。

因此，速度大于运动物体速度的尾风在运动方向上产生推动力（图15-18），这个力称为推进阻力。

推进阻力（propulsive drag）
作用于物体运动方向上的力。

分析作用于游泳者身上的流体力更为复杂。阻力作用于游泳者身上，然而由水产生的推动力又使游泳者向前运动。游泳时身体各部分的运动在每个划水周期中产生复杂的阻力和升力组合，甚至优秀游泳运动员在划水期间也会呈现广泛的运动模式。因此，观察者提出了几个有利于游泳者在水中推进的理论方法。

推进阻力理论

最早的游泳推进阻力理论是由Counsilman和Silvia 基于牛顿第三定律提出的[6]。根据这个理论，当游泳者的手和手臂在水中向后划时，水产生的向前的反作用力产生推进力。该理论还表明，由于脚的向下和向后运动及另一只脚的向上和向后运动在水中产生向前的反作用力。

推进阻力理论（propulsive drag theory）
将游泳中的推进力归因于对游泳者的推进阻力的理论。

技术熟练游泳者的高速视频显示，当游泳者的手和脚沿着一条曲折的路线而不是直线运动时，这个理论被修正了。有人提出，这种类型的运动模式使身体某些部位能够推动静止或缓慢移动的水而不是已经向后加速的水，从而产生更多的推进阻力。熟练的自由泳运动员稳定肘部，以帮助手臂克服在水下推进阶段的阻力[12]。研究表明，在游泳时手指间自然地展开12°　或者手处于休息位，能最大限度地增加手掌阻力[13]。然而，推进阻力不可能是游泳前进的主要动力。

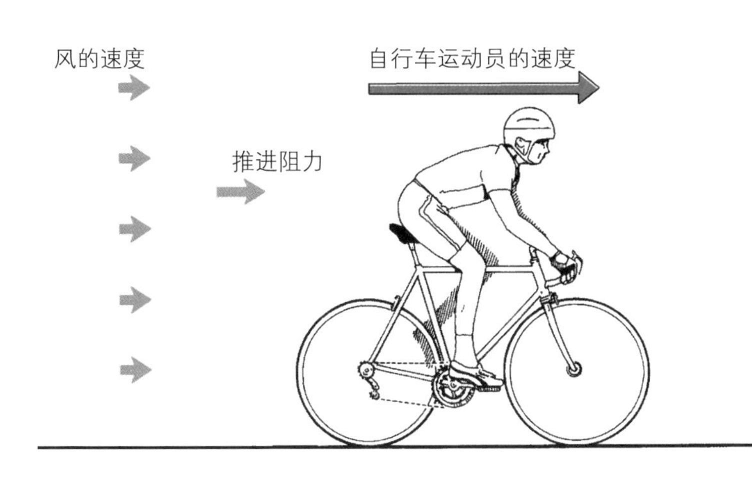

图 15-18
与物体运动方向相同的阻力可以认为是推进阻力，因为它有助于提高物体的前进速度。

推进升力理论

推进升力理论（propulsive lift theory）
把游泳中的推进力至少部分归因于游泳者身上的升力的理论。

在1971年Counsilman提出了推进升力理论[2]。根据这个理论，游泳者将手摆成叶子形状，在水中快速横向运动来产生升力。

通过手向下摆动和稳定肩关节来抵抗升力，将升力转化为推动身体向前运动的动力。

此后，许多研究人员研究了游泳过程中身体各部分产生的力。现已证明，升力确实有助于推进，并且升力和阻力的组合在整个运动周期中都起作用。升力和阻力的相对作用随游泳过程的变化而变化，与划水阶段和游泳运动员本身的技能均有关。在游泳过程中，当手摆动的方向几乎与水流方向垂直时，阻力最大；当手朝着拇指或者小指方向摆动时，升力最大。

划水技巧

正如跑步速度是步幅和步频的乘积一样，游泳速度也是划幅（SL）和划频（SR）的乘积。其中，SL与自由泳运动员的游泳速度直接相关。男性和女性游泳运动员在相同的竞争距离上表现出几乎相同的SR，但是较长的SL使男性速度更快。在较慢的速度下，熟练的自由泳运动员能够保持恒定的高水平SL，随着运动强度的增加、局部肌肉疲劳，SL逐渐减小。这表明，寻求提高游泳成绩的自由泳运动员应该集中精力在每次划水时向水中施加更多的力来提高SL，而不是更快地划水。游泳者在低速自由泳时浅打水对整体推进的作用比较快游泳时大[9]。

自由泳中另一个重要的技术是身体翻滚。研究表明，游泳中身体翻滚是由作用于游泳者的流体力的转向效应引起的。身体翻滚的作用很重要，因为它使游泳者能够利用躯干大而有力的肌肉，而不是仅仅依靠肩膀和手臂的肌肉。它有助于呼吸动作且不对游泳动作产生任何影响。身体翻滚会影响手在水中的路径，与手相对于躯干外侧的运动一样。身体翻滚次数的增加会导致游泳者在垂直于游泳方向的平面上手摆动的速度增加，从而提高产生推进升力的潜力。随着游泳速度的提高，身体翻滚次数减少，但躯干转体增加，有利于游泳者上躯干翻转，同时抑制下肢阻力增加[23]。

有研究表明，在自由泳、仰泳、蛙泳和蝶泳四种竞技游泳活动中，游泳者产生抵抗束缚的能力与游泳速度呈显著的正相关[10]。每一次划水时，力和速度都有变化，蛙泳的划水周期、速度变化最大，其次是蝶泳、仰泳和自由泳[1]。这意味着在竞技游泳活动中保持恒定的前进速度是有利的。显然，关于游泳的生物力学我们还有很多东西要学习，尤其是随着国际比赛中第一名选手和最后一名选手之间比赛用时的差距逐渐缩小。

小结

物体与流体相对的速度，流体的密度、比重和黏度都会影响流体力的大小。流体力能对漂浮物产生浮力。浮力垂直向上作用，其作用点是物体的中心，大小等于排开流体的体积和流体比重的乘积。只有当浮力的大小和物体的重量相等，并且体积中心和重心垂直重合时，物体才能静止地漂浮。

阻力是作用于流体流动方向上的力。表面摩擦力是阻力的组成部分，它是由接近运动物体表面的连续流体层之间滑动产生的。形状阻力是总阻力的另一个组成部分，由流体中运动的物体的前缘和后缘之间的压差产生。波阻是在水和空气等两种不同流体之间的界面处形成波浪而产生的。

升力是由箔状物体垂直于流体流动方向产生的一种力。升力是由在流体中物体两侧的压差产生的，该压差是由流体流速差引起的。旋转产生的升力称为马格纳斯力。游泳中的推进力是由推进阻力和升力的复合作用引起的。

入门题

对于下面的所有问题，均假设淡水的比重为9810 N/m^3，海水（盐水）的比重为10 070 N/m^3。

1. 一个男孩正以1.5 m/s的绝对速度在流速为0.5 m/s的河里游泳。当男孩逆流而上时，其相对于水流的速度是多少？顺流而下时，其速度又是多少？（答案：逆流而上为2 m/s，顺流而下为1m/s）
2. 自行车运动员在速度为16 km/h的逆风中以14 km/h的速度骑行。相对于自行车运动员，风速是多少？相对于风速，自行车运动员的速度是多少？（答案：风速是30 km/h，自行车运动员的速度是30 km/h）。
3. 以5 m/s滑行的滑雪者相对于逆风的速度为5.7 m/s。绝对风速是多少？（答案：0.7 m/s）
4. 一个体重为700 N 、体积为0.08 m^{3}的男子，如果淹没在水中，他会漂浮吗？考虑到他的体积，他还能加重多少继续漂浮？（答案：会，84.8 N）
5. 赛车外壳的体积为0.38 m^3。在淡水中漂浮时，它最多能支撑多少个体重为700 N的人？（答案：5个）
6. 60 kg的人需要有多少体积才能在淡水中漂浮？（答案：0.06 m^3）
7. 解释由淡水的比重与海水的比重之间的差异对漂浮产生的影响。
8. 人们可以采取什么方法来提高他们在水中漂浮的机会呢？解释你的答案。

9. 什么类型的人在水中漂浮困难？解释你的答案。
10. 一个重为1 N、体积为0.03 m^3的沙滩球淹没在海水中。必须垂直向下施加多少力才能将球完全浸没？多少力能将球的一半淹没？（答案：301.1 N，150.05 N）

附加题

1. 自行车运动员在速度为12 km/h的的逆风中骑行，相对风速为28 km/h。自行车运动员的绝对速度是多少？（答案：16 km/h）
2. 游泳者沿着与速度为1 m/s的水流成45° 方向，以2.5 m/s的绝对速度穿过河流。假定游泳者的绝对速度等于水流的速度和游泳者相对于水流的速度的矢量和，那么游泳者相对于水流的速度的大小和方向是什么？（答案：3.28 m/s，与水流成 32.57° 角）

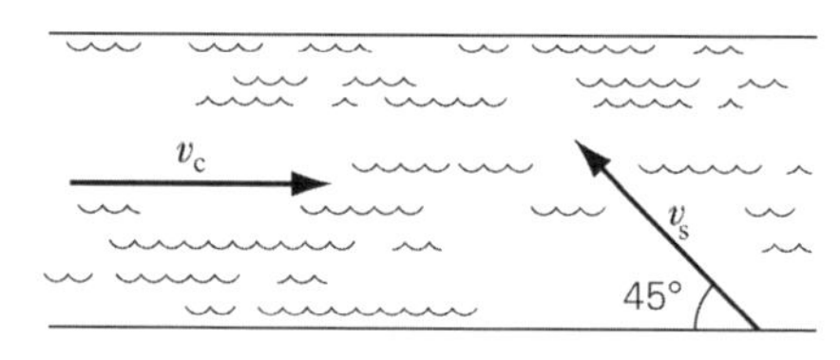

3. 如果身体能漂浮在淡水中，那么身体的最大平均密度是多少？在海水中呢？
4. 潜水员用长45 cm、直径20 cm和重22 N的圆柱形容器携带相机设备。为了优化容器在水中的可操作性，其内容物应重多少？（答案：120.29 N）
5. 体重为50 kg、体积为0.055 m^3的人能够在水中静止漂浮。在淡水中会有多少体积在水面上？在盐水中呢？（答案: 0.005 m^3，0.0063 m^3）
6. 体重为670 N、体积为0.07 m^3的游泳运动员水平躺于淡水中，体积中心比重心高3 cm 。
   a. 游泳运动员的体重能产生多大扭矩？
   b. 游泳运动员的浮力产生多大扭矩？
   c. 游泳运动员能做什么来抵消扭矩并保持水平方向？
   （答案: 0 N · m，20.6 N · m）
7. 根据你对流体力作用的了解，推测为什么一个被投掷的回力镖会返回投掷者手里。
8. 解释在自行车或汽车上利用空气动力学的好处。
9. 流线型的实际效果是什么？流线型是如何改变作用在运动物体上的流体力的？
10. 解释为什么曲线球的路径是曲线，应包括空气动力学对球上接缝的作用。

姓名：________________

日期：________________

实践

1. 把一个空心球（如乒乓球或壁球）切成两半，然后把球的一半（凹面朝上）漂浮在水里。逐渐向半球中加入铅粒，直到它的边缘靠着水面的边缘漂浮。将半球从水中取出，并测量其直径计算出体积。把半球和里面的铅粒一起称重。用你的测量值计算出容器中水的比重。用不同温度的水或不同的液体重复实验。

球的直径: ________________ 球的体积: ________________ 铅粒重量: ________________

水的比重: ________________ 第二种流体比重: ________________

计算：

2. 将容器置于秤上称重并记录。将手、手指插入水中，直至腕关节处。记录在秤上标记的重量。从新的重量中减去容器的原始重量，将得到的差值减半，并将结果加到容器的原始重量中，从而达到目标重量。慢慢地从水中抬起手直到达到目标重量为止。在手上标记出水线。这条线代表什么？________________

3. 乘坐自动扶梯时，用秒表计时。测量或估算自动扶梯的长度并计算自动扶梯的速度。再次使用秒表，记录你跑上自动扶梯的时间，并计算你的速度。计算你相对于自动扶梯的速度。

乘坐自动扶梯的时间: ________________ 跑上自动扶梯的时间: ________________

你相对于自动扶梯的速度: ________________

计算：

4. 使用变速风扇和弹簧秤来构造模拟风洞。将风扇垂直向上吹，并将弹簧秤悬挂在风扇上方。该装置可用于测试悬挂在弹簧上不同物体的相对阻力。相对阻力随着风扇速度的变化而变化。请记录。

物体	阻力

参考文献

［1］ BARBOSA T M, MOROUÇO P G, JESUS S, et al. The interaction between intra-cyclic variation of the velocity and mean swimming velocity in young competitive swimmers. *Int J Sports Med*, 2013, 34:123.
［2］ BROWN R M, COUNSILMAN J E. The role of lift in propelling swimmers// COOPER J M. *Biomechanics*. Chicago：Athletic Institute, 1971.
［3］ CHATARD J-C, WILSON B. Drafting distance in swimming. *Med Sci Sports Exerc*, 2003, 35:1176.
［4］ CHOLLET D, HUE O, AUCLAIR F, et al. The effects of drafting on stroking variations during swimming in elite male triathletes. *Eur J Appl Physiol*, 2000, 82:413.
［5］ CORTESI M, GATTA G. Effect of the swimmer's head position on passive drag. *J Hum Kinet*, 2015, 49:37.
［6］ COUNSILMAN J E. *Science of swimming*, Englewood Cliffs, NJ：Prentice Hall, 1968.
［7］ GANSLEN R V. Aerodynamic factors which influence discus flight. Research report, University of Arkansas.
［8］ GATTA G, CORTESI M, FANTOZZI S, et al. P: Planimetric frontal area in the four swimming strokes: implications for drag, energetics and speed. *Hum Mov Sci* , 2015, 39:41.
［9］ GATTA G, CORTESI M, DI MICHELE R. Power production of the lower limbs in flutter-kick swimming. *Sports Biomech*, 2012, 11:480.
［10］ GATTA G, CORTESI M, ZAMPARO P. The relationship between power generated by thrust and power to overcome drag in elite short distance swimmers. *PLoS One*, 2017, 11:e0162387.
［11］ GNEHM P, REICHENBACK S, ALTPETER E, et al. Influence of different racing positions on metabolic cost in elite cyclists. *Med Sci Sports Exerc*, 1997, 29:818.
［12］ LAUER J, FIGUEIREDO P, VILAS-BOAS J P, et al. Phase dependence of elbow muscle coactivation in front crawl swimming. *J Electromyogr Kinesiol*, 2013, 23:820.
［13］ MARINHO D A, BARBOSA T M, REIS V M, et al. Swimming propulsion forces are enhanced by a small finger spread. *J Appl Biomech*, 2010, 26:87.
［14］ MOLLENDORF J C, TERMIN A C, OPPENHEIM E, et al. Effect of swimsuit design on passive drag. *Med Sci Sports Exerc*, 2004, 36:1029.
［15］ MULLER W. Determinants of ski-jump performance and implications for health, safety and fairness. *Sports Med*, 2009, 39:85.
［16］ NAGAMI T, HIGUCHI T, NAKATA H, et al. Relation between lift force and ball spin for different baseball pitches. *J Appl Biomech*, 2016, 32: 196.
［17］ PENDERGAST D, MOLLENDORF J, ZAMPARO P, et al. The influence of drag on human locomotion in water. *Undersea Hyperb Med*, 2005, 32:45.
［18］ RIBEIRO J, FIGUEIREDO P, MORAIS S, et al. Biomechanics, energetics and coordination during extreme swimming intensity: Effect of performance level. *J Sports Sci*, 2016, 7:1.
［19］ SEIFERT L, TOUSSAINT H M, ALBERTY M, et al. Arm coordination, power, and swim efficiency in national and regional front crawl swimmers. *Hum Mov Sci*, 2010, 29:426.
［20］ TOMIKAWA M, NOMURA T. Relationships between swim performance, maximal oxygen uptake and peak power output when wearing a wetsuit. *J Sci Med Sport*, 2009, 12:317.
［21］ VIRMAVIRTA M, KIVEKAS J, KOMI P V. Take-off aerodynamics in ski jumping. *J Biomech*, 2001, 34:465.
［22］ WHITESIDE D, MCGINNIS R S, DENEWETH J M, et al. Ball flight kinematics, release variability and in-season performance in elite baseball pitching. *Scand J Med Sci Sports*, 2016, 26:256.
［23］ YANAI T. Buoyancy is the primary source of generating body roll in front-crawl swimming. *J Biomech*, 2004, 37: 605.

注释读物

LANSER A. The science behind swimming，diving and other water sports. Oxford: Raintree Publishers，2017.

讨论运动科学在优秀游泳和跳水表演中的应用。

LEES A, MACLAUREN D，REILLY T. Biomechanics and medicine in swimming V1 (Swimming Science)，Philadelphia: Taylor & Francis，2015.

包括在国际生物力学学会和世界运动生物力学委员会主持下每四年举行的游泳生物力学和医学国际研讨会上提交的科学论文。

MARINOFF A，COUMBE-LILLEY J. Swimming (The science of sport).Wiltshire England: Crowood Press，2016.
通过应用可用于优化性能的生理学、生物力学、心理学、力量与调理、营养与损伤管理方法构成的完整的游泳训练指南。

RIEWALD S，RODEO S. Science of swimming faster. Champaign: Human Kinetics，2017.
介绍关于游泳技术和训练方案的最新研究，以及有成就的科学家、教练和游泳运动员的见解。

附录

一、基本数学及相关技巧

负数

负数前面有一个负号。虽然生物力学中使用的物理量的数值不小于0，但负号通常用来表示与认为是正方向相反的方向。因此，回顾一下涉及负数的数学运算规则是很重要的。

1.负数相加得到的结果与正数相减得到的结果相同:

$$6+(-4)=2$$
$$10+(-3)=7$$
$$6+(-8)=-2$$
$$10+(-23)=-13$$
$$(-6)+(-3)=-9$$
$$(-10)+(-7)=-17$$

2.负数相减与相同大小的正数相加得到的结果相同:

$$5-(-7)=12$$
$$8-(-6)=14$$
$$-5-(-3)=-2$$
$$-8-(-4)=-4$$
$$-5-(-12)=7$$
$$-8-(-10)=2$$

3.符号相异的两个数相乘或相除得到的结果为负数:

$$2\times(-3)=-6$$
$$(-4)\times 5=-20$$
$$9\div(-3)=-3$$
$$(-10)\div 2=-5$$

4.符号相同的两个数（正数或负数）相乘或相除得到的结果为正数:

$$3\times 4=12$$
$$(-3)\times(-2)=6$$
$$10\div 5=2$$
$$(-15)\div(-3)=5$$

指数

指数是紧接在底数后面的上标数字，表示这个数字要自乘多少次得到结果:

$$5^2=5\times 5=25$$
$$3^2=3\times 3=9$$
$$5^3=5\times 5\times 5=125$$
$$3^3=3\times 3\times 3=27$$

开平方

求一个数的平方根是对一个数求平方（将一个数自乘）的逆运算。平方根是一个数自乘的原始数。25的算术平方根是5，9的算术平方根是3。使用数学符号，这些关系表示如下:

$$\sqrt{25}=5$$
$$\sqrt{9}=3$$

因为−5乘本身也等于25，所以−5也是25的一个平方根。下面的符号有时用来表示平方根可以是正的也可以是负的:

$$\pm\sqrt{25}=\pm 5$$
$$\pm\sqrt{9}=\pm 3$$

运算法则

当计算涉及多个运算时，必须使用运算法则来得到正确的结果。这些规则可以总结如下：

1.加减法具有同等的优先级。当它们在一个方程式时，从左到右进行运算：

$$7-3+5=4+5=9$$

$$5+2-1+10=7-1+10=6+10=16$$

2.乘法和除法具有同等的优先级。当它们在一个方程式时，从左到右进行运算：

$$10\div5\times4=2\times4=8$$

$$20\div4\times3\div5=5\times3\div5=15\div5=3$$

3.乘法和除法优先于加法和减法。在计算一些具有不同优先级的运算组合时，乘法和除法是在加法和减法之前进行运算的：

$$3+18\div6=3+3=6$$

$$9-2\times3+7=9-6+7=3+7=10$$

$$8\div4+5-2\times2=2+5-2\times2=2+5-4=7-4=3$$

4.当使用小括号( )、中括号［ ］或大括号{ }时，首先进行括号里的运算，然后遵循其他优先法则进行运算：

$$2\times7+(10-5)=2\times7+5=14+5=19$$

$$20\div(2+2)-3\times4=20\div4-3\times4=5-3\times4=5-12=-7$$

计算器的使用

在生物力学问题中，简单的计算通常可用手持计算器快速而简单地完成。但是，只有正确地设置并遵循运算法则，才能在计算器上得到正确的结果。大多数计算器都有使用说明书，其中包含了一些计算实例。在使用计算器解决问题之前，值得花些时间完全熟悉计算器的功能，特别是内存的使用。

百分比

百分比是指在100中的占比。因此，37%表示占100中的37。要计算80的37%，就要用80乘0.37：

$$80\times0.37=29.6$$

29.6是80的37%。如果你想确定55的百分之多少是42，用以下方法计算：

$$\frac{42}{55}\times100\%=76.36\%$$

42是55的76.36%。

简单的代数

对许多问题需要建立一个包含一个或多个未知的数的方程式来解决，其中变量可用x来表示。方程式是等式的表述，它意味着等号左边表示的量等于等号右边表示的量。解决问题时通常需要计算方程中包含的未知数。

计算方程中一个变量值的一般程序是把这个变量单独放在等号的一边，然后对等号另一边的数值进行运算。分离变量的过程通常涉及在等号两边进行一系列运算。只要等号两边进行相同的运算，等式仍然成立。

$$x+7=10 \qquad (1)$$

方程两边同时减7：

$$x+7-7=10-7$$

$$x+0=10-7$$

$$x=3$$

$$y-3=12 \qquad (2)$$

方程两边同时加3：

$$y-3+3=12+3$$

$$y-0=12+3$$

$$y=15$$

$$z\times3=18 \qquad (3)$$

方程两边同时除以3：

$$z\times3\div3=18\div3$$

$$z\times1=18\div3$$

$$z=6$$

$$q\div4=2 \qquad (4)$$

方程两边同时乘4：

$$q \div 4 \times 4 = 2 \times 4$$
$$q = 2 \times 4$$
$$q = 8$$

（5）
$$x \div 3 + 5 = 8$$
方程两边同时减5:
$$x \div 3 + 5 - 5 = 8 - 5$$

$$x \div 3 = 3$$
方程两边同时乘3:
$$x \div 3 \times 3 = 3 \times 3$$
$$x = 9$$

（6）
$$y \div 4 - 7 = -2$$
方程两边同时加7:
$$y \div 4 - 7 + 7 = -2 + 7$$
$$y \div 4 = 5$$
方程两边同时乘4:
$$y \div 4 \times 4 = 5 \times 4$$
$$y = 20$$

（7）
$$z^2 = 36$$
方程两边同时开方:
$$z = 6$$

角度测量

用量角器测量角度的方法如下:

1.把量角器的中心放在角的顶点。

2.将量角器上的0线与角度的一边对齐。

3.角度大小是在量角器刻度尺上显示的数值，为角的另一边与刻度尺相交点。（确保从量角器上读取正确的刻度、角度是否大于或小于90°）

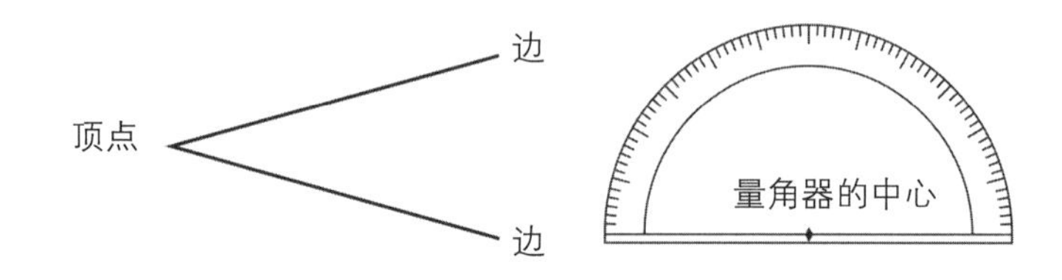

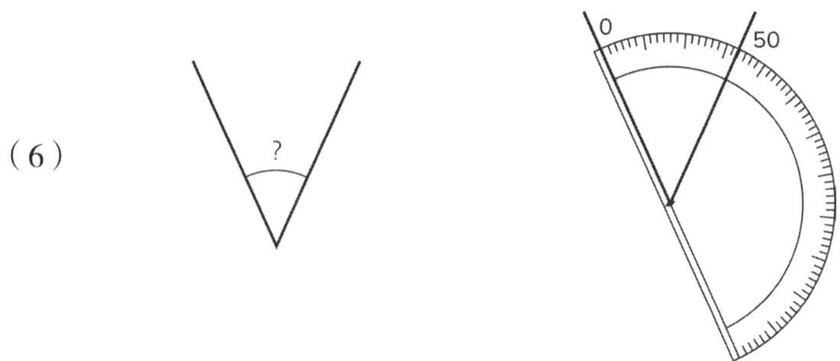

请用量角器测量以下三个角度的尺寸:

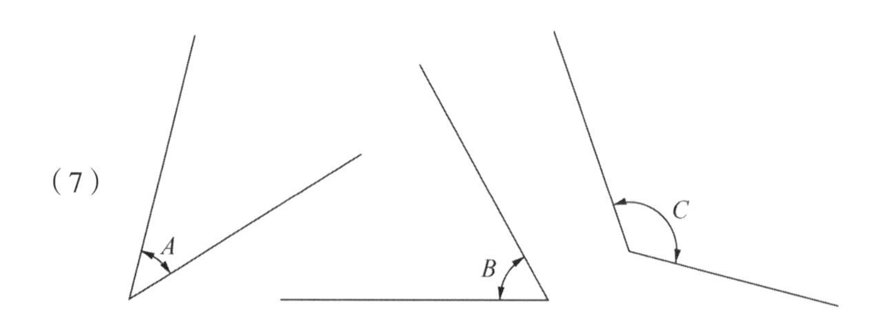

（答案：$\angle A$ = 45°，$\angle B$ = 60°，$\angle C$ = 123°）

二、三角函数

三角函数建立在三角形的边和角之间关系的基础上。许多函数都来源于直角三角形——包含一个直角（90°）的三角形。一般认为直角三角形有a、b、c三条边和α、β、γ三个角，如下图所示：

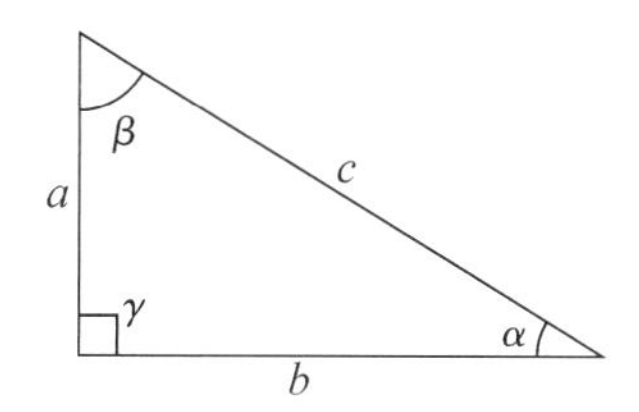

直角三角形常用的三角关系是勾股定理。勾股定理是直角三角形斜边和其他两边之间关系的定理性表述：直角三角形两直角边长度的平方和等于斜边长度的平方。

利用所标记的三角形的边可以得到如下结果：

$$a^2+b^2=c^2$$

假设a边和b边的长度分别是3个单位和4个单位，利用勾股定理可以求出c边的长度：

$$c^2=a^2+b^2=3^2+4^2=25$$

$$c=5$$

三角关系是基于直角三角形边长之比。

角的正弦定义为三角形对边的长度与斜边的长度之比。利用所标记的三角形可以得到以下结果：

$$\sin\alpha=\frac{\text{对边}}{\text{斜边}}=\frac{a}{c}\text{，}\sin\beta=\frac{\text{对边}}{\text{斜边}}=\frac{b}{c}$$

$$\sin\alpha=\frac{a}{c}=\frac{3}{5}=0.6\text{，}\sin\beta=\frac{b}{c}=\frac{4}{5}=0.8$$

角的余弦定义为三角形邻边的长度与斜边的长度之比，利用所标记的三角形可以得到以下结果：

$$\cos\alpha=\frac{\text{邻边}}{\text{斜边}}=\frac{b}{c}\text{，}\cos\beta=\frac{\text{邻边}}{\text{斜边}}=\frac{a}{c}$$

角的正切定义为三角形对边的长度与邻边的长度之比，利用所标记的三角形可以得到以下结果：

$$\tan\alpha=\frac{\text{对边}}{\text{邻边}}=\frac{a}{b}\text{，}\tan\beta=\frac{\text{对边}}{\text{邻边}}=\frac{b}{a}$$

$$\tan\alpha=\frac{a}{b}=\frac{3}{4}=0.75\text{，}\quad\tan\beta=\frac{b}{a}=\frac{4}{3}=1.33$$

正弦定律和余弦定律适用于所有三角形。正弦定律：在任意一个平面三角形中，各边和它所对角的正弦值等于外接圆的直径。对于标记的三角形，可以这样表述：

$$\frac{a}{\sin\alpha}=\frac{b}{\sin\beta}=\frac{c}{\sin\gamma}=D\text{（}D\text{为三角形外接圆的直径）}$$

余弦定律：对于任意三角形，任何一边的长度的平方等于另外两边的长度的平方和减去这两边与它们夹角的余弦的乘积的2倍。对于标记的三角形，可以这样表述：

$$a^2=b^2+c^2-2bc\cos\alpha$$

$$b^2=a^2+c^2-2ac\cos\beta$$

$$c^2=a^2+b^2-2ab\cos\gamma$$

基本三角函数表

度数（℃）	正弦	余弦	正切	度数（℃）	正弦	余弦	正切
0	0.0000	1.0000	0.0000	—	—	—	—
1	0.0175	0.9998	0.0175	46	0.7193	0.6947	1.0355
2	0.0349	0.9994	0.0349	47	0.7314	0.6820	1.0723
3	0.0523	0.9986	0.0524	48	0.7431	0.6691	1.1106
4	0.0698	0.9976	0.0699	49	0.7547	0.6561	1.1504
5	0.0872	0.9962	0.0875	50	0.7660	0.6428	1.1918
6	0.1045	0.9945	0.1051	51	0.7771	0.6293	1.2349
7	0.1219	0.9925	0.1228	52	0.7880	0.6157	1.2799
8	0.1392	0.9903	0.1405	53	0.7986	0.6018	1.3270
9	0.1564	0.9877	0.1584	54	0.8090	0.5878	1.3764
10	0.1736	0.9848	0.1763	55	0.8192	0.5736	1.4281
11	0.1908	0.9816	0.1944	56	0.8290	0.5592	1.4826
12	0.2079	0.9781	0.2126	57	0.8387	0.5446	1.5399
13	0.2250	0.9744	0.2309	58	0.8480	0.5299	1.6003
14	0.2419	0.9703	0.2493	59	0.8572	0.5150	1.6643
15	0.2588	0.9659	0.2679	60	0.8660	0.5000	1.7321
16	0.2756	0.9613	0.2867	61	0.8746	0.4848	1.8040
17	0.2924	0.9563	0.3057	62	0.8829	0.4695	1.8807
18	0.3090	0.9511	0.3249	63	0.8910	0.4540	1.9626
19	0.3256	0.9455	0.3443	64	0.8988	0.4384	2.0503
20	0.3420	0.9397	0.3640	65	0.9063	0.4226	2.1445
21	0.3584	0.9336	0.3839	66	0.9135	0.4067	2.2460
22	0.3746	0.9272	0.4040	67	0.9205	0.3907	2.3559
23	0.3907	0.9205	0.4245	68	0.9279	0.3746	2.4751
24	0.4067	0.9135	0.4452	69	0.9336	0.3584	2.6051
25	0.4226	0.9063	0.4663	70	0.9397	0.3420	2.7475
26	0.4384	0.8988	0.4877	71	0.9456	0.3256	2.9042
27	0.4540	0.8910	0.5095	72	0.9511	0.3090	3.0779
28	0.4695	0.8829	0.5317	73	0.9563	0.2924	3.2709
29	0.4848	0.8746	0.5543	74	0.9613	0.2756	3.4874
30	0.5000	0.8660	0.5774	75	0.96593	0.2588	3.7321
31	0.5150	0.8572	0.6009	76	0.9703	0.2419	4.0108
32	0.5299	0.8480	0.6249	77	0.9744	0.2250	4.3315
33	0.5446	0.8387	0.6494	78	0.9781	0.2079	4.7046
34	0.5592	0.8290	0.6745	79	0.9816	0.1908	5.1446
35	0.5736	0.8192	0.7002	80	0.9848	0.1736	5.6713
36	0.5878	0.8090	0.7265	81	0.9877	0.1564	6.3138
37	0.6018	0.7986	0.7536	82	0.9903	0.1391	7.1154
38	0.6157	0.7880	0.7813	83	0.9925	0.1219	8.1443
39	0.6293	0.7771	0.8098	84	0.9945	0.1045	9.5144
40	0.6428	0.7660	0.8391	85	0.99625	0.0872	11.4301
41	0.6561	0.7547	0.8693	86	0.9976	0.0698	14.3007
42	0.6691	0.7431	0.9004	87	0.99866	0.05239	19.0811
43	0.6820	0.7314	0.9325	88	0.9994	0.0349	28.6363
44	0.6947	0.7193	0.9657	89	0.9998	0.0175	57.2900
45	0.7071	0.7071	1.0000	90	1.0000	0.0000	

三、通用计量单位

本附录为生物力学中常用的国际单位与其相应的英制单位之间的换算系数，可以通过乘法或除法进行计算。例如，要将100牛顿转换为磅，计算如下：

$$\frac{100\ \mathrm{N}}{4.45\ \mathrm{N/lb}} = 22.5\ \mathrm{lb}$$

将100 lb换算成牛顿：

$$100\ \mathrm{lb} \times 4.45\ \mathrm{N/lb} = 445\ \mathrm{N}$$

变量	公制单位	←乘 除以→	英制单位
距离	cm（厘米）	2.54	in（英寸）
	m（米）	0.3048	ft（英尺）
	km（公里）	1.609	mile（英里）
速度	m/s（米/秒）	0.447	mile/h（英里/时）
质量	kg（千克）	14.59	slug（斯勒格）
力	N（牛顿）	4.448	lb（磅）
功	J（焦耳）	1.356	ft・lb（尺・磅）
功率	W（瓦特）	745.71	hp（马力）
能量	J（焦耳）	1.356	ft・lb（尺・磅）
线性动量	kg・m/s（千克・米/秒）	4.448	slug・ft/s（斯勒格・英尺/秒）
冲量	N・s（牛顿・秒）	4.448	lb・s（磅・秒）
角动量	kg・m^2/s（千克・米^2/秒）	1.355	slug・ft^2/s（斯勒格・英尺^2/秒）
转动惯量	kg・m^2（千克・米^2）	1.355	slug・ft^2（斯勒格・英尺^2）
扭矩	N・m（牛顿・米）	1.355	ft・lb（英尺・磅）

四、人体测量参数*

身体各部位占总体重的百分比（%）

身体部位	男性	女性
头	8.26	8.20
躯干	46.84	45.00
上臂	3.25	2.90
前臂	1.87	1.57
手	0.65	0.50
大腿	10.50	11.75
小腿	4.75	5.35
足	1.43	1.33

用身体部位长度百分比（%）表示身体部位重心的位置（从身体部位的近端测量）

身体部位	男性	女性
头和颈	55.0	55.0
躯干	63.0	56.9
上臂	43.6	45.8
前臂	43.0	43.4
手	46.8	46.8
大腿	43.3	42.8
小腿	43.4	41.9
足	50.0	50.0

身体部位的回转半径为身体部位的近端到远端的距离，用身体部位长度的百分比（%）表示

身体部位	男性		女性	
	近端	远端	近端	远端
上臂	54.2	64.5	56.4	62.3
前臂	52.6	54.7	53.0	64.3
手	54.9	54.9	54.9	54.9
大腿	54.0	65.3	53.5	65.8
小腿	52.9	64.2	51.4	65.7
足	69.0	69.0	69.0	69.0

注：这些表中的值为科学文献中报告的有限人数的平均值。